"十三五"江苏省高等学校重点教材
高等学校电子信息类精品教材

信号与系统

（第6版）

钱　玲　王海青　谷亚林　编著

电子工业出版社
Publishing House of Electronics Industry
北京·BEIJING

内 容 简 介

本书为"十三五"江苏省高等学校重点教材(编号:2020-1-054)。

本书系统论述了确定性信号与线性时不变系统的基本概念、基本理论与分析方法。从时域分析到变换域分析、从信号到系统、从连续到离散、从输入输出分析到状态变量分析,共包括引言和9章内容。引言介绍信号与系统的基本概念及应用领域,第1、2章介绍连续时间信号与系统的时域分析,第3章介绍离散时间信号与系统的时域分析,第4、5章介绍连续时间信号与系统的频域(傅里叶变换)分析和傅里叶变换的应用,第6章介绍连续时间信号与系统的复频域(拉普拉斯变换)分析,第7章介绍离散时间信号与系统的频域(傅里叶变换)分析,第8章介绍离散时间信号与系统的复频域(z变换)分析,第9章介绍连续时间系统与离散时间系统的状态变量分析。每章最后介绍了与该章内容相关的 MATLAB 的内容,并给出本章关键知识点概要。书中每节都有对应知识点习题,每章最后还有综合习题,书后附有参考答案。本书一些补充内容可以扫描二维码进行拓展学习。

本书叙述通俗易懂、条理清晰,可作为高等院校通信工程、电子信息工程、自动控制及计算机等专业的信号与系统课程的教材,也可供有关科技人员参考。

未经许可,不得以任何方式复制或抄袭本书部分或全部内容。
版权所有,侵权必究。

图书在版编目(CIP)数据

信号与系统 / 钱玲,王海青,谷亚林编著. —6版. —北京:电子工业出版社,2021.12
ISBN 978-7-121-42551-6

Ⅰ. ①信… Ⅱ. ①钱… ②王… ③谷… Ⅲ. ①信号系统-高等学校-教材 Ⅳ. ①TN911.6

中国版本图书馆 CIP 数据核字(2021)第 265648 号

责任编辑:韩同平
印　　刷:三河市鑫金马印装有限公司
装　　订:三河市鑫金马印装有限公司
出版发行:电子工业出版社
　　　　　北京市海淀区万寿路 173 信箱　邮编:100036
开　　本:787×1092　1/16　印张:21　字数:672 千字
版　　次:2008 年 6 月第 1 版
　　　　　2021 年 12 月第 6 版
印　　次:2025 年 6 月第 7 次印刷
定　　价:69.90 元

凡所购买电子工业出版社图书有缺损问题,请向购买书店调换。若书店售缺,请与本社发行部联系,联系及邮购电话:(010)88254888,88258888。
质量投诉请发邮件至 zlts@phei.com.cn,盗版侵权举报请发邮件至 dbqq@phei.com.cn。
本书咨询联系方式:(010)88254525,hantp@phei.com.cn。

第 6 版前言

信号与系统是电子信息类专业的核心基础课，其中的概念和分析方法广泛应用于通信、自动控制、信号与信息处理、电路与系统等领域。本课程主要研究确定性信号（非随机信号）经线性时不变系统传输与处理的基本理论。本课程涉及的先修数学内容包括微分方程、差分方程、级数、复变函数、线性代数、积分变换等。

南京理工大学"信号与系统"课程于 2021 年被评为江苏省线上线下一流课程，本书是该课程的配套教材。

本教材第 6 版是在第 5 版的基础上，根据作者近几年的实际教学体会，结合广大读者的反馈意见和建议，并参考了近几年的国内外优秀教材，修订而成的，从而使本教材不断适应学科的发展，教材体系更加具有合理性和科学性。

第 6 版教材在教学目的、教学要求及大部分教学内容等方面，与第 5 版基本相同，在内容、结构安排等方面做了如下修订：

（1）内容的组织做了部分调整。教材内容调整次序为时域、频域、复频域，先信号后系统，在时域、频域、复频域部分先讲连续后讲离散。为了强化离散信号处理部分，将原来离散信号与系统的变换域分析，拆分成频域、z 域分析，以便后续课程"数字信号处理"的学习。

（2）将第 5 版中第 7 章的"傅里叶变换的应用"部分，调整为第 6 版中第 5 章"连续时间系统的频域分析"部分，同时增加"线性时不变连续时间系统的频率响应特性"一节，使教材的体系结构更加合理。

（3）强化教材立体化建设。在保留第 5 版二维码的基础上，又增加了部分二维码，以进一步丰富教材的内容，扩大学生的知识面。

（4）纠正了教材中的一些错误及不足之处，使内容表述更加精炼，更加具有可读性。

（5）对部分例题和习题做了调整与修改。

本书总体特点如下：

（1）内容结构合理。本教材内容按照时域、频域和复频域的次序安排；在不同的域中，按照先连续后离散安排章节；在各章节中，将信号与系统分开来叙述，采用先信号分析再系统分析的方法，这样使得信号与系统的脉络更加清晰。考虑到人们对时域更加具有直观体验，所以在第 5 版中，我们将先讲时域，便于读者能很快理解信号与系统。

（2）关键知识点总结。每门课程都有自己的重要知识点，认真归纳、总结和梳理这些知识点是学好该课程的重要环节之一。在第 5 版教材中，我们在每章的最后增加了该章关键知识点概要，使得本书不但可以作为学生复习每章内容的参考，而且也可用于本课程期末考试，以及研究生入学考试的总复习，在不增加本书篇幅和学生购书成本的情况下，实现了"一书多能"的效果。

（3）规范了教材中的某些符号，与后续课程保持一致。针对目前国内相关教材和国外教材的不同译本，存在着符号使用上的混乱现象，我们觉得有必要用科学的一致的方式，规范这些符号，方便大家使用。例如：

① 关于周期信号与非周期信号，本书中将周期信号用 $\tilde{f}(t)$ 来表示，而非周期信号仍用

$f(t)$ 来表示，这样从符号上就能清楚地区分周期信号与非周期信号。

② 将连续角频率的符号定义为 Ω，而数字频率的符号定义为 ω，与后续课程"数字信号处理"的教材保持一致。

（4）将习题进行了合理分解，每节后安排适量与本节知识点相关的基本习题，方便强化相关知识点的训练，便于师生的同步课程学习；每章后设计一些综合题，通过综合题的训练可以更好地融会贯通相关理论与方法，便于学生的期末复习、研究生入学考试备考，实现"一书多能"的效果。

由于不同学校和不同专业"信号与系统"课程学时数不尽一致，一般课堂讲授 32~64 学时。因此，教师可根据实际学时数，选择不同的章节来进行授课。

与本教材相配套的电子课件、MATLAB 的程序与部分习题答案，可以登录电子工业出版社的华信教育资源网 www.hxedu.com.cn 免费下载。

本教材由钱玲统稿。其中绪论，第 5，6，9 章及全部的 MATLAB 内容由钱玲执笔，第 1，2，4 章由王海青执笔，第 3，7，8 章由谷亚林执笔。作者所在教研室的各位同仁对本教材提出了许多宝贵意见，在此表示诚挚的谢意。

限于水平，教材中错误与不妥之处在所难免，恳请专家和读者批评指正。

编著者

（作者的 E-Mail：qianling@njust.edu.cn）

目 录

绪论 ……………………………………………………………………………………………… (1)
第1章 连续时间信号的时域分析 …………………………………………………………… (5)
1.1 信号的分类 ……………………………………………………………………………… (5)
1.2 常用的连续时间信号 …………………………………………………………………… (6)
1.3 奇异信号 ………………………………………………………………………………… (8)
1.3.1 单位斜变信号 …………………………………………………………………… (8)
1.3.2 单位阶跃信号 …………………………………………………………………… (9)
1.3.3 单位冲激信号 …………………………………………………………………… (10)
1.3.4 冲激偶信号 ……………………………………………………………………… (12)
1.4 信号的运算 ……………………………………………………………………………… (13)
1.4.1 信号的基本运算 ………………………………………………………………… (13)
1.4.2 信号的卷积运算 ………………………………………………………………… (16)
1.5 连续信号的分解 ………………………………………………………………………… (22)
1.6 MATLAB 操作界面及连续信号的表示 ……………………………………………… (25)
关键知识点概要 ………………………………………………………………………………… (27)
综合习题 ………………………………………………………………………………………… (30)
第2章 连续时间系统的时域分析 …………………………………………………………… (32)
2.1 系统的数学模型及其分类 ……………………………………………………………… (32)
2.2 系统的性质 ……………………………………………………………………………… (34)
2.3 线性时不变系统的微分方程表示及其经典求解 ……………………………………… (37)
2.3.1 线性时不变系统分析方法概述 ………………………………………………… (37)
2.3.2 线性时不变系统数学模型的建立 ……………………………………………… (38)
2.3.3 微分方程的经典求解 …………………………………………………………… (39)
2.3.4 初始条件的确定 ………………………………………………………………… (41)
2.4 零输入响应与零状态响应 ……………………………………………………………… (45)
2.5 冲激响应与阶跃响应 …………………………………………………………………… (48)
2.6 线性时不变系统的卷积积分分析 ……………………………………………………… (50)
2.7 用 MATLAB 对连续时间系统的时域分析 …………………………………………… (52)
关键知识点概要 ………………………………………………………………………………… (54)
综合习题 ………………………………………………………………………………………… (56)
第3章 离散时间信号与系统的时域分析 …………………………………………………… (58)
3.1 离散时间信号——序列 ………………………………………………………………… (58)
3.1.1 离散时间信号的定义和表示 …………………………………………………… (58)
3.1.2 典型序列 ………………………………………………………………………… (59)
3.1.3 序列的运算 ……………………………………………………………………… (61)
3.2 离散时间系统 …………………………………………………………………………… (65)
3.2.1 离散时间系统及其性质 ………………………………………………………… (65)

3.2.2 线性常系数差分方程（Linear Constant-coefficient Difference Equation） (66)
　　3.2.3 线性常系数差分方程的经典解法 (69)
3.3 线性时不变（LTI）离散时间系统的单位样值响应 (72)
　　3.3.1 零状态响应与零输入响应 (72)
　　3.3.2 单位样值响应（Unit Sample Response /Impulse Response） (74)
　　3.3.3 LTI 离散时间系统的卷积和分析 (75)
　　3.3.4 LTI 离散时间系统的因果性和稳定性 (76)
3.4 用 MATLAB 分析离散时间信号和系统 (78)
关键知识点概要 (80)
综合习题 (82)

第 4 章 连续时间信号的频域分析 (84)

4.1 周期信号的频谱分析——傅里叶级数 (84)
　　4.1.1 傅里叶级数的三角形式 (84)
　　4.1.2 傅里叶级数的复指数形式 (85)
　　4.1.3 周期信号的频谱及其特点 (86)
　　4.1.4 波形的对称性与谐波特性的关系 (88)
　　4.1.5 吉伯斯现象 (91)
4.2 常用周期信号的频谱 (93)
　　4.2.1 周期矩形脉冲信号 (93)
　　4.2.2 周期锯齿脉冲信号 (96)
　　4.2.3 周期三角脉冲信号 (96)
　　4.2.4 周期半波余弦信号 (97)
　　4.2.5 周期全波余弦信号 (97)
4.3 非周期信号的频谱——傅里叶变换 (98)
4.4 典型非周期信号的频谱 (100)
4.5 傅里叶变换的基本性质 (105)
4.6 周期信号的傅里叶变换 (119)
4.7 连续信号的频域的 MATLAB 分析 (123)
关键知识点概要 (125)
综合习题 (128)

第 5 章 连续时间系统的频域分析 (130)

5.1 线性时不变连续时间系统的频率响应特性 (130)
　　5.1.1 频率响应特性 (130)
　　5.1.2 频率响应特性的求解 (131)
　　5.1.3 线性系统对激励信号的响应 (132)
5.2 无失真传输系统及理想低通滤波器 (133)
　　5.2.1 无失真传输 (133)
　　5.2.2 理想滤波器 (134)
5.3 信号的采样 (140)
　　5.3.1 信号采样的概念 (140)
　　5.3.2 采样信号的傅里叶变换 (141)
　　5.3.3 时域采样定理 (143)

  5.3.4 从采样信号中恢复连续信号 ……（145）
 5.4 调制与解调 ……（149）
  5.4.1 调制的概念及分类 ……（149）
  5.4.2 调幅信号的傅里叶变换 ……（150）
  5.4.3 解调的概念 ……（153）
 5.5 信号的频率采样与复用 ……（156）
  5.5.1 信号的频域采样 ……（156）
  5.5.2 频分复用与时分复用 ……（158）
 5.6 MATLAB 在信息处理与通信中的应用 ……（159）
 关键知识点概要 ……（162）
 综合习题 ……（163）

第6章 连续时间系统的复频域分析 ……（166）

 6.1 拉普拉斯变换 ……（166）
  6.1.1 从傅里叶变换到拉普拉斯变换 ……（166）
  6.1.2 拉普拉斯变换的收敛域 ……（168）
  6.1.3 典型信号的拉普拉斯变换 ……（170）
 6.2 拉普拉斯变换的基本性质 ……（170）
 6.3 拉普拉斯逆变换 ……（178）
  6.3.1 部分分式展开法 ……（179）
  6.3.2 留数法 ……（182）
 6.4 系统响应的拉氏变换求解 ……（182）
  6.4.1 微分方程的拉氏变换求解 ……（183）
  6.4.2 s 域的元件模型 ……（186）
 6.5 系统函数与冲激响应 ……（190）
 6.6 零、极点分布与时域响应特性 ……（193）
  6.6.1 零点与极点的概念 ……（193）
  6.6.2 零、极点分布与时域响应特性 ……（194）
  6.6.3 自由响应与强迫响应、暂态响应与稳态响应 ……（196）
 6.7 系统函数零、极点分布确定频率响应 ……（198）
  6.7.1 零、极点图的矢量作图法 ……（199）
  6.7.2 一阶系统的 s 域分析 ……（200）
  6.7.3 二阶系统的 s 域分析 ……（202）
 6.8 全通系统和最小相位系统 ……（206）
  6.8.1 全通系统 ……（206）
  6.8.2 最小相位系统 ……（207）
 6.9 系统模拟及信号流图 ……（209）
  6.9.1 系统的框图 ……（209）
  6.9.2 信号流图 ……（210）
  6.9.3 系统模拟 ……（212）
 6.10 系统的稳定性 ……（218）
 6.11 MATLAB 在连续系统变换域分析中的应用 ……（221）
 关键知识点概要 ……（224）

综合习题 ·· (228)

第7章　离散时间信号与系统的频域分析 ·· (230)

7.1　离散时间傅里叶变换 ··· (230)

7.1.1　离散时间傅里叶变换（DTFT，Discrete-Time Fourier Transform）的定义 ····· (230)

7.1.2　DTFT 特点与性质 ·· (231)

7.1.3　序列 $x[n]$ DTFT 与采样信号 $x_s(t)$ 傅里叶变换的联系 ··········· (232)

7.2　常用序列的傅里叶变换 ··· (233)

7.3　离散时间傅里叶变换的性质 ··· (235)

7.4　离散时间系统的频域分析 ··· (237)

7.4.1　LTI 离散时间系统的频响特性 ··· (237)

7.4.2　离散时间系统频响特性的特点 ··· (239)

7.5　数字滤波器的概念 ·· (240)

7.5.1　数字滤波器原理 ·· (240)

7.5.2　理想数字低通滤波器 ··· (242)

7.5.3　IIR 数字滤波器与 FIR 数字滤波器 ······································ (243)

7.6　离散时间信号与系统频域的 MATLAB 分析 ······························· (244)

关键知识点概要 ··· (246)

综合习题 ··· (246)

第8章　离散时间系统的 z 域分析 ·· (248)

8.1　序列的 z 变换及其收敛域 ··· (248)

8.1.1　z 变换的定义 ··· (248)

8.1.2　z 变换的收敛域 ·· (249)

8.1.3　s 平面到 z 平面的映射 ·· (252)

8.1.4　典型序列的 z 变换 ··· (253)

8.2　z 逆变换 ··· (254)

8.3　z 变换的基本性质 ·· (257)

8.4　LTI 离散时间系统响应的 z 变换求解 ····································· (263)

8.5　系统函数与单位样值响应 ··· (265)

8.5.1　系统函数与单位样值响应 ··· (265)

8.5.2　系统函数与线性常系数差分方程 ·· (266)

8.5.3　系统函数与系统的因果性 ··· (267)

8.5.4　系统函数与系统的稳定性 ··· (268)

8.6　由系统函数零极点分布确定频响特性 ···································· (269)

8.6.1　零极点矢量分析法 ·· (270)

8.6.2　频响特性矢量分析法举例 ··· (271)

8.7　LTI 离散系统的系统框图及信号流图 ······································ (274)

8.8　用 MATLAB 实现离散时间信号与系统的 z 域分析 ·················· (277)

关键知识点概要 ··· (279)

综合习题 ··· (282)

第9章　系统的状态变量分析法 ·· (284)

9.1　系统的状态变量和状态方程 ··· (284)

9.2　连续时间系统状态方程的建立 ·· (287)

9.2.1 系统状态方程的直接编写 …………………………………………………………（287）
9.2.2 系统状态方程的间接编写 …………………………………………………………（288）
9.3 连续时间系统状态方程的求解 ……………………………………………………………（292）
9.4 离散时间系统状态方程的建立 ……………………………………………………………（297）
9.4.1 根据给定系统的差分方程确定状态方程 …………………………………………（297）
9.4.2 根据给定系统的框图或流图建立状态方程 ………………………………………（298）
9.5 离散时间系统状态方程的求解 ……………………………………………………………（299）
9.6 由状态方程判断系统的稳定性 ……………………………………………………………（302）
9.7 系统状态变量分析法的 MATLAB 实现 …………………………………………………（303）
关键知识点概要 …………………………………………………………………………………（306）
综合习题 …………………………………………………………………………………………（307）
习题答案 …………………………………………………………………………………………（309）
参考文献 …………………………………………………………………………………………（324）

绪　　论

"信号与系统"的理论和分析方法，潜在的和实际的应用范围不断地在扩大着，几乎渗透到各个科学技术领域之中。那么，什么是信号（signal）？什么是系统（system）呢？为什么要把信号与系统这两个概念联系在一起呢？这是首先必须弄清楚的问题。

1. 信号的定义及应用

"信号"来源于拉丁文"signum（记号）"一词，其含义甚广。"信号"这一术语不仅出现于科学技术领域之中，而且在日常生活之中每时每刻几乎都与信号打交道，人们对信号并不陌生。上课的铃声就是一种信号，火车、船舶的汽笛声，汽车的喇叭声也都是一种信号，这些都是声信号。道路交叉路口和铁路轨道旁设置的红绿灯光是一种信号，发射信号弹的闪烁亮光也是一种信号，这些都是光信号。收音机和电视机天线从天空中接收到的电磁波是一种信号，它们每一级电路的输入、输出电压（voltage）或电流（current）也是信号，这都是电信号。除此之外，还有电视机和计算机显示器屏幕上的图像文字信号，交警指挥的手势信号，军舰使用的旗语信号，等等。所有这些五花八门的信号，虽然它们的物理表现形式各不相同，但是它们却存在两个共同特点：其一本身都是一种变化着的物理量，其二表现为，信号都包含有一定意义，即信号是载有信息（information）的。例如上课的铃声信号，表示上课时间到了的信息；雷达荧光屏上的光点信号，表示有飞机出现的信息；生物细胞中 DNA 的结构图案信号，表示了一定的遗传信息等。因此，信号就是用于描述、记录或传输的信息的任何对象的物理状态随时间的变化过程。简单而言，信号就是载有一定信息的一种变化着的物理量。

自古以来，人们就在不断地寻求各种方法，将信息转化为信号，以实现信息的传输、记忆与处理。我国古代利用烽火台的狼烟报警，希腊人利用火炬位置表示字母符号，就是利用光信号进行信息传递的早期范例。击鼓鸣金报送时刻或传达命令，是利用声信号进行信息传递的例证。以后出现了信鸽、驿站和旗语等传送信息的各种方法。这些方法无论在距离、速度还是在有效性与可靠性方面，都没有得到较满意的解决。19 世纪初叶之后，人们开始研究如何利用电信号进行信息的传送，使人类在信息传输、记忆与处理等诸多方面取得了显著的进步和满意的效果。1837 年，莫尔斯（F. B. Morse）发明了电报，使用点、划、空适当组合的代码表示字母和数字，这种代码称为莫尔斯电码。1876 年，贝尔（A. G. Bell）发明了电话，直接将语音变换成电信号沿导线传递。19 世纪末，赫兹（H. Hertz）、波波夫（А. С. Попов）、马可尼（G. Marconi）等人研究用电磁波传送无线电信号问题。1901 年，马可尼成功地实现了横跨大西洋的长距离无线电通信（即信息传输）。从此，传输电信号的通信方式得到了广泛的应用与迅速发展。现在，电话、无线电广播、电视、网络等利用电信号的通信方式，已成为我们日常生活中不可缺少的内容和手段，不仅实现了遍绕地球的全球电信号通信，而且实现了太阳系范围的电信号通信。还要指出，电信号与许多种非电信号之间可以比较方便地进行相互转换。实际应用中常常将各种物理量，如声波动、光强度、机械运动的位移或速度等转换成电信号，以利于远距离的信息传输，经传输后在接收端再将电信号还原成原始的消息。

本书中只研究电信号的各种特性和分析方法。所谓<u>电信号</u>（以后简称为信号），<u>一般指载有信息的随时间而变化的电压或电流</u>，也可以是电容上的电荷、线圈中的磁通及空间中的电磁波等电量。信号特性可以从两个方面来描述：一是时间特性，亦称为时域特性；二是频率特性，亦称为频域特性。信号是随时间而变化的电量，那么描述信号的数学表达式则是时间的函数。绘出函数的图像称为信号的波形。波形表现出信号的时间特性，如信号出现的时间先后，持续时间的长短，重复周期的大小，以及随时间变化的快慢等。信号的另一个特性是，任一信号总可以分解为许多不同频率的正弦分量，表现出信号具有一定的频率特性。例如，各频率的正弦分量之间相对大小、主要频率分量占有的范围即频带宽度等。信号的形式有所不同，就在于它们有各自的时间特性和频率特性。信号的时间特性与频率特性之间具有一定的相互对应关系。

2. 信号处理的概念

所谓信号处理可以理解为对信号进行某种加工或变换。加工或变换的目的在于削弱信号中多余的成分，滤除混杂的噪声和干扰；或者将信号变换成容易分析与识别的形式，便于估计或选择它的特征参量，为了进行信号处理，就需要对信号进行描述、分解、变换、检测、特征提取，以及设计信号。近年来数字电子计算机的迅猛发展与广泛应用，更大大促进了信号处理的研究，使得信号处理的应用遍及许多科学技术领域。例如，太空探测器发来的图像信号可能被淹没在噪声之中，而利用信号处理技术就可以使有用的信号增强，在地球上得到清晰的图像。资源勘探、地震测量及核试验监测中所得到的数据分析也需要利用信号处理技术。信号处理还可以应用于心电图、脑电图的分析，语音或图像识别，以及各种类型的数据通信等。信号传输与信号处理既有密切的联系，又是相对独立的学科体系。但它们共同的理论基础是信号分析与系统分析。

3. 系统的定义及应用

所谓<u>系统是指一个由若干个相互联系、相互作用的单元（事物）组合而成的具有某种特定功能的整体</u>。系统可以是太阳系、生态系统和动物神经组织等自然系统；也可以是计算机网、交通运输网和电力系统等人工系统。系统可以是生物系统、化学系统、政治体制系统和经济结构等非物理系统。本书只讨论无线电电子学领域中的电系统。

在无线电电子学领域中，常常利用通信系统、控制和计算机系统等进行信号的传输与处理。信号的传输与处理，要由许多不同功能的单元组合而成的一个复杂系统来完成。从广义上来说，信息的传输过程都可以认为是通信。完成信息传输任务的系统统称为信息传输系统，亦可称为通信系统，电话、电视、雷达、导航、智能设备、网路等系统均属之。以电视系统来说，它所要传输的信息包含在配有声音的画面之中，传输这些画面时，先要借助电视摄像机把画面的光线色彩转换成图像信号，并利用话筒把声音转换成伴音信号，这些就是电视要传输的带有信号的原始信号。然后把这些信号送入电视发射机，它能够产生一种反映上述信号变化的便于传播的射频电视信号。最后，由天线将这个射频电视信号转换为电磁波发射出去，在空间传播。电视接收者用接收天线截获一小部分电磁波能量，将它转换成射频信号送入电视接收机。接收机的作用正好和发射机相反，它能将送入的射频电视信号恢复出原有的图像信号和伴音信号，并把这两种信号分别送到显像管和喇叭，使接收者能看到传输的图像，并听到配有的伴音。这个信息传输过程，可以用图1所示的方框图表示。这个方框图也表示了一般通信系统的组成。图中，信源是产生载有信息之消息（语言、文字、图像或数据等）的设备或人，输入转换器把消息转换为信号，如摄像管、话筒等，发射机是把输入转换器输出的信号转换成便于传输的另一种形式信号的装置。信道是指信号传输的通道，在有线电话中它是一对导线，在利用电磁波传播的无线电通信中它可以是空间、卫星通信中的人造卫星，也可以是波导或同轴电缆，在光通信中，它则是光导纤维。接收机用来接收信道传来的信号，并把它转换为能适宜于输出转换器工作的装置。从广义而言，发射机和接收机也可以看成是信道，因此也称它为信道机。输出转换器是将接收机输出的信号转换为消息的装置,如显像管、喇叭等。转换器完成从一种形式的能量转换为另一种形式的能量这一工作。信宿是接收消息的装置或人。不同的通信系统可以有不同的信源和不同的信道。

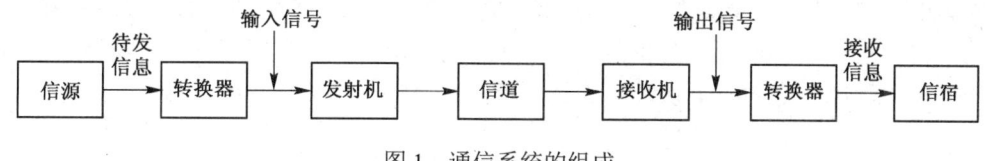

图 1　通信系统的组成

构成系统的单元可小可大,可简可繁。如果将通信系统、控制系统、计算机系统与指挥系统共同组合而成一个繁杂的整体,可以构成一个宇宙航行的综合系统。一只电阻和一只电容可以构成具有一定微分或积分功能的简单系统。通常,无线电电子学领域中系统的主要部件包括大量的、多种类的电路。电路亦称为网络。当研究一般性的抽象规律时往往用网络一词,而讨论指定的具体问题时常称之为电路。

4．信号与系统的关系

信号与系统有着十分密切的联系。离开了信号,系统将失去意义。信号必定是由系统产生、发送、传输与接收,离开系统没有孤立存在的信号;系统的重要功能就是对信号进行加工、变换与处理,没有信号的系统就没有存在的意义。也就是说,要产生信号,要对信号进行传输、处理、存储或转化,必定需要一定的物理装置,这种物理装置就是系统。从系统的功能来看,系统就是一个转换器,它总是对某个特定的输入信号 $x(t)$ 变换成另一个输出信号 $y(t)$。为了方便地表示不同的系统,把输入输出信号之间的关系写成如下的函数形式

$$y(t) = \mathrm{T}[x(t)]$$

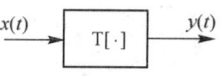

式中,$x(t)$ 亦可称为激励;$y(t)$ 亦可称为响应;$\mathrm{T}[\cdot]$ 可以看成是一种算子,不同系统对应不同算子。这样,系统可用图 2 所示的方框图表示。这里表示的是单输入单输出连续系统。复杂系统可以是多个输入多个输出的。系统的功能和特性,就是通过由不同激励产生不同响应来体现的。

图 2　系统的方框图

随着计算机技术应用的迅速发展,系统仿真技术的日益进步,使系统的研究和信号的研究已经进一步融合起来了。本书不但将信号与系统这两个概念联系在一起,而且将信号分析与系统分析并重讨论。

5．信号与系统的应用

信号与系统的基本概念、基本分析方法已经渗透到了信息与通信工程,电路与系统,集成电路工程,生物医学工程,物理电子学,导航雷达、制导与控制,电磁场与微波技术,水声工程,电气工程,动力工程,航空工程,环境工程,物联网,人工智能、股市分析、人口统计等领域。

虽然在上述的工程应用领域所出现的信号与系统的物理性质不同,但都有两个基本特征:其一,作为一个或几个独立的信号都包含了一定的物理现象的信息;其二,系统可以对给定的信号产生响应或产生另外的信号,或者产生其它希望的特性。应用信号与系统的基本理论和基本方法,可以通过选择特定的系统激励信号,或者利用不同子系统组合工作,来达到改变或控制系统的性能。

在通信领域,信号与系统理论可以实现信号的传输、滤波、调制、复用等技术;在机电系

统，可以实现系统控制、变换、减小误差等方面技术完善；在控制领域，可以保证系统稳定性，提高响应的快速性；在生物医学领域，可以更好地描述系统，使该类系统能实现计算机分析与仿真；在物联网领域，可以将分布在世界不同地方的人与物链接起来，达到异地操控、程控启动、信息交流目的；在人工智能领域，5G、6G通信技术、海量的数据涌现，量子计算机类脑芯片等应用，将促进智能化、无人化的生产和控制。总之，信号与系统理论应用已经深入我们生活和工作的许多领域，成为不可或缺的理论基础。

第 1 章　连续时间信号的时域分析

信号是传递信息的工具，它的基本形式是随时间变化的电流或电压信号，通常情况下，可以用数学函数公式表示，也可以用它的函数图像即信号波形来表示。为了讨论方便，本书中常常把信号与函数两个术语视为同义词。本章首先介绍了信号的分类，然后详细讨论几种典型连续时间信号和奇异信号，由于信号与系统分析中经常遇到信号的各种运算，因此，本章还介绍了连续时间信号的各种运算，即连续时间信号的时域分析。连续时间信号的变换域分析将在第4、6章详细分析。

1.1　信号的分类

信号的形式多种多样，因此其种类也很多，从不同角度可以有不同分类方法。
（1）连续时间信号和离散时间信号

按函数自变量取值是否具有连续性，信号可以区分为连续时间信号（continuous time signal）和离散时间信号（discrete time signal）。如果对于所讨论的时间范围内，在任意时刻点上（除若干不连续点外）函数都有确定的值与之对应，这种信号就称为连续时间信号。例如，图 1.1-1(a)所示的正弦信号是典型的连续信号，图 1.1-1(b)所示的信号在 t_1 处的 $f(t)$ 值发生跳变，但它仍是连续时间信号。而离散时间信号，在时间上是离散的，它只在某些时间的离散点上给定函数值，在其他时间上都没有定义。图 1.1-2 所示的信号，就是离散时间信号。

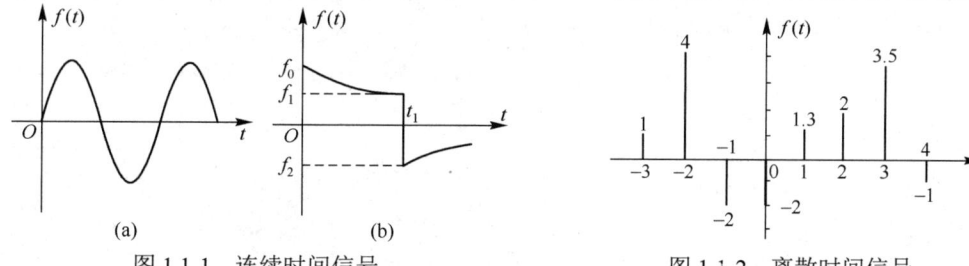

图 1.1-1　连续时间信号　　　　　　图 1.1-2　离散时间信号

（2）周期信号和非周期信号

周期信号是每隔一定时间 T，周而复始而且无始无终的信号。按函数是否具有周期性，信号可以区分为周期信号（periodic signal）和非周期信号（nonperiodic（aperiodic）signal）。对于周期连续信号，其数学表达式为

$$\tilde{f}(t) = f(t+nT) \quad n = 0, \pm 1, \pm 2, \cdots \tag{1.1-1}$$

对于周期序列

$$\tilde{f}[n] = f[n+mN] \quad m = 0, \pm 1, \pm 2, \cdots \tag{1.1-2}$$

满足式(1.1-1)的最小常数 T，满足式(1.1-2)的最小值 N 称为该周期信号的重复周期。由上式可见，周期信号定义区间为 $(-\infty,\infty)$，只要给出此信号在任一周期内的变化过程，便可确知它在任一时刻的数值。不满足上式的信号就称为非周期信号，非周期信号在时间上不具有周而复始的特性。非周期信号也可以看作周期 T 或 N 趋于无限大的周期信号。

（3）确定性信号和随机信号

按分布性质不同，信号可以区分为确定性信号（deterministic signal）和随机信号（random

signal）。对于给定的某一时刻，有确定的函数值与之对应，这种信号称为确定性信号或规则信号。例如，正弦信号就是确定性信号。然而，实际传输的信号往往具有不可预知的不确定性，这种信号称为随机信号或不确定信号。语音信号就是一种随机信号，空中传来的噪声、电路元件中的热噪声电流等都是随机信号。随机信号在每一确定时刻上的取值难于确定，只能通过大量实验数据，利用概率论和随机过程的数学方法进行研究。本书只讨论确定性信号。

（4）因果信号和非因果信号

按函数存在的区域，信号可以分为<u>因果信号</u>（causal signal）和<u>非因果信号</u>（noncausal signal）。将 $t \geqslant 0$ 接入系统的信号（即在 $t<0$ 时为零的信号），称为因果信号。反之，若 $t<0$ 时不等于零的信号，则称为非因果信号。

（5）一维信号和多维信号

按函数自变量数目不同，信号可以分为<u>一维信号</u>（one-dimensional signal）和<u>多维信号</u>（multi-dimensional signal）。若信号表示为时间 t 的函数，则这种信号是一维信号。一维信号的这种时间函数关系可以用数学表达式、波形图、数据表等方式来表达。$\sin t$，e^{-t} 等具体函数表达式可以表示信号，亦可用 $f(t)$，$x(t)$ 等抽象的函数表达式表示信号。

对于一个函数，它的定义域是很重要的。用时间函数来表示的信号，其定义域就是信号存在的时间范围。例如，$\cos t \,(-\infty<t<\infty)$ 和 $\cos t \,(t \geqslant 0)$ 就是两个不同的信号，因为它们的时间范围不相同。为方便起见，凡时间范围为 $-\infty<t<\infty$ 的，可以省略不写。也就是说，凡没有特别标明时间范围时，都认为 $t \in (-\infty, \infty)$。对应一维信号，还有二维信号、三维信号等多维信号。电视图像信号是典型的三维信号 $f(x,y,t)$，即它是平面空间 x, y 和时间 t 的三维函数。多维信号可以采用扫描等措施变换成一维信号。本书只讨论表示为时间函数的一维信号。

（6）能量信号和功率信号

有时需要知道信号的能量特性或功率特性，为此需要研究信号 $f(t)$（电流或电压）在一单位电阻（1Ω）上所消耗的能量或功率。

若信号 $f(t)$ 在 1Ω 上的瞬时功率为 $|f(t)|^2$，在时间间隔 $-T/2<t<T/2$ 内消耗的能量为

$$E_T = \int_{-T/2}^{T/2} |f(t)|^2 dt \tag{1.1-3}$$

当 $T \to \infty$ 时，信号 $f(t)$ 的总能量为

$$E_\infty = \int_{-\infty}^{\infty} |f(t)|^2 dt \tag{1.1-4}$$

信号的平均功率为

$$P = \lim_{T \to \infty} \frac{1}{T} \int_{-T/2}^{T/2} |f(t)|^2 dt \tag{1.1-5}$$

以上两式中，被积函数都是 $f(t)$ 的绝对值平方，所以信号能量 E 和信号功率 P 都是非负实数，即使 $f(t)$ 是复函数也一样。

若信号 $f(t)$ 的能量为有限值，而平均功率为零，即 $0<E<\infty$，$P=0$，则称此信号为能量有限信号，简称<u>能量信号</u>。

若信号 $f(t)$ 的能量为无限大，而平均功率为有限值，即 $E \to \infty$，$0<P<\infty$，则称此信号为功率有限信号，简称<u>功率信号</u>。

第三种是能量和平均功率都无限大。一般而言，周期信号都是功率信号，而非周期信号有的是能量信号，有的是功率信号。对于离散信号，按照类似方法也可分为能量信号和功率信号。

1.2 常用的连续时间信号

1. 实指数信号

在信号与系统分析中，指数信号（exponential signal）是重要的基本信号之一，它的表达

式为

$$f(t) = Ae^{\alpha t} \tag{1.2-1}$$

式中，α 是实数。若 $\alpha >0$，则信号将随时间增大而增长，且 α 越大，增长速度越快。若 $\alpha <0$，则信号随时间增大而衰减，且 $|\alpha|$ 越大，衰减速度越快。当 $\alpha = 0$ 时，信号 $f(t) = A$，为一常数，称为直流信号。指数信号的波形如图 1.2-1 所示。

常见的指数信号是单边指数衰减信号，其表达式为

$$f(t) = \begin{cases} Ae^{-\alpha t} & t > 0 \\ 0 & t < 0 \end{cases} \tag{1.2-2}$$

式中，$\alpha >0$。α 的倒数称为指数信号的时间常数（time constant），记为 τ，其波形如图 1.2-2 所示。

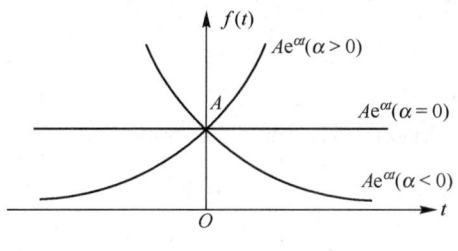

图 1.2-1 指数信号

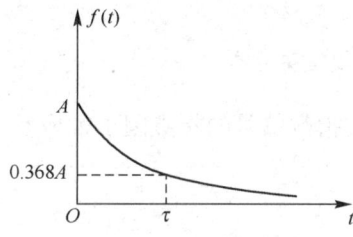

图 1.2-2 单边指数衰减信号

2．正弦信号

正弦信号（sine signal）与余弦信号（cosine signal），两者只是在相位上相差 $\pi/2$，可以统称为正弦信号。其一般形式为

$$f(t) = A\sin(\Omega t + \theta) \tag{1.2-3}$$

式中，A 为振幅（amplitude），Ω 是角频率（angular frequency），θ 为初相位（initial phase）。上述三个量是正弦信号的三要素。它的波形如图 1.2-3 所示。

正弦信号是周期信号，其周期（period）T 与频率（frequency）f 及角频率 Ω 之间的关系为 $T = 1/f = 2\pi/\Omega$。

在信号与系统分析中，经常要遇到单边指数衰减的正弦信号，波形如图 1.2-4 所示。其表达式为

$$f(t) = \begin{cases} Ae^{-\alpha t}\sin \Omega t & t \geqslant 0 \\ 0 & t < 0 \end{cases} \tag{1.2-4}$$

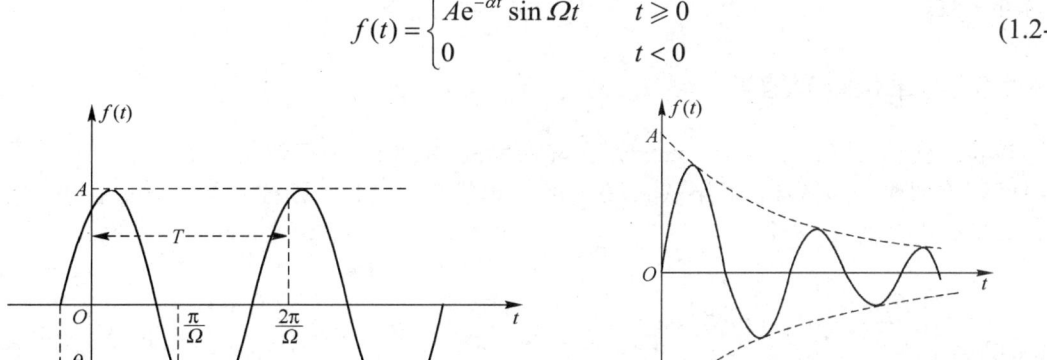

图 1.2-3 正弦信号　　　　图 1.2-4 指数衰减的正弦信号

3．抽样函数

抽样函数（sampling function）定义为 $\sin t$ 与 t 之比，表达式为

$$\mathrm{Sa}(t) = \frac{\sin t}{t} \qquad (1.2\text{-}5)$$

抽样函数的波形如图 1.2-5 所示。由图可知，$\mathrm{Sa}(t)$ 是偶函数（even function），在 t 的正、负两方向振幅都逐渐衰减，且当 $t = \pm\pi, \pm 2\pi, \pm 3\pi, \cdots$ 时，函数值为零。

$\mathrm{Sa}(t)$ 函数具有如下性质

$$\int_0^\infty \mathrm{Sa}(t)\mathrm{d}t = \frac{\pi}{2} \qquad (1.2\text{-}6)$$

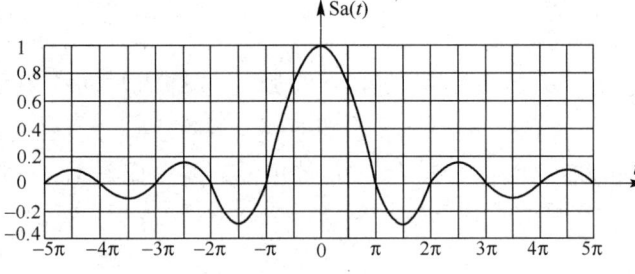

图 1.2-5　抽样函数

$$\int_{-\infty}^\infty \mathrm{Sa}(t)\mathrm{d}t = \pi \qquad (1.2\text{-}7)$$

4．复指数信号

将实指数信号的指数因子换成复数，则称为复指数信号(complex exponential signal)，其表达式为

$$f(t) = A\mathrm{e}^{st} \qquad (1.2\text{-}8)$$

式中，s 称为复频率(complex frequency)，它可以表示成 $s = \sigma + \mathrm{j}\Omega$，$\sigma$ 为复指数 s 的实部(real part)，Ω 为虚部(imaginary part)。借助欧拉公式，可将式(1.2-8)展开成如下形式

$$f(t) = A\mathrm{e}^{st} = A\mathrm{e}^{(\sigma+\mathrm{j}\Omega)t} = A\mathrm{e}^{\sigma t}\cos\Omega t + \mathrm{j}A\mathrm{e}^{\sigma t}\sin\Omega t \qquad (1.2\text{-}9)$$

上式表明，一个复指数信号可分解为实部与虚部两部分。其中，实部为余弦信号，虚部为正弦信号。指数因子的实部 σ 表征了正弦与余弦的振幅随时间变化的情况。若 $\sigma > 0$，则正弦、余弦信号是增幅振荡；若 $\sigma < 0$，则为衰减振荡。指数因子的虚部 Ω 则表示正弦和余弦信号的角频率。（钟形信号高斯函数见二维码）

1.3 奇异信号

在信号与系统分析中，除了上述几种常用基本信号之外，还经常遇到信号本身具有不连续点（跳变点）或其导数与积分具有不连续点的情况，这类信号统称为奇异信号（singularity signal）或奇异函数。

1.3.1 单位斜变信号

单位斜变信号（unit ramp signal）也称为单位斜坡信号或单位斜升信号。它是从某一时刻随时间正比例增长的信号。如果从 $t = 0$ 开始按单位斜率增长，则称为单位斜变信号，用 $R(t)$ 表示，其数学表达式为

$$R(t) = \begin{cases} t & t \geqslant 0 \\ 0 & t < 0 \end{cases} \qquad (1.3\text{-}1)$$

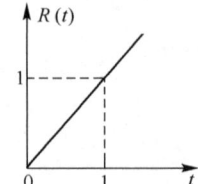
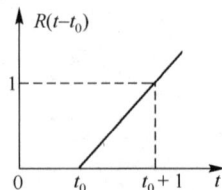

其波形如图 1.3-1 所示。

如果起始点移至 t_0，则应写为

$$R(t-t_0) = \begin{cases} t-t_0 & t \geqslant t_0 \\ 0 & t < t_0 \end{cases} \qquad (1.3\text{-}2)$$

图 1.3-1　单位斜变信号　　图 1.3-2　延时的单位斜变信号

这是延时的斜变信号，其波形如图 1.3-2 所示。如果斜率（slope）不是 1，而是 A（A 为大于零

的常数），则可以写为 $AR(t)$ 或 $AR(t-t_0)$。

1.3.2 单位阶跃信号

单位阶跃信号（unit step signal），用符号 $u(t)$ 表示，其数学表达式为

$$u(t) = \begin{cases} 1 & t > 0 \\ 0 & t < 0 \end{cases} \tag{1.3-3}$$

波形如图 1.3-3 所示。在跳变点 $t=0$ 处，函数值未定义。

单位阶跃信号的物理实现如图 1.3-4 所示的电路，假设开关 S、直流电源 E 及电容 C 均为理想元件，无内阻。当 $t=0$ 时，开关 S 闭合，由于电路中无损耗电阻存在，所以电源电压立刻加到电容 C 两端。从而使电容 C 两端的电压从 $t<0$ 时的 0V 跳变到 $t>0$ 后的 $E=1$V。这样，电容 C 两端的电压就是单位阶跃信号。

如果开关 S 在 $t=t_0$ 时刻闭合，则电容 C 两端电压应是延时的单位阶跃信号，其表达式为

$$u(t-t_0) = \begin{cases} 1 & t > t_0 \\ 0 & t < t_0 \end{cases} \tag{1.3-4}$$

波形如图 1.3-5 所示。

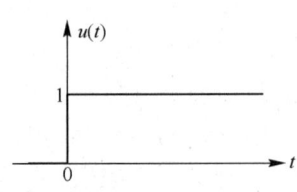
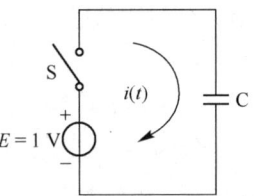
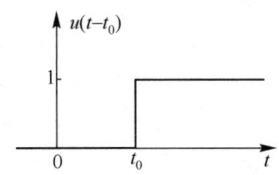

图 1.3-3　单位阶跃信号　　　图 1.3-4　电容充电电路　　　图 1.3-5　延时的单位阶跃信号

如果跳变值不是 1，而是 E，则可以写成 $Eu(t)$ 或 $Eu(t-t_0)$。

容易证明，单位阶跃信号是单位斜变信号的导数，即

$$u(t) = \frac{\mathrm{d}R(t)}{\mathrm{d}t} \tag{1.3-5}$$

反之，单位斜变信号是单位阶跃信号的积分，即

$$R(t) = \int_{-\infty}^{t} u(\tau) \mathrm{d}\tau \tag{1.3-6}$$

阶跃信号具有单边特性，当任意信号 $f(t)$ 与 $u(t)$ 相乘时，将使信号 $f(t)$ 在 $t=0$ 之前的幅度为零。例如，将余弦信号 $\cos t$ 与 $u(t)$ 相乘，使其 $t<0$ 的部分变为零。

常利用阶跃信号与延时阶跃信号之差表示分段信号。例如，图 1.3-6 所示的矩形脉冲 $G(t)$ 可表示为

$$G(t) = u(t) - u(t-t_0) \tag{1.3-7}$$

利用单位阶跃函数还可以表示符号函数（signum function）。符号函数定义为

$$\mathrm{sgn}(t) = \begin{cases} 1 & t > 0 \\ -1 & t < 0 \end{cases} \tag{1.3-8}$$

图 1.3-6　矩形脉冲

波形如图 1.3-7 所示。显然

$$\mathrm{sgn}(t) = 2u(t) - 1 \tag{1.3-9}$$

反之，也可用 $\mathrm{sgn}(t)$ 来表示 $u(t)$，即

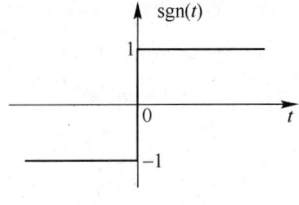

图 1.3-7　符号函数

$$u(t) = \frac{1}{2}[1 + \text{sgn}(t)] \tag{1.3-10}$$

1.3.3 单位冲激信号

某些物理现象，需要用一个时间极短，但取值极大的函数模型来描述。例如，力学中瞬间作用的冲击力，电学中电容器的瞬间充电电流，还有自然界中的电闪雷鸣等。单位冲激信号（unit impulse signal）就是以这类实际问题为背景而引出的。

我们仍以图 1.3-4 所示的电路为例，从物理概念上来解释冲激函数的意义。据 1.3.2 节分析已知，当 $t=0$ 时开关 S 闭合，电容 C 上的电压 $v_C(t)$ 是一个单位阶跃电压 $u(t)$。现在来计算电容 C 中的充电电流 $i_C(t)$，若设 $C = 1\text{F}$，显然充电电流 $i_C(t) = C\dfrac{\mathrm{d}v_C(t)}{\mathrm{d}t} = \dfrac{\mathrm{d}u(t)}{\mathrm{d}t}$，由于当 $t \neq 0$ 时，$\dfrac{\mathrm{d}u(t)}{\mathrm{d}t}$ 均等于零，而当 $t=0$ 时，$\dfrac{\mathrm{d}u(t)}{\mathrm{d}t}$ 是一个无限值，因而充电电流 $i_C(t)$ 在 $t=0$ 时也是一个无限大值，而在 $t \neq 0$ 时均为零。这是因为在讨论过程中是将图 1.3-4 电路中的电源、开关及电容予以理想化而引起的。实际电路中，必定存在损耗电阻，这时电容上的电压 $v_C(t)$ 将不会在 $t=0$ 瞬间从 0 突变到 1，而是存在一个过渡过程。假设电容上的电压 $v_C(t)$ 在一定时间范围（$0 < t < \tau$）之内按线性规律从 0 逐渐增大到稳定值 1。可以理解为，$v_C(t)$ 用图 1.3-8(a)所示的电压来代替原理想的单位阶跃电压，则电容 C 在 $0 < t < \tau$ 范围内的充电电流 $i_C(t) = 1/\tau$；而在 $t < 0$ 与 $t > \tau$ 范围内的充电电流 $i_C(t) = 0$。此时 $i_C(t)$ 是一个幅度为 $1/\tau$、宽度为 τ 的矩形脉冲，该矩形脉冲的面积为 1，如图 1.3-8(b)所示。若将 τ 逐渐减小并趋于零，那么电压 $v_C(t)$ 将逐渐趋近于单位阶跃函数，同时电流 $i_C(t)$ 的矩形脉冲宽度 τ 也将趋于零，而其幅度 $1/\tau$ 则趋于无限大。但是，无论 τ 值如何变小，脉冲面积却始终保持为 1。由此引出单位冲激函数，用符号 $\delta(t)$ 来表示。

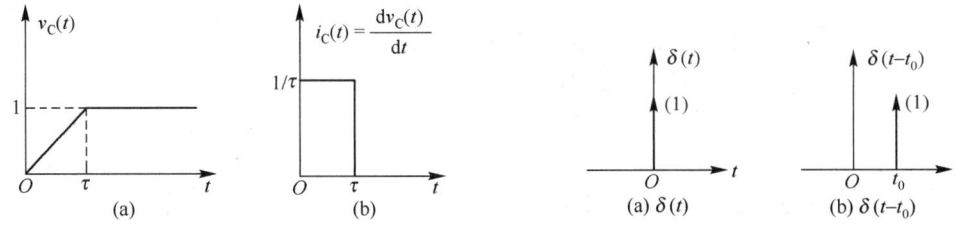

图 1.3-8 非理想情况下电容上的电压与电流　　图 1.3-9 单位冲激函数

单位冲激函数 $\delta(t)$ 可以定义为，在 $t \neq 0$ 时函数值均为零，而在 $t = 0$ 处函数值为无限大，且函数面积为 1。即可定义为

$$\begin{cases} \delta(t) = 0 & t \neq 0 \\ \int_{-\infty}^{\infty} \delta(t)\mathrm{d}t = 1 \end{cases} \tag{1.3-11}$$

函数面积称为冲激强度。冲激强度为 E 的冲激函数，应写为 $E\delta(t)$。

上式的定义是狄拉克（Dirac）给出的，因此单位冲激函数 $\delta(t)$ 又称为狄拉克函数，也称为 δ 函数。冲激函数用一带箭头的竖线表示，它出现的时间表示冲激发生的时刻，箭头旁边括号内的数字表示冲激强度。图 1.3-9(a)是表示发生在 $t=0$ 时刻的单位冲激函数；而图 1.3-9(b)则表示发生在 $t = t_0$ 时刻的单位冲激函数，则具有延时的冲激函数其数学表达式为

$$\begin{cases} \delta(t - t_0) = 0 & t \neq t_0 \\ \int_{-\infty}^{\infty} \delta(t - t_0)\mathrm{d}t = 1 \end{cases} \tag{1.3-12}$$

狄拉克用式(1.3-11)和式(1.3-12)给出了单位冲激函数的定义。从上述讨论过程中可以看出，单位冲激函数 $\delta(t)$ 是面积为 1 的单边矩形脉冲系列的极限，因此单位冲激函数可以定义为

$$\delta(t) = \lim_{\tau \to 0} \frac{1}{\tau}[u(t) - u(t-\tau)] \tag{1.3-13}$$

应指出，这种极限不同于一般的极限概念，可称为广义极限。因此，冲激函数又称为广义函数（generalized function），它的定义方法也不是唯一的。其实，单位冲激函数 $\delta(t)$ 也可以利用其他形式的规则函数系列的极限来定义，在求极限的过程中只要函数面积保持为 1。这些规则函数可以是对称矩形脉冲、对称三角形脉冲、双边指数函数和抽样函数等，如图 1.3-10 所示。利用这些规则函数系列极限给出单位冲激函数的表达式如下：

- 对称矩形脉冲
$$\delta(t) = \lim_{\tau \to 0} \frac{1}{\tau}\left[u\left(t+\frac{\tau}{2}\right) - u\left(t-\frac{\tau}{2}\right)\right] \tag{1.3-14}$$

- 对称三角形脉冲
$$\delta(t) = \lim_{\tau \to 0} \frac{1}{\tau}\left(1 - \frac{|t|}{\tau}\right)[u(t+\tau) - u(t-\tau)] \tag{1.3-15}$$

- 双边指数函数
$$\delta(t) = \lim_{\tau \to 0}\left[\frac{1}{2\tau}e^{-|t|/\tau}\right] \tag{1.3-16}$$

- 抽样函数
$$\delta(t) = \lim_{k \to \infty}\left[\frac{k}{\pi}\text{Sa}(kt)\right] \tag{1.3-17}$$

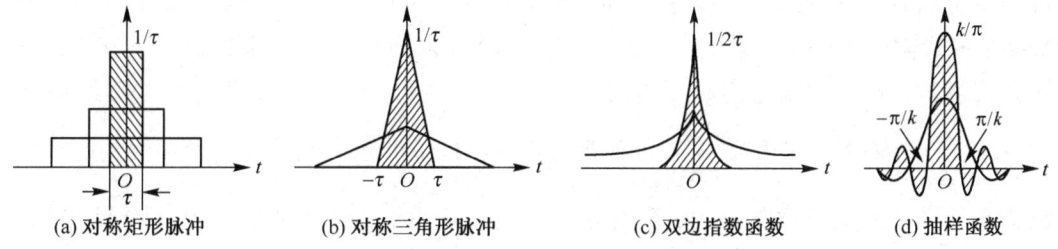

图 1.3-10　规则函数演变为冲激函数

冲激函数具有如下重要性质。

（1）取样特性（sampling property）。一个在 $t = 0$ 处连续（且处处有界）的信号与单位冲激信号 $\delta(t)$ 相乘，则其乘积仅在 $t = 0$ 处得到 $f(0)\delta(t)$，而其余 t 处乘积均为零，即

$$f(t)\delta(t) = f(0)\delta(t) \tag{1.3-18}$$

于是有

$$\int_{-\infty}^{\infty} f(t)\delta(t)\mathrm{d}t = \int_{-\infty}^{\infty} f(0)\delta(t)\mathrm{d}t = f(0)\int_{-\infty}^{\infty} \delta(t)\mathrm{d}t = f(0) \tag{1.3-19}$$

类似地，对延时的单位冲激信号有

$$f(t)\delta(t-t_0) = f(t_0)\delta(t-t_0) \tag{1.3-20}$$

和

$$\int_{-\infty}^{\infty} f(t)\delta(t-t_0)\mathrm{d}t = f(t_0) \tag{1.3-21}$$

这里要求信号 $f(t)$ 在 $t = t_0$ 处连续且处处有界。

式(1.3-19)和式(1.3-21)表明了冲激信号的取样特性，也称为"筛选"特性。连续时间信号 $f(t)$ 与单位冲激信号 $\delta(t)$ 或 $\delta(t-t_0)$ 相乘，并在 $-\infty$ 到 ∞ 时间内取积分，可以将冲激所在位置处的函数值 $f(0)$ 或 $f(t_0)$ 抽取（筛选）出来。这样可以用式(1.3-19)和式(1.3-21)来定义冲激函数 $\delta(t)$ 或 $\delta(t-t_0)$。

（2）冲激函数 $\delta(t)$ 是偶函数，即

$$\delta(t) = \delta(-t) \tag{1.3-22}$$

（3）冲激函数的积分等于阶跃函数。由式(1.3-11)可知，冲激函数的积分为

$$\int_{-\infty}^{t} \delta(\tau)\mathrm{d}\tau = \begin{cases} 1 & t>0 \\ 0 & t<0 \end{cases}$$

将上式与 $u(t)$ 的定义式(1.3-3)比较，就可得到如下重要关系：单位冲激函数的积分等于单位阶跃函数，即

$$\int_{-\infty}^{t} \delta(\tau)\mathrm{d}\tau = u(t) \tag{1.3-23}$$

反之，单位阶跃函数的导数等于单位冲激函数，即

$$\frac{\mathrm{d}u(t)}{\mathrm{d}t} = \delta(t) \tag{1.3-24}$$

上式解释如下：阶跃函数在除 $t=0$ 以外的各点都取固定值，其变化率都等于零，即导数为零。而在 $t=0$ 处有不连续点，此跳变点的微分就产生冲激函数 $\delta(t)$。也就是说，对于函数的跳变点处的微分，就在跳变处出现一冲激函数。

1.3.4 冲激偶信号

冲激信号的微分称为冲激偶信号（impulse doublet signal），以 $\delta'(t)$ 表示。同样可以利用规则函数系列取极限的概念引出 $\delta'(t)$。这里以三角形脉冲为例来说明其演变过程。如图 1.3-11 所示的三角形脉冲 $s(t)$，其底宽为 2τ、幅度为 $1/\tau$，当 $\tau \to 0$ 时，$s(t)$ 成为单位冲激函数 $\delta(t)$。首先对 $s(t)$ 求一阶导数，其导数 $\frac{\mathrm{d}s(t)}{\mathrm{d}t}$ 的波形如图 1.3-11(c)所示，它是正、负极性的两个矩形脉冲，称为脉冲偶对，其宽度都是 τ，幅度分别为 $\pm 1/\tau^2$，而面积分别为 $\pm 1/\tau$。随着 τ 值逐渐减小，脉冲偶对宽度也逐渐变窄，幅度逐渐增大。当 $\tau \to 0$ 时，$\frac{\mathrm{d}s(t)}{\mathrm{d}t}$ 变成正、负极性的两个冲激函数，其冲激强度均为无限大，这就形成了冲激偶信号 $\delta'(t)$，如图 1.3-11(d)所示。

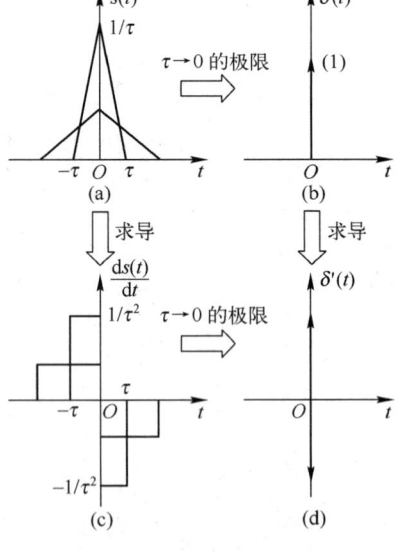

图 1.3-11 冲激偶的形成

冲激偶信号具有如下特性：

（1） $\qquad f(t)\delta'(t) = f(0)\delta'(t) - f'(0)\delta(t) \qquad (1.3\text{-}25)$

（2） $\qquad \int_{-\infty}^{\infty} \delta'(t)f(t)\mathrm{d}t = -f'(0) \qquad (1.3\text{-}26)$

这里，$f'(t)$ 在 $t=0$ 点连续，$f'(0)$ 为 $f(t)$ 的导数在零点的取值。

（3） $\qquad \delta'(t) = -\delta'(-t) \qquad (1.3\text{-}27)$

即冲激偶是奇函数（odd function）。

（4） $\qquad \int_{-\infty}^{\infty} \delta'(t)\mathrm{d}t = 0 \qquad (1.3\text{-}28)$

至此，我们介绍了斜变信号、阶跃信号、冲激信号及冲激偶信号，可由依次求导的方法将它们引出。除了以上四种奇异信号之外，冲激信号的高阶导数，以及 t 的多项式表示的信号，如 $t^2 u(t)$ 等也都属于奇异信号，因以后较少涉及，故不再一一讨论。

练习题

1.3-1 画出下列各函数的波形图。

(1) $u(t+1)+u(t)+u(t-1)-2u(t-2)-u(t-3)$ (2) $tu(t-1)$

(3) $t[u(t)-u(t-1)]$ (4) $t[u(t)-u(t-1)]+u(t-1)$

(5) $(t-1)[u(t-1)-u(t-2)]$ (6) $-(t-1)[u(t)-u(t-1)]$

1.3-2 写出图题 1.3-2 所示各波形的函数式（用阶跃信号表示）。

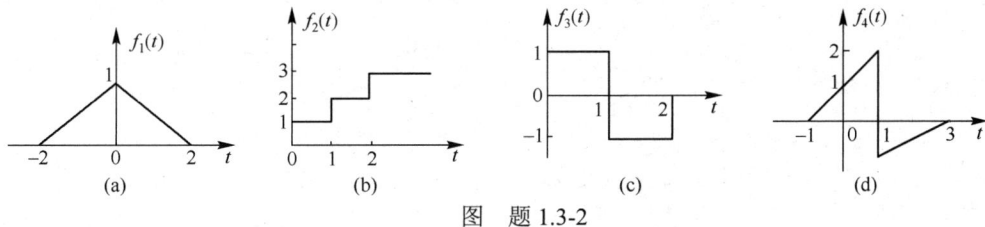

图 题 1.3-2

1.3-3 绘出下列各时间函数的波形图，注意时间段。

(1) $f_1(t)=\cos 3\pi t[u(t)-u(t-2)]$ (2) $f_2(t)=(1+\sin \pi t)[u(t+1)-u(t-1)]$

(3) $f_3(t)=e^{-t}\cos 6\pi t[u(t-1)-u(t-2)]$ (4) $f_4(t)=\dfrac{\sin 2(t-\pi)}{2(t-\pi)}$ (5) $f_5(t)=\text{sgn}[\sin(\pi t)]$

1.3-4 计算下列各式。

(1) $\cos 2t \cdot \delta(t)$ (2) $e^{-t}\delta(t+3)$ (3) $f(t+t_0)\delta(t)$

(4) $\int_{-4}^{2}\cos 2t \cdot \delta(t+3)dt$ (5) $\int_{0}^{\infty}e^{-2t}\cos t\delta(t+1)dt$ (6) $\int_{-\infty}^{\infty}(t+\sin t)\cdot \delta(t-\pi/6)dt$

(7) $\int_{-\infty}^{\infty}e^{-j\Omega t}[\delta(t)-\delta(t-t_0)]dt$ (8) $\int_{-\infty}^{\infty}e^{-t}[\delta(t)+\delta'(t)]dt$ (9) $\int_{-\infty}^{\infty}\delta(t-t_0)u(t-2t_0)dt$

1.4 信号的运算

在信号的分析和处理中，常常需要对信号进行运算，本节对连续时间信号各种运算进行了讨论，而离散时间信号的运算将放在第 3 章中介绍。

1.4.1 信号的基本运算

1. 信号的加减

两个信号的和（或差）在任意时刻的值等于两信号在该时刻的值之和（或差），即

$$f(t)=f_1(t)+f_2(t) \tag{1.4-1}$$

或

$$f(t)=f_1(t)-f_2(t) \tag{1.4-2}$$

2. 信号的乘法与数乘

两信号的积在任意时刻的值等于两信号在该时刻的值之积，即

$$f(t)=f_1(t)f_2(t) \tag{1.4-3}$$

信号的数乘运算是指某信号乘以一实常数 K，它是将原信号每一时刻的值都乘以 K。

3. 信号的反褶、时移与尺度变换

信号 $f(t)$ 的反褶就是用 $-t$ 替换 $f(t)$ 表达式中的所有独立变量 t，成为 $f(-t)$。反褶反映在波形上是将原信号 $f(t)$ 的波形以纵轴为轴反转 180°。

信号 $f(t)$ 的时移就是用 $t-t_0$ 替换 $f(t)$ 表达式中所有的独立变量 t。当 $t_0>0$ 时，波形向右移，这种情况也称为延时；当 $t_0<0$ 时，波形向左移，这种情况也称为超前。

信号 $f(t)$ 的尺度变换就是将 $f(t)$ 的时间变量 t 以常数 a 展缩，也就是在 $f(t)$ 的表达式中，以 at 代替独立变量 t。如果 $a<0$ 信号的波形还会发生反褶。当 $|a|>1$ 时，$f(at)$ 表示将原信号 $f(t)$ 在时间轴上压缩；当 $|a|<1$ 时，$f(at)$ 则表示将原信号 $f(t)$ 在时间轴上扩展。

例 1.4-1 已知信号 $f(t)$ 如图 1.4-1(a)所示，求以下信号的表达式，并画出其波形。

（1） $f(-t)$　　　（2） $f(t+1), f(t-1)$　　　（3） $f(2t), f(t/2)$　　　（4） $f(-2t+3)$

解：由图 1.4-1(a)得
$$f(t)=\begin{cases} t+1, & -1\leqslant t\leqslant 0 \\ 1, & 0<t<1 \\ 0, & t<-1 \text{及} t>1 \end{cases}$$

（1） $f(-t)=\begin{cases} -t+1, & -1\leqslant -t\leqslant 0 \\ 1, & 0<-t<1 \\ 0, & -t<-1 \text{及} -t>1 \end{cases}=\begin{cases} -t+1, & 0\leqslant t\leqslant 1 \\ 1, & -1<t<0 \\ 0, & t<-1 \text{及} t>1 \end{cases}$

其波形如图 1.4-1(b)所示。

（2） $f(t+1)=\begin{cases} t+2, & -1\leqslant t+1\leqslant 0 \\ 1, & 0<t+1<1 \\ 0, & t+1<-1 \text{及} t+1>1 \end{cases}=\begin{cases} t+2, & -2\leqslant t\leqslant -1 \\ 1, & -1<t<0 \\ 0, & t<-2 \text{及} t>0 \end{cases}$

$f(t-1)=\begin{cases} t, & -1\leqslant t-1\leqslant 0 \\ 1, & 0<t-1<1 \\ 0, & t-1<-1 \text{及} t-1>1 \end{cases}=\begin{cases} t, & 0\leqslant t\leqslant 1 \\ 1, & 1<t<2 \\ 0, & t<0 \text{及} t>2 \end{cases}$

$f(t+1)$ 与 $f(t-1)$ 的波形分别如图 1.4-1(c)和(d)所示。

（3） $f(2t)=\begin{cases} 2t+1, & -1\leqslant 2t\leqslant 0 \\ 1, & 0<2t<1 \\ 0, & 2t<-1 \text{及} 2t>1 \end{cases}=\begin{cases} 2t+1, & -1/2\leqslant t\leqslant 0 \\ 1, & 0<t<1/2 \\ 0, & t<-1/2 \text{及} t>1/2 \end{cases}$

$f(t/2)=\begin{cases} t/2+1, & -1\leqslant t/2\leqslant 0 \\ 1, & 0<t/2<1 \\ 0, & t/2<-1 \text{及} t/2>1 \end{cases}=\begin{cases} t/2+1, & -2\leqslant t\leqslant 0 \\ 1, & 0<t<2 \\ 0, & t<-2 \text{及} t>2 \end{cases}$

$f(2t)$ 与 $f(t/2)$ 的波形分别如图 1.4-1(e)和(f)所示。

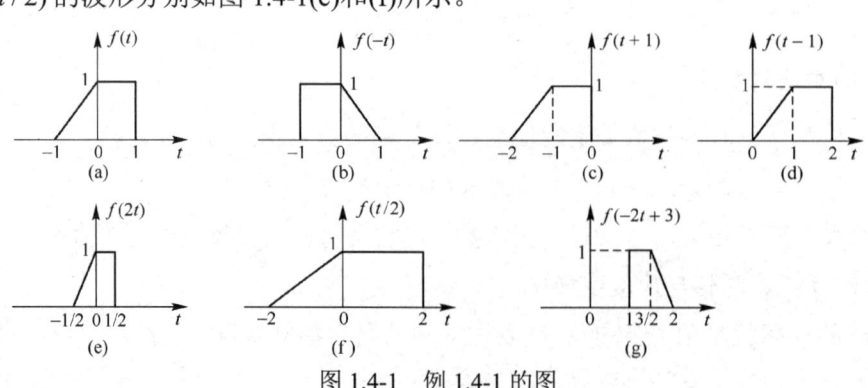

图 1.4-1　例 1.4-1 的图

（4）在信号与系统分析中，经常遇到信号既反褶，又时移，又有尺度变换的情况，此时是用 $-at+b(a>0)$ 替换 $f(t)$ 中的 t。于是可得

$$f(-2t+3) = \begin{cases} -2t+4, & -1 \leqslant -2t+3 \leqslant 0 \\ 1, & 0 < -2t+3 < 1 \\ 0, & -2t+3 < -1 \text{ 及 } -2t+3 > 1 \end{cases} = \begin{cases} -2t+4, & 3/2 \leqslant t \leqslant 2 \\ 1, & 1 < t < 3/2 \\ 0, & t<1 \text{ 及 } t>2 \end{cases}$$

其波形如图 1.4-1(g)所示。

以上求解过程都是先计算表达式然后画波形。实际上，也可以按照先画波形再写表达式的次序求解。例如，在例 1.4-1(4)中，可以先按照如下次序画波形

$$f(t) \xrightarrow{\text{反褶}} f(-t) \xrightarrow{\text{尺度变换}} f(-2t) \xrightarrow{\text{时移}} f(-2t+3) = f\left[-2\left(t-\frac{3}{2}\right)\right]$$

$f(-t)$，$f(-2t)$ 及 $f(-2t+3)$ 的波形分别如图 1.4-2(a)～(c)所示。这样由图 1.4-2(c)可直接写出 $f(-2t+3)$ 的表达式。例 1.4-1(4)的另一种具体解法请扫描二维码。

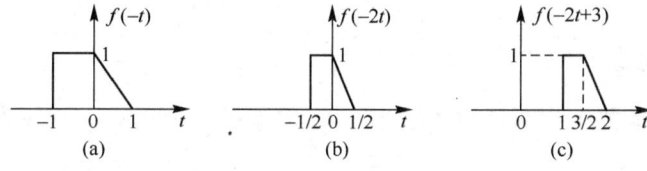

图 1.4-2 例 1.4-1(4)的波形

4．信号的微分与积分

（1）微分运算

信号 $f(t)$ 的微分 $\dfrac{\mathrm{d}f(t)}{\mathrm{d}t}$（也可写为 $f'(t)$）表示信号随时间变化的变化率。

由于引入了冲激函数的概念，不仅连续函数可以微分，而且具有跳变点的函数也存在微分，它们在跳变点处的导数是一个冲激函数，其冲激强度为原函数在该处的跳变量，而它们在连续区间的导数即为常规意义上的导数。

例 1.4-2 已知 $f(t)$ 的波形如图 1.4-3(a)所示，试求 $f'(t)$，并画出其波形。

解：由图 1.4-3(a)可得 $f(t) = t[u(t) - u(t-1)]$

所以 $f'(t) = [u(t) - u(t-1)] + t[\delta(t) - \delta(t-1)]$

$= [u(t) - u(t-1)] - \delta(t-1)$

图 1.4-3 信号的微分运算

由于 $f(t)$ 在 $t=1$ 处有一跳变点，跳变量为 -1（从 $1 \to 0$），则在 $t=1$ 处出现一冲激函数，其冲激强度为 -1。$f'(t)$ 的波形如图 1.4-3(b)所示。

（2）积分运算

信号 $f(t)$ 的积分运算 $\int_{-\infty}^{t} f(\tau)\mathrm{d}\tau$（也可写为 $f^{(-1)}(t)$）在 t 时刻的值等于从 $-\infty$ 到 t 区间内 $f(t)$ 与时间轴所包围的面积。

例 1.4-3 已知 $f(t)$ 的波形如图 1.4-4(a)所示，求 $f^{(-1)}(t) = \int_{-\infty}^{t} f(\tau)\mathrm{d}\tau$，并画出其波形。

解：由于积分上限 t 是变量，它可以从 $-\infty$ 变化到 ∞，并且当 t 取不同的值时，积分值也将不同，因此，可分如下区间求解。

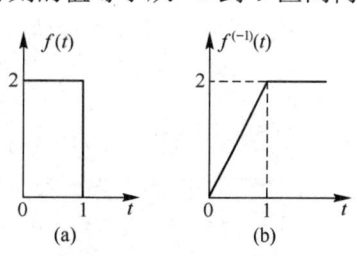

图 1.4-4 信号的积分运算

① 当 $t<0$ 时，$f^{(-1)}(t)=0$。

② 当 $0 \leqslant t \leqslant 1$ 时，$f^{(-1)}(t)=\int_0^t 2\mathrm{d}\tau=2t$。

③ 当 $t>1$ 时，$f^{(-1)}(t)=\int_0^1 2\mathrm{d}\tau=2$。

所以
$$f^{(-1)}(t)=\begin{cases} 0 & t<0 \\ 2t & 0 \leqslant t \leqslant 1 \\ 2 & t>1 \end{cases}$$
$$= 2t[u(t)-u(t-1)]+2u(t-1)=2tu(t)-2(t-1)u(t-1)$$

$f^{(-1)}(t)$ 的波形如图 1.4-4(b)所示。由图可知，$f^{(-1)}(t)$ 在 $t<0$ 时为零；在 $0 \leqslant t \leqslant 1$ 时，$f(t)$ 与时间轴所包围的面积随着 t 的增加而增大；当 $t=1$ 时，所包围的面积达到最大值 2；当 $t>1$ 时，所包围的面积不再增大，仍保持为 2。

1.4.2 信号的卷积运算

在信号与系统分析中经常要用到两函数 $f_1(t)$ 和 $f_2(t)$ 的卷积积分运算（简称为卷积），卷积常用符号"*"表示，其定义为

$$f_1(t)*f_2(t)=\int_{-\infty}^{\infty} f_1(\tau)f_2(t-\tau)\mathrm{d}\tau \tag{1.4-4}$$

一般情况下，卷积积分的上下限并不都取 $-\infty$ 到 ∞，而是要根据被积函数的具体波形，采用图解法来确定。

1. 卷积积分的图解法

卷积积分的图解法求解可以帮助我们理解卷积的概念，把一些抽象的关系形象化。

如果给定 $f_1(t)$ 和 $f_2(t)$，求这两个函数的卷积积分 $s(t)=f_1(t)*f_2(t)$，首先要改变自变量，即将 $f_1(t)$ 和 $f_2(t)$ 变为 $f_1(\tau)$ 和 $f_2(\tau)$，这时函数图形与原来一样，只是将横坐标 t 变为 τ。然后再经过如下四个步骤（称为四步曲）：

① 反褶，即将 $f_2(\tau)$ 以纵坐标为轴线进行反褶，变为 $f_2(-\tau)$；

② 时移，即将 $f_2(-\tau)$ 时移 t，变为 $f_2(t-\tau)=f_2[-(\tau-t)]$，当 $t>0$ 时，将 $f_2(-\tau)$ 右移 t，而当 $t<0$ 时，将 $f_2(-\tau)$ 左移 $|t|$；

③ 相乘，即将 $f_1(\tau)$ 与 $f_2(t-\tau)$ 相乘得到 $f_1(\tau)f_2(t-\tau)$；

④ 积分，即对乘积 $f_1(\tau)f_2(t-\tau)$ 进行积分，积分的关键是确定积分限。一般是将 $f_1(\tau)f_2(t-\tau)$ 不等于零的区间作为积分的上、下限，而且当 t 取不同的值时，不为零的区间有所变化，因此要将 t 分成不同的区间来求卷积积分。下面举例说明卷积积分的图解法过程。

例 1.4-4 已知 $f_1(t)=u(t)$，$f_2(t)=\mathrm{e}^{-t}u(t)$，求 $s(t)=f_1(t)*f_2(t)$，并画出 $s(t)$ 的波形。

解：$f_1(t)$ 与 $f_2(t)$ 的波形如图 1.4-5 所示（图中同时标注了 $f_1(\tau)$ 与 $f_2(\tau)$）。因为

$$f_1(t)*f_2(t)=\int_{-\infty}^{\infty} f_1(\tau)f_2(t-\tau)\mathrm{d}\tau$$

所以需要将 $f_2(\tau)$ 反褶成 $f_2(-\tau)$，如图 1.4-6 所示，然后进行时移，当时移量 t 为不同的值时，积分结果是不同的，为此要分不同的区间进行分析。

（1）当 $t \leqslant 0$ 时，$f_2(t-\tau)$ 的波形如图 1.4-7(a)所示（图中同时画出了 $f_1(\tau)$ 的波形），这时 $f_1(\tau)$ 与 $f_2(t-\tau)$ 无重叠部分，因此 $f_1(\tau)f_2(t-\tau)=0$，从而 $s(t)=f_1(t)*f_2(t)=0$。

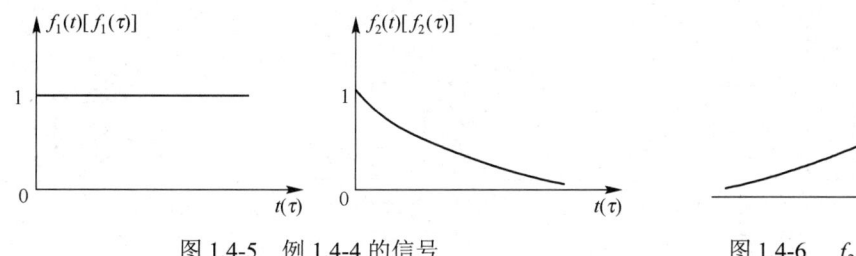
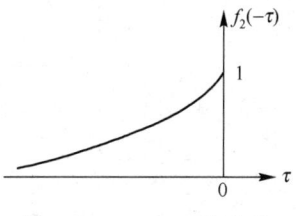

图 1.4-5 例 1.4-4 的信号　　　　　　　图 1.4-6 $f_2(-\tau)$ 的波形

（2）当 $t \geqslant 0$ 时，$f_2(t-\tau)$ 与 $f_1(\tau)$ 的波形如图 1.4-7(b)所示，这时 $f_1(\tau)$ 与 $f_2(t-\tau)$ 的重叠区域为 $[0,t]$，因此

$$s(t) = \int_0^t 1 \cdot \mathrm{e}^{-(t-\tau)}\mathrm{d}\tau = 1 - \mathrm{e}^{-t}$$

归纳以上结果得　　　　$s(t) = f_1(t) * f_2(t) = (1 - \mathrm{e}^{-t})u(t)$

$s(t)$ 的波形如图 1.4-8 所示。

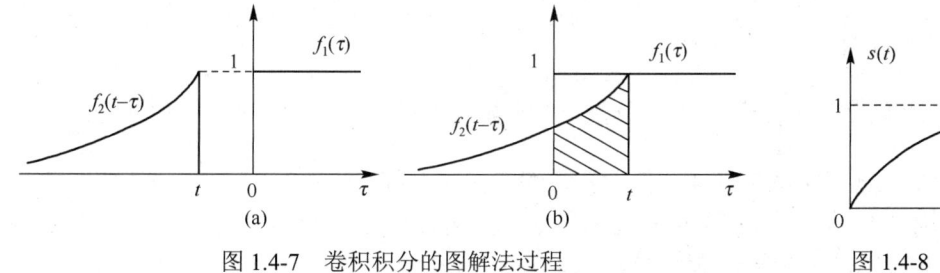

图 1.4-7 卷积积分的图解法过程　　　　　　图 1.4-8 $s(t)$ 的波形

例 1.4-5 已知 $f_1(t) = u(t) - u(t-T)$，$f_2(t) = \mathrm{e}^{-t}u(t)$，求 $s(t) = f_1(t) * f_2(t)$，并画出 $s(t)$ 的波形。

解：图 1.4-9(a)，(b)和(c)分别画出了 $f_1(t)\,[f_1(\tau)]$，$f_2(t)\,[f_2(\tau)]$ 和 $f_2(-\tau)$ 的波形。按 t 的不同取值可按如下区间进行分析。

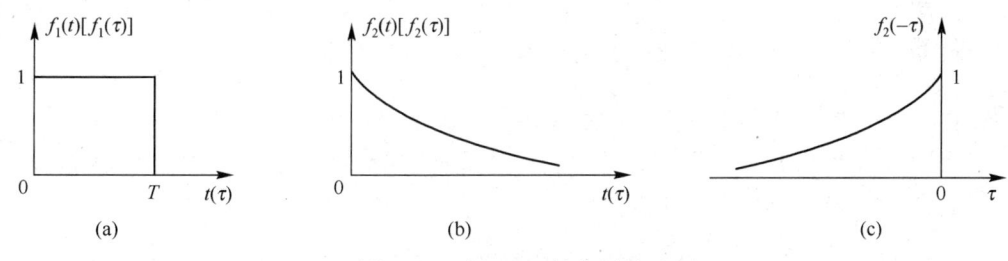

图 1.4-9 例 1.4-5 的信号波形

（1）当 $t \leqslant 0$ 时，$f_2(t-\tau)$ 及 $f_1(\tau)$ 的波形如图 1.4-10(a)所示，由图可知，此时 $f_2(t-\tau)$ 与 $f_1(\tau)$ 没有重叠部分，所以 $f_1(\tau)f_2(t-\tau)=0$，即 $s(t)=0$。

（2）当 $0 \leqslant t \leqslant T$ 时，$f_2(t-\tau)$ 及 $f_1(\tau)$ 的波形如图 1.4-10(b)所示，此时 $f_1(\tau)$ 与 $f_2(t-\tau)$ 的重叠区域为 $[0,t]$，所以

$$s(t) = \int_0^t 1 \cdot \mathrm{e}^{-(t-\tau)}\mathrm{d}\tau = 1 - \mathrm{e}^{-t}$$

（3）当 $t \geqslant T$ 时，$f_2(t-\tau)$ 与 $f_1(\tau)$ 的波形如图 1.4-10 (c)所示，此时 $f_1(\tau)$ 与 $f_2(t-\tau)$ 的重叠区域为 $[0,T]$，所以

$$s(t) = \int_0^T 1 \cdot \mathrm{e}^{-(t-\tau)}\mathrm{d}\tau = \mathrm{e}^{-(t-T)} - \mathrm{e}^{-t}$$

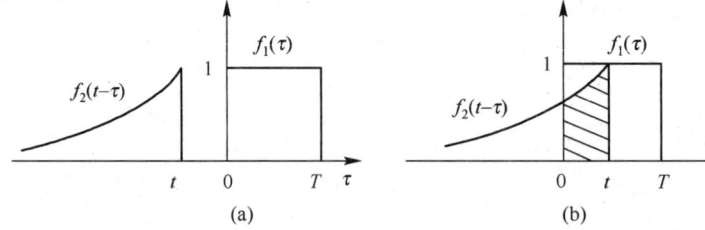
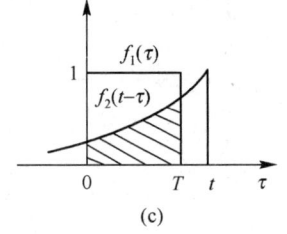

图 1.4-10 卷积积分的图解法过程

归纳以上结果得 $s(t)=\begin{cases}0 & t\leqslant 0\\ 1-e^{-t} & 0\leqslant t\leqslant T\\ e^{-(t-T)}-e^{-t} & t\geqslant T\end{cases}$

$= (1-e^{-t})[u(t)-u(t-T)] + [e^{-(t-T)} - e^{-t}]u(t-T)$

$= (1-e^{-t})u(t) - [1-e^{-(t-T)}]u(t-T)$

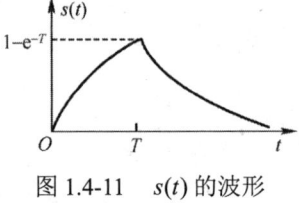

图 1.4-11 $s(t)$ 的波形

$s(t)$ 的波形如图 1.4-11 所示。

例 1.4-6 已知 $f_1(t) = u\left(t+\dfrac{1}{2}\right) - u(t-2)$，$f_2(t) = 2t[u(t) - u(t-1)]$，求 $s(t) = f_1(t) * f_2(t)$。

解：图 1.4-12 给出了 $f_1(t)\,[f_1(\tau)]$，$f_2(t)\,[f_2(\tau)]$，$f_2(-\tau)$ 和 $f_2(t-\tau)$ 的波形。然后将 t 从 $-\infty$ 到 $+\infty$ 变化，求 $f_1(\tau)$ 与 $f_2(t-\tau)$ 相乘后不为零的区间，并求二信号相乘后的函数 $f_1(\tau)\,f_2(t-\tau)$ 的线下面积，注意在不同 t 值时不为零的区间的变化。卷积积分的结果如下：

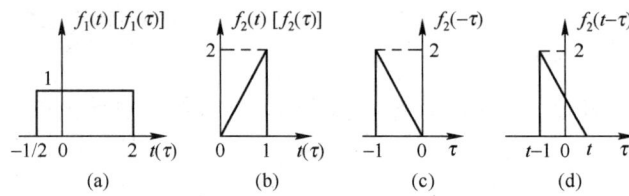

图 1.4-12 例 1.4-6 的信号及反褶、时移信号的波形

（1）当 $t < -1/2$ 时，如图 1.4-13 (a) 所示。由于 $f_1(\tau)f_2(t-\tau) = 0$，所以，$s(t) = 0$。

（2）当 $t \geqslant -1/2$ 和 $t-1 \leqslant -1/2$，即 $-1/2 \leqslant t \leqslant 1/2$ 时，如图 1.4-13 (b) 所示。$f_1(\tau)f_2(t-\tau)$ 不为零的区间为 $-1/2 \leqslant \tau \leqslant t$，有

$$s(t) = \int_{-1/2}^{t} 2(t-\tau)\mathrm{d}\tau = \left(2t\tau - \tau^2\right)\Big|_{-1/2}^{t} = t^2 + t + \dfrac{1}{4}$$

（3）当 $t \leqslant 2$ 和 $t-1 \geqslant -1/2$，即 $1/2 \leqslant t \leqslant 2$ 时，如图 1.4-13 (c) 所示。$f_1(\tau)f_2(t-\tau)$ 不为零的区间为 $t-1 \leqslant \tau \leqslant t$，有

$$s(t) = \int_{t-1}^{t} 2(t-\tau)\mathrm{d}\tau = \left(2t\tau - \tau^2\right)\Big|_{t-1}^{t} = 1$$

（4）当 $t \geqslant 2$ 和 $t-1 \leqslant 2$，即 $2 \leqslant t \leqslant 3$ 时，如图 1.4-13 (d) 所示。$f_1(\tau)f_2(t-\tau)$ 不为零的区间为 $t-1 \leqslant \tau \leqslant 2$，有

$$s(t) = \int_{t-1}^{2} 2(t-\tau)\mathrm{d}\tau = \left(2t\tau - \tau^2\right)\Big|_{t-1}^{2} = -t^2 + 4t - 3$$

（5）当 $t-1 > 2$，即 $t > 3$ 时，如图 1.4-13 (e) 所示。有

$$f_1(\tau)f_2(t-\tau) = 0, \quad s(t) = 0$$

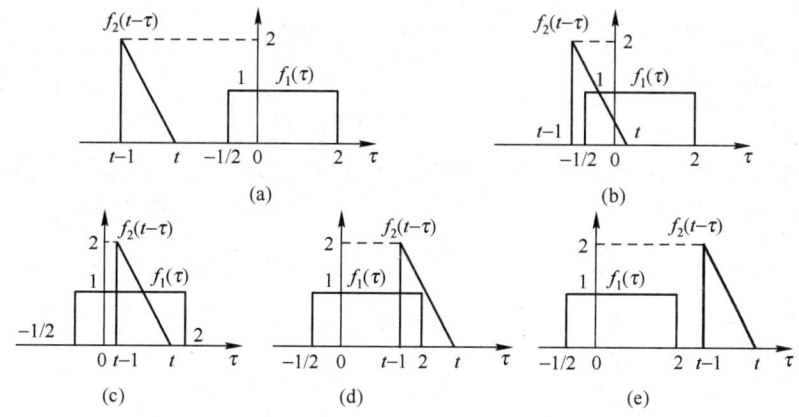

图 1.4-13 卷积积分的图解法求解过程

所以 $s(t) = \begin{cases} t^2 + t + 1/4, & -1/2 \leqslant t \leqslant 1/2 \\ 1, & 1/2 \leqslant t \leqslant 2 \\ -t^2 + 4t - 3, & 2 \leqslant t \leqslant 3 \\ 0, & \text{其他} \end{cases}$

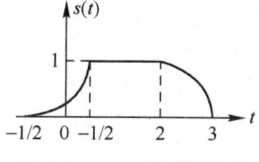

图 1.4-14 $s(t)$ 的波形

$s(t)$ 的波形如图 1.4-14 所示。

例 1.4-7 已知 $f_1(t) = e^{2t}u(-t)$，$f_2(t) = u(t-3)$，求 $s(t) = f_1(t) * f_2(t)$。

解： 图 1.4-15(a), (b)和(c)分别画出了 $f_1(t)$ [$f_1(\tau)$]，$f_2(t)$ [$f_2(\tau)$] 及 $f_2(-\tau)$ 的波形。注意 $f_2(-\tau)$ 时移的起始点是 –3，这不同于前几例的情况。按 t 的不同取值可按如下区间进行分析。

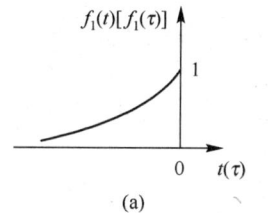 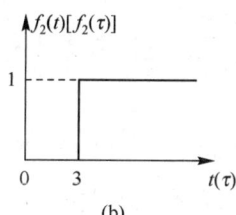 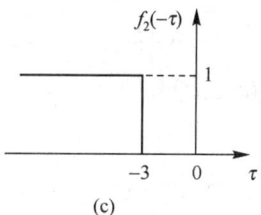

图 1.4-15 例 1.4-7 的信号及反褶信号的波形

（1）当 $t - 3 \leqslant 0$，即 $t \leqslant 3$ 时，如图 1.4-16(a)所示。

$$s(t) = \int_{-\infty}^{t-3} e^{2\tau} d\tau = \frac{1}{2} e^{2(t-3)}$$

（2）当 $t - 3 \geqslant 0$，即 $t \geqslant 3$ 时，如图 1.4-16(b)所示。

$$s(t) = \int_{-\infty}^{0} e^{2\tau} d\tau = 1/2$$

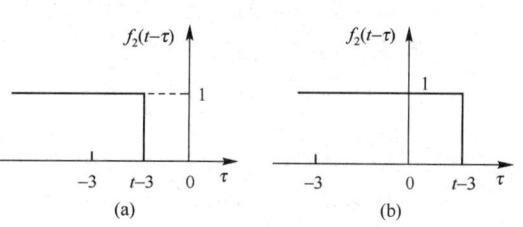

图 1.4-16 卷积积分的图解求解过程

所以 $s(t) = \begin{cases} \dfrac{1}{2} e^{2(t-3)}, & t \leqslant 3 \\ 1/2, & t \geqslant 3 \end{cases}$

$s(t)$ 的波形如图 1.4-17 所示。

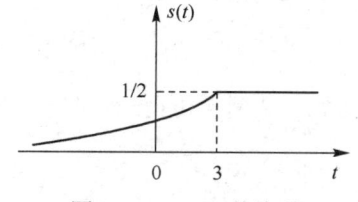

图 1.4-17 $s(t)$ 的波形

2. 卷积积分的性质

卷积积分有许多重要性质，利用这些性质可以使某些运算简化。

（1）代数性质
- 交换律（commutative law）

$$f_1(t) * f_2(t) = f_2(t) * f_1(t) \tag{1.4-5}$$

该性质说明，函数在卷积积分中的次序是可以任意交换的。用图解法解释，即保持 $f_1(\tau)$ 不变，而将 $f_2(\tau)$ 进行反褶并时移，这样 $f_1(\tau)$ 与 $f_2(t-\tau)$ 相乘以后所得函数的线下面积，与保持 $f_2(\tau)$ 不变、而将 $f_1(\tau)$ 进行反褶并时移再相乘以后所得函数 $f_2(\tau) f_1(t-\tau)$ 的线下面积相同，即卷积积分相等。

- 分配律（distributive law）

$$f_1(t) * [f_2(t) + f_3(t)] = f_1(t) * f_2(t) + f_1(t) * f_3(t) \tag{1.4-6}$$

- 结合律（associative law）

$$[f_1(t) * f_2(t)] * f_3(t) = f_1(t) * [f_2(t) * f_3(t)] \tag{1.4-7}$$

根据卷积的定义很容易证明分配律和结合律。

（2）微分与积分

两函数卷积后的微分等于其中一个函数的微分与另一个函数的卷积，其表达式为

$$\frac{\mathrm{d}}{\mathrm{d}t}[f_1(t) * f_2(t)] = \frac{\mathrm{d}f_1(t)}{\mathrm{d}t} * f_2(t) = f_1(t) * \frac{\mathrm{d}f_2(t)}{\mathrm{d}t} \tag{1.4-8}$$

两函数卷积后的积分等于其中一个函数的积分与另一函数的卷积，即

$$\int_{-\infty}^{t}[f_1(\lambda) * f_2(\lambda)]\mathrm{d}\lambda = f_1(t) * \left[\int_{-\infty}^{t} f_2(\lambda)\mathrm{d}\lambda\right] = \left[\int_{-\infty}^{t} f_1(\lambda)\mathrm{d}\lambda\right] * f_2(t) \tag{1.4-9}$$

经过类似的推导，可以导出卷积积分的高阶导数或多重积分之运算规律。

设 $s(t) = f_1(t) * f_2(t)$，则

$$s^{(i)}(t) = f_1^{(j)}(t) * f_2^{(i-j)}(t) \tag{1.4-10}$$

这里，i, j 取正整数时为导数的阶次，取负整数时为重积分的次数。一个常用的例子是

$$f_1(t) * f_2(t) = \frac{\mathrm{d}f_1(t)}{\mathrm{d}t} * \left[\int_{-\infty}^{t} f_2(\lambda)\mathrm{d}\lambda\right] = \left[\int_{-\infty}^{t} f_1(\lambda)\mathrm{d}\lambda\right] * \frac{\mathrm{d}f_2(t)}{\mathrm{d}t} \tag{1.4-11}$$

（3）与冲激函数或阶跃函数的卷积

函数 $f(t)$ 与冲激信号 $\delta(t)$ 的卷积仍为 $f(t)$ 本身，即

$$f(t) * \delta(t) = f(t) \tag{1.4-12}$$

类似地还有

$$f(t) * \delta(t - t_0) = f(t - t_0) \tag{1.4-13}$$

即信号 $f(t)$ 与 $\delta(t-t_0)$ 的卷积相当于把信号 $f(t)$ 延迟 t_0。利用卷积定义和冲激信号的取样特性很容易证明以上两式。

此外，利用卷积的微分、积分特性可得到以下结论：

与单位阶跃函数 $u(t)$ 的卷积

$$f(t) * u(t) = \int_{-\infty}^{t} f(\tau)\mathrm{d}\tau \tag{1.4-14}$$

推广到一般情况可得

$$f(t) * \delta^{(k)}(t) = f^{(k)}(t) \tag{1.4-15}$$

$$f(t) * \delta^{(k)}(t - t_0) = f^{(k)}(t - t_0) \tag{1.4-16}$$

式中，k 表示求导或求重积分的次数，当 k 取正整数时表示导数阶次，k 取负整数为重积分的次数。

利用信号 $f(t)$ 与冲激函数的卷积的特性[式(1.4-12)及式(1.4-13)]，以及微积分特性[式(1.4-11)]，可以使卷积积分的计算变得比较简单。下面举例说明。

例 1.4-8 已知 $f_1(t) = u(t) - u(t-2)$，$f_2(t) = 2[u(t) - u(t-3)]$，求 $s(t) = f_1(t) * f_2(t)$。

解： $f_1(t)$ 与 $f_2(t)$ 的波形如图 1.4-18 所示。

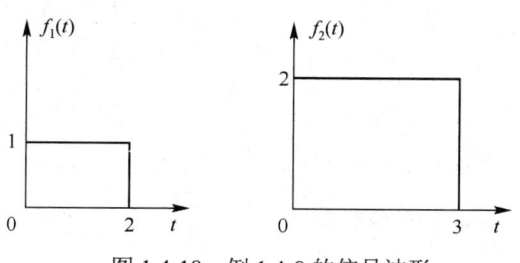
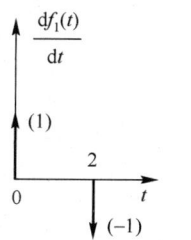
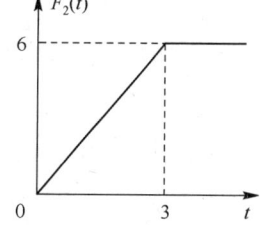

图 1.4-18 例 1.4-8 的信号波形　　　　图 1.4-19 信号的微分和积分波形

对 $f_1(t)$ 进行微分，而对 $f_2(t)$ 进行积分，得

$$\frac{df_1(t)}{dt} = \delta(t) - \delta(t-2)$$

$$F_2(t) = \int_{-\infty}^{t} f_2(\tau) d\tau = 2t[u(t) - u(t-3)] + 6u(t-3)$$

$\dfrac{df_1(t)}{dt}$ 及 $F_2(t)$ 的波形如图 1.4-19 所示，则

$$s(t) = f_1(t) * f_2(t) = \frac{df_1(t)}{dt} * \int_{-\infty}^{t} f_2(\tau) d\tau$$

$$= [\delta(t) - \delta(t-2)] * F_2(t) = F_2(t) - F_2(t-2)$$

则合成波形如图 1.4-20 所示。

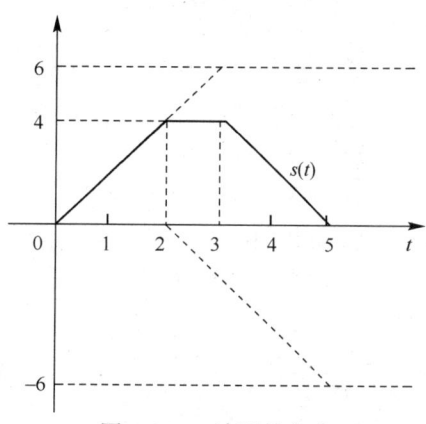

图 1.4-20 波形的合成

从例 1.4-8 可以看出，利用式(1.4-11)来间接计算两函数的卷积比较简单。但要注意，式(1.4-11)并不适合于任何函数。只有当需要求导数的函数（例如 $f_1(t)$）经求导为 $\dfrac{df_1(t)}{dt}$，再经积分 $\int_{-\infty}^{t} \dfrac{df_1(\tau)}{d\tau} d\tau$ 后，能够得到原函数 $f_1(t)$ 的情况下，才能使用式(1.4-11)来求两函数的卷积，否则就不能直接使用该式。该例图解法计算卷积求解过程请扫描二维码。

（4）时移特性

若 $f(t) = f_1(t) * f_2(t)$，则

$$f_1(t-t_1) * f_2(t-t_2) = f_1(t-t_2) * f_2(t-t_1) = f(t-t_1-t_2) \tag{1.4-17}$$

例 1.4-9 已知 $f_1(t) = u(t)$，$f_2(t) = e^{-(t-1)}u(t-1)$，求 $s(t) = f_1(t) * f_2(t)$，并画出 $s(t)$ 的波形。

解： 该例与例 1.4-4 做比较可知，本例中的 $f_1(t)$ 与例 1.4-4 中的 $f_1(t)$ 相同，而本例中的 $f_2(t)$ 是将例 1.4-4 中的 $f_2(t)$ 右移 1 得到的，所以根据卷积的时移特性及例 1.4-4 的结果，可以直接写出 $s(t)$ 的表达式

$$s(t) = [1 - e^{-(t-1)}]u(t-1)$$

$s(t)$ 的波形如图 1.4-21 所示。（利用卷积性质求解的其他例题见二维码）

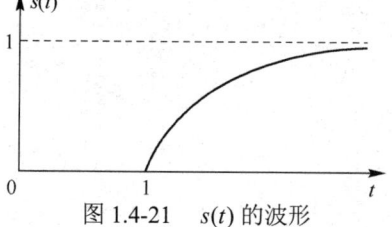

图 1.4-21 $s(t)$ 的波形

练习题

1.4-1 已知 $f(t)$ 波形如图题 1.4-1 所示，画出下列信号的波形图。

（1）$f_1(t) = f(3t-6)$ （2）$f_2(t) = f(-3t+6)$

（3）$f_3(t) = f(3t+6)$ （4）$f_4(t) = f\left(\dfrac{1}{3}t - \dfrac{1}{6}\right)$

（5）$f_5(t) = f\left(-\dfrac{1}{3}t - \dfrac{1}{6}\right)$ （6）$f_6(t) = f\left(\dfrac{1}{3}t + \dfrac{1}{6}\right)$

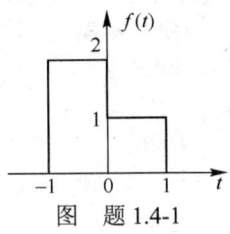

图 题 1.4-1

1.4-2 已知 $f(2-t/2)$ 的波形如图题 1.4-2 所示，画出 $f(t)$ 的波形图。

1.4-3 已知 $f(t) = e^{-t}u(t)$，求 $f'(t)$ 的表达式，并画出 $f'(t)$ 的波形图。

1.4-4 对下列函数进行积分运算： $\displaystyle\int_{-\infty}^{t} f(\tau)\mathrm{d}\tau$，并画出积分后的波形图。

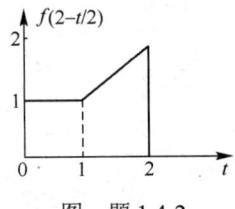

图 题 1.4-2

（1）$f_1(t) = u(t-1) - u(t-3)$ （2）$f_2(t) = \delta(t+1)$ （3）$f_3(t) = \sin\pi t u(t)$

1.4-5 已知 $f(t)$ 波形如图题 1.4-5 所示，试画出下列函数的波形图。

（1）$\dfrac{\mathrm{d}}{\mathrm{d}t}f(t)$ （2）$\displaystyle\int_{-\infty}^{t} f(\tau)d\tau$

1.4-6 已知 $f_1(t) = u(t) - u(t-1)$，$f_2(t) = u(t-1) - u(t-2)$，分别求 $s_1(t) = f_1(t) * f_1(t)$ 和 $s_2(t) = f_2(t) * f_2(t)$，并画出 $s_1(t)$ 和 $s_2(t)$ 的波形。

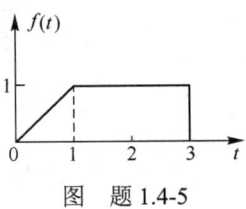

图 题 1.4-5

1.4-7 已知 $f_1(t) = u(t+1) - u(t-1)$，$f_2(t) = \delta(t+4) + \delta(t-4)$，$f_3(t) = \delta(t+1) + \delta(t-1)$，画出下列各卷积积分后的波形。

（1）$s_1(t) = f_1(t) * f_2(t)$；（2）$s_2(t) = f_1(t) * f_3(t)$；（3）$s_3(t) = f_1(t) * f_2(t) * f_3(t)$

1.5 连续信号的分解

在进行信号分析与处理的过程中，可以将一些比较复杂的信号分解为简单信号之和，从而便于信号的分析与处理。就像在力学中，根据需要可将任一方向的力分解为几个分力一样。

1. 偶分量与奇分量

偶分量（even component）的定义为

$$f_e(t) = f_e(-t) \qquad (1.5\text{-}1)$$

奇分量（odd component）的定义为

$$f_o(t) = -f_o(-t) \qquad (1.5\text{-}2)$$

任何信号都可分解为偶分量与奇分量两部分之和，即

$$f(t) = f_e(t) + f_o(t) \qquad (1.5\text{-}3)$$

为了求出偶分量与奇分量的表达式，为此，将式(1.5-3)中的 t 用 $-t$ 代替，则

$$f(-t) = f_e(-t) + f_o(-t) = f_e(t) - f_o(t) \qquad (1.5\text{-}4)$$

由式(1.5-3)与式(1.5-4)可求得

$$f_e(t) = \dfrac{1}{2}[f(t) + f(-t)] \qquad (1.5\text{-}5)$$

$$f_o(t) = \dfrac{1}{2}[f(t) - f(-t)] \qquad (1.5\text{-}6)$$

图 1.5-1 示出了信号分解为偶分量与奇分量的实例。

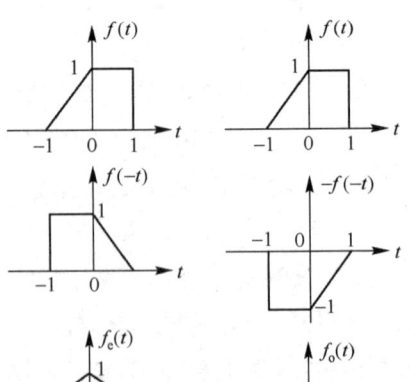

图 1.5-1 信号的偶分量与奇分量

2. 脉冲分量

图 1.5-2(a)所示的光滑曲线为任意信号 $f(t)$，可以用一系列窄脉冲相叠加的阶梯信号来近似表示。这种分割方法称为纵向分割。将时间轴等分为小区间 Δt 作为各矩形脉冲的宽度，各脉冲的高度分别等于它左侧边界对应的函数值。这种分割法所产生的误差完全取决于时间间隔 Δt 的大小。Δt 越小，误差则越小，当 $\Delta t \to 0$ 的极限情况下，误差也趋于零，阶梯信号就变成了光滑曲线 $f(t)$。

当 $t = 0$ 时，对应的矩形脉冲表达式为
$$f(0)[u(t) - u(t - \Delta t)]$$

将上式分子、分母同乘以 Δt，并取 $\Delta t \to 0$ 的极限，则有
$$\lim_{\Delta t \to 0} \frac{f(0)[u(t) - u(t - \Delta t)]}{\Delta t} \Delta t$$

注意到 $\delta(t) = \lim\limits_{\Delta t \to 0} \frac{1}{\Delta t}[u(t) - u(t - \Delta t)]$，所以
$$\lim_{\Delta t \to 0} \frac{f(0)[u(t) - u(t - \Delta t)]}{\Delta t} \Delta t = \lim_{\Delta t \to 0} f(0)\delta(t)\Delta t$$

上式说明 $t = 0$ 时的矩形脉冲在 $\Delta t \to 0$ 时转化成了冲激信号。

当 $t = k\Delta t$ 时，对应的矩形脉冲表达式为
$$f(k\Delta t)\{u(t - k\Delta t) - u[t - (k+1)\Delta t]\}$$

上式分子、分母同乘以 Δt，并取 $\Delta t \to 0$ 的极限

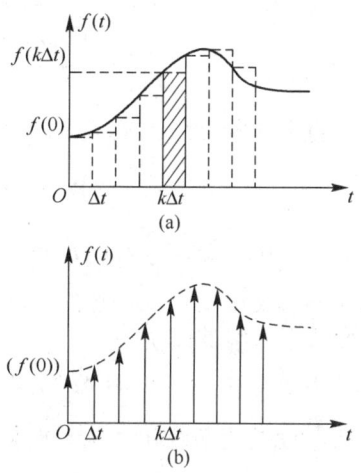

$$\lim_{\Delta t \to 0} \frac{f(k\Delta t)\{u(t - k\Delta t) - u[t - (k+1)\Delta t]\}}{\Delta t} \Delta t = \lim_{\Delta t \to 0} f(k\Delta t)\delta(t - k\Delta t)\Delta t \tag{1.5-7}$$

注意上式中
$$\delta(t - k\Delta t) = \lim_{\Delta t \to 0} \frac{1}{\Delta t}\{u(t - k\Delta t) - u[t - (k+1)\Delta t]\}$$

式(1.5-7)说明，$t = k\Delta t$ 处的矩形脉冲在 $\Delta t \to 0$ 时也转换成了冲激信号。

最后，将上述无穷多个矩形脉冲（即冲激信号）叠加就得到 $f(t)$ 的表达式，即
$$f(t) = \lim_{\Delta t \to 0} \sum_{k=-\infty}^{\infty} f(k\Delta t)\delta(t - k\Delta t)\Delta t \tag{1.5-8}$$

图 1.5-2 信号分解为冲激信号之和

上式说明，$f(t)$ 可以表示成一系列冲激函数之和，在波形上表现为当 $\Delta t \to 0$ 时，图 1.5-2(a)中的各矩形脉冲就转化为图 1.5-2(b)中的冲激信号。

当 $\Delta t \to 0$ 时，可将 Δt 写成 $\mathrm{d}\tau$，而 $k\Delta t$ 写成 τ，同时对各项取和将转化为取积分，即
$$f(t) = \int_{-\infty}^{\infty} f(\tau)\delta(t - \tau)\mathrm{d}\tau \tag{1.5-9}$$

式(1.5-9)就是将任意信号表示为无限多个冲激函数叠加的积分。

3. 阶跃分量

图 1.5-3 中的光滑曲线代表任意函数 $f(t)$。图中将 $f(t)$ 分解为一系列的阶跃函数之和来逼近，即用图中的阶梯信号来近似地表示 $f(t)$。这种分割方法称为横向分割。

当 $t = 0$ 时，$f(t)$ 的起始值是 $f(0)$，所以第一个阶跃函数为 $f_0(t) = f(0)u(t)$。

当 $t = \Delta t$ 时，在第一个阶跃之上叠加第二个阶跃，其阶

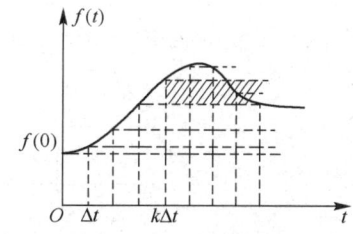

图 1.5-3 信号分解为阶跃信号之和

跃高度是 $f(\Delta t)-f(0)$，所以，第二个阶跃函数为

$$f_1(t)=[f(\Delta t)-f(0)]u(t-\Delta t)=\frac{f(\Delta t)-f(0)}{\Delta t}\Delta t u(t-\Delta t)$$

$$=\left.\frac{\Delta f(t)}{\Delta t}\right|_{t=\Delta t}\Delta t u(t-\Delta t)$$

同理，当 $t=k\Delta t$ 时，第 $k+1$ 个阶跃函数为

$$f_k(t)=[f(k\Delta t)-f(k\Delta t-\Delta t)]u(t-k\Delta t)$$

$$=\frac{f(k\Delta t)-f(k\Delta t-\Delta t)}{\Delta t}\Delta t u(t-k\Delta t)=\left.\frac{\Delta f(t)}{\Delta t}\right|_{t=k\Delta t}\Delta t u(t-k\Delta t)$$

将上述各阶跃函数 $f_0(t),f_1(t),\cdots,f_k(t),\cdots,f_n(t)$ 叠加起来，就是 $f(t)$ 的近似表达式，即

$$f(t)\approx f(0)u(t)+\sum_{k=1}^{n}\left.\frac{\Delta f(t)}{\Delta t}\right|_{t=k\Delta t}\Delta t u(t-k\Delta t) \tag{1.5-10}$$

这样，利用上式就将任意信号近似地表示为阶跃信号的叠加形式，所产生的误差完全取决于时间间隔 Δt 的大小，Δt 越小，误差则越小。当 $\Delta t\to 0$ 的极限情况下，误差也趋于零，阶跃信号就变成了光滑曲线 $f(t)$。

当 $\Delta t\to 0$ 时，可将 Δt 写成 $\mathrm{d}\tau$，而式(1.5-10)中的不连续变量 $k\Delta t$ 将变为连续变量 τ，代表阶跃高度的函数增量 $\Delta f(t)$ 将成为无穷小量 $\mathrm{d}f(\tau)$，这样在式(1.5-10)中 $\left.\frac{\Delta f(t)}{\Delta t}\right|_{t=k\Delta t}\to\frac{\mathrm{d}f(\tau)}{\mathrm{d}\tau}$。同时，对各项求和则变为求积分，与此同时近似式变为等式，即

$$f(t)=f(0)u(t)+\int_{0^+}^{t}\frac{\mathrm{d}f(\tau)}{\mathrm{d}\tau}u(t-\tau)\mathrm{d}\tau \tag{1.5-11}$$

上式中积分下限之所以取 0^+，是因为在 $t=0$ 处的阶跃 $f(0)u(t)$ 已单独写出。

式(1.5-11)表示在时域中可将任意函数表示为无限多个阶跃函数相叠加的叠加积分。

4．正交函数分量

如果用正交函数集（set of orthogonal function）来表示一个信号，那么，组成信号的各分量就是相互正交的。例如，各次谐波的正弦与余弦信号构成的三角函数集就是正交函数集。任何周期信号 $\tilde{f}(t)$ 只要满足狄里赫利条件，就可以由这些三角函数的线性组合来表示，称为 $\tilde{f}(t)$ 的三角形式的傅里叶级数。同理，$\tilde{f}(t)$ 还可以展开成正交复指数集构成的指数形式的傅里叶级数。有关傅里叶级数的具体形式将在 4.1 节中叙述。

此外，还存在许多类型的正交函数集，如勒让德（Legendre）多项式、沃尔什（Walsh）函数集、拉德马赫（Rademaher）函数集、雅可比（Jacobi）多项式、切比雪夫（Chebycher）多项式等。

练习题

1.5-1 画出图题 1.5-1 所示各信号的偶分量和奇分量的波形。

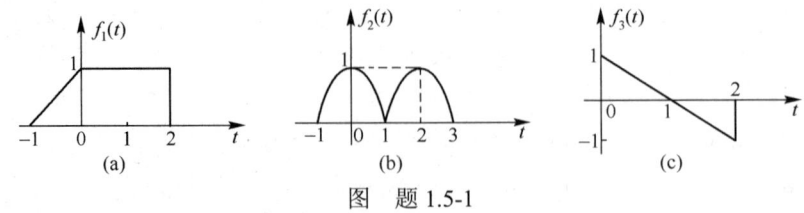

图 题 1.5-1

1.5-2 试求阶跃信号的偶分量和奇分量。

1.6　MATLAB 操作界面及连续信号的表示

1. MATLAB 语言及 M 文件方式

MATLAB 语言是 MATLAB 系统的组成部分，它是一个基于矩阵运算的快速解释性高级语言。它不用经过编译和链接，可以直接运行，其效率远远高于其他高级语言。

MATLAB 通过运行 MATLAB 语句来执行用户的操作。它可以提供两种基本的工作方式：

- 命令行方式可以完成简单的用户任务，它是一种交互式的工作方式。用户在命令窗口直接输入 MATLAB 命令并按回车后，系统执行该命令同时给出结果。若需要多条命令才能完成，则需在命令窗口中逐条输入相应命令才行。
- M 文件方式是指用户需要运行的一组命令，以 MATLAB 的专用文件格式——M 文件格式进行保存，用户通过 M 文件来执行相应的命令。M 文件是 MATLAB 专用的 ASCII 码文本文件，用来保存用户需要一次执行的多条 MATLAB 命令。对已存在的 M 文件，用户可以在命令窗口直接输入文件名并回车，系统将搜索并逐一运行该文件中的命令。

M 文件分为 M 脚本文件（Script file）和 M 函数文件两种类型，相当于 C 语言中的主程序（主函数）和子程序（子函数）。

M 脚本文件由 MATLAB 的命令行构成 ASCII 码文本文件。运行 M 脚本文件相当于在命令窗口中按 M 脚本文件的顺序逐条输入并运行；M 脚本文件在运行过程中生成的所有变量均驻留在工作空间中，所有的命令和文件共享这些变量；M 脚本文件的扩展名为"*.m"。

M 函数文件也是由 MATLAB 的命令行构成的 ASCII 码文本文件，扩展名为"*.m"，用户可以通过输入参量和输出参量来调用 M 函数文件。它由四个部分组成：

① 函数说明语句：位于 M 函数文件的第一行，必须以关键字"function"开头，格式如下：

  function [输出参数 1，输出参数 2，…] =函数名（输入参数 1，输入参数 2，…）

M 函数文件保存的文件名应与用户定义的函数名一致，输入参数和输出参数并不是必需的。

② 帮助文本行：是紧随函数说明语句之后以注释符％开头的第一注释行。该行包括大写体的函数名和函数功能的简要描述。

③ 在线帮助文本区：在帮助文本行之后以％开头的若干注释行。所有注释行通过 help 命令进行函数在线帮助查询时显示。

④ 函数体：是实现该 M 函数文件功能的 MATLAB 命令组合。

M 函数文件所定义的变量为内部变量，又称局部变量，函数运行结束后，函数中定义的变量不再保存；若用户需要在多个 M 函数文件中使用相同的变量，可以定义全局变量，由指令"global"实现。

MATLAB 为用户提供了专用的 M 文件编辑器，用户可以进行 M 文件的创建、保存、编辑和调试等工作。

2. 连续信号的波形与运算

从严格意义上说，MATLAB 处理连续信号是采用信号在等间隔点的采样值来近似表示的，当采样间隔足够小时，可以看成连续信号的近似。MATLAB 处理连续信号采用两种方式：一种是用向量的方法表示出信号，另一种是用符号运算的方法来表示。

为了编程方便，在工作目录下，定义函数 Heaviside 表示单位阶跃信号，其函数程序如下：

  function f = Heaviside (t)

  f = (t>0);　　　　　　　　％ t>0 时 f 为 1，否则为 0

例 1.6-1 绘制单位阶跃信号 $u(t)$、指数信号 $Ae^{at}u(t)$（$A=1$，$a=-0.4$）、正弦信号 $A\sin(\Omega t+\theta)u(t)$（$A=5$，$\Omega=0.5\pi$，$\theta=0$）和抽样函数 $\mathrm{Sa}(t)$ 的时域波形。

解：用向量表示法编写程序，完成上述信号的时域波形绘制，其程序 mat101.m 清单如下，时域波形如图 1.6-1 所示。

```
%绘制单位阶跃信号
t = -5:0.01:5;                                    %横坐标-5 到 5，量化值为 0.01
y1 = Heaviside (t); subplot(1,4,1);               %调用函数 Heaviside，图形窗口四等分
plot(t,y1); axis([-5,5,-0.5,1.5]);                %plot 函数绘制连续曲线，定义坐标范围
xlabel('t');ylabel('u(t)');title('单位阶跃信号');
%绘制指数信号
t = 0:0.01:10;A = 1;a = -0.4;y2 = A*exp(a*t);subplot(1,4,2); plot(t,y2);axis([0,10,-0.5,1.5]);
xlabel('t');ylabel('exp(-0.4t)');title('指数信号');
%绘制正弦信号
A = 5;w = 0.5*pi;t = 0:0.01:16;y3 = A*sin(w*t);subplot(1,4,3);plot(t,y3);title('正弦信号');
xlabel('t');ylabel('5sin(Omegat)');axis([0,16,-5,5]); line([0,16], [0,0]);   %画横坐标
%绘制抽样信号
t = -15:0.01:15;t1 = t/pi;y4 = sinc(t1);subplot(1,4,4);plot(t,y4);title('抽样信号');xlabel('t');
ylabel('sinc(t)');axis([-15,15,-0.3,1.1]);line([-15,15], [0,0]);
```

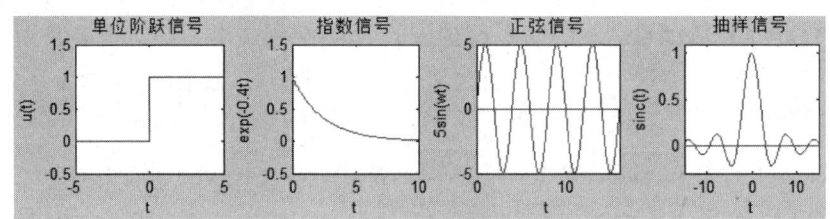

图 1.6-1 典型信号的时域波形

例 1.6-2 两个信号分别为：$f_1(t)=0.5t[u(t)-u(t-4)]$，$f_2(t)=\sin(4\pi t)$，用 MATLAB 绘制这两个信号，同时绘制两信号的和与积的波形。

解：用符号运算方法绘制上述时域波形，程序 mat102.m 清单如下，波形如图 1.6-2 所示。

```
syms t; f1 = 0.5*t*sym(' Heaviside (t)- Heaviside (t-4)');   %定义符号变量，信号 f1(t)的符号表达式
f2 = sym('sin(4*pi*t)'); f3 = f1+f2;f4 = f1*f2;              %信号 f2(t)的符号表达式，两信号相加、相乘
subplot(1,4,1);ezplot(f1,[-1,6]);                            %符号函数二维作图
title('f1(t) = 0.5t[u(t)-u(t-4)]');axis([-1,6,-0.2,2.2]);
subplot(1,4,2);ezplot(f2);title('f2(t) = sin(4*pi*t)'); subplot(1,4,3);ezplot(f3);
title('f1(t)+f2(t)');subplot(1,4,4);ezplot(f4);title('f1(t)*f2(t)');axis([-6,6,-2,2]);
```

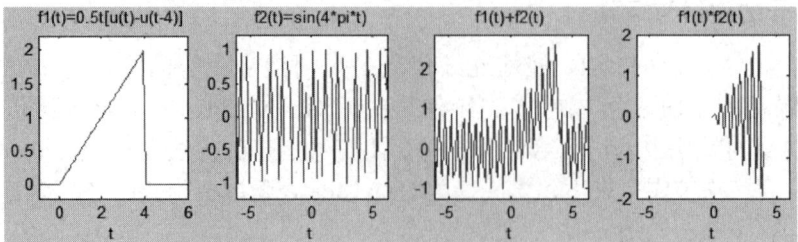

图 1.6-2 信号运算的时域波形

例 1.6-3 已知连续信号 $f(t)$ 的时域波形如图 1.6-3 所示,用 MATLAB 绘制以下时域变换信号的时域波形: $2f(0.5t)$, $f(-2t+3)$, $\dfrac{\mathrm{d}f(t)}{\mathrm{d}t}$, $\displaystyle\int_{-\infty}^{t} f(\tau)\mathrm{d}\tau$。

解: $f(t)$ 用符号表达式进行设置,然后可以用符号运算方法绘制其时域波形,程序 mat103.m 清单如下,波形如图 1.6-4 所示。

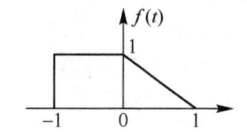

图 1.6-3 连续信号的波形

```
syms t;
f = sym(' Heaviside (t+1)–t* Heaviside (t)+(t–1)* Heaviside (t–1)');
f1 = 2*subs(f,t,0.5*t);                                    %符号函数变量替换
subplot(1,4,1);ezplot(f1,[–3,3]);title('f1(t) = 2f(0.5t)');
f2 = subs(f,t,–2*t+3);                                     %符号函数变量替换
subplot(1,4,2);ezplot(f2,[0,3]);title('f2(t) = f(–2t+3)');
f3 = diff(f);ezplot(f3,[–2,2]);                            %diff 微分函数
line([–1,–1],[0,1]);axis([–2,2,–1.5,1.5]);title('f3(t) = df(t)/dt');
f4 = int(f); subplot(1,4,4);ezplot(f4,[–2,3]);title('f4(t) =∫f(τ)dτ');   %int 积分函数
```

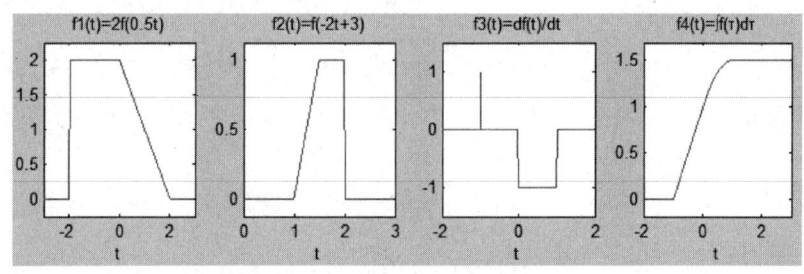

图 1.6-4 连续信号时域变换波形

练习题

1.6-1 利用 MATLAB 的向量表示法绘制下列连续信号的时域波形。

(1) $x_1(t) = u(t+2) - u(t-3)$ (2) $x_2(t) = \cos\left(2\pi t + \dfrac{\pi}{3}\right)$

(3) $x_3(t) = (2\mathrm{e}^{-t} - \mathrm{e}^{-2t})u(t-1)$ (4) $x_4(t) = (0.2t - 2)u(t)$

1.6-2 利用 MATLAB 的符号运算功能绘制上题连续信号的时域波形。

1.6-3 已知 $x(t) = \mathrm{Sa}(t)$,试用 MATLAB 编程绘制下列信号的时域波形。

(1) $x_1(t) = x(2-2t)$ (2) $x_2(t) = x(2t+2)$

(3) $x_3(t) = x(0.5t - 1)$ (4) $x_4(t) = (1 - 0.5t)$

1.6-4 已知连续信号 $x(t)$ 的时域波形如图题 1.6-4 所示,用 MATLAB 绘制下列时域变换信号的时域波形: $2x(3t)$, $x(-0.5t-1)$, $\dfrac{\mathrm{d}x(t)}{\mathrm{d}t}$, $\displaystyle\int_{-\infty}^{t} x(\tau)\mathrm{d}\tau$。

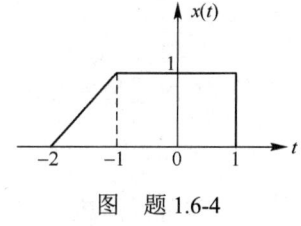

图 题 1.6-4

关键知识点概要

1. 常用的连续时间信号

(1) 实指数信号 $f(t) = A\mathrm{e}^{\alpha t}$

(2) 正弦信号 $f(t) = A\sin(\Omega t + \theta)$

正弦信号是周期信号,其周期 T 与频率 f 及角频率 Ω 之间的关系为 $T = 1/f = 2\pi/\Omega$。

(3) 抽样函数 $\mathrm{Sa}(t) = \dfrac{\sin t}{t}$

Sa(t)是偶函数，在t的正、负两方向振幅都逐渐衰减，当$t = \pm\pi, \pm 2\pi, \pm 3\pi, \cdots$时，函数值为零，且$\int_{-\infty}^{\infty} \text{Sa}(t) \mathrm{d}t = \pi$。

（4）复指数信号
$$f(t) = A\mathrm{e}^{st}$$
式中，A为实数，s称为复频率，表示成$s = \sigma + \mathrm{j}\Omega$。

2．奇异信号

（1）单位斜变信号
$$R(t) = \begin{cases} t & t \geqslant 0 \\ 0 & t < 0 \end{cases}$$

（2）单位阶跃信号

① 定义
$$u(t) = \begin{cases} 1 & t > 0 \\ 0 & t < 0 \end{cases}$$

② 性质：单边特性
$$f(t)u(t) = \begin{cases} f(t) & t > 0 \\ 0 & t < 0 \end{cases}$$

③ 与$R(t)$的关系
$$u(t) = \frac{\mathrm{d}R(t)}{\mathrm{d}t}, \quad R(t) = \int_{-\infty}^{t} u(\tau) \mathrm{d}\tau$$

（3）单位冲激信号

① 定义
$$\begin{cases} \delta(t) = 0 & t \neq 0 \\ \int_{-\infty}^{\infty} \delta(t) \mathrm{d}t = 1 \end{cases}$$

② 性质
$$f(t)\delta(t) = f(0)\delta(t)$$
$$f(t)\delta(t - t_0) = f(t_0)\delta(t - t_0)$$
$$\int_{-\infty}^{\infty} f(t)\delta(t) \mathrm{d}t = f(0)$$

③ 冲激函数$\delta(t)$是偶函数：$\delta(t) = \delta(-t)$

④ 与$u(t)$的关系：
$$\int_{-\infty}^{t} \delta(\tau) \mathrm{d}t = u(t), \quad \frac{\mathrm{d}u(t)}{\mathrm{d}t} = \delta(t)$$

（4）冲激偶信号

① 定义
$$\delta'(t) = \frac{\mathrm{d}\delta(t)}{\mathrm{d}t}$$

② 性质
$$f(t)\delta'(t) = f(0)\delta'(t) - f'(0)\delta(t)$$

③ 冲激偶是奇函数
$$\delta'(t) = -\delta'(-t)$$
$$\int_{-\infty}^{\infty} \delta'(t) \mathrm{d}t = 0$$

3．信号的运算

（1）信号的基本运算

① 信号的加、减、乘法与数乘
$$f(t) = f_1(t) + f_2(t); \quad f(t) = f_1(t) - f_2(t); \quad f(t) = f_1(t)f_2(t); \quad f_2(t) = Kf_1(t)$$

② 信号的反褶、时移与尺度变换

信号$f(t)$的反褶：$f(t) \rightarrow f(-t)$，即将$f(t)$的波形以纵轴为轴反转$180°$。

信号$f(t)$的时移：$f(t) \rightarrow f(t - t_0)$，信号$f(t)$时移$t_0$个单位，当$t_0 > 0$时，波形向右移，当$t_0 < 0$时，波形向左移。

信号$f(t)$的尺度变换：$f(t) \rightarrow f(at)$，当$|a| > 1$时，$f(at)$表示将原信号$f(t)$在时间轴上压缩；当$|a| < 1$时，$f(at)$则表示将原信号$f(t)$在时间轴上扩展。

③ 信号的微分与积分

信号 $f(t)$ 的微分 $\dfrac{\mathrm{d}f(t)}{\mathrm{d}t}$（也可写为 $f'(t)$）表示信号随时间变化的变化率。

注意：函数在跳变点处的导数是一个冲激函数，其冲激强度为原函数在该处的跳变量。

信号 $f(t)$ 的积分运算 $\int_{-\infty}^{t} f(\tau)\mathrm{d}\tau$（也可写为 $f^{(-1)}(t)$）在 t 时刻的值等于从 $-\infty$ 到 t 区间内 $f(t)$ 与时间轴所包围的面积。

（2）信号的卷积运算

1）卷积积分的定义：$$f_1(t) * f_2(t) = \int_{-\infty}^{\infty} f_1(\tau) f_2(t-\tau)\mathrm{d}\tau$$

2）卷积积分的图解法

首先要改变自变量，即将 $f_1(t)$ 和 $f_2(t)$ 变为 $f_1(\tau)$ 和 $f_2(\tau)$，这时函数图形与原来一样，只是将横坐标 t 变为 τ。然后再经过如下四个步骤（称为四步曲）：

① 反褶，即将 $f_2(\tau)$ 以纵坐标为轴线进行反褶，变为 $f_2(-\tau)$；

② 时移，即将 $f_2(-\tau)$ 时移 t，变为 $f_2(t-\tau) = f_2[-(\tau-t)]$，当 $t>0$ 时，将 $f_2(-\tau)$ 右移 t，而当 $t<0$ 时，将 $f_2(-\tau)$ 左移 $|t|$；

③ 相乘，即将 $f_1(\tau)$ 与 $f_2(t-\tau)$ 相乘得到 $f_1(\tau) f_2(t-\tau)$；

④ 积分，即对乘积 $f_1(\tau) f_2(t-\tau)$ 进行积分，积分的关键是确定积分限。

3）卷积积分的性质

① 代数性质

交换律 $$f_1(t) * f_2(t) = f_2(t) * f_1(t)$$

分配律 $$f_1(t) * [f_2(t) + f_3(t)] = f_1(t) * f_2(t) + f_1(t) * f_3(t)$$

结合律 $$[f_1(t) * f_2(t)] * f_3(t) = f_1(t) * [f_2(t) * f_3(t)]$$

② 微分与积分

$$\frac{\mathrm{d}}{\mathrm{d}t}[f_1(t) * f_2(t)] = \frac{\mathrm{d}f_1(t)}{\mathrm{d}t} * f_2(t) = f_1(t) * \frac{\mathrm{d}f_2(t)}{\mathrm{d}t}$$

$$\int_{-\infty}^{t} [f_1(\lambda) * f_2(\lambda)]\mathrm{d}\lambda = f_1(t) * \left[\int_{-\infty}^{t} f_2(\lambda)\mathrm{d}\lambda\right] = \left[\int_{-\infty}^{t} f_1(\lambda)\mathrm{d}\lambda\right] * f_2(t)$$

③ 与冲激函数或阶跃函数的卷积

$$f(t) * \delta(t) = f(t), \qquad f(t) * \delta(t-t_0) = f(t-t_0)$$

$$f(t) * u(t) = \int_{-\infty}^{t} f(\tau)\mathrm{d}\tau, \qquad f(t) * \delta^{(k)}(t) = f^{(k)}(t)$$

④ 时移特性

$$f_1(t-t_1) * f_2(t-t_2) = f_1(t-t_2) * f_2(t-t_1) = f(t-t_1-t_2)$$

4. 连续信号的分解

（1）偶分量与奇分量

任何信号都可分解为偶分量与奇分量两部分之和：
$$f(t) = f_\mathrm{e}(t) + f_\mathrm{o}(t)$$

式中 $$f_\mathrm{e}(t) = \frac{1}{2}[f(t) + f(-t)], \quad f_\mathrm{o}(t) = \frac{1}{2}[f(t) - f(-t)]$$

（2）脉冲分量

$f(t)$ 可以表示成一系列冲激函数之和。

$$f(t) = \lim_{\Delta t \to 0} \sum_{k=-\infty}^{\infty} f(k\Delta t)\delta(t - k\Delta t)\Delta t = \int_{-\infty}^{\infty} f(\tau)\delta(t-\tau)d\tau$$

综合习题

1-1 已知 $f(t)$ 波形如图题 1-1 所示，画出下列信号的波形图。

(1) $f_1(t) = f(t)u(t)$ (2) $f_2(t) = f(t-3)u(t)$ (3) $f_3(t) = f(2-t)$

(4) $f_4(t) = f(2-t)u(2-t)$ (5) $f_5(t) = f(-2-t)u(-t)$ (6) $f_6(t) = f(t-1)[u(t) - u(t-2)]$

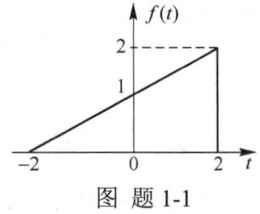
图 题 1-1

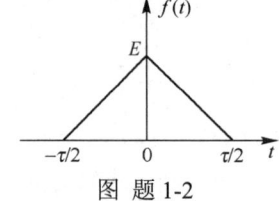
图 题 1-2

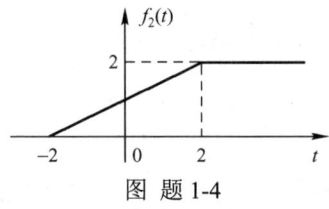
图 题 1-4

1-2 已知 $f(t)$ 的波形如图题 1-2 所示，求 $f'(t)$ 和 $f''(t)$，并分别画出 $f'(t)$ 和 $f''(t)$ 的波形图。

1-3 画出下列各信号的波形，并求各信号的一阶导数 $f'(t)$。

(1) $f_1(t) = |t|$ (2) $f_2(t) = e^{|t|}$ (3) $f_3(t) = \sin|t|$ (4) $f_4(t) = e^{|t|}\sin|t|$

1-4 已知 $f_1(t) = e^{-t}u(t)$，$f_2(t)$ 如图题 1-4 所示

(1) 求 $f_1(t)$ 的导数 $f_1'(t)$ 的表达式，并画出 $f_1'(t)$ 的波形图；

(2) 画出 $f_2(t)$ 的偶分量和奇分量的波形图；

(3) 写出 $f_2(t)$ 和 $f_2'(t)$ 的表达式，并画出 $f_2'(t)$ 的波形图；

(4) 求 $s(t) = f_1(t) * f_2'(t-2)$，并画出 $s(t)$ 的波形图。

1-5 试求图题 1-5 所示信号的一阶导数 $f'(t)$，并画出 $f'(t)$ 的波形图。

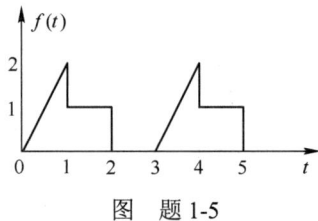
图 题 1-5

1-6 试求下列各函数 $f_1(t)$ 与 $f_2(t)$ 的卷积 $s(t) = f_1(t) * f_2(t)$。

(1) $f_1(t) = e^{-at}u(t)$，$f_2(t) = \sin t \cdot u(t)$；   (2) $f_1(t) = (1+t)[u(t) - u(t-1)]$，$f_2(t) = u(t-1) - u(t-2)$；

(3) $f_1(t) = tu(t)$，$f_2(t) = u(t)$；   (4) $f_1(t) = \delta(t+1)$，$f_2(t) = \cos(\pi t + 45°)$；

(5) $f_1(t) = \delta'(t)$，$f_2(t) = u(t) * e^{-at}$。

1-7 已知 $f_1(t)$ 和 $f_2(t)$ 如图题 1-7 所示，求 $s(t) = f_1(t) * f_2(t)$，并画出 $s(t)$ 的波形。

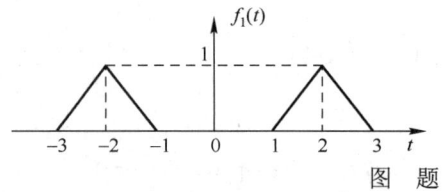
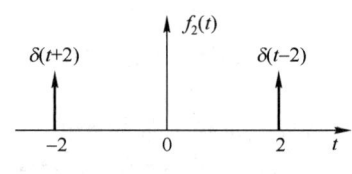

图 题 1-7

1-8 对图题 1-8 所示的各组信号，求二信号的卷积 $s(t) = f_1(t) * f_2(t)$，并绘出 $s(t)$ 的波形。

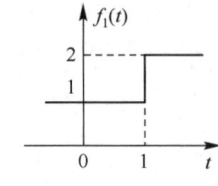
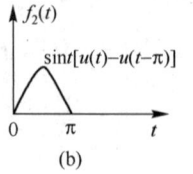
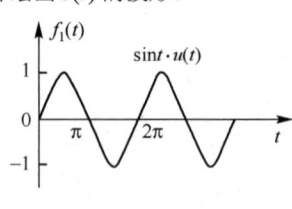

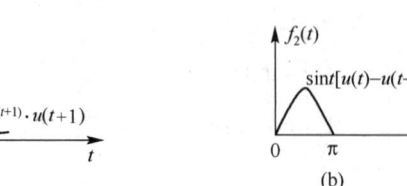
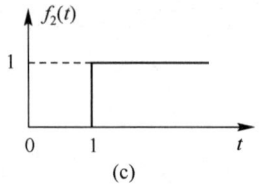

(a)   (b)   (c)

图 题 1-8

1-9 对图题 1-9 所示的各组信号，求二信号的卷积 $s(t) = f_1(t) * f_2(t)$，并绘出 $s(t)$ 的波形。

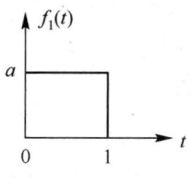
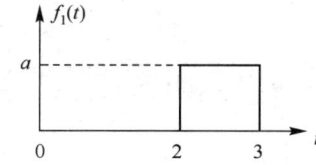
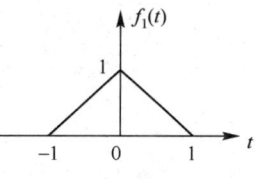
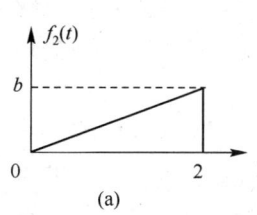
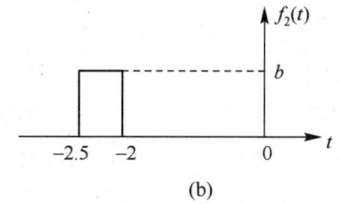
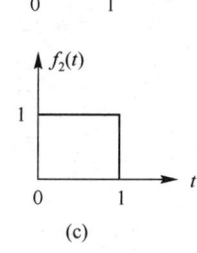

(a) (b) (c)

图 题 1-9

第 2 章　连续时间系统的时域分析

本章讨论线性时不变系统的时域分析方法。时域分析方法不涉及任何变换，直接求解系统的微分方程，对于系统的分析与计算全部都在时域内进行。这种方法具有直观、物理概念清楚等优点，也是学习变换域分析法的基础。

本章首先讨论微分方程的经典解法，在此基础上，引进系统的零输入响应与零状态响应这两个重要的基本概念，使线性时不变系统分析方法在理论上更完善。然后引入系统的冲激响应概念，将冲激响应与激励信号进行卷积积分，便可以求得系统的零状态响应。这种卷积积分方法物理概念明确，运算方便，是近代分析系统的重要工具。

2.1　系统的数学模型及其分类

1. 系统的数学模型

要分析任何一个物理系统，首先要建立该系统的数学模型。所谓数学模型，就是系统基本特性的数学抽象，它是以数学表达式来表征系统特性的。数学模型建立以后，运用数学方法求解，并对所得结果做出物理解释、赋予物理意义。概括说来，系统分析的过程，是从实际物理问题抽象为数学模型，经数学解析后再回到物理实际的过程。

例如，研究图 2.1-1 所示的电容器的充电过程，激励信号为电流源（current source）$i(t)$，取电容器上的电压 $v_C(t)$ 作为响应。那么响应与激励之间满足如下关系

$$i(t) = C \frac{dv_C(t)}{dt} \quad (2.1\text{-}1)$$

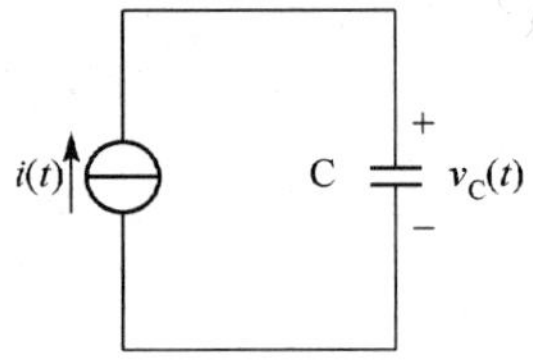

图 2.1-1　电容器充电电路

上式就是图 2.1-1 所示系统的数学模型，它是一阶微分方程。

下面再考虑另一系统。图 2.1-2 所示系统是由电阻、电容和电感组成的串联回路。若激励信号是电压源（voltage source）$x(t)$，取电容上的电压 $v_C(t)$ 作为响应。现在来建立描述该系统的数学模型。

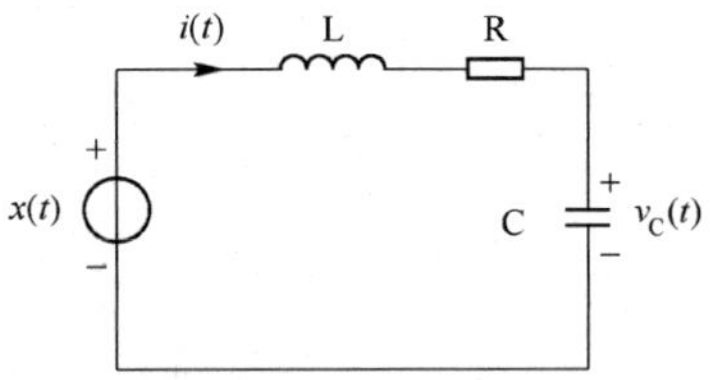

根据基尔霍夫电压定律，可列出回路电压方程为

$$v_L(t) + v_R(t) + v_C(t) = x(t) \quad (2.1\text{-}2)$$

图 2.1-2　RLC 串联回路

根据各元件上电流与电压的关系，有

$$i(t) = C\frac{dv_C(t)}{dt} \quad v_R(t) = Ri(t) = RC\frac{dv_C(t)}{dt} \quad v_L(t) = L\frac{di(t)}{dt} = LC\frac{d^2v_C(t)}{dt^2}$$

将以上关系代入式(2.1-2)，得

$$LC\frac{d^2v_C(t)}{dt^2} + RC\frac{dv_C(t)}{dt} + v_C(t) = x(t) \quad (2.1\text{-}3)$$

上式就是图 2.1-2 所示系统的数学模型，它是二阶线性微分方程。

系统模型的建立是有一定条件的。对于同一物理系统，在不同条件之下，可以得到不同形式的数学模型。例如，图 2.1-2 所示系统在工作频率较低，而且电感、电容元件损耗相对很小情况下，它的数学模型就是式(2.1-3)。如果工作频率较高，则要考虑寄生参数，如分布电容、

引线电感和损耗，这时系统的数学模型会变得十分复杂。

从另一方面讲，对于不同的物理系统，经过抽象和近似，有可能得到形式上完全相同的数学模型。例如，根据网络对偶理论可知，一个由电导 G、电容 C 及电感 L 组成的并联回路，在电流源 i(t) 激励下求其端电压 v(t) 的微分方程将与式(2.1-3)的形式相同。甚至还能找到非电系统，如力学系统的数学模型与电系统的数学模型的形式相同。

如图 2.1-3 所示为机械位移系统，弹簧一端固定在墙壁，另一端牵引质量为 m 的物体。对物体施加一个 $F(t)$ 的牵引力，设物体与平面的摩擦系数为 f，求牵引力 $F(t)$ 与物体运动速度 $v(t)$ 的关系式。

解：由机械系统元件特性：弹簧在弹性范围内，拉力 F_k 与位移 $x(t)$ 成正比，$x(t) = \int_{-\infty}^{t} v(\tau)\mathrm{d}\tau$，设弹性系数为 k，则 $F_k(t) = k\int_{-\infty}^{t} v(\tau)\mathrm{d}\tau$。物体在光滑平面运动，摩擦力 $F_f(t)$ 与速度 $v(t)$ 成正比，$F_f(t) = f \cdot v(t)$。

根据牛顿第二定律

$$F_m(t) = m \cdot \frac{\mathrm{d}}{\mathrm{d}t}v(t) \tag{2.1-4}$$

整个系统可得

$$m \cdot \frac{\mathrm{d}}{\mathrm{d}t}v(t) = F(t) - F_f(t) - F_k(t)$$

即

$$m \cdot \frac{\mathrm{d}}{\mathrm{d}t}v(t) + f \cdot v(t) + k\int_{-\infty}^{t} v(\tau)\mathrm{d}\tau = F(t)$$

两边微分

$$m \cdot \frac{\mathrm{d}^2}{\mathrm{d}t^2}v(t) + f\frac{\mathrm{d}}{\mathrm{d}t}v(t) + k \cdot v(t) = \frac{\mathrm{d}}{\mathrm{d}t}F(t) \tag{2.1-5}$$

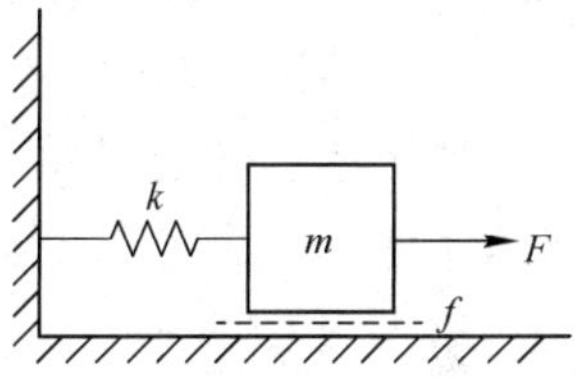

图 2.1-3 机械位移系统

可见，该机械位移系统的数学模型为二阶微分方程，该系统和电路系统具有完全不同的性质，但都有相同的数学模型。这表明，同一数学模型可以描述物理外貌截然不同的系统。我们将数学模型相同的系统称为相似系统。

还需指出，对于同一系统，在工作条件一定的情况下，系统的数学模型的形式并不是唯一的。仍以图2.1-2为例，此系统的数学模型也可表示成如下形式

$$\begin{cases} \dfrac{\mathrm{d}v_C(t)}{\mathrm{d}t} = \dfrac{1}{C}i(t) \\ \dfrac{\mathrm{d}i(t)}{\mathrm{d}t} = -\dfrac{1}{L}v_C(t) - \dfrac{R}{L}i(t) + \dfrac{1}{L}x(t) \end{cases} \tag{2.1-6}$$

上式是两个一阶联立微分方程组。因此式(2.1-3)与式(2.1-6)是图 2.1-2 所示系统数学模型的两种不同的表现形式。前者称为输入–输出方程(将在本章 2.3 节中介绍)；后者称为状态方程（将在第 9 章中介绍），它们之间可以相互转换。

微分方程的阶数就是系统的阶数，也就是系统中所包含的独立储能元件的个数。例如，图 2.1-2 所示的系统是二阶系统。在 2.3 节中，我们还要进一步建立一些较复杂系统的数学模型。

2．系统的分类

系统的分类错综复杂，按照其数学模型的差异划分如下：

（1）连续时间系统（continuous-time system）与离散时间系统（discrete-time system）

若系统的输入与输出均为连续时间信号，则称此系统为<u>连续时间系统</u>；若系统的输入和输出均为离散时间信号，则称此系统为<u>离散时间系统</u>。一般由电阻、电感和电容组成的电路都是连续时间系统，而数字计算机则是一个典型的离散时间系统。实际上离散时间系统经常与连续时间系统组合运用，此时称为<u>混合系统</u>。

连续时间系统的数学模型是微分方程（differential equation），而离散时间系统的数学模型是差分方程（difference equation）。本书两者都要研究。

（2）线性系统（linear system）与非线性系统（nonlinear system）

一般来说，由线性元件（电阻、电感、电容）组成的系统称为线性系统；含有非线性元件（例如晶体管）的系统则称为非线性系统。本书只研究线性系统。

（3）时不变系统（time-invarying system）与时变系统（time-varying system）

如果系统的参数不随时间而变化，则称这样的系统为时不变系统（或称为非时变系统）；如果系统参数随时间而变化，则称此系统为时变系统。

综合（2）和（3）两方面的情况，我们可以遇到线性时不变、线性时变、非线性时不变和非线性时变四种不同类型的系统。而以上每种系统又可分为连续系统和离散系统，因此实际上共有八种系统。其中线性时不变连续（或离散）系统的数学模型是常系数线性微分（或差分）方程；线性时变连续（或离散）系统的数学模型是变系数线性微分（或差分）方程；非线性时不变连续（或离散）系统的数学模型是常系数非线性微分（或差分）方程；而非线性时变连续（或离散）系统的数学模型是变系数非线性微分（或差分）方程。本书只研究线性时不变连续系统与线性时不变离散系统。

（4）集总参数系统（lumped-parameter system）与分布参数系统（distributed-parameter system）

只由集总参数元件（如：电阻、电感、电容等）组成的系统称为集总参数系统；含有分布参数元件（如天线、传输线、波导等）的系统则称为分布参数系统。

集总参数系统的数学模型是常微分方程；而分布参数系统的数学模型是偏微分方程（partial differential equation），这时描述系统的独立变量不仅是时间变量，而且还要考虑到空间位置。本书只研究集总参数系统。

本书主要研究<u>集总参数线性时不变的连续时间系统和集总参数线性时不变的离散时间系统</u>。它们的数学模型分别为常系数线性微分方程和常系数线性差分方程。

2.2 系统的性质

本节将对连续系统的基本性质进行分析。

1. 线性特性

线性特性包括叠加性（superposition property）与均匀性（homogeneity）两方面。

所谓叠加性是指当几个激励信号同时作用于系统时，总的响应信号等于每个激励单独作用所产生的响应之和，可由图 2.2-1 所示的方框图表示。

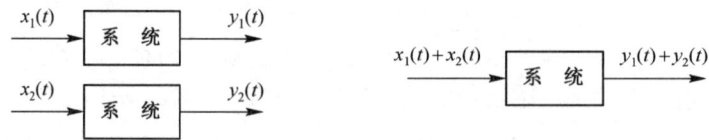

图 2.2-1　线性系统的叠加性

所谓均匀性（或称为齐次性）是指当输入信号乘以某常数 k 时，响应也乘以相同的常数 k，可由图 2.2-2 所示的方框图表示。

图 2.2-2　线性系统的均匀性

若系统同时具有这两种特性时，该系统就称为线性系统。即如果 $x_1(t)$，$y_1(t)$ 和 $x_2(t)$，$y_2(t)$ 分别代表两对激励与响应，则当激励为 $a_1x_1(t)+a_2x_2(t)$（a_1，a_2 为常数）时，系统的响

应为 $a_1y_1(t)+a_2y_2(t)$，如图 2.2-3 所示，该系统称为线性系统。

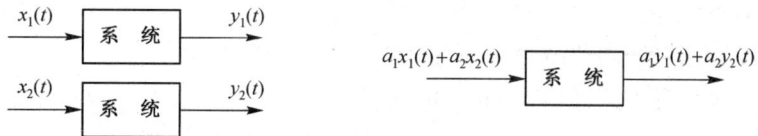

图 2.2-3　线性系统

因此，线性特性可表述为：若 $T[x_1(t)]=y_1(t)$，$T[x_2(t)]=y_2(t)$，则

$$T[a_1x_1(t)+a_2x_2(t)]=a_1T[x_1(t)]+a_2T[x_2(t)] \qquad (2.2\text{-}1)$$

当线性系统用常系数线性微分方程描述时，如果起始状态不为零，则必须将外加激励信号与起始状态的作用分开考虑，才能满足叠加性和均匀性，这将在 2.4 节讨论。

2. 时不变特性

对于时不变系统，由于系统参数本身不随时间变化，因此在起始条件为零的条件下，系统的响应与激励施加于系统的时刻无关。

如果激励为 $x(t)$，产生的响应为 $y(t)$，则当激励为 $x(t-t_0)$ 时，响应则为 $y(t-t_0)$。如图 2.2-4 所示，当激励延迟时间 t_0 时，其响应也延迟同样的时间 t_0，其波形形状不变。

因此，时不变特性可表述为：若 $T[x(t)]=y(t)$，则

$$T[x(t-t_0)]=y(t-t_0) \qquad (2.2\text{-}2)$$

例 2.2-1　判断下列系统是线性的还是非线性的，是时不变的还是时变的。

（1）$y(t)=x(-t)$；　　（2）$y(t)=[x(t)]^2$

解：（1）设两输入信号分别为 $x_1(t)$ 与 $x_2(t)$，则输出信号分别为

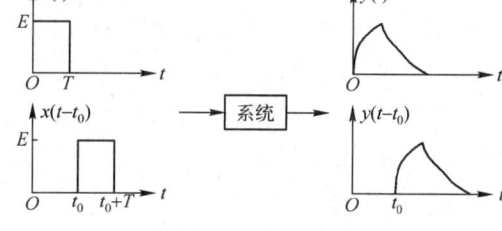

图 2.2-4　时不变特性

$$y_1(t)=T[x_1(t)]=x_1(-t)，\quad y_2(t)=T[x_2(t)]=x_2(-t)$$

因为
$$T[a_1x_1(t)+a_2x_2(t)]=a_1x_1(-t)+a_2x_2(-t)$$
而
$$a_1T[x_1(t)]+a_2T[x_2(t)]=a_1x_1(-t)+a_2x_2(-t)$$
即满足
$$T[a_1x_1(t)+a_2x_2(t)]=a_1T[x_1(t)]+a_2T[x_2(t)]$$

所以该系统是线性系统。

又因为
$$y(t)=x(-t)，\quad y(t-t_0)=x[-(t-t_0)]$$
而
$$T[x(t-t_0)]=x(-t-t_0)\neq y(t-t_0)$$

不符合式(2.2-2)所示的时不变特性，所以该系统是时变系统。

综合上述两点，该系统为线性时变系统。

（2）按题意有　　$y_1(t)=[x_1(t)]^2$，$y_2(t)=[x_2(t)]^2$

$$T[a_1x_1(t)+a_2x_2(t)]=[a_1x_1(t)+a_2x_2(t)]^2=a_1^2x_1^2(t)+a_2^2x_2^2(t)+2a_1a_2x_1(t)x_2(t)$$

而
$$a_1T[x_1(t)]+a_2T[x_2(t)]=a_1x_1^2(t)+a_2x_2^2(t)$$
即
$$T[a_1x_1(t)+a_2x_2(t)]\neq a_1T[x_1(t)]+a_2T[x_2(t)]$$

所以该系统是非线性系统。

又因为
$$y(t)=[x(t)]^2，\quad y(t-t_0)=[x(t-t_0)]^2$$
而
$$T[x(t-t_0)]=[x(t-t_0)]^2$$

则有
$$T[x(t-t_0)] = [x(t-t_0)]^2 = y(t-t_0)$$
所以该系统是时不变系统。

综合上述两点，该系统为非线性时不变系统。

判断系统的线性和时不变性请扫描二维码。

3．微分与积分特性

对于线性时不变系统满足如下微分特性：在系统的起始状态为零的情况下，若系统在激励 $x(t)$ 作用下产生的响应为 $y(t)$，则当激励为 $\dfrac{dx(t)}{dt}$ 时，响应则为 $\dfrac{dy(t)}{dt}$。

根据线性特性与时不变特性很容易证明上述结论。首先由时不变特性可知，若激励 $x(t)$ 对应的响应为 $y(t)$，则激励 $x(t-\Delta t)$ 产生的响应为 $y(t-\Delta t)$。再由叠加性与均匀性可知，若激励为 $\dfrac{x(t)-x(t-\Delta t)}{\Delta t}$，则产生的响应为 $\dfrac{y(t)-y(t-\Delta t)}{\Delta t}$，取 $\Delta t \to 0$ 的极限，得到导数关系。即：若激励为

$$\lim_{\Delta t \to 0} \frac{x(t)-x(t-\Delta t)}{\Delta t} = \frac{dx(t)}{dt}$$

则响应为

$$\lim_{\Delta t \to 0} \frac{y(t)-y(t-\Delta t)}{\Delta t} = \frac{dy(t)}{dt}$$

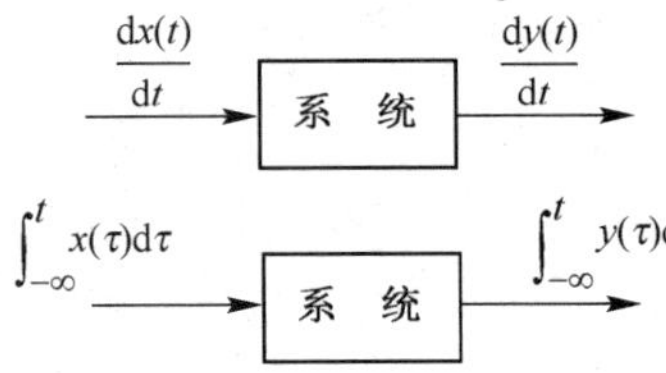

图 2.2-5 微分与积分特性

这表明，当系统的输入由原激励信号改为其导数时，输出也由原响应信号改为其导数。显然，此结论可扩展至高阶导数与积分特性。

当系统的输入由原激励信号改为其积分时，输出也由原响应信号改为其积分。微分与积分特性可用图 2.2-5 表示。

4．因果性

如果 $t<t_0$ 时，系统的激励信号等于零，相应的响应信号在 $t<t_0$ 时也等于零，这样的系统称为因果系统，否则即为非因果系统。也就是说，激励是产生响应的原因，响应是激励引起的后果，这种特性就称为因果性。因果系统的响应不会出现于激励加入之前，或者说因果系统没有预知未来的能力，只有在激励加入之后，系统才可能有响应。对于因果系统，在因果信号激励下，响应也是因果信号。

通常由电阻、电感、电容器构成的实际物理系统都是因果系统，而在信号处理技术领域中，利用后一时刻的输入来决定前一时刻的输出，则构成非因果系统。例如气象预报系统中预测未来天气的变化趋势，以及在股票市场分析或人口统计学等领域都可能遇到此类非因果系统。

5．稳定性

<u>一个系统，如果输入是有界的，其系统的输出也是有界的，则该系统称为稳定系统。</u>

这一稳定性准则又称为 BIBO（Bounder input bounder output）准则，它适用于一般系统，可以是线性也可以是非线性系统，可以是时不变也可以是时变系统。有关系统稳定性的讨论，将在 6.10 节进行。

例 2.2-2 判断下列系统是否为因果系统，是否为稳定系统？

（1）$y(t) = x(t+2)$；　　　　（2）$y(t) = t \cdot x(t-2)$

解：（1）设 $t=t_0$ 时的输出 $y(t_0)$ 只取决于 t_0+2 时的输入 $x(t_0+2)$，即输出值取决于将来的输入值。响应超前于激励，因此该系统为非因果系统。

若激励 $x(t)$ 有界，即 $|x(t)| \leq M_x$，系统的响应是激励的简单时移，所以 $|y(t)| \leq M_x$，因此

符合稳定性的条件。

（2）设 $t=t_0$ 时的输出 $y(t_0)$ 只取决于 t_0-2 时的输入 $x(t_0-2)$ 与 t_0 之积，即激励在前，响应在后，该系统为因果系统。

若激励 $x(t)$ 有界，即 $|x(t)| \leq M_x$，但当 $t \to \infty$ 时，系统的响应 $|y(t)| \to \infty$，不符合系统稳定条件，因此该系统为不稳定系统。

练习题

2.2-1 判断下列系统是否为：（1）线性系统；（2）时不变系统；（3）因果系统；（4）稳定系统。

（1）$y(t)=\int_{-\infty}^{t} x(\tau) \mathrm{d}\tau$　　（2）$y(t)=3x(2t)+3$　　（3）$y(t)=x(t-t_0)$

2.2-2 某线性时不变系统，当激励 $x_1(t)=u(t)$ 时，其响应为 $y_1(t)=\mathrm{e}^{-t}u(t)$，当激励 $x_1(t)=\delta(t)$ 时，试求其响应 $y_2(t)$ 的表达式，并画出 $y_2(t)$ 的波形（假设起始时刻系统无储能）。

2.2-3 某线性时不变系统，当激励 $x_1(t)=u(t)$ 时，其响应为 $y_1(t)=(1-\mathrm{e}^{-t})u(t)$。试求当激励为图题 2.2-3 所示的 $x_2(t)$ 时的响应 $y_2(t)$ 的表达式（假设起始时刻系统无储能）。

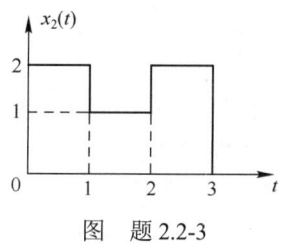

图 题 2.2-3

2.3 线性时不变系统的微分方程表示及其经典求解

2.3.1 线性时不变系统分析方法概述

在系统分析中，线性时不变系统的分析具有重要意义。在实际应用中，有一些非线性系统或时变系统在一定条件下，也遵循线性时不变系统的规律，从而也能用线性时不变系统的方法进行研究。例如，在小信号工作条件下的线性放大器就是如此。另一方面，线性时不变系统的分析方法也是研究非线性或时变系统的基础。

为了使读者对系统分析的概貌有初步的了解，下面就线性时不变系统的分析方法做一概述。

1. 输入–输出分析法与状态变量分析法

在建立系统数学模型方面，系统的数学描述方法可分为两大类：输入–输出分析法（input-output analysis）和状态变量分析法（state variable analysis）。

输入–输出分析法着眼于系统输入与输出之间的关系。描述线性时不变系统输入–输出关系的是 n 阶常系数线性微分方程（对于 n 阶连续系统）或 n 阶常系数线性差分方程（对于 n 阶离散系统）。输入–输出分析法可以直接给出某一激励经过系统所引起的响应，因而对于在无线电技术中大量遇到的单输入、单输出系统（single-input and single-output system），应用这种分析方法较方便。但是它并不关心系统内部变量的情况，因而它不适用于从内部去观察系统的各种问题。而在这方面，状态变量分析法却有它的独到之处。

状态变量分析法不仅可以给出系统的响应，还可提供系统内部各变量的情况。动态系统中的某些变量（如电容器两端的电压和流经电感的电流等）称为状态变量，它们具有"记忆"的性质，只要知道这些状态变量在某一时刻的数值，以及该时刻以后的激励，就可确定系统在该时刻以后的响应。状态变量分析法用两组方程来描述系统。

（1）状态方程（state equation），它描述了系统内部状态变量与激励之间的关系。对于 n 阶线性时不变连续系统，它是 n 个一阶常系数微分方程组，在 2.1 节中已举例说明，如式(2.1-6)

所示；对于 n 阶线性时不变离散系统，它是 n 个一阶常系数差分方程组。

（2）输出方程（output equation），它描述了系统的输出与状态变量和输入的关系。输出方程通常是代数方程。状态变量分析法对于多输入、多输出系统（multi-input and multi-output system）的分析将显示出优越性。

状态变量分析法不仅适用于线性时不变系统，也便于推广应用于非线性系统和时变系统。

2．时域分析法和变换域分析法

在建立了描述线性时不变系统的数学模型后，还需要对其进行求解。从系统数学模型的求解方法来讲，大体上可分为时域分析法（time domain analysis）和变换域分析法（transform domain analysis）两大类。

时域分析法是直接分析时间变量的函数，研究系统的时间响应特性，或称时域特性。即求解系统的响应完全在时域中进行。对于输入-输出描述的数学模型，可以利用经典法求解常系数线性微分方程或差分方程。对于状态变量描述的数学模型，则需求解矩阵方程。在线性系统时域分析方法中，卷积方法是一种重要方法。

对于高阶系统或激励信号较为复杂的情况，时域分析法的计算过程繁复，不便求解。这时若采用变换域分析法，问题就能迎刃而解。变换域分析法是将信号与系统模型的时间函数变换成相应变换域的某种函数。对连续系统可采用傅里叶变换或拉普拉斯变换的方法来分析；而对于离散系统常采用 z 变换的方法来分析。傅里叶变换以频率 Ω 及 ω 为独立变量，以频域特性为主要研究对象；而拉普拉斯变换及 z 变换则分别以复频率 s 及 z 为独立变量，两者都注重研究极点与零点分析，利用 s 域或 z 域的特性来分析系统。变换域分析法可以将时域分析中的微分方程或差分方程转化成代数方程，而将卷积变换为乘积。这使信号与系统分析求解过程变得简单方便。

线性时不变系统的研究，以叠加性、均匀性和时不变性作为分析一切问题的基准。按照这种观点去考察问题，时域分析法与变换域分析法并没有本质区别。这两种方法都是把激励信号分解为某种基本单元，在这些基本单元信号分别作用下求得系统的响应，然后叠加。例如，在时域卷积法中这种基本单元是冲激函数，在傅里叶变换中是正弦函数或指数函数，在拉普拉斯变换中则是复指数函数。因此，变换域分析法不仅可以视为求解数学模型的有力工具，而且能够赋予明确的物理意义。基于这种物理解释，时域分析法与变换域分析法得到了统一。

本书按照先输入-输出描述后状态变量描述，先连续后离散，先时域后变换域的顺序，研究线性时不变系统的基本分析方法，初步介绍这些方法在信号传输与处理方面的简单应用。

2.3.2 线性时不变系统数学模型的建立

在 2.1 节中，我们已列举了两个较简单系统的数学模型。对于较复杂的连续时间系统，只要依据电网络的以下两个约束特性，就可列出微分方程。

（1）元件特性约束：即表征元件特性的关系式，如电容、电感、电阻各自电压与电流的关系等；

（2）网络拓扑约束：由网络结构决定的电压、电流约束关系，如基尔霍夫电压定律（KVL）和基尔霍夫电流定律（KCL）等。

下面举例说明如何列写系统的数学模型——微分方程。

例 2.3-1 图 2.3-1 所示互感耦合电路中，$x(t)$ 为电压源激励信号，试列写电流 $i_2(t)$ 的微分方程式。

解：对于初、次级回路分别应用 KVL，可得如下两个方程

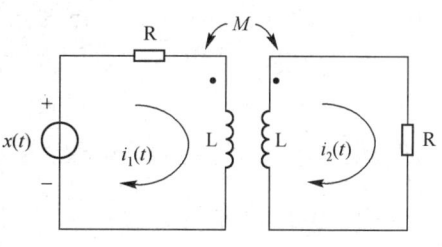

$$\begin{cases} L\dfrac{di_1(t)}{dt} + Ri_1(t) - M\dfrac{di_2(t)}{dt} = x(t) \\ L\dfrac{di_2(t)}{dt} + Ri_2(t) - M\dfrac{di_1(t)}{dt} = 0 \end{cases}$$

利用消元法求解联立方程，可得到 $i_2(t)$ 的微分方程

图 2.3-1　互感耦合电路

$$(L^2 - M^2)\dfrac{d^2 i_2(t)}{dt^2} + 2RL\dfrac{di_2(t)}{dt} + R^2 i_2(t) = M\dfrac{dx(t)}{dt}$$

这是一个二阶常系数线性微分方程。

例 2.3-2　图 2.3-2 所示电路中，$x(t)$ 为电压源激励信号，试写出以电容 C_2 两端电压 $v_2(t)$ 为响应信号的微分方程。

解：根据 KCL，列出两个节点的电流方程式

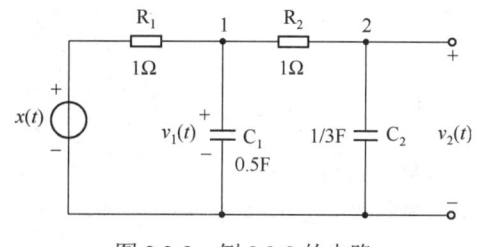

$$\begin{cases} \dfrac{x(t) - v_1(t)}{R_1} = C_1 \dfrac{dv_1(t)}{dt} + \dfrac{v_1(t) - v_2(t)}{R_2} \\ \dfrac{v_1(t) - v_2(t)}{R_2} = C_2 \dfrac{dv_2(t)}{dt} \end{cases}$$

图 2.3-2　例 2.3-2 的电路

利用消元法来求解联立方程，可得 $v_2(t)$ 的微分方程

$$\dfrac{d^2 v_2(t)}{dt^2} + 7\dfrac{dv_2(t)}{dt} + 6v_2(t) = 6x(t)$$

这也是一个二阶常系数线性微分方程。

将以上二例推广到一般情况，对于一个 n 阶线性时不变连续时间系统，其激励信号 $x(t)$ 与响应信号 $y(t)$ 之间的关系，可以用下列形式的微分方程式来描述

$$\begin{aligned} & a_n \dfrac{d^n y(t)}{dt^n} + a_{n-1} \dfrac{d^{n-1} y(t)}{dt^{n-1}} + \cdots + a_1 \dfrac{dy(t)}{dt} + a_0 y(t) \\ & = b_m \dfrac{d^m x(t)}{dt^m} + b_{m-1} \dfrac{d^{m-1} x(t)}{dt^{m-1}} + \cdots + b_1 \dfrac{dx(t)}{dt} + b_0 x(t) \end{aligned} \tag{2.3-1}$$

式中，系数 a_i, b_j 均为常数。式(2.3-1)为一个常系数 n 阶线性常微分方程。

2.3.3　微分方程的经典求解

根据常系数线性微分方程的求解方法可以知道，式(2.3-1)的微分方程的完全解由齐次解（homogeneous solution）$y_h(t)$ 和特解（particular solution）$y_p(t)$ 两部分组成。即

$$y(t) = y_h(t) + y_p(t) \tag{2.3-2}$$

齐次解是当式(2.3-1)中的激励信号 $x(t)$ 及各阶导数都等于零时的解。齐次解应满足

$$a_n \dfrac{d^n y(t)}{dt^n} + a_{n-1} \dfrac{d^{n-1} y(t)}{dt^{n-1}} + \cdots + a_1 \dfrac{dy(t)}{dt} + a_0 y(t) = 0 \tag{2.3-3}$$

上式称为对应于式(2.3-1)的齐次微分方程，它所对应的特征方程（characteristic equation）为

$$a_n \alpha^n + a_{n-1} \alpha^{n-1} + \cdots + a_1 \alpha + a_0 = 0 \tag{2.3-4}$$

而特征方程的根 $\alpha_1, \alpha_2, \cdots, \alpha_n$ 称为微分方程的特征根（characteristic root）。

在特征根各不相同（无重根）的情况下，微分方程的齐次解为
$$y_h(t) = A_1 e^{\alpha_1 t} + A_2 e^{\alpha_2 t} + \cdots + A_n e^{\alpha_n t} \tag{2.3-5}$$
这里 $A_1, A_2, \cdots, A_n$ 是由初始条件决定的系数。现举例说明求解齐次方程的过程。

例 2.3-3 求微分方程 $\dfrac{d^2 y(t)}{dt^2} + 6\dfrac{dy(t)}{dt} + 8y(t) = 2x(t)$ 的齐次解。

解：特征方程为 $\qquad\qquad\qquad \alpha^2 + 6\alpha + 8 = 0$

解得特征根为 $\alpha_1 = -2$，$\alpha_2 = -4$，则所对应的齐次解为 $y_h(t) = A_1 e^{-2t} + A_2 e^{-4t}$

上例是特征根为各不相同的实数的情况。若特征根为共轭复数 $\alpha \pm j\beta$ 时，则所对应的齐次解为 $A_1 e^{(\alpha+j\beta)t} + A_2 e^{(\alpha-j\beta)t}$，且可以化解为 $e^{\alpha t}[A\cos\beta t + B\sin\beta t]$ 的形式。

当有重根的情况下，齐次解的形式将有所不同。假设 α_1 为特征方程的 k 重根，则 α_1 对应的齐次解有 k 项，即
$$(A_1 + A_2 t + A_3 t^2 + \cdots + A_k t^{k-1}) e^{\alpha_1 t} \tag{2.3-6}$$

例 2.3-4 求微分方程 $\dfrac{d^3 y(t)}{dt^3} + 7\dfrac{d^2 y(t)}{dt^2} + 16\dfrac{dy(t)}{dt} + 12y(t) = x(t)$ 的齐次解。

解：特征方程为 $\qquad\qquad\qquad \alpha^3 + 7\alpha^2 + 16\alpha + 12 = 0$

可求得特征根为 $\alpha_1 = \alpha_2 = -2$，$\alpha_2 = -3$，其中 –2 为二重根。所以，齐次方程的解为
$$y_h(t) = (A_1 + A_2 t) e^{-2t} + A_3 e^{-3t}$$

由此可见，齐次解的形式仅取决于特征方程根的性质，而与激励信号无关，所以齐次解有时称为固有解（natural solution）（或称自由解）。当然齐次解的系数 $A_1, A_2, \cdots, A_n$ 与激励信号有关。

微分方程特解的形式与激励信号的形式有关，将激励信号代入方程(2.3-1)的右端，代入后右端的函数式称为自由项。通常，由观察自由项试选特解函数式，将之代入原方程后求得特解函数式中的待定系数，即可求出特解。由此可见微分方程的特解是由输入信号产生的，所以也叫做强迫解（forced solution）。下面举例说明特解的求解方法。

例 2.3-5 给定微分方程 $\qquad \dfrac{d^2 y(t)}{dt^2} + 2\dfrac{dy(t)}{dt} + 3y(t) = \dfrac{dx(t)}{dt} + x(t)$

分别求在以下两种情况下方程的特解：（1）$x(t) = t^2$；（2）$x(t) = e^{-2t}$。

解：（1）将 $x(t) = t^2$ 代入方程的右端，得到 $t^2 + 2t$，为使等式两边平衡，可选特解函数为
$$y_p(t) = B_1 t^2 + B_2 t + B_3$$
其中，B_1, B_2, B_3 为待定系数。将 $y_p(t)$ 代入微分方程得到
$$3B_1 t^2 + (4B_1 + 3B_2) t + (2B_1 + 2B_2 + 3B_3) = t^2 + 2t$$
等式两端对应的同次幂项系数应相等，即
$$\begin{cases} 3B_1 = 1 \\ 4B_1 + 3B_2 = 2 \\ 2B_1 + 2B_2 + 3B_3 = 0 \end{cases}$$
解得 $B_1 = 1/3, B_2 = 2/9, B_3 = -10/27$，所以特解为 $y_p(t) = \dfrac{1}{3}t^2 + \dfrac{2}{9}t - \dfrac{10}{27}$。

（2）当 $x(t) = e^{-2t}$ 时，右端自由项为 $-e^{-2t}$，很明显，可选择 $y_p(t) = B e^{-2t}$ 为特解，这里 B 是待定系数。代入方程后有 $3B e^{-2t} = -e^{-2t}$，解得 $B = -1/3$，于是特解为 $y_p(t) = -\dfrac{1}{3} e^{-2t}$。

用类似的方法，可以求得其他几种典型激励信号对应的特解函数形式，如表 2.3-1 所示。

下面通过例子说明经典法求解的全部过程。

例 2.3-6 图 2.3-3 所示电路，已知激励信号 $x(t)=\cos 2t \cdot u(t)$，初始时刻电容两端电压均为零，求输出信号 $v_2(t)$ 的表达式。

解：（1）列写微分方程。根据 KCL，可列出节点电流方程为

$$\begin{cases} \dfrac{x(t)-v_1(t)}{R_1}=C_1\dfrac{\mathrm{d}v_1(t)}{\mathrm{d}t}+\dfrac{v_1(t)-v_2(t)}{R_2}\\ \dfrac{v_1(t)-v_2(t)}{R_2}=C_2\dfrac{\mathrm{d}v_2(t)}{\mathrm{d}t}\end{cases}$$

化简可得 $v_2(t)$ 的微分方程为

$$\dfrac{\mathrm{d}^2 v_2(t)}{\mathrm{d}t^2}+7\dfrac{\mathrm{d}v_2(t)}{\mathrm{d}t}+6v_2(t)=6\cos 2t \cdot u(t)$$

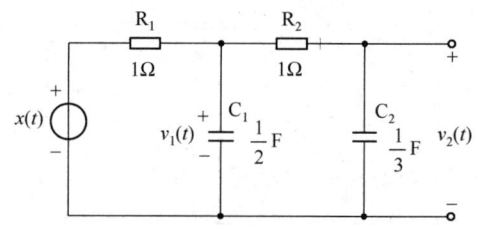

图 2.3-3　例 2.3-6 的电路

（2）求齐次解。特征方程为 $\alpha^2+7\alpha+6=0$，特征根为 $\alpha_1=-1$，$\alpha_2=-6$，于是齐次解为 $v_{2h}(t)=A_1\mathrm{e}^{-t}+A_2\mathrm{e}^{-6t}$。

（3）求特解。根据表 2.3-1 可知

$$y_p(t)=B_1\sin 2t+B_2\cos 2t$$

将 $y_p(t)$ 代入微分方程求待定系数

$$-4B_1\sin 2t-4B_2\cos 2t+14B_1\cos 2t$$
$$-14B_2\sin 2t+6B_1\sin 2t+6B_2\cos 2t=6\cos 2t$$

简化为 $(2B_1-14B_2)\sin 2t+(14B_1+2B_2-6)\cos 2t=0$

即 $\begin{cases}2B_1-14B_2=0\\14B_1+2B_2-6=0\end{cases}$

表 2.3-1　与几种典型的自由项对应的特解

自由项	响应函数的特解 $y_p(t)$ 的形式
E（常数）	B
t^p	$B_p t^p+B_{p-1}t^{p-1}+\cdots+B_1 t+B_0$
$\mathrm{e}^{\alpha t}$	$B\mathrm{e}^{\alpha t}$
$\cos\Omega_0 t$	$B_1\cos\Omega_0 t+B_2\sin\Omega_0 t$
$\sin\Omega_0 t$	
自由项	响应函数的特解 $y_p(t)$ 的形式
$t^p\mathrm{e}^{\alpha t}\cos\Omega_0 t$	$(B_p t^p+B_{p-1}t^{p-1}+\cdots+B_1 t+B_0)\mathrm{e}^{\alpha t}\cos\Omega_0 t+$
$t^p\mathrm{e}^{\alpha t}\sin\Omega_0 t$	$(D_p t^p+D_{p-1}t^{p-1}+\cdots+D_1 t+D_0)\mathrm{e}^{\alpha t}\sin\Omega_0 t$

注：（1）表中 B，D 均为待定系数。
（2）若自由项为几种激励函数组合，则特解也为其相应的组合。
（3）若表中所列特解与齐次解重复，则应在特解中增加一项：t 倍乘以表中特解。例如自由项为 $\mathrm{e}^{\alpha t}$，而齐次解也是 $\mathrm{e}^{\alpha t}$（特征根 $\alpha=a$），则特解为 $B_0 t\mathrm{e}^{\alpha t}+B_1\mathrm{e}^{\alpha t}$。

解得 $B_1=21/50$，$B_2=3/50$，于是，特解为

$$y_p(t)=\dfrac{21}{50}\sin 2t+\dfrac{3}{50}\cos 2t$$

这样，全响应为　$v_2(t)=A_1\mathrm{e}^{-t}+A_2\mathrm{e}^{-6t}+\dfrac{21}{50}\sin 2t+\dfrac{3}{50}\cos 2t$

（4）系数 A_1，A_2 的确定。由于已知电容 C_2 上的初始电压为零，故有 $v_2(0)=0$。又因为电容 C_1 上的初始电压也为零，则流过 R_2，C_2 的电流也为零，即 $v_2'(0)=0$。借助这两个初始条件可以得到

$$\begin{cases}A_1+A_2+\dfrac{3}{50}=0\\-A_1-6A_2+\dfrac{42}{50}=0\end{cases}$$

解得 $A_1=-6/25$，$A_2=9/50$，所以，完全解为

$$v_2(t)=\dfrac{9}{50}\mathrm{e}^{-6t}-\dfrac{6}{25}\mathrm{e}^{-t}+\dfrac{21}{50}\sin 2t+\dfrac{3}{50}\cos 2t \quad t\geqslant 0$$

2.3.4　初始条件的确定

从以上分析可知，为求系数 A，我们利用了 n 个条件 $y(0)$，$\dfrac{\mathrm{d}y(0)}{\mathrm{d}t}$，$\cdots$，$\dfrac{\mathrm{d}^{n-1}y(0)}{\mathrm{d}t^{n-1}}$。实际上，

由于 $t=0$ 时刻加入了激励，由于激励的作用，$y(t)$ 及各阶导数在 $t=0$ 时刻可能在激励接入之时发生跳变。为区分跳变前后的数值，我们以 0^- 表示激励接入前的瞬间，而以 0^+ 表示激励接入后的瞬间。将 $y(0^-), \dfrac{\mathrm{d}y(0^-)}{\mathrm{d}t}, \cdots, \dfrac{\mathrm{d}^{n-1}y(0^-)}{\mathrm{d}t^{n-1}}$ 称为系统的起始条件（original condition），简写为 $y^{(k)}(0^-)$，它总结了为计算未来响应所需的过去全部"信息"，而 $y(0^+), \dfrac{\mathrm{d}y(0^+)}{\mathrm{d}t}, \cdots, \dfrac{\mathrm{d}^{n-1}y(0^+)}{\mathrm{d}t^{n-1}}$ 被称为系统的初始条件（initial condition），简写为 $y^{(k)}(0^+)$。若 $y^{(k)}(0^+) \neq y^{(k)}(0^-)$，则表明起始点发生了跳变。

用经典法求解微分方程时，是考虑了激励作用以后的解，时间范围是 $0^+ \leqslant t < \infty$，所以要利用 $y^{(k)}(0^+)$ 来确定系数 A，而不能利用 $y^{(k)}(0^-)$。通常给出的只是 $y^{(k)}(0^-)$，所以必须根据激励信号和微分方程来确定 $y^{(k)}(0^+)$。下面研究如何从起始条件来确定初始条件。

在具体电路分析中，可以利用系统内部储能的连续性决定初始条件，即电容上的起始电压和电感中的起始电流。当电路中没有冲激电流（或阶跃电压）强迫作用于电容，以及没有冲激电压（或阶跃电流）作用于电感时，则电容两端的电压 $v_C(t)$ 和流过电感的电流 $i_L(t)$ 不会发生跳变，即有 $v_C(0^-) = v_C(0^+)$，$i_L(0^-) = i_L(0^+)$。但电容中流过的电流 $i_C(t) = C\dfrac{\mathrm{d}v_C(t)}{\mathrm{d}t}$ 和电感两端的电压 $v_L(t) = L\dfrac{\mathrm{d}i_L(t)}{\mathrm{d}t}$，以及电阻上的电流及电压均可能发生跳变。

对于简单电路可以按照上述原则判断起始点是否发生跳变。但对复杂电路或非电路系统，跳变值往往不易获得，这时可借助于微分方程两端奇异函数平衡的方法做出判断。这种方法称为奇异函数平衡法。下面举例说明。

例 2.3-7 在图 2.3-1 所示电路中，若激励为单位阶跃信号 $x(t) = u(t)$，系统起始无储能，试求 $i_2(t)$。

解：在例 2.3-1 中已给出电路的微分方程式，将 $x(t) = u(t)$ 代入，得

$$(L^2 - M^2)\dfrac{\mathrm{d}^2 i_2(t)}{\mathrm{d}t^2} + 2RL\dfrac{\mathrm{d}i_2(t)}{\mathrm{d}t} + R^2 i_2(t) = M\dfrac{\mathrm{d}u(t)}{\mathrm{d}t}$$

即

$$(L^2 - M^2)\dfrac{\mathrm{d}^2 i_2(t)}{\mathrm{d}t^2} + 2RL\dfrac{\mathrm{d}i_2(t)}{\mathrm{d}t} + R^2 i_2(t) = M\delta(t)$$

（1）求齐次解。特征方程为

$$(L^2 - M^2)\alpha^2 + 2RL\alpha + R^2 = 0$$

特征根 $\alpha_{1,2} = -\dfrac{R}{L \pm M}$，所以，齐次解为

$$i_{2h}(t) = A_1 \mathrm{e}^{\alpha_1 t} + A_2 \mathrm{e}^{\alpha_2 t}$$

（2）求特解。由于 $t > 0$ 以后，微分方程右端为零，显然，其特解为零，所以齐次解即为完全解，即

$$i_2(t) = A_1 \mathrm{e}^{\alpha_1 t} + A_2 \mathrm{e}^{\alpha_2 t}$$

（3）确定初始条件。由题意可知，$i_2(0^-) = 0$，$i_2'(0^-) = 0$，下面利用奇异函数平衡法确定 $i_2(0^+)$ 和 $i_2'(0^+)$。

由系统的微分方程可以看出，在等式的右端出现冲激函数项 $M\delta(t)$，为使方程平衡，等式左端也应有对应的 $\delta(t)$ 函数，而且也只能出现在最高阶项中，即 $(L^2 - M^2)\dfrac{\mathrm{d}^2 i_2(t)}{\mathrm{d}t^2}$ 中包含有

$M\delta(t)$。否则，若在低阶项中出现 $\delta(t)$ 函数，方程左端第一项将导致冲激偶函数的出现，则不能与右端平衡。所以可以判断，$(L^2-M^2)\dfrac{\mathrm{d}^2 i_2(t)}{\mathrm{d}t^2}$ 中包含有 $M\delta(t)$，则 $\dfrac{\mathrm{d}^2 i_2(t)}{\mathrm{d}t^2}$ 中包含 $\dfrac{M}{L^2-M^2}\delta(t)$（切记，$\dfrac{\mathrm{d}^2 i_2(t)}{\mathrm{d}t^2} \neq \dfrac{M}{L^2-M^2}\delta(t)$，而是包含有 $\delta(t)$ 函数）；$\dfrac{\mathrm{d} i_2(t)}{\mathrm{d}t}$ 为 $\dfrac{\mathrm{d}^2 i_2(t)}{\mathrm{d}t^2}$ 的积分，则 $\dfrac{\mathrm{d}i_2(t)}{\mathrm{d}t}$ 项中应包含 $\dfrac{M}{L^2-M^2}u(t)$（即 $\dfrac{\mathrm{d}i_2(t)}{\mathrm{d}t}$ 在 $t=0$ 处有一个不连续点，即有跳变值 $\dfrac{M}{L^2-M^2}$，其导数将出现 $\delta(t)$ 函数），而其积分 $i_2(t)$ 在 $t=0$ 处是连续的，不产生跳变。可将上述平衡过程简记为

$$\dfrac{\mathrm{d}^2 i_2(t)}{\mathrm{d}t^2} \xrightarrow{包含} \dfrac{M}{L^2-M^2}\delta(t), \quad \dfrac{\mathrm{d}i_2(t)}{\mathrm{d}t} \xrightarrow{包含} \dfrac{M}{L^2-M^2}u(t), \quad i_2(t)\xrightarrow{包含}\dfrac{M}{L^2-M^2}tu(t)$$

于是可以写出
$$\begin{cases} i_2(0^+)-i_2(0^-)=0 \\ i_2'(0^+)-i_2'(0^-)=\dfrac{M}{L^2-M^2} \end{cases}$$

由上式及已知的起始条件可求得 $i_2(0^+)=0$，$i_2'(0^+)=\dfrac{M}{L^2-M^2}$。

（4）利用初始条件求系数。
$$\begin{cases} A_1+A_2=0 \\ \alpha_1 A_1+\alpha_2 A_2=\dfrac{M}{L^2-M^2} \end{cases}$$

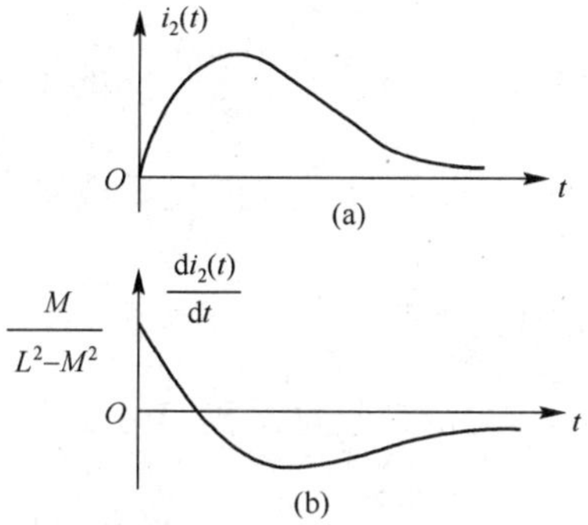

图 2.3-4 例 2.3-7 的波形

解得
$$A_1=\dfrac{M}{(L^2-M^2)(\alpha_1-\alpha_2)}=\dfrac{1}{2R}, \quad A_2=-\dfrac{M}{(L^2-M^2)(\alpha_1-\alpha_2)}=-\dfrac{1}{2R}$$

响应为
$$i_2(t)=\dfrac{1}{2R}(\mathrm{e}^{\alpha_1 t}-\mathrm{e}^{\alpha_2 t})u(t)$$

对响应 $i_2(t)$ 求导得
$$\dfrac{\mathrm{d}i_2(t)}{\mathrm{d}t}=\dfrac{1}{2}\left[-\dfrac{\mathrm{e}^{\alpha_1 t}}{L+M}+\dfrac{\mathrm{e}^{\alpha_2 t}}{L-M}\right]u(t)$$

$$\dfrac{\mathrm{d}^2 i_2(t)}{\mathrm{d}t^2}=\dfrac{1}{2}\left[-\dfrac{1}{L+M}+\dfrac{1}{L-M}\right]\delta(t)+\dfrac{1}{2}\left[-\dfrac{\alpha_1 \mathrm{e}^{\alpha_1 t}}{L+M}+\dfrac{\alpha_2 \mathrm{e}^{\alpha_2 t}}{L-M}\right]u(t)$$

$$=\dfrac{M}{L^2-M^2}\delta(t)+\dfrac{1}{2}\left[-\dfrac{\alpha_1 \mathrm{e}^{\alpha_1 t}}{L+M}+\dfrac{\alpha_2 \mathrm{e}^{\alpha_2 t}}{L-M}\right]u(t)$$

可以看出 $\dfrac{\mathrm{d}i_2(0^+)}{\mathrm{d}t}=\dfrac{M}{L^2-M^2}$，而 $\dfrac{\mathrm{d}i_2(0^-)}{\mathrm{d}t}=0$，即产生幅度为 $\dfrac{M}{L^2-M^2}$ 的跳变，$\dfrac{\mathrm{d}^2 i_2(t)}{\mathrm{d}t^2}$ 中包含有 $\dfrac{M}{L^2-M^2}\delta(t)$ 项。$i_2(t)$ 及 $\dfrac{\mathrm{d}i_2(t)}{\mathrm{d}t}$ 的波形如图 2.3-4 所示。

上例中，根据奇异函数平衡法由起始条件 $y^{(k)}(0^-)$ 来求初始条件 $y^{(k)}(0^+)$，只经过了一次匹配（方程右端只有 $\delta(t)$ 一项），较为简单。下面再举一较复杂的例子来说明平衡过程。

例 2.3-8 已知微分方程为 $\dfrac{\mathrm{d}^2 y(t)}{\mathrm{d}t^2}+3\dfrac{\mathrm{d}y(t)}{\mathrm{d}t}+2y(t)=\dfrac{\mathrm{d}^2 x(t)}{\mathrm{d}t^2}+4\dfrac{\mathrm{d}x(t)}{\mathrm{d}t}$，激励信号 $x(t)=u(t)$，起始条件 $y(0^-)=2$，$y'(0^-)=3$，试确定初始条件 $y(0^+)$ 及 $y'(0^+)$。

解：将 $x(t)=u(t)$ 代入原方程，则微分方程成为

$$\frac{d^2 y(t)}{dt^2} + 3\frac{dy(t)}{dt} + 2y(t) = \delta'(t) + 4\delta(t)$$

匹配过程如下：

（1）先匹配最高阶项。因为方程右端奇异函数的最高阶项是 $\delta'(t)$，所以，方程左端最高阶项 $\frac{d^2 y(t)}{dt^2}$ 中应包含 $\delta'(t)$。

（2）最高阶项匹配好后对低阶项的影响。因为 $\frac{d^2 y(t)}{dt^2}$ 项中包含 $\delta'(t)$，这样，$\frac{dy(t)}{dt}$ 中就应包含 $\delta(t)$，$y(t)$ 中就应包含 $u(t)$，考虑到 $\frac{dy(t)}{dt}$ 和 $y(t)$ 项前面的系数，方程左端 $3\frac{dy(t)}{dt}$ 中应有 $3\delta(t)$，而 $2y(t)$ 中应有 $2u(t)$。

（3）匹配低阶项。方程左端有 $3\delta(t)$，而方程右端有 $4\delta(t)$，方程左右不平衡，那么，需要返回到最高阶项 $\frac{d^2 y(t)}{dt^2}$ 中进行补偿，也就是说，$\frac{d^2 y(t)}{dt^2}$ 项中还应包含 $\delta(t)$，才能与方程右端的 $4\delta(t)$ 相平衡。这样又导致了 $\frac{dy(t)}{dt}$ 项中还应包含 $u(t)$，这样方程左边有 $5u(t)$，右边却没有 $u(t)$，因此 $\frac{d^2 y(t)}{dt^2}$ 项中还存在 $-5u(t)$。

为清楚起见，我们用下述形式来概括整个匹配过程：

$$\frac{d^2 y(t)}{dt^2} \xrightarrow{\text{包含}} \delta'(t) + \delta(t) - 5u(t), \quad \frac{dy(t)}{dt} \xrightarrow{\text{包含}} \delta(t) + u(t), \quad y(t) \xrightarrow{\text{包含}} u(t)$$

这样由上述第二个式子可看出，$\frac{dy(t)}{dt}$ 在 $t=0$ 点有一个 1 的跳变量（注意 $\delta(t)$ 不是跳变，它只是在 $t=0$ 处的瞬时冲激）；由第三个式子看出，$y(t)$ 在 $t=0$ 点也有一个 1 的跳变量。即

$$\begin{cases} y'(0^+) - y'(0^-) = 1 \\ y(0^+) - y(0^-) = 1 \end{cases}$$

所以　　　　　　　　$y'(0^+) = y'(0^-) + 1 = 4$，　$y(0^+) = y(0^-) + 1 = 3$

由上两例可见，采用时域经典法求解系统微分方程时，求初始条件 $y^{(k)}(0^+)$ 的过程有些麻烦。特别是，当阶次较高，且激励信号的奇异函数较复杂时，求初始条件非常困难。所以，在线性系统分析中，常采用其他分析方法以避开求 $y^{(k)}(0^+)$ 这一步，具体方法将在后面加以讨论。（求解线性常系数微分方程流程图见二维码）

练习题

2.3-1　对图题 2.3-1(a)和(b)所示的电路分别列写电流 $i_1(t)$，$i_2(t)$ 和电压 $v_o(t)$ 的微分方程式。

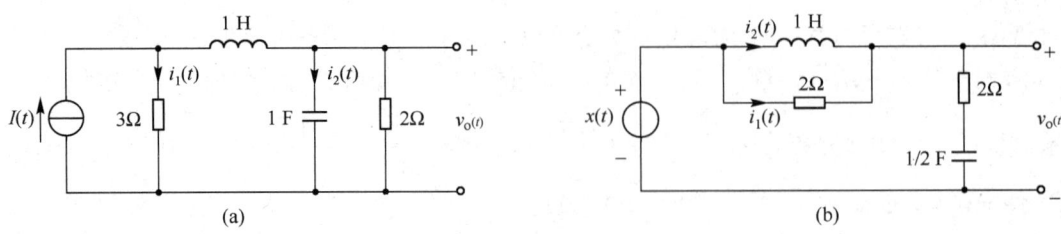

图　题 2.3-1

2.3-2 给定系统微分方程、起始状态及激励信号分别如下，试判断系统在起始点是否发生跳变，并求出 $y^{(k)}(0^+)$ 的值。

(1) $\dfrac{dy(t)}{dt} + 3y(t) = 2\dfrac{dx(t)}{dt}$ $y(0^-) = 1$，$x(t) = u(t)$

(2) $\dfrac{d^2y(t)}{dt^2} + 2\dfrac{dy(t)}{dt} + 3y(t) = \dfrac{d^2x(t)}{dt^2} + \dfrac{dx(t)}{dt} + 2x(t)$ $y(0^-) = 1$，$y'(0^-) = -1$，$x(t) = u(t)$

(3) $2\dfrac{d^2y(t)}{dt^2} + 3\dfrac{dy(t)}{dt} + 4y(t) = \dfrac{dx(t)}{dt} + x(t)$ $y(0^-) = 1$，$y'(0^-) = 1$，$x(t) = \delta(t)$

2.3-3 某线性时不变系统的微分方程为

$$\dfrac{d^2y(t)}{dt^2} + 4\dfrac{dy(t)}{dt} + 3y(t) = \dfrac{dx(t)}{dt} + x(t)$$

求 $x(t) = e^{-t}$，$y(0^-) = 0$，$y'(0^-) = 3$ 的完全解。

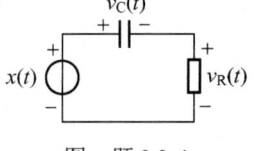

图 题 2.3-4

2.3-4 系统如图题 2.3-4 所示的 RC 电路，已知 $C = \dfrac{1}{2}$F，$R = 1\Omega$，电容上的起始状态 $v_C(0^-) = -1$V，试求激励电压为下列信号时，电容的两端电压的全响应 $v_C(t)$。

(1) $x(t) = u(t)$ (2) $x(t) = e^{-t}u(t)$

2.3-5 电路如图题 2.3-5 所示，$t < 0$ 开关位于"1"端，电路已稳定，$t = 0$ 时，开关由"1"转至"2"。

(1) 试判断 $i(0^-)$，$i'(0^-)$ 和 $i(0^+)$，$i'(0^+)$；
(2) 求该系统的微分方程，并求 $i(t)$ 的完全响应。

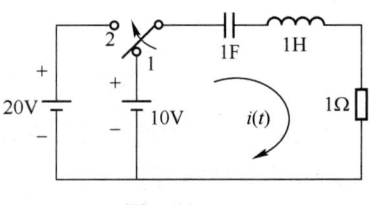

图 题 2.3-5

2.4 零输入响应与零状态响应

从 2.3 节的分析可知，系统的解可以分解为齐次解 $y_h(t)$ 和特解 $y_p(t)$。由于齐次解的函数依赖于系统本身的特性，与激励函数的形式无关（虽然系数 A_i 与激励信号有关），所以齐次解也称为自由响应（natural response），而特解的形式是由激励函数决定的，所以 $y_p(t)$ 也称为强迫响应（forced response）。

线性系统可以根据需要分解为其他的形式，以方便计算或适应不同的物理解释，其中分解为零输入响应和零状态响应是重要的一种分析方法。

1. 零输入响应与零状态响应

<u>零输入响应（zero-input response）：没有外加激励信号的作用（激励信号为零），仅由起始状态（起始时刻系统的储能）所产生的响应。一般用 $y_{zi}(t)$ 表示。</u>

<u>零状态响应（zero-state response）：不考虑起始时刻系统的储能的作用（起始状态为零），由系统的外加激励信号所产生的响应。一般用 $y_{zs}(t)$ 表示。</u>

由式(2.3-2)可知，系统的全响应可分为自由响应和强迫响应

$$y(t) = y_h(t) + y_p(t)$$

当特征方程无重根时，其一般形式为

$$y(t) = \sum_{k=1}^{n} A_k e^{\alpha_k t} + y_p(t)$$

对于 $y_{zi}(t)$，由于外部激励为零，则 $y_{zi}(t)$ 中不包含 $y_p(t)$，所以 $y_{zi}(t)$ 的形式与齐次解相同

$$y_{zi}(t) = \sum_{k=1}^{n} A_{zik} e^{\alpha_k t} \tag{2.4-1}$$

由于外部没有加激励,所以系统的储能不会发生变化,这样 $y_{zi}^{(k)}(0^+) = y_{zi}^{(k)}(0^-) = y^{(k)}(0^-)$,也就是说,可用起始状态 $y^{(k)}(0^-)$ 来确定 $y_{zi}(t)$ 中的系数 A_{zik}。

对于 $y_{zs}(t)$,由于不考虑起始时刻系统的储能的作用,即 $y_{zs}^{(k)}(0^-) = 0$,这时 $y_{zs}(t)$ 的形式为

$$y_{zs}(t) = \sum_{k=1}^{n} A_{zsk} e^{\alpha_k t} + y_p(t) \tag{2.4-2}$$

虽然 $y_{zs}^{(k)}(0^-) = 0$,但由于激励 $x(t)$ 的加入,系统的初始状态可能会产生跳变,使得 $y_{zs}^{(k)}(0^+) \neq 0$,因此,求零状态响应 $y_{zs}(t)$ 的系数 A_{zsk} 要用跳变量 $y_{zs}^{(k)}(0^+) = y^{(k)}(0^+) - y^{(k)}(0^-)$ 来确定。这样,全响应可以写成

$$y(t) = \underbrace{\sum_{k=1}^{n} A_{zik} e^{\alpha_k t}}_{\text{零输入响应}} + \underbrace{\sum_{k=1}^{n} A_{zsk} e^{\alpha_k t} + y_p(t)}_{\text{零状态响应}} \tag{2.4-3}$$

或

$$y(t) = \underbrace{\sum_{k=1}^{n} (A_{zik} + A_{zsk}) e^{\alpha_k t}}_{\text{自由响应}} + \underbrace{y_p(t)}_{\text{强迫响应}} \tag{2.4-4}$$

可以看出,两种分解方法有着明显的区别,虽然自由响应 $y_h(t)$ 与零输入响应 $y_{zi}(t)$ 都能满足齐次方程的解,但 A_k 是由系统的初始条件 $y^{(k)}(0^+)$ 和外部激励 $x(t)$ 共同决定的,而 A_{zik} 仅仅由系统的起始储能 $y^{(k)}(0^-)$ 决定。在起始条件为零的条件下,必然有 $y_{zi}(t) = 0$,但 $y_{zs}(t)$ 不为零,而且 $y_{zs}(t)$ 中所包含的自由响应分量一般也不为零。也就是说,自由响应也可以分解为两部分,一部分由系统的起始储能产生,另一部分由激励信号产生。当系统的起始状态为零,且前一部分为零时,后一部分仍可存在。

例 2.4-1 系统的微分方程为 $\dfrac{dy(t)}{dt} + 3y(t) = 3u(t)$,$y(0^-) = 3/2$,求自由响应、强迫响应、零输入响应、零状态响应和全响应。

解:(1)求齐次解。由特征方程可方便地得到特征根为 $\alpha = -3$,所以 $y_h(t) = A e^{-3t}$。
而 $y_p(t) = 1$,所以全响应为

$$y(t) = A e^{-3t} + 1 \qquad t \geqslant 0$$

由微分方程两端奇异函数平衡条件可以判断,$y(t)$ 在起始点无跳变,$y(0^+) = y(0^-) = 3/2$。利用 $y(0^+)$ 可求出系数 $A = 1/2$,所以

$$y(t) = \frac{1}{2} e^{-3t} + 1 \qquad t \geqslant 0$$

$$y_h(t) = \frac{1}{2} e^{-3t}, \quad y_p(t) = 1$$

(2)求零输入响应。这时 $y_{zi}(t) = A_{zi} e^{-3t}$,借助 $y(0^-) = 3/2$ 可得 $A_{zi} = 3/2$,于是有

$$y_{zi}(t) = \frac{3}{2} e^{-3t} \qquad t \geqslant 0$$

(3)求零状态响应。其形式为

$$y_{zs}(t) = A_{zs} e^{-3t} + 1$$

这时令 $y_{zs}(0^+) = 0$(起始点无跳变),将其代入到 $y_{zs}(t)$ 中,可得 $A_{zs} = -1$,所以

$$y_{zs}(t) = -e^{-3t} + 1 \qquad t \geqslant 0$$

这样，全响应可分解为

$$y(t) = \underbrace{\frac{3}{2}e^{-3t}}_{\text{零输入响应}} \underbrace{-e^{-3t} + 1}_{\text{零状态响应}} \qquad t \geq 0$$

其中 $\frac{3}{2}e^{-3t}$ 为自由响应，1 为强迫响应。

例 2.4-1 中微分方程的 s 域求解请扫描二维码。

2．零输入线性与零状态线性

在 2.2 节中曾指出，线性时不变系统一定满足均匀性与叠加性及微积分特性。但这种线性时不变特性是在一定条件下满足的。下面举例说明。

若系统的微分方程为

$$\frac{\mathrm{d}y(t)}{\mathrm{d}t} + 2y(t) = x(t)$$

当起始状态 $y(0^-) = 2$ 时，则系统对激励 $x_1(t) = e^{-t}$ 的全响应为

$$y_1(t) = e^{-2t} + e^{-t}$$

若把激励信号乘以 5，即 $x_2(t) = 5e^{-t}$，则可以求得全响应为

$$y_2(t) = -3e^{-2t} + 5e^{-t}$$

很明显，$y_2(t) \neq 5y_1(t)$，不符合均匀性的要求，但不能据此说明该系统是一个非线性系统。产生这一现象的原因在于，虽然系统的激励被放大，但是系统的起始储能 $y(0^-)$ 没有随着外部激励而变化，所以导致了系统的全响应不满足线性特性。

将系统的全响应分解为零输入响应和零状态响应来分别计算，根据微分方程和起始状态很容易获得在 $x_1(t) = e^{-t}$ 及 $y(0^-) = 2$ 的条件下，系统的全响应为

$$y_1(t) = \underbrace{2e^{-2t}}_{\text{零输入响应}} + \underbrace{(-e^{-2t} + e^{-t})}_{\text{零状态响应}}$$

而在 $x_2(t) = 5e^{-t}$ 和 $y(0^-) = 2$ 的条件下，全响应为

$$y_2(t) = \underbrace{2e^{-2t}}_{\text{零输入响应}} + \underbrace{5(-e^{-2t} + e^{-t})}_{\text{零状态响应}}$$

比较 $y_1(t)$ 和 $y_2(t)$ 可见，零状态响应满足线性系统的特性。

若把 $y(0^-)$ 也按照同样的比例放大，得 $y(0^-) = 10$，则在 $x_2(t) = 5e^{-t}$ 激励下，全响应为

$$y_3(t) = \underbrace{10e^{-2t}}_{\text{零输入响应}} + \underbrace{5(-e^{-2t} + e^{-t})}_{\text{零状态响应}}$$

可见，这时 $y_3(t)$ 与 $y_1(t)$ 满足线性系统的均匀性，这是以改变系统的起始储能为条件的。

上面的例子说明常系数线性微分方程描述的系统在下面几点上是线性的。

（1）响应的可分解性：系统响应可分解为零输入响应和零状态响应。

（2）零状态响应线性：系统的零状态响应与各激励信号成线性关系。

（3）零输入响应线性：系统的零输入响应与各起始状态成线性关系。

上面已讨论了将响应分解为零输入响应和零状态响应的方法及求解方法，讨论了线性特性。从讨论中可看出，求零输入响应比较简单，而求零状态响应比较复杂。为了简化零状态响应的求解方法，可采用卷积积分法，具体内容详见 2.6 节。

练习题

2.4-1　已知系统的微分方程对应的齐次方程为

（1） $\dfrac{d^2y(t)}{dt^2} + 2\dfrac{dy(t)}{dt} + 2y(t) = 0$，   （2） $\dfrac{d^2y(t)}{dt^2} + 2\dfrac{dy(t)}{dt} + y(t) = 0$

两系统的起始条件都是：$y(0^-) = 1$，$y'(0^-) = 2$，试求两系统的零输入响应。

2.4-2 已知系统的微分方程和激励，求零状态响应。

（1） $\dfrac{d^2y(t)}{dt^2} + 5\dfrac{dy(t)}{dt} + 6y(t) = 3x(t)$，$x(t) = e^{-t}u(t)$ （2） $\dfrac{dy(t)}{dt} + 2y(t) = \dfrac{dx(t)}{dt} + x(t)$，$x(t) = e^{-2t}u(t)$

2.4-3 求下列系统的零输入响应、零状态响应和全响应。

（1） $\dfrac{d^2y(t)}{dt^2} + 3\dfrac{dy(t)}{dt} + 2y(t) = x(t)$，$x(t) = -2e^{-t}u(t)$，$y(0^-) = 1$，$y'(0^-) = 2$

（2） $\dfrac{dy(t)}{dt} + 2y(t) = x(t)$，$x(t) = \sin 2t u(t)$，$y(0^-) = 1$

2.4-4 已知系统的微分方程为

$$\dfrac{d^2y(t)}{dt^2} + 3\dfrac{dy(t)}{dt} + 2y(t) = \dfrac{dx(t)}{dt} + 3x(t)$$

若激励信号与起始状态为以下两种情况时，分别求全响应。并指出其零输入响应、零状态响应、自由响应和强迫响应各分量（应注意在起始点是否发生跳变）。

（1） $x(t) = u(t)$，$y(0^-) = 1$，$y'(0^-) = 2$ （2） $x(t) = e^{-3t}u(t)$，$y(0^-) = 1$，$y'(0^-) = 2$

2.4-5 一线性时不变系统在相同的起始状态下，当输入为 $x(t)$ 时，全响应为 $(2e^{-t} + \cos 2t)u(t)$；当输入为 $2x(t)$ 时，全响应为 $(e^{-t} + 2\cos 2t)u(t)$，求输入为 $4x(t)$ 时的全响应。

2.4-6 某线性时不变系统，当起始状态为 $y(0^-)$、激励信号为 $x(t)$ 的情况下，系统的零输入响应为 $y_{zi}(t) = \dfrac{1}{2}e^{-2t}u(t)$，零状态响应为 $y_{zs}(t) = (1 + e^{-2t})u(t)$。若起始状态变为 $2y(0^-)$、激励信号变为 $\dfrac{1}{3}x(t-1)$，求系统的全响应。

2.5 冲激响应与阶跃响应

以单位冲激信号 $\delta(t)$ 作为激励，系统产生的零状态响应称为单位冲激响应（impulse response），或简称冲激响应，用 $h(t)$ 表示。

以单位阶跃信号 $u(t)$ 作为激励，系统产生的零状态响应称为单位阶跃响应（step response），或简称阶跃响应，用 $g(t)$ 表示。

由 1.5 节已知，任意信号可以分解为阶跃信号或冲激信号的组合，即可以借助于冲激响应或阶跃响应来分析系统的零状态响应（该方面知识点将在 2.6 节讨论）。另一方面，在系统分析中，常利用 $h(t)$ 和 $g(t)$ 来表征系统的稳定性、因果性等系统的基本性能，$h(t)$ 的变换域表示更是分析线性时不变系统的重要手段。所以 $h(t)$ 和 $g(t)$ 是系统分析中两个重要响应。

1. 冲激响应的求解

若系统的微分方程为

$$a_n\dfrac{d^n y(t)}{dt^n} + a_{n-1}\dfrac{d^{n-1} y(t)}{dt^{n-1}} + \cdots + a_1\dfrac{dy(t)}{dt} + a_0 y(t) = b_m\dfrac{d^m x(t)}{dt^m} + b_{m-1}\dfrac{d^{m-1} x(t)}{dt^{m-1}} + \cdots + b_1\dfrac{dx(t)}{dt} + b_0 x(t)$$

在 $x(t) = \delta(t)$ 时求得的零状态响应即为 $h(t)$。把 $x(t) = \delta(t)$ 代入微分方程，则在方程的右端将出现 $\delta(t)$ 及其各阶导数，为保证方程两端奇异函数平衡，则 $h(t)$ 中是否包含有 $\delta(t)$ 及 $\delta(t)$ 的各阶导数将和 n 与 m 的相对大小有关。在 $n > m$ 的情况下，方程右端最高阶次为 $\dfrac{d^m \delta(t)}{dt^m}$，为与之相匹配，$\dfrac{d^n h(t)}{dt^n}$ 中应包含有 $\dfrac{d^m \delta(t)}{dt^m}$，则 $\dfrac{d^{n-1} h(t)}{dt^{n-1}}$ 中应包含有 $\dfrac{d^{m-1} \delta(t)}{dt^{m-1}}$；以此类推，$\dfrac{d^{n-m} h(t)}{dt^{n-m}}$ 中将包含有

$\delta(t)$，故 $\dfrac{d^{n-m-1}h(t)}{dt^{n-m-1}}$，…，$\dfrac{dh(t)}{dt}$，$h(t)$ 中不包含 $\delta(t)$ 函数。在 $n=m$ 的情况下，为使 $\dfrac{d^n h(t)}{dt^n}$ 中包含 $\dfrac{d^n \delta(t)}{dt^n}$，$h(t)$ 中必包含 $\delta(t)$ 信号；而当 $n<m$ 时，$h(t)$ 中除含有 $\delta(t)$ 外，还将有 $\delta(t)$ 的导数。今后我们可以看到，为保证系统稳定，有 $n\geqslant m$ 的要求。这里仅讨论 $n>m$ 的情况。

由定义可知，$\delta(t)$ 及其各阶导数在 $t>0$ 时都为零，于是 $h(t)$ 的形式应与齐次解的形式相同，不包含特解。若系统的特征方程共有 n 个非重根，则

$$h(t)=\left(\sum_{k=1}^{n}A_k e^{\alpha_k t}\right)u(t) \tag{2.5-1}$$

这说明 $\delta(t)$ 的加入，在 $t=0$ 时刻引起了系统储能的变化，而在 $t>0$ 以后，外部激励将不存在，这样只有冲激信号引起的系统储能起作用，所以 $h(t)$ 必然与齐次解形式相同。

系数 A_k 的确定有两种方法：（1）利用在 2.3 节中介绍的奇异函数平衡法，由系统的起始状态为零，即 $h(0^-)=h'(0^-)=\cdots=h^{(n-1)}(0^-)=0$，求出初始条件 $h(0^+)$，$h'(0^+)$，…，$h^{(n-1)}(0^+)$，再代入式(2.5-1)来确定系数 A_k；（2）将 $h(t)$ 的表达式(2.5-1)及 $h(t)$ 的各阶导数代入微分方程，使方程两端奇异函数的系数相匹配，从而求出 A_k。下面举例说明。

例 2.5-1 系统的微分方程为 $\dfrac{d^2 y(t)}{dt^2}+3\dfrac{dy(t)}{dt}+2y(t)=2\dfrac{dx(t)}{dt}+x(t)$，求冲激响应。

解：将 $x(t)=\delta(t)$ 代入微分方程的右端，同时将左端的 $y(t)$ 换成 $h(t)$，则微分方程变为

$$\dfrac{d^2 h(t)}{dt^2}+3\dfrac{dh(t)}{dt}+2h(t)=2\dfrac{d\delta(t)}{dt}+\delta(t)$$

求得其特征根为 $\alpha_1=-1$，$\alpha_2=-2$。于是有

$$h(t)=(A_1 e^{-t}+A_2 e^{-2t})u(t)$$

对 $h(t)$ 逐次求导得到

$$\dfrac{dh(t)}{dt}=(A_1+A_2)\delta(t)-(A_1 e^{-t}+2A_2 e^{-2t})u(t)$$

$$\dfrac{d^2 h(t)}{dt^2}=(A_1+A_2)\delta'(t)-(A_1+2A_2)\delta(t)+(A_1 e^{-t}+4A_2 e^{-2t})u(t)$$

将 $h(t)$，$\dfrac{dh(t)}{dt}$，$\dfrac{d^2 h(t)}{dt^2}$ 代入微分方程，得

$$(A_1+A_2)\delta'(t)+(2A_1+A_2)\delta(t)=2\delta'(t)+\delta(t)$$

再利用奇异函数平衡的原则，令左右两端对应的奇异函数项系数相等，可以得到

$$\begin{cases} A_1+A_2=2 \\ 2A_1+A_2=1 \end{cases}$$

解得 $A_1=-1$，$A_2=3$。于是，冲激响应为

$$h(t)=(3e^{-2t}-e^{-t})u(t)$$

这里采用了将 $h(t)$ 直接代入微分方程的方法来求系数，避免了求 $h(0^+)$，$h'(0^+)$，… 等初始条件的问题。

例 2.5-1 中冲激响应的其他求解方法请扫描二维码。

2. 阶跃响应的求解

阶跃响应 $g(t)$ 的求解方法与冲激响应类似，其形式与微分方程两端的阶次有关，在 $n\geqslant m$

的情况下，$g(t)$ 中将不包含冲激函数。由于激励为阶跃信号，在 $t>0$ 时不为零，因此 $g(t)$ 包含自由响应和强迫响应。当特征方程有 n 个非重根时，$g(t)$ 的形式为

$$g(t) = \left(\sum_{k=1}^{n} A_k e^{\alpha_k t} + B\right) u(t) \tag{2.5-2}$$

其中 B 为常数，可用待定系数法求特解的方法确定，A_k 的求解与 $h(t)$ 的求解方法类似。这里就不详细举例介绍了。

根据线性时不变系统的特性，$h(t)$ 与 $g(t)$ 之间有一定的依从关系。由于 $\delta(t)$ 是 $u(t)$ 的微分，而 $u(t)$ 是 $\delta(t)$ 的积分，所以 $h(t)$ 和 $g(t)$ 也满足微积分关系，即有

$$h(t) = \frac{dg(t)}{dt} \tag{2.5-3}$$

$$g(t) = \int_{-\infty}^{t} h(\tau) d\tau \tag{2.5-4}$$

因此知道了 $h(t)$ 和 $g(t)$ 中的任一个，另一个就可以方便地求得。

练习题

2.5-1 系统的微分方程由下列各式描述，分别求系统的冲激响应与阶跃响应。

（1）$\dfrac{dy(t)}{dt} + 2y(t) = x(t)$　　（2）$\dfrac{d^2 y(t)}{dt^2} + 2\dfrac{dy(t)}{dt} + 2y(t) = \dfrac{dx(t)}{dt} + 2x(t)$

（3）$\dfrac{dy(t)}{dt} + 2y(t) = \dfrac{d^2 x(t)}{dt^2} + 3\dfrac{dx(t)}{dt} + 3x(t)$

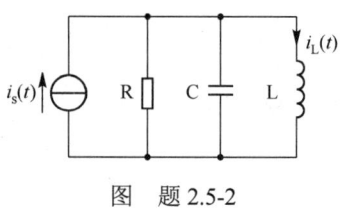

图　题 2.5-2

2.5-2 电路如图题 2.5-2 所示，其中，$L = \dfrac{1}{5}$H，$C = 1$F，$R = \dfrac{1}{2}\Omega$，输出为电流 $i_L(t)$，试求冲激响应。

2.5-3 一线性时不变系统，当激励信号为 $x_1(t) = \delta(t)$ 时，全响应为 $y_1(t) = \delta(t) + e^{-t} u(t)$；当激励信号为 $x_2(t) = u(t)$ 时，全响应为 $y_2(t) = 3e^{-t} u(t)$。求系统的冲激响应 $h(t)$（两种激励下，起始状态相同）。

2.5-4 某一阶线性时不变系统，当激励信号为 $x(t) = u(t)$ 时，系统的全响应为 $y(t) = (\dfrac{1}{2} + \dfrac{3}{2} e^{-2t}) u(t)$，若已知系统的起始状态 $y(0^-) = 1$，求系统的冲激响应 $h(t)$。

2.6　线性时不变系统的卷积积分分析

从以上分析可以看出，用经典法求零状态响应比较复杂，特别是当激励函数较复杂和系统的阶次较高时，求解将十分困难。而求 $h(t)$ 则相对容易。因此，可以利用信号的分解原理，将信号分解为冲激信号的组合，然后将这些冲激信号分别通过线性系统，得到各个冲激信号所对应的冲激响应，再利用线性时不变系统的线性特性和时不变特性，将各冲激响应叠加，就得到零状态响应。这就是系统的卷积积分分析的基本原理。

卷积积分是分析线性时不变系统的一个重要工具，随着信号与系统理论研究的深入，以及计算机技术的发展，卷积积分得到了更为广泛的应用。

在 1.4.2 节中，我们已经介绍了卷积积分的定义、计算方法和性质，本节将介绍卷积积分的物理含义以及在线性时不变系统中的应用。

1．卷积积分的物理含义

设线性时不变系统的激励为 $x(t)$，冲激响应为 $h(t)$，根据式(1.5-8)和式(1.5-9)，信号 $x(t)$ 可以分解为 $\delta(t)$ 的线性组合，即

$$x(t) = \int_{-\infty}^{\infty} x(\tau)\delta(t-\tau)\mathrm{d}\tau = \lim_{\Delta t \to 0} \sum_{k=-\infty}^{\infty} x(k\Delta t)\delta(t-k\Delta t)\Delta t$$

因为对于 $\delta(t)$ 的零状态响应为 $h(t)$，根据时不变特性，对于 $\delta(t-\Delta t)$ 的零状态响应则为 $h(t-\Delta t)$；又根据齐次性，对于 $x(k\Delta t)\delta(t-\Delta t)\Delta t$ 的零状态响应为 $x(k\Delta t)h(t-\Delta t)\Delta t$；最后，根据叠加性，对于激励 $x(t)$ 的零状态响应则为

$$y_{zs}(t) = \lim_{\Delta t \to 0} \sum_{k=-\infty}^{\infty} x(k\Delta t)h(t-k\Delta t)\Delta t$$

当 $\Delta t \to 0$ 时，可将 Δt 写成 $\mathrm{d}\tau$，而 $k\Delta t$ 可写成 τ，同时对各项求和将转化成求积分，即

$$y_{zs}(t) = \int_{-\infty}^{\infty} x(\tau)h(t-\tau)\mathrm{d}\tau = x(t) * h(t) \tag{2.6-1}$$

即系统的零状态响应恰为 $x(t)$ 与 $h(t)$ 的卷积积分。如果 $x(t)$ 与 $h(t)$ 均为因果信号，即当 $t<0$ 时，$x(t)=0$，$h(t)=0$，式(2.6-1)可改写为（零状态响应的下标省略）

$$y(t) = \int_{0^-}^{t} x(\tau)h(t-\tau)\mathrm{d}\tau = x(t) * h(t) \tag{2.6-2}$$

可见，若 $x(t)$ 和 $h(t)$ 的定义域不同，则积分限将有所变化。

这表明卷积积分的物理含义就是将激励信号分解为一系列冲激信号的组合，然后让这些冲激信号依次通过系统，得到一系列的冲激响应，再将这些冲激响应叠加起来，从而得到系统的零状态响应。

利用卷积求零状态响应，再与零输入响应相加即得到全响应，表达式如下

$$y(t) = \sum_{k=1}^{n} A_{zik} \mathrm{e}^{\alpha_k t} + \int_{-\infty}^{\infty} x(\tau)h(t-\tau)\mathrm{d}\tau \tag{2.6-3}$$

式中，第一项为零输入响应[引用式(2.4-1)]，α_k 为特征根，共 n 个且无重根，系数 A_{zik} 由系统的起始状态 $y^{(k)}(0^-)$ 决定；而第二项是卷积积分，即系统的零状态响应。

2. 卷积积分在线性时不变系统中的应用

在 1.4.2 节中介绍了卷积积分的代数性质，即交换律、分配律和结合律，利用这些代数性质来分析线性时不变系统，可以得到以下各种重要的结论。

（1）交换律

$$f_1(t) * f_2(t) = f_2(t) * f_1(t)$$

此定律的物理意义是：线性时不变系统的激励信号与系统冲激响应之间有互易性，即把激励信号 $x(t)$ 作为系统的冲激响应 $h(t)$，而将 $h(t)$ 当做系统的激励 $x(t)$，所得响应不变。

（2）分配律

$$f_1(t) * [f_2(t) + f_3(t)] = f_1(t) * f_2(t) + f_1(t) * f_3(t)$$

此定律的物理意义是：系统对几个相加信号的零状态响应等于几个信号分别通过系统的零状态响应之和。

从分配律还可以得到如下结论：若将两个冲激响应分别为 $h_1(t)$ 和 $h_2(t)$ 的子系统并联，则并联系统总的冲激响应为

$$h(t) = h_1(t) + h_2(t)$$

如图 2.6-1 所示。

（3）结合律

$$[f_1(t) * f_2(t)] * f_3(t) = f_1(t) * [f_2(t) * f_3(t)]$$

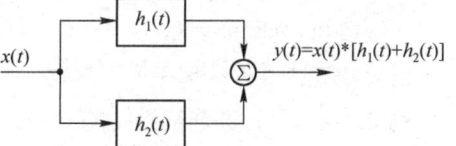

图 2.6-1　并联系统的冲激响应

从结合律可以得到如下结论：若将两个冲激响应分别为 $h_1(t)$ 和 $h_2(t)$ 的子系统串联，则串联系统总的冲激响应为

$$h(t) = h_1(t) * h_2(t)$$

如图 2.6-2 所示。

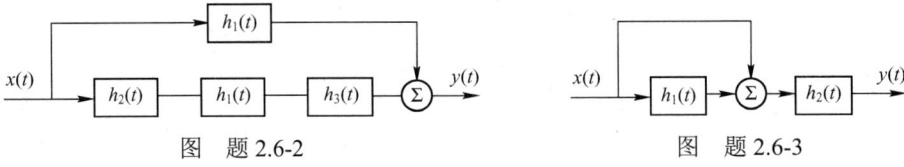

图 2.6-2 串联系统的冲激响应

练习题

2.6-1 某线性时不变系统的冲激响应为 $h(t) = u(t) - u(t-2)$，试求当输入为下列函数时的零状态响应，并画出波形图。

（1） $x(t) = u(t)$　　（2） $x(t) = u(t-1) - u(t-3)$　　（3） $x(t) = 0.5t[u(t) - u(t-2)]$

2.6-2　如图题 2.6-2 所示，系统是由几个子系统组合而成的，各子系统的冲激响应分别为 $h_1(t) = u(t)$，$h_2(t) = \delta(t-1)$，$h_3(t) = -\delta(t)$，试求总系统的冲激响应 $h(t)$。

2.6-3　某线性时不变系统如图题 2.6-3 所示，子系统的冲激响应为 $h_1(t) = h_2(t) = u(t)$，求总系统的冲激响应 $h(t)$。

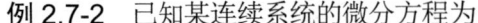

图　题 2.6-2　　　　　　　　　　图　题 2.6-3

2.7　用 MATLAB 对连续时间系统的时域分析

在连续时间系统的时域分析中，主要讨论线性时不变连续系统，简称 LTI 连续系统。描述 LTI 连续系统的数学模型是线性常系数微分方程。其一般形式为

$$a_n \frac{d^n y(t)}{dt^n} + a_{n-1} \frac{d^{n-1} y(t)}{dt^{n-1}} + \cdots + a_1 \frac{dy(t)}{dt} + a_0 y(t) = b_m \frac{d^m x(t)}{dt^m} + b_{m-1} \frac{d^{m-1} x(t)}{dt^{m-1}} + \cdots + b_1 \frac{dx(t)}{dt} + b_0 x(t)$$

其中方程右边多项式系数构成行向量 $\boldsymbol{b} = [b_m, b_{m-1}, \cdots, b_0]$，方程左边多项式系数构成行向量 $\boldsymbol{a} = [a_n, a_{n-1}, \cdots, a_0]$，通过调用 MATLAB 函数 $tf(b,a)$ 得到系统函数。如果已知系统的系统函数，就可以用函数 lsim 来分析系统的时域响应。

例 2.7-1　已知某连续系统的微分方程为

$$\frac{d^2 y(t)}{dt^2} + 2\frac{dy(t)}{dt} + 2y(t) = \frac{dx(t)}{dt} + 3x(t)$$

当系统的输入信号为 $x(t) = e^{-t}u(t)$ 时，绘制系统的响应和输入信号的波形。

解：该问题的程序非常简单，其程序 mat201 清单如下，波形如图 2.7-1 所示。

```
a=[1 2 2];b=[1 3];sys=tf(b,a);    %定义系统的系统函数
t=0:0.01:6;                        %定义采样间隔和时间范围
f=exp(-t);lsim(sys,f,t);           %对系统输出进行仿真
gtext('系统激励');gtext('系统响应');  %用鼠标添加文本注释
```

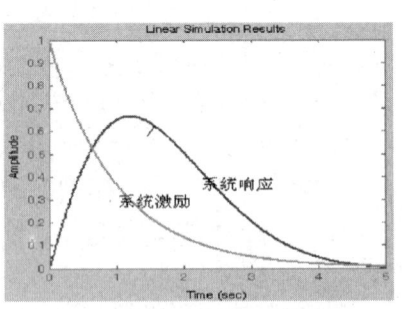

图 2.7-1　连续系统的响应仿真

例 2.7-2　已知某连续系统的微分方程为

$$\frac{d^3 y(t)}{dt^3} + 2\frac{d^2 y(t)}{dt^2} + 2\frac{dy(t)}{dt} + y(t) = 3\frac{dx(t)}{dt} + 2x(t)$$

绘制系统的冲激响应和阶跃响应的波形。

解： 该问题的程序也比较简单，其程序 mat202 清单如下，波形如图 2.7-2 所示。

a=[1 2 2 1];b=[3 2];sys=tf(b,a);
subplot(1,2,1);impulse(b,a,8);   %调用冲激函数，显示 0~8 秒波形
subplot(1,2,2);step(b,a,10);   %调用阶跃函数，显示 0~10 秒波形

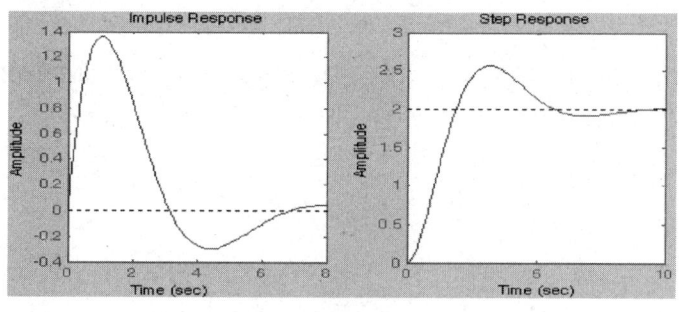

图 2.7-2 连续系统的冲激响应和阶跃响应

例 2.7-3 已知信号 $f_1(t) = u(t-1) - u(t-4)$ 和 $f_2(t) = 0.5t[u(t) - u(t-2)]$，用 MATLAB 计算卷积积分 $s(t) = f_1(t) * f_2(t)$，并绘制 $f_1(t), f_2(t)$ 和 $s(t)$ 的时域波形。

解： 用卷积可以计算系统的零状态响应，MATLAB 中没有直接计算连续信号卷积的函数。实际是将连续信号 $f_1(t), f_2(t)$ 以等间隔采样后得到的离散序列的卷积和（有关离散序列及卷积和将在第 3 章讲解），我们再利用专用函数 conv 来实现连续信号卷积的计算。有关程序 mat203 清单如下，时域波形如图 2.7-3 所示。

k1=0:0.01:5;k2=−1:0.01:3;p=0.01;   %采样时间间隔 p=0.01
f1= Heaviside (k1−1) − Heaviside (k1−4);   %定义 f1(t)信号
f2=0.5*k2.*[Heaviside (k2) − Heaviside (k2−2)];   %定义 f2(t)信号
f=conv(f1,f2); f=f*p;   %计算序列 1 与序列 2 的卷积和
k0=k1(1)+k2(1);   %计算序列 f 非零样值的起点位置
k3=length(f1)+length(f2) −2;   %计算卷积和 f 的非零样值宽度
k=k0:p:k0+k3*p; subplot(1,4,1);   %确定卷积和 f 的非零样值时间向量
plot(k1,f1);axis([0,5, −0.2,1.2]); title('f1(t)');   %在子图 1 绘制 f1(t)时域波形图
subplot(1,4,2);plot(k2,f2); title('f2(t)'); %在子图 2 绘制 f2(t)时域波形图
axis([−1,3, −0.2,1.2]);subplot(1,4,3);plot(k,f);   %画卷积 f(t)的时域波形
h=get(gca,'position');h(3)=2.4*h(3);
set(gca,'position',h);   %第三子图的横坐标范围扩为原来的 2.4 倍
title('f(t)=f1(t)*f2(t)');axis([0,7, −0.2,1.2]);

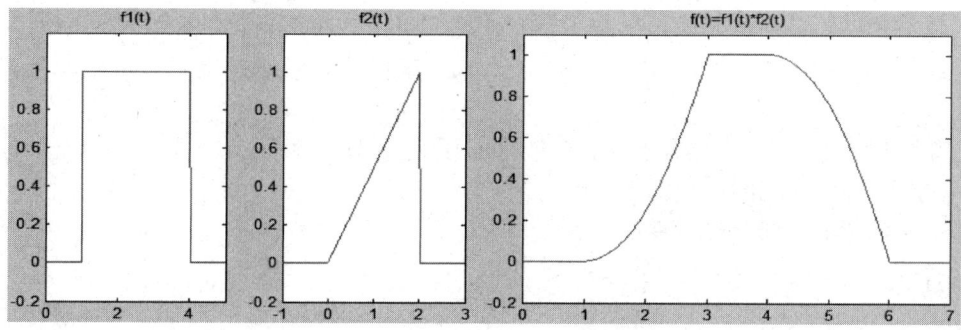

图 2.7-3 连续信号卷积的时域波形

练习题

2.7-1 已知某连续系统的微分方程为 $\dfrac{d^2 y(t)}{dt^2} + \dfrac{dy(t)}{dt} + 3y(t) = 2\dfrac{dx(t)}{dt} + x(t)$

当系统的输入信号为 $x(t) = e^{-0.5t} u(t)$ 时,绘制系统的零状态响应和输入信号的波形。

2.7-2 已知某连续系统的微分方程为 $\dfrac{d^2 y(t)}{dt^2} + 3\dfrac{dy(t)}{dt} - y(t) = \dfrac{dx(t)}{dt} - 3x(t)$

绘制系统的冲激响应和阶跃响应的波形。

2.7-3 已知信号 $x_1(t) = u(t) - 2u(t-3)$ 和 $x_2(t) = t[u(t-1) - u(t-4)]$,用 MATLAB 计算卷积积分 $s(t) = x_1(t) * x_2(t)$,并绘制 $x_1(t)$,$x_2(t)$ 和 $s(t)$ 的时域波形。

关键知识点概要

1. 系统的性质

（1）线性特性

线性特性包括叠加性与均匀性。

叠加性:若 $T[x_1(t)] = y_1(t)$,$T[x_2(t)] = y_2(t)$,则 $T[x_1(t) + x_2(t)] = T[x_1(t)] + T[x_2(t)]$。

均匀性（齐次性）:若 $T[x(t)] = y(t)$,则 $T[kx(t)] = ky(t)$。

将叠加性和均匀性结合在一起就是线性特性,可表述为:

$$T[a_1 x_1(t) + a_2 x_2(t)] = a_1 T[x_1(t)] + a_2 T[x_2(t)]$$

（2）时不变特性

若 $T[x(t)] = y(t)$,则:$T[x(t - t_0)] = y(t - t_0)$。

（3）微分与积分特性

对于线性时不变系统起始状态为空时,满足如下微分、积分特性,若 $T[x(t)] = y(t)$,则

$$T\left[\dfrac{dx(t)}{dt}\right] = \dfrac{dy(t)}{dt}, \quad T\left[\int_{-\infty}^{t} x(\tau) d\tau\right] = \int_{-\infty}^{t} y(\tau) d\tau$$

（4）因果性

如果 $t < t_0$ 时,系统的激励信号等于零,相应的响应信号在 $t < t_0$ 时也等于零,这样的系统称为因果系统,否则即为非因果系统。

（5）稳定性

一个系统,如果输入是有界的,其系统的输出也是有界的,则该系统称为稳定系统。

2. 线性时不变系统的微分方程经典求解

（1）线性时不变系统数学模型的建立

对于较复杂的连续时间系统,只要依据电网络的以下两个约束特性,就可列出微分方程。

① 元件特性约束:即表征元件特性的关系式,如电容、电感、电阻各自电压与电流的关系等;

② 网络拓扑约束:由网络结构决定的电压、电流约束关系,如基尔霍夫电压定律（KVL）和基尔霍夫电流定律（KCL）等。

得到一个常系数 n 阶线性常微分方程。

$$a_n \dfrac{d^n y(t)}{dt^n} + a_{n-1} \dfrac{d^{n-1} y(t)}{dt^{n-1}} + \cdots + a_1 \dfrac{dy(t)}{dt} + a_0 y(t) = b_m \dfrac{d^m x(t)}{dt^m} + b_{m-1} \dfrac{d^{m-1} x(t)}{dt^{m-1}} + \cdots + b_1 \dfrac{dx(t)}{dt} + b_0 x(t)$$

（2）微分方程的经典求解

微分方程的完全解由齐次解 $y_h(t)$ 和特解 $y_p(t)$ 两部分组成。即

$$y(t) = y_h(t) + y_p(t)$$

1）齐次解（自由响应）

上式所对应的特征方程：$a_n\alpha^n + a_{n-1}\alpha^{n-1} + \cdots + a_1\alpha + a_0 = 0$

特征方程的根 $\alpha_1, \alpha_2, \cdots, \alpha_n$ 称为微分方程的特征根，根据特征根的不同形式，对应的微分方程齐次解也不同。

① $\alpha_1, \alpha_2, \cdots, \alpha_n$ 各不相同（无重根）的情况下，齐次解为

$$y_h(t) = A_1 e^{\alpha_1 t} + A_2 e^{\alpha_2 t} + \cdots + A_n e^{\alpha_n t}$$

② 若特征根 α_1 和 α_2 为共轭复数 $\alpha \pm j\beta$，则齐次解中所对应于 α_1 和 α_2 的解为

$$e^{\alpha t}[A\cos\beta t + B\sin\beta t]$$

③ 若特征根 α_1 为特征方程的 k 重根，则 α_1 对应的齐次解有 k 项

$$(A_1 + A_2 t + A_3 t^2 + \cdots + A_k t^{k-1})e^{\alpha_1 t}$$

2）特解（强迫响应）

将激励信号代入微分方程式的右端，代入后右端的函数式称为自由项，根据自由项确定特解函数式，将之代入原方程后求得特解函数式中的待定系数，即可求出特解。

特解求出后，与齐次解相加，最后由初始条件确定任意系数 $A_1, A_2, \cdots, A_n$，求出微分方程的完全响应。

（3）初始条件的确定

若所给出的是起始条件 $y^{(k)}(0^-)$ 而不是初始条件 $y^{(k)}(0^+)$，则可以根据以下方法来确定初始条件。

① 电路分析中，利用系统内部储能的连续性决定初始条件，即：没有受到冲激电流（或阶跃电压）的作用，电容两端的电压 $v_C(t)$ 不会发生跳变，$v_C(0^-) = v_C(0^+)$；当电感没有受到冲激电压（或阶跃电流）的作用时，流过电感的电流 $i_L(t)$ 不会发生跳变，$i_L(0^-) = i_L(0^+)$。

② 奇异函数平衡法，借助于微分方程两端奇异函数平衡的方法判断跳变值。

3. 零输入响应与零状态响应

（1）零输入响应与零状态响应

零输入响应 $y_{zi}(t)$：激励信号为零 $x(t) = 0$，由起始状态 $y^{(k)}(0^-)$ 所产生的响应。形式为 $y_{zi}(t) = \sum_{k=1}^{n} A_{zik} e^{\alpha_k t}$，用起始状态 $y^{(k)}(0^-)$ 来确定 $y_{zi}(t)$ 中的系数 A_{zik}。

零状态响应 $y_{zs}(t)$：起始状态为零 $y^{(k)}(0^-) = 0$，由激励信号 $x(t)$ 所产生的响应。形式为 $y_{zs}(t) = \sum_{k=1}^{n} A_{zsk} e^{\alpha_k t} + y_p(t)$，用跳变量 $y_{zs}^{(k)}(0^+) = y^{(k)}(0^+) - y^{(k)}(0^-)$ 来确定。

全响应为 $$y(t) = \underbrace{\sum_{k=1}^{n} A_{zik} e^{\alpha_k t}}_{\text{零输入响应}} + \underbrace{\sum_{k=1}^{n} A_{zsk} e^{\alpha_k t} + y_p(t)}_{\text{零状态响应}}$$

或 $$y(t) = \underbrace{\sum_{k=1}^{n} (A_{zik} + A_{zsk}) e^{\alpha_k t}}_{\text{自由响应}} + \underbrace{y_p(t)}_{\text{强迫响应}}$$

由此可见，零输入响应是自由响应的一部分，自由响应的另一部分和强迫响应构成零状态响应。

（2）零输入线性与零状态线性

零状态响应线性：系统的零状态响应与各激励信号成线性关系。

零输入响应线性：系统的零输入响应与各起始状态成线性关系。

4．冲激响应与阶跃响应

（1）冲激响应的求解

对于 n 阶常系数线性微分方程

$$a_n\frac{\mathrm{d}^n y(t)}{\mathrm{d}t^n}+a_{n-1}\frac{\mathrm{d}^{n-1}y(t)}{\mathrm{d}t^{n-1}}+\cdots+a_1\frac{\mathrm{d}y(t)}{\mathrm{d}t}+a_0 y(t)=b_m\frac{\mathrm{d}^m x(t)}{\mathrm{d}t^m}+b_{m-1}\frac{\mathrm{d}^{m-1}x(t)}{\mathrm{d}t^{m-1}}+\cdots+b_1\frac{\mathrm{d}x(t)}{\mathrm{d}t}+b_0 x(t)$$

若 $n>m$，$h(t)$ 的形式应与齐次解的形式相同，不包含特解，为

$$h(t)=\left(\sum_{k=1}^{n}A_k\mathrm{e}^{\alpha_k t}\right)u(t)$$

（2）阶跃响应的求解

① 与冲激响应类似的求解方法，$g(t)$ 包含自由响应和强迫响应

$$g(t)=\left(\sum_{k=1}^{n}A_k\mathrm{e}^{\alpha_k t}+B\right)u(t)$$

② 根据线性时不变系统的特性，$u(t)$ 是 $\delta(t)$ 的积分，所以 $h(t)$ 和 $g(t)$ 满足微积分关系

$$g(t)=\int_{-\infty}^{t}h(\tau)\mathrm{d}\tau$$

5．线性时不变系统的卷积积分分析

（1）卷积积分的物理含义

线性时不变系统的激励为 $x(t)$，冲激响应为 $h(t)$，则系统的零状态响应为

$$y_{zs}(t)=\int_{-\infty}^{\infty}x(\tau)h(t-\tau)\mathrm{d}\tau=x(t)*h(t)$$

（2）卷积积分在线性时不变系统中的应用

① 交换律：$\qquad f_1(t)*f_2(t)=f_2(t)*f_1(t)$

其物理意义是：线性时不变系统的激励信号与系统冲激响应之间具有互易性。

② 分配律：$\qquad f_1(t)*[f_2(t)+f_3(t)]=f_1(t)*f_2(t)+f_1(t)*f_3(t)$

其物理意义是：若将两个冲激响应分别为 $h_1(t)$ 和 $h_2(t)$ 的子系统并联，则并联系统总的冲激响应为 $h(t)=h_1(t)+h_2(t)$。

③ 结合律：$\qquad [f_1(t)*f_2(t)]*f_3(t)=f_1(t)*[f_2(t)*f_3(t)]$

其物理意义是：若将两个冲激响应分别为 $h_1(t)$ 和 $h_2(t)$ 的子系统串联，则串联系统总的冲激响应为 $h(t)=h_1(t)*h_2(t)$。

综合习题

2-1 已知系统的微分方程为 $\dfrac{\mathrm{d}^2 y(t)}{\mathrm{d}t^2}+5\dfrac{\mathrm{d}y(t)}{\mathrm{d}t}+3y(t)=\dfrac{\mathrm{d}^2 x(t)}{\mathrm{d}t^2}-\dfrac{\mathrm{d}x(t)}{\mathrm{d}t}+2x(t)$

激励信号为 $x(t)=u(t)$，初始条件为 $y(0^+)=-2$，$y'(0^+)=3$，求起始条件 $y(0^-)$ 和 $y'(0^-)$。

2-2 电路如图题 2-2 所示。$t=0$ 以前开关 S 位于"1",电路已进入稳态。$t=0$ 时刻,开关由"1"转至"2"。求输出电流 $i(t)$ 的全响应,并指出其零输入响应、零状态响应、自由响应和强迫响应各分量。

2-3 一线性时不变系统在相同的起始状态下,当输入为 $x(t)$ 时,全响应为 $(2e^{-3t}+\sin 2t)u(t)$;当输入为 $2x(t)$ 时,全响应为 $(e^{-3t}+2\sin 2t)u(t)$,求:

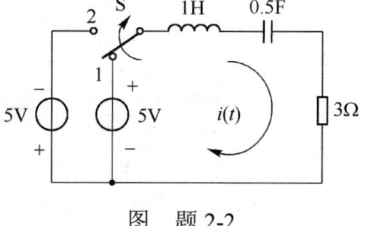

图 题 2-2

(1)输入为 $x(t-1)$ 时的全响应,并指出零输入响应和零状态响应。
(2)起始状态是原来的两倍,输入为 $2x(t)$ 时的全响应。

2-4 某因果线性时不变系统,其输入、输出之间用下列微积分方程表示

$$\frac{dy(t)}{dt}+5y(t)=\int_{-\infty}^{\infty}x(\tau)f(t-\tau)d\tau-x(t)$$

其中,$f(t)=e^{-t}u(t)+3\delta(t)$,求该系统的冲激响应 $h(t)$。

2-5 一线性时不变系统,当输入为 $x(t)=e^{-t}u(t)$ 时,零状态响应为 $y_{zs}(t)=\left(\frac{1}{2}e^{-t}-e^{-2t}+\frac{1}{2}e^{-3t}\right)u(t)$,求系统的冲激响应 $h(t)$。

2-6 设线性时不变系统的起始状态为零,输入 $x(t)$ 和零状态响应 $y_{zs}(t)$ 分别如图题 2-6(a)和(b)所示。
(1)画出系统冲激响应的波形;
(2)当输入分别为图题 2-6(c), (d)和(e)所示各信号时,画出各输出信号的波形。

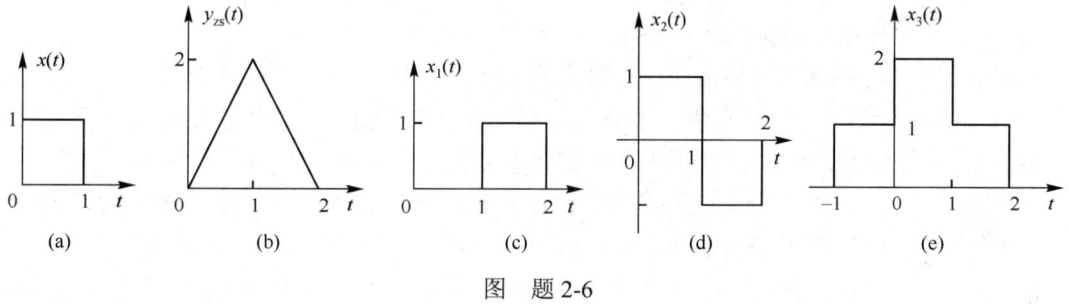

图 题 2-6

2-7 图题 2-7 所示系统是由几个子系统组合而成的,各子系统的冲激响应分别为 $h_D(t)=\delta(t-1)$,$h_G(t)=u(t)-u(t-3)$,试求总系统的冲激响应 $h(t)$,并画出 $h(t)$ 的波形。

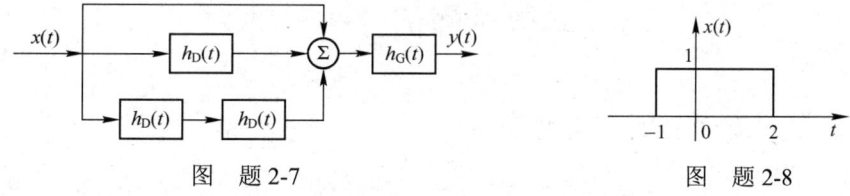

图 题 2-7　　　　　　　　　　图 题 2-8

2-8 已知某线性时不变系统的输入、输出关系为:

$$y(t)=\int_{-\infty}^{t}e^{-(t-\tau)}x(\tau-2)d\tau$$

(1)求该系统的单位冲激响应;(2)当输入为图题 2-8 所示时,求系统的零状态响应。

第3章 离散时间信号与系统的时域分析

开始于 17 世纪的经典数值技术奠定了离散时间系统分析（discrete-time system）的数学基础，而开发于 20 世纪 40 年代的计算机及其应用技术，则标志着离散时间系统的理论研究和实践应用进入了一个新的阶段；特别是 1965 年库利（J.W.Cooley）与图基（J.W.Tukey）提出的快速傅里叶变换算法（FFT），引起了数字信号处理领域研究者的巨大兴趣，迅速地得到了广泛应用。与此同时，大规模集成电路和微处理器的研制成功，使得数字系统（digital system）已能实现许多过去由模拟系统（连续系统）所完成的功能，而且其具有的如体积小、精度高、可靠性强等功能更是模拟系统所无法达到的。此后，在信号与系统分析的研究领域中，人们开始以一种新的观点——数字信号处理（digital signal processing）的观点来认识和分析各种问题。

从 20 世纪 60 年代至今，数字信号处理技术迅速发展，应用领域日益广泛，涉及军事、民用和生活的许多方面，如通信、雷达、控制、航空和航天、遥感、声呐、生物医学、地震学、微电子学和核物理学等，并在众多领域获得了丰硕成果。随着应用技术的发展，离散时间信号与系统自身的理论体系也逐步形成，并日趋完善。

离散时间信号与系统的分析方法在许多方面和连续时间信号与系统的分析方法有着并行的相似性。如 LTI 连续时间系统的数学模型是常系数线性微分方程，还可以用单位冲激响应 $h(t)$ 表示系统特点及求解系统响应；本章中，我们将会看到 LTI 离散时间系统则以常系数线性差分方程为数学模型，用单位脉冲响应 $h[n]$ 表示系统特点及求解系统响应，系统响应的其他概念：诸如自由响应和强迫响应、零状态响应与零输入响应等，一样适用于离散系统。

本章中，首先介绍离散时间信号的定义和表示方法，并介绍几个常用的离散时间信号；其次讲述线性时不变离散时间系统的分析和描述方法，包括常系数线性差分方程、零输入响应和零状态响应、单位脉冲响应及其应用。

3.1 离散时间信号——序列

3.1.1 离散时间信号的定义和表示

离散时间信号定义为只在某些离散瞬时给出函数值的信号（或时间函数），也简称为序列（sequence）或离散信号。也就是说，离散时间信号是时间（自变量）上不连续的序列，且给出函数值的离散时刻（瞬时）是任意的，即任意相邻两时刻之间的间隔大小是任意的，而在未给出函数值的其他时刻，函数值是没有定义的（注意：不能理解为零）。这是离散信号与连续信号的不同之处。

在离散信号中，若给出函数值的离散时刻是等间隔的，且假设间隔为 T，则离散时间信号可以用 $t_n = nT$（$n = 0, \pm1, \pm2, \cdots$）时刻的函数值构成的序列，如 $x(t_n)$ 表示，于是离散时间信号又可以表示为 $x(nT)$。实际应用时又常用 $x[n]$ 代替 $x(nT)$，从而在数学表示上更加简洁，此时 n（只能取整数）仅表示各函数值在序列中出现的先后次序，并把对应序号为 n 的函数值 $x[n]$ 称为信号在第 n 个样点的"样本"或"样值"（sample），通常 $x[n]$ 既可以写成一般的闭式形式，如

$x[n]=2^n$，也可以逐个列出 $x[n]$ 的值，如 $x[n]=\left\{\ldots,\frac{1}{2},\underset{\uparrow}{1},2,4,\ldots\right\}$，其中"1"下方的箭头表示该数值是 $n = 0$ 时刻的函数值，还可以表示成如图 3.1-1 所示的图形，图中线段的长短代表各样本值的大小。有时将线段的端点连接起来形成序列的包络。需要注意的是，图中横轴虽然被绘成一条连续的直线，但必须理解成只有当 n 取整数值时，$x[n]$ 才有定义，对于 n 取非整数值，$x[n]$ 没有意义。

离散信号的实例很多，如数字系统的输入、输出信号，从连续时间信号所得的采样信号等，再如各种统计数据，例如城市交通中的每日事故统计数字也可以视为离散信号。下面就介绍几个典型且常用的离散信号。

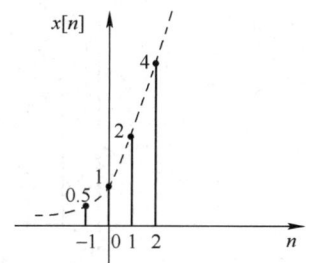

图 3.1-1　离散时间信号的波形

3.1.2　典型序列

典型离散信号在离散时间信号与系统中的地位和作用十分重要。

1. 单位样值信号（unit sample sequence）

$$\delta[n]=\begin{cases}1 & n=0\\ 0 & n\neq 0\end{cases} \quad (3.1\text{-}1)$$

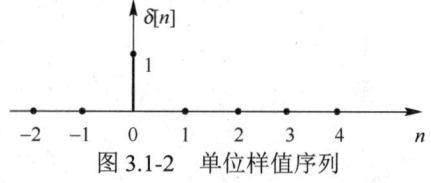

图 3.1-2　单位样值序列

如图 3.1-2 所示，它只在 $n = 0$ 处取值为 1，在其余样点上皆取为 0，因此也称"单位函数"、"单位脉冲"、"单位取样"或"单位冲激"。它在离散时间系统中的作用，类似于连续时间系统中单位冲激函数 $\delta(t)$。但是必须注意，$\delta(t)$ 是 $t = 0$ 时脉宽趋于 0、幅值趋于无限大而面积恒为 1 的信号，是极限意义上的而非现实的信号；而 $\delta[n]$ 是一个现实的序列，其幅度有限，而且只在瞬时 $n = 0$ 处值为 1。

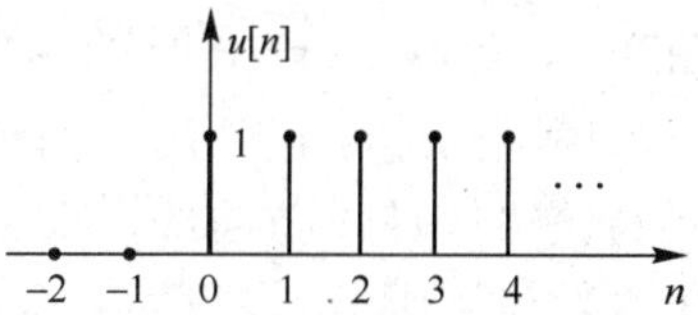

2. 单位阶跃序列（unit step sequence）

$$u[n]=\begin{cases}1 & n\geqslant 0\\ 0 & n<0\end{cases} \quad (3.1\text{-}2)$$

图 3.1-3　单位阶跃序列

如图 3.1-3 所示，它类似于连续时间系统中的单位阶跃信号 $u(t)$。但需注意，$u(t)$ 在 $t = 0$ 点发生跳变而没有定义，而 $u[n]$ 在 $n = 0$ 时取确定值 1。

3. 矩形序列（rectangular sequence）

$$R_N[n]=\begin{cases}1 & 0\leqslant n\leqslant N-1\\ 0 & \text{其他}\end{cases} \quad (3.1\text{-}3)$$

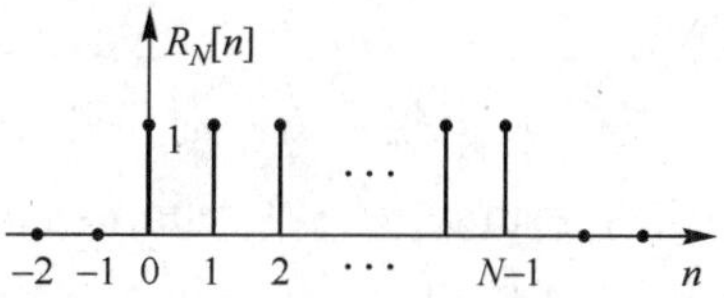

图 3.1-4　矩形序列

如图 3.1-4 所示。它是定义在从 $n = 0$ 开始到 $n = N-1$ 共 N 个幅度为 1 的样值，其余各点均为 0。该序列类似于连续时间系统中的矩形脉冲。

4. 单边实指数序列（single sided exponential sequence）

$$x[n]=\begin{cases}a^n, & n\geqslant 0\\ 0, & n<0\end{cases} \quad (3.1\text{-}4)$$

当 $a = 1$ 时，$x[n] = u[n]$，即单位阶跃序列；当 $a = -1$ 时，$x[n] = (-1)^n$，$n \geqslant 0$，是等幅振

荡的右边序列。当 a 取其他不同的实数值时，其图形为图 3.1-5 所示的几种形式：若 $a>0$，序列样本都是正值；$a<0$，序列样本在正、负之间摆动。而当 $|a|>1$ 时，序列是增长的；当 $|a|<1$ 时，序列是衰减的。

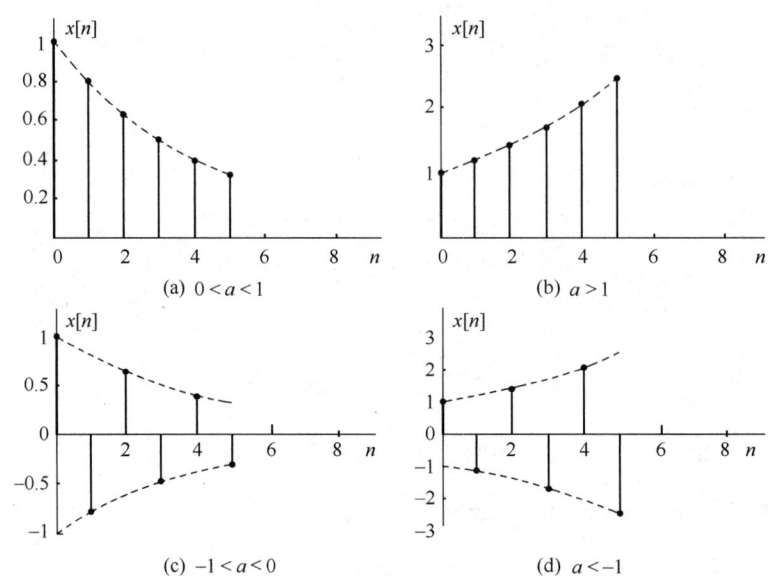

图 3.1-5　单边实指数序列

5. 单边正弦序列（single sided sinusoidal sequence）

$$x[n] = \begin{cases} \sin\omega_0 n & n \geqslant 0 \\ 0 & n < 0 \end{cases} \quad (3.1\text{-}5)$$

图 3.1-6 是 $\omega_0 = \pi/10$ 时的图形，图中只画出了 $0 \leqslant n \leqslant 20$ 的样本值，并画出了其包络线，是一个周期的连续正弦函数曲线，在这一个正弦周期内，共有 20 个样本值。一般地，正弦序列的包络线是正弦曲线，如果 $\omega_0 = 2\pi/N$，则在一个正弦周期内，正弦序列只有 N 个不同的样本数值。因此，参数 ω_0 反映了正弦序列样本值周期性重复的大小。显然，如果 $2\pi/\omega_0$ 为正整数，则正弦序列是周期序列，其周期为 $N = 2\pi/\omega_0$；如果 $2\pi/\omega_0$ 不是整数，但它是有理数，如假设 $2\pi/\omega_0 = p/q$（p, q 为互质整数），则正弦序列仍为周期序列，其周期为 p；如果 $2\pi/\omega_0$ 是无理数，则正弦序列不具有周期性。下面来证明正弦序列 $x[n] = \sin\omega_0 n$ 的这一特性。

假设有正整数 N，对正弦序列做运算

$x[n+N] = \sin\omega_0(n + N) = \sin(\omega_0 n + \omega_0 N)$　(3.1-6)

显然当且仅当 $\omega_0 N = 2\pi r$，r 为整数，亦即 $2\pi/\omega_0 = N/r$ 为有理数时，式(3.1-7)成立。

$x[n + N] = x[n]$　(3.1-7)

对任意整数 n，如果存在正整数 N，序列 $x[n]$ 满足式(3.1-7)，称序列 $x[n]$ 是周期序列并且周期为 N。

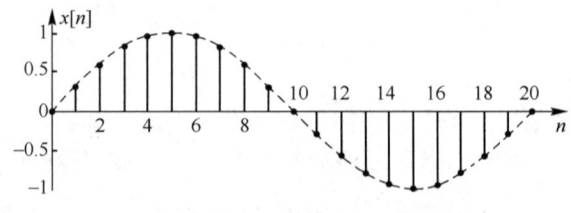

图 3.1-6　单边正弦序列

无论正弦序列是否具有周期性，都称 ω_0 是它的频率。

例 3.1-1　求正弦序列 $x[n] = \sin\omega_0 n$ 的周期，其中 $2\pi/\omega_0 = 3/4$，并画出该序列图形。

解：因为 $2\pi/\omega_0 = 3/4 = p/q$ 是有理数，取 $q = 4$，则周期 $N = p = 3$，其图形如图 3.1-7 所示。

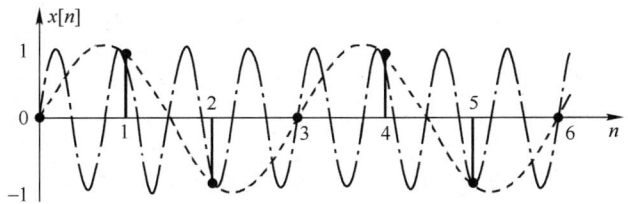

图 3.1-7 例 3.1-1 中的正弦序列 $\sin\omega_0 n$

图 3.1-7 中画出了两条包络线，其中点画线包络为连续时间正弦函数 $\sin\Omega_0 t$（$\Omega_0 = 8\pi/3$ 弧度/秒），虚线包络为连续时间正弦函数 $\sin\Omega_1 t$（$\Omega_1 = 2\pi/3$ 弧度/秒）。两连续正弦函数的周期分别为 3/4 秒和 3 秒。图 3.1-7 显示，序列 $x[n]$ 是从 $\sin\Omega_0 t$ 的每 4 个周期中等间隔地取出 3 个样本值，而从 $\sin\Omega_1 t$ 的每个周期中等间隔地取出 3 个样本值，即取 $t = 0, 1, 2, 3, \cdots$ 整时刻点的样值，从而每 3 个相邻的样值周期性重复一次。

下面从对连续信号等间隔取样值的角度，介绍一下连续正弦函数的频率 Ω 和离散序列的频率 ω 之间的关系。设连续正弦信号 $x(t) = \sin\Omega_0 t$，其取样值为离散序列 $x[n] = x(nT) = \sin(n\Omega_0 T) = \sin\omega_0 n$。明显：$\omega_0 = \Omega_0 T = \Omega_0/f_s$（弧度），其中 T 是取样间隔，f_s 是取样频率。通常 ω_0 称为离散域的频率（又称数字角频率，单位是弧度）；为区分 ω_0，而将 Ω_0 称为连续域的频率（又称模拟角频率，单位为弧度/秒），ω_0 可以被认为是 Ω_0 对 f_s 的归一化频率。

与正弦序列相对应的还有余弦序列
$$x[n] = \cos\omega_0 n \tag{3.1-8}$$

有关正弦序列的频率 ω_0 与序列图形的关系请扫描二维码。

6. 斜变序列（ramp sequence）

$$x[n] = \begin{cases} n, & n \geqslant 0 \\ 0, & n < 0 \end{cases} \tag{3.1-9}$$

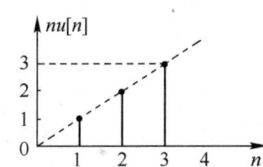

如图 3.1-8 所示。它类似于连续时间系统中的斜变函数 $x(t) = tu(t)$。

7. 复指数序列（complex exponential sequence）

图 3.1-8 斜变序列

复序列是取复数值的序列，即其每个样本值均可以是具有实部和虚部的复数。常见的复序列是复指数序列

$$x[n] = e^{j\omega_0 n} = \cos\omega_0 n + j\sin\omega_0 n \tag{3.1-10}$$

也可以用极坐标表示为模和相位的形式

$$x[n] = |x[n]| e^{j\arg[x[n]]} \tag{3.1-11}$$

对复指数序列式（3.1-10），其模 $|x[n]| = 1$，相位 $\arg[x[n]] = \omega_0 n$。

有关指数序列与正弦序列及复指数序列的内容，请扫描二维码。

3.1.3 序列的运算

在离散时间系统分析中，序列之间的加减、相乘及序列移位是经常遇到的。

（1）序列的加减： $\quad x[n] = x_1[n] \pm x_2[n] \tag{3.1-12}$

（2）序列的乘积： $\quad x[n] = x_1[n] \cdot x_2[n] \tag{3.1-13}$

数乘： $\quad y[n] = a\,x[n] \tag{3.1-14}$

序列的加减和乘积运算要求两序列对标，即只有同序号 n 处的数值才能对应相加减和相乘

构成新的序列。

如 $x[n] \cdot u[n] = \begin{cases} x[n], & n \geq 0 \\ 0, & n < 0 \end{cases}$，即单位阶跃序列可以用来简化单边序列的表示。

又如单边指数序列可表示为 $x[n] = \begin{cases} a^n, & n \geq 0 \\ 0, & n < 0 \end{cases} = a^n u[n]$。

（3）序列移位：
$$y[n] = x[n-m] \quad (3.1\text{-}15)$$

式(3.1-15)中 m 为整数，且当 $m > 0$ 时，序列 $x[n]$ 右移 m 个样本；而当 $m < 0$ 时，序列 $x[n]$ 左移 $|m|$ 个样本。序列移位运算也可以用移位算子 E 及其幂次来表示，即

$$\mathrm{E}x[n] = x[n+1] \quad \mathrm{E}^m x[n] = x[n+m] \quad \mathrm{E}^{-1} x[n] = x[n-1] \quad \mathrm{E}^{-m} x[n] = x[n-m] \quad (3.1\text{-}16)$$

（4）序列的差分和累加运算：与连续时间信号的微分、积分运算相对应，离散时间信号的分析中经常要用到差分和累加运算。其中：

序列的一阶前向差分定义为 $\quad \Delta x[n] = x[n+1] - x[n] \quad (3.1\text{-}17)$

序列的一阶后向差分定义为 $\quad \nabla x[n] = x[n] - x[n-1] \quad (3.1\text{-}18)$

序列的累加运算定义为 $\quad y[n] = \sum_{m=-\infty}^{n} x[m] \quad (3.1\text{-}19)$

（5）序列的能量： $\quad E = \sum_{n=-\infty}^{\infty} |x[n]|^2 \quad (3.1\text{-}20)$

（6）序列的分解：任意一个序列都可以分解为加权、延迟的单位样值信号之和，即

$$x[n] = \sum_{m=-\infty}^{\infty} x[m]\delta[n-m] \quad (3.1\text{-}21)$$

由于 $\delta[n-m] = \begin{cases} 1, & n=m \\ 0, & n \neq m \end{cases}$，故 $x[n]\delta[n-m] = \begin{cases} x[m], & n=m \\ 0, & n \neq m \end{cases} = x[m]\delta[n-m]$，例如：

$$u[n] = \sum_{m=0}^{\infty} \delta[n-m] = \sum_{m=-\infty}^{n} \delta[m] \quad (3.1\text{-}22)$$

$$\delta[n] = u[n] - u[n-1] \quad (3.1\text{-}23)$$

$$R_N[n] = u[n] - u[n-N] = \sum_{m=0}^{N-1} \delta[n-m] \quad (3.1\text{-}24)$$

（7）序列的反褶： $\quad y[n] = x[-n] \quad (3.1\text{-}25)$

（8）序列的卷积和（convolution sum）：对任意序列 $x[n]$ 和 $y[n]$，定义其卷积和为

$$s[n] = x[n] * y[n] = \sum_{m=-\infty}^{\infty} x[m]y[n-m] \quad (3.1\text{-}26)$$

比较式(3.1-21)和式(3.1-26)，可知 $x[n] * \delta[n] = x[n]$，亦即任意一个序列和单位样值序列的卷积和是它自身。卷积和与卷积积分的计算有许多相似之处，如在时域中按照定义通过反褶、时移、相乘、求和四个计算步骤进行。

例 3.1-2 已知序列 $x[n] = 2^n\{u[n+1] - u[n-4]\}$，$y[n] = \cos\left(\dfrac{\pi}{2}n\right)\{u[n] - u[n-5]\}$，计算并画出序列 $w[n] = x[n] + x[n-1]x[n-2]$，$v[n] = x[n] - y[n+1]$ 和 $z[n] = x[n] * y[n]$ 的图形。

解：序列 $x[n], y[n]$ 可以分别表示为

$$x[n] = \{0.5, \underset{\uparrow}{1}, 2, 4, 8\} \quad \text{和} \quad y[n] = \{\underset{\uparrow}{1}, 0, -1, 0, 1\}$$

它们的图形如图 3.1-9(a)和(d)所示。

从而有 $x[n-1] = \{0.5, 1, 2, 4, 8\}$, $x[n-2] = \{0, 0.5, 1, 2, 4, 8\}$,

$y[n+1] = \{1, 0, -1, 0, 1\}$,

所以 $w[n] = x[n] + x[n-1]x[n-2] = \{0.5, 1, 2, 4, 8\} + \{0, 0.5, 2, 8, 32, 0\}$

$= \{0.5, 1, 2.5, 6, 16, 32\}$

同理 $v[n] = x[n] - y[n+1] = \{-0.5, 1, 3, 4, 7\}$

它们的图形如图 3.1-9(b)、(c)、(e)、(f)和(g)所示。

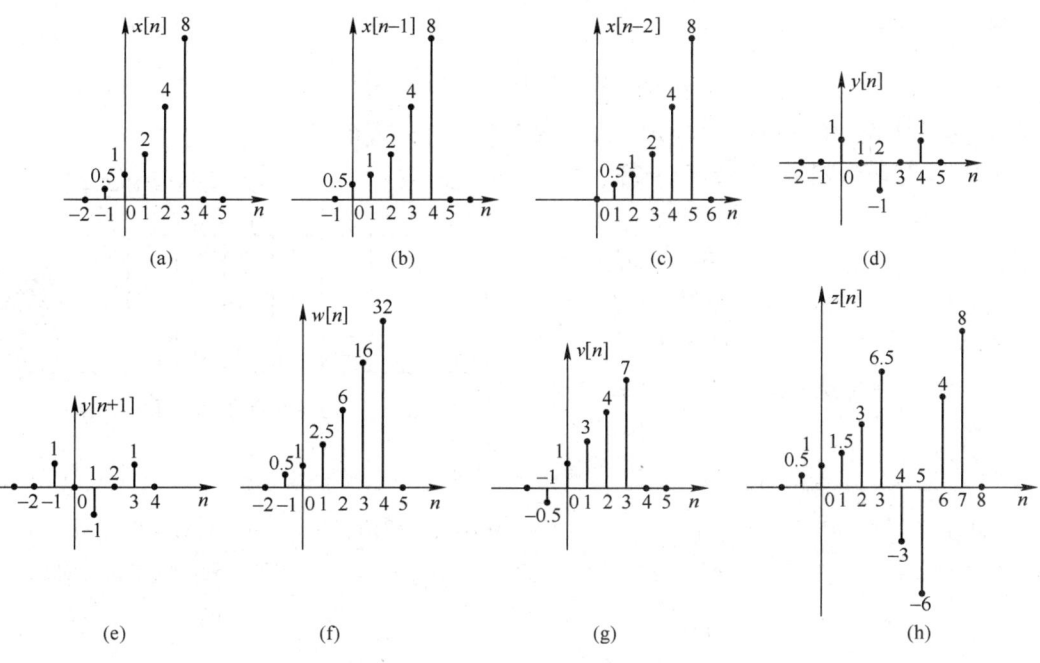

图 3.1-9 例 3.1-2 中各序列的图形

而对于卷积和的计算，根据定义，有

$$z[n] = x[n] * y[n] = \sum_{m=-\infty}^{\infty} x[m]y[n-m]$$

$= 0.5y[n+1] + y[n] + 2y[n-1] + 4y[n-2] + 8y[n-3]$

从而 $z[n] = \{0.5, 1, 1.5, 3, 6.5, -3, -6, 4, 8\}$

其结果如图 3.1-9(h)所示。

$x[n]$				0.5	1	2	4	8
$y[n]$				1	0	-1	0	1
				0.5	1	2	4	8
			-0.5	-1	-2	-4	-8	
	0.5	1	2	4	8			
$z[n]$	0.5	1	1.5	3	6.5	-3	-6	4	8

图 3.1-10 例 3.1.2 的卷积和的乘法计算法

根据上式的计算发现，可以用更方便的乘法运算实现卷积和，具体表示如图 3.1-10 所示。下面再看两例，分别应用定义（即四步骤方法）和乘法方法计算卷积和。

例 3.1-3 假设 $x[n] = u[n]$，$y[n] = a^n u[n]$，$0 < a < 1$，试求 $s[n] = x[n] * y[n]$。

解：由式(3.1-26)知 $s[n] = x[n] * y[n] = \sum_{m=-\infty}^{\infty} x[m]y[n-m] = \sum_{m=-\infty}^{\infty} u[m]a^{n-m}u[n-m]$

$= \sum_{m=0}^{n} a^{n-m}u[n] = a^n \dfrac{1-a^{-(n+1)}}{1-a^{-1}} u[n] = \dfrac{a^{n+1}-1}{a-1} u[n]$

该离散线性卷积的计算过程如图 3.1-11 所示。

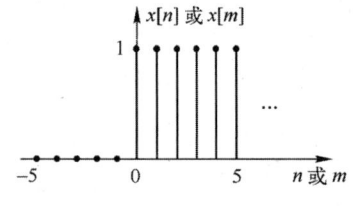
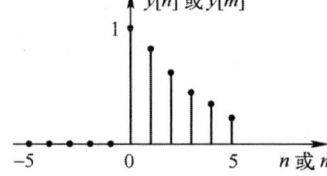
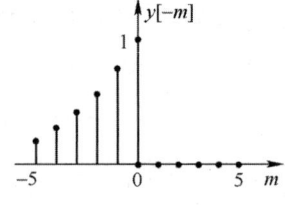
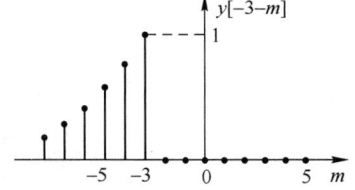
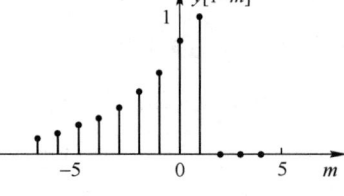
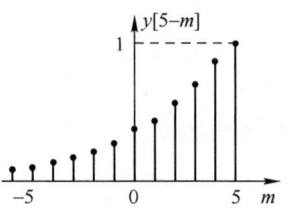

图 3.1-11　例 3.1-3 中卷积和的计算过程

例 3.1-4　假设两序列为　　$x[n] = 3\delta[n] + 2\delta[n-1] + 2\delta[n-2] + \delta[n-3]$
$y[n] = 2\delta[n] + \delta[n-1] + 5\delta[n-2]$

求 $s[n] = x[n] * y[n]$。

解：根据乘法运算，将两序列写成两行，并逐个数值相乘，如图 3.1-12 所示，得到
$s[n] = \{6, 7, 21, 14, 11, 5\}$，$0 \leqslant n \leqslant 5$。

有关序列的尺度变换运算内容，请扫描二维码。

$x(n)$			3	2	2	1
$y(n)$			2	1	5	
			15	10	10	5
		3	2	2	1	
	6	4	4	2		
$s[n]$	6	7	21	14	11	5

图 3.1-12　例 3.1-4 中卷积和的乘法计算

练习题

3.1-1　绘出下列各序列的图形。

（1）$x[n] = (1/2)^n u[n]$　　（2）$x[n] = 2^n u[-n]$　　（3）$x[n] = (-1/2)^n u[n]$　　（4）$x[n] = 2^{-n} u[-n-1]$

3.1-2　分别绘出下列各序列的图形，并判断其是否是周期序列，如果是周期序列，确定其周期 N。

（1）$x[n] = e^{j\left(\frac{n}{10} - \frac{\pi}{5}\right)}$　　（2）$x[n] = 2\sin\left(\frac{2n\pi}{5} - \frac{\pi}{4}\right)$　　（3）$x[n] = \left(\frac{2}{3}\right)^n \sin\left(\frac{n\pi}{5}\right)$

（4）$x[n] = \sin\left(\frac{n\pi}{6}\right)$　　（5）$x[n] = \cos\left(\frac{n\pi}{10} - \frac{\pi}{5}\right)$　　（6）$x[n] = \cos\left(\frac{n\pi}{4} - \frac{\pi}{4}\right)\{u[n] - u[n-8]\}$

3.1-3　画出序列 $x[n] = \begin{cases} n+1, & -1 \leqslant n \leqslant 4 \\ 0, & \text{其他} \end{cases}$ 的图形，并画出下列各序列的图形。

（1）$x[n-2]$　　（2）$2x[2-n]x[n]$

（3）$x[1-n] + x[n+1]$　　（4）$x[n-2] + x[n+2]$

3.1-4　序列 $x[n]$ 如图题 3.1-4 所示，把 $x[n]$ 表示为 $\delta[n]$ 的加权与延迟之线性组合。

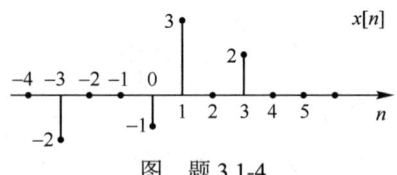

图　题 3.1-4

3.1-5　计算下面各对序列的卷积和。

（1）$x[n], h[n]$ 如图题 3.1-5(a) 所示。　　（2）$x[n], h[n]$ 如图题 3.1-5(b) 所示。

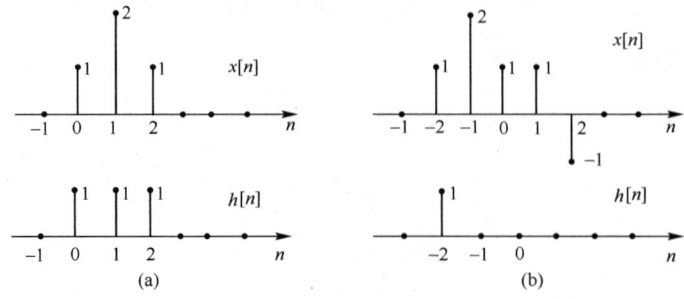

图　题 3.1-5

(3) $h[n] = R_3[n]$, $x[n] = R_5[n]$。 　　(4) $h[n] = 2^n R_5[n]$, $x[n] = \delta[n+1] - \delta[n+4]$。

(5) $h[n] = (1/2)^n u[n]$, $x[n] = R_5[n]$。(6) $x[n] = \alpha^n u[n]$，$0 < \alpha < 1$；$h[n] = \beta^n u[n]$，$0 < \beta < 1$ 且 $\beta \ne \alpha$。

3.2 离散时间系统

3.2.1 离散时间系统及其性质

一个离散时间系统可以看成为离散信号的变换器，用框图表示如图 3.2-1，当输入信号 $x[n]$ 经过该离散系统后，将变换成另一个序列——输出信号 $y[n]$。通常用算子符号记为：

$$y[n] = \mathrm{T}[x[n]] \tag{3.2-1}$$

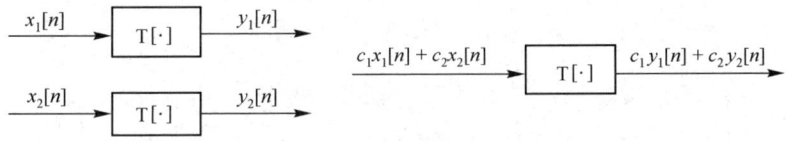

图 3.2-1　离散时间系统

一个离散系统，根据其对输入信号所做变换的性质，可以分为：线性、非线性，时变、时不变等类型，而从其响应相对激励的幅度改变和时间依赖特点可分为：稳定、不稳定，因果和非因果等类型。

线性离散系统是指满足叠加性与均匀性的离散系统。具体地说，对以 $\mathrm{T}[\cdot]$ 表示的线性离散系统，若激励信号分别为 $x_1[n]$ 和 $x_2[n]$ 时，产生的响应分别为 $y_1[n]$ 和 $y_2[n]$，则当激励信号为 $c_1 x_1[n] + c_2 x_2[n]$ 时，产生的响应为 $c_1 y_1[n] + c_2 y_2[n]$。其特点如图 3.2-2 所示。

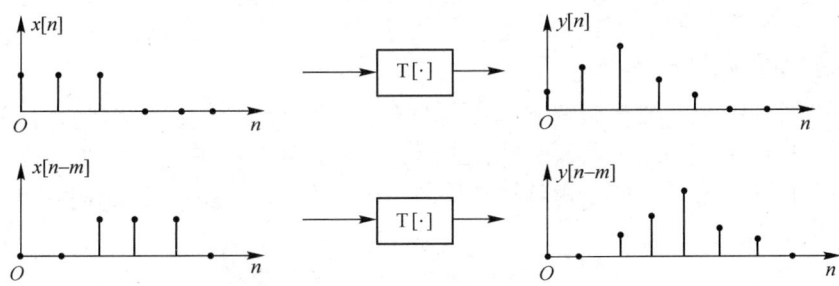

图 3.2-2　线性系统的叠加性与均匀性

时不变离散系统是指在起始状态为零时，系统响应与激励施加于系统的时刻无关。即：若激励信号 $x[n]$ 产生的响应为 $y[n]$，则激励信号 $x[n-m]$ 产生的响应为 $y[n-m]$，即响应与激励发生同步延迟，如图 3.2-3 所示。

图 3.2-3　时不变系统特性示意图

例 3.2-1　判断滑动平均滤波器的线性特性及时不变特性。广义的滑动平均系统的输出 $y[n]$ 与输入 $x[n]$ 满足以下关系（设 $M_1 < M_2$）

$$y[n] = \mathrm{T}[x[n]] = \frac{1}{M_2 - M_1 + 1} \sum_{k=M_1}^{M_2} x[n-k] \tag{3.2-2}$$

解：假设 $y_1[n] = \mathrm{T}[x_1[n]]$ 和 $y_2[n] = \mathrm{T}[x_2[n]]$，即 $y_1[n]$ 和 $y_2[n]$ 分别为输入 $x_1[n]$ 和 $x_2[n]$ 时的输出信号。

（1）当输入信号为 $x[n]=ax_1[n]$ 时，输出信号为

$$y[n] = T[ax_1[n]] = \frac{1}{M_2-M_1+1}\sum_{k=M_1}^{M_2}ax_1[n-k] = \frac{a}{M_2-M_1+1}\sum_{k=M_1}^{M_2}x_1[n-k] = ay_1[n]$$

因而该系统满足均匀性。

（2）当输入信号为 $x[n]=x_1[n]+x_2[n]$ 时，输出信号为

$$y[n] = T[x_1[n]+x_2[n]] = \frac{1}{M_2-M_1+1}\sum_{k=M_1}^{M_2}(x_1[n-k]+x_2[n-k])$$

$$= \frac{1}{M_2-M_1+1}\sum_{k=M_1}^{M_2}x_1[n-k] + \frac{1}{M_2-M_1+1}\sum_{k=M_1}^{M_2}x_2[n-k] = y_1[n]+y_2[n]$$

即该系统满足叠加性，综合（1）和（2），所以该系统是线性系统。

（3）假设输入信号为 $x[n]=x_1[n-m]$，则输出信号为

$$y[n] = T[x_1[n-m]] = \frac{1}{M_2-M_1+1}\sum_{k=M_1}^{M_2}x_1[n-m-k] = y_1[n-m]$$

因而该系统是时不变系统。

综合以上讨论，该系统是一个线性时不变系统。

在 LTI 连续时间系统中，信号是时间变量 t 的连续函数，因此系统可用微分、积分方程式来描述，即由连续自变量 t 的函数 $x(t)$ 和 $y(t)$ 及其各阶导函数项 $\frac{d^n y(t)}{dt^n}$，$\frac{d^m x(t)}{dt^m}$（$n=1,2,\cdots$；$m=1,2,\cdots$）或积分项等线性叠加而成。对于 LTI 离散时间系统，信号是离散整型变量 n 的函数值，因此系统的行为和性能要用差分方程式来表示，即由整型变量 n 的函数序列 $x[n]$ 和 $y[n]$，以及它们的位移序列 $x[n+1]$，$x[n+2]$，$\cdots$，$x[n-1]$，$x[n-2]$，$\cdots$ 和 $y[n+1]$，$y[n+2]$，$\cdots$，$y[n-1]$，$y[n-2]$，$\cdots$，等线性叠加而成，这称为常系数线性差分方程（linear constant-coefficient difference equation）。如例 3.2-1 中的系统联系输出 $y[n]$ 和输入 $x[n]$ 的就是一个差分方程。

因果离散时间系统是指任意 n_0 时刻的输出样本 $y[n_0]$ 仅由输入信号 $x[n]$ 在 $n\leqslant n_0$ 时的样本决定，即输出信号的当前样本值仅决定于输入信号在当前和过去的样本，而与未来的样本没有联系。或者说，如果两个输入信号在 $n\leqslant n_0$ 时，有 $x_1[n]=x_2[n]$，则它们经过因果系统处理后，必然有 $y_1[n]=y_2[n]$，$n\leqslant n_0$。

稳定离散时间系统通常是在有界输入有界输出（BIBO）意义上给出的，即当且仅当任意有限幅度大小（也称有界）的信号 $x[n]$ 作为输入时，系统产生的响应 $y[n]$ 也是有界信号，这样的系统称为稳定系统。这可以描述为若输入信号 $x[n]$ 满足对任意时刻：$|x[n]|\leqslant B_x<\infty$，则其产生的响应 $y[n]$ 也满足 $|y[n]|\leqslant B_y<\infty$。

例 3.2-2 判断例 3.2-1 中滑动平均滤波器(式 3.2-2)的因果性及稳定性。

解：（1）如果 $M_2>M_1\geqslant 0$，则系统是因果系统，如取 $M_1=0$，$M_2=1$，则 $y[n]=(x[n]+x[n-1])/2$，即输出样本仅取决于现在的输入样本 $x[n]$ 和过去的输入样本 $x[n-1]$。

如果 $M_1<M_2\leqslant 0$，则系统是非因果系统，如取 $M_1=-1$，$M_2=0$，则 $y[n]=(x[n+1]+x[n])/2$，即输出样本取决于包括现在的输入样本 $x[n]$ 和未来的输入样本 $x[n+1]$。

（2）如果 M_1，M_2 是有限数值，则系统是稳定系统。

3.2.2 线性常系数差分方程（Linear Constant-coefficient Difference Equation）

在离散时间系统中，其基本的运算关系是移位（或延时）、乘系数（数乘）、相加，用图形

表示为图 3.2-4 所示的形式。其中，符号 E^{-1} 表示单位延时，这与式(3.1-16)的第 3 式是一致的；符号 Σ 表示两序列相加；符号 $\otimes$（或 ⓐ）表示序列与数的相乘。为使图形简化，乘系数也可以在信号传输线旁（或圆圈内）标注系数，以示与此系数相乘。下面举例说明，如何建立描述离散时间系统的数学模型——差分方程。

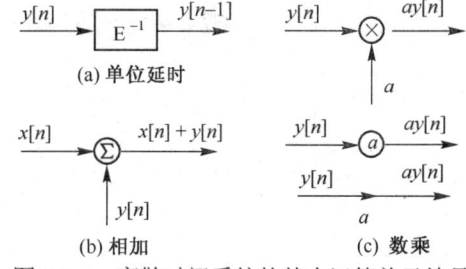

图 3.2-4 离散时间系统的基本运算单元符号

例 3.2-3 考察图 3.2-5 所示的离散系统，试写出其激励 $x[n]$ 和响应 $y[n]$ 之间关系的差分方程。

解： 对三个基本单元的输入、输出进行逐个列写：

单位延时器：输入为 $y[n]$，输出为 $y[n-1]$；数乘单元：输入为 $y[n-1]$，输出为 $ay[n-1]$；

加法器单元：输入为 $x[n]$ 和 $ay[n-1]$，输出为 $y[n]$。

针对加法器可以写出：$y[n] = x[n] + ay[n-1]$

移项整理可得：　　　$y[n] - ay[n-1] = x[n]$　　　(3.2-3)

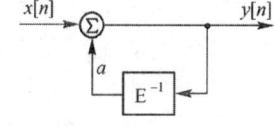

图 3.2-5 例 3.2-3 的系统方框图

这是一个一阶常系数线性差分方程。若令常数 $a = 1$，则式(3.2-3)左端正好是式(3.1-18)，这说明 $x[n]$ 是 $y[n]$ 的一阶后向差分运算，差分方程也由此而得名。

通常，线性时不变离散时间系统的数学模型是线性常系数差分方程，方程的左端由响应序列 $y[n]$ 及其移位后的序列 $y[n-1]$, $y[n-2]$, …, $y[n-N]$ 线性叠加而成，方程右端是激励序列 $x[n]$, $x[n-1]$, $x[n-2]$, …, $x[n-M]$ 的线性叠加，而响应序列自变量序号的最高值与最低值之差称为差分方程的阶数。若差分方程中，响应序列 $y[n]$ 的自变量自 n 以递减方式给出，称为后向差分方程（backward difference equation），如上例中式(3.2-3)。如果自变量自 n 以递增方式给出，如 $y[n+1]$, $y[n+2]$, …等组成，则称为前向差分方程（forward difference equation），见下例中式(3.2-4)。

例 3.2-4 编写图 3.2-6 所示系统的差分方程。

解： 延时器的输出为 $y[n]$，则输入必为 $y[n+1]$，即加法器输出为 $y[n+1]$，因而针对加法器可写出

$$y[n+1] = x[n] + ay[n]$$

即　　　　$y[n+1] - ay[n] = x[n]$　　　(3.2-4)

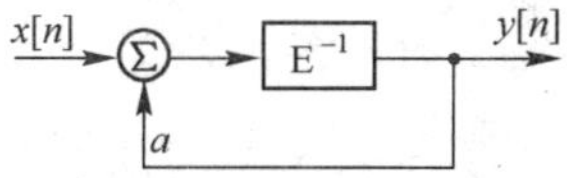

这是一个一阶前向差分方程式。

图 3.2-6 例 3.2-4 的系统方框图

不难验证，式(3.2-3)和式(3.2-4)所表示的离散系统均为线性时不变系统。而且比较图 3.2-5 和图 3.2-6，可以看出两系统并无本质上的差别，只是输出信号的取出端不同。图 3.2-5 的 $y[n]$ 取自延时器的输入端，而图 3.2-6 的 $y[n]$ 取自延时器的输出端，如果将同一输入信号分别作用于这两个系统，那么两系统的输出信号的形式相同，但后者较前者延时一个单位。通常，在一般的离散系统中都采用后向差分方程这种方式。但在状态变量分析中，习惯上采用前向差分方程形式（见第 9 章）。

以上两例初步说明了离散时间系统数学模型的特点。实际上，如果用计算机编程的高级语言中的循环语句及数组来描述式(3.2-3)和式(3.2-4)，便会发现：在计算机中，所谓的延时是由存储器实现的。给定数组 $x[n]$ 的全部样值及数组 $y[n]$ 的边界值，由计算机来求解式(3.2-3)和式(3.2-4)是可行的方法之一。

例 3.2-5 写出图 3.2-7 所示的离散系统的输入-输出关系方程式。

解： 与前两例相比，本例多了几个移位单元和数乘单元，但只要列出每个延时器（移位单元）的输入、输出，并列出加法器的输入输出方程，便很容易写出其对应的差分方程为

$$y[n] = b_0 x[n] + b_1 x[n-1] + b_2 x[n-2] + a_1 y[n-1] + a_2 y[n-2]$$

即
$$y[n]-a_1y[n-1]-a_2y[n-2] = b_0x[n] + b_1x[n-1] + b_2x[n-2] \tag{3.2-5}$$

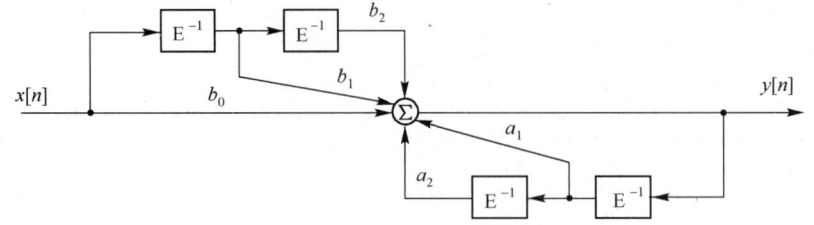

图 3.2-7　例 3.2-5 中的二阶系统

更多利用离散时间系统模型表示的经济学和生物学应用，请扫描二维码。

需要说明的是，在差分方程中，离散自变量虽以 n 表示，但 n 并不只是代表时间。实际上 n 也可代表数组中元素出现的先后次序，如著名的海诺塔（Tower of Hanoi）问题，菲波纳西（Fibonacci）数列问题，作为差分方程求解时，其自变量 n 均与时间无关。

一般地，大致有以下几种求解这类差分方程的方法：

（1）递推解法（迭代法）

以方程(3.2-3)为例，即 $\quad y[n]-ay[n-1] = x[n]$

设输入 $x[n]=\delta[n]$，并假设 $y[-1]=0$（称为系统的起始状态），从而有

$$y[0] = x[0] + ay[-1] = 1$$
$$y[1] = x[1] + ay[0] = a$$
$$y[2] = x[2] + ay[1] = a^2$$
$$\vdots$$
$$y[n] = x[n] + ay[n-1] = a^n$$

此范围仅限于 $n \geqslant 0$，故 $\quad y[n] = a^n u[n]$

递推（迭代）法是解差分方程的一种原始方法，用计算机实现较方便，方法简单、概念清楚，但一般难以给出方程的解析解（又称闭式解）。

（2）时域经典法

类似于第 2 章中微分方程的经典解法，先分别求解差分方程的齐次解和特解，然后利用边界条件求出齐次解中的待定系数。这种方法也属于基本方法，且便于从物理概念上说明各响应分量之间的关系，但求解过程比较繁琐，在解决具体问题时已较少采用。3.2.3 节将通过具体例题介绍此种解法。

（3）零输入、零状态响应解法

这是利用线性时不变系统的可分解性，将系统响应分解成零输入响应与零状态响应两部分，利用时域经典法求解零输入响应，用离散线性卷积的方法求解零状态响应。这是现今通行的时域解法。与连续时间系统的情况类似，卷积方法在离散时间系统分析中同样占有十分重要的地位。零输入、零状态响应解法将在 3.3 节中讨论。

（4）z 变换法

这是实际应用中简便有效的方法。类似于用拉普拉斯变换求解连续时间系统的微分方程，利用 z 变换可将离散系统的差分方程的求解转化为代数方程的求解，不仅可以得到差分方程的零状态响应，而且也可以得到零输入响应。具体应用见第 8 章。

（5）状态空间分析法

这是现代控制理论中常用的方法之一。特点是将由 N 阶差分方程描述的离散系统转化为状态空间描述的一组一阶线性常系数差分方程组，通过解此一阶差分方程组，得出系统的诸多输出

或内部环节状态变量。这种方法与连续时间系统的状态变量分析法一起,将在第 9 章中讨论。

3.2.3 线性常系数差分方程的经典解法

N 阶常系数线性差分方程的一般形式可表示为

$$a_0 y[n]+a_1 y[n-1]+\cdots+a_{N-1} y[n-N+1]+a_N y[n-N]$$
$$= b_0 x[n]+b_1 x[n-1]+\cdots+b_{M-1} x[n-M+1]+b_M x[n-M] \tag{3.2-6}$$

式中,系数 $a_k (0 \leqslant k \leqslant N)$ 和 $b_r (0 \leqslant r \leqslant M)$ 均为实常数,或用求和符号表示为

$$\sum_{k=0}^{N} a_k y[n-k] = \sum_{r=0}^{M} b_r x[n-r] \tag{3.2-7}$$

常系数线性差分方程的解由齐次解和特解组成,齐次解是当式(3.2-7)右端等于 0,即齐次差分方程的解,也就是满足方程式(3.2-7)所对应的齐次差分方程式(3.2-8)的解,

$$\sum_{k=0}^{N} a_k y[n-k] = 0 \tag{3.2-8}$$

通常,N 阶齐次线性差分方程式(3.2-8)的齐次解是由 N 项形如 $C\alpha^n$ 的指数序列叠加而成的。证明过程如下:

将式 $y[n] = C\alpha^n$ 代入式(3.2-8),得到

$$\sum_{k=0}^{N} a_k C\alpha^{n-k} = 0 \tag{3.2-9}$$

消去常数 C,并逐项除以 α^{n-N},式(3.2-9)可化简成式(3.2-10)所示的一元 N 次方程

$$a_0 \alpha^N + a_1 \alpha^{N-1} + \cdots + a_{N-1} \alpha + a_N = 0 \tag{3.2-10}$$

如果 α_k 是方程式(3.2-10)的根,则 $y[n] = C\alpha_k^n$ 必定是方程(3.2-8)的解。

式(3.2-10)称为差分方程(3.2-8)的特征方程,而其根 $\alpha_1, \alpha_2, \cdots, \alpha_N$ 称为差分方程(3.2-8)的特征根。在特征根无重根的情况下,差分方程的齐次解如式(3.2-11)所示

$$y_h[n] = C_1 \alpha_1^n + C_2 \alpha_2^n + \cdots + C_N \alpha_N^n \tag{3.2-11}$$

式(3.2-11)中的系数 $C_1, C_2, \cdots, C_N$ 将由边界条件确定。请看下例。

例 3.2-6 求齐次差分方程 $y[n] - 0.7y[n-1] + 0.1y[n-2] = 0$ 的解,设边界条件为

$$y[-1]=-26, \quad y[-2]=-202$$

解:差分方程的特征方程为 $\alpha^2 - 0.7\alpha + 0.1 = 0$

从而求得特征根为 $\alpha_1 = 0.2, \quad \alpha_2 = 0.5$

于是齐次解为 $y[n] = C_1 (0.2)^n + C_2 (0.5)^n$

代入边界条件 $y[-1]=-26$,$y[-2]=-202$,得到

$$y[-1] = C_1 (0.2)^{-1} + C_2 (0.5)^{-1} = 5C_1 + 2C_2$$
$$y[-2] = C_1 (0.2)^{-2} + C_2 (0.5)^{-2} = 25C_1 + 4C_2$$

由此求得系数 $C_1 = -10$,$C_2 = 12$,则方程的解为

$$y[n] = -10 (0.2)^n + 12 (0.5)^n$$

需要说明的是,本例中的方程是齐次差分方程,因而其解的系数可以直接用边界条件求解;如果是非齐次差分方程,则需要将齐次解和特解合并在一起后,利用边界条件求解。请看下例:

例 3.2-7 求差分方程 $y[n] + y[n-2] = 2x[n]$ 的解。设边界条件和输入信号分别为

$$y[-1]=1, y[-2]=0;\quad x[n]=(-1)^n u[n]$$

解：差分方程的特征方程为 $\alpha^2+1=0$

特征根为 $\alpha_1=j,\quad \alpha_2=-j$（共轭复根）

于是齐次解为
$$y_h[n]=C_1 j^n+C_2(-j)^n=C_1 e^{jn\pi/2}+C_2 e^{-jn\pi/2}=P\cos\frac{n\pi}{2}+Q\sin\frac{n\pi}{2}$$

根据输入信号 $x[n]=(-1)^n u[n]$，假设方程的特解为 $y_p[n]=B(-1)^n$，代入差分方程，可以求得 $B=1$，从而差分方程的完全解为

$$y[n]=y_h[n]+y_p[n]=P\cos\frac{n\pi}{2}+Q\sin\frac{n\pi}{2}+(-1)^n,\quad n\geqslant 0$$

利用给定的起始边界条件 $y[-1]=1, y[-2]=0$、输入信号和差分方程，迭代出初始边界条件

$$y[0]=2x[0]-y[-2]=2;\quad y[1]=2x[1]-y[-1]=-3$$

代入完全解，则有 $2=P+1,\quad -3=Q-1$

解得 $P=1,\quad Q=-2$

差分方程的完全解为
$$y[n]=\left[\cos\frac{n\pi}{2}-2\sin\frac{n\pi}{2}+(-1)^n\right]u[n]$$

例 3.2-7 说明求解差分方程的过程及其解的特点和求解微分方程极为相似，其中齐次解中的系数需要在解出特解后，利用完全解和方程的初始边界条件进行求解。其次，如果差分方程在特征根出现重根的情况下，齐次解的形式也要加以变化。假定 α_1 是特征方程式(3.2-8)的 K 重根，那么，在齐次解中，相应于 α_1 的部分将有 K 项

$$C_1 n^{K-1}\alpha_1^n+C_2 n^{K-2}\alpha_1^n+\cdots+C_{K-1}n\alpha_1^n+C_K\alpha_1^n \tag{3.2-12}$$

齐次解与不同特征根条件下的关系见本章关键知识点概要的表 3-3。

其次关于特解的求解方法，首先需要将激励序列 $x[n]$ 代入方程式右端得到自由项，而特解的形式和自由项相同，只是系数不同，因而可以根据自由项的形式，假设含有待定系数的特解形式，进而将此特解代入原差分方程，根据方程平衡的原则，求得特解中的待定系数。一般来说，已知自由项的形式，则特解形式可按本章关键知识点概要中的表 3-4 确定。请看下例：

例 3.2-8 已知差分方程和激励信号、边界条件如下，求差分方程的解。

$$y[n]+2y[n-1]+y[n-2]=x[n];\quad x[n]=nu[n];\quad y[-1]=-1,\quad y[-2]=1$$

解：首先求齐次解 $y_h[n]$：

特征方程 $\alpha^2+2\alpha+1=0$

特征根 $\alpha_1=\alpha_2=-1$

齐次解 $y_h[n]=(C_1 n+C_2)(-1)^n$

再求特解 $y_p[n]$：将 $x[n]=nu[n]$ 代入差分方程，得右端自由项为 $n,\ n\geqslant 0$。可假设特解为

$$y_p[n]=D_1 n+D_2,\quad n\geqslant 0$$

代入差分方程并比较两端系数得到 $D_1=D_2=1/4$

所以特解为 $y_p[n]=\dfrac{1}{4}(n+1),\quad n\geqslant 0$

完全解为
$$y[n]=y_h[n]+y_p[n]=(C_1 n+C_2)(-1)^n+\frac{1}{4}(n+1),\quad n\geqslant 0 \tag{3.2-13}$$

利用给定的起始边界条件 $y[-1]=-1, y[-2]=1$、输入信号和差分方程，迭代出初始边界条件

$$y[0]=x[0]-2y[-1]-y[-2]=1;\quad y[1]=x[1]-2y[0]-y[-1]=0$$

代入完全解，则有 $1 = C_2 + (1/4),\ 0 = -(C_1 + C_2) + (1/4) \times 2$

从而解得 $C_1 = -1/4,\ C_2 = 3/4$

所以完全解为 $y[n] = \left(-\dfrac{1}{4}n + \dfrac{3}{4}\right)(-1)^n + \dfrac{1}{4}(n+1),\ n \geqslant 0$

  注意到，与微分方程的求解过程与特点相似，差分方程的齐次解具有 α_m^n（微分方程是 $e^{\alpha_m t}$）的形式，并且值 α_m 是方程的特征根，与激励信号无关，所以齐次解也称为固有解（或自由响应），但齐次解的系数 $C_1, C_2, \cdots, C_n$ 与激励信号有关，因为这些待定系数都是将边界条件代入完全解中求解得到的；差分方程的特解都与各自的自由项的形式相同，也即取决于输入信号的形式，因而也叫做强迫解（或强迫响应）。

  例 3.2-9 图 3.2-8 是一个链形电阻网络，设信号源的电压为 $x(t)$，试确定输出端的电流 $y(t)$（注：本例的链形网络不是一个离散时间系统，因为 n 不是时间变量，而是表示电路节点的编号，如前所述——差分方程中自变量的选取因具体函数而异）。

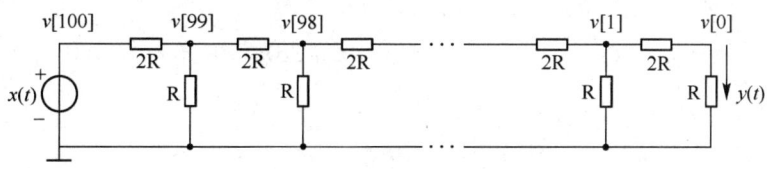

图 3.2-8 链形电阻网络的节点电位

解：根据该网络的结构和电阻值，设从右往左数的第 n 个节点的对地电压为 $v[n]$，则有

$$v[0] = Ry(t)$$

$$v[1] = v[0] + 2Ry(t) = 3Ry(t)$$

对 $2 \leqslant n \leqslant 100$ 的节点，则有 $\dfrac{v[n] - v[n-1]}{2R} = \dfrac{v[n-1]}{R} + \dfrac{v[n-1] - v[n-2]}{2R}$

整理后得 $v[n] - 4v[n-1] + v[n-2] = 0$

该二阶差分方程式的特征方程为 $\alpha^2 - 4\alpha + 1 = 0$

特征根为 $\alpha_1 = 2 + \sqrt{3},\ \alpha_2 = 2 - \sqrt{3}$

于是节点电压的一般表达式为 $v[n] = C_1(2+\sqrt{3})^n + C_2(2-\sqrt{3})^n$

根据初始条件，有
$$\begin{cases} v[0] = C_1 + C_2 = Ry(t) \\ v[1] = C_1(2+\sqrt{3}) + C_2(2-\sqrt{3}) = 3Ry(t) \end{cases}$$

所以 $C_1 = \dfrac{3+\sqrt{3}}{6}Ry(t) \qquad C_2 = \dfrac{3-\sqrt{3}}{6}Ry(t)$

从而有 $v[n] = \dfrac{1}{6}[(3+\sqrt{3})(2+\sqrt{3})^n + (3-\sqrt{3})(2-\sqrt{3})^n]Ry(t)$

显然，当 $n = 100$ 时，有 $v[100] = x(t)$，于是求得

$$y(t) = \dfrac{6}{(3+\sqrt{3})(2+\sqrt{3})^{100} + (3-\sqrt{3})(2-\sqrt{3})^{100}} \cdot \dfrac{x(t)}{R}$$

这是差分方程在连续时间网络中的一种应用。

练习题

3.2-1 在下列每个系统中，$x[n]$ 表示激励，$y[n]$ 表示响应。判断每个系统是否是线性的? 是否是时不变的?

（1） $y[n] = (x[n])^2$ （2） $y[n] = x[n]\sin\left(\dfrac{3n\pi}{4} - \dfrac{\pi}{5}\right)$ （3） $y[n] = 2x[2n] + 3$ （4） $y[n] = \displaystyle\sum_{m=-\infty}^{n} x[m]$

3.2-2 列出图题 3.2-2 所示系统的差分方程。在下述条件下，求方程的解 $y[n]$ 并画出其图形。
(1) $x[n]=\delta[n]$；$y[-1]=0$　(2) $x[n]=2u[n]$；$y[-1]=0$

3.2-3 列出图题 3.2-3 所示系统的差分方程，指出其阶次。

3.2-4 列出图题 3.2-4 所示系统的差分方程，如果 $y[-1]=0$，$x[n]=\delta[n]$，求 $y[n]$，并比较本题与 3.2-2 题 (1) 的结果。

3.2-5 求差分方程的完全解。$y[n]-2y[n-1]+y[n-2]=3^n u[n]$，已知 $y[0]=y[-1]=0$。

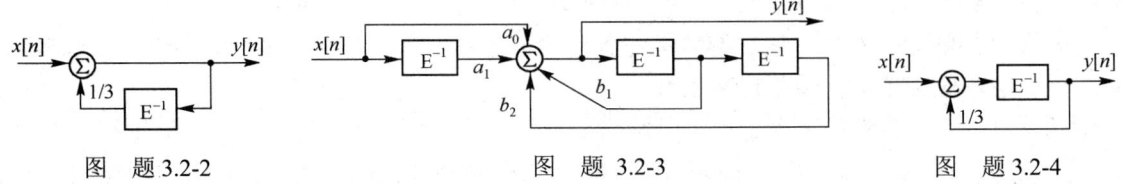

图 题 3.2-2　　　　　　　图 题 3.2-3　　　　　　　图 题 3.2-4

3.2-6 求下列齐次差分方程的解。
(1) $y[n]-\dfrac{1}{2}y[n-1]=0$，$y[0]=\dfrac{1}{2}$　　(2) $y[n]+2y[n-1]+y[n-2]=0$，$y[0]=y[-1]=2$
(3) $y[n]+0.25y[n-2]=0$，$y[0]=1, y[1]=2$
(4) $y[n]-7y[n-1]+16y[n-2]-12y[n-3]=0$，$y[1]=-1, y[2]=-3, y[3]=-5$

3.2-7 一个乒乓球从 H 米高度自由下落至地面，每次弹跳起的最高值是前一次最高值的 3/4。若以 $y[n]$ 表示第 n 次跳起的最高值，试列写描述此过程的差分方程。又若给定 $H=2$m，解此差分方程。

3.2-8 已知一横向滤波器如图题 3.2-8 所示，当输入 $x[n]=\dfrac{1}{4}\delta[n]+\delta[n-1]+\dfrac{1}{2}\delta[n-2]$，输出 $y[n]$ 的取值部分为 $y[0]=-1/16$，$y[1]=y[3]=0$，求加权系数 $h[0]$，$h[1]$ 和 $h[2]$。

3.2-9 住房按揭是解决购房资金的一种重要渠道。假设某人购房时向银行贷款总额 P 元，贷款的月利率为 I，还款期限是 N 个月，采用等额还款（即每月还款金额相同，假设为 R 元）方式还贷，求每月的还款金额 R 及总的还款金额。

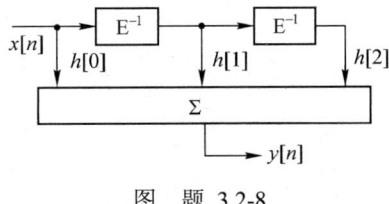

图 题 3.2-8

3.3　线性时不变（LTI）离散时间系统的单位样值响应

差分方程的经典求解中，其完全解分成了齐次解（自由响应）和特解（强迫响应）两部分，但是对系统可以从不同的角度进行分析，若充分利用系统的线性和时不变性质，其响应可以表示为起始状态归零后的零状态响应和不加激励信号的零输入响应，以及针对特殊输入信号如单位样值信号而产生的单位样值响应等。

3.3.1 零状态响应与零输入响应

在例 3.2-8 中，给出的边界条件是 $y[-1], y[-2]$，而求解自由响应中的待定系数却用的是边界条件 $y[0], y[1]$，为区分这两者，我们通常将 $y[-1], y[-2]$，…等称为起始条件（或起始状态），而 $y[0], y[1]$…等称为初始条件（或初始状态），两者差别在于初始状态中融入了 $n \geqslant 0$ 时的输入信号作用。

零状态响应：如果系统的起始状态 $y[-1]=y[-2]=\cdots=y[-N]=0$，也称初始松弛状态，在此条件下，当系统加入激励序列 $x[n]$ $(n \geqslant 0)$ 后所产生的响应，称为离散系统的零状态响应，常用 $y_{zs}[n]$ 表示。

零输入响应：若系统的激励序列 $x[n] = 0$，仅由系统的起始状态 $y[-1], y[-2], \cdots, y[-N]$ 引起的响应，称为离散系统的零输入响应，常用 $y_{zi}[n]$ 表示。

对于起始状态不为零的系统，在加入激励信号后，系统的响应则可以表示为零输入响应与零状态响应之和，即

$$y[n] = y_{zi}[n] + y_{zs}[n] \tag{3.3-1}$$

其中，零输入响应可表示如式(3.3-2)（因为输入信号为零，因而不包含特解）

$$y_{zi}[n] = \sum_{k=1}^{N} C_{zik} \alpha_k^n \tag{3.3-2}$$

式中，C_{zik} 为待定系数，由起始状态 $y[-1], y[-2], \cdots, y[-N]$ 来确定。

而零状态响应为

$$y_{zs}[n] = \sum_{k=1}^{N} C_{zsk} \alpha_k^n + y_p[n] \tag{3.3-3}$$

式中，$y_p[n]$ 是特解；C_{zsk} 为待定系数，它们由系统的初始条件 $y_{zs}[0], y_{zs}[1], \cdots, y_{zs}[N-1]$（由 $y_{zs}[-1] = y_{zs}[-2] = \cdots = y_{zs}[-N] = 0$ 和输入序列 $x[n]$ 通过差分方程迭代得到）确定。

例 3.3-1 求下列差分方程所表示系统的完全响应。

$$y[n] - \frac{1}{2}y[n-1] = \frac{1}{3}u[n] \tag{3.3-4}$$

设起始条件分别为：（1）$y[-1] = 0$；（2）$y[-1] = 1$。

解：齐次解为

$$y_h[n] = C\left(\frac{1}{2}\right)^n \tag{3.3-5}$$

当 $n \geq 0$ 时，方程右端自由项为常数 1/3，故可假设特解为 D，将其代入差分方程，解得 $D = 2/3$。从而完全解为

$$y[n] = C\left(\frac{1}{2}\right)^n + \frac{2}{3} \tag{3.3-6}$$

（1）$y[-1] = 0$，即起始条件为零，因而也是系统的零状态响应；将 $y[-1] = 0$ 代入原方程式(3.3-4)，得到 $y_{zs}[0] = 1/3$，因而根据式(3.3-6)得到 $C = -1/3$。即

$$y[n] = y_{zs}[n] = \left[\left(-\frac{1}{3}\right)\left(\frac{1}{2}\right)^n + \frac{2}{3}\right]u[n]$$

（2）$y[-1] = 1$，即非零起始条件，将 $y[-1]$ 代入原差分方程(3.3-4)，得到 $y[0] = 5/6$，从而由式(3.3-6)得到 $C = 1/6$，即 $y[n] = \left[\frac{1}{6}\left(\frac{1}{2}\right)^n + \frac{2}{3}\right]u[n]$。

当 $y[-1] = 1$ 时，也可以先求系统的零状态响应，则令 $y[-1] = 0$，即题（1），亦即

$$y_{zs}[n] = \left[\left(-\frac{1}{3}\right)\left(\frac{1}{2}\right)^n + \frac{2}{3}\right]u[n]$$

而零输入响应为

$$y_{zi}[n] = C_{zi}\left(\frac{1}{2}\right)^n$$

将 $y[-1] = 1$ 代入上式，求得系数 $C_{zi} = 1/2$，于是有 $y_{zi}[n] = \frac{1}{2}\left(\frac{1}{2}\right)^n$。从而完全响应为

$$y[n] = y_{zi}[n] + y_{zs}[n] = \frac{1}{2}\left(\frac{1}{2}\right)^n + \left(-\frac{1}{3}\right)\left(\frac{1}{2}\right)^n + \frac{2}{3} = \frac{1}{6}\left(\frac{1}{2}\right)^n + \frac{2}{3} \quad n \geq 0$$

可见，零输入响应 $y_{zi}[n]$ 的形式与自由响应完全相同，但两者的系数并不相同，且零输入响应只是自由响应的一部分；零状态响应 $y_{zs}[n]$ 包含了自由响应中的剩余部分及强迫响应。它们之间的关系为

$$y[n] = \underbrace{\sum_{k=1}^{N} C_{zik}\alpha_k^n}_{\text{零输入响应}} + \underbrace{\sum_{k=1}^{N} C_{zsk}\alpha_k^n + y_p[n]}_{\text{零状态响应}} = \underbrace{\sum_{k=1}^{N} C_k\alpha_k^n}_{\text{自由响应}} + \underbrace{y_p[n]}_{\text{强迫响应}} \tag{3.3-7}$$

式中

$$\sum_{k=1}^{N} C_k\alpha_k^n = \sum_{k=1}^{N} C_{zik}\alpha_k^n + \sum_{k=1}^{N} C_{zsk}\alpha_k^n \tag{3.3-8}$$

需要注意的是，零输入响应中的待定系数只能由起始条件 $y[-1]$, $y[-2]$, …确定，而不能由初始条件 $y[0]$, $y[1]$, …直接确定。如例 3.3-1 中若已知 $y[0]=5/6$，则必须由差分方程迭代出 $y[-1] = 1$ 来确定零输入响应的系数。这是因为 $y[0]$ 是由起始条件 $y[-1]$ 和激励信号 $x[n]$ 共同作用的结果。同理，零状态响应中的待定系数则必须由系统的初始条件 $y[0]$, $y[1]$, …确定，而不能直接依据起始条件 $y[-1] = y[-2] = \cdots = 0$ 确定。

3.3.2 单位样值响应 (Unit Sample Response /Impulse Response)

定义：LTI 离散系统的激励信号是单位样值信号 $\delta[n]$，而且系统的起始状态为零，这时系统的响应称为单位样值响应（也称单位冲激响应或单位脉冲响应），用 $h[n]$ 表示。$h[n]$ 在离散时间系统中的作用，完全类似于连续系统中的由 $\delta(t)$ 引起的冲激响应 $h(t)$。

例 3.3-2 已知 LTI 离散系统的差分方程为 $y[n] - \frac{1}{3}y[n-1] = x[n]$，试求其单位样值响应 $h[n]$。

解：因为单位样值响应属于零状态响应，即 $h[-1] = y[-1] = 0$，而 $x[n] = \delta[n]$，将此条件代入差分方程并逐次迭代，可得

$$h[0] = \frac{1}{3}h[-1] + \delta[0] = 0 + 1 = 1$$

$$h[1] = \frac{1}{3}h[0] + \delta[1] = \frac{1}{3} + 0 = \frac{1}{3}$$

$$h[2] = \frac{1}{3}h[1] + \delta[2] = \frac{1}{3} \times \frac{1}{3} + 0 = \left(\frac{1}{3}\right)^2$$

$$\vdots$$

$$h[n] = \frac{1}{3}h[n-1] + \delta[n] = \frac{1}{3} \cdot \left(\frac{1}{3}\right)^{n-1} + 0 = \left(\frac{1}{3}\right)^n$$

因此，系统的单位样值响应为

$$h[n] = \begin{cases} \left(\frac{1}{3}\right)^n, & n \geq 0 \\ 0, & n < 0 \end{cases} = \left(\frac{1}{3}\right)^n u[n]$$

这种迭代求解其单位样值响应的方法简单方便，但一般不能得到闭式解。因此仿照连续时间系统单位冲激响应的求解，也可以将 $\delta[n]$ 等效为起始条件，从而把问题转化为求解齐次方程，而得到 $h[n]$ 的闭式解。请看下例。

例 3.3-3 求差分方程 $y[n] - 4y[n-1] + 4y[n-2] = x[n]$ 所表示的 LTI 离散时间系统的单位样值响应 $h[n]$。

解：首先求齐次解：

特征方程为

$$\alpha^2 - 4\alpha + 4 = 0$$

解得特征根为 $\alpha_1 = \alpha_2 = 2$
从而齐次解为 $h_h[n] = (C_1 n + C_2) 2^n$

其次求特解：由于 $x[n]=\delta[n]$，即当 $n \geqslant 1$ 时，差分方程的自由项为0，故
$$h_p[n] = 0, \quad n \geqslant 1$$

从而单位样值响应为 $h[n] = h_h[n] + h_p[n] = h_h[n] = (C_1 n + C_2) 2^n$

利用 $h[-2] = h[-1] = 0$，$x[n]=\delta[n]$ 和差分方程迭代，得到 $h[0] = \delta[0] = 1$，$h[1] = 4h[0] = 4$，从而有 $1 = C_2$，$4 = (C_1 + C_2) \times 2$，解得 $C_1 = C_2 = 1$。

即系统的单位样值响应为：$h[n] = (n+1) 2^n u[n]$。

如果利用变换域方法求解差分方程，如 z 变换法，则能简洁而方便地获得系统单位样值响应的闭式解，具体应用及求解将在第 8 章详细论述。

单位样值响应的时域求解和 z 变换域求解对比，请扫描二维码。

例 3.3-4 试利用线性时不变系统的特性，分析离散系统对单位阶跃信号 $u[n]$ 的零状态响应——单位阶跃响应 $g[n]$ 与单位样值响应 $h[n]$ 之间的关系。

解：由式(3.1-22)知，$u[n] = \sum\limits_{m=0}^{\infty} \delta[n-m]$，利用系统的时不变特性和叠加性，有

$$g[n] = \sum_{m=0}^{\infty} h[n-m] \tag{3.3-9}$$

另一方面，根据式(3.1-23)，得 $\delta[n] = \nabla u[n] = u[n] - u[n-1]$，从而有

$$h[n] = \nabla g[n] = g[n] - g[n-1] \tag{3.3-10}$$

类似地，根据式(3.1-21)，对任意信号 $x[n]$，利用 $x[n] = \sum\limits_{m=-\infty}^{\infty} x[m]\delta[n-m]$ 和系统的时不变特性、叠加性和均匀性，得到系统的零状态响应为

$$y_{zs}[n] = \sum_{m=-\infty}^{\infty} x[m] h[n-m] = x[n] * h[n] \tag{3.3-11}$$

即系统在任意激励信号下的零状态响应是激励信号和其单位样值响应的卷积和。这也说明，离散信号的卷积和计算实际上是线性时不变离散系统零状态响应的数学表示。

3.3.3 LTI 离散时间系统的卷积和分析

式(3.3-11)说明，LTI 离散时间系统的零状态响应是激励信号和其单位样值响应的卷积和。这一特点类似于 LTI 连续时间系统的零状态响应，而且零状态响应的求解方法也给出了卷积计算的物理意义——LTI 系统对输入信号所施加的变换与处理。

与卷积积分相似，卷积和也存在类似的性质，分别说明如下：

交换律 $\qquad x[n] * y[n] = y[n] * x[n] \tag{3.3-12}$

结合律 $\qquad [x[n] * y[n]] * z[n] = x[n] * [y[n] * z[n]] \tag{3.3-13}$

分配律 $\qquad [x[n] + y[n]] * z[n] = x[n] * z[n] + y[n] * z[n] \tag{3.3-14}$

移位性质及其他性质：
假设 $s[n] = x[n] * y[n]$，则有

$$s[n - n_1 - n_2] = x[n - n_1] * y[n - n_2] = x[n] * y[n - n_1 - n_2] \tag{3.3-15}$$

$$\nabla s[n] = \nabla x[n] * y[n] = x[n] * \nabla y[n] \tag{3.3-16}$$

$$s[n] = \nabla x[n] * \left[\sum_{i=-\infty}^{n} y[i]\right] \tag{3.3-17}$$

$$x[n]*\delta[n]=x[n] \quad (3.3\text{-}18)$$

$$x[n]*\delta[n-n_0]=x[n-n_0] \quad (3.3\text{-}19)$$

$$x[n]*u[n]=\sum_{m=-\infty}^{n}x[m] \quad (3.3\text{-}20)$$

以上性质，请读者自行证明，此处从略。需要说明的是，与卷积积分在 LTI 连续系统中的分析相似，卷积和的结合律式(3.3-13)和分配律式(3.3-14)可以用于级联和并联系统的分析。

例 3.3-5 计算下面序列的卷积和 $s[n]=x[n]*h[n]$。

（1）$x[n]=h[n]=u[n]$；　　　（2）$x[n]=h[n]=u[n+N]-u[n-N-1]$

解：（1）$s[n]=x[n]*h[n]=\sum_{m=-\infty}^{\infty}x[m]h[n-m]=\sum_{m=-\infty}^{\infty}u[m]u[n-m]$

$$=\sum_{m=0}^{n}1\times u[n-m]=(n+1)u[n]$$

（2）$s[n]=x[n]*h[n]=\sum_{m=-\infty}^{\infty}x[m]h[n-m]=\sum_{m=-\infty}^{\infty}\{u[m+N]-u[m-N-1]\}h[n-m]$

$$=\sum_{m=-N}^{N}1\times\{u[n-m+N]-u[n-m-N-1]\}=\begin{cases}2N+1-|n|, & |n|\leqslant 2N\\ 0, & \text{其他}\end{cases}$$

题（2）中卷积和的计算过程图形表示如图 3.3-1 所示。

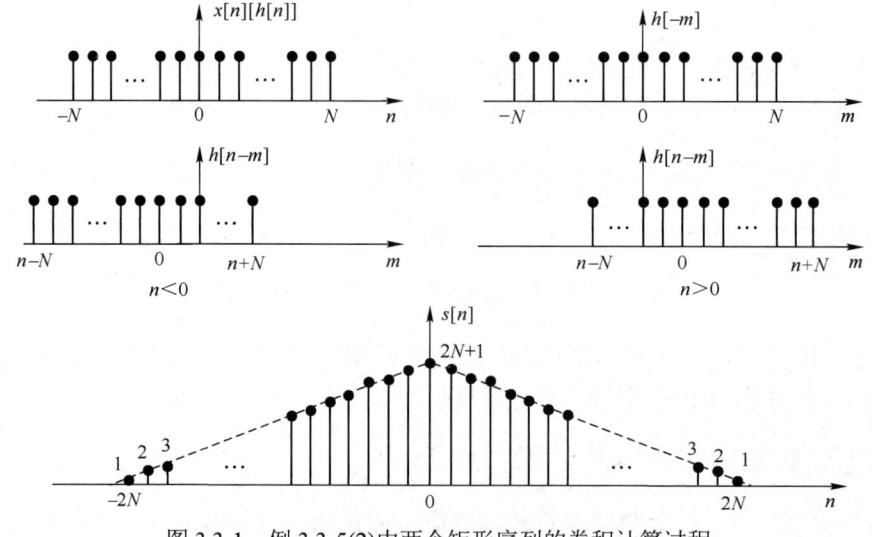

图 3.3-1　例 3.3-5(2)中两个矩形序列的卷积计算过程

3.3.4 LTI 离散时间系统的因果性和稳定性

LTI 离散时间系统的单位样值响应 $h[n]$ 具有十分重要的作用：（1）如式（3.3-11）所示，利用 $h[n]$ 与输入信号 $x[n]$ 的卷积和可以计算 LTI 系统的零状态响应；（2）可以直接利用 $h[n]$ 的特点判断 LTI 离散系统的因果性和稳定性，以及离散系统的实现方式等。

因果离散系统： 是指系统在任一时刻的输出 $y[n]$ 仅取决于此时刻及此时刻以前的输入 $x[n]$，$x[n-1]$, $x[n-2]$,…。容易得到 LTI 离散时间系统是因果系统的充分必要条件为

$$h[n]=h[n]u[n] \quad (3.3\text{-}21)$$

也就是

$$h[n]=0 \quad n<0 \quad (3.3\text{-}22)$$

稳定离散系统： 是指 BIBO（有界输入有界输出）意义上的系统特点，从而得到 LTI 离散时间系统稳定的充分必要条件是系统的单位样值响应绝对可和。即

$$\sum_{n=-\infty}^{\infty}|h[n]|<\infty \tag{3.3-23}$$

上述条件的证明请扫描二维码。

3-F

例 3.3-6 因果 LTI 离散系统的激励信号 $x[n]$ 如图 3.3-2 所示,其零状态响应为 $y_{zs}[n]=2^n u[n]$,求系统的单位样值响应 $h[n]$,并判断系统是否稳定。

解:根据 LTI 离散系统:

$$y_{zs}[n]=x[n]*h[n]=\sum_{m=-\infty}^{\infty}x[m]h[n-m]=\sum_{m=0}^{2}x[m]h[n-m]$$
$$=x[0]h[n]+x[1]h[n-1]+x[2]h[n-2]$$
$$=h[n]+2h[n-1]+h[n-2]$$

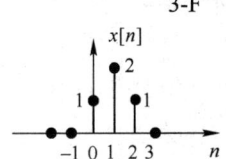

图 3.3-2 例 3.3-6 的 $x[n]$

故有差分方程 $h[n]+2h[n-1]+h[n-2]=2^n u[n]$

差分方程的齐次解为 $h_h[n]=(C_1 n+C_2)(-1)^n$

特解为 $h_p[n]=D(2)^n$

代入差分方程,得到 $D=4/9$。

所以完全解为 $h[n]=h_h[n]+h_p[n]=(C_1 n+C_2)(-1)^n+\dfrac{4}{9}\times 2^n, \quad n\geqslant 0$

而对于因果系统的单位样值响应 $h[n]$ 而言,$h[-1]=0$,$h[-2]=0$,故根据差分方程得到

$$h[0]=1=C_2+(4/9)$$
$$h[1]=0=(C_1+C_2)(-1)+(4/9)\times 2$$

解得 $C_1=1/3$,$C_2=5/9$,故得系统的单位样值响应为

$$h[n]=\frac{1}{9}[(3n+5)(-1)^n+4\times 2^n]u[n]$$

明显地,序列 $h[n]$ 不是绝对可和序列,故该系统不稳定。

练习题

3.3-1 差分方程和起始条件如下,求其零输入响应和零状态响应,以及自由响应和强迫响应。
$$y[n]+2y[n-1]+y[n-2]=3^n u[n], \quad y[0]=y[-1]=0$$

3.3-2 求差分方程所表示的 LTI 系统的零输入响应和零状态响应。已知条件如下:
$$y[n]-y[n-1]-2y[n-2]=x[n]+2x[n-2]; \quad y[-1]=2,\ y[-2]=-1/2;\ x[n]=u[n]。$$

3.3-3 已知一阶因果离散系统的差分方程为:$y[n]+3y[n-1]=x[n]$,试求:
(1) 系统的单位样值响应 $h[n]$;
(2) 若 $x[n]=(n+n^2)u[n]$,求零状态响应 $y[n]$。

3.3-4 写出图题 3.3-4 所示因果离散系统的差分方程,并求其单位样值响应 $h[n]$。

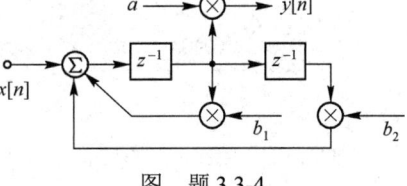

图 题 3.3-4

3.3-5 以下各序列是 LTI 离散系统的单位样值响应 $h[n]$,试分别讨论各系统的因果性与稳定性。
(1) $\delta[n-4]$ (2) $\delta[n+5]$ (3) $u[4-n]$ (4) $2^n u[n+5]$ (5) $3^n u[-n]$
(6) $2^n R_5[n]$ (7) $(1/2)^n u[-n]$ (8) $\dfrac{1}{n}u[n]$ (9) $\dfrac{1}{n!}u[n]$

3.3-6 求下列差分方程所示系统的单位样值响应 $h[n]$。
(1) $3y[n]-6y[n-1]=x[n]$ (2) $y[n]=x[n]-5x[n-1]+8x[n-2]$
(3) $y[n]-3y[n-1]+3y[n-2]-y[n-3]=x[n]$ (4) $y[n]-5y[n-1]+6y[n-2]=x[n]-3x[n-2]$

3.3-7 图题 3.3-7 所示的系统包括两个级联的线性时不变系统,它们的单位样值响应分别为 $h_1[n]$ 和 $h_2[n]$,已知 $h_1[n]=\delta[n]-\delta[n-3]$,$h_2[n]=(0.6)^n u[n]$,令 $x[n]=u[n]$。

（1）按下式求 $y[n]$：$y[n]=\{x[n]*h_1[n]\}*h_2[n]$
（2）按下式求 $y[n]$：$y[n]=x[n]*\{h_1[n]*h_2[n]\}$
注：以上两种方法的结果应该相同（卷积结合律）。

3.3-8 已知线性时不变系统的结构如图题 3.3-8 所示，其中
$h_1[n]=(0.6)^n u[n]$，$h_2[n]=(0.9)^n u[n]$，
当输入序列为 $x[n]=u[n]-u[n-8]$ 时，求系统的零状态响应 $y[n]$。

3.3-9 已知离散时间系统的激励序列和单位样值响应序列分别为
$x[n]=(0.9)^n(u[n]-u[n-9])$ $h[n]=(n+2)(u[n]-u[n-12])$
求系统的零状态响应。

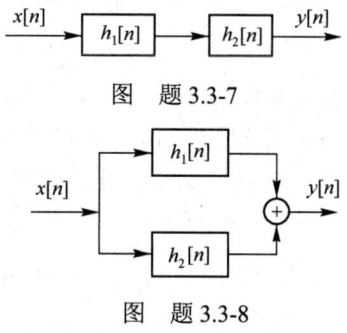

图 题 3.3-7

图 题 3.3-8

3.4 用 MATLAB 分析离散时间信号和系统

离散信号的时域表现形式是离散序列，可以用 stem 函数绘制。

例 3.4-1 绘制指数序列 $x[n]=a^n u[n]$ 时域波形，其中 a 分别为 0.6，–0.6，1.2，–1.2，观察分析不同的 a 对时域序列的影响。

解：用 MATLAB 绘制序列波形的程序清单 mat301.m 如下，波形如图 3.4-1 所示。由时域波形可以发现，当 $|a|<1$ 时，序列收敛；当 $|a|>1$ 时，序列发散。当 $a>0$ 时，序列单调变化；当 $a<0$ 时，序列正负交替变化。

```
n = 0:15;x1 = 0.6.^n;x2 = (–0.6).^n;x3 = 1.2.^n;x4 = (–1.2).^n;
subplot(141);stem(n,x1,'filled');xlabel('a = 0.6');
subplot(142);stem(n,x2,'filled');xlabel('a = –0.6');
subplot(143);stem(n,x3,'filled');xlabel('a = 1.2');
subplot(144);stem(n,x4,'filled');xlabel('a = –1.2');
```

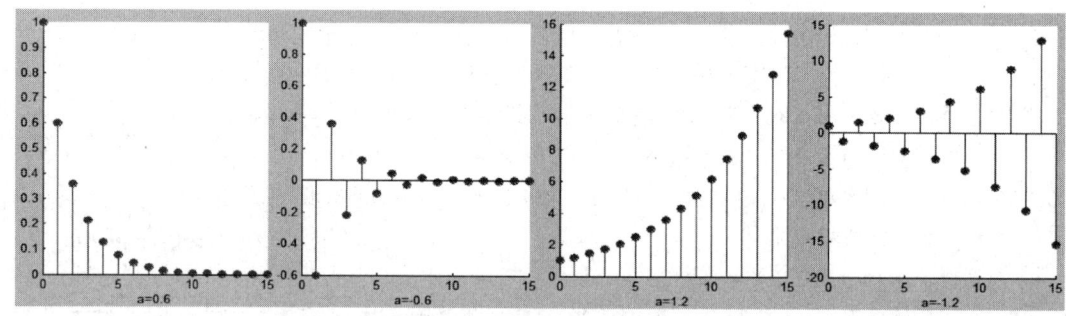

图 3.4-1 指数序列的时域波形

例 3.4-2 绘制矩形序列 $x_1[n]=u[n+2]-u[n-4]$，$x_2[n]=u[n]-u[n-5]$ 和正弦序列 $x_3[n]=\sin\dfrac{n\pi}{5}\cdot u[n]$，$x_4[n]=\sin 5n\cdot u[n]$ 的时域波形。

解：将第 1 章介绍的单位阶跃信号的函数 Heaviside 加以修改，即可以变成单位阶跃序列的函数 jyxl，如下所示：

```
function x = jyxl (n)
x = (n>= 0);
```

用 MATLAB 绘制序列波形的程序清单 mat302.m 如下，波形如图 3.4-2 所示。由 $x_3[n]$ 和 $x_4[n]$ 的时域波形可见，$x_3[n]$ 的序列具有周期性，$x_4[n]$ 的序列没有周期性。因为用 2π 除以

$x_3[n]$ 的角频率是 10，即周期为 10。

```
n = –4:8; x1 = jyxl (n+2)– jyxl (n–4);x2 = jyxl (n)– jyxl (n–5);
n1 = 0:20; x3 = sin(n1*pi/5); x4 = sin(5*n1);
subplot(141); stem(n,x1,'filled'); xlabel('x1[n]');
subplot(142); stem(n,x2,'filled'); xlabel('x2[n]');
subplot(143); stem(n1,x3,'filled'); xlabel('x3[n]');
subplot(144); stem(n1,x4,'filled'); xlabel('x4[n]');
```

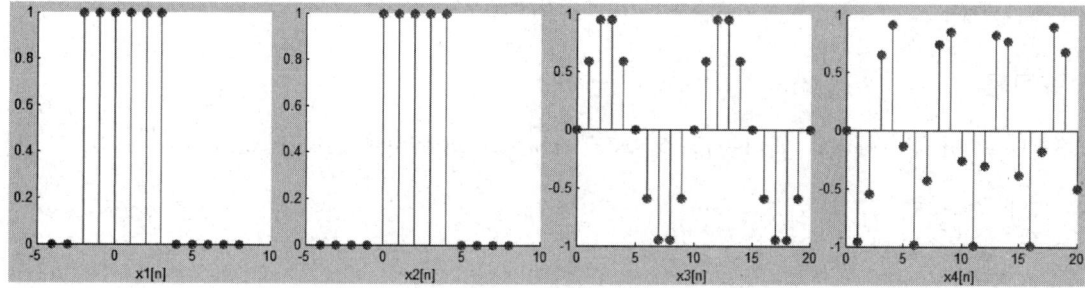

图 3.4-2　矩形序列和正弦序列的时域波形

例 3.4-3　求系统的响应，已知 LTI 离散时间系统的激励序列和单位样值响应分别为：
$$x[n] = n(u[n] - u[n-16])，\quad h[n] = 0.8^n(u[n] - u[n-12])$$

解：用 MATLAB 绘制序列波形的程序清单 mat303.m 如下，波形如图 3.4-3 所示。

```
n1=0:15;x=n1;n2=0:11;h=(0.8).^n2;
y=conv(x,h);n=length(y);n3=0:n–1;
subplot(141);stem(n1,x,'filled');xlabel('x[n]');
subplot(142);stem(n2,h,'filled');xlabel('h[n]');
subplot(143);stem(n3,y,'filled');xlabel('y[n]');
p=get(gca,'position');p(3)=2.4*p(3);set(gca,'position',p);
```

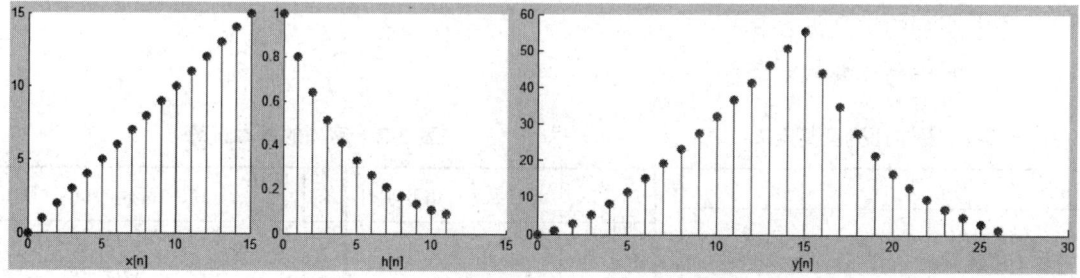

图 3.4-3　离散系统激励、单位样值响应序列

例 3.4-4　已知离散时间系统的差分方程为：$2y[n] - 3y[n-1] + 2y[n-2] = x[n] + x[n-1]$，且系统的激励序列 $x[n] = 4\sin\dfrac{n\pi}{5} \cdot u[n]$。试用 MATLAB 绘制激励序列和响应序列在 0～50 样点时间范围的时域波形。

解：用 MATLAB 绘制序列波形的程序清单 mat304.m 如下，波形如图 3.4-4 所示。

```
a=[2 –3 2];b=[1 1];n=0:50;x=4*sin(n*pi/5);
y=filter(b,a,x);subplot(211);stem(n,x,'filled');
title('激励序列 x[n]');
subplot(212);stem(n,y,'filled');title('响应序列 y[n]');
```

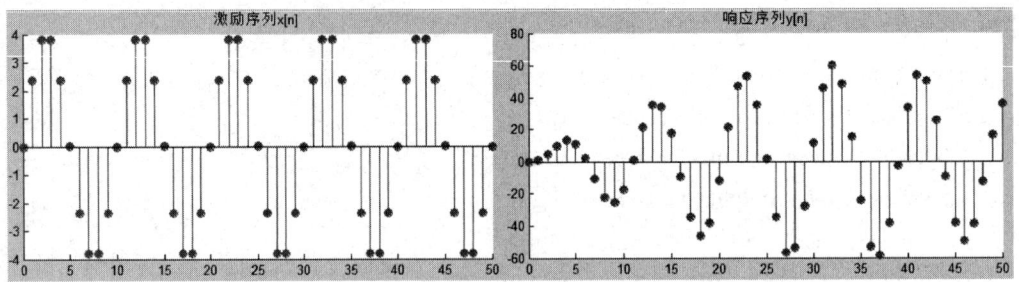

图 3.4-4　离散系统激励与响应序列

练习题

3.4-1　绘制矩形序列 $x_1[n]=u[n]-u[n-5]$，$x_2[n]=u[n-2]-u[n-6]$ 和正弦序列 $x_3[n]=\sin\dfrac{n\pi}{3}\cdot u[n]$，$x_4[n]=\sin 3n\cdot u[n]$ 的时域波形。

3.4-2　设 $h[n]$ 分别为

（1）$h_1[n]=\cos\dfrac{\pi}{5}n\{u[n]-u[n-20]\}$

（2）$h_2[n]=(0.8)^n\cdot\cos\dfrac{\pi}{4}nu[n]$

（3）$h_3[n]=(0.7)^n\cos\left(\pi n+\dfrac{\pi}{3}\right)u[n]$

绘制系统的单位样值响应 $h[n]$。

3.4-3　已知离散时间系统的激励序列和单位样值响应序列分别为

$$x[n]=(0.9)^n(u[n]-u[n-9])\qquad h[n]=(n+2)(u[n]-u[n-12])$$

求系统的响应。

关键知识点概要

1. 基本序列的定义见表 3-1。
2. 序列的基本运算见表 3-2。

表 3-1　基本序列及其定义

序号	名称	定义
1	单位样值序列	$\delta[n]=\begin{cases}1,& n=0\\0,& 其他\end{cases}$
2	单位阶跃序列	$u[n]=\begin{cases}1,& n\geqslant 0\\0,& n<0\end{cases}$
3	矩形序列	$R_N[n]=\begin{cases}1,& 0\leqslant n\leqslant N-1\\0,& 其他\end{cases}$
4	指数序列	$x[n]=A\alpha^n$
5	正弦序列	$x[n]=A\sin(\omega_0 n+\phi)$
6	单位斜变序列	$x[n]=\begin{cases}n,& n\geqslant 0\\0,& 其他\end{cases}$
7	复指数序列	$x[n]=Ar^n e^{j(\omega_0 n+\phi)}$

表 3-2　序列的基本运算

序号	运算种类	数学表示：$x[n]$，$y[n]$	序号	运算种类	数学表示：$x[n]$，$y[n]$
1	加	$x[n]+y[n]$	7	差分	前向：$\Delta x[n]=x[n+1]-x[n]$ 后向：$\nabla x[n]=x[n]-x[n-1]$
2	减	$x[n]-y[n]$	8	累加	$s[n]=\sum\limits_{m=-\infty}^{n}x[m]$
3	乘积	$x[n]\cdot y[n]$	9	卷积和	$s[n]=\sum\limits_{m=-\infty}^{\infty}x[m]y[n-m]$
4	数乘	$ax[n]$	10	能量	$E=\sum\limits_{n=-\infty}^{\infty}|x[n]|^2$
5	移位	$x[n-m]$	11	奇偶分解	奇分量：$x_o[n]=(x[n]-x[-n])/2$ 偶分量：$x_e[n]=(x[n]+x[-n])/2$
6	反褶	$x[-n]$	12	常用分解	$x[n]=\sum\limits_{m=-\infty}^{\infty}x[m]\delta[n-m]$

3. 线性系统的数学描述：$T[a_1x_1[n]+a_2x_2[n]]=a_1y_1[n]+a_2y_2[n]$。

4. 时不变系统的数学描述：$T[x[n-m]]=y[n-m]$。

5. 因果系统的数学描述：若$n\leqslant n_0$时，$x_1[n]=x_2[n]$，则$y_1[n]=y_2[n]$，$n\leqslant n_0$。

6. 稳定系统的数学描述：若对$\forall n$，$|x[n]|\leqslant B_x<\infty$，则$|y[n]|\leqslant B_y<\infty$，$\forall n$。

7. 线性常系数差分方程的求解：$\sum_{k=0}^{N}a_k y[n-k]=\sum_{r=0}^{M}b_r x[n-r]$。

（1）齐次解与特征根的联系见表3-3。

表3-3　齐次解与特征根的联系

序号	特征根特点	定义
1	互异实根 $(\alpha_1,\alpha_2,\cdots,\alpha_N)$	$y_h[n]=\sum_{i=1}^{N}C_i\alpha_i^n$
2	有重根 $(\alpha_1$（共K个）$,\alpha_2,\cdots,\alpha_{N-K+1})$	$y_h[n]=(D_1n^{K-1}+D_2n^{K-2}+\cdots+D_{K-1}n+D_K)\alpha_1^n+\sum_{i=2}^{N-K+1}C_i\alpha_i^n$
3	有共轭复根，如$\alpha_1=\alpha_2^*=re^{j\theta}$，余互异实根	$y_h[n]=r^n[A\cos(\theta n)+B\sin(\theta n)]+\sum_{i=3}^{N}C_i\alpha_i^n$

（2）特解与自由项的联系见表3-4。

表3-4　特解与自由项的联系

自由项	特解形式	自由项	特解形式
C（常数）	B（常数）	$e^{j\omega n}$	$Ae^{j\omega n}$（A为复数）
n	C_0+C_1n	$\sin\omega n$（或$\cos\omega n$）	$C_1\sin\omega n+C_2\cos\omega n$
n^k	$C_0+C_1n+C_2n^2+\cdots+C_{k-1}n^{k-1}+C_kn^k$	α^n	$C\alpha^n$（α不是方程的特征根）
α^n（α为实数）	$C\alpha^n$	α^n	$Cn^r\alpha^n$（α是方程的r重特征根）

8. 常用序列的卷积和见表3-5。

表3-5　常用序列的卷积和

序号	$x_1[n]$	$x_2[n]$	$s[n]=x_1[n]*x_2[n]=x_2[n]*x_1[n]$
1	$\delta[n]$	$x[n]$	$x[n]$
2	$u[n]$	$x[n]$	$\sum_{m=-\infty}^{n}x[m]=\sum_{m=0}^{\infty}x[n-m]$
3	$u[n]$	$u[n]$	$(n+1)u[n]$
4	$\alpha^n u[n]$	$\beta^n u[n],\beta\neq\alpha$	$\frac{\alpha^{n+1}-\beta^{n+1}}{\alpha-\beta}u[n]$，若$\beta=1$，则$\frac{1-\alpha^{n+1}}{1-\alpha}u[n]$
5	$\alpha^n u[n]$	$\alpha^n u[n]$	$(n+1)\alpha^n u[n]=(n+1)\alpha^n u[n+1]$
6	$\alpha^n u[n]$	$nu[n]$	$\left(\frac{n}{1-\alpha}+\frac{\alpha(\alpha^n-1)}{(1-\alpha)^2}\right)u[n]$
7	$u[n]-u[n-N]$	$u[n]-u[n-N]$	$\begin{cases}n+1, & 0\leqslant n\leqslant N-1\\ 2N-1-n, & N\leqslant n\leqslant 2N-2\\ 0, & 其他\end{cases}$
8	$u[n]-u[n-N]$	$\alpha^n u[n]$	$\alpha^n\cdot\frac{1-\alpha^{-(n+1)}}{1-\alpha^{-1}}\{u[n]-u[n-N]\}+\alpha^n\cdot\frac{1-\alpha^{-N}}{1-\alpha^{-1}}u[n-N]$

9. 单位样值响应$h[n]$在LTI离散时间系统分析中的应用。

（1）求解系统的零状态响应，设输入序列$x[n]$，则$y_{zs}[n]=h[n]*x[n]$；

(2) 稳定系统的描述：$S = \sum_{n=-\infty}^{\infty} |h[n]| < \infty$；

(3) 因果系统的数学描述：$h[n] = h[n]u[n]$，即 $h[n] = 0$，$n < 0$。

综合习题

3-1 对于由差分方程 $y[n] + y[n-1] = x[n]$ 所表示的因果 LTI 离散系统：

(1) 求单位样值响应 $h[n]$，并说明系统的稳定性；

(2) 若系统起始状态为零，而且输入 $x[n] = 10\,u[n]$，求系统的响应 $y[n]$。

3-2 设
$$x[n] = x[n]\{u[n - N_0] - u[n - (N_1+1)]\}, \quad N_0 < N_1$$
$$h[n] = h[n]\{u[n - N_2] - u[n - (N_3+1)]\}, \quad N_2 < N_3$$
$$s[n] = x[n] * h[n] = s[n]\{u[n - N_4] - u[n - (N_5+1)]\}, \quad N_4 < N_5$$

试用 N_0, N_1, N_2, N_3 来表示 N_4, N_5。

3-3 假设 $y[n] = x[n] * h[n]$，且已知 $x[n]$，$y[n]$ 分别如下，求 $h[n]$。

(1) $x[n] = \{1,2,3\}$，$0 \leq n \leq 2$；$y[n] = \{2,3,4,5,10,20,-2,24\}$，$0 \leq n \leq 7$。

(2) $x[n] = \left(\frac{1}{2}\right)^n u[n]$，$y[n] = \left(\frac{1}{2}\right)^n u[n] - 3^n u[-n-1]$。

3-4 对于图题 3-4 的电阻梯形网络，其各支路电阻都为 R，每个节点对地的电压为 $v[n]$，$n = 0, 1, 2, \cdots, N$。已知两边界节点电压为 $v[0]=E$，$v[N]=0$。试写出求第 n 个节点电压 $v[n]$ 的差分方程式，并求解 $v[n]$ 的表达式（注意，答案中有系数 N）。如果 $N \to \infty$（无限节梯形网络），试写出 $v[n]$ 的近似式。

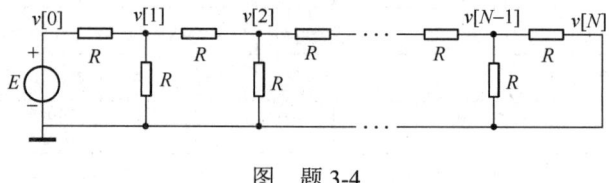

图　题 3-4

3-5 某 LTI 因果离散系统的输入与输出之间的关系可用二阶常系数线性差分方程描述，如果已知当输入 $x[n]= u[n]$ 时的零状态响应为 $y[n] = (2^n + 3 \times 5^n + 10)u[n]$。

(1) 确定该系统的二阶差分方程；(2) 若激励 $x[n] = 2\{u[n] - u[n-10]\}$，求零状态响应。

3-6 已知 LTI 离散时间系统，当激励 $x[n] = u[n] - u[n-5]$ 时，零状态响应为
$$y[n] = (2 - 2^{-n})\,u[n] - [2 - 2^{-(n-5)}]\,u[n-5]$$

现要设计另一离散系统，其结构如图题 3-6 所示，使其与上述系统等效，试确定该系统中的系数 a。

3-7 已知某离散因果时间系统如图题 3-7 所示。

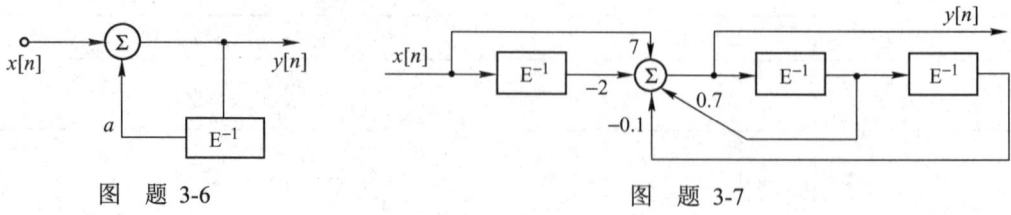

图　题 3-6　　　　　　　　图　题 3-7

(1) 求系统的差分方程；

(2) 若激励 $x[n]= u[n]$，全响应的初始值为 $y[0]=9$，$y[1]=13.9$，求系统的零输入响应 $y_{zi}[n]$，零状态响应 $y_{zs}[n]$ 和全响应 $y[n]$。

3-8 一起始状态不为零的 LTI 离散时间系统，当激励为 $x[n]$ 时全响应为 $y_1[n] =[(0.5)^n +1] u[n]$；而当激励为 $-x[n]$ 时全响应为 $y_2[n] =[(-0.5)^n -1] u[n]$。求当起始状态增加一倍且激励为 $4x[n]$ 时的全响应 $y[n]$。

3-9 图题 3-9(a)，(b)，(c)所示三个系统，已知各系统的单位样值响应分别为 $h_1[n]= u[n]$，$h_2[n]= \delta[n-3]$，$h_3[n] = (0.8)^n u[n]$。试证明三个系统是等效的。

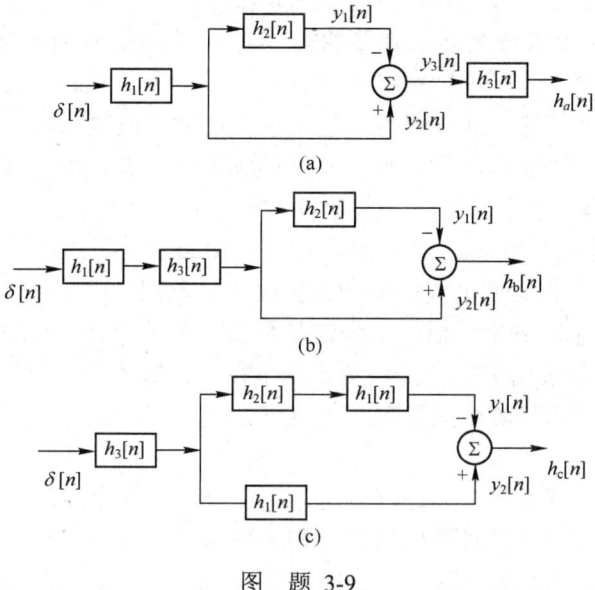

图 题 3-9

第4章 连续时间信号的频域分析

在第 1 章中，我们讨论了连续时间信号的时域分析。在那里以冲激函数为基本信号，任意信号可分解为一系列冲激函数之和。本章将介绍连续时间信号的频域分析，即傅里叶变换（Fourier transform）分析。傅里叶变换分析也称为频谱（frequency spectrum）分析或频域（frequency domain）分析，它以正弦函数（包括余弦函数）或复指数函数 $e^{j\Omega t}$ 为基本信号，任意信号可分解为一系列不同频率的正弦函数或复指数函数之和（对于周期信号）或积分（对于非周期信号），分解后的变量是频率 f（或角频率 Ω）。

1822 年法国数学家傅里叶（J. Fourier，1768—1830）在研究热传导理论时发表了《热的解析理论》著作，提出了将周期函数展开为正弦级数的原理，奠定了傅里叶级数的理论基础。当今，傅里叶分析法已经成为信号分析与系统设计不可缺少的重要工具。傅里叶分析法不仅应用于电子工程及无线电技术领域之中，而且在力学、光学、量子物理等工程技术领域中也得到广泛应用。（法国数学家傅里叶简介见二维码）

本章从傅里叶级数的正交展开问题开始讨论，引出傅里叶变换，建立信号频谱的概念。通过典型信号频谱以及傅里叶变换性质的研究，初步掌握傅里叶分析方法的应用。利用傅里叶分析方法研究线性时不变系统，对连续系统进行频域分析的方法将在第 5 章进行讨论。

4.1 周期信号的频谱分析——傅里叶级数

任何周期函数在满足狄里赫利条件下，均可以展开成用正交函数线性组合表示的无穷级数。如果正交函数集是三角函数集 $\{\cos n\Omega_1 t, \sin n\Omega_1 t\}$ 或复指数函数集 $\{e^{jn\Omega_1 t}\}$，则周期函数所展开的级数称为傅里叶级数（Fourier series）（简称傅氏级数）。前者称为三角形式的傅里叶级数（trigonometric Fourier series），后者称为指数形式的傅里叶级数（exponential Fourier series），它们是傅里叶级数两种不同的表示形式。下面将利用这一数学工具研究周期信号的频域特性，建立"信号频谱"的概念。（用完备正交函数集表示信号见二维码）

4.1.1 傅里叶级数的三角形式

若周期信号 $\tilde{f}(t)$（周期为 T_1，角频率 $\Omega_1 = 2\pi f_1 = 2\pi/T_1$）满足狄里赫利条件，则它可以展开成三角形式的傅里叶级数，即

$$\begin{aligned}\tilde{f}(t) &= a_0 + a_1 \cos\Omega_1 t + a_2 \cos 2\Omega_1 t + \cdots + a_n \cos n\Omega_1 t + \cdots + \\ &\quad b_1 \sin\Omega_1 t + b_2 \sin 2\Omega_1 t + \cdots + b_n \sin n\Omega_1 t + \cdots \\ &= a_0 + \sum_{n=1}^{\infty}\left(a_n \cos n\Omega_1 t + b_n \sin n\Omega_1 t\right)\end{aligned} \quad (4.1\text{-}1)$$

式中，n 为正整数；系数 a_n 和 b_n 称为傅里叶级数的系数，简称为傅里叶系数（Fourier coefficient），有

$$\begin{cases} a_0 = \dfrac{1}{T_1}\int_{t_0}^{t_0+T_1} \tilde{f}(t)\mathrm{d}t \\ a_n = \dfrac{2}{T_1}\int_{t_0}^{t_0+T_1} \tilde{f}(t)\cos n\Omega_1 t\,\mathrm{d}t \\ b_n = \dfrac{2}{T_1}\int_{t_0}^{t_0+T_1} \tilde{f}(t)\sin n\Omega_1 t\,\mathrm{d}t \end{cases} \qquad (4.1\text{-}2)$$

其中 $n = 1, 2, 3, \cdots$。为方便起见，通常积分区间 $(t_0, t_0 + T_1)$ 取为 $(0, T_1)$ 或 $(-T_1/2, T_1/2)$。

式(4.1-1)中的 a_0 实际上就是函数 $\tilde{f}(t)$ 的平均值，也即直流分量（direct component）。当 $n = 1$ 时，$a_1\cos\Omega_1 t$ 和 $b_1\sin\Omega_1 t$ 合成一个角频率[①]为 $\Omega_1 = 2\pi/T_1$ 的正弦分量，称为基波分量（fundamental component），Ω_1 称为基波频率。当 n 大于 1 时，$a_n\cos n\Omega_1 t$ 和 $b_n\sin n\Omega_1 t$ 合成一个角频率为 $n\Omega_1$ 的正弦分量，称为 n 次谐波分量（nth harmonic component），$n\Omega_1$ 称为 n 次谐波频率。

将式(4.1-1)中同频率的正弦项与余弦项加以合并，得到另一种三角形式的傅里叶级数

$$\tilde{f}(t) = c_0 + \sum_{n=1}^{\infty} c_n \cos\left(n\Omega_1 t + \varphi_n\right) \qquad (4.1\text{-}3)$$

比较式(4.1-1)和式(4.1-3)，可得傅里叶系数之间的关系

$$\begin{cases} c_0 = a_0 \\ c_n^2 = a_n^2 + b_n^2 \\ \varphi_n = \arctan\left(-\dfrac{b_n}{a_n}\right) \end{cases} \qquad (4.1\text{-}4)$$

式中，$n = 1, 2, 3, \cdots$。由式(4.1-1)或式(4.1-3)可以清楚地看出，任何周期信号只要满足狄里赫利条件，就可以分解成直流分量及一系列谐波分量之和。而式(4.1-2)及式(4.1-4)则为直流分量和各次谐波分量的振幅和相位。

4.1.2 傅里叶级数的复指数形式

若周期信号 $\tilde{f}(t)$（周期为 T_1，角频率 $\Omega_1 = 2\pi f_1 = 2\pi/T_1$）满足狄里赫利条件，则它也可以展开成指数形式的傅里叶级数，即

$$\begin{aligned}\tilde{f}(t) &= F_0 + F_1 \mathrm{e}^{\mathrm{j}\Omega_1 t} + F_2 \mathrm{e}^{\mathrm{j}2\Omega_1 t} + \cdots + F_n \mathrm{e}^{\mathrm{j}n\Omega_1 t} + \cdots + F_{-1}\mathrm{e}^{-\mathrm{j}\Omega_1 t} + F_{-2}\mathrm{e}^{-\mathrm{j}2\Omega_1 t} + \cdots + F_{-n}\mathrm{e}^{-\mathrm{j}n\Omega_1 t} + \cdots \\ &= \sum_{n=-\infty}^{\infty} F_n \mathrm{e}^{\mathrm{j}n\Omega_1 t}\end{aligned} \qquad (4.1\text{-}5)$$

式中，傅里叶系数为

$$F_n = \dfrac{1}{T_1}\int_{t_0}^{t_0+T_1} \tilde{f}(t) \mathrm{e}^{-\mathrm{j}n\Omega_1 t}\mathrm{d}t \qquad (4.1\text{-}6)$$

同样，积分区间 $(t_0, t_0 + T_1)$ 可取 $(0, T_1)$ 或 $(-T_1/2, T_1/2)$。由式(4.1-6)可看出，F_n 是 $n\Omega_1$ 的函数。一般情况下，F_n 是复数，称为复振幅（complex amplitude），它可以由模和相位两个参数来表示，即 $F_n = |F_n|\mathrm{e}^{\mathrm{j}\varphi_n}$。

[①] 频率为周期之倒数，即 $f = 1/T$，角频率为频率的 2π 倍，即 $\Omega = 2\pi f$。在进行理论分析时，往往用角频率 Ω 比较方便。为简单起见，常省去"角"字，而简称为频率。

实际上，三角形式的傅里叶级数与指数形式的傅里叶级数并不是相互独立的，其中一种级数可由另一种级数直接导出。

根据欧拉公式 $e^{-jn\Omega_1 t} = \cos n\Omega_1 t - j\sin n\Omega_1 t$，将此式代入式(4.1-6)，可得两种形式的傅里叶级数系数之间的关系为

$$\begin{cases} F_0 = a_0 = c_0 \\ F_n = |F_n|e^{j\varphi_n} = \frac{1}{2}(a_n - jb_n) \\ |F_n| = \frac{1}{2}c_n = \frac{1}{2}\sqrt{a_n^2 + b_n^2} \\ \varphi_n = \arctan\left(-\frac{b_n}{a_n}\right) \end{cases} \tag{4.1-7}$$

由上述讨论可知，同一个信号，既可以展开成三角形式的傅里叶级数，又可展开成指数形式的傅里叶级数。二者形式虽不同，实质则完全是一致的。指数形式傅里叶级数中有负频率项，这只是数学运算的结果，并不表示真正存在以负频率进行振荡的分量，负频率项与相应的正频率项合起来才代表一个振荡分量。由式(4.1-7)还可看出，$|F_n|$ 是 $n\Omega_1$ 的偶函数，而 φ_n 为 $n\Omega_1$ 的奇函数。（两种傅里叶级数形式之间的联系见二维码）

4.1.3 周期信号的频谱及其特点

由上述讨论可知，满足狄里赫利条件的周期信号可以展开成傅里叶级数来表示，可以为式(4.1-1)和式(4.1-3)的三角形式的级数，或为式(4.1-5)的指数形式的级数。这样的数学表达式，虽然详尽而确切地表示了信号分解的结果，但往往不够直观，不能一目了然。为了能既方便又明白地表示一个信号中含有哪些频率分量，各分量所占的比重怎样，可直观地画出信号的频谱图 [spectrum plot（diagram）]。

对于式(4.1-3)所示的三角形式的傅里叶级数，c_n 表示 n 次谐波的幅度，而 φ_n 则表示 n 次谐波的相位。如果以频率为横轴，以幅度或相位为纵轴，绘出 c_n 及 φ_n 等的变化关系，便可直观地看出各频率分量的相对大小和相位情况。这样的图就称为由三角形式傅氏级数表示的信号的幅度频谱（amplitude spectrum，简称幅度谱）和相位频谱（phase spectrum，简称相位谱）。例如，在将要讨论的例 4.1-1 中，画出了周期矩形脉冲信号的幅度谱与相位谱，如图 4.1-2 所示。其中每条竖线代表一个频率分量的幅度或相位，称为谱线。连接各谱线顶点的曲线（图中虚线）称为频谱包络（envelop），它反映各频率分量的幅度与相位变化的轮廓。

同理，对于式(4.1-5)所示的指数形式的傅里叶级数，也可以画出指数形式傅氏级数所对应的信号频谱。因为 F_n 一般是复函数，根据 $F_n = |F_n|e^{j\varphi_n}$，可以画出以 Ω 为频率横轴的幅度谱 $|F_n|$ 与相位谱 φ_n。例 4.1-1 中信号的指数形式频谱如图 4.1-3 所示。

例 4.1-1 求图 4.1-1 所示周期矩形脉冲信号的三角形式与指数形式的傅里叶级数，并画出各自的频谱图。

解：信号在一个周期 $(0, T_1)$ 内的表达式为

$$\tilde{f}(t) = \begin{cases} E/2 & 0 < t < T_1/2 \\ -E/2 & T_1/2 < t < T_1 \end{cases}$$

利用式(4.1-1)或式(4.1-3)，可将 $\tilde{f}(t)$ 展开成三角形式的傅里叶级数

$$\tilde{f}(t) = a_0 + \sum_{n=1}^{\infty}\left(a_n \cos n\Omega_1 t + b_n \sin n\Omega_1 t\right) \quad \text{或} \quad \tilde{f}(t) = c_0 + \sum_{n=1}^{\infty} c_n \cos(n\Omega_1 t + \varphi_n)$$

式中，$\Omega_1 = 2\pi/T_1$。根据式(4.1-2)求出各系数

$$a_0 = \frac{1}{T_1}\int_0^{T_1}\tilde{f}(t)\mathrm{d}t = 0 \quad \text{（无直流分量）}$$

$$a_n = \frac{2}{T_1}\int_0^{T_1}\tilde{f}(t)\cos n\Omega_1 t \mathrm{d}t = 0 \text{（无余弦分量）}$$

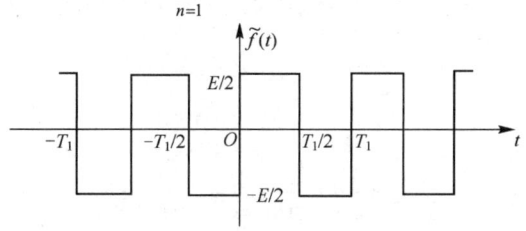

图 4.1-1　周期矩形脉冲信号

$$b_n = \frac{2}{T_1}\int_0^{T_1}\tilde{f}(t)\sin n\Omega_1 t \mathrm{d}t = \frac{2}{T_1}\left[\int_0^{T_1/2}\frac{E}{2}\sin n\Omega_1 t \mathrm{d}t + \int_{T_1/2}^{T_1}\left(-\frac{E}{2}\right)\sin n\Omega_1 t \mathrm{d}t\right] = \begin{cases} \dfrac{2E}{n\pi} & n=1,3,5,\cdots \\ 0 & n=2,4,6,\cdots \end{cases}$$

因此 $\qquad c_n = b_n \qquad \varphi_n = \arctan(-b_n/a_n) = -\pi/2 \qquad n=1,3,5,\cdots$

这样，三角形式的傅里叶级数为

$$\tilde{f}(t) = \frac{2E}{\pi}\sum_{n=1,3,5,\cdots}^{\infty}\frac{1}{n}\sin n\Omega_1 t = \frac{2E}{\pi}\left(\sin\Omega_1 t + \frac{1}{3}\sin 3\Omega_1 t + \frac{1}{5}\sin 5\Omega_1 t + \cdots\right)$$

或

$$\tilde{f}(t) = \frac{2E}{\pi}\sum_{n=1,3,5,\cdots}^{\infty}\frac{1}{n}\cos\left(n\Omega_1 t - \frac{\pi}{2}\right)$$

根据 c_n 及 φ_n 的表达式可画出幅度谱 c_n 及相位谱 φ_n，如图 4.1-2 所示。

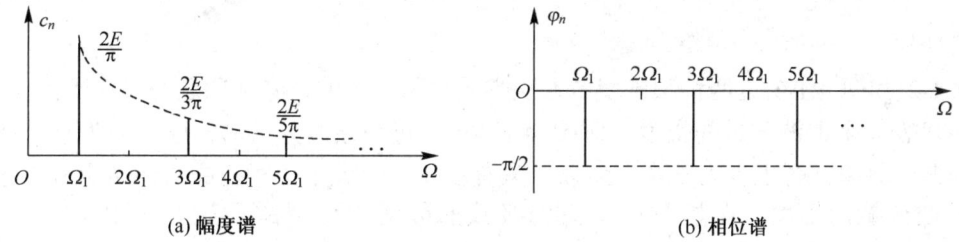

(a) 幅度谱　　　　　　　　　　　　　　　(b) 相位谱

图 4.1-2　周期矩形脉冲信号的单边频谱

根据式(4.1-5)可将 $\tilde{f}(t)$ 展开成指数形式的傅里叶级数

$$\tilde{f}(t) = \sum_{n=-\infty}^{\infty} F_n \mathrm{e}^{\mathrm{j}n\Omega_1 t}$$

其中系数 F_n 可由式(4.1-6)求出，也可由式(4.1-7)求出，即

$$F_n = \frac{1}{2}(a_n - \mathrm{j}b_n) = -\mathrm{j}\frac{b_n}{2} = \begin{cases} -\dfrac{\mathrm{j}E}{n\pi} & n=\pm 1,\pm 3,\pm 5,\cdots \\ 0 & n=\pm 2,\pm 4,\pm 6,\cdots \end{cases}$$

这样，指数形式的傅里叶级数为

$$\tilde{f}(t) = -\frac{\mathrm{j}E}{\pi}\mathrm{e}^{\mathrm{j}\Omega_1 t} - \frac{\mathrm{j}E}{3\pi}\mathrm{e}^{\mathrm{j}3\Omega_1 t} - \cdots + \frac{\mathrm{j}E}{\pi}\mathrm{e}^{-\mathrm{j}\Omega_1 t} + \frac{\mathrm{j}E}{3\pi}\mathrm{e}^{-\mathrm{j}3\Omega_1 t} + \cdots$$

由于 F_n 为复数，因此需求出它的模 $|F_n|$ 与相位 φ_n。

$$|F_n| = \left|\frac{E}{n\pi}\right| \quad n=\pm1,\pm3,\pm5,\cdots; \quad \varphi_n = \begin{cases} -\pi/2 & n=1,3,5,\cdots \\ \pi/2 & n=-1,-3,-5,\cdots \end{cases}$$

根据$|F_n|$及φ_n的表达式,可画出幅度谱$|F_n|$与相位谱φ_n,如图4.1-3所示。

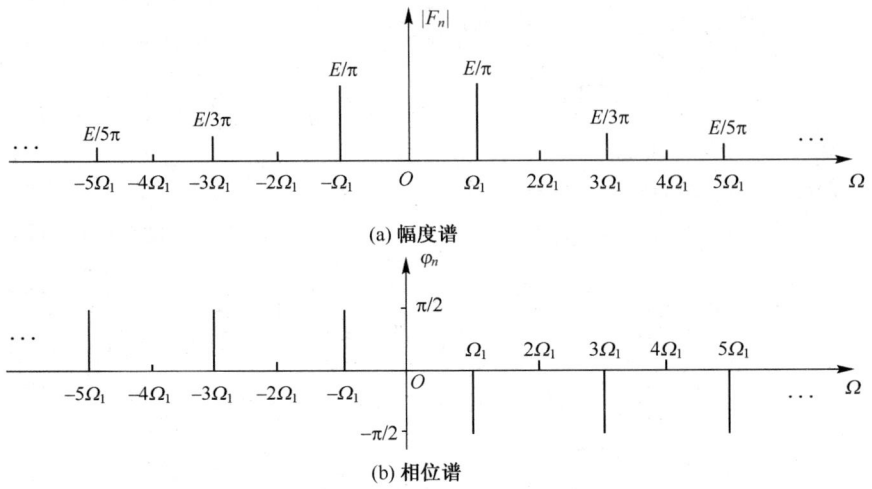

图 4.1-3 周期矩形脉冲信号的双边频谱

比较图 4.1-2 和图 4.1-3 可看出,图 4.1-2 对应于三角形式的傅里叶级数,由于各分量的角频率恒为正值($n>0$),所以图形是单边的,称为单边频谱。图 4.1-3 对应于指数形式的傅里叶级数,由于各分量的角频率有正有负($-\infty<n<\infty$),所以图形为双边的,称为双边频谱。又由于$|F_n|$是$n\Omega_1$的偶函数,φ_n是$n\Omega_1$的奇函数,所以在双边频谱图中,幅度谱呈偶对称,而相位谱呈奇对称。

图 4.1-2 和图 4.1-3 这两种频谱表示方法实质上是一样的,其不同之处仅在于图 4.1-2(a)中每条谱线代表一个谐波分量的幅度,而图 4.1-3(a)中每个谐波分量的幅度一分为二,在正、负相对应的谐波频率位置上各为一半。所以,只有把正、负频率上对应的这两条谱线加起来才代表一个谐波分量的幅度。在指数形式傅氏级数的频谱中出现的负频率是由于将$\sin n\Omega_1 t$、$\cos n\Omega_1 t$ 写成指数形式时,从数学的观点自然分成$\mathrm{e}^{jn\Omega_1 t}$和$\mathrm{e}^{-jn\Omega_1 t}$两项,因而引入了负频率项。因此,负频率的出现完全是数学运算的结果,并没有任何物理意义。在实际中,只有把负频率项与相应的正频率项成对地合并起来,才是实际的谐波分量。

通过例 4.1-1 的分析,可以总结出任何周期信号的频谱都具有如下特点:

① <u>离散性</u>(discrete property)。频谱是离散的而不是连续的,这种频谱称为离散频谱。

② <u>谐波性</u>(harmonic property)。谱线出现在基波频率Ω_1的整数倍上(例4.1-1的谱线出现在基波频率的奇数倍上)。

③ <u>收敛性</u>(convergence property)。幅度谱的谱线幅度随着$n\to\infty$而逐渐衰减为零。

4.1.4 波形的对称性与谐波特性的关系

在将信号$\tilde{f}(t)$展开成傅里叶级数时,如果$\tilde{f}(t)$为实函数,且其波形具有某些对称特性,则在傅里叶级数中某些项等于零,从而使运算比较简单。波形的对称性有两类,一类是整周期对称,如偶函数和奇函数;另一类是半周期对称,如奇谐函数和偶谐函数。前者决定级数展开式中只含有余弦项或正弦项；而后者决定级数展开式中只含有奇次谐波项或偶次谐波项。

1. 偶函数（even function）

若信号波形相对于纵轴是对称的，即满足 $\tilde{f}(t) = \tilde{f}(-t)$，则 $\tilde{f}(t)$ 为偶函数，如图 4.1-4 所示的周期三角脉冲信号就是偶函数。

式(4.1-2)中的 $\tilde{f}(t)\cos n\Omega_1 t$ 为偶函数，而 $\tilde{f}(t)\sin n\Omega_1 t$ 为奇函数，于是级数中的各系数为

$$\begin{cases} a_0 = \dfrac{2}{T_1}\int_0^{T_1/2} \tilde{f}(t)\mathrm{d}t \\ a_n = \dfrac{4}{T_1}\int_0^{T_1/2} \tilde{f}(t)\cos n\Omega_1 t\,\mathrm{d}t \\ b_n = 0 \end{cases} \quad (4.1\text{-}8)$$

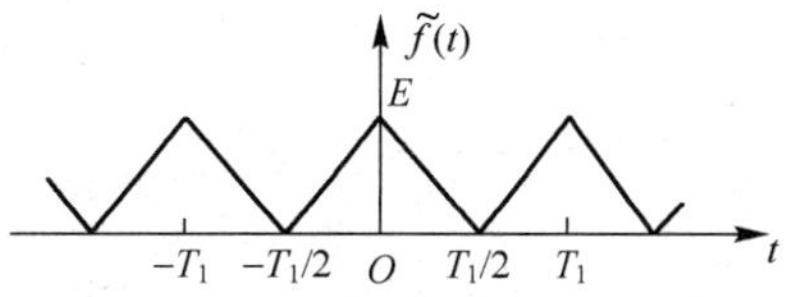

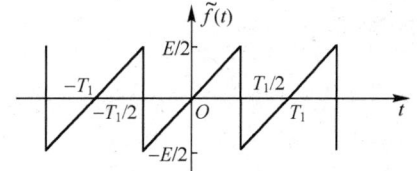

图 4.1-4 偶函数举例

由式(4.1-7)可得 $F_n = \dfrac{a_n}{2}$，$\varphi_n = 0$。

于是，偶函数的指数形式傅里叶级数系数 F_n 为实数。在偶函数的傅里叶级数中不含有正弦分量，只可能含有直流分量和余弦分量。注意，并不是所有的偶函数都存在直流分量。波形是否含有直流分量，可从波形直观地判断。以横坐标为界，其波形的上下面积若相等，则无直流分量，否则有直流分量。后面介绍偶谐函数时，也是如此。

图 4.1-4 所示的周期三角脉冲信号是偶函数，它的傅里叶级数只含有直流分量和余弦分量，不含正弦分量，如下式所示

$$\tilde{f}(t) = \frac{E}{2} + \frac{4E}{\pi^2}\left(\cos\Omega_1 t + \frac{1}{9}\cos 3\Omega_1 t + \frac{1}{25}\cos 5\Omega_1 t + \cdots\right)$$

2. 奇函数（odd function）

若信号波形对称于原点，即满足 $\tilde{f}(t) = -\tilde{f}(-t)$，则 $\tilde{f}(t)$ 为奇函数。如图 4.1-5 所示的周期锯齿脉冲信号就是奇函数。

这样，式(4.1-2)中的 $\tilde{f}(t)\cos n\Omega_1 t$ 为奇函数，而 $\tilde{f}(t)\sin n\Omega_1 t$ 为偶函数，于是级数中的各系数为

$$a_0 = 0, \quad a_n = 0, \quad b_n = \frac{4}{T_1}\int_0^{\frac{T_1}{2}} \tilde{f}(t)\sin n\Omega_1 t\,\mathrm{d}t \quad (4.1\text{-}9)$$

由式(4.1-7)可得 $F_n = -\dfrac{1}{2}\mathrm{j}b_n$，$\varphi_n = -\dfrac{\pi}{2}$。

图 4.1-5 奇函数举例

所以，奇函数的指数形式傅里叶级数系数 F_n 为虚数。在奇函数的傅里叶级数中不会含有直流分量和余弦分量，只可能含有正弦分量。例 4.1-1 的对称周期矩形信号就是奇函数。

对于图 4.1-5 所示的周期锯齿脉冲信号，其傅里叶级数为

$$\tilde{f}(t) = \frac{E}{\pi}\left(\sin\Omega_1 t - \frac{1}{2}\sin 2\Omega_1 t + \frac{1}{3}\sin 3\Omega_1 t - \frac{1}{4}\sin 4\Omega_1 t + \cdots\right)$$

显然不含直流分量和余弦分量，而只含有正弦分量。

这里还需指出，若将奇函数加上直流分量，它不再是奇函数，但在它的级数中仍然不会含有余弦项。

3. 奇谐函数（odd harmonic function）

如果信号波形沿时间轴平移半个周期，并进行上下翻转后得出的波形与原波形重合，即满足

$$\tilde{f}(t \pm T_1/2) = -\tilde{f}(t) \tag{4.1-10}$$

则称此函数为奇谐函数。图 4.1-6 示出了一种奇谐函数的例子。

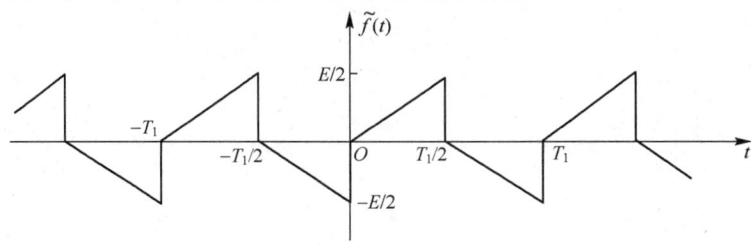

图 4.1-6 奇谐函数举例

对于奇谐函数，其傅里叶系数为

$$a_0 = \frac{1}{T_1}\int_{-T_1/2}^{T_1/2}\tilde{f}(t)\mathrm{d}t = \frac{1}{T_1}\left[\int_{-T_1/2}^{0}\tilde{f}(t)\mathrm{d}t + \int_{0}^{T_1/2}\tilde{f}(t)\mathrm{d}t\right] = \frac{1}{T_1}\left[\int_{0}^{T_1/2}\tilde{f}(t-T_1/2)\mathrm{d}t + \int_{0}^{T_1/2}\tilde{f}(t)\mathrm{d}t\right]$$

因为 $\tilde{f}(t-T_1/2) = -\tilde{f}(t)$

所以
$$a_0 = \frac{1}{T_1}\left[-\int_{0}^{T_1/2}\tilde{f}(t)\mathrm{d}t + \int_{0}^{T_1/2}\tilde{f}(t)\mathrm{d}t\right] = 0 \tag{4.1-11}$$

$$a_n = \frac{2}{T_1}\int_{-T_1/2}^{T_1/2}\tilde{f}(t)\cos n\Omega_1 t\,\mathrm{d}t$$

$$= \frac{2}{T_1}\left[\int_{-T_1/2}^{0}\tilde{f}(t)\cos n\Omega_1 t\,\mathrm{d}t + \int_{0}^{T_1/2}\tilde{f}(t)\cos n\Omega_1 t\,\mathrm{d}t\right]$$

$$= \frac{2}{T_1}\left[\int_{0}^{T_1/2}\tilde{f}(t-T_1/2)\cos n\Omega_1(t-T_1/2)\,\mathrm{d}t + \int_{0}^{T_1/2}\tilde{f}(t)\cos n\Omega_1 t\,\mathrm{d}t\right]$$

注意到 $\tilde{f}(t-T_1/2) = -\tilde{f}(t)$

$$\cos n\Omega_1(t-T_1/2) = \begin{cases} \cos n\Omega_1 t & n=2,4,6,\cdots \\ -\cos n\Omega_1 t & n=1,3,5,\cdots \end{cases}$$

可求出
$$a_n = \begin{cases} 0 & n=2,4,6,\cdots \\ \dfrac{4}{T_1}\int_{0}^{T_1/2}\tilde{f}(t)\cos n\Omega_1 t\,\mathrm{d}t & n=1,3,5,\cdots \end{cases} \tag{4.1-12}$$

同理可求出
$$b_n = \begin{cases} 0 & n=2,4,6,\cdots \\ \dfrac{4}{T_1}\int_{0}^{T_1/2}\tilde{f}(t)\sin n\Omega_1 t\,\mathrm{d}t & n=1,3,5,\cdots \end{cases} \tag{4.1-13}$$

由上述计算可以看出，在奇谐函数的傅里叶展开式中只含有奇次谐波分量，而不含直流及偶次谐波分量，这也是"奇谐函数"名称的由来。应当指出奇函数和奇谐函数不同，前者只包含正弦项，后者包含奇次谐波的正弦、余弦项。

4. 偶谐函数（even harmonic function）

如果信号波形沿时间轴平移半个周期后得到的波形与原波形重合，即满足

$$\tilde{f}(t \pm T_1/2) = \tilde{f}(t) \tag{4.1-14}$$

则称此函数为偶谐函数。偶谐函数的一个例子是经过全波整流后得到的电流，如图 4.1-7 所示。

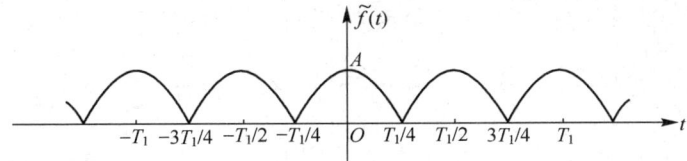

图 4.1-7　偶谐函数举例

用与推导奇谐函数的傅里叶系数相类似的方法可以求出偶谐函数的傅里叶系数，即

$$a_0 = \frac{2}{T_1} \int_0^{T_1/2} \tilde{f}(t) \mathrm{d}t \tag{4.1-15}$$

$$a_n = \begin{cases} 0 & n=1,3,5,\cdots \\ \dfrac{4}{T_1} \int_0^{T_1/2} \tilde{f}(t) \cos n\Omega_1 t \mathrm{d}t & n=2,4,6,\cdots \end{cases} \tag{4.1-16}$$

$$b_n = \begin{cases} 0 & n=1,3,5,\cdots \\ \dfrac{4}{T_1} \int_0^{T_1/2} \tilde{f}(t) \sin n\Omega_1 t \mathrm{d}t & n=2,4,6,\cdots \end{cases} \tag{4.1-17}$$

所以，偶谐函数的傅里叶展开式中将只可能含有直流分量和偶次谐波分量。

图 4.1-7 所示的信号既是偶函数，又是偶谐函数，所以其傅里叶展开式中只含直流分量及偶次谐波的余弦分量。

熟悉了函数的奇、偶性和奇谐、偶谐等对称性后，对于一些波形所包含的谐波分量常可迅速做出判断，并便于迅速计算傅里叶系数。波形的对称性与谐波性的关系见本章关键知识点概要中的表 4-1。

例 4.1-2　定性分析图 4.1-8(a)所示的周期信号 $\tilde{f}(t)$ 的傅里叶级数中所含有的频率分量。

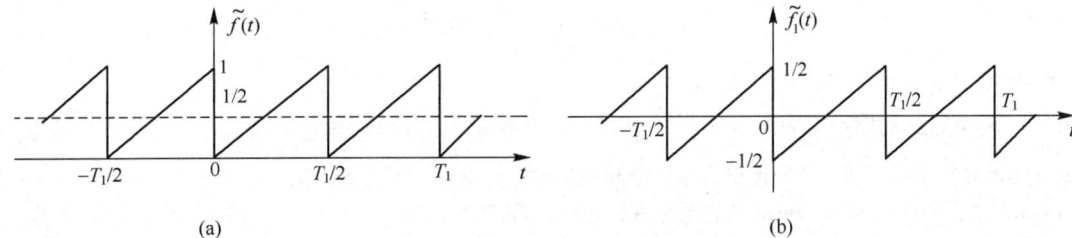

图 4.1-8　例 4.1-2 的波形

解：从图 4.1-8(a)看出，$\tilde{f}(t)$ 为偶谐函数，所以它的傅氏级数中包含直流分量与偶次谐波分量。而且从图 4.1-8(a)很容易看出它的直流分量为 $1/2$，如果将此直流分量 $1/2$ 从 $\tilde{f}(t)$ 的波形中除去，即将横坐标轴上移 $1/2$ 得到新波形 $\tilde{f}_1(t)$，如图 4.1-8(b)所示，很显然 $\tilde{f}_1(t)$ 为奇函数，即图 4.1-8(a)中的信号 $\tilde{f}(t)$ 去掉直流后成为了奇函数。综合以上分析可知，$\tilde{f}(t)$ 的傅氏级数中只含有直流和偶次谐波的正弦分量。

4.1.5　吉伯斯现象

在例 4.1-1 中，我们已经求出了图 4.1-1 所示的对称周期矩形脉冲信号的傅里叶级数

$$\tilde{f}(t) = \frac{2E}{\pi}\left(\sin\Omega_1 t + \frac{1}{3}\sin 3\Omega_1 t + \frac{1}{5}\sin 5\Omega_1 t + \cdots\right)$$

即将基波、三次谐波、五次谐波等无穷多项正弦分量叠加后可以完全恢复 $\tilde{f}(t)$。但实际中往往只考虑有限项谐波分量的叠加来近似表示 $\tilde{f}(t)$，这样，叠加波形与 $\tilde{f}(t)$ 相比较一定会产生误差。

图 4.1-9 为对称周期矩形脉冲信号在只取有限项时合成的波形。图中表示出以下三种情况：① 只取基波分量，即 $\dfrac{2E}{\pi}\sin\Omega_1 t$；② 取基波和三次谐波两项，即 $\dfrac{2E}{\pi}\left(\sin\Omega_1 t + \dfrac{1}{3}\sin 3\Omega_1 t\right)$；③ 取基波、三次谐波和五次谐波三项，即 $\dfrac{2E}{\pi}\left(\sin\Omega_1 t + \dfrac{1}{3}\sin 3\Omega_1 t + \dfrac{1}{5}\sin 5\Omega_1 t\right)$。上述三种情况分别示于图 4.1-9 中对应于 $n=1, n=3$ 和 $n=5$ 的三条曲线。

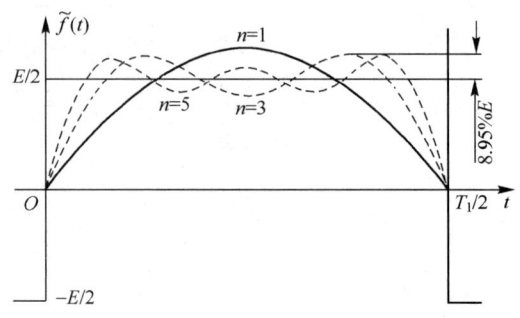

从图 4.1-9 可以看出：① 傅里叶级数所取项数 n 越多，相加后的波形越逼近原信号 $\tilde{f}(t)$。显然，当 $n\to\infty$ 时，合成波形必然等于 $\tilde{f}(t)$；

② 当信号 $\tilde{f}(t)$ 是脉冲信号时，其高频分量主要影响脉冲的跳变沿，而低频分量主要影响脉冲的幅度。所以 $\tilde{f}(t)$ 波形变化越剧烈，所包含的高频分量越丰富。

图 4.1-9 吉伯斯现象

从图 4.1-9 还可以看出如下现象：选取傅里叶有限级数的项数越多，在所合成的波形中出现的峰值越靠近 $\tilde{f}(t)$ 的不连续点。但无论 n 取得多大（只要不是无限大），该峰值均趋于一个常数，它大约等于跳变值的 8.95%，并从不连续点开始以起伏振荡的形式逐渐衰减下去。这种现象称为吉伯斯现象（Gibbs phenomenon）。在 5.2.2 节中将证明吉伯斯现象的存在，并解释产生吉伯斯现象的原因。

练习题

4.1-1 已知周期方波信号 $\tilde{f}(t)$ 的傅氏级数：
$$\tilde{f}(t) = \dfrac{2E}{\pi}\left[\cos\Omega_1 t - \dfrac{1}{3}\cos 3\Omega_1 t + \dfrac{1}{5}\cos 5\Omega_1 t - \cdots\right]$$
试画出信号的幅度频谱 $c_n - \Omega$ 的图形。

4.1-2 已知连续周期信号 $\tilde{f}(t)$，周期 $T_1=8$，其非零傅里叶系数为 $F_1=F_{-1}=2$，$F_3=F_{-3}^{*}=4\mathrm{j}$，试将 $\tilde{f}(t)$ 展开成三角形式傅里叶级数，并画出单边幅度谱和相位谱。

4.1-3 试求 $\tilde{f}(t)=\cos 4t+\sin 8t$ 的指数形式傅里叶级数表达式。

4.1-4 利用信号 $\tilde{f}(t)$ 的对称性，定性判断图题 4.1-4 中各周期信号的傅里叶级数中所含有的频率分量。

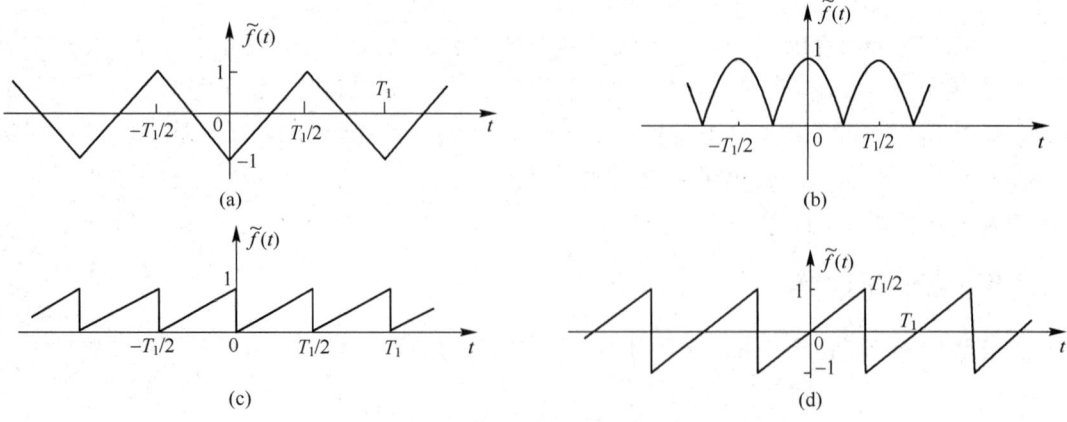

图　题 4.1-4

4.1-5　求图题 4.1-5 所示周期三角信号的三角形式的傅里叶级数,并画出幅度谱。

4.1-6　已知周期函数 $\tilde{f}(t)$ 前四分之一周期的波形如图题 4.1-6 所示。根据下列各种情况的要求画出 $\tilde{f}(t)$ 在一个周期($0<t<T_1$)的波形。

(1) $\tilde{f}(t)$ 是偶函数,只含有直流分量和偶次谐波分量;　　(2) $\tilde{f}(t)$ 是偶函数,只含有奇次谐波分量;

(3) $\tilde{f}(t)$ 是偶函数,含有直流分量、偶次和奇次谐波分量;　(4) $\tilde{f}(t)$ 是奇函数,只含有偶次谐波分量;

(5) $\tilde{f}(t)$ 是奇函数,只含有奇次谐波分量;　　(6) $\tilde{f}(t)$ 是奇函数,含有偶次和奇次谐波分量。

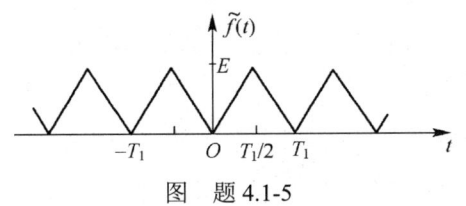

图　题 4.1-5

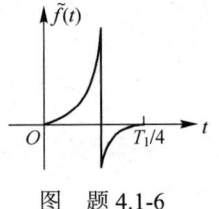

图　题 4.1-6

4.2　常用周期信号的频谱

在周期信号的频谱分析中,周期矩形脉冲信号的频谱分析具有典型的意义,得到广泛应用,本节将对它的频谱进行详细的分析。在此基础上,还给出了一些其他常用周期信号频谱分析的结果。

4.2.1　周期矩形脉冲信号

1. 周期矩形脉冲信号(periodic rectangular pulse signal)的傅里叶级数

设周期矩形脉冲信号 $\tilde{f}(t)$ 的脉冲宽度为 τ,脉冲幅度为 E,重复周期为 T_1(角频率 $\Omega_1 = 2\pi/T_1$),如图 4.2-1 所示。该信号在一个周期内 $(-T_1/2, T_1/2)$ 的表达式为

$$\tilde{f}(t) = \begin{cases} E & |t| < \tau/2 \\ 0 & |t| > \tau/2 \end{cases}$$

用式(4.1-1)或式(4.1-3),可将周期矩形脉冲信号 $\tilde{f}(t)$ 展开成如下三角形式的傅里叶级数

图 4.2-1　周期矩形脉冲信号的波形

$$\tilde{f}(t) = a_0 + \sum_{n=1}^{\infty}\left(a_n \cos n\Omega_1 t + b_n \sin n\Omega_1 t\right) = c_0 + \sum_{n=1}^{\infty} c_n \cos(n\Omega_1 t + \varphi_n)$$

其中各系数可由式(4.1-2)求出。

由于 $\tilde{f}(t)$ 是偶函数,所以 　　　$b_n = 0$ 　　　(4.2-1)

直流分量 　　　$a_0 = \dfrac{2}{T_1}\displaystyle\int_0^{T_1/2} \tilde{f}(t)\mathrm{d}t = \dfrac{2}{T_1}\displaystyle\int_0^{\tau/2} E\mathrm{d}t = \dfrac{E\tau}{T_1}$ 　　　(4.2-2)

余弦分量的幅度 　　　$a_n = \dfrac{4}{T_1}\displaystyle\int_0^{T_1/2} \tilde{f}(t)\cos n\Omega_1 t\,\mathrm{d}t = \dfrac{4}{T_1}\displaystyle\int_0^{\tau/2} E\cos n\Omega_1 t\,\mathrm{d}t$

$$= \dfrac{2E}{n\pi}\sin\dfrac{n\Omega_1\tau}{2} = \dfrac{2E\tau}{T_1}\mathrm{Sa}\left(\dfrac{n\Omega_1\tau}{2}\right) \quad (4.2\text{-}3)$$

这样,周期矩形脉冲信号的三角形式傅里叶级数为

$$\tilde{f}(t) = \dfrac{E\tau}{T_1} + \dfrac{2E\tau}{T_1}\sum_{n=1}^{\infty}\mathrm{Sa}\left(\dfrac{n\Omega_1\tau}{2}\right)\cos n\Omega_1 t \quad (4.2\text{-}4)$$

同理，可将 $\tilde{f}(t)$ 展开成指数形式的傅里叶级数

$$\tilde{f}(t) = \sum_{n=-\infty}^{\infty} F_n \mathrm{e}^{jn\Omega_1 t}$$

其中系数 F_n 可根据式(4.1-6)或式(4.1-7)求出

$$F_n = \frac{1}{2}(a_n - jb_n) = \frac{a_n}{2} = \frac{E\tau}{T_1}\mathrm{Sa}\left(\frac{n\Omega_1\tau}{2}\right) \tag{4.2-5}$$

所以，周期矩形脉冲信号的指数形式的傅里叶级数为

$$\tilde{f}(t) = \frac{E\tau}{T_1}\sum_{n=-\infty}^{\infty}\mathrm{Sa}\left(\frac{n\Omega_1\tau}{2}\right)\mathrm{e}^{jn\Omega_1 t} \tag{4.2-6}$$

对于式(4.2-4)，若给定 τ, T_1（或 Ω_1）和 E 就可以求出直流分量与各次谐波分量的幅度

$$c_0 = a_0 = E\tau/T_1 \tag{4.2-7}$$

$$c_n = a_n = \frac{2E\tau}{T_1}\mathrm{Sa}\left(\frac{n\Omega_1\tau}{2}\right) \tag{4.2-8}$$

2. 频谱图

根据式(4.2-7)、式(4.2-8)及式(4.2-5)可以分别画出周期矩形脉冲信号的三角形式表示的频谱图和指数形式表示的频谱图。由于 c_n 及 F_n 都是实数，因此，可将幅度谱与相位谱合画在一起，也可将幅度谱与相位谱分开画。以上各频谱图如图 4.2-2 所示。

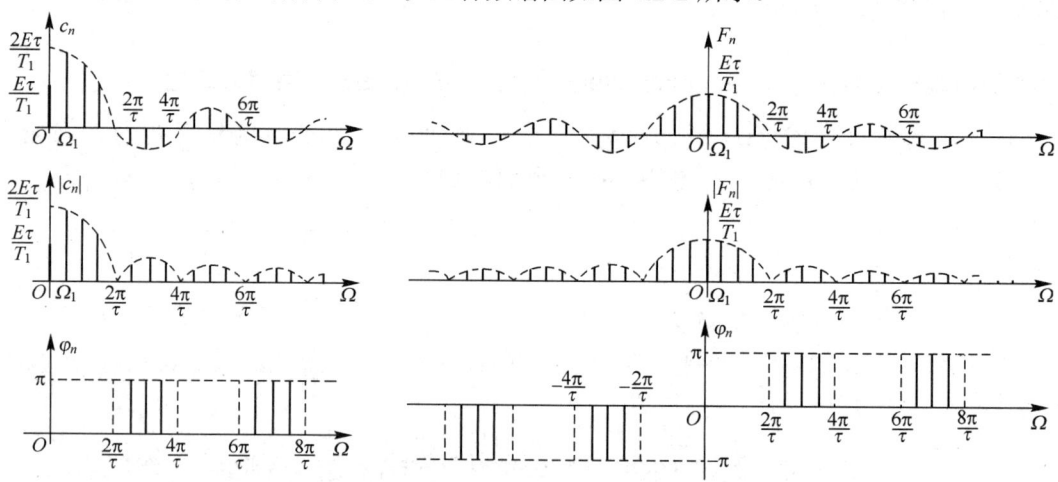

图 4.2-2 周期矩形脉冲信号的频谱

从图 4.2-2 所示的频谱图可以总结出以下几点：

① 周期矩形脉冲信号如同一般的周期信号那样，它的频谱是离散的，谱线只出现在 Ω_1 的整数倍频率（即各次谐波频率）上，谱线的间隔为 $\Omega_1 = 2\pi/T_1$。

② 直流分量、基波及各次谐波分量的大小正比于脉冲幅度 E 和脉冲宽度 τ，反比于周期 T_1。各谱线的幅度按抽样函数 $\mathrm{Sa}\left(\dfrac{n\Omega_1\tau}{2}\right)$ 包络线的规律而变化。当 $\dfrac{n\Omega_1\tau}{2}$ 为 π 的整数倍，即 $\Omega = m\dfrac{2\pi}{\tau}$ ($m = 1, 2, 3, \cdots$) 时，谱线的包络线经过零点。

③ 频率 Ω 从 0 到第一个零值点之间，或任意两个相邻的零值点之间的谱线条数是与信

号的脉宽与周期的比值有关的。实际上图 4.2-2 所示的频谱图是对应着 $\dfrac{\tau}{T_1}=\dfrac{1}{4}$ 的情况。因为 $\Omega_1=\dfrac{2\pi}{T_1}=\dfrac{2\pi}{4\tau}=\dfrac{1}{4}\left(\dfrac{2\pi}{\tau}\right)$，而 $2\pi/\tau$ 是第一个零值点处的频率，所以，频率 Ω 在 $0\sim 2\pi/\tau$ 内有三根谱线。因此可推广出如下规律：若 $\dfrac{\tau}{T_1}=\dfrac{1}{n}$，则频率 Ω 从 0 到第一个零值点之间或任意两个相邻的零值点之间就有 $n-1$ 条谱线。

④ 周期矩形脉冲信号包含无穷多条谱线，即可以分解成无限多个频率分量。随着频率的增高，谱线幅度变化的总趋势收敛于零，但其能量主要集中在第一个零值点之内。实际上，在允许一定失真的条件下，可以舍弃 $\Omega>2\pi/\tau$ 的分量，只需传送 $\Omega\leqslant 2\pi/\tau$ 频率范围内的各个频率分量，这样就能满足通信系统的要求。通常把 $\Omega=0\sim 2\pi/\tau$ 这段频率范围称为矩形脉冲信号的频带宽度，记为 B_Ω 或 B_f，即

$$B_\Omega=2\pi/\tau \tag{4.2-9}$$

或

$$B_f=1/\tau \tag{4.2-10}$$

显然，频带宽度只与脉冲宽度 τ 有关，而且成反比关系。对于其他任意信号频带宽度的确定，具有一定的随意性。例如，对于单调衰减的频谱函数，可以取幅度衰减到最大值的 $1/\sqrt{2}$，$1/10$ 或 $1/100$ 的频率来确定其频带宽度。（对称方波的频谱见二维码）

3. 频谱结构与波形参数 (T_1,τ) 之间的关系

为了说明在不同的脉冲宽度 τ 和不同的周期 T_1 的情况下周期矩形脉冲信号的频谱变化规律，在图 4.2-3 中画出了当 τ 保持不变，而 $T_1=5\tau$ 和 $T_1=10\tau$ 两种情况时的频谱。在图 4.2-4 中画出了当 T_1 保持不变，而 $\tau=T_1/5$ 和 $\tau=T_1/10$ 两种情况时的频谱。从图 4.2-3 和图 4.2-4 可看出如下规律：谱线的间隔 $\Omega_1=2\pi/T_1$ 只与周期 T_1 有关，且与 T_1 成反比，脉冲重复周期 T_1 越大，则谱线越密集，T_1 越小，则谱线越稀疏；零值点频率 $2\pi/\tau$ 只与脉宽 τ 有关，且与 τ 成反比，若脉冲宽度 τ 变窄，则信号的带宽越大，频带内包含的分量越多；而谱线幅度与 T_1 和 τ 都有关系，且与 T_1 成反比、与 τ 成正比。

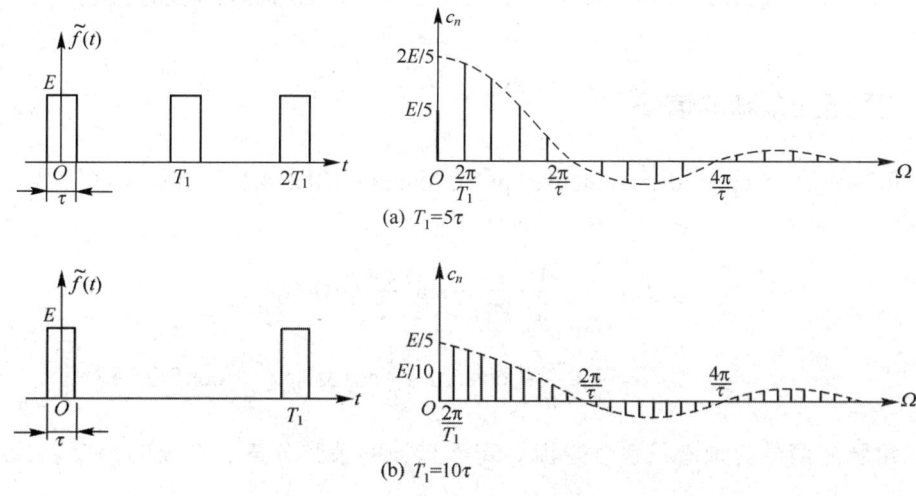

图 4.2-3 不同 T_1 值下周期矩形脉冲信号的频谱

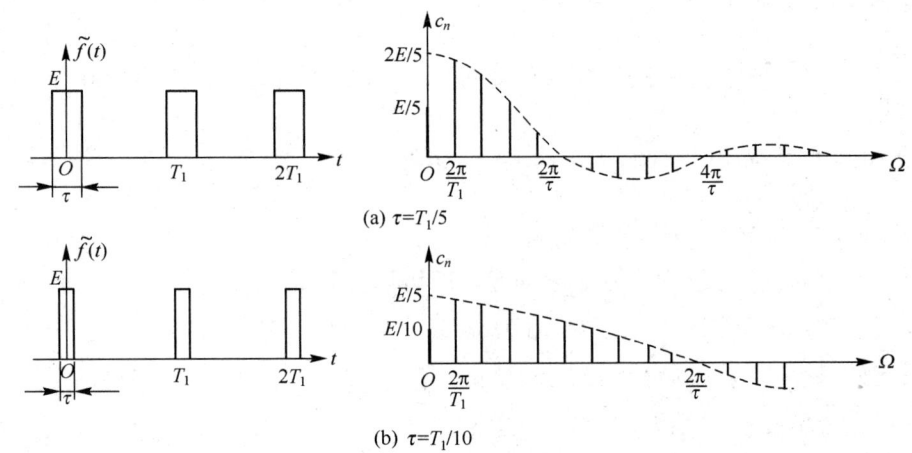

(a) $\tau=T_1/5$

(b) $\tau=T_1/10$

图 4.2-4 不同 τ 值下周期矩形脉冲信号的频谱

4.2.2 周期锯齿脉冲信号

周期锯齿脉冲信号（periodic sawtooth pulse signal）如图 4.2-5 所示，它是奇函数，因而 $a_0=0, a_n=0$，傅里叶级数为

$$\tilde{f}(t)=\frac{E}{\pi}\sum_{n=1}^{\infty}(-1)^{n+1}\frac{1}{n}\sin n\Omega_1 t=\frac{E}{\pi}\left(\sin\Omega_1 t-\frac{1}{2}\sin 2\Omega_1 t+\frac{1}{3}\sin 3\Omega_1 t-\frac{1}{4}\sin 4\Omega_1 t+\cdots\right) \quad (4.2\text{-}11)$$

周期锯齿脉冲信号的频谱只包含正弦分量，谐波的幅度以 $1/n$ 的规律收敛。

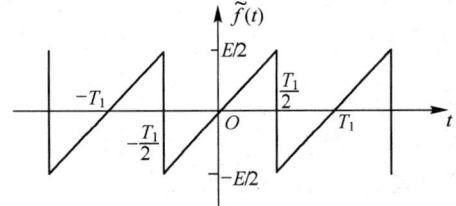

图 4.2-5 周期锯齿脉冲信号的波形

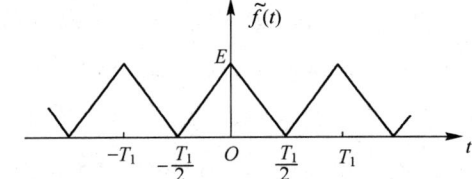

图 4.2-6 周期三角脉冲信号的波形

4.2.3 周期三角脉冲信号

周期三角脉冲信号（periodic triangular pulse signal）如图 4.2-6 所示。它是偶函数，因而 $b_n=0$，傅里叶级数为

$$\begin{aligned}\tilde{f}(t)&=\frac{E}{2}+\frac{4E}{\pi^2}\sum_{n=1}^{\infty}\frac{1}{n^2}\sin^2\frac{n\pi}{2}\cos n\Omega_1 t\\&=\frac{E}{2}+\frac{4E}{\pi^2}\left(\cos\Omega_1 t+\frac{1}{9}\cos 3\Omega_1 t+\frac{1}{25}\cos 5\Omega_1 t+\cdots\right)\end{aligned} \quad (4.2\text{-}12)$$

周期三角脉冲信号的频谱只包含直流、奇次谐波的余弦分量，谐波的幅度以 $1/n^2$ 的规律收敛。

4.2.4 周期半波余弦信号

周期半波余弦信号（periodic half-wave cosine signal）如图 4.2-7 所示。它是偶函数，因而 $b_n = 0$，傅里叶级数为

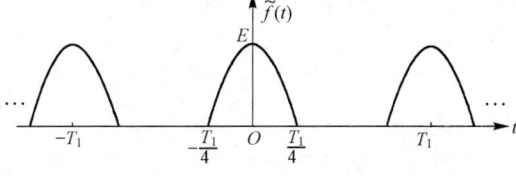

图 4.2-7 周期半波余弦信号的波形

$$\tilde{f}(t) = \frac{E}{\pi} - \frac{2E}{\pi}\sum_{n=1}^{\infty}\frac{1}{n^2-1}\cos\frac{n\pi}{2}\cos n\Omega_1 t$$

$$= \frac{E}{\pi} + \frac{E}{2}\left(\cos\Omega_1 t + \frac{4}{3\pi}\cos 2\Omega_1 t - \frac{4}{15\pi}\cos 4\Omega_1 t + \cdots\right) \tag{4.2-13}$$

周期半波余弦信号的频谱只含有直流、基波和偶次谐波的余弦分量。谐波幅度以 $1/n^2$ 的规律收敛。

4.2.5 周期全波余弦信号

若余弦信号 $\tilde{f}_1(t) = E\cos\Omega_0 t$，其中 $\Omega_0 = 2\pi/T_0$，则周期全波余弦信号（periodic full-wave cosine signal）为

$$\tilde{f}(t) = \left|\tilde{f}_1(t)\right| = E\left|\cos\Omega_0 t\right|$$

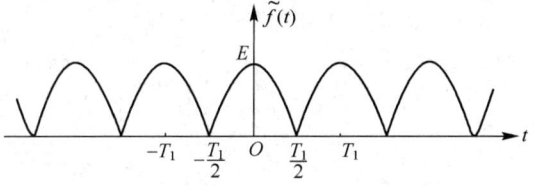

如图 4.2-8 所示。它是偶函数，因而 $b_n = 0$。而且 $\tilde{f}(t)$ 的周期 T_1 是 $\tilde{f}_1(t)$ 的周期 T_0 的一半，即 $T_1 = T_0/2$，频率 $\Omega_1 = 2\pi/T_1 = 2\Omega_0$。以全波余弦信号的参数 Ω_1 求出傅里叶级数为

图 4.2-8 周期全波余弦信号的波形

$$\tilde{f}(t) = \frac{2E}{\pi} + \frac{4E}{\pi}\left(\frac{1}{3}\cos\Omega_1 t - \frac{1}{15}\cos 2\Omega_1 t + \frac{1}{35}\cos 3\Omega_1 t - \cdots\right) \tag{4.2-14}$$

若用余弦信号 $f_1(t)$ 的参数 Ω_0 表示，则傅里叶级数为

$$\tilde{f}(t) = \frac{2E}{\pi} + \frac{4E}{\pi}\left(\frac{1}{3}\cos 2\Omega_0 t - \frac{1}{15}\cos 4\Omega_0 t + \frac{1}{35}\cos 6\Omega_0 t - \cdots\right)$$

$$= \frac{2E}{\pi} + \frac{4E}{\pi}\sum_{n=1}^{\infty}(-1)^{n+1}\frac{1}{(4n^2-1)}\cos 2n\Omega_0 t \tag{4.2-15}$$

可见，周期全波余弦信号的频谱包含直流分量及 Ω_1 的各次谐波分量；或者说，只包含直流分量及 Ω_0 的偶次谐波分量。谐波的幅度以 $1/n^2$ 的规律收敛。

练习题

4.2-1 已知连续周期信号 $\tilde{f}(t)$ 如图题 4.2-1 所示，分别求其三角形式和指数形式的傅里叶级数，并画出频谱图。

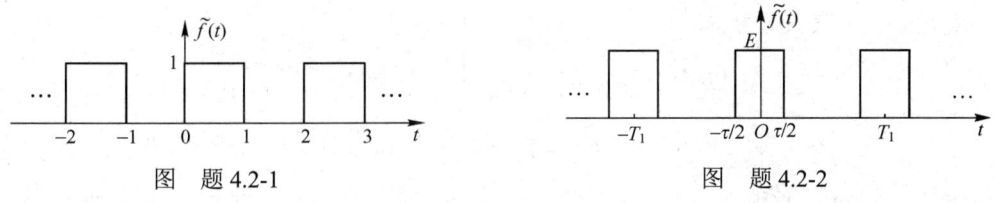

图 题 4.2-1　　　　　　　　　　　图 题 4.2-2

4.2-2 已知周期矩形脉冲信号 $\tilde{f}(t)$ 的波形如图题 4.2-2 所示，计算当信号参数分别为 $T_1 = 1\,\mu s$，

$\tau = 0.5\,\mu s$,$E = 1\,V$ 和 $T_1 = 3\,\mu s$,$\tau = 1.5\,\mu s$,$E = 3\,V$ 时:(1) $\tilde{f}(t)$ 的谱线间隔和带宽;(2) 两种情况下 $\tilde{f}(t)$ 的基波分量幅度之比。

4.2-3 已知周期矩形脉冲信号的重复频率 $f_1 = 5\,kHz$,脉宽 $\tau = 20\,\mu s$,幅度 $E = 10\,V$,如图题 4.2-2 所示。画出该信号的频谱图,并问用可变中心频率的选频回路能否从该周期矩形脉冲信号中选取出 5, 12, 20, 50, 80 及 100 kHz 频率分量来?

4.3 非周期信号的频谱——傅里叶变换

前几节讨论了周期信号的傅里叶级数,并得到了它的离散频谱。本节将上述傅里叶分析方法推广到非周期信号中去,导出傅里叶变换(Fourier transform)。

如图 4.3-1 所示的周期矩形脉冲信号,当周期 T_1 无限增大时,周期信号就转化为非周期的单脉冲信号。可以将非周期信号看成周期 T_1 趋于无限大的周期信号。在上一节已经指出,当周期信号的周期 T_1 增大时,谱线的间隔 $\Omega_1 = 2\pi/T_1$ 变小;若周期 T_1 趋于无限大,则谱线的间隔趋于无限小,这样周期信号的离散频谱就变成了非周期信号的连续频谱了(演变过程如图 4.3-1 所示)。

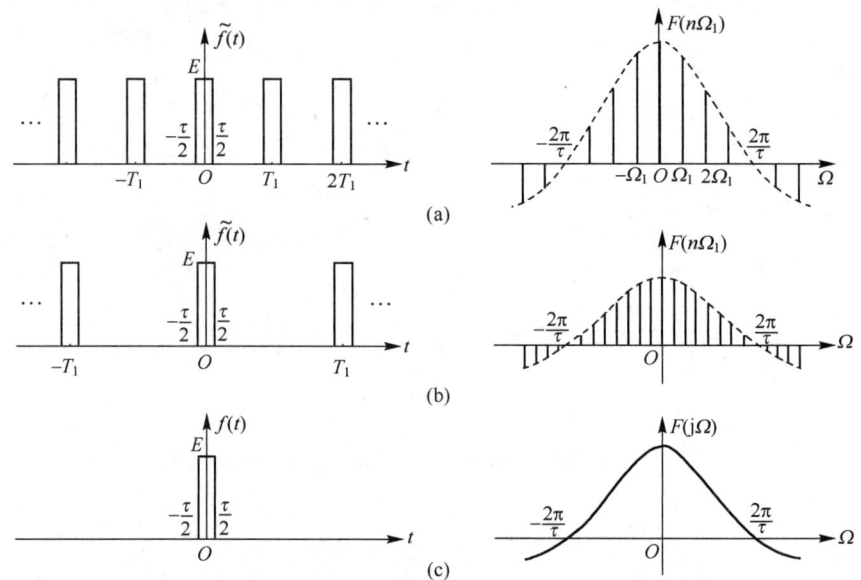

图 4.3-1 从周期信号的离散谱到非周期信号的连续谱

周期信号傅里叶级数系数如式(4.1-6) $F_n = \dfrac{1}{T_1}\int_{-T_1/2}^{T_1/2}\tilde{f}(t)e^{-jn\Omega_1 t}dt$,可以看出当周期 T_1 趋于无限大,则谱线的幅度 F_n 趋于零。这样,就不能再用式(4.1-6)来表示非周期信号的频谱了。但从物理概念上考虑,非周期信号既然也是一个信号,必然含有一定的能量,其频谱仍然存在。或者从数学角度分析,无数个无穷小量之和可能是一个有限值。因此,为了表达非周期信号的频谱特性,引入频谱密度函数的概念。

$$F(j\Omega) = \lim_{T_1\to\infty}T_1 F_n = \lim_{T_1\to\infty}\int_{-T_1/2}^{T_1/2}\tilde{f}(t)e^{-jn\Omega_1 t}dt$$

则得
$$F(j\Omega) = \int_{-\infty}^{\infty}f(t)e^{-j\Omega t}dt \tag{4.3-1}$$

由上式可以看出,对于非周期信号,重复周期 $T_1 \to \infty$ 时,$F(j\Omega)$ 不为零,重复频率 $\Omega_1 \to 0$,谱线间隔 $\Delta(n\Omega_1) \to d\Omega$,而离散频率 $n\Omega_1$ 变为连续频率 Ω。

因为
$$F(\mathrm{j}\Omega) = \lim_{T_1 \to \infty} T_1 F_n = \lim_{\Omega_1 \to 0} \frac{F_n 2\pi}{\Omega_1} = \frac{F_n 2\pi}{\mathrm{d}\Omega} = \frac{F_n}{\mathrm{d}f}$$

此式中，$\dfrac{F_n}{\mathrm{d}f}$ 表示单位频带内的频谱值——即频谱密度的概念，因此这个新的量 $F(\mathrm{j}\Omega)$ 称为原函数 $f(t)$ 的频谱密度函数（spectrum density function），简称频谱函数。

由式(4.1-5)可知，一个周期信号可以展开成指数形式的傅里叶级数

$$\tilde{f}(t) = \sum_{n=-\infty}^{\infty} F_n \mathrm{e}^{\mathrm{j}n\Omega_1 t} \tag{4.3-2}$$

其中
$$F_n = \frac{1}{T_1} \int_{-T_1/2}^{T_1/2} \tilde{f}(t) \mathrm{e}^{-\mathrm{j}n\Omega_1 t} \mathrm{d}t \tag{4.3-3}$$

将式(4.3-3)代入式(4.3-2)可得
$$\tilde{f}(t) = \sum_{n=-\infty}^{\infty} \left[\frac{1}{T_1} \int_{-T_1/2}^{T_1/2} \tilde{f}(t) \mathrm{e}^{-\mathrm{j}n\Omega_1 t} \mathrm{d}t \right] \mathrm{e}^{\mathrm{j}n\Omega_1 t}$$

当周期 $T_1 \to \infty$ 时，周期信号 $\tilde{f}(t)$ 转化为非周期信号 $f(t)$，$\Omega_1 \to \mathrm{d}\Omega$，$n\Omega_1 \to \Omega$，$T_1 = 2\pi/\Omega_1 \to 2\pi/\mathrm{d}\Omega$，在这种极限情况下，上式的求和运算将转化为积分运算

$$f(t) = \frac{1}{2\pi} \int_{-\infty}^{\infty} \left[\int_{-\infty}^{\infty} f(t) \mathrm{e}^{-\mathrm{j}\Omega t} \mathrm{d}t \right] \mathrm{e}^{\mathrm{j}\Omega t} \mathrm{d}\Omega$$

由式(4.3-1)可知，方括号里的量就是 $F(\mathrm{j}\Omega)$，故得

$$f(t) = \frac{1}{2\pi} \int_{-\infty}^{\infty} F(\mathrm{j}\Omega) \mathrm{e}^{\mathrm{j}\Omega t} \mathrm{d}\Omega \tag{4.3-4}$$

式(4.3-1)与式(4.3-4)构成了傅里叶变换对

$$\begin{cases} F(\mathrm{j}\Omega) = \int_{-\infty}^{\infty} f(t) \mathrm{e}^{-\mathrm{j}\Omega t} \mathrm{d}t & (4.3\text{-}5\mathrm{a}) \\ f(t) = \dfrac{1}{2\pi} \int_{-\infty}^{\infty} F(\mathrm{j}\Omega) \mathrm{e}^{\mathrm{j}\Omega t} \mathrm{d}\Omega & (4.3\text{-}5\mathrm{b}) \end{cases}$$

式(4.3-5a)称为傅里叶变换，简称为傅氏变换，而式(4.3-5b)称为傅里叶逆变换（inverse Fourier transform），简称为傅氏逆变换。可分别记为

$$\begin{cases} F(\mathrm{j}\Omega) = \mathscr{F}[f(t)] & (4.3\text{-}6\mathrm{a}) \\ f(t) = \mathscr{F}^{-1}[F(\mathrm{j}\Omega)] & (4.3\text{-}6\mathrm{b}) \end{cases}$$

傅里叶变换对也可简记为

$$f(t) \xleftrightarrow{\text{F.T.}} F(\mathrm{j}\Omega) \tag{4.3-7}$$

有时为了强调频率变量仅仅是 Ω，傅里叶变换可写为 $F(\Omega)$。一般情况下，频谱函数 $F(\mathrm{j}\Omega)$ 是一个复函数，它可以写成 $F(\mathrm{j}\Omega) = |F(\mathrm{j}\Omega)| \mathrm{e}^{\mathrm{j}\varphi(\Omega)}$。式中 $|F(\mathrm{j}\Omega)|$ 称为幅度频谱，它是频率的函数，代表信号中各频率分量的相对幅度大小，而各频率分量的实际幅度是 $\dfrac{F(\mathrm{j}\Omega)\mathrm{d}\Omega}{2\pi}$，它是一无穷小量，所以频谱不能直接用振幅来表示，而必须用它的密度函数来表示。$\varphi(\Omega)$ 称为相位频谱，代表各频率分量之间的相位关系。

和周期信号一样，也可以将式(4.3-4)写成三角函数的形式，即

$$f(t) = \frac{1}{2\pi} \int_{-\infty}^{\infty} F(\mathrm{j}\Omega) \mathrm{e}^{\mathrm{j}\Omega t} \mathrm{d}\Omega = \frac{1}{2\pi} \int_{-\infty}^{\infty} |F(\mathrm{j}\Omega)| \mathrm{e}^{\mathrm{j}[\Omega t + \varphi(\Omega)]} \mathrm{d}\Omega$$
$$= \frac{1}{2\pi} \int_{-\infty}^{\infty} |F(\mathrm{j}\Omega)| \cos[\Omega t + \varphi(\Omega)] \mathrm{d}\Omega + \frac{\mathrm{j}}{2\pi} \int_{-\infty}^{\infty} |F(\mathrm{j}\Omega)| \sin[\Omega t + \varphi(\Omega)] \mathrm{d}\Omega$$

若 $f(t)$ 是实函数，则 $|F(\mathrm{j}\Omega)|$ 是频率 Ω 的偶函数，而 $\varphi(\Omega)$ 是 Ω 的奇函数，所以上式第二个积分的被积函数是奇函数，积分为零，第一个积分的被积函数是偶函数，故有

$$f(t) = \frac{1}{\pi} \int_0^\infty |F(j\Omega)| \cos[\Omega t + \varphi(\Omega)] d\Omega \tag{4.3-8}$$

可见，非周期信号和周期信号一样，可以分解为许多不同频率的正、余弦分量。必须指出，非周期信号的傅里叶变换也应该满足一定的条件才能存在。这种条件类似于傅里叶级数的狄里赫利条件，不同之处仅仅在于时间范围从一个周期扩展为无限区间，条件 $\int_{-T_1/2}^{T_1/2} |f(t)| dt < \infty$ 变为 $\int_{-\infty}^{\infty} |f(t)| dt < \infty$，即要求信号 $f(t)$ 在无限区间内绝对可积。但这仅是充分条件，而不是必要条件。自从引入了广义函数的概念以后，对于许多并不满足绝对可积条件的函数（如阶跃函数、符号函数及周期函数等），其傅里叶变换可以有确定的表达式。

4.4 典型非周期信号的频谱

1. 对称矩形脉冲信号

对称矩形脉冲信号（symmetry rectangular pulse signal）的表达式为

$$f(t) = E\left[u\left(t + \frac{\tau}{2}\right) - u\left(t - \frac{\tau}{2}\right)\right] \tag{4.4-1}$$

式中，E 为脉冲幅度，τ 为脉冲宽度，波形如图 4.4-1(a)所示。它的傅里叶变换为

$$F(j\Omega) = \int_{-\infty}^{\infty} f(t) e^{-j\Omega t} dt = \int_{-\tau/2}^{\tau/2} E e^{-j\Omega t} dt = \frac{2E}{\Omega} \sin\left(\frac{\Omega \tau}{2}\right) = E\tau \mathrm{Sa}\left(\frac{\Omega \tau}{2}\right) \tag{4.4-2}$$

其频谱如图 4.4-1(b)所示，它既包含了幅度信息，也包含了相位信息。也可将图 4.4-1(b)的 $F(j\Omega)$ 画成两张图，其一是幅度谱 $|F(j\Omega)|$，如图 4.4-1(c)所示，其二是相位谱 $\varphi(\Omega)$，如图 4.4-1(d)所示。

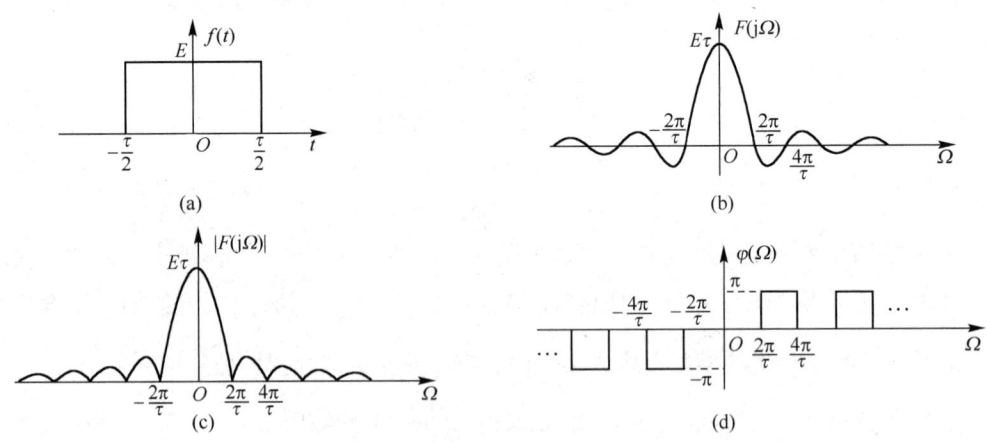

图 4.4-1 对称矩形脉冲信号的波形和频谱

这样，矩形脉冲信号的幅度谱和相位谱分别为

$$|F(j\Omega)| = E\tau \left|\mathrm{Sa}\left(\frac{\Omega \tau}{2}\right)\right|, \quad \varphi(\Omega) = \begin{cases} 0, & \dfrac{4n\pi}{\tau} < |\Omega| < \dfrac{2(2n+1)\pi}{\tau} \\ \pi, & \dfrac{2(2n+1)\pi}{\tau} < |\Omega| < \dfrac{4(n+1)\pi}{\tau} \end{cases}$$

比较图 4.4-1 与图 4.2-2 可以看出，非周期矩形单脉冲的频谱函数曲线与周期矩形脉冲离散

频谱的包络线形状相同，都具有抽样函数的形状。和周期矩形脉冲的频谱一样，矩形单脉冲频谱也具有收敛性，信号的绝大部分能量集中在 $f = 0 \sim 1/\tau$ 频率范围内。因而，通常认为这种信号占有的频率范围（即频带宽度（band width））近似为 $1/\tau$，即 $B_f \approx 1/\tau$ Hz。

2. 单边指数信号

单边指数信号（single-sided exponential signal）的表达式为

$$f(t) = e^{-\alpha t} u(t) \tag{4.4-3}$$

其中 $\alpha > 0$。它的傅里叶变换为

$$F(j\Omega) = \int_{-\infty}^{\infty} f(t) e^{-j\Omega t} dt = \int_{0}^{\infty} e^{-\alpha t} e^{-j\Omega t} dt = \int_{0}^{\infty} e^{-(\alpha + j\Omega)t} dt = \frac{1}{\alpha + j\Omega} \tag{4.4-4}$$

即

$$|F(j\Omega)| = \frac{1}{\sqrt{\alpha^2 + \Omega^2}} \tag{4.4-5}$$

$$\varphi(\Omega) = -\arctan\left(\frac{\Omega}{\alpha}\right) \tag{4.4-6}$$

单边指数信号的波形 $f(t)$、幅度谱 $|F(j\Omega)|$ 和相位谱 $\varphi(\Omega)$ 如图 4.4-2 所示。

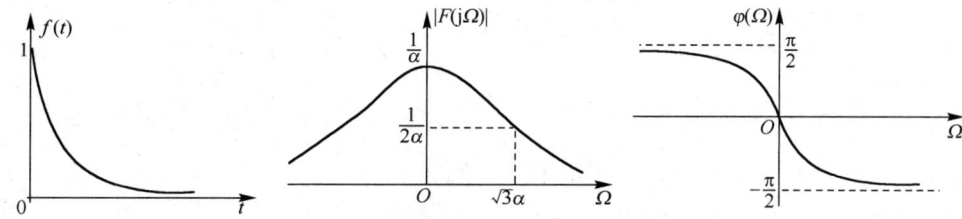

图 4.4-2　单边指数信号的波形和频谱

3. 双边指数信号

双边指数信号（two-sided exponential signal）的表达式为

$$f(t) = e^{-\alpha |t|} \quad -\infty < t < \infty \tag{4.4-7}$$

式中，$\alpha > 0$。它的傅里叶变换为

$$\begin{aligned} F(j\Omega) &= \int_{-\infty}^{\infty} f(t) e^{-j\Omega t} dt \\ &= \int_{-\infty}^{0} e^{\alpha t} e^{-j\Omega t} dt + \int_{0}^{\infty} e^{-\alpha t} e^{-j\Omega t} dt = \frac{2\alpha}{\alpha^2 + \Omega^2} \end{aligned} \tag{4.4-8}$$

即

$$|F(j\Omega)| = \frac{2\alpha}{\alpha^2 + \Omega^2} \tag{4.4-9}$$

$$\varphi(\Omega) = 0 \tag{4.4-10}$$

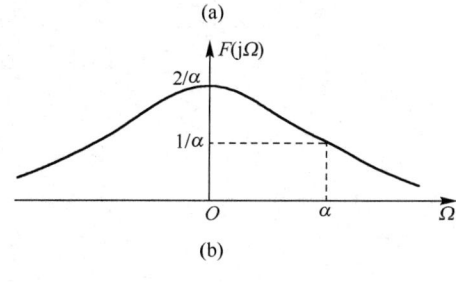

图 4.4-3　双边指数信号的波形和频谱

双边指数信号的波形 $f(t)$、频谱 $F(j\Omega)$ 如图 4.4-3 所示。

4. 符号函数

符号函数的表达式为

$$\text{sgn}(t) = \begin{cases} 1 & t > 0 \\ -1 & t < 0 \end{cases} \tag{4.4-11}$$

显然，符号函数不满足绝对可积的条件，但它存在傅里叶变换，可以借助于符号函数与双边指数函数相乘，先求出此乘积信号 $f_1(t)$ 的频谱，然后取极限，从而得出符号函数 $\mathrm{sgn}(t)$ 的频谱。

双边指数函数的表达式见式(4.4-7)，则乘积信号为

$$f_1(t) = \mathrm{sgn}(t)f(t) = -e^{\alpha t}u(-t) + e^{-\alpha t}u(t)$$

$f_1(t)$ 的波形如图 4.4-4 所示。其傅里叶变换为

$$F_1(j\Omega) = \int_{-\infty}^{\infty} f_1(t)e^{-j\Omega t}dt = \int_{-\infty}^{0} -e^{\alpha t}e^{-j\Omega t}dt + \int_{0}^{\infty} e^{-\alpha t}e^{-j\Omega t}dt = \frac{-j2\Omega}{\alpha^2 + \Omega^2}$$

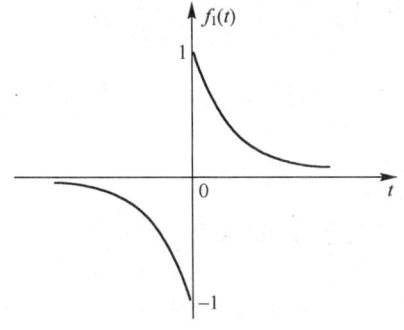
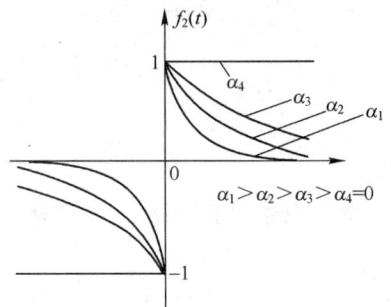

图 4.4-4　$f_1(t)$ 的波形　　　　　图 4.4-5　从 $f_1(t)$ 演变到 $\mathrm{sgn}(t)$ 的过程

符号函数可看成当 $\alpha \to 0$ 时 $f_1(t)$ 的极限，如图 4.4-5 所示。因此，它的频谱函数也是 $f_1(t)$ 的频谱函数 $F_1(j\Omega)$ 在 $\alpha \to 0$ 时的极限。所以

$$F(j\Omega) = \lim_{\alpha \to 0} F_1(j\Omega) = \lim_{\alpha \to 0} \frac{-j2\Omega}{\alpha^2 + \Omega^2} = \frac{2}{j\Omega} \tag{4.4-12}$$

即
$$|F(j\Omega)| = 2/|\Omega| \tag{4.4-13}$$

$$\varphi(\Omega) = \begin{cases} -\pi/2 & \Omega > 0 \\ \pi/2 & \Omega < 0 \end{cases} \tag{4.4-14}$$

符号函数的幅度谱和相位谱如图 4.4-6 (b)和(c)所示。

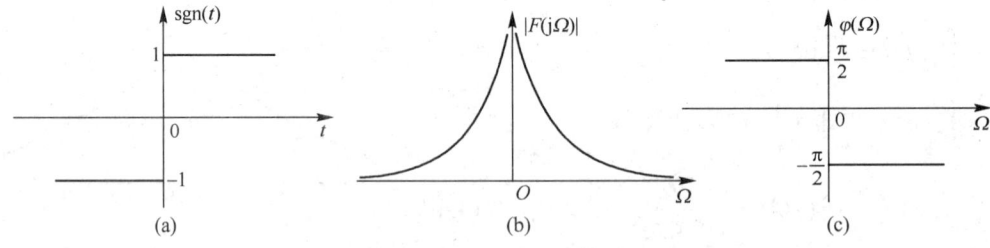

图 4.4-6　符号函数的波形和频谱

5. 冲激函数和冲激偶函数

（1）冲激函数的傅里叶变换

根据傅里叶变换的定义式(4.3-1)，以及冲激函数的取样性质，可求出单位冲激函数 $\delta(t)$ 的傅里叶变换

$$F(j\Omega) = \mathcal{F}[\delta(t)] = \int_{-\infty}^{\infty} \delta(t)e^{-j\Omega t}dt = 1 \tag{4.4-15}$$

即单位冲激函数的频谱是常数 1，在整个频率范围内频谱是均匀分布的，也就是说它的频带宽度为无穷大。因此常常称这种频谱为均匀频谱或白色频谱，如图 4.4-7 所示。

冲激函数的傅里叶变换也可以用矩形脉冲的傅里叶变换取极限得到。图 4.4-8(a)所示的矩形脉冲 $f_1(t)$ 的表达式为

$$f_1(t) = \frac{1}{\tau}\left[u\left(t+\frac{\tau}{2}\right) - u\left(t-\frac{\tau}{2}\right)\right]$$

它的频谱为

$$F_1(j\Omega) = \mathrm{Sa}\left(\frac{\Omega\tau}{2}\right) \tag{4.4-16}$$

如图 4.4-8(b)所示。

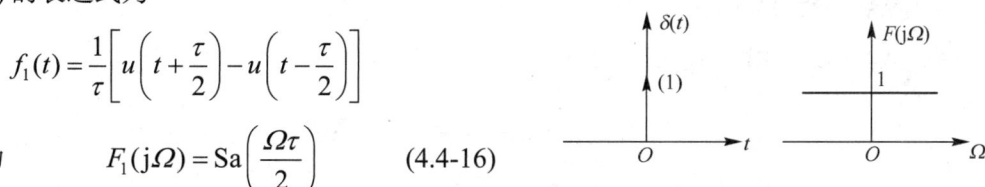

图 4.4-7　单位冲激函数的波形和频谱

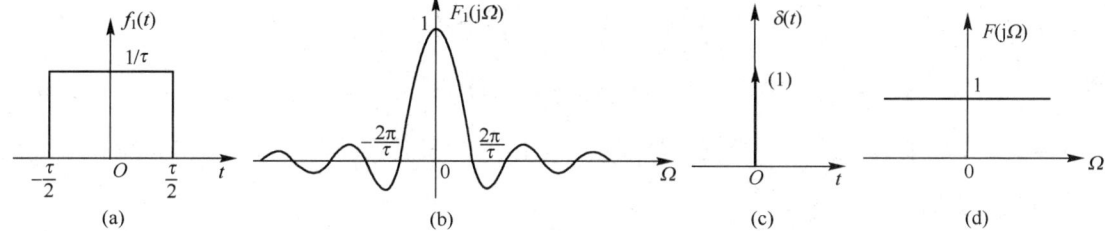

图 4.4-8　用极限法求单位冲激函数的频谱的过程

令矩形脉冲的宽度 $\tau \to 0$，则矩形脉冲就变为冲激函数 $\delta(t)$，相应地只要令式(4.4-16)中的 $\tau \to 0$，则 $F_1(j\Omega)$ 就成为单位冲激函数的频谱，即

$$\mathscr{F}[\delta(t)] = \lim_{\tau \to 0} F_1(j\Omega) = \lim_{\tau \to 0}\mathrm{Sa}\left(\frac{\Omega\tau}{2}\right) = 1$$

（2）冲激谱函数的傅里叶逆变换

冲激函数的频谱等于常数，那么，怎样的函数其频谱为冲激函数呢？为此，需要考虑 $\delta(\Omega)$ 的傅里叶逆变换。由傅里叶逆变换的定义式(4.3-4)容易求得

$$\mathscr{F}^{-1}[\delta(\Omega)] = \frac{1}{2\pi}\int_{-\infty}^{\infty}\delta(\Omega)\mathrm{e}^{j\Omega t}\mathrm{d}\Omega = \frac{1}{2\pi} \tag{4.4-17}$$

上式也可写为

$$\mathscr{F}\left[\frac{1}{2\pi}\right] = \delta(\Omega) \tag{4.4-18}$$

或

$$\mathscr{F}[1] = 2\pi\delta(\Omega) \tag{4.4-19}$$

此结果表明，直流信号的频谱是冲激函数。也可以理解为，若某时间函数的频谱中包含有冲激函数 $\delta(\Omega)$，则它所对应的时间函数中必包含有直流分量。

同样也可由矩形脉冲求极限的方法来分析，直流信号可以看成是幅度为 1、宽度为 τ 的矩形脉冲取 $\tau \to \infty$ 极限的结果，即

$$1 = \lim_{\tau \to \infty}\left[u\left(t+\frac{\tau}{2}\right) - u\left(t-\frac{\tau}{2}\right)\right]$$

从而

$$\mathscr{F}[1] = \lim_{\tau \to \infty}\mathscr{F}\left[u\left(t+\frac{\tau}{2}\right) - u\left(t-\frac{\tau}{2}\right)\right] = \lim_{\tau \to \infty}\tau\mathrm{Sa}\left(\frac{\Omega\tau}{2}\right) \tag{4.4-20}$$

由式(1.3-17)知

$$\delta(\Omega) = \lim_{k \to \infty}\frac{k}{\pi}\mathrm{Sa}(k\Omega) \tag{4.4-21}$$

若令 $k = \tau/2$，比较式(4.4-20)与式(4.4-21)可得到

$$\mathcal{F}[1] = 2\pi\delta(\Omega) \tag{4.4-22}$$

可见，直流信号的频谱是位于 $\Omega = 0$ 的冲激函数。

（3）冲激偶的傅里叶变换

由式(4.4-15)：$\mathcal{F}[\delta(t)] = 1$ 可知 $\mathcal{F}^{-1}[1] = \delta(t)$，即

$$\delta(t) = \frac{1}{2\pi}\int_{-\infty}^{\infty} e^{j\Omega t} d\Omega$$

将上式两边对 t 求导

$$\frac{d}{dt}\delta(t) = \frac{1}{2\pi}\int_{-\infty}^{\infty} (j\Omega)e^{j\Omega t} d\Omega$$

所以

$$\mathcal{F}\left[\frac{d}{dt}\delta(t)\right] = \mathcal{F}[\delta'(t)] = j\Omega \tag{4.4-23}$$

同理可得

$$\mathcal{F}[\delta^{(n)}(t)] = (j\Omega)^n \tag{4.4-24}$$

在 4.5 节中将要讨论傅里叶变换的时域微分特性，在那里可以直接得到式(4.4-24)的结果。

6．阶跃信号

单位阶跃信号 $u(t)$ 虽然不满足绝对可积条件，但它仍存在傅里叶变换。可将 $u(t)$ 看成是幅度为 $1/2$ 的直流信号与幅度为 $1/2$ 的符号函数之和，即

$$u(t) = \frac{1}{2} + \frac{1}{2}\text{sgn}(t)$$

上式两边进行傅里叶变换可得 $\mathcal{F}[u(t)] = \mathcal{F}\left[\frac{1}{2}\right] + \frac{1}{2}\mathcal{F}[\text{sgn}(t)]$

由式(4.4-22)和式(4.4-12)可得 $u(t)$ 的傅里叶变换为

$$\mathcal{F}[u(t)] = \pi\delta(\Omega) + \frac{1}{j\Omega} \tag{4.4-25}$$

单位阶跃信号 $u(t)$ 及幅度谱、相位谱如图 4.4-9 所示。

可见，单位阶跃信号 $u(t)$ 的频谱在 $\Omega = 0$ 点存在一个冲激函数 $\pi\delta(\Omega)$，这就说明 $u(t)$ 含有直流分量。但它不是纯直流信号，在 $t = 0$ 处有跳变，因此频谱还包含其他频率分量。

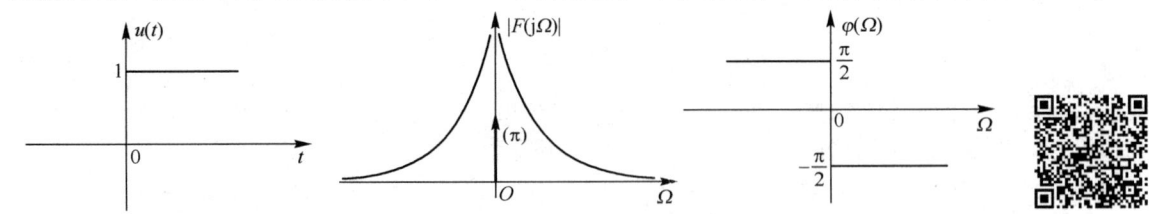

图 4.4-9 单位阶跃函数的波形和频谱

一些常用信号的傅里叶变换见本章关键知识点概要中的表 4-2。（高斯信号的频谱见二维码）

练习题

4.4-1 求图题 4.4-1 所示信号的频谱。

4.4-2 求下列信号的傅里叶变换。

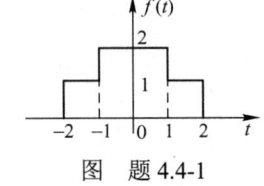

图 题 4.4-1

（1）$e^{-2t}[u(t+1)-u(t-2)]$　　（2）$e^{1+t}u(-t+3)$　　（3）$e^{-jt}\delta(t-3)$

4.4-3　求图题 4.4-3 所示 $F(j\Omega)$ 的傅里叶逆变换 $f(t)$。

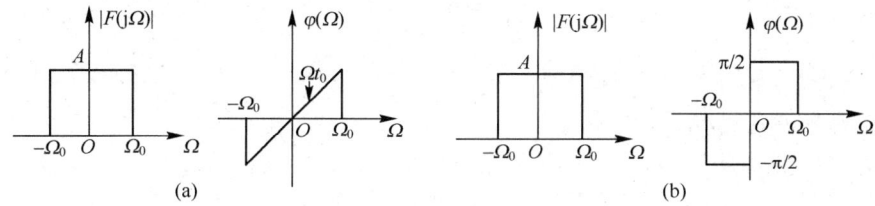

图　题 4.4-3

4.5　傅里叶变换的基本性质

式(4.3-5)通过傅里叶变换建立了信号的时域与频域之间的对应关系。在实际信号分析中，经常需要了解时域信号进行某种运算后其在频域发生何种变化，或者反过来，从频域的运算推测时域的变化。研究这些问题可以使用式(4.3-5)直接求积分得到，也可借助傅里叶变换的性质给出结果。后一种方法不仅计算过程简单，而且物理概念清楚。下面将研究傅里叶变换的一些常用性质。

1. 线性（linearity）

若 $\mathcal{F}[f_1(t)] = F_1(j\Omega)$，$\mathcal{F}[f_2(t)] = F_2(j\Omega)$，则对于任意常数 a_1 和 a_2，有

$$\mathcal{F}[a_1 f_1(t) + a_2 f_2(t)] = a_1 F_1(j\Omega) + a_2 F_2(j\Omega) \tag{4.5-1}$$

由傅里叶变换的定义很容易证明上述结论。对于多个信号的情况也是如此，即有

$$\mathcal{F}\left[\sum_{i=1}^{n} a_i f_i(t)\right] = \sum_{i=1}^{n} a_i \mathcal{F}[f_i(t)] = \sum_{i=1}^{n} a_i F_i(j\Omega) \tag{4.5-2}$$

式中，a_i 为任意常数。

2. 对称性（symmetry）

根据傅里叶变换的定义，信号 $f(t)$ 的傅里叶变换

$$F(j\Omega) = \mathcal{F}[f(t)] = \int_{-\infty}^{\infty} f(t) e^{-j\Omega t} dt$$

在一般情况下是频率 Ω 的复函数，它可以用幅度频谱 $|F(j\Omega)|$ 和相位频谱 $\varphi(\Omega)$ 的形式来表示，即

$$F(j\Omega) = |F(j\Omega)| e^{j\varphi(\Omega)}$$

也可以表示成实部 $R(\Omega)$ 和虚部 $X(\Omega)$ 的形式

$$F(j\Omega) = \text{Re}[F(j\Omega)] + j\text{Im}[F(j\Omega)] = R(\Omega) + jX(\Omega) \tag{4.5-3}$$

其中

$$|F(j\Omega)| = \sqrt{R^2(\Omega) + X^2(\Omega)} \tag{4.5-4}$$

$$\varphi(\Omega) = \arctan \frac{X(\Omega)}{R(\Omega)} \tag{4.5-5}$$

信号 $f(t)$ 的傅里叶变换 $F(j\Omega)$ 的对称性表现在下列各式

$$\mathscr{F}[f(-t)] = F(-j\Omega) \tag{4.5-6}$$

$$\mathscr{F}[f^*(t)] = F^*(-j\Omega) \tag{4.5-7}$$

$$\mathscr{F}[f^*(-t)] = F^*(j\Omega) \tag{4.5-8}$$

无论信号 $f(t)$ 是实函数还是复函数，式(4.5-6)至式(4.5-8)皆成立。下面对于信号 $f(t)$ 是实函数和虚函数两种特定情况进行讨论。

● 若 $f(t)$ 是实函数，则 $F(j\Omega)$ 的实部 $R(\Omega)$ 是偶函数，虚部 $X(\Omega)$ 是奇函数。

证明：因为 $F(j\Omega) = \int_{-\infty}^{\infty} f(t)e^{-j\Omega t}dt = \int_{-\infty}^{\infty} f(t)\cos\Omega t dt - j\int_{-\infty}^{\infty} f(t)\sin\Omega t dt = R(\Omega) + jX(\Omega)$

显然，其实部是偶函数： $R(\Omega) = \int_{-\infty}^{\infty} f(t)\cos\Omega t dt = R(-\Omega)$

其虚部是奇函数： $X(\Omega) = -\int_{-\infty}^{\infty} f(t)\sin\Omega t dt = -X(-\Omega)$

由于 $R(\Omega)$ 是偶函数、$X(\Omega)$ 是奇函数，利用式(4.5-4)和式(4.5-5)可以证明，$|F(j\Omega)|$ 是偶函数，$\varphi(\Omega)$ 是奇函数。

当 $f(t)$ 是实偶函数时，有 $\quad F(j\Omega) = R(\Omega), \quad X(\Omega) = 0 \tag{4.5-9}$

可见，实偶函数的频谱函数也是实偶函数。

当 $f(t)$ 是实奇函数时，有 $\quad F(j\Omega) = jX(\Omega), \quad R(\Omega) = 0 \tag{4.5-10}$

可见，实奇函数的频谱函数是虚奇函数。

● 若 $f(t)$ 是虚函数，则 $F(j\Omega)$ 的实部 $R(\Omega)$ 是奇函数，虚部 $X(\Omega)$ 是偶函数。

证明：令 $f(t) = jx(t)$，这里 $x(t) = x^*(t)$，则 $f(t)$ 的傅里叶变换可写为

$$F(j\Omega) = \int_{-\infty}^{\infty} jx(t)e^{-j\Omega t}dt = \int_{-\infty}^{\infty} x(t)\sin\Omega t dt + j\int_{-\infty}^{\infty} x(t)\cos\Omega t dt$$

显然，其实部是奇函数： $R(\Omega) = \int_{-\infty}^{\infty} x(t)\sin\Omega t dt = -R(-\Omega)$

其虚部是偶函数： $X(\Omega) = \int_{-\infty}^{\infty} x(t)\cos\Omega t dt = X(-\Omega)$

当 $f(t)$ 是虚函数时，由式(4.5-4)和式(4.5-5)可知，其幅度频谱 $|F(j\Omega)|$ 仍为偶函数，相位频谱 $\varphi(\Omega)$ 仍为奇函数。

例 4.5-1 已知 $f(t) = \begin{cases} e^{-\alpha t}, & t > 0 \\ -e^{\alpha t}, & t < 0 \end{cases}$，式中 α 为正实数，求该奇函数的频谱。

解：
$$F(j\Omega) = \int_{-\infty}^{\infty} f(t)e^{-j\Omega t}dt = -\int_{-\infty}^{0} e^{\alpha t}e^{-j\Omega t}dt + \int_{0}^{\infty} e^{-\alpha t}e^{-j\Omega t}dt$$

$$= -\frac{1}{\alpha - j\Omega}e^{(\alpha - j\Omega)t}\Big|_{-\infty}^{0} + \frac{1}{-\alpha - j\Omega}e^{(-\alpha - j\Omega)t}\Big|_{0}^{\infty} = \frac{-2j\Omega}{\alpha^2 + \Omega^2}$$

可见，其频谱为 Ω 的虚奇函数，其幅度谱、相位谱为

$$|F(j\Omega)| = \frac{|\Omega|}{\alpha^2 + \Omega^2}, \qquad \varphi(\Omega) = \begin{cases} -\pi/2, & \Omega > 0 \\ \pi/2, & \Omega < 0 \end{cases}$$

波形和频谱如图 4.5-1 所示。

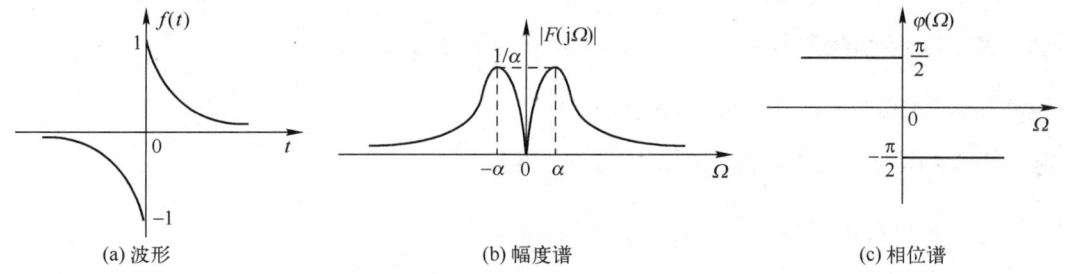

图 4.5-1 奇对称指数信号波形及其频谱

3. 对偶性（duality）

若 $\mathcal{F}[f(t)] = F(j\Omega)$，则 $\quad\quad \mathcal{F}[F(jt)] = 2\pi f(-\Omega) \quad\quad (4.5\text{-}11)$

对偶性表明，与信号 $f(t)$ 的频谱函数 $F(j\Omega)$ 形式相同的时间函数 $F(jt)$ 的傅里叶变换为 $2\pi f(-\Omega)$。这里的 $f(-\Omega)$ 与原信号 $f(t)$ 有相同的形式。

证明：根据傅里叶逆变换公式，即式(4.3-5b)

$$f(t) = \frac{1}{2\pi}\int_{-\infty}^{\infty} F(j\Omega)e^{j\Omega t}d\Omega$$

将自变量 t 换为 $-t$，则有

$$f(-t) = \frac{1}{2\pi}\int_{-\infty}^{\infty} F(j\Omega)e^{-j\Omega t}d\Omega$$

将上式中的变量 t 与 Ω 互换，可得

$$f(-\Omega) = \frac{1}{2\pi}\int_{-\infty}^{\infty} F(jt)e^{-j\Omega t}dt$$

或

$$2\pi f(-\Omega) = \int_{-\infty}^{\infty} F(jt)e^{-j\Omega t}dt$$

所以

$$\mathcal{F}[F(jt)] = 2\pi f(-\Omega)$$

当 $f(t)$ 是实偶函数时，由式(4.5-9)知，它的频谱函数也是实偶函数，于是对偶性可写成

$$\mathcal{F}[F(jt)] = 2\pi f(\Omega) \quad\quad (4.5\text{-}12)$$

例如，单位冲激信号 $\delta(t)$ 是实偶函数，它的傅里叶变换是常数 1，即

$$\delta(t) \xleftrightarrow{\text{F.T.}} 1$$

根据式(4.5-12)可知，在时域中常数 1（直流信号），其频谱函数应是 $2\pi\delta(\Omega)$，即

$$1 \xleftrightarrow{\text{F.T.}} 2\pi\delta(\Omega)$$

这与式(4.4-19)的结果完全一致。该对偶特性如图 4.5-2 所示。

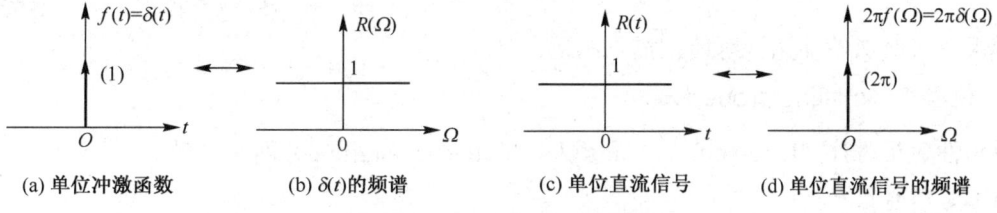

图 4.5-2 傅里叶变换的对偶性

例 4.5-2 试求 $f(t) = 1/t$ 的频谱。

解：由 4.4 节可知 $\text{sgn}(t)$ 的傅里叶变换是 $\dfrac{2}{j\Omega}$，根据对偶性可得

$$\mathcal{F}\left[\frac{2}{jt}\right] = 2\pi\,\text{sgn}(-\Omega) = -2\pi\,\text{sgn}(\Omega)$$

利用傅里叶变换的线性特性,得 $\mathcal{F}\left[\dfrac{1}{t}\right] = -\mathrm{j}\pi\mathrm{sgn}(\Omega)$。

例 4.5-3 求信号 $\mathrm{Sa}(\Omega_0 t)$ 的频谱函数。

解:由 4.4 节可知矩形脉冲的频谱为抽样函数,即

$$\mathcal{F}[u(t+\dfrac{\tau}{2}) - u(t-\dfrac{\tau}{2})] = \tau\mathrm{Sa}\left(\dfrac{\Omega\tau}{2}\right)$$

根据对偶性式(4.5-12),有

$$\mathcal{F}\left[\tau\mathrm{Sa}\left(\dfrac{\tau t}{2}\right)\right] = 2\pi\left[u\left(\Omega+\dfrac{\tau}{2}\right) - u\left(\Omega-\dfrac{\tau}{2}\right)\right]$$

令 $\dfrac{\tau}{2} = \Omega_0$,并使用傅里叶变换的线性特性,可得

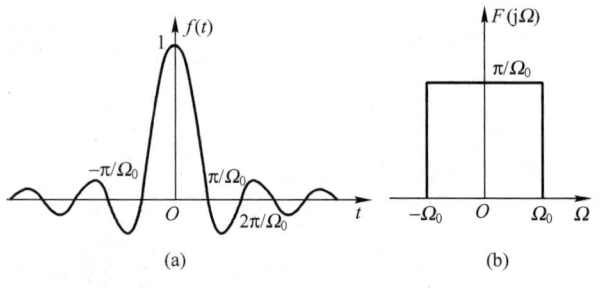

图 4.5-3 抽样函数及其频谱函数

$$\mathcal{F}[\mathrm{Sa}(\Omega_0 t)] = \dfrac{\pi}{\Omega_0}[u(\Omega+\Omega_0) - u(\Omega-\Omega_0)] \tag{4.5-13}$$

从该例看出,对称矩形脉冲信号的频谱函数是抽样函数,抽样函数的频谱为对称矩形脉冲函数,这充分说明傅里叶变换具有对偶性。抽样函数及其频谱如图 4.5-3 所示。

利用对偶性,可以将求傅里叶逆变换的问题转化为求傅里叶变换来进行。

因为根据对偶性,若
$$\mathcal{F}[f(t)] = F(\mathrm{j}\Omega)$$
则
$$\mathcal{F}[F(\mathrm{j}t)] = 2\pi f(-\Omega)$$

现在要求的逆变换是 $f(t)$,需要先求出 $F(\mathrm{j}t)$ 的傅里叶变换,根据上式可得到

$$f(-\Omega) = \dfrac{1}{2\pi}\mathcal{F}[F(\mathrm{j}t)]$$

所以,只要在上式中令 $\Omega = -t$,即可求出 $F(\mathrm{j}\Omega)$ 的逆变换 $f(t)$,即

$$f(t) = \dfrac{1}{2\pi}\mathcal{F}[F(\mathrm{j}t)]\bigg|_{\Omega=-t} \tag{4.5-14}$$

例 4.5-4 求 $\mathcal{F}^{-1}[\mathrm{j}\pi\mathrm{sgn}(\Omega)]$。

解: $\mathcal{F}^{-1}[\mathrm{j}\pi\mathrm{sgn}(\Omega)] = \dfrac{1}{2\pi}\mathcal{F}[\mathrm{j}\pi\mathrm{sgn}(t)]\bigg|_{\Omega=-t} = \dfrac{1}{2\pi}\left[\mathrm{j}\pi\dfrac{2}{\mathrm{j}\Omega}\right]\bigg|_{\Omega=-t} = -\dfrac{1}{t}$

傅氏变换对偶性补充例题请扫描二维码。

4. 位移性(shifting property)

位移性包括时移(time-shifting)和频移(frequency-shifting)两个特性。

(1)时移特性

若 $\mathcal{F}[f(t)] = F(\mathrm{j}\Omega)$,则 $\mathcal{F}[f(t-t_0)] = F(\mathrm{j}\Omega)\mathrm{e}^{-\mathrm{j}\Omega t_0}$ \hfill (4.5-15)

证明:根据傅里叶变换定义,有 $\mathcal{F}[f(t-t_0)] = \int_{-\infty}^{\infty} f(t-t_0)\mathrm{e}^{-\mathrm{j}\Omega t}\mathrm{d}t$

令 $x = t - t_0$,则有 $\mathcal{F}[f(t-t_0)] = \int_{-\infty}^{\infty} f(x)\mathrm{e}^{-\mathrm{j}\Omega(x+t_0)}\mathrm{d}x = \mathrm{e}^{-\mathrm{j}\Omega t_0}\int_{-\infty}^{\infty} f(x)\mathrm{e}^{-\mathrm{j}\Omega x}\mathrm{d}x = F(\mathrm{j}\Omega)\mathrm{e}^{-\mathrm{j}\Omega t_0}$

同理,有 $\mathcal{F}[f(t+t_0)] = F(\mathrm{j}\Omega)\mathrm{e}^{\mathrm{j}\Omega t_0}$ \hfill (4.5-16)

时移特性表明，信号 $f(t)$ 在时域中沿时间轴右移 t_0，等效于在频域中乘以相位因子 $e^{-j\Omega t_0}$。或者说，信号 $f(t)$ 在时域中沿时间轴右移 t_0 后，其幅度谱不变，而相位谱产生 $-\Omega t_0$ 的变化。

例 4.5-5 求图 4.5-4(a)所示的单边矩形脉冲信号的频谱函数。

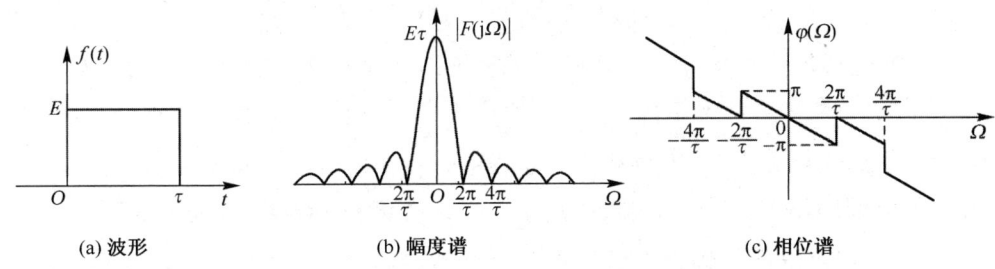

(a) 波形　　(b) 幅度谱　　(c) 相位谱

图 4.5-4　单边矩形脉冲及频谱函数

解：图 4.5-4(a)所示的单边矩形脉冲可以看成将图 4.4-1(a)所示的对称矩形脉冲在时间上延迟 $\tau/2$ 得到的。于是根据时移特性，单边矩形脉冲信号的频谱函数等于式(4.4-2)乘以 $e^{-j\Omega\frac{\tau}{2}}$，即

$$F(j\Omega) = E\tau \text{Sa}\left(\frac{\Omega\tau}{2}\right)e^{-j\Omega\frac{\tau}{2}}$$

显然，它的幅度谱与图 4.4-1(c)完全一样，将其重画在图 4.5-4(b)中，而它的相位谱要在图 4.4-1(d)所示的相位谱基础上增加一附加相位 $-\Omega\tau/2$，如图 4.5-4(c)所示。

例 4.5-6 试求双抽样信号 $f(t)$ 的频谱，已知

$$f(t) = \frac{\Omega_0}{\pi}[\text{Sa}\Omega_0 t - \text{Sa}\Omega_0(t-2\tau)]$$

解：令 $f_0(t) = \frac{\Omega_0}{\pi}\text{Sa}\Omega_0 t$，其频谱 $F_0(j\Omega) = u(\Omega+\Omega_0) - u(\Omega-\Omega_0)$，为矩形函数。

又 $\frac{\Omega_0}{\pi}\text{Sa}\Omega_0(t-2\tau) = f_0(t-2\tau)$，由时移特性可得其频谱为 $e^{-j2\Omega\tau}F_0(j\Omega)$。

因此，双抽样信号 $f(t)$ 的频谱

$$F(j\Omega) = (1-e^{-j2\Omega\tau})[u(\Omega+\Omega_0) - u(\Omega-\Omega_0)]$$

$$= \begin{cases} 1-e^{-j2\Omega\tau}, & |\Omega| < \Omega_0 \\ 0, & |\Omega| > \Omega_0 \end{cases}$$

当 $\tau = \frac{\pi}{\Omega_0}$ 时，则幅度谱为

$$|F(j\Omega)| = \begin{cases} 2\left|\sin\left(\frac{\pi\Omega}{\Omega_0}\right)\right|, & |\Omega| < \Omega_0 \\ 0, & |\Omega| > \Omega_0 \end{cases}$$

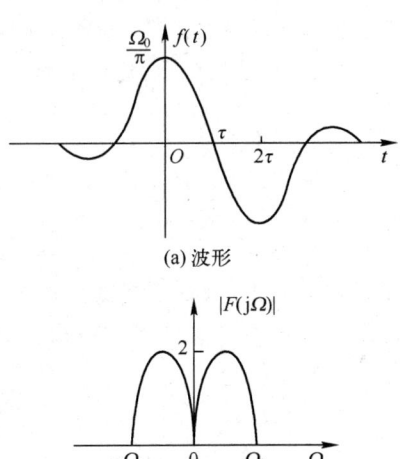

(a) 波形

(b) 幅度谱

图 4.5-5　双抽样信号及幅度谱

双抽样信号及幅度谱如图 4.5-5 所示，可见双抽样信号的频谱限制在 $|\Omega| < \Omega_0$ 范围内，且不存在直流分量。

（2）频移特性（或称调制定理（modulation theorem））

若 $\mathcal{F}[f(t)] = F(j\Omega)$，则　　$\mathcal{F}\left[f(t)e^{j\Omega_0 t}\right] = F[j(\Omega-\Omega_0)]$　　(4.5-17)

式中，Ω_0 为常数。

证明： 根据傅里叶变换定义，有

$$\mathcal{F}\left[f(t)e^{j\Omega_0 t}\right] = \int_{-\infty}^{\infty} f(t)e^{j\Omega_0 t}e^{-j\Omega t}dt = \int_{-\infty}^{\infty} f(t)e^{-j(\Omega-\Omega_0)t}dt = F\left[j(\Omega-\Omega_0)\right]$$

同理可证

$$\mathcal{F}\left[f(t)e^{-j\Omega_0 t}\right] = F\left[j(\Omega+\Omega_0)\right] \quad (4.5\text{-}18)$$

频移特性表明，若时间信号 $f(t)$ 乘以因子 $e^{j\Omega_0 t}$，则其频谱 $F(j\Omega)$ 在频域中沿频率轴右移 Ω_0。也就是说，如果 $f(t)$ 的频谱原来在 $\Omega=0$ 附近（基带信号），欲使其频谱搬移到 $\Omega=\Omega_0$ 附近，在时域将 $f(t)$ 乘以 $e^{j\Omega_0 t}$。在通信中，这样的过程叫做调制（modulation），5.4 节将对调制信号进行较详细的研究。反之，如果 $f(t)$ 的初始频谱在 $\Omega=\Omega_0$ 附近（高频信号），若将 $f(t)$ 乘以 $e^{-j\Omega_0 t}$，就可以使其频谱搬移到 $\Omega=0$ 附近，这样的过程叫做解调（demodulation）。而如果 $f(t)$ 的频谱原来在 $\Omega=\Omega_c$ 附近，将 $f(t)$ 乘以 $e^{j\Omega_0 t}$ 后，其频谱将搬移到 $\Omega=\Omega_c+\Omega_0$ 附近，这样的过程称为变频（frequency conversion）。

由于实际中不可能获得复指数信号，因此频谱搬移的实现原理是，将信号 $f(t)$ 乘以载波信号 $\cos\Omega_0 t$ 或 $\sin\Omega_0 t$，下面分析这种相乘作用引起的频谱搬移。

因为 $\cos\Omega_0 t = \dfrac{1}{2}(e^{j\Omega_0 t}+e^{-j\Omega_0 t})$，$\sin\Omega_0 t = \dfrac{1}{2j}(e^{j\Omega_0 t}-e^{-j\Omega_0 t})$，可以推导出

$$\mathcal{F}\left[f(t)\cos\Omega_0 t\right] = \frac{1}{2}\left\{F\left[j(\Omega+\Omega_0)\right]+F\left[j(\Omega-\Omega_0)\right]\right\} \quad (4.5\text{-}19)$$

$$\mathcal{F}\left[f(t)\sin\Omega_0 t\right] = \frac{j}{2}\left\{F\left[j(\Omega+\Omega_0)\right]-F\left[j(\Omega-\Omega_0)\right]\right\} \quad (4.5\text{-}20)$$

式(4.5-19)表明，将时间信号 $f(t)$ 乘以 $\cos\Omega_0 t$，等效于将 $f(t)$ 的频谱 $F(j\Omega)$ 一分为二，各沿频率轴向左、向右平移 Ω_0。式(4.5-20)亦类似。

例 4.5-7 求 $e^{j\Omega_0 t}$，$\cos\Omega_0 t$ 及 $\sin\Omega_0 t$ 的频谱。

解： 由 $\mathcal{F}[1] = 2\pi\delta(\Omega)$，以及式(4.5-18)、式(4.5-19)和式(4.5-20)可以求出

$$\mathcal{F}[e^{j\Omega_0 t}] = 2\pi\delta(\Omega-\Omega_0) \quad (4.5\text{-}21)$$

$$\mathcal{F}\left[\cos\Omega_0 t\right] = \pi\left[\delta(\Omega+\Omega_0)+\delta(\Omega-\Omega_0)\right] \quad (4.5\text{-}22)$$

$$\mathcal{F}\left[\sin\Omega_0 t\right] = j\pi\left[\delta(\Omega+\Omega_0)-\delta(\Omega-\Omega_0)\right] \quad (4.5\text{-}23)$$

可见，正、余弦信号的傅里叶变换是位于 $\pm\Omega_0$ 处的冲激函数，频谱不包含其他频率分量，将在 4.6 节专门讨论周期信号的傅里叶变换。

例 4.5-8 求图 4.5-6(a)所示的矩形脉冲调幅信号的频谱。

解： 该矩形脉冲调幅信号可看成是对称矩形脉冲信号 $G(t)$ 与余弦函数 $\cos\Omega_0 t$ 的乘积，即

$$f(t) = G(t)\cos\Omega_0 t$$

其中

$$G(t) = \begin{cases} E & |t|<\tau/2 \\ 0 & |t|>\tau/2 \end{cases}$$

$G(t)$ 的频谱为

$$G(j\Omega) = E\tau\text{Sa}\left(\frac{\Omega\tau}{2}\right)$$

根据式(4.5-19)可求出 $f(t)$ 的频谱为

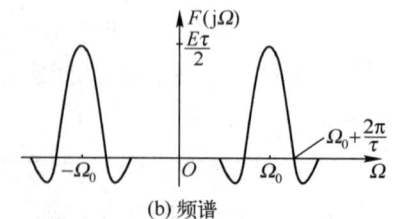

图 4.5-6 矩形脉冲调幅信号及其频谱

$$F(j\Omega) = \frac{1}{2}\{G[j(\Omega+\Omega_0)] + G[j(\Omega-\Omega_0)]\}$$

$$= \frac{E\tau}{2}\text{Sa}\left[(\Omega+\Omega_0)\frac{\tau}{2}\right] + \frac{E\tau}{2}\text{Sa}\left[(\Omega-\Omega_0)\frac{\tau}{2}\right]$$

可见，矩形调幅信号的频谱等于将包络线（对称矩形脉冲信号）的频谱一分为二，沿频率轴向左和向右各移动载频Ω_0。矩形调幅信号的频谱$F(j\Omega)$如图4.5-6(b)所示（图中$\Omega_0 \gg 2\pi/\tau$）。

5. 尺度变换（scaling）

若$\mathcal{F}[f(t)] = F(j\Omega)$，则 $\qquad \mathcal{F}[f(at)] = \dfrac{1}{|a|}F\left(j\dfrac{\Omega}{a}\right)$ (4.5-24)

这里，a为非零常数。

证明： 因为 $\qquad \mathcal{F}[f(at)] = \displaystyle\int_{-\infty}^{\infty} f(at)e^{-j\Omega t}dt$

令$x = at$，则当$a > 0$时，有 $\quad \mathcal{F}[f(at)] = \dfrac{1}{a}\displaystyle\int_{-\infty}^{\infty} f(x)e^{-j\frac{\Omega}{a}x}dx = \dfrac{1}{a}F\left(j\dfrac{\Omega}{a}\right)$

而当$a < 0$时，有 $\quad \mathcal{F}[f(at)] = \dfrac{1}{a}\displaystyle\int_{\infty}^{-\infty} f(x)e^{-j\frac{\Omega}{a}x}dx = -\dfrac{1}{a}\displaystyle\int_{-\infty}^{\infty} f(x)e^{-j\frac{\Omega}{a}x}dx = -\dfrac{1}{a}F\left(j\dfrac{\Omega}{a}\right)$

综合上述两种情况，得到 $\qquad \mathcal{F}[f(at)] = \dfrac{1}{|a|}F\left(j\dfrac{\Omega}{a}\right)$

特例：令$a = -1$，可得 $\qquad \mathcal{F}[f(-t)] = F(-j\Omega)$ (4.5-25)

此式就是前面介绍过的式(4.5-6)。

尺度变换特性表明，信号在时域中压缩($a > 1$)等效于在频域中扩展；反之，信号在时域中扩展($0 < a < 1$)则等效于在频域中压缩。对于$a = -1$的特例，说明信号在时域中以纵轴为轴反褶，等效于频域中频谱也以纵轴为轴反褶。为了说明尺度变换特性，在图4.5-7中画出了矩形脉冲及其频谱展缩情况。

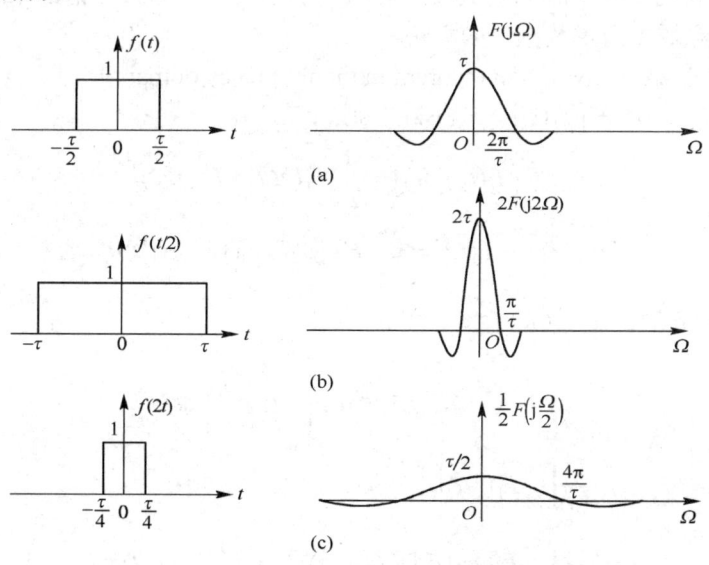

图4.5-7 矩形脉冲的尺度变换特性

从图 4.5-7(b)中可见，$f(t)$ 沿时间轴扩展成 $f(t/2)$，表现为脉冲宽度由 τ 增大为 2τ，对应的频谱 $F(j\Omega)$ 则沿频率轴压缩成 $2F(j2\Omega)$，其频谱第一个零值点由 $2\pi/\tau$ 变为 π/τ。反之，信号在时域上压缩到原来的 $1/2$，则其频谱在频域上展宽 2 倍，如图 4.5-7(c)所示。可以看出，矩形脉冲信号的脉冲宽度与等效频带宽度成反比。如要压缩信号的持续时间，就不得不以展宽频带为代价；而如要压缩信号的频带宽度，则又不得不以增加信号的持续时间为代价。因而，在通信系统中通信速度与占用频带宽度是一对矛盾。

综合时移特性与尺度变换特性，还可以证明以下两式

$$\mathcal{F}[f(at-t_0)] = \frac{1}{|a|}F\left(j\frac{\Omega}{a}\right)e^{-j\frac{\Omega t_0}{a}} \tag{4.5-26}$$

$$\mathcal{F}[f(t_0-at)] = \frac{1}{|a|}F\left(-j\frac{\Omega}{a}\right)e^{-j\frac{\Omega t_0}{a}} \tag{4.5-27}$$

6. 卷积定理

卷积定理包括时域卷积定理和频域卷积定理。

（1）时域卷积定理（convolution theorem in the time domain）

若给定两个时间函数 $f_1(t)$ 和 $f_2(t)$，并且已知 $\mathcal{F}[f_1(t)] = F_1(j\Omega)$，$\mathcal{F}[f_2(t)] = F_2(j\Omega)$，则

$$\mathcal{F}[f_1(t) * f_2(t)] = F_1(j\Omega)F_2(j\Omega) \tag{4.5-28}$$

证明：根据卷积的定义，可得 $f_1(t) * f_2(t) = \int_{-\infty}^{\infty} f_1(\tau)f_2(t-\tau)d\tau$

因为

$$\mathcal{F}[f_1(t) * f_2(t)] = \int_{-\infty}^{\infty}\left[\int_{-\infty}^{\infty} f_1(\tau)f_2(t-\tau)d\tau\right]e^{-j\Omega t}dt$$

交换积分次序，并利用时移特性，得

$$\mathcal{F}[f_1(t) * f_2(t)] = \int_{-\infty}^{\infty} f_1(\tau)\left[\int_{-\infty}^{\infty} f_2(t-\tau)e^{-j\Omega t}dt\right]d\tau$$

$$= \int_{-\infty}^{\infty} f_1(\tau)F_2(j\Omega)e^{-j\Omega\tau}d\tau = F_2(j\Omega)\int_{-\infty}^{\infty} f_1(\tau)e^{-j\Omega\tau}d\tau = F_1(j\Omega)F_2(j\Omega)$$

时域卷积定理表明，两个时间函数卷积的频谱等于各时间函数频谱的乘积，即在时域中两函数的卷积对应于频域中两函数频谱的乘积。

（2）频域卷积定理（convolution theorem in the frequency domain）

若 $\mathcal{F}[f_1(t)] = F_1(j\Omega)$，$\mathcal{F}[f_2(t)] = F_2(j\Omega)$，则

$$\mathcal{F}[f_1(t)f_2(t)] = \frac{1}{2\pi}F_1(j\Omega) * F_2(j\Omega) \tag{4.5-29}$$

其中

$$F_1(j\Omega) * F_2(j\Omega) = \int_{-\infty}^{\infty} F_1(j\mu)F_2[j(\Omega-\mu)]d\mu \tag{4.5-30}$$

证明：$\mathcal{F}[f_1(t)f_2(t)] = \int_{-\infty}^{\infty} f_1(t)f_2(t)e^{-j\Omega t}dt$

$$= \int_{-\infty}^{\infty}\left[\frac{1}{2\pi}\int_{-\infty}^{\infty} F_1(j\mu)e^{j\mu t}d\mu\right]f_2(t)e^{-j\Omega t}dt$$

$$= \frac{1}{2\pi}\int_{-\infty}^{\infty} F_1(j\mu)\left[\int_{-\infty}^{\infty} f_2(t)e^{-j(\Omega-\mu)t}dt\right]d\mu$$

$$= \frac{1}{2\pi}\int_{-\infty}^{\infty} F_1(j\mu)F_2[j(\Omega-\mu)]d\mu = \frac{1}{2\pi}F_1(j\Omega) * F_2(j\Omega)$$

频域卷积定理表明，两时间函数乘积的频谱等于各时间函数频谱的卷积乘以 $\frac{1}{2\pi}$。即在时域中两函数的乘积对应于频域中两函数频谱的卷积。

例 4.5-9 已知矩形脉冲信号为 $f_1(t) = 2[u(t+1) - u(t-1)]$，求 $f_1(t) * f_1(t)$ 的傅里叶变换。

解： $f_1(t)$ 的傅里叶变换为 $\quad F_1(j\Omega) = \mathcal{F}[f_1(t)] = 4\text{Sa}\Omega$

根据傅里叶变换的时域卷积定理，即式(4.5-28)，可求出

$$F(j\Omega) = \mathcal{F}[f_1(t) * f_1(t)] = F_1(j\Omega)F_1(j\Omega) = 16\text{Sa}^2\Omega$$

由 1.4 节信号的运算可知，相同脉宽的矩形脉冲的卷积为三角脉冲，例 4.5-9 给出一种利用傅里叶变换的时域卷积定理，可以很简单地求出三角脉冲频谱的分析思路。例 4.5-9 波形图分析请扫描二维码。

例 4.5-10 利用频域卷积定理求下式表示的余弦脉冲信号的频谱函数。

$$f(t) = \begin{cases} E\cos\frac{\pi}{\tau}t & |t| \leqslant \tau/2 \\ 0 & |t| > \tau/2 \end{cases}$$

解： 余弦脉冲信号 $f(t)$ 可以看做矩形脉冲 $G(t)$ 与无限长的余弦函数 $\cos\frac{\pi}{\tau}t$ 的乘积，如图 4.5-8(a)所示，即

$$f(t) = G(t)\cos\frac{\pi}{\tau}t$$

$$G(j\Omega) = \mathcal{F}[G(t)] = E\tau\text{Sa}\left(\frac{\Omega\tau}{2}\right)$$

由式(4.5-22)可得

$$\mathcal{F}\left[\cos\frac{\pi}{\tau}t\right] = \pi\left[\delta\left(\Omega + \frac{\pi}{\tau}\right) + \delta\left(\Omega - \frac{\pi}{\tau}\right)\right]$$

这样，根据频域卷积定理，可以得到 $f(t)$ 的频谱函数为

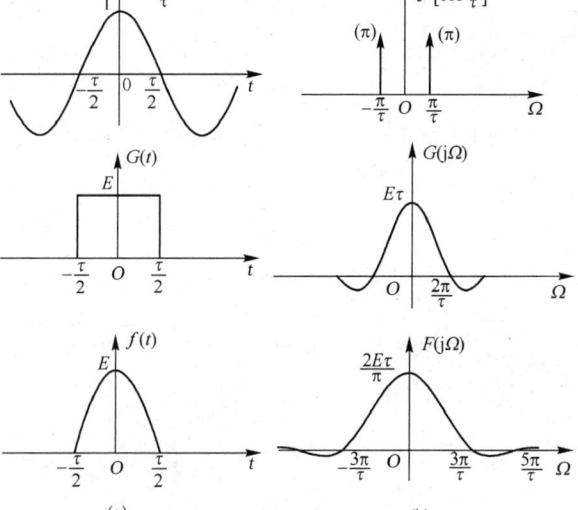

图 4.5-8 利用频域卷积定理求余弦脉冲的频谱

$$F(j\Omega) = \mathcal{F}\left[G(t)\cos\frac{\pi}{\tau}t\right] = \frac{1}{2\pi}G(j\Omega) * \mathcal{F}\left[\cos\frac{\pi}{\tau}t\right]$$

$$= \frac{1}{2\pi}E\tau\text{Sa}\left(\frac{\Omega\tau}{2}\right) * \pi\left[\delta\left(\Omega + \frac{\pi}{\tau}\right) + \delta\left(\Omega - \frac{\pi}{\tau}\right)\right]$$

$$= \frac{E\tau}{2}\text{Sa}\left[\left(\Omega + \frac{\pi}{\tau}\right)\frac{\tau}{2}\right] + \frac{E\tau}{2}\text{Sa}\left[\left(\Omega - \frac{\pi}{\tau}\right)\frac{\tau}{2}\right]$$

将上式化简后可得

$$F(j\Omega) = \frac{2E\tau}{\pi}\frac{\cos(\frac{\Omega\tau}{2})}{\left[1 - \left(\frac{\Omega\tau}{\pi}\right)^2\right]}$$

其频谱 $F(j\Omega)$ 如图 4.5-8(b)所示。

7. 微分与积分（differentiation and integration）

微分与积分特性包括时域微分与积分特性和频域微分与积分特性。

（1）时域微分（differentiation in time domain）

若 $\mathcal{F}[f(t)] = F(\mathrm{j}\Omega)$，则
$$\mathcal{F}\left[\frac{\mathrm{d}f(t)}{\mathrm{d}t}\right] = \mathrm{j}\Omega F(\mathrm{j}\Omega) \tag{4.5-31}$$

$$\mathcal{F}\left[\frac{\mathrm{d}^n f(t)}{\mathrm{d}t^n}\right] = (\mathrm{j}\Omega)^n F(\mathrm{j}\Omega) \tag{4.5-32}$$

证明： 因为
$$f(t) = \frac{1}{2\pi}\int_{-\infty}^{\infty} F(\mathrm{j}\Omega)\mathrm{e}^{\mathrm{j}\Omega t}\mathrm{d}\Omega$$

将上式两边对 t 求导数，得
$$\frac{\mathrm{d}f(t)}{\mathrm{d}t} = \frac{1}{2\pi}\int_{-\infty}^{\infty} [\mathrm{j}\Omega F(\mathrm{j}\Omega)]\mathrm{e}^{\mathrm{j}\Omega t}\mathrm{d}\Omega$$

所以
$$\mathcal{F}\left[\frac{\mathrm{d}f(t)}{\mathrm{d}t}\right] = \mathrm{j}\Omega F(\mathrm{j}\Omega)$$

同理可推导出
$$\mathcal{F}\left[\frac{\mathrm{d}^n f(t)}{\mathrm{d}t^n}\right] = (\mathrm{j}\Omega)^n F(\mathrm{j}\Omega)$$

利用时域微分特性容易求出一些由定义式不容易求得的函数的傅里叶变换。例如，由 $\mathcal{F}[\delta(t)] = 1$，可得

$$\mathcal{F}[\delta'(t)] = \mathrm{j}\Omega \tag{4.5-33}$$

以及
$$\mathcal{F}[\delta^{(n)}(t)] = (\mathrm{j}\Omega)^n \tag{4.5-34}$$

（2）时域积分（integration in time domain）

若 $\mathcal{F}[f(t)] = F(\mathrm{j}\Omega)$，则
$$\mathcal{F}\left[\int_{-\infty}^{t} f(\tau)\mathrm{d}\tau\right] = \frac{F(\mathrm{j}\Omega)}{\mathrm{j}\Omega} + \pi F(0)\delta(\Omega) \tag{4.5-35}$$

式中，$F(0) = F(\mathrm{j}\Omega)\big|_{\Omega=0}$。

证明： 由傅里叶变换的定义式可知
$$\mathcal{F}\left[\int_{-\infty}^{t} f(\tau)\mathrm{d}\tau\right] = \int_{-\infty}^{\infty}\left[\int_{-\infty}^{t} f(\tau)\mathrm{d}\tau\right]\mathrm{e}^{-\mathrm{j}\Omega t}\mathrm{d}t = \int_{-\infty}^{\infty}\left[\int_{-\infty}^{\infty} f(\tau)u(t-\tau)\mathrm{d}\tau\right]\mathrm{e}^{-\mathrm{j}\Omega t}\mathrm{d}t$$

交换上式中的积分次序，得
$$\mathcal{F}\left[\int_{-\infty}^{t} f(\tau)\mathrm{d}\tau\right] = \int_{-\infty}^{\infty} f(\tau)\left[\int_{-\infty}^{\infty} u(t-\tau)\mathrm{e}^{-\mathrm{j}\Omega t}\mathrm{d}t\right]\mathrm{d}\tau$$

上式中方括号内是阶跃函数 $u(t-\tau)$ 的傅里叶变换。根据时移特性，$u(t-\tau)$ 的频谱函数为
$$\left[\pi\delta(\Omega) + \frac{1}{\mathrm{j}\Omega}\right]\mathrm{e}^{-\mathrm{j}\Omega\tau} = \pi\delta(\Omega) + \frac{1}{\mathrm{j}\Omega}\mathrm{e}^{-\mathrm{j}\Omega\tau}$$

代入前式则得
$$\mathcal{F}\left[\int_{-\infty}^{t} f(\tau)\mathrm{d}\tau\right] = \int_{-\infty}^{\infty} f(\tau)\pi\delta(\Omega)\mathrm{d}\tau + \int_{-\infty}^{\infty} f(\tau)\frac{1}{\mathrm{j}\Omega}\mathrm{e}^{-\mathrm{j}\Omega\tau}\mathrm{d}\tau$$

$$= \frac{F(\mathrm{j}\Omega)}{\mathrm{j}\Omega} + \pi F(0)\delta(\Omega)$$

如果 $F(0) = 0$，则式(4.5-35)变为
$$\mathcal{F}\left[\int_{-\infty}^{t} f(\tau)\mathrm{d}\tau\right] = \frac{F(\mathrm{j}\Omega)}{\mathrm{j}\Omega} \tag{4.5-36}$$

利用积分特性求信号 $f(t)$ 的频谱函数 $F(j\Omega)$ 时，可以将信号 $f(t)$ 微分，即 $\varphi(t) = \dfrac{df(t)}{dt}$，并求其傅里叶变换 $\Phi(j\Omega) = \mathcal{F}[\varphi(t)]$，然后再利用积分特性导出原信号 $f(t)$ 的傅里叶变换 $F(j\Omega)$。然而应当注意，原信号经微分之后去掉其直流分量，再积分就不一定能恢复原来信号，存在一个积分常数问题。例如，$u(t)$ 和 $\dfrac{1}{2}\text{sgn}(t)$ 的微分都是 $\delta(t)$，然而 $\delta(t)$ 的积分等于 $u(t)$，却不等于 $\dfrac{1}{2}\text{sgn}(t)$。为了利用微分之后的函数 $\varphi(t) = \dfrac{df(t)}{dt}$ 的傅里叶变换 $\Phi(j\Omega) = \mathcal{F}[\varphi(t)]$，来直接求取原信号 $f(t)$ 的傅里叶变换 $F(j\Omega) = \mathcal{F}[f(t)]$，式(4.5-35)的时域积分特性应修正为

$$F(j\Omega) = \frac{\Phi(j\Omega)}{j\Omega} + [f(-\infty) + f(\infty)]\pi\delta(\Omega) \tag{4.5-37}$$

式中，$F(j\Omega) = \mathcal{F}[f(t)]$，$\Phi(j\Omega) = \mathcal{F}\left[\dfrac{d}{dt}f(t)\right] = \mathcal{F}[\varphi(t)]$，$f(\infty) = \lim\limits_{t\to\infty} f(t)$，$f(-\infty) = \lim\limits_{t\to -\infty} f(t)$，且 $f(\infty)$ 和 $f(-\infty)$ 应为有限值。式(4.5-37)的证明可查阅有关参考书籍。

由式(4.5-37)可知，当 $f(-\infty) = f(\infty) = 0$ 时，有

$$F(j\Omega) = \frac{\Phi(j\Omega)}{j\Omega} \tag{4.5-38}$$

前面所举的 $u(t)$ 和 $\dfrac{1}{2}\text{sgn}(t)$ 的例子，利用式(4.5-37)就可方便地求得它们各自的傅里叶变换。首先求出它们的 $\varphi(t) = \dfrac{df(t)}{dt} = \delta(t)$，得到相同的 $\Phi(j\Omega) = 1$。当 $f(t) = u(t)$ 时，$f(-\infty) = 0$，$f(\infty) = 1$，则由式(4.5-37)可求出其傅里叶变换为 $\mathcal{F}[u(t)] = \dfrac{1}{j\Omega} + \pi\delta(\Omega)$。而当 $f(t) = \dfrac{1}{2}\text{sgn}(t)$ 时，因 $f(-\infty) = -1/2$，$f(\infty) = 1/2$，由式(4.5-37)可求出其傅里叶变换为 $\mathcal{F}\left[\dfrac{1}{2}\text{sgn}(t)\right] = \dfrac{1}{j\Omega}$，与 4.4 节常用信号的傅氏变换求解结果一致。

例 4.5-11 求图 4.5-9(a)所示的三角脉冲信号

$$f(t) = \begin{cases} E\left(1 - \dfrac{2}{\tau}|t|\right) & |t| \leqslant \tau/2 \\ 0 & |t| > \tau/2 \end{cases}$$

的频谱函数 $F(j\Omega)$。

解：首先求出 $f(t)$ 的一阶导数和二阶导数，得到

$$\frac{df(t)}{dt} = \begin{cases} 2E/\tau & -\tau/2 < t < 0 \\ -2E/\tau & 0 < t < \tau/2 \\ 0 & |t| > \tau/2 \end{cases}$$

及

$$\frac{d^2 f(t)}{dt^2} = \frac{2E}{\tau}\left[\delta\left(t + \frac{\tau}{2}\right) + \delta\left(t - \frac{\tau}{2}\right) - 2\delta(t)\right]$$

它们的波形分别如图 4.5-9(b)和(c)所示。

利用微分特性，对上式两边取傅氏变换得

$$(j\Omega)^2 F(j\Omega) = \frac{2E}{\tau}\left[e^{j\Omega\frac{\tau}{2}} + e^{-j\Omega\frac{\tau}{2}} - 2\right] = -\frac{\Omega^2 E\tau}{2}\text{Sa}^2\left(\frac{\Omega\tau}{4}\right)$$

由于 $f(-\infty) = f(\infty) = 0$，所以可以利用 $f(t)$ 的二阶导数的频谱来求其原函数 $f(t)$ 的频谱。于是

$$F(j\Omega) = \frac{E\tau}{2}\text{Sa}^2\left(\frac{\Omega\tau}{4}\right)$$

如图 4.5-9(d)所示。

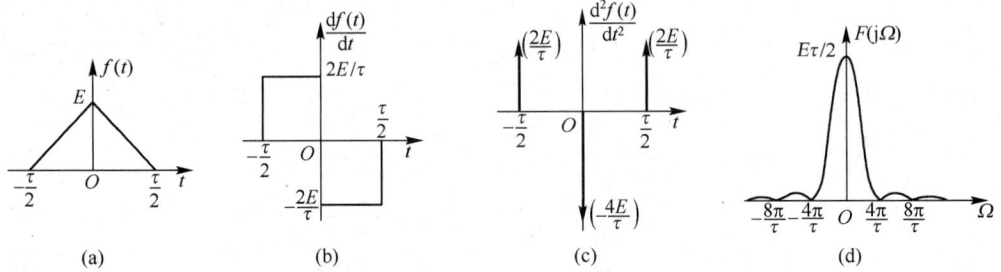

图 4.5-9 三角脉冲信号的波形和频谱

例 4.5-12 求图 4.5-10 所示信号 $f(t)$ 的频谱函数 $F(j\Omega)$。

解：由图可写出
$$f(t) = \begin{cases} 0 & t < 0 \\ t/t_0 & 0 \leq t \leq t_0 \\ 1 & t > t_0 \end{cases}$$

则
$$\varphi(t) = \frac{df(t)}{dt} = \begin{cases} 1/t_0 & 0 < t < t_0 \\ 0 & t < 0 \text{ 及 } t > t_0 \end{cases}$$

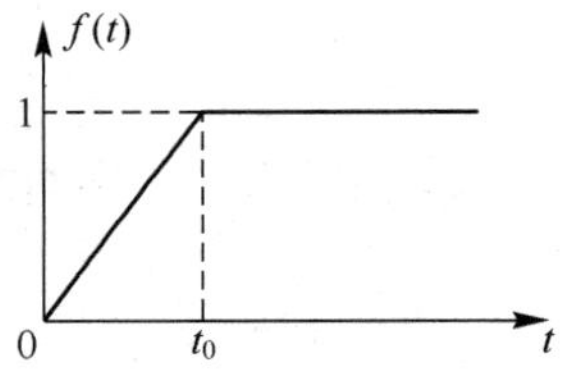

根据对称矩形脉冲的频谱及时移特性，可得 $\varphi(t)$ 的频谱为

图 4.5-10 例 4.5-12 的信号

$$\Phi(j\Omega) = \text{Sa}\left(\frac{\Omega t_0}{2}\right)e^{-j\Omega\frac{t_0}{2}}$$

因为 $f(-\infty) = 0$，$f(\infty) = 1$，因此，可用式(4.5-37)求得 $f(t)$ 的频谱函数为

$$F(j\Omega) = \frac{\Phi(j\Omega)}{j\Omega} + [f(\infty) + f(-\infty)]\pi\delta(\Omega) = \frac{1}{j\Omega}\text{Sa}\left(\frac{\Omega t_0}{2}\right)e^{-j\Omega\frac{t_0}{2}} + \pi\delta(\Omega)$$

显然，当 $t_0 \to 0$ 时，$f(t) \to u(t)$，$\varphi(t) \to \delta(t)$，上式变为

$$\mathscr{F}[u(t)] = \frac{1}{j\Omega} + \pi\delta(\Omega)$$

与式(4.4-25)的结果完全相同。

（3）频域微分（differentiation in frequency domain）

若 $\mathscr{F}[f(t)] = F(j\Omega)$，则
$$\mathscr{F}[(-jt)f(t)] = \frac{dF(j\Omega)}{d\Omega} \tag{4.5-39}$$

$$\mathscr{F}[(-jt)^n f(t)] = \frac{d^n F(j\Omega)}{d\Omega^n} \tag{4.5-40}$$

证明：由傅里叶变换式
$$F(j\Omega) = \int_{-\infty}^{\infty} f(t)e^{-j\Omega t}dt$$

两边对 Ω 求导，得
$$\frac{dF(j\Omega)}{d\Omega} = \int_{-\infty}^{\infty} (-jt)f(t)e^{-j\Omega t}dt$$

所以
$$\mathscr{F}[(-jt)f(t)] = \frac{dF(j\Omega)}{d\Omega}$$

同理可证
$$\mathscr{F}[(-jt)^n f(t)] = \frac{d^n F(j\Omega)}{d\Omega^n}$$

利用频域微分特性可以求得一些在通常意义下不便进行变换的信号的频谱。例如，由 $\mathscr{F}[1] = 2\pi\delta(\Omega)$，可得

$$\mathscr{F}[t] = 2\pi j\delta'(\Omega) \tag{4.5-41}$$

$$\mathscr{F}[t^n] = 2\pi j^n \delta^{(n)}(\Omega) \tag{4.5-42}$$

又由 $\mathscr{F}[u(t)] = \pi\delta(\Omega) + \dfrac{1}{j\Omega}$，可得

$$\mathscr{F}[tu(t)] = j\pi\delta'(\Omega) - \frac{1}{\Omega^2} \tag{4.5-43}$$

（4）频域积分（integration in frequency domain）

若 $\mathscr{F}[f(t)] = F(j\Omega)$，则
$$\mathscr{F}^{-1}\left[\int_{-\infty}^{\Omega} F(j\mu)d\mu\right] = \frac{f(t)}{-jt} + \pi f(0)\delta(t) \tag{4.5-44}$$

证明：根据 1.4 节介绍的卷积性质，即式(1.4-14)
$$\int_{-\infty}^{\Omega} F(j\mu)d\mu = F(j\Omega) * u(\Omega)$$

利用频域卷积定理，即式(4.5-29)可得
$$\mathscr{F}^{-1}\left[\int_{-\infty}^{\Omega} F(j\mu)d\mu\right] = \mathscr{F}^{-1}[F(j\Omega) * u(\Omega)] = 2\pi f(t)\mathscr{F}^{-1}[u(\Omega)] \tag{4.5-45}$$

由于
$$\mathscr{F}[u(t)] = \frac{1}{j\Omega} + \pi\delta(\Omega)$$

利用对偶性可得
$$\mathscr{F}^{-1}[u(\Omega)] = \frac{1}{2\pi}\mathscr{F}[u(t)]\bigg|_{\Omega=-t} = \frac{1}{2\pi}\left[\frac{1}{j\Omega} + \pi\delta(\Omega)\right]\bigg|_{\Omega=-t} = \frac{1}{2}\delta(t) - \frac{1}{2\pi}\cdot\frac{1}{jt}$$

将上式代入式(4.5-45)中，即得
$$\mathscr{F}^{-1}\left[\int_{-\infty}^{\Omega} F(j\mu)d\mu\right] = 2\pi f(t)\left[\frac{1}{2}\delta(t) - \frac{1}{2\pi}\cdot\frac{1}{jt}\right] = \frac{f(t)}{-jt} + \pi f(0)\delta(t)$$

式中，$f(0)$ 是 $f(t)$ 在 $t = 0$ 的值。由于此特性应用较少，此处不再详细讨论。

例 4.5-13 试用频域积分特性，求 $\mathrm{Sa}(t)$ 的频谱。

解：由傅里叶变换的频移特性即式(4.5-23)可知
$$\mathscr{F}[\sin t] = j\pi[\delta(\Omega+1) - \delta(\Omega-1)]$$

由于 $f(t) = \sin t$，因此 $f(0) = 0$，利用频域积分特性可得
$$\mathscr{F}\left[\frac{\sin(t)}{-jt}\right] = \int_{-\infty}^{\Omega} F(j\mu)d\mu = j\pi\int_{-\infty}^{\Omega}[\delta(\mu+1) - \delta(\mu-1)]d\mu = j\pi[u(\Omega+1) - u(\Omega-1)]$$

于是
$$\mathscr{F}\left[\frac{\sin(t)}{t}\right] = \mathscr{F}[\mathrm{Sa}(t)] = \pi[u(\Omega+1) - u(\Omega-1)]$$

8. 帕斯瓦尔定理（Parseval's theorem）

若 $\mathscr{F}[f(t)] = F(j\Omega)$，则

$$\int_{-\infty}^{\infty}|f(t)|^2\,\mathrm{d}t = \frac{1}{2\pi}\int_{-\infty}^{\infty}|F(\mathrm{j}\Omega)|^2\,\mathrm{d}\Omega \tag{4.5-46}$$

该式称为帕斯瓦尔定理。

证明：
$$\int_{-\infty}^{\infty}|f(t)|^2\,\mathrm{d}t = \int_{-\infty}^{\infty}f(t)f^*(t)\,\mathrm{d}t = \int_{-\infty}^{\infty}f(t)\left[\frac{1}{2\pi}\int_{-\infty}^{\infty}F^*(\mathrm{j}\Omega)\mathrm{e}^{-\mathrm{j}\Omega t}\,\mathrm{d}\Omega\right]\mathrm{d}t$$
$$= \frac{1}{2\pi}\int_{-\infty}^{\infty}F^*(\mathrm{j}\Omega)\left[\int_{-\infty}^{\infty}f(t)\mathrm{e}^{-\mathrm{j}\Omega t}\,\mathrm{d}t\right]\mathrm{d}\Omega$$
$$= \frac{1}{2\pi}\int_{-\infty}^{\infty}F^*(\mathrm{j}\Omega)F(\mathrm{j}\Omega)\,\mathrm{d}\Omega = \frac{1}{2\pi}\int_{-\infty}^{\infty}|F(\mathrm{j}\Omega)|^2\,\mathrm{d}\Omega$$

此特性表明，能量有限的非周期信号，能量既可以按单位时间内的能量 $|f(t)|^2$ 在整个时间内积分算出，也可以按单位频率内的能量 $|F(\mathrm{j}\Omega)|^2/2\pi$ 在整个频率范围内积分而得。

傅里叶变换的基本性质列于本章关键知识点概要中的表 4-3 中。

练习题

4.5-1 利用时域与频域的对偶性，求下列傅里叶变换的时间函数。
（1） $F(\mathrm{j}\Omega) = \delta(\Omega - \Omega_0)$ （2） $F(\mathrm{j}\Omega) = u(\Omega + \Omega_0) - u(\Omega - \Omega_0)$ （3） $F(\mathrm{j}\Omega) = \mathrm{sgn}(\Omega)$ （4） $F(\mathrm{j}\Omega) = \cos 2\Omega$

4.5-2 若已知 $\mathcal{F}[f(t)] = F(\mathrm{j}\Omega)$，利用傅里叶变换的性质求下列信号的傅里叶变换。
（1） $f(2t-3)$ （2） $tf(3t)$ （3） $\mathrm{e}^{\mathrm{j}t}f(2-3t)$ （4） $(2t-2)f(t)$ （5） $(1-t)f(1-t)$ （6） $t\dfrac{\mathrm{d}f(t)}{\mathrm{d}t}$

4.5-3 对图题 4.5-3 所示波形，若已知 $\mathcal{F}[f_1(t)] = F_1(\mathrm{j}\Omega)$，利用傅里叶变换的性质求图中 $f_2(t)$、$f_3(t)$ 和 $f_4(t)$ 的傅里叶变换。

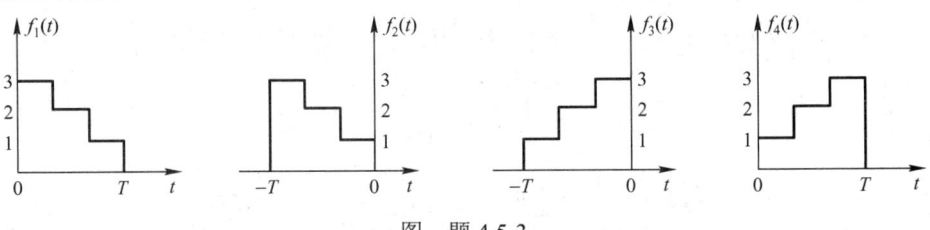

图 题 4.5-3

4.5-4 利用傅里叶变换的微分与积分特性，求图题 4.5-4 所示三种信号的傅里叶变换。

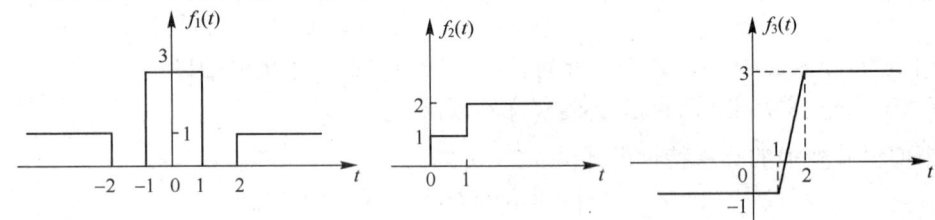

图 题 4.5-4

4.5-5 根据矩形脉冲的傅里叶变换，利用傅里叶变换的线性特性和尺度变换特性，求图题 4.5-5 所示信号 $f_1(t)$ 和 $f_2(t)$ 的频谱。

4.5-6 图题 4.5-6 所示信号 $f(t)$，其傅里叶变换为 $F(\mathrm{j}\Omega) = |F(\mathrm{j}\Omega)|\mathrm{e}^{\mathrm{j}\varphi(\Omega)}$，利用傅里叶变换的性质（不做积分运算），求：（1） $\varphi(\Omega)$；（2） $F(0)$；（3） $\int_{-\infty}^{\infty}F(\mathrm{j}\Omega)\,\mathrm{d}\Omega$。

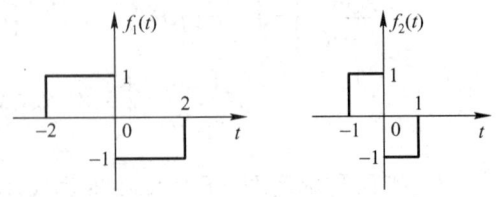

图 题 4.5-5

4.5-7 若 $f(t)$ 的频谱 $F(j\Omega)$ 如图题 4.5-7 所示，粗略画出 $f(t)\cos\Omega_0 t$，$f(t)e^{j\Omega_0 t}$，$f(t)\cos\Omega_1 t$ 及 $f(t)\cos\Omega_2 t$ 的频谱（注明频谱的边界频率）。

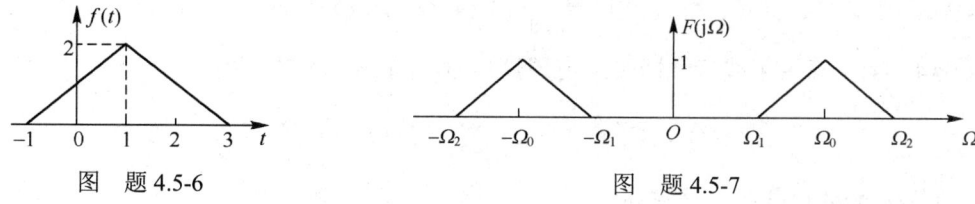

图题 4.5-6 图题 4.5-7

4.5-8 已知 $f(t) = \mathcal{F}^{-1}[F(j\Omega)]$，且 $F_1(j\Omega) = F[j(\Omega - \Omega_0)] + F[j(\Omega + \Omega_0)]$，求 $\mathcal{F}^{-1}[F_1(j\Omega)]$。

4.5-9 利用傅里叶变换的性质求积分 $\int_{-\infty}^{\infty} \text{Sa}^2(\alpha t)dt$。

4.6 周期信号的傅里叶变换

由以上几节可知，非周期信号的傅里叶变换是由周期信号的傅里叶级数过渡而来的，当 $T \to \infty$ 时，周期信号变为非周期信号，则周期信号的离散谱过渡为非周期信号的连续谱。下面再来研究周期信号的频谱可否使用傅里叶变换表示的问题，其目的是力图把周期信号与非周期信号的分析方法统一起来，使傅里叶变换这一工具得到更广泛的应用。

首先讨论最常见的周期信号——正弦信号与余弦信号的傅里叶变换，在此基础上再来研究一般周期信号的傅里叶变换。

1. 正弦、余弦信号的傅里叶变换

实际上，在例 4.5-7 中，已经求出了复指数信号、正弦和余弦信号的傅里叶变换。即

$$\mathcal{F}[e^{j\Omega_0 t}] = 2\pi\delta(\Omega - \Omega_0) \tag{4.6-1}$$

$$\mathcal{F}[\cos\Omega_0 t] = \pi[\delta(\Omega + \Omega_0) + \delta(\Omega - \Omega_0)] \tag{4.6-2}$$

$$\mathcal{F}[\sin\Omega_0 t] = j\pi[\delta(\Omega + \Omega_0) - \delta(\Omega - \Omega_0)] \tag{4.6-3}$$

由以上三式看出，复指数、正弦和余弦信号的频谱只包括位于 $\pm\Omega_0$ 处的冲激函数，它们的频谱如图 4.6-1 所示。

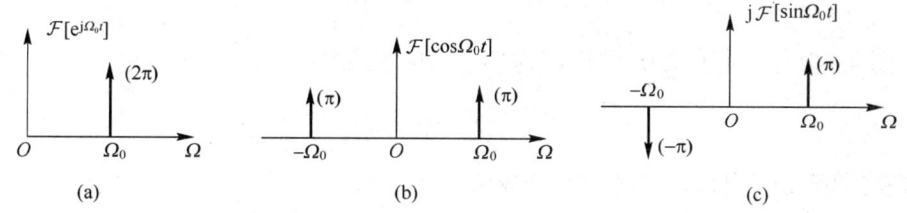

图 4.6-1 复指数、余弦和正弦信号的频谱

2. 一般周期信号的傅里叶变换

设周期信号 $\tilde{f}(t)$ 的周期为 T_1，则角频率为 $\Omega_1 = 2\pi f_1 = 2\pi/T_1$，可以将 $\tilde{f}(t)$ 展开成指数形式的傅里叶级数

$$\tilde{f}(t) = \sum_{n=-\infty}^{\infty} F_n e^{jn\Omega_1 t}$$

将上式两边取傅里叶变换 $\mathscr{F}\left[\tilde{f}(t)\right]=\mathscr{F}\left[\sum_{n=-\infty}^{\infty}F_n e^{jn\Omega_1 t}\right]=\sum_{n=-\infty}^{\infty}F_n\mathscr{F}\left[e^{jn\Omega_1 t}\right]$ (4.6-4)

由式(4.6-1)知 $\mathscr{F}\left[e^{jn\Omega_1 t}\right]=2\pi\delta(\Omega-n\Omega_1)$

将其代入式(4.6-4)，应用频移特性即可求出周期信号 $\tilde{f}(t)$ 的傅里叶变换

$$F(j\Omega)=\mathscr{F}\left[\tilde{f}(t)\right]=2\pi\sum_{n=-\infty}^{\infty}F_n\delta(\Omega-n\Omega_1)$$ (4.6-5)

其中，F_n 是 $\tilde{f}(t)$ 的傅里叶级数的系数

$$F_n=\frac{1}{T_1}\int_{-T_1/2}^{T_1/2}\tilde{f}(t)e^{-jn\Omega_1 t}dt$$ (4.6-6)

式(4.6-5)表明，周期信号 $\tilde{f}(t)$ 的傅里叶变换 $F(j\Omega)$ 是由一系列的冲激函数所组成的。这些冲激位于信号的各次谐波频率(0, $\pm\Omega_1$, $\pm 2\Omega_1$, …)处，每个冲激的强度等于 $\tilde{f}(t)$ 的指数形式的傅里叶级数的系数 F_n 的 2π 倍。

例 4.6-1 求图 4.6-2(c)所示的周期单位冲激序列 $\delta_T(t)$ 的傅里叶级数与傅里叶变换。

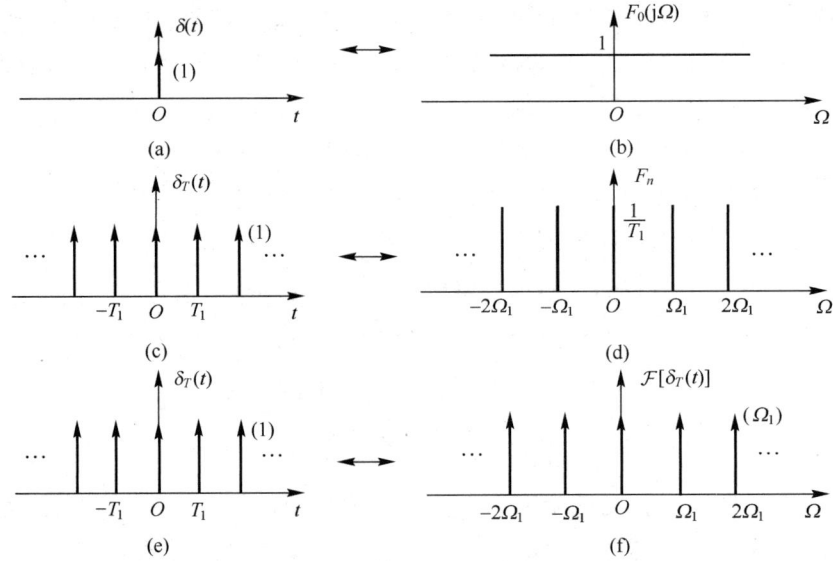

图 4.6-2 周期冲激序列 $\delta_T(t)$ 的波形和频谱

解：由图 4.6-2(c)可看出 $\delta_T(t)$ 的周期为 T_1，它的表达式为

$$\delta_T(t)=\sum_{n=-\infty}^{\infty}\delta(t-nT_1)$$

因为 $\delta_T(t)$ 是周期函数，所以可以把它展开成傅里叶级数

$$\delta_T(t)=\sum_{n=-\infty}^{\infty}F_n e^{jn\Omega_1 t}, \quad \text{其中 } \Omega_1=2\pi/T_1$$

$$F_n=\frac{1}{T_1}\int_{-T_1/2}^{T_1/2}\delta_T(t)e^{-jn\Omega_1 t}dt=\frac{1}{T_1}\int_{-T_1/2}^{T_1/2}\delta(t)e^{-jn\Omega_1 t}dt=\frac{1}{T_1}$$

这样，得到 $\delta_T(t)$ 的傅里叶级数为 $\delta_T(t)=\dfrac{1}{T_1}\sum_{n=-\infty}^{\infty}e^{jn\Omega_1 t}$ (4.6-7)

可见，在周期单位冲激序列的傅里叶级数中只包含位于 $\Omega=0$, $\pm\Omega_1$, $\pm 2\Omega_1$, …, $\pm n\Omega_1$, …的

频率分量，每个频率分量的大小相等，均等于$1/T_1$。

根据式(4.6-5)可求出$\delta_T(t)$的傅里叶变换

$$\mathcal{F}[\delta_T(t)] = 2\pi\sum_{n=-\infty}^{\infty}F_n\delta(\Omega-n\Omega_1) = 2\pi\sum_{n=-\infty}^{\infty}\frac{1}{T_1}\delta(\Omega-n\Omega_1) = \Omega_1\sum_{n=-\infty}^{\infty}\delta(\Omega-n\Omega_1) \tag{4.6-8}$$

在周期单位冲激序列的傅里叶变换中，同样也只包含位$\Omega = 0$，$\pm\Omega_1$，$\pm2\Omega_1$，…，$\pm n\Omega_1$，…频率处的冲激函数，其冲激强度是相等的，均等于Ω_1。$\delta_T(t)$的傅氏级数的频谱和傅氏变换的频谱分别如图 4.6-2(d)和(f)所示。

从图 4.6-2(b)和(f)可以看出，周期信号$\tilde{f}(t)$在原点附近的一个主周期信号$f_0(t)$的频谱$F_0(\text{j}\Omega)$是连续的，而周期信号$\tilde{f}(t)$的傅里叶变换$F(\text{j}\Omega)$是离散的。但周期信号$\tilde{f}(t)$的频谱$F(\text{j}\Omega)$的包络线形状与主周期的频谱$F_0(\text{j}\Omega)$的形状相同。

下面推导周期信号$\tilde{f}(t)$的傅里叶变换$F(\text{j}\Omega)$与对应的主周期信号$f_0(t)$的频谱$F_0(\text{j}\Omega)$之间的关系。一般周期信号$\tilde{f}(t)$可以用周期单位冲激序列$\delta_T(t)$来表示，即

$$\tilde{f}(t) = \sum_{n=-\infty}^{\infty}f_0(t-nT_1) = f_0(t)*\delta_T(t)$$

式中，$f_0(t)$就是对应于周期信号$\tilde{f}(t)$的主周期即单脉冲信号。

根据时域卷积定理可得 $\quad \mathcal{F}[\tilde{f}(t)] = F_0(\text{j}\Omega)\mathcal{F}[\delta_T(t)]$

在例 4.6-1 中，已求出$\delta_T(t)$的傅里叶变换，即

$$\mathcal{F}[\delta_T(t)] = \Omega_1\sum_{n=-\infty}^{\infty}\delta(\Omega-n\Omega_1)$$

将其代入前式，即得周期信号$\tilde{f}(t)$的傅里叶变换

$$\mathcal{F}[\tilde{f}(t)] = F_0(\text{j}\Omega)\Omega_1\sum_{n=-\infty}^{\infty}\delta(\Omega-n\Omega_1) = \Omega_1\sum_{n=-\infty}^{\infty}F_0(\text{j}n\Omega_1)\delta(\Omega-n\Omega_1) \tag{4.6-9}$$

如图 4.6-3 所示。

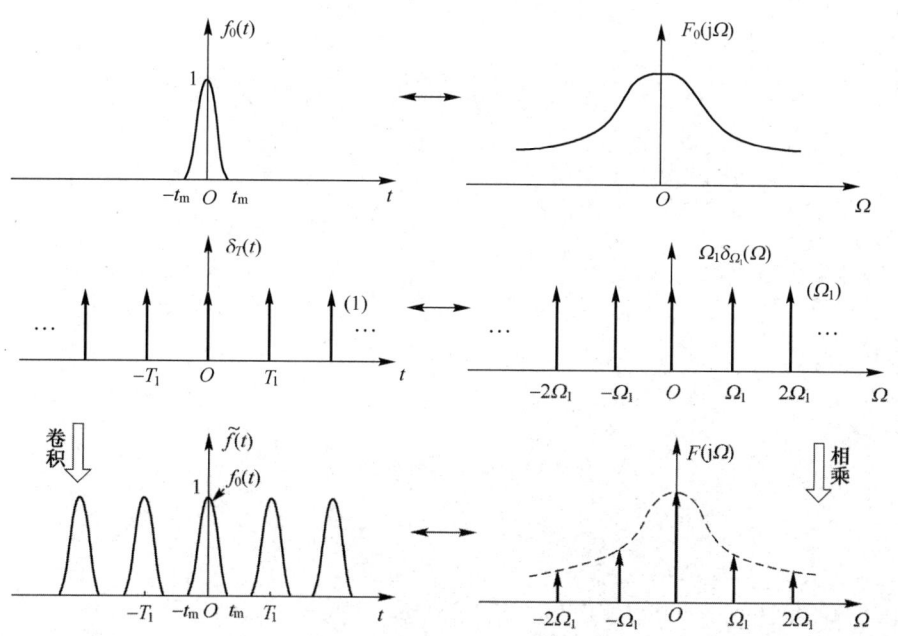

图 4.6-3 周期信号及其频谱函数

由此可见,将 $f_0(t)$ 波形进行以 T_1 为周期的周期延拓,等效于在频域中对其进行以 $\Omega_1 = 2\pi/T_1$ 为周期的等间隔冲激采样。冲激采样的概念将在5.3节中详细介绍。即时域的周期性对应于频域的采样性,或者说,时域的周期性对应于频域的离散性。

比较式(4.6-5)与式(4.6-9)应有: $2\pi F_n = \Omega_1 F_0(jn\Omega_1)$

即
$$F_n = \frac{1}{T_1} F_0(jn\Omega_1) = \frac{1}{T_1} F_0(j\Omega)|_{\Omega = n\Omega_1} \quad (4.6\text{-}10)$$

上式表明了周期信号 $\tilde{f}(t)$ 的傅里叶系数 F_n 等于对应的单脉冲的傅里叶变换 $F_0(j\Omega)$ 在 $n\Omega_1$ 频率点的值乘以 $1/T_1$。

例 4.6-2 求图 4.6-4 所示的周期矩形脉冲信号 $\tilde{f}(t)$ 的傅里叶级数和傅里叶变换。已知 $\tilde{f}(t)$ 的幅度为 E,脉宽为 τ,周期为 T_1,角频率为 $\Omega_1 = 2\pi/T_1$。

解:因为与 $\tilde{f}(t)$ 对应的单脉冲信号 $f_0(t)$ 的傅里叶变换为

$$F_0(j\Omega) = E\tau \mathrm{Sa}\left(\frac{\Omega\tau}{2}\right)$$

由式(4.6-10)可以求出周期矩形脉冲信号的傅里叶系数

$$F_n = \frac{1}{T_1} F_0(j\Omega)\bigg|_{\Omega = n\Omega_1} = \frac{E\tau}{T_1} \mathrm{Sa}\left(\frac{n\Omega_1\tau}{2}\right)$$

这样,$\tilde{f}(t)$ 的傅里叶级数为
$$\tilde{f}(t) = \sum_{n=-\infty}^{\infty} F_n e^{jn\Omega_1 t} = \frac{E\tau}{T_1} \sum_{n=-\infty}^{\infty} \mathrm{Sa}\left(\frac{n\Omega_1\tau}{2}\right) e^{jn\Omega_1 t}$$

再由式(4.6-5)即可求出 $\tilde{f}(t)$ 的傅里叶变换

$$F(j\Omega) = 2\pi \sum_{n=-\infty}^{\infty} F_n \delta(\Omega - n\Omega_1) = E\tau\Omega_1 \sum_{n=-\infty}^{\infty} \mathrm{Sa}\left(\frac{n\Omega_1\tau}{2}\right) \delta(\Omega - n\Omega_1)$$

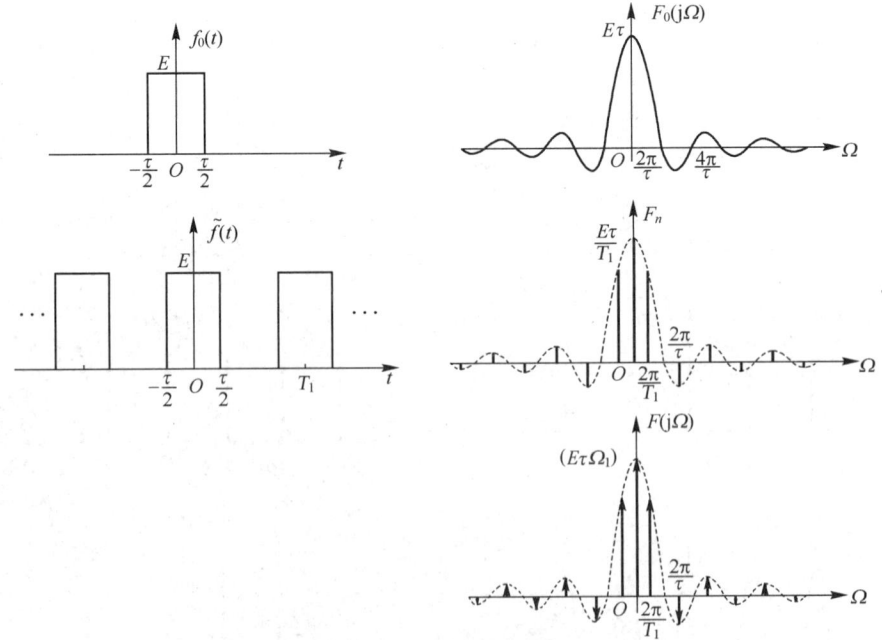

图 4.6-4 周期矩形脉冲信号和对应的矩形单脉冲信号的波形及其频谱

$F_0(j\Omega)$,F_n 及 $F(j\Omega)$ 的频谱如图 4.6-4 所示(图中画出的是在 $T_1 = 2\tau$ 的情况下的频谱)。

练习题

4.6-1 已知周期冲激信号 $\delta_T(t)$ 的重复周期为 $\pi/4$，求其傅里叶变换，并分别画出该信号的时域波形及频谱图。

4.6-2 周期矩形脉冲信号 $\tilde{f}(t)$ 如图题 4.6-2 所示。
（1）求 $\tilde{f}(t)$ 的指数形式的傅里叶级数，并画出频谱图 F_n；
（2）求 $\tilde{f}(t)$ 的傅里叶变换 $F(\mathrm{j}\Omega)$，并画出频谱图 $F(\mathrm{j}\Omega)$。

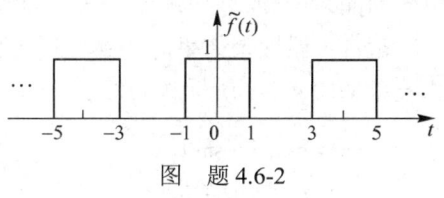

图 题 4.6-2

4.7 连续信号的频域的 MATLAB 分析

连续信号的频域表达式可以通过符号运算获得。其频谱的可视化可以用幅度谱和相位谱绘制。周期信号可以通过计算其傅里叶级数，画出它的幅度谱和相位谱；非周期性信号可以通过计算其傅里叶变换，画出它的幅度谱和相位谱。

例 4.7-1 周期性矩形脉冲信号如图 4.7-1 所示，画出它的幅度谱和相位谱，以及前 5 次谐波叠加波形和前 10 次谐波叠加波形。

解：周期矩形脉冲信号的脉宽 $\tau=1$，周期 $T_1=5$，基波角频率 $\Omega_1=0.4\pi$，它的傅里叶级数为

$$f(t)=0.2\sum_{n=-\infty}^{\infty}\mathrm{Sa}(0.2n\pi)\mathrm{e}^{\mathrm{j}0.4n\pi t}$$

图 4.7-1 周期矩形脉冲信号的波形

其幅度谱和相位谱是离散的，其程序 mat401 的清单如下，绘制的频谱和波形如图 4.7-2 所示。

```
n=-10:10; w1=0.4*pi;                    %显示的谐波次数
n1=-10: -1;ft1=sin(0.2*pi*n1)./(pi*n1); %计算负半轴的傅里叶级数
n2=1:10;ft2=sin(0.2*pi*n2)./(pi*n2);    %计算正半轴的傅里叶级数
ft=[ft1,0.2,ft2];                       %组合负半轴、零点和正半轴的级数
fn = abs(ft);phase = angle(ft);         %计算幅度谱和相位谱
subplot(1,4,1);stem(n,fn);title('幅度谱');
subplot(1,4,2);stem(n,phase);title('相位谱'); %stem 函数绘制离散序列
syms t;s1=0.2;s2=0.2;                   %直流分量
for k1=1:5
        s1=s1+2*sin(k1*pi/5)*cos(w1*t*k1)/pi./k1;end
for k2=1:10
        s2=s2+2*sin(k2*pi/5)*cos(w1*t*k2)/pi./k2;end
subplot(1,4,3);ezplot(s1);title('前 5 次谐波叠加');
subplot(1,4,4);ezplot(s2);title('前 10 次谐波叠加');
```

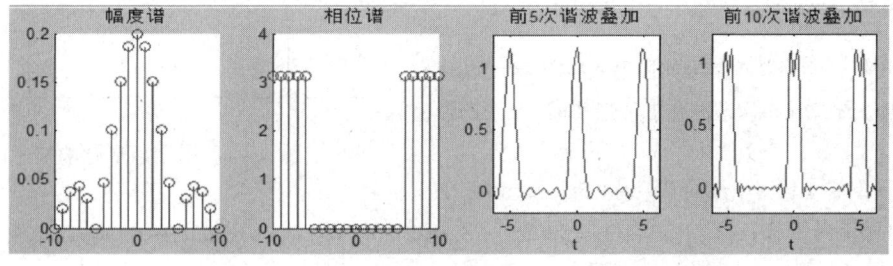

图 4.7-2 周期矩形脉冲信号的频谱和谐波叠加

由于本例周期性信号相位的特殊性，用 MATLAB 绘制的相位谱不是奇对称的。

例 4.7-2 用 MATLAB 分别绘制抽样信号 $f_1(t) = \text{Sa}(t)$ 和矩形脉冲信号 $f_2(t) = \pi[u(t+1) - u(t-1)]$ 的时域波形和频谱，并验证傅里叶变换的对偶性。

解：对偶性是傅里叶变换性质中比较重要的一个性质，其程序 mat402.m 如下，绘制的频谱和波形如图 4.7-3 所示。

```
syms t;f1 = sin(t)/t;                              %抽样函数 f1(t)=Sa(t)
f2 = pi*sym('(Units(t+1)-Units(t-1))');            %计算门函数 f2(t)=πG(t)
F1=simple(fourier(f1));F2=simple(fourier(f2)); subplot(141);ezplot(f1,[-10 10]);
subplot(142);ezplot(F1,[-2 2]);title('π[u(\Omega+1)-u(\Omega-1)]');xlabel('\Omega');
subplot(143);ezplot(f2,[-2 2]);title('π[u(t+1)-u(t-1)]');
subplot(144);ezplot(F2,[-10 10]);title('2πSa(\Omega)');xlabel('\Omega');
```

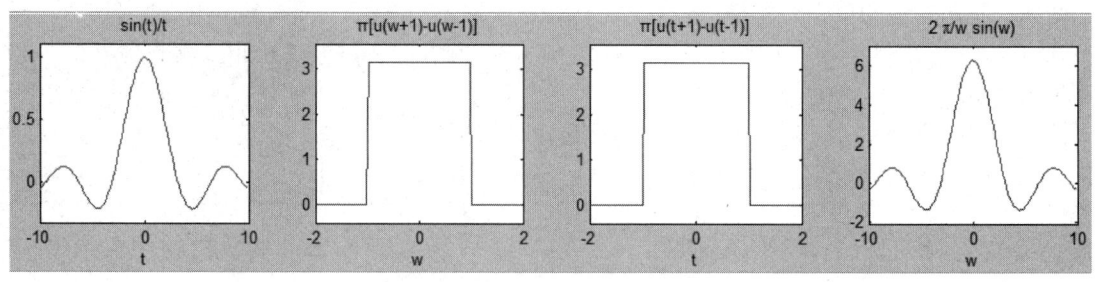

图 4.7-3 傅里叶变换的对偶性

例 4.7-3 计算：（1）$f_1(t) = 3e^{-\left(\frac{t}{2}\right)^2}$ 和 $f_2(t) = e^{-t}\sin 2t \cdot u(t)$ 的傅里叶变换；（2）$F_3(j\Omega) = 8\text{Sa}(2\Omega)$ 和 $F_4(j\Omega) = \dfrac{2}{j\Omega+1}$ 的傅里叶逆变换。

解：用符号表达式计算上述变换值，得到的结果也是相应的表达式，其程序 mat403.m 如下，在 MATLAB 命令窗口执行后，变换后的表达式会显示在命令窗口中。

```
syms t w; f1=3*exp(-(t/2)^2);            %定义符号变量，信号赋值
f2=exp(-t).*sin(2*t)*sym('heaviside (t)');  %信号赋值，heaviside 阶跃信号
F1=simple(fourier(f1))                   %simple 符号表达式化简，命令窗口显示
F2=simple(fourier(f2))                   %fourier 傅里叶变换，命令窗口显示
F3=4*sin(2*w)./w;F4=2/(i*w+1);           %频谱赋值
f3= simple(ifourier(F3))                 %ifourier 傅里叶逆变换，命令窗口显示
f4= simple(ifourier(F4))                 %命令窗口显示
```

练习题

4.7-1 周期性矩形脉冲信号如图题 4.7-1 所示，画出它的幅度谱和相位谱、前 5 次谐波叠加波形和前 10 次谐波叠加波形。

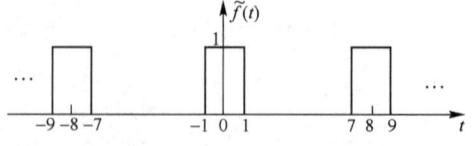

图 题 4.7-1 周期矩形脉冲信号的波形

4.7-2 计算：（1）$x_1(t) = e^{-t+1}\cos 0.5t \cdot u(t)$ 和 $x_2(t) = e^{-t} \cdot \text{Sa}(2t)$ 的傅里叶变换；（2）$F_3(j\Omega) = \text{Sa}(2\Omega) + \text{Sa}(\pi\Omega)$ 和 $F_4(j\Omega) = \cos\Omega[u(\Omega+2) - u(\Omega-2)]$ 的傅里叶逆变换；

4.7-3 用 MATLAB 绘制信号 $x(t) = e^{-3t}[u(t+2) - u(t-2)]$ 的傅里叶变换的幅度频谱和相位频谱曲线。

关键知识点概要

1. 周期信号的频谱——傅里叶级数

（1）周期信号的频谱

若周期信号 $\tilde{f}(t)$（周期为 T_1，角频率 $\Omega_1 = 2\pi f_1 = 2\pi/T_1$）满足狄里赫利条件，则它可以展开成三角形式和指数形式的傅里叶级数。

① 三角形式：
$$\tilde{f}(t) = a_0 + \sum_{n=1}^{\infty}\left(a_n \cos n\Omega_1 t + b_n \sin n\Omega_1 t\right)$$

式中，a_0 为直流分量，a_n 和 b_n 称为傅里叶级数的系数。有

$$a_0 = \frac{1}{T_1}\int_{t_0}^{t_0+T_1}\tilde{f}(t)\mathrm{d}t,\quad a_n = \frac{2}{T_1}\int_{t_0}^{t_0+T_1}\tilde{f}(t)\cos n\Omega_1 t\,\mathrm{d}t,\quad b_n = \frac{2}{T_1}\int_{t_0}^{t_0+T_1}\tilde{f}(t)\sin n\Omega_1 t\,\mathrm{d}t。$$

或
$$\tilde{f}(t) = c_0 + \sum_{n=1}^{\infty}c_n \cos\left(n\Omega_1 t + \varphi_n\right)$$

式中，$c_0 = a_0$，$c_n^2 = a_n^2 + b_n^2$，$\varphi_n = \arctan\left(-\dfrac{b_n}{a_n}\right)$。

② 指数形式：
$$\tilde{f}(t) = \sum_{n=-\infty}^{\infty}F_n \mathrm{e}^{jn\Omega_1 t}$$

式中，$F_n = \dfrac{1}{T_1}\displaystyle\int_{t_0}^{t_0+T_1}\tilde{f}(t)\mathrm{e}^{-jn\Omega_1 t}\mathrm{d}t$，一般情况下，$F_n$ 是复数，称为复振幅，可以由模和相位两个参数来表示，即 $F_n = |F_n|\mathrm{e}^{j\varphi_n}$。

两种形式的傅里叶级数系数之间的关系为 $F_n = \dfrac{1}{2}(a_n - jb_n)$。如果以频率为横轴，以幅度 c_n 或 $|F_n|$ 为纵轴，便可直观地看出各频率分量的相对大小变化关系，这样的图称为信号的幅度频谱；若以相位 φ_n 为纵轴，则可绘出相位变化情况，称为信号的相位频谱。

（2）具有对称性的周期信号的频谱

波形的对称性与谐波性的关系如表 4-1 所示。

表 4-1 波形的对称性与谐波性的关系

对 称 性	傅里叶级数所含分量	系数 a_n	系数 b_n
偶函数 $\tilde{f}(t) = \tilde{f}(-t)$	只可能含有直流分量和余弦分量，不含有正弦分量。	$a_n = \dfrac{4}{T_1}\displaystyle\int_0^{T_1/2}\tilde{f}(t)\cos n\Omega_1 t\,\mathrm{d}t$	0
奇函数 $\tilde{f}(t) = -\tilde{f}(-t)$	只含有正弦分量，不含直流分量和余弦分量	0	$b_n = \dfrac{4}{T_1}\displaystyle\int_0^{T_1/2}\tilde{f}(t)\sin n\Omega_1 t\,\mathrm{d}t$
奇谐函数 $\tilde{f}(t \pm T_1/2) = -\tilde{f}(t)$	只含有奇次谐波分量，不含直流及偶次谐波分量。	$a_n = \dfrac{4}{T_1}\displaystyle\int_0^{T_1/2}\tilde{f}(t)\cos n\Omega_1 t\,\mathrm{d}t$ $n = 1, 3, 5, \cdots$	$\dfrac{4}{T_1}\displaystyle\int_0^{T_1/2}\tilde{f}(t)\sin n\Omega_1 t\,\mathrm{d}t$ $n = 1, 3, 5, \cdots$
偶谐函数 $\tilde{f}(t \pm T_1/2) = \tilde{f}(t)$	只可能含有直流分量和偶次谐波分量，不含奇次谐波分量。	$a_n = \dfrac{4}{T_1}\displaystyle\int_0^{T_1/2}\tilde{f}(t)\cos n\Omega_1 t\,\mathrm{d}t$ $n = 2, 4, 6, \cdots$	$\dfrac{4}{T_1}\displaystyle\int_0^{T_1/2}\tilde{f}(t)\sin n\Omega_1 t\,\mathrm{d}t$ $n = 2, 4, 6, \cdots$

2. 周期矩形脉冲信号的频谱

周期矩形脉冲信号 $\tilde{f}(t)$ 的脉冲宽度为 τ，脉冲幅度为 E，重复周期为 T_1（角频率 $\Omega_1 = 2\pi/T_1$）。

三角形式傅里叶级数为
$$\tilde{f}(t) = \frac{E\tau}{T_1} + \frac{2E\tau}{T_1}\sum_{n=1}^{\infty}\mathrm{Sa}\left(\frac{n\Omega_1\tau}{2}\right)\cos n\Omega_1 t$$

指数形式的傅里叶级数为
$$\tilde{f}(t) = \frac{E\tau}{T_1} \sum_{n=-\infty}^{\infty} \mathrm{Sa}\left(\frac{n\Omega_1\tau}{2}\right) \mathrm{e}^{jn\Omega_1 t}$$

c_n 及 F_n 都是实数,可将幅度谱与相位谱合画在一起,也可将幅度谱与相位谱分开画。

周期信号的频谱的特点:离散性、谐波性、收敛性。

3. 非周期信号的频谱

(1) 傅里叶变换

非周期信号 $f(t)$,满足在无限区间内绝对可积的条件,其傅里叶变换为

$$F(\mathrm{j}\Omega) = \mathcal{F}[f(t)] = \int_{-\infty}^{\infty} f(t)\mathrm{e}^{-\mathrm{j}\Omega t}\mathrm{d}t$$

一般情况下,频谱函数 $F(\mathrm{j}\Omega)$ 是一个复函数,它可以表示成

$$F(\mathrm{j}\Omega) = |F(\mathrm{j}\Omega)|\mathrm{e}^{\mathrm{j}\varphi(\Omega)}$$

式中,$|F(\mathrm{j}\Omega)|$ 称为幅度频谱,它是频率的函数,代表信号中各频率分量的相对大小。$\varphi(\Omega)$ 称为相位频谱,代表各频率分量之间的相位关系。

若已知 $F(\mathrm{j}\Omega)$,则可以求出对应的时域函数 $f(t)$,称为傅里叶逆变换。

$$f(t) = \frac{1}{2\pi}\int_{-\infty}^{\infty} F(\mathrm{j}\Omega)\mathrm{e}^{\mathrm{j}\Omega t}\mathrm{d}\Omega$$

(2) 常用非周期信号的频谱

常用非周期信号的傅里叶变换表如表 4-2 所示。

表 4-2 常用非周期信号的傅里叶变换表

序号	信号名称	时间函数 $f(t)$	波形图	频谱函数 $F(\mathrm{j}\Omega) = \|F(\mathrm{j}\Omega)\|\mathrm{e}^{\mathrm{j}\varphi(\Omega)}$	频谱图
1	单边指数脉冲	$E\mathrm{e}^{-\alpha t}u(t) \quad \alpha>0$		$\dfrac{E}{\alpha+\mathrm{j}\Omega}$	
2	双边指数脉冲	$E\mathrm{e}^{-\alpha\|t\|} \quad \alpha>0$		$\dfrac{2\alpha E}{\alpha^2+\Omega^2}$	
3	矩形脉冲	$\begin{cases} E & \|t\|<\tau/2 \\ 0 & \|t\|>\tau/2 \end{cases}$		$E\tau\mathrm{Sa}\left(\dfrac{\Omega\tau}{2}\right) = \dfrac{2E}{\Omega}\sin\left(\dfrac{\Omega\tau}{2}\right)$	
4	三角脉冲	$\begin{cases} E\left(1-\dfrac{2\|t\|}{\tau}\right) & \|t\|<\tau/2 \\ 0 & \|t\|\geqslant\tau/2 \end{cases}$		$\dfrac{E\tau}{2}\mathrm{Sa}^2\left(\dfrac{\Omega\tau}{4}\right)$ $= \dfrac{8E}{\Omega^2\tau}\sin^2\left(\dfrac{\Omega\tau}{4}\right)$	

续表

序号	信号名称	时间函数 $f(t)$	波形图	频谱函数 $F(j\Omega)=\|F(j\Omega)\|e^{j\varphi(\Omega)}$	频谱图
5	抽样脉冲	$Sa(\Omega_c t)=\dfrac{\sin(\Omega_c t)}{\Omega_c t}$	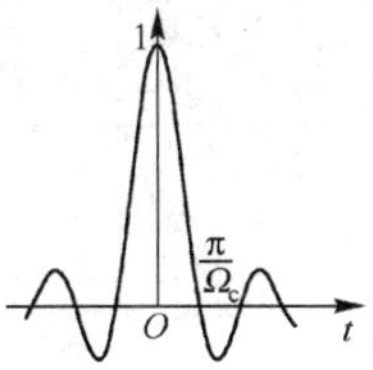	$\begin{cases}\dfrac{\pi}{\Omega_c} & \|\Omega\|<\Omega_c \\ 0 & \|\Omega\|>\Omega_c\end{cases}$	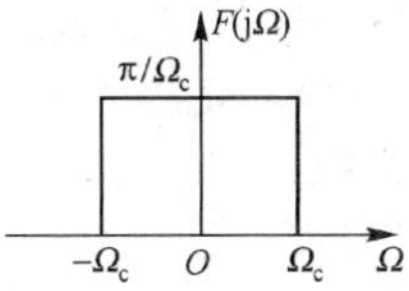
6	冲激函数	$E\delta(t)$	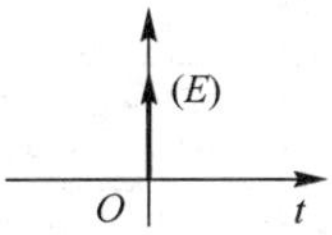	E	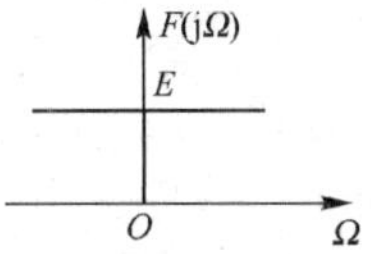
7	阶跃函数	$Eu(t)$	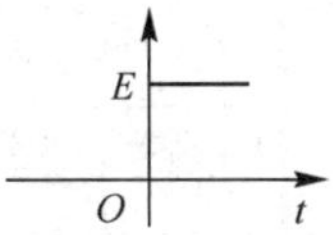	$\dfrac{E}{j\Omega}+\pi E\delta(\Omega)$	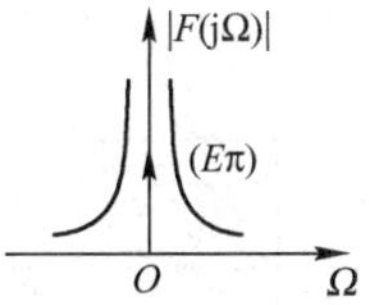
8	符号函数	$E\,\text{sgn}(t)$	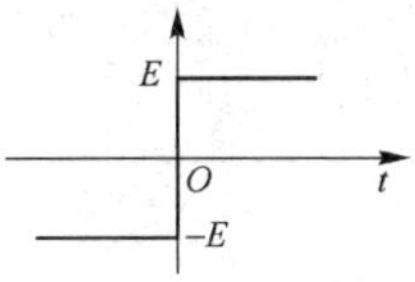	$\dfrac{2E}{j\Omega}$	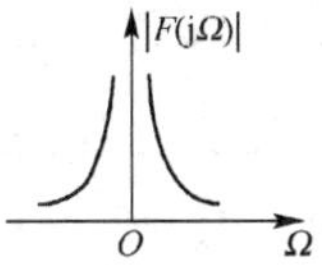
9	直流信号	E	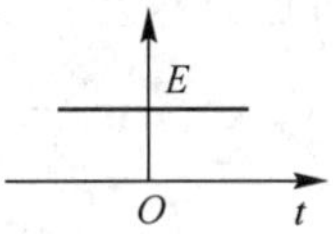	$2\pi E\delta(\Omega)$	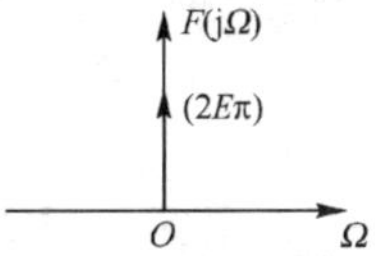
10	余弦信号	$E\cos\Omega_0 t$	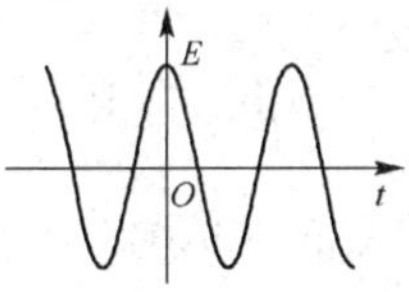	$E\pi[\delta(\Omega+\Omega_0)+\delta(\Omega-\Omega_0)]$	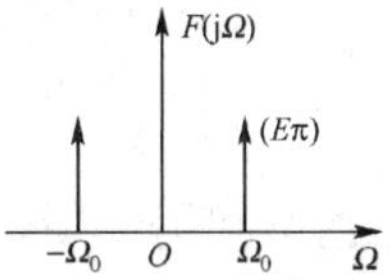
11	正弦信号	$E\sin\Omega_0 t$	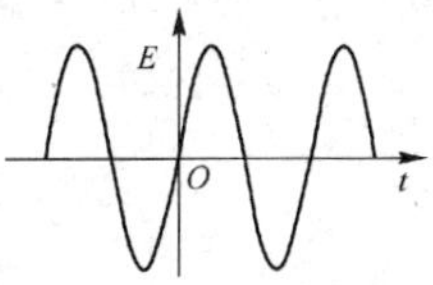	$jE\pi[\delta(\Omega+\Omega_0)-\delta(\Omega-\Omega_0)]$	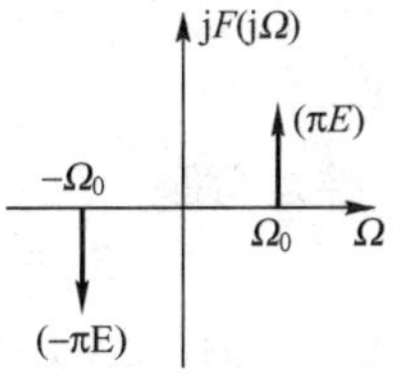
12	冲激序列	$\delta_T(t)=\sum\limits_{n=-\infty}^{\infty}\delta(t-nT_1)$	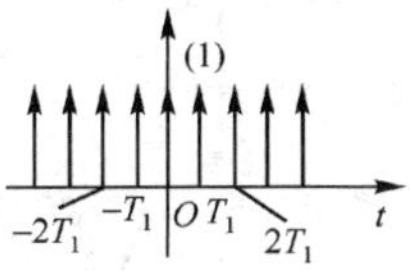	$\Omega_1\sum\limits_{n=-\infty}^{\infty}\delta(\Omega-n\Omega_1)$ $\Omega_1=2\pi/T_1$	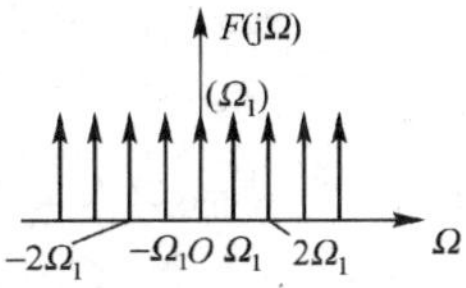
13	复指数信号	$Ee^{j\Omega_0 t}$		$2\pi E\delta(\Omega-\Omega_0)$	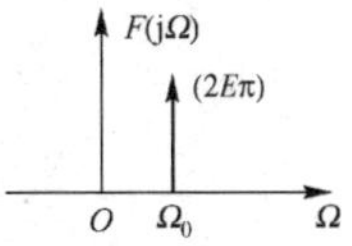

（3）傅里叶变换的基本性质

傅里叶变换的基本性质给出了信号的时域与频域之间的对应关系，如表4-3所示。

表 4-3 傅里叶变换的基本性质

性质	时域 $f(t)$	频域 $F(j\Omega)$	时域频域对应关系	性质	时域 $f(t)$	频域 $F(j\Omega)$	时域频域对应关系
1. 线性	$\sum_{i=1}^{n} a_i f_i(t)$	$\sum_{i=1}^{n} a_i F_i(j\Omega)$	线性叠加	8. 频域卷积	$f_1(t)f_2(t)$	$\dfrac{1}{2\pi} F_1(j\Omega) * F_2(j\Omega)$	乘积与卷积
2. 对称性	$f(-t)$ $f^*(t)$ $f^*(-t)$	$F(-j\Omega)$ $F^*(-j\Omega)$ $F^*(j\Omega)$		9. 时域微分	$\dfrac{df(t)}{dt}$ $\dfrac{d^n f(t)}{dt^n}$	$(j\Omega)F(j\Omega)$ $(j\Omega)^n F(j\Omega)$	
3. 对偶性	$F(jt)$	$2\pi f(-\Omega)$	对偶	10. 时域积分	$\int_{-\infty}^{t} f(\tau)d\tau$	$\dfrac{F(j\Omega)}{j\Omega} + \pi F(0)\delta(\Omega)$	
4. 时移	$f(t-t_0)$	$F(j\Omega)e^{-j\Omega t_0}$	时移与相移	11. 频域微分	$(-jt)f(t)$ $(-jt)^n f(t)$	$\dfrac{dF(j\Omega)}{d\Omega}$ $\dfrac{d^n F(j\Omega)}{d\Omega^n}$	
5. 频移	$f(t)e^{j\Omega_0 t}$ $f(t)\cos\Omega_0 t$ $f(t)\sin\Omega_0 t$	$F[j(\Omega-\Omega_0)]$ $\dfrac{1}{2}\{F[j(\Omega+\Omega_0)] + F[j(\Omega-\Omega_0)]\}$ $\dfrac{j}{2}\{F[j(\Omega+\Omega_0)] - F[j(\Omega-\Omega_0)]\}$	调制与频移	12. 频域积分	$\dfrac{f(t)}{-jt} + \pi f(0)\delta(t)$	$\int_{-\infty}^{\Omega} F(j\mu)d\mu$	
6. 尺度变换	$f(at)$	$\dfrac{1}{|a|} F\left(j\dfrac{\Omega}{a}\right)$	压缩与展宽	13. 帕斯瓦尔能量定理	$\int_{-\infty}^{\infty} |f(t)|^2 dt = \dfrac{1}{2\pi}\int_{-\infty}^{\infty} |F(j\Omega)|^2 d\Omega$		能量守恒
7. 时域卷积	$f_1(t) * f_2(t)$	$F_1(j\Omega)F_2(j\Omega)$	乘积与卷积				

4．周期信号的傅里叶变换

周期信号 $\tilde{f}(t)$ 既可展开为傅里叶级数，也可进行傅里叶变换，其傅里叶变换为

$$F(j\Omega) = \mathcal{F}[\tilde{f}(t)] = 2\pi \sum_{n=-\infty}^{\infty} F_n \delta(\Omega - n\Omega_1)$$

其中，F_n 是 $\tilde{f}(t)$ 的傅里叶级数的系数

$$F_n = \frac{1}{T_1} \int_{-T_1/2}^{T_1/2} \tilde{f}(t) e^{-jn\Omega_1 t} dt$$

也可利用周期信号 $\tilde{f}(t)$ 在原点附近的一个主周期信号 $f_0(t)$ 的频谱 $F_0(j\Omega)$ 求解 F_n

$$F_n = \frac{1}{T_1} F_0(jn\Omega_1) = \frac{1}{T_1} F_0(j\Omega)|_{\Omega=n\Omega_1}$$

综合习题

4-1 求图题 4-1 所示锯齿脉冲与单周正弦脉冲的傅里叶变换。

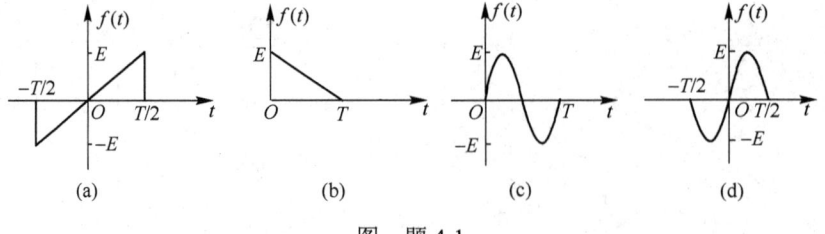

图 题 4-1

4-2 试证明：（1）若 $f(t)$ 是 t 的实偶函数，则 $F(j\Omega)$ 是 Ω 的实偶函数；

（2）若 $f(t)$ 是 t 的实奇函数，则 $F(j\Omega)$ 是 Ω 的虚奇函数；

（3）若 $f(t)$ 是 t 的虚偶函数，则 $F(j\Omega)$ 是 Ω 的虚偶函数；

(4)若 $f(t)$ 是 t 的虚奇函数，则 $F(j\Omega)$ 是 Ω 的实奇函数；

(5)若 $f(t)$ 是 t 的复偶函数，则 $F(j\Omega)$ 是 Ω 的复偶函数；

(6)若 $f(t)$ 是 t 的复奇函数，则 $F(j\Omega)$ 是 Ω 的复奇函数。

4-3 利用傅里叶变换的性质，求下列信号的傅里叶变换。

(1) $\mathscr{F}\left[\dfrac{1}{t^2+1}\right]$ (2) $\mathscr{F}\left[\dfrac{1}{t}\right]$ (3) $\mathscr{F}\left[\dfrac{\cos\Omega_0 t}{t}\right]$，$\Omega_0$ 为常数

(4) $\mathscr{F}[t]$ (5) $\mathscr{F}\{(1+\cos\pi t)[u(t+1)-u(t-1)]\}$

4-4 利用傅里叶变换的性质，求下列信号的傅里叶变换和逆变换。

(1) $\mathscr{F}^{-1}\left\{\dfrac{\sin[3(\Omega-2\pi)]}{\Omega-2\pi}\right\}$ (2) $\mathscr{F}^{-1}[\Omega^2]$ (3) $\mathscr{F}^{-1}[\delta(\Omega-3)]$

(4) $\mathscr{F}^{-1}\{\cos\Omega[u(\Omega+1)-u(\Omega-1)]\}$ (5) $\mathscr{F}^{-1}\{e^{-j2\Omega}[u(\Omega)-u(\Omega-2)]\}$

4-5 求单边正弦函数 $\sin\Omega_0 t \cdot u(t)$ 和单边余弦函数 $\cos\Omega_0 t \cdot u(t)$ 的傅里叶变换。

4-6 已知三角脉冲信号 $f_1(t)$ 如图题 4-6(a)所示。试利用有关性质求图题 4-6(b)中的 $f_2(t)=f_1\left(t-\dfrac{\tau}{2}\right)\cos\Omega_0 t$ 的傅里叶变换 $F_2(j\Omega)$。

4-7 信号 $x(t)$ 如图题 4-7 所示，若信号 $x(t)$ 的傅里叶变换为 $X(j\Omega)$，利用傅里叶变换性质求：

(1) $X(0)$； (2) $\int_{-\infty}^{\infty}X(j\Omega)d\Omega$。

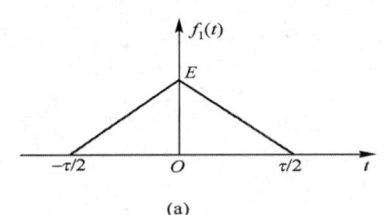
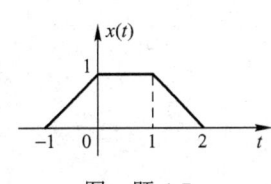

图 题 4-6   图 题 4-7

4-8 利用傅里叶变换的性质求图题 4-8 所示梯形脉冲的频谱。

4-9 已知图题 4-9 中两个矩形脉冲 $f_1(t)$ 和 $f_2(t)$。

(1)画出 $f_1(t)*f_2(t)$ 的波形；

(2)求 $f_1(t)*f_2(t)$ 的频谱，并与题 4-8 所用的方法进行比较。

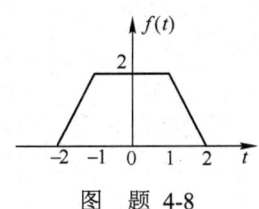
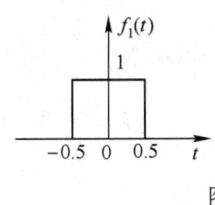
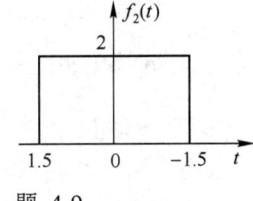
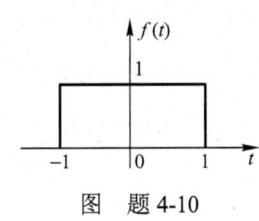

图 题 4-8   图 题 4-9   图 题 4-10

4-10 一线性时不变系统的输入信号 $f(t)$ 如图题 4-10 所示。

(1)求 $f(t)$ 的频谱 $F(j\Omega)$，并画出幅度谱 $|F(j\Omega)|$；

(2)若系统的冲激响应 $h(t)$ 波形同输入信号 $f(t)$，求系统零状态响应 $y(t)$；

(3)求系统响应 $y(t)$ 的频谱 $Y(j\Omega)$，并画出幅度谱 $|Y(j\Omega)|$。

第 5 章 连续时间系统的频域分析

在第 4 章中,我们讨论了连续时间信号的傅里叶变换,本章讨论信号作用于线性时不变连续系统在频域中求解零状态响应的方法,又称频域分析。频域分析法是变换法的一种,它通过函数变量的傅里叶变换,使微分方程转换为便于处理的代数方程,从而使求解过程简单化。通过在频域分析 LTI 连续系统的响应,加深理解连续信号和连续系统的频域表示,以及所描述的物理概念。

本章还将分析无失真传输及理想低通滤波器的时域和频域特性;连续信号的时域采样和采样信号的频谱,频域采样和频分复用、时分复用等内容;并对调制与解调的工作原理和方法进行讨论。

5.1 线性时不变连续时间系统的频率响应特性

5.1.1 频率响应特性

傅里叶变换可以将信号分解为无穷多项不同频率的复指数信号之和。下面来研究复指数函数 $x(t) = e^{j\Omega_0 t}$ ($-\infty<t<+\infty$),对于冲激响应为 $h(t)$ 的 LTI 系统的响应。利用卷积积分可计算系统的零状态输出。

$$y(t) = x(t) * h(t) = \int_{-\infty}^{\infty} h(\tau) e^{j\Omega_0(t-\tau)} d\tau = e^{j\Omega_0 t} \int_{-\infty}^{\infty} h(\tau) e^{-j\Omega_0 \tau} d\tau \tag{5.1-1}$$

根据式(4.3-5a)非周期信号的傅里叶变换定义,可得

$$\int_{-\infty}^{\infty} h(\tau) e^{-j\Omega_0 \tau} d\tau = \mathcal{F}[h(t)]|_{\Omega=\Omega_0} = H(j\Omega)|_{\Omega=\Omega_0} \tag{5.1-2}$$

由此,可以将输出信号表示为

$$y(t) = e^{j\Omega_0 t} H(j\Omega_0) \tag{5.1-3}$$

由式(5.1-3)可以看出,对于复指数输入信号 $e^{j\Omega_0 t}$,LTI 系统的输出是具有相同频率的复指数信号乘上复常数 $H(j\Omega_0)$。$H(j\Omega_0)$ 是一个复数,其值决定于 Ω_0,当输入信号的频率 Ω 改变时,将变量 Ω 代入式(5.1-2),即

$$\int_{-\infty}^{\infty} h(\tau) e^{-j\Omega \tau} d\tau = \mathcal{F}[h(t)] = H(j\Omega) \tag{5.1-4}$$

上式定义的量称为 LTI 连续时间系统的频率响应特性,提供了系统的一个频域描述,是系统冲激响应 $h(t)$ 的傅里叶变换。可以将频响特性表示为

$$H(j\Omega) = |H(j\Omega)| e^{j\varphi(\Omega)} \tag{5.1-5}$$

式中,$|H(j\Omega)|$ 是幅频响应特性(amplitude frequency response)(或称幅频特性),$\varphi(\Omega)$ 是相频响应特性(phase frequency response)(或称相频特性)。为便于分析,常将式(5.1-5)的结果绘制成频响特性曲线,这时横坐标是变量 Ω,纵坐标分别为 $|H(j\Omega)|$ 和 $\varphi(\Omega)$。

在第 2 章中,我们已经讨论了求解系统响应的时域方法,并讨论了利用卷积法来求解系统的零状态响应。若已知输入为 $x(t)$,系统冲激响应为 $h(t)$,则系统的零状态响应为

$$y(t) = x(t) * h(t) \tag{5.1-6}$$

若对 $x(t)$、$h(t)$、$y(t)$ 分别求傅里叶变换,即 $X(j\Omega)$、$H(j\Omega)$ 和 $Y(j\Omega)$。其中 $H(j\Omega)$ 为系统

的频率响应，是系统冲激响应的傅里叶变换，根据傅里叶变换的时域卷积定理，式(5.1-6)可表示为

$$Y(j\Omega) = X(j\Omega) \cdot H(j\Omega) \tag{5.1-7}$$

也可以表示为

$$H(j\Omega) = \frac{Y(j\Omega)}{X(j\Omega)} \tag{5.1-8}$$

利用式(5.1-7)可以求解系统的零状态响应。从物理学的概念来分析，如果输入信号的频谱密度函数为 $X(j\Omega)$，则输出信号的频谱密度函数 $Y(j\Omega)$，由频率响应 $H(j\Omega)$ 对输入信号各频率分量进行加权，某些频率分量幅度增强，而另一些频率分量则相对削弱或不变。同时对相位产生各自不同的相移，因此<u>线性系统具有频率保持性质</u>，即信号通过线性系统不会产生新的频率分量。由于这种方法是在频域进行的，因此称为系统的频域分析法，也称为线性系统的傅里叶分析法。

5.1.2 频率响应特性的求解

下面讨论如何求得系统的频率响应。一般有三种方法，第一种方法根据冲激响应和频响特性的关系，对系统的冲激响应求傅里叶变换，即可得到系统的频率响应；第二种方法是利用式(5.1-8)，对微分方程两边取傅里叶变换，利用傅里叶变换的微分性质，直接求得系统的频率响应；第三种方法是利用电路模型直接求解。

例 5.1-1 已知系统的微分方程为

$$2\frac{d^2 y(t)}{dt^2} + 5\frac{dy(t)}{dt} + 2y(t) = \frac{dx(t)}{dt} + 5x(t)$$

求频率响应 $H(j\Omega)$。

解法一：应用 2.5 节的方法，先求得系统的冲激响应

$$h(t) = (1.5e^{-0.5t} - e^{-2t})u(t)$$

则

$$H(j\Omega) = \mathcal{F}[h(t)] = \frac{1.5}{j\Omega + 0.5} - \frac{1}{j\Omega + 2}$$

解法二：方程两边进行傅里叶变换，得

$$2(j\Omega)^2 Y(j\Omega) + 5(j\Omega)Y(j\Omega) + 2Y(j\Omega) = (j\Omega)X(j\Omega) + 5X(j\Omega)$$

则

$$H(j\Omega) = \frac{Y(j\Omega)}{X(j\Omega)} = \frac{j\Omega + 5}{2(j\Omega)^2 + 5(j\Omega) + 2} = \frac{1.5}{j\Omega + 0.5} - \frac{1}{j\Omega + 2}$$

可见，这两种方法求得的频率响应是一样的。从上例可以看出，频域分析法将微分方程表征求解问题转化成一个初等代数问题来解决。

例 5.1-2 如图 5.1-1(a)所示，若将电感两端电压作为系统输出，求该电路的频响特性 $H(j\Omega)$。

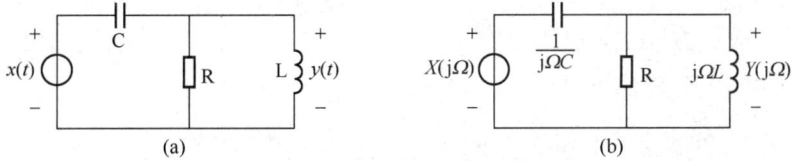

图 5.1-1

解：在电路理论中，我们知道可以用 $1/j\Omega C$、$j\Omega L$ 分别表示容抗与感抗，在频域分析时，将时域的电路模型用频域模型代替，然后用式(5.1-8)求系统的频响特性 $H(j\Omega)$。电路的零状态响应频域电路模型如图 5.1-1(b)所示，写出电路各元件的频域约束关系，根据输出电压与输入电压的关系，有

$$H(j\Omega) = \frac{Y(j\Omega)}{X(j\Omega)} = \frac{\dfrac{j\Omega LR}{j\Omega L + R}}{\dfrac{1}{j\Omega C} + \dfrac{j\Omega LR}{j\Omega L + R}} = \frac{-\Omega LR}{j\Omega L + R - \Omega^2 RLC}$$

5.1.3 线性系统对激励信号的响应

下面研究信号通过 LTI 系统后发生的变换，了解线性系统频率响应对信号的影响。

例 5.1-3 已知系统的频率响应 $H(j\Omega) = \dfrac{1}{j\Omega + 1}$，输入信号为 $x(t) = (1 + e^{-t})u(t)$，试利用频率响应求系统输出 $y(t)$。

解：输入信号频谱为
$$X(j\Omega) = \mathcal{F}[x(t)] = \pi\delta(\Omega) + \frac{1}{j\Omega} + \frac{1}{j\Omega + 1}$$

输出信号的频谱为
$$\begin{aligned}Y(j\Omega) &= X(j\Omega) \cdot H(j\Omega) \\ &= \frac{1}{j\Omega + 1}\left[\pi\delta(\Omega) + \frac{1}{j\Omega} + \frac{1}{j\Omega + 1}\right] \\ &= \frac{1}{j\Omega + 1}\pi\delta(\Omega) + \frac{1}{j\Omega(j\Omega + 1)} + \frac{1}{(j\Omega + 1)^2} \\ &= \pi\delta(\Omega) + \left[\frac{1}{j\Omega} - \frac{1}{j\Omega + 1}\right] + \frac{1}{(j\Omega + 1)^2}\end{aligned}$$

利用傅里叶逆变换，可得：
$$\mathcal{F}^{-1}[\pi\delta(\Omega)] = 1/2$$
$$\mathcal{F}^{-1}\left[\frac{1}{j\Omega} - \frac{1}{j\Omega + 1}\right] = \frac{1}{2}\text{sgn}(t) - e^{-t}u(t)$$
$$\mathcal{F}^{-1}\left[\frac{1}{(j\Omega + 1)^2}\right] = \mathcal{F}^{-1}\left[j\frac{d}{d\Omega}\left(\frac{1}{j\Omega + 1}\right)\right] = j[-jte^{-t}u(t)] = te^{-t}u(t)$$

可得输出信号为
$$y(t) = \frac{1}{2} + \frac{1}{2}\text{sgn}(t) - e^{-t}u(t) + te^{-t}u(t) = [1 - e^{-t} + te^{-t}]u(t)$$

由上面的分析可以看出，傅里叶分析方法从频谱改变的角度解释输入与输出信号的变换，物理概念清楚，但求解过程相对比较烦琐，特别是求反变换时会有一定的困难。

例 5.1-4 已知 LTI 系统的频率响应为 $H(j\Omega) = \dfrac{j\Omega - 1}{j\Omega + 1}$，输入信号 $x(t) = \sin t + \sin 2t$，试画出 $H(j\Omega)$ 的幅频特性与相频特性，并求输出 $y(t)$。

解：根据题意，可得系统的幅频特性 $|H(j\Omega)| = \sqrt{\dfrac{\Omega^2 + 1}{\Omega^2 + 1}} = 1$，相频特性 $\varphi(\Omega) = 2\arctan(-\Omega)$，则频率响应可以写成：$H(j\Omega) = e^{j2\arctan(-\Omega)}$，波形如图 5.1-2 所示。该系统的幅频特性为常数，对输入信号所有的频率分量都可以通过，因此称为全通系统。

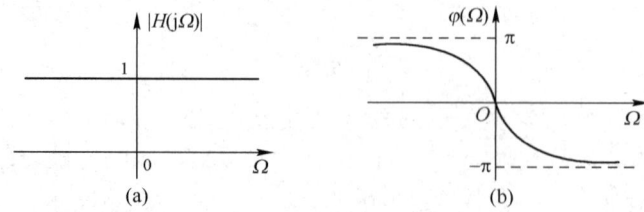

图 5.1-2 例 5.1-4 的频率响应

输入信号的频谱为 $X(j\Omega) = F[x(t)] = j\pi[\delta(\Omega+1) - \delta(\Omega-1)] + j\pi[\delta(\Omega+2) - \delta(\Omega-2)]$

输出信号的频谱为

$$Y(j\Omega) = X(j\Omega) \cdot H(j\Omega)$$
$$= e^{j2\arctan(-\Omega)}\{j\pi[\delta(\Omega+1) - \delta(\Omega-1)] + j\pi[\delta(\Omega+2) - \delta(\Omega-2)]\}$$
$$= j\pi[e^{j2\arctan 1}\delta(\Omega+1) - e^{-j2\arctan 1}\delta(\Omega-1)] + j\pi[e^{j2\arctan 2}\delta(\Omega+2) - e^{-j2\arctan 2}\delta(\Omega-2)]\}$$

输出信号为

$$y(t) = \mathcal{F}^{-1}[Y(j\Omega)]$$
$$= \frac{j}{2}[e^{j90°}e^{-jt} - e^{-j90°}e^{jt}] + \frac{j}{2}[e^{j126°87'}e^{-j2t} - e^{-j126°87'}e^{j2t}]$$
$$= \sin(t - 90°) + \sin(2t - 126°87')$$

输入信号与输出信号为同频率正弦波，虽然全通系统的幅频特性为常数，但相频特性为非线性，因而输入信号的不同频率分量对应的延迟时间不同，造成输出信号的相位失真。从频谱角度分析输入信号通过线性系统传输后其输出波形的变化见二维码。

练习题

5.1-1 已知线性时不变连续时间系统，激励信号为 $x(t) = e^{-2t}u(t)$，系统的频响特性 $H(j\Omega) = \dfrac{1}{j\Omega+1}$，利用傅里叶变换求系统响应 $y(t)$。

5.1-2 已知线性时不变连续时间系统，起始状态为零，其微分方程为

$$\frac{d^2 y(t)}{dt^2} + 4\frac{dy(t)}{dt} + 3y(t) = \frac{dx(t)}{dt} + 2x(t)$$

试求该系统的频率响应 $H(j\Omega)$ 与冲激响应 $h(t)$。

5.1-3 已知某 LTI 系统，若激励信号为 $x(t) = [e^{-t} + e^{-3t}]u(t)$，系统响应为 $y(t) = [2e^{-t} - 2e^{-4t}]u(t)$。
（1）求该系统的频率响应；（2）确定该系统的冲激响应；（3）试写出该系统的微分方程。

5.2 无失真传输系统及理想低通滤波器

系统对于信号的处理大体上可以分为两类：一类是传输；另一类是滤波。传输要求信号尽量不失真，而滤波则要滤除或减弱不希望的有关频率分量，也就是有意识地产生失真（distortion）。下面对这两方面的问题进行分析。

5.2.1 无失真传输

信号无失真传输（distortionless transmission）是指系统的响应信号与激励信号相比，只有幅度大小和出现时间的不同，而没有波形上的变化。下面讨论无失真传输的条件。

1. 时域条件

设激励信号为 $x(t)$，响应信号为 $y(t)$，根据无失真传输的概念，可以直接写出无失真传输的时域条件

$$y(t) = Kx(t - t_0) \tag{5.2-1}$$

式中，K 是一常数，t_0 称为滞后时间，满足此条件时，$y(t)$ 是 $x(t)$ 波形经过 t_0 时间的滞后波形。虽然幅度上有系数 K 的变化，但波形形状不变，如图 5.2-1 所示。

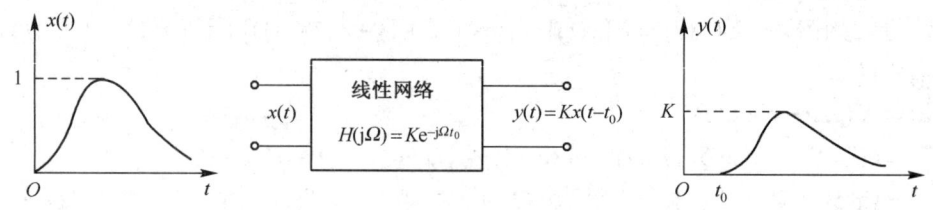

图 5.2-1 线性系统的无失真传输

2. 频域条件

下面将讨论为满足式(5.2-1)，实现无失真传输，频响特性 $H(j\Omega)$ 应满足的条件。

设 $x(t)$ 和 $y(t)$ 的傅里叶变换分别为 $X(j\Omega)$ 和 $Y(j\Omega)$。对式(5.2-1)两边进行傅里叶变换，并利用时移特性，可得

$$Y(j\Omega) = KX(j\Omega)e^{-j\Omega t_0}$$

此外，由于 $Y(j\Omega) = H(j\Omega)X(j\Omega)$

因此，可得 $H(j\Omega) = Ke^{-j\Omega t_0}$ (5.2-2)

这就是无失真传输的频域条件。上式也可写成

$$\begin{cases} |H(j\Omega)| = K \\ \varphi(\Omega) = -\Omega t_0 \end{cases} \quad (5.2\text{-}3)$$

图 5.2-2 无失真传输系统的特性

这表明无失真传输系统应满足两个条件：一是系统的幅频特性在整个频率范围（$-\infty < \Omega < +\infty$）内应为常数；二是系统的相频特性在整个频率范围内应与 Ω 成正比线性变化，即它是一条斜率为 $-t_0$ 的通过原点的直线。如图 5.2-2 所示。（描述传输系统相移特性的群延时概念见二维码）

5.2.2 理想滤波器

在信号处理过程中，常常会遇到在有用的信号上叠加无用噪声的问题。<u>根据有用信号与噪声的不同特性，消除或减弱噪声，提取有用信号的过程称为滤波，实现滤波功能的系统称为滤波器（filter）</u>。当噪声与有用信号具有不同的频带分布时，它们通过滤波器后，噪声被减弱乃至消除，有用信号得到保留，通常这样的滤波器称为频率选择滤波器。所谓<u>理想滤波器是指，它可以将有用的频率分量无失真地传输，而将无用的频率分量完全截止</u>。理想滤波器频响特性是：在通带（pass-band）内，滤波器的幅频特性为常数，相频特性呈线性；而在阻带（stop-band）内，滤波器的幅频特性立即降为零，而相频特性如何则无关紧要。

根据通带和阻带位置不同，理想滤波器可分为低通（low-pass）、高通（high-pass）、带通（band-pass）和带阻（band-stop）等类型。它们的幅频特性如图 5.2-3 所示（这里我们只画了 $\Omega > 0$ 的部分，$\Omega < 0$ 的部分对称于纵轴）。

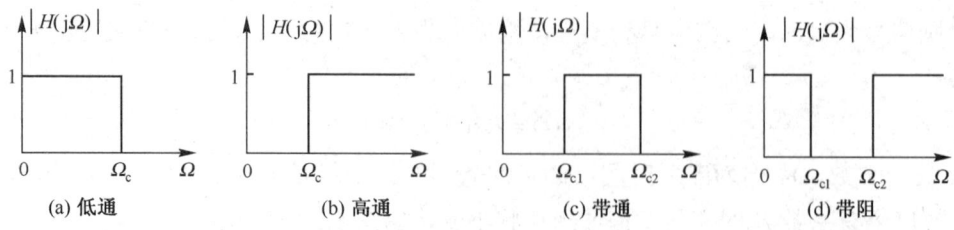

图 5.2-3 理想滤波器的幅频特性

1. 理想低通滤波器

具有图 5.2-4 所示的幅频特性与相频特性的系统称为理想低通滤波器（ideal low-pass filter）。在通带（$|\Omega|<\Omega_c$）内，其幅频特性恒为 1（也可以是常数 K），相频特性与频率成正比线性变化；在阻带（$|\Omega|>\Omega_c$）内，其幅频特性等于零。也就是说，理想低通滤波器将频率低于 Ω_c 的所有信号予以无失真地传送，而将频率高于 Ω_c 的信号完全抑制，Ω_c 称为截止频率（cutoff frequency）。

这样，理想低通滤波器的频响特性可写为

$$H(j\Omega)=|H(j\Omega)|e^{j\varphi(\Omega)}=\begin{cases} e^{-j\Omega t_0}, & |\Omega|<\Omega_c \\ 0, & |\Omega|>\Omega_c \end{cases} \quad (5.2\text{-}4)$$

或写为

$$|H(j\Omega)|=\begin{cases} 1, & |\Omega|<\Omega_c \\ 0, & |\Omega|>\Omega_c \end{cases} \quad (5.2\text{-}5)$$

$$\varphi(\Omega)=-\Omega t_0 \quad (5.2\text{-}6)$$

下面分析几种典型信号通过理想低通滤波器的传输，以便得出一些有用的结论。

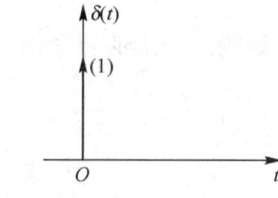
(a) 幅频特性

(b) 相频特性

图 5.2-4 理想低通滤波器的特性

（1）冲激响应

将 $H(j\Omega)$ 进行傅里叶逆变换，不难求得理想低通滤波器的冲激响应。

$$\begin{aligned} h(t) &= \mathcal{F}^{-1}[H(j\Omega)] = \frac{1}{2\pi}\int_{-\infty}^{\infty} H(j\Omega)e^{j\Omega t}d\Omega \\ &= \frac{1}{2\pi}\int_{-\Omega_c}^{\Omega_c} e^{-j\Omega t_0}e^{j\Omega t}d\Omega \\ &= \frac{1}{2\pi}\left.\frac{e^{j\Omega(t-t_0)}}{j(t-t_0)}\right|_{-\Omega_c}^{\Omega_c} = \frac{\Omega_c}{\pi}\text{Sa}[\Omega_c(t-t_0)] \end{aligned} \quad (5.2\text{-}7)$$

冲激响应的波形如图 5.2-5(b)所示，为了与激励信号做对比，在图 5.2-5(a)中画出了激励信号 $\delta(t)$ 的波形。由图可见，冲激响应的波形不同于冲激信号的波形，产生了很大的失真。这是因为理想低通滤波器是一个带限系统，而冲激信号 $\delta(t)$ 的频带是无限宽的。冲激响应主峰出现的时刻（$t=t_0$）比冲激信号输入的时刻（$t=0$）延迟了一段时间 t_0，它正是理想低通滤波器相位特性的斜率。另外，冲激响应在 $t<0$ 时也存在，这个结果是由于理想低通滤波器具有实际上不可能实现的理想特性，所以理想低通滤波器是一个非因果系统。也就是说，<u>理想低通滤波器在物理上是不可实现的</u>。然而，只要可实现的滤波网络能够做到相当接近于理想滤波特性，那么，有关理想滤波器的研究就不因其无法实现而失去价值。

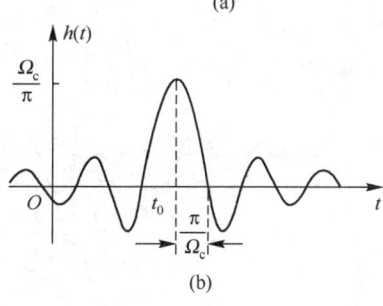
图 5.2-5 理想低通滤波器的冲激响应

（2）阶跃响应

如果理想低通滤波器的输入是一个单位阶跃信号 $x(t)=u(t)$，则其响应为阶跃响应 $g(t)$，它可以通过对冲激响应 $h(t)$ 的积分而得到，即

$$g(t)=\int_{-\infty}^{t}h(\tau)d\tau=\int_{-\infty}^{t}\frac{\Omega_c}{\pi}\text{Sa}[\Omega_c(\tau-t_0)]d\tau=\int_{-\infty}^{t}\frac{\sin\Omega_c(\tau-t_0)}{\pi(\tau-t_0)}d\tau$$

在上式中令 $x = \Omega_c(\tau - t_0)$，则 $d\tau = dx/\Omega_c$，积分上限 t 变为 $\Omega_c(t - t_0)$，于是

$$g(t) = \frac{1}{\pi} \int_{-\infty}^{\Omega_c(t-t_0)} \frac{\sin x}{x} dx = \frac{1}{\pi} \left[\int_{-\infty}^{0} \frac{\sin x}{x} dx + \int_{0}^{\Omega_c(t-t_0)} \frac{\sin x}{x} dx \right]$$

上式中的第一项积分 $\int_{-\infty}^{0} \frac{\sin x}{x} dx = \frac{\pi}{2}$；第二项是函数 $\frac{\sin x}{x}$ 的积分，称为正弦积分（sine integral）。在一些数学书中已制成标准表格或曲线，以符号 $\mathrm{Si}(y)$ 来表示，即 $\mathrm{Si}(y) = \int_{0}^{y} \frac{\sin x}{x} dx$。

函数 $\frac{\sin x}{x}$ 与 $\mathrm{Si}(y)$ 曲线同时画于图 5.2-6 中，可以看到 $\mathrm{Si}(y)$ 是 y 的奇函数，随着 y 值的增加，$\mathrm{Si}(y)$ 从 0 开始增大，以后围绕 $\pi/2$ 起伏振荡，随着 t 的增大，振荡幅度逐渐衰减而趋于 $\pi/2$，各极值点与函数 $\frac{\sin x}{x}$ 的零点对应。例如 $\mathrm{Si}(y)$ 的第一个峰点就出现在 $y = \pi$ 处。

引用以上有关数学结论，阶跃响应可以写为

$$g(t) = \frac{1}{2} + \frac{1}{\pi} \mathrm{Si}[\Omega_c(t - t_0)] \tag{5.2-8}$$

单位阶跃激励 $u(t)$ 及其阶跃响应 $g(t)$ 分别如图 5.2-7(a)和(b)所示。从图中可以看出，阶跃响应比阶跃输入延迟一段时间 t_0。当 $t = t_0$ 时，$g(t) = 1/2$，t_0 仍是理想低通滤波器相频特性的斜率。此时阶跃响应的波形并不像阶跃信号波形那样陡直上升，这表明阶跃响应的建立需要一段时间。同时波形出现振荡，这也是由于理想低通滤波器是一个带限系统所引起的。在 $t = t_0$ 处，阶跃响应波形的斜率最大（因为阶跃响应波形的斜率等于 $\frac{dg(t)}{dt} = h(t)$，在 $t = t_0$ 处 $h(t)$ 为极大值）。

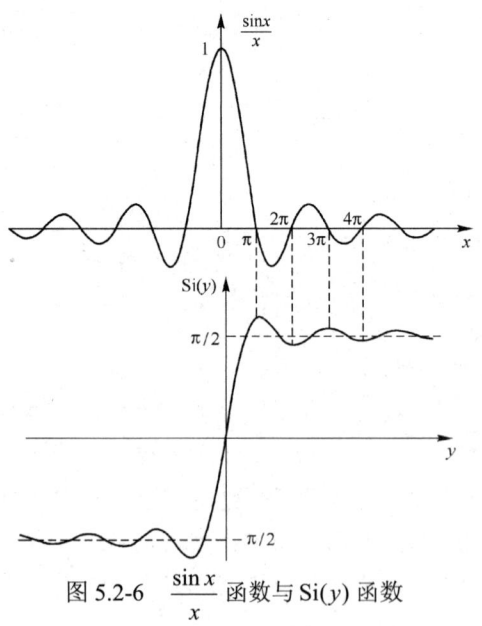

图 5.2-6 $\frac{\sin x}{x}$ 函数与 $\mathrm{Si}(y)$ 函数

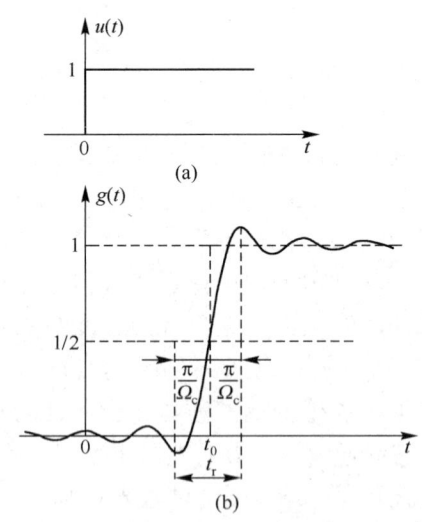

图 5.2-7 理想低通滤波器的阶跃响应

把阶跃响应的上升时间 t_r 定义为阶跃响应从最小值上升到最大值所需的时间。由图 5.2-7(b)可以看出，上升时间（rise time）

$$t_r = 2\pi/\Omega_c = 1/B_f \tag{5.2-9}$$

式中，$B_f = \Omega_c / 2\pi$ 是将角频率折合为频率的滤波器带宽（截止频率）。因此我们得到如下重要

结论：阶跃响应的上升时间 t_r 与理想低通滤波器的截止频率（带宽）成反比。也就是说，理想低通滤波器带宽越宽，即 Ω_c 越高，阶跃响应的上升时间 t_r 就越短。当 $\Omega_c \to \infty$ 时，则 $t_r \to 0$，此时，理想低通滤波器就成为无失真传输系统。

利用理想低通滤波器的阶跃响应很容易求得理想低通滤波器对于矩形脉冲的响应。设激励信号（矩形脉冲）的表达式为

$$x_1(t) = u(t) - u(t-\tau)$$

其波形如图 5.2-8(a)所示。

根据线性时不变特性，理想低通滤波器对矩形脉冲的响应为

$$y_1(t) = g(t) - g(t-\tau) = \frac{1}{\pi}\{\text{Si}[\Omega_c(t-t_0)] - \text{Si}[\Omega_c(t-t_0-\tau)]\} \tag{5.2-10}$$

响应的波形如图 5.2-8(b)所示。

从图中可以看出：矩形脉冲响应除了比矩形脉冲输入延迟一段时间 t_0 外，矩形脉冲响应的波形也不再是矩形脉冲，即产生了失真。失真的程度既与理想低通滤波器的频带宽度有关，也与矩形脉冲的频带宽度或脉冲宽度有关（前面已指出，矩形脉冲信号的频带宽度与脉冲宽度成反比）。为了具体地说明这一关系，在图 5.2-9 中，画出了理想低通滤波器的频带宽度不同时，矩形脉冲响应的波形。由图可知，当理想低通滤波器的频带宽度远大于矩形脉冲的频带宽度，即 $\Omega_c \geqslant \Delta\Omega$（$\Delta\Omega$ 为矩形脉冲的频带宽度）时，响应波形近似于矩形脉冲的波形；当 $\Omega_c < \Delta\Omega$ 时，响应波形上升与下降时间连在一起，完全丢失了激励信号的脉冲形象。

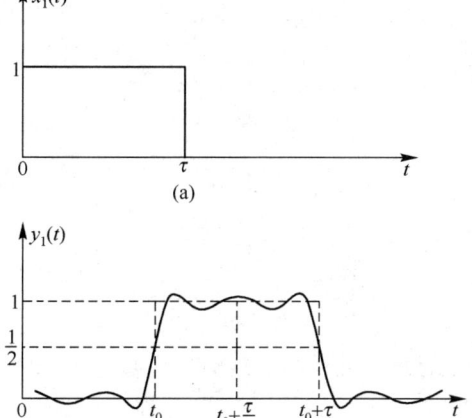

图 5.2-8 理想低通滤波器的矩形脉冲响应

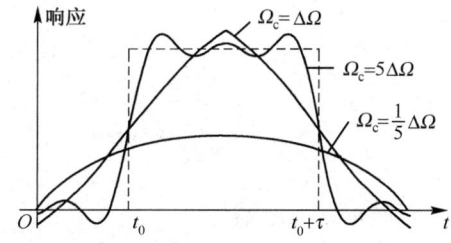

图 5.2-9 理想低通滤波器的频带宽度不同时的矩形脉冲响应

借助理想低通滤波器的阶跃响应的有关结论，可以解释吉伯斯现象。在 4.1 节中曾讲到，周期信号波形经过傅里叶级数分解以后，取有限项级数相加可以逼近原信号。所谓吉伯斯现象是指，对于具有不连续点（跳变点）的波形，所取级数项数越多，近似波形的均方误差虽可减小，但在跳变点处的峰值不能减小，此峰值随着所取级数的项数的不断增多，而逐渐向跳变点靠近，但峰值趋近于跳变值的 8.95％左右。

经计算，阶跃响应 $g(t)$ 的第一个极大值发生在 $t = t_0 + \pi/\Omega_c$ 处，将它代入到式(5.2-8)中，得到阶跃响应的极大值

$$g_{\max} = \frac{1}{2} + \frac{1}{\pi}\text{Si}[\Omega_c(t-t_0)]\Big|_{t=t_0+\pi/\Omega_c} = \frac{1}{2} + \frac{1}{\pi}\text{Si}(\pi) \approx 1.0895$$

也即，第一个峰值约为跳变值的 8.95%。如果我们增大理想低通滤波器的频带宽度 Ω_c，可以使阶跃响应的上升时间减小，然而，却不能改变 8.95% 峰值的幅度。

理想低通滤波器对于矩形脉冲的响应同样会出现此现象。图 5.2-10(a)所示的矩形脉冲的频谱如图 5.2-10(b)所示。将此矩形脉冲通过频响特性如图 5.2-10(d)所示的理想低通滤波器（$\Omega_c = 4\pi$），其响应波形如图 5.2-10(c)所示。当加大此低通网络的频带宽度（$\Omega_c = 8\pi$）时，如图 5.2-10(f)所示，允许激励信号的更多高频成分通过网络，于是，响应波形得到改善，如图 5.2-10(e)所示，但在跳变点的上冲仍然逼近 8.95%。

当把图 5.2-10(a)的矩形脉冲接到理想低通滤波器输入端时，从频域角度分析，相当于利用图 5.2-10(d)的矩形频响特性为图 5.2-10(b)的频谱"开窗"，在矩形"窗口"内只看到图 5.2-10(b)的一部分频率分量。这时，可以把图 5.2-10(d)所示的频谱函数称为"窗函数（window function）"。利用矩形窗函数滤取信号频谱时，在时域的不连续点要出现上冲。理论研究表明，改用其他形式的"窗函数"有可能减小上冲。有关"窗函数"的详细讨论可参考《数字信号处理》等教材（可以扫描二维码）。

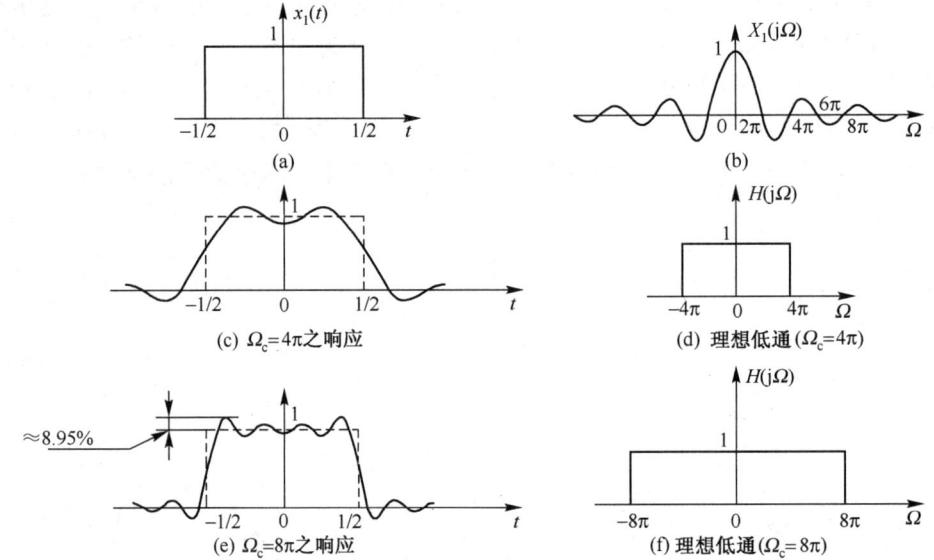

图 5.2-10 具有不同 Ω_c 的理想低通滤波器对矩形脉冲的响应

2．理想带通滤波器

理想带通滤波器（ideal band-pass filter）的频响特性如图 5.2-11 所示。

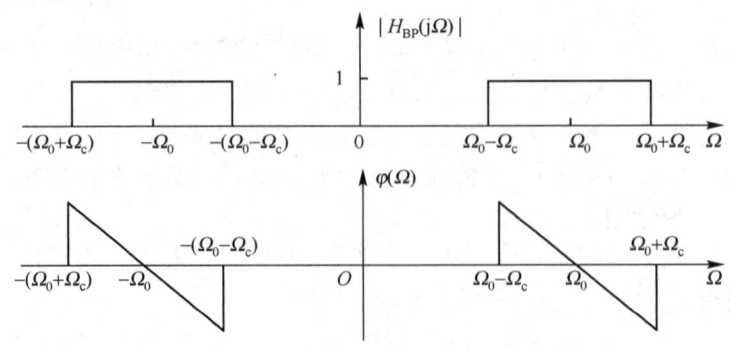

图 5.2-11 理想带通滤波器的幅频与相频特性

设理想低通滤波器的频响特性为

$$H_{LP}(j\Omega) = \begin{cases} e^{-j\Omega t_0} & |\Omega| < \Omega_c \\ 0 & |\Omega| > \Omega_c \end{cases} \quad (5.2\text{-}11)$$

则理想带通滤波器的频响特性与理想低通滤波器的频响特性之间存在如下关系

$$H_{BP}(j\Omega) = H_{LP}(j\Omega) * [\delta(\Omega + \Omega_0) + \delta(\Omega - \Omega_0)] \quad (5.2\text{-}12)$$

可以看出，理想带通滤波器的频响特性是理想低通滤波器的频响特性经过频率搬移的结果。将 $H_{LP}(j\Omega)$ 称为理想带通滤波器的等效低通系统。

由傅里叶变换的频域卷积定理可求出理想带通滤波器的冲激响应

$$h(t) = \mathcal{F}^{-1}[H_{BP}(j\Omega)] = 2\pi \mathcal{F}^{-1}[H_{LP}(j\Omega)] \mathcal{F}^{-1}[\delta(\Omega + \Omega_0) + \delta(\Omega - \Omega_0)]$$

其中 $\mathcal{F}^{-1}[H_{LP}(j\Omega)] = h_{LP}(t)$ 为等效低通滤波器的冲激响应，根据式(5.2-7)可得

$$\mathcal{F}^{-1}[H_{LP}(j\Omega)] = \frac{\Omega_c}{\pi} Sa[\Omega_c(t - t_0)]$$

而

$$\mathcal{F}^{-1}[\delta(\Omega + \Omega_0) + \delta(\Omega - \Omega_0)] = \frac{1}{2\pi}[e^{j\Omega_0 t} + e^{-j\Omega_0 t}] = \frac{1}{\pi}\cos\Omega_0 t$$

所以

$$h(t) = 2\pi \cdot \frac{\Omega_c}{\pi} Sa[\Omega_c(t - t_0)] \cdot \frac{1}{\pi}\cos\Omega_0 t = \frac{2\Omega_c}{\pi} Sa[\Omega_c(t - t_0)]\cos\Omega_0 t \quad (5.2\text{-}13)$$

这是一个以等效低通滤波器的冲激响应为包络的正弦调幅信号。

利用类似的方法可以求出理想高通滤波器和理想带阻滤波器的冲激响应，这里不再一一赘述（可以扫描二维码）。

练习题

5.2-1 电路如图题 5.2-1 所示，写出系统频率响应特性 $H(j\Omega) = \dfrac{V_2(j\Omega)}{V_1(j\Omega)}$。为得到无失真传输，元件参数 R_1，R_2，C_1，C_2 应满足什么关系？

5.2-2 一个理想低通滤波器的频响特性为 $H(j\Omega) = |H(j\Omega)|e^{j\varphi(\Omega)}$，其幅频特性 $|H(j\Omega)|$ 与相频特性 $\varphi(\Omega)$ 如图题 5.2-2 所示。试证明此滤波器对于 $\dfrac{\pi}{\Omega_c}\delta(t)$ 和 $\dfrac{\sin\Omega_c t}{\Omega_c t}$ 的响应是相同的，并求出该响应的表达式。

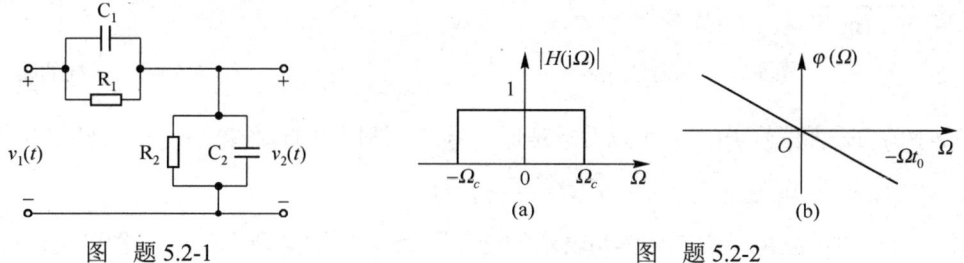

图 题 5.2-1　　　　　　　　　　　图 题 5.2-2

5.2-3 一个理想高通滤波器的幅频特性与相频特性如图题 5.2-3 所示，求其冲激响应。

5.2-4 图题 5.2-4 所示系统中，$H_L(j\Omega)$ 为理想低通特性，即 $H_L(j\Omega) = \begin{cases} e^{-j\Omega t_0}, & |\Omega| < 1 \\ 0, & |\Omega| > 1 \end{cases}$。

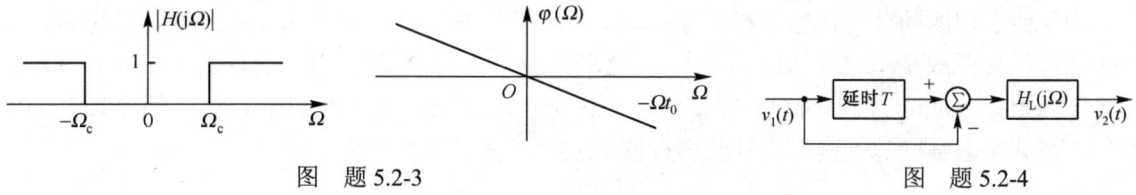

图 题 5.2-3　　　　　　　　　　　图 题 5.2-4

(1) 若 $v_1(t)$ 为单位阶跃信号 $u(t)$，写出 $v_2(t)$ 的表达式；

(2) 若 $v_1(t) = \dfrac{2\sin(t/2)}{t}$，写出 $v_2(t)$ 的表达式。

5.2-5 周期矩形脉冲信号 $\tilde{f}(t)$ 如图题 5.2-5 所示，脉冲宽度为 τ 秒，重复周期为 T_1 秒，幅度为 E 伏。当该脉冲串加到如下各种理想滤波器的输入端时，分别求各滤波器的输出信号。

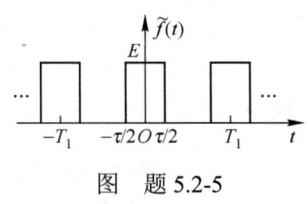

图 题 5.2-5

(1) 低通滤波器，截止频率为 $\dfrac{3}{2T_1}$ Hz；　　(2) 高通滤波器，截止频率为 $\dfrac{1}{2T_1}$ Hz；

(3) 带通滤波器，截止频率为 $\dfrac{1}{2T_1}$ Hz 和 $\dfrac{3}{2T_1}$ Hz；　　(4) 带阻滤波器，截止频率为 $\dfrac{1}{2T_1}$ Hz 和 $\dfrac{3}{2T_1}$ Hz；

5.3 信号的采样

5.3.1 信号采样的概念

前面研究的都是连续时间信号。但在许多实际问题中，常常需要将连续时间信号变换成离散时间信号，这就要对信号进行采样（或称抽样、取样）。例如，对于测量温度、位移和速度等一些连续变化的量，可以每隔一定时间测量一次，取得这些连续时间信号在各离散时刻的一系列数据。

信号的采样（sample）是由采样器来进行的，采样器是如图 5.3-1(a)所示的开关。开关 S 周期地接到 1 和 2。当开关位于 1 处时，则输出信号 $f_s(t)$ 就是输入信号 $f(t)$；而当开关位于 2 处时，则输出信号 $f_s(t)$ 为零。如图 5.3-1(b)所示，图中 T_s 是开关转换的周期，τ 是开关在 1 处和 $f(t)$ 接通的时间。

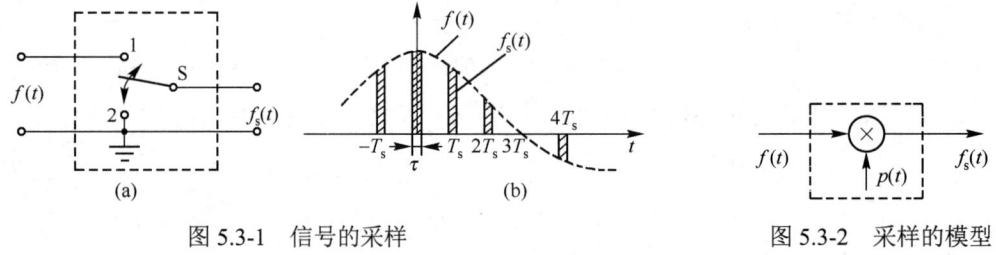

图 5.3-1 信号的采样　　　　图 5.3-2 采样的模型

图 5.3-1(b)的采样信号 $f_s(t)$，可以看成是原信号 $f(t)$ 和一采样脉冲序列 $p(t)$ 的乘积。即

$$f_s(t) = f(t)p(t) \tag{5.3-1}$$

也就是说，采样的过程可以用式(5.3-1)表示的一个相乘的数学模型来代表，也可用图 5.3-2 所示的模型图表示。采样脉冲序列 $p(t)$ 是周期性矩形脉冲序列，其中每一个矩形脉冲的幅度为 1，宽度为 τ，如图 5.3-3(b)所示。

由于采样脉冲是周期矩形序列，因此将这种采样称为矩形脉冲采样（rectangular pulse sampling）或称为自然采样（nature sampling）。采样信号 $f_s(t)$ 如图 5.3-3(c)所示。

为了便于问题的分析，当采样持续时间 τ（即采样脉冲序列 $p(t)$ 的脉宽）相对较短时，可以把采样脉冲看成是单位冲激序列 $\delta_T(t)$，这种采样称为冲激采样（impulse sampling）或理想采样（ideal sampling）。在这种情况下，采样信号 $f_s(t)$ 便是一系列的冲激函数，每个冲激的间隔为 T_s，其冲激强度等于连续信号的样点值 $f(nT_s)$，如图 5.3-4 所示。

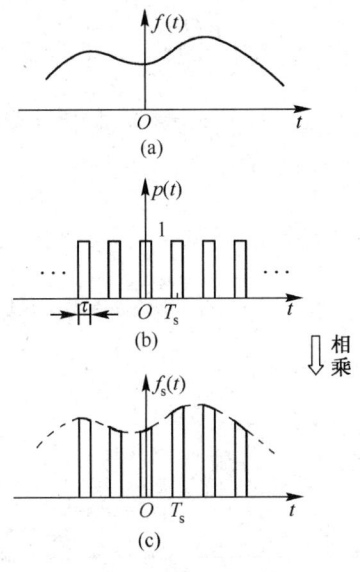
图 5.3-3 矩形脉冲采样

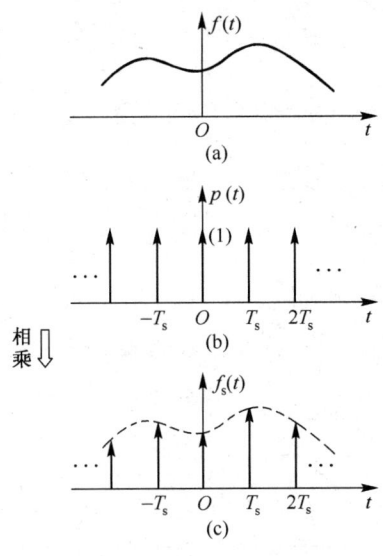
图 5.3-4 冲激采样

5.3.2 采样信号的傅里叶变换

下面求采样信号 $f_s(t)$ 的傅里叶变换 $F_s(j\Omega)$，以及讨论 $F_s(j\Omega)$ 与采样之前的原连续信号 $f(t)$ 的傅里叶变换 $F(j\Omega)$ 的关系。

令连续信号 $f(t)$ 的傅里叶变换为 $F(j\Omega)=\mathcal{F}[f(t)]$，采样脉冲序列 $p(t)$ 的傅里叶变换为 $P(j\Omega)=\mathcal{F}[p(t)]$，采样信号 $f_s(t)$ 的傅里叶变换为 $F_s(j\Omega)=\mathcal{F}[f_s(t)]$，采样周期为 T_s，采样频率为 $\Omega_s=2\pi/T_s$。

由于 $f_s(t)=f(t)p(t)$，其中 $p(t)$ 是周期信号，根据式(4.6-5)可以得到 $p(t)$ 的傅里叶变换为

$$P(j\Omega)=2\pi\sum_{n=-\infty}^{\infty}P_n\delta(\Omega-n\Omega_s) \tag{5.3-2}$$

其中，P_n 是 $p(t)$ 的傅里叶系数

$$P_n=\frac{1}{T_s}\int_{-T_s/2}^{T_s/2}p(t)\mathrm{e}^{-jn\Omega_s t}\mathrm{d}t \tag{5.3-3}$$

根据频域卷积定理，则有

$$F_s(j\Omega)=\frac{1}{2\pi}F(j\Omega)*P(j\Omega)$$

将式(5.3-2)代入上式，化简后得到采样信号 $f_s(t)$ 的傅里叶变换为

$$F_s(j\Omega)=\sum_{n=-\infty}^{\infty}P_n F[j(\Omega-n\Omega_s)] \tag{5.3-4}$$

式(5.3-4)表明：信号在时域中被采样后，它的频谱 $F_s(j\Omega)$ 是连续信号的频谱 $F(j\Omega)$ 以采样频率 Ω_s 为间隔周期地重复而得到的，在重复的过程中幅度被 $p(t)$ 的傅里叶系数所加权。因为 P_n 只是 $n\Omega_s$（而不是 Ω）的函数，所以 $F(j\Omega)$ 在重复过程中不会使形状发生变化。

式(5.3-4)中的加权系数 P_n 取决于采样脉冲序列的形状。下面将分别讨论矩形脉冲采样及冲激采样的傅里叶变换。

1．矩形脉冲采样

此时采样脉冲 $p(t)$ 是周期矩形脉冲，令它的脉冲幅度为 E，脉冲宽度为 τ，采样间隔为 T_s（采样频率为 Ω_s）。根据式(5.3-3)可求得

$$P_n = \frac{1}{T_s} \int_{-T_s/2}^{T_s/2} p(t) e^{-jn\Omega_s t} dt = \frac{1}{T_s} \int_{-\tau/2}^{\tau/2} E e^{-jn\Omega_s t} dt = \frac{E\tau}{T_s} \text{Sa}\left(\frac{n\Omega_s \tau}{2}\right) \tag{5.3-5}$$

实际上，这个结果我们早已熟悉了。将式(5.3-5)代入式(5.3-4)，便可求出矩形脉冲采样信号的频谱

$$F_s(j\Omega) = \frac{E\tau}{T_s} \sum_{n=-\infty}^{\infty} \text{Sa}\left(\frac{n\Omega_s \tau}{2}\right) F[j(\Omega - n\Omega_s)] \tag{5.3-6}$$

显然，在矩形脉冲采样情况下，$F_s(j\Omega)$ 是将 $F(j\Omega)$ 以 Ω_s 为周期、周期性地重复而成的，但在重复过程中幅度以抽样函数的规律变化，如图 5.3-5 所示。

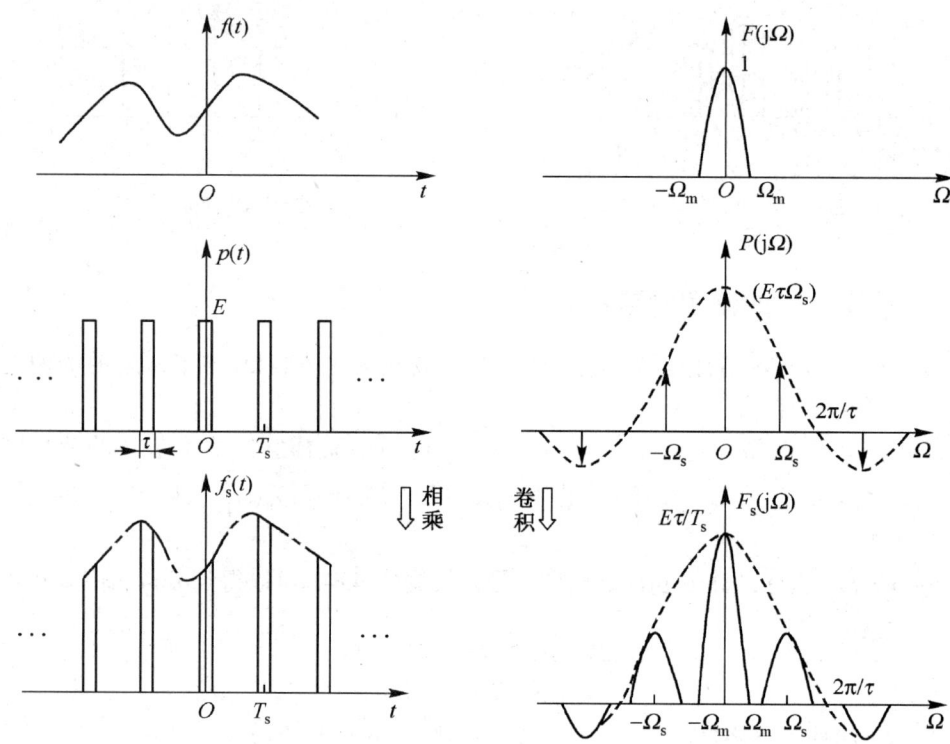

图 5.3-5 矩形脉冲采样信号的频谱

2. 冲激采样

此时，采样脉冲 $p(t)$ 是冲激序列 $\delta_T(t)$，即

$$p(t) = \delta_T(t) = \sum_{n=-\infty}^{\infty} \delta(t - nT_s)$$

这时，采样信号可表示为
$$f_s(t) = f(t)\delta_T(t) = f(t) \sum_{n=-\infty}^{\infty} \delta(t - nT_s) = \sum_{n=-\infty}^{\infty} f(nT_s)\delta(t - nT_s) \tag{5.3-7}$$

下面求 $f_s(t)$ 的傅里叶变换 $F_s(j\Omega)$。$p(t)$ 的傅里叶系数 P_n 在例 4.6-1 中已求出，即 $P_n = 1/T_s$，将其代入式(5.3-4)，即可得到冲激采样信号的频谱

$$F_s(j\Omega) = \frac{1}{T_s} \sum_{n=-\infty}^{\infty} F[j(\Omega - n\Omega_s)] \tag{5.3-8}$$

式(5.3-8)表明：由于冲激序列 $\delta_T(t)$ 的傅里叶系数 P_n 为常数，所以 $F_s(j\Omega)$ 是将 $F(j\Omega)$ 以 Ω_s 为周期、周期性地等幅延拓而成的，如图 5.3-6 所示。

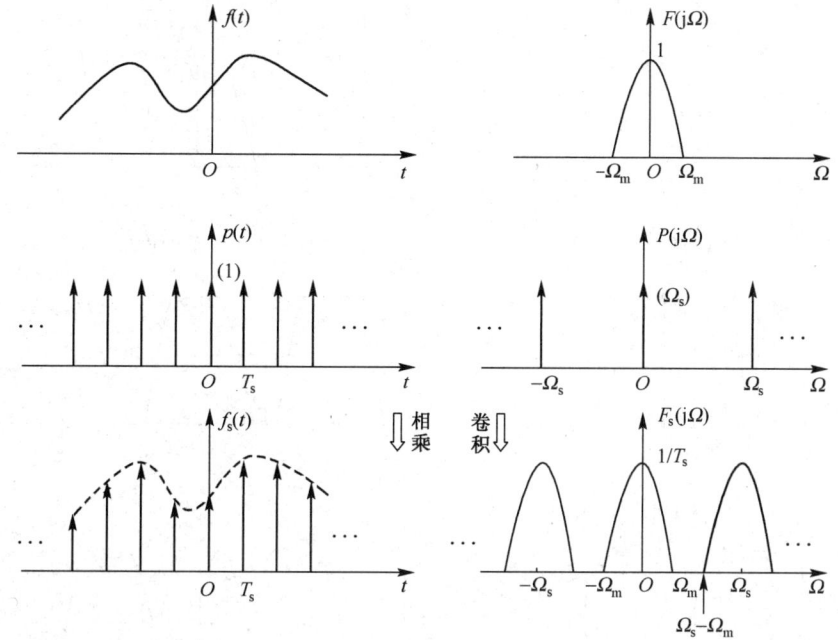

图 5.3-6 冲激采样信号的频谱

用冲激序列对信号进行采样,使之变成离散信号,对应的是将原连续信号的频谱进行周期延拓。即时域的离散性对应着频域的周期性。在 4.6 节中已阐述过,时域的周期性对应着频域的离散性。从而揭示了信号的时域与频域之间的另一种对应关系,即<u>周期性与离散性的对应关系</u>。

冲激采样和矩形脉冲采样是式(5.3-4)的两种特定情况。而冲激采样又是矩形脉冲的脉宽 $\tau \to 0$ 的一种极限情况。在实际应用中通常采用矩形脉冲采样。但是为了便于分析,当脉宽 τ 相对较窄时,往往将矩形脉冲采样近似为冲激采样。

5.3.3 时域采样定理

由图 5.3-7(b)看到,采样信号 $f_s(t)$ 只是原信号 $f(t)$ 的很小一部分。原信号 $f(t)$ 已被大部分切掉。连续信号被采样后是否保留原信号 $f(t)$ 的全部信息,即能否由采样信号 $f_s(t)$ 重新恢复原信号 $f(t)$ 呢?现在我们就来讨论如何从采样信号中恢复原连续信号,以及在什么条件下才能够无失真地完成这种恢复作用。

观察图 5.3-7(b)所示的采样信号的频谱 $F_s(j\Omega)$,其虚线框内的部分与原信号的频谱具有完全相同的形状。所以只要将采样信号通过一个理想低通滤波器,把这部分频谱取出,同时滤除所有其他的部分,这样,在滤波器的输出端将会得到原来的信号。这个理想低通滤波器的频率特性就像图 5.3-7(b)中虚线框那样,其截止频率应大于信号频谱中的最高频率分量 Ω_m,而小于 $\Omega_s - \Omega_m$,从而能够把所需的频谱分离出来。由以上讨论显然可见,恢复原信号的必要条件是,采样信号频谱中两相邻的组成部分不能相互重叠,否则即使使用了理想低通滤波器,也无法取出与原信号相同的频谱来。因此,要使频谱中相邻组成部分不重叠,则必须满足如下条件:首先,原信号 $f(t)$ 的频谱 $F(j\Omega)$ 的频带是有限的,即原信号 $f(t)$ 频谱中存在最高频率分量 Ω_m;其次,采样频率 Ω_s 应大于最高频率 Ω_m 的两倍,即

$$\Omega_s > 2\Omega_m \tag{5.3-9}$$

或

$$f_s > 2f_m \tag{5.3-10}$$

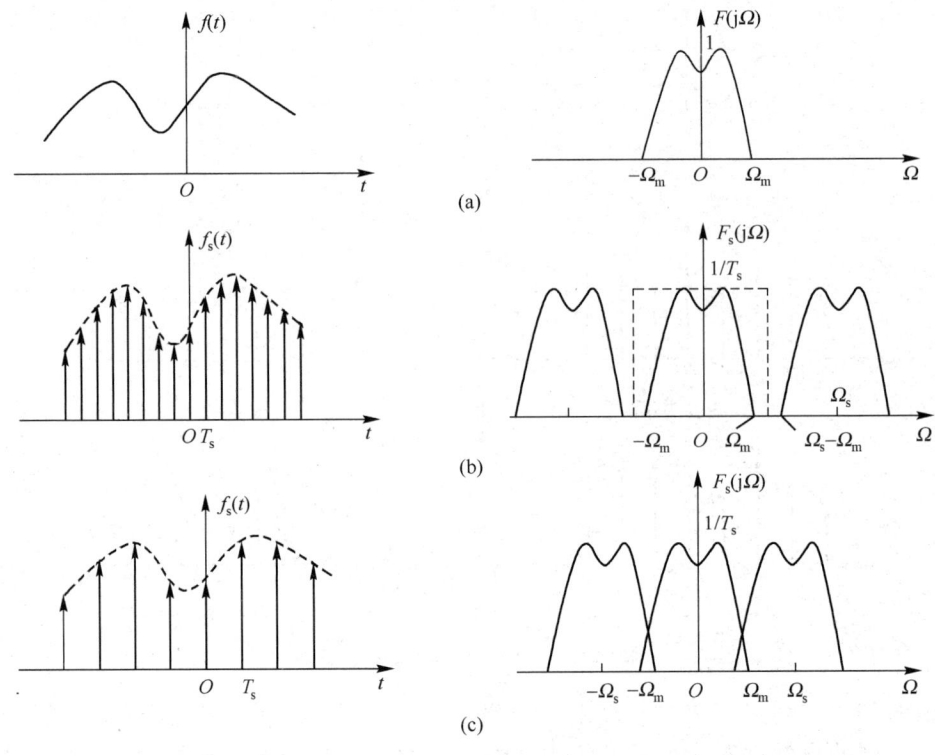

图 5.3-7 冲激采样

一般将 $f_{s\min} = 2f_m$ 称为奈奎斯特（Nyquist）采样频率（简称奈奎斯特采样率），它的倒数 $T_{s\max} = \dfrac{1}{2f_m}$ 称为奈奎斯特采样间隔。

若采样频率 Ω_s 不满足式(5.3-9)，即 $\Omega_s < 2\Omega_m$ 时，$F_s(j\Omega)$ 将产生混叠（aliasing），如图 5.3-7(c)所示。此时不能从 $F_s(j\Omega)$ 中取出 $F(j\Omega)$，也即信号 $f(t)$ 不能由采样信号 $f_s(t)$ 完全恢复。也就是说，采样的间隔时间过长，即采样太慢，将丢失部分信息。

综上所述，可以归纳出如下的时域采样定理（sampling theorem）：一个频带受限的信号 $f(t)$，如果频谱只占据 $-\Omega_m \sim \Omega_m$ 的范围，则信号 $f(t)$ 可以用时间间隔小于 $\dfrac{1}{2f_m}$ 的采样值唯一地确定。当这样的采样信号通过其截止频率 Ω_c 满足条件 $\Omega_m < \Omega_c < \Omega_s - \Omega_m$ 的理想低通滤波器后，可以完全恢复原信号。

实际上，理想低通滤波器是不可能实时实现的。实际低通滤波器的幅频特性如图 5.3-8 中虚线所示。由于实际滤波器的滤波特性在过渡带内不够陡直，滤波器输出端除了有所需信号的频谱分量外，还夹杂着相邻部分的一些频率分量，这样，恢复的信号与原信号就有差别。解决的方法是提高采样频率 Ω_s，使得滤波器的输出端只含有所需要的信号频谱。另一方面，实际被传输的信号，一般不是频带受限信号（如常用的矩形脉冲信号，其频谱为 Sa 函数），这样的信号经过采样后，采样信号的频谱如图 5.3-9 所示，其中相邻部分之间就会出现频谱混叠现象。在这种情况下，利用低通滤波器就难以把所需信号无失真地滤出。但是，一般信号都占有一个有效的频带宽度，在某个范围之外的频率分量实际上可忽略不计。因此，只要采样频率足够高，并且采用高阶低通滤波器，把所需的原信号有效地分离出来还是可行的。

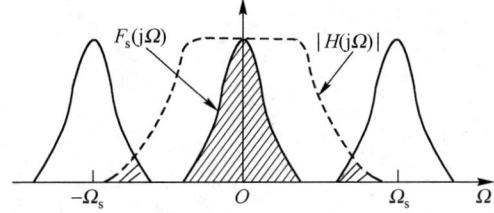

图 5.3-8 采样信号通过实际低通滤波器

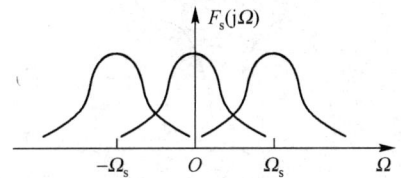

图 5.3-9 非频谱受限信号采样后频谱的混叠现象

5.3.4 从采样信号中恢复连续信号

从图 5.3-7(b)可以看出,在满足采样定理的条件下,为了从频谱 $F_s(j\Omega)$ 中无失真地选出 $F(j\Omega)$,可以将采样信号通过一理想低通滤波器,其频率特性为

$$H(j\Omega) = \begin{cases} T_s, & |\Omega| < \Omega_c \\ 0, & |\Omega| > \Omega_c \end{cases} \quad (5.3\text{-}11)$$

其中 $\Omega_m < \Omega_c < \Omega_s - \Omega_m$。

从频域角度讲,滤波器输出端的频谱 $F(j\Omega)$ 就是 $H(j\Omega)$ 与 $F_s(j\Omega)$ 相乘,即

$$F(j\Omega) = H(j\Omega)F_s(j\Omega) \quad (5.3\text{-}12)$$

这样,在滤波器的输出端可以得到频谱为 $F(j\Omega)$ 的连续信号 $f(t)$。

下面再从时域角度来看如何由采样信号 $f_s(t)$ 恢复 $f(t)$。

因为滤波器的输出频谱为 $\quad F(j\Omega) = H(j\Omega)F_s(j\Omega)$

由时域卷积定理知 $\quad f(t) = h(t) * f_s(t) \quad (5.3\text{-}13)$

其中 $\quad h(t) = \mathcal{F}^{-1}[H(j\Omega)]$

利用傅里叶变换的对偶性,不难求出 $H(j\Omega)$ 的傅里叶逆变换为 Sa 函数,即

$$h(t) = \frac{T_s \Omega_c}{\pi} \text{Sa}(\Omega_c t) \quad (5.3\text{-}14)$$

实际上,$h(t)$ 就是理想低通滤波器的冲激响应,从而式(5.3-13)就是我们所熟悉的在时域中求零状态响应的卷积公式。

因为 $\quad f_s(t) = \sum_{n=-\infty}^{\infty} f(nT_s)\delta(t-nT_s)$

所以 $\quad f(t) = h(t) * f_s(t) = \frac{T_s \Omega_c}{\pi} \text{Sa}(\Omega_c t) * \left[\sum_{n=-\infty}^{\infty} f(nT_s)\delta(t-nT_s) \right]$

$$= \sum_{n=-\infty}^{\infty} \frac{T_s \Omega_c}{\pi} f(nT_s) \text{Sa}[\Omega_c(t-nT_s)]$$

若取 $\Omega_s = 2\Omega_m$,$\Omega_c = \Omega_m$,则

$$f(t) = \sum_{n=-\infty}^{\infty} f(nT_s)\text{Sa}[\Omega_m(t-nT_s)] = \sum_{n=-\infty}^{\infty} f(nT_s)\text{Sa}(\Omega_m t - n\pi) \quad (5.3\text{-}15)$$

上式说明,连续信号 $f(t)$ 可以展开成正交抽样函数(Sa 函数)的无穷级数,级数的系数等于采样值 $f(nT_s)$。也就是说,若在采样信号 $f_s(t)$ 的每个样点处,画出一个峰值为 $f(nT_s)$ 的 Sa 函数波形,那么其合成波形就是原信号 $f(t)$,如图 5.3-10(f)所示。因此,只要已知各采样值 $f(nT_s)$ 就能唯一地确定原信号 $f(t)$。

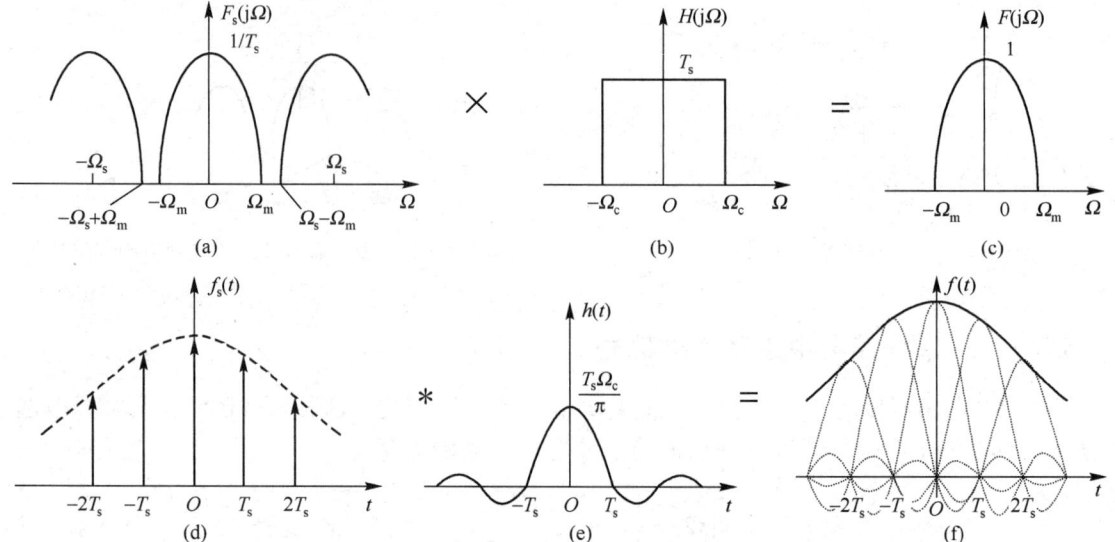

图 5.3-10 由采样信号恢复连续信号

上面讨论的是理想滤波器,实际工程恢复原信号可以扫描二维码。

例 5.3-1 已知信号 $f(t)=\text{Sa}(2t)$,用 $\delta_T(t)=\sum\limits_{n=-\infty}^{\infty}\delta(t-nT_s)$ 对其进行采样。

(1)确定奈奎斯特采样率;

(2)若取 $\Omega_s=6\Omega_m$,求采样信号 $f_s(t)=f(t)\delta_T(t)$ 的表达式,并画出 $f_s(t)$ 的波形;

(3)求 $F_s(j\Omega)=\mathscr{F}[f_s(t)]$,并画出频谱图 $F_s(j\Omega)$;

(4)若要从 $f_s(t)$ 恢复 $f(t)$,试确定低通滤波器的截止频率 Ω_c。

解:(1)首先画出 $f(t)$ 的波形图,如图 5.3-11(a)所示。要确定奈奎斯特采样率,首先要求出 $f(t)$ 的频谱。即

$$F(j\Omega)=\mathscr{F}[f(t)]=\frac{\pi}{2}[u(\Omega+2)-u(\Omega-2)]$$

$F(j\Omega)$ 如图 5.3-11(b)所示。从图中可以看出最高频率分量 $\Omega_m=2\text{rad/s}$,所以,奈奎斯特采样率 $\Omega_{s\min}=2\Omega_m=4\text{rad/s}$。

(2)因为 $\Omega_s=6\Omega_m=12\text{rad/s}$,所以 $T_s=2\pi/\Omega_s=\pi/6\text{s}$,这样

$$f_s(t)=f(t)\delta_T(t)=\sum_{n=-\infty}^{\infty}f(nT_s)\delta(t-nT_s)$$

$$=\sum_{n=-\infty}^{\infty}\text{Sa}(2t)\big|_{t=nT_s}\delta(t-nT_s)=\sum_{n=-\infty}^{\infty}\text{Sa}\left(\frac{n\pi}{3}\right)\delta\left(t-\frac{n\pi}{6}\right)$$

$f_s(t)$ 的波形如图 5.3-11(c)所示。

(3) $F_s(j\Omega)=\mathscr{F}[f_s(t)]=\dfrac{1}{T_s}\sum\limits_{n=-\infty}^{\infty}F[j(\Omega-n\Omega_s)]=\dfrac{6}{\pi}\sum\limits_{n=-\infty}^{\infty}F[j(\Omega-12n)]$

$$=3\sum_{n=-\infty}^{\infty}[u(\Omega+2-12n)-u(\Omega-2-12n)]$$

$F_s(j\Omega)$ 如图 5.3-11(d)所示。

(4)从图 5.3-11(d)可看出,低通滤波器的截止频率 Ω_c 应满足 $2<\Omega_c<10$。

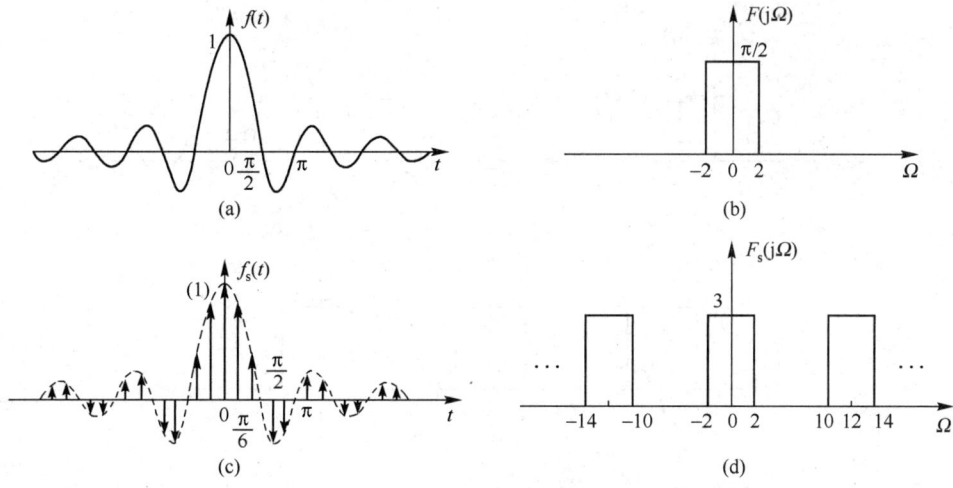

图 5.3-11 例 5.3-1 的信号波形及频谱图

例 5.3-2 大致画出图 5.3-12(c)所示周期矩形脉冲信号 $\tilde{f}(t)$ 经冲激采样后的信号 $\tilde{f}_s(t)$ 的频谱。

解：首先求出对应于 $\tilde{f}(t)$ 的单脉冲信号 $f_0(t)$（如图 5.3-12(a)所示）的傅里叶变换。即

$$F_0(j\Omega) = E\tau \text{Sa}\left(\frac{\Omega\tau}{2}\right)$$

$F_0(j\Omega)$ 如图 5.3-12(b)所示。若 $f_0(t)$ 以 T_1 为周期进行重复，便构成了周期信号 $\tilde{f}(t)$。即

$$\tilde{f}(t) = \sum_{n=-\infty}^{\infty} f_0(t - nT_1)$$

根据周期信号的傅里叶变换式(4.6-5)可知，$\tilde{f}(t)$ 的傅里叶变换为

$$F(j\Omega) = 2\pi \sum_{n=-\infty}^{\infty} F_n \delta(\Omega - n\Omega_1)$$

其中

$$F_n = \left.\frac{F_0(j\Omega)}{T_1}\right|_{\Omega=n\Omega_1} = \frac{E\tau}{T_1} \text{Sa}\left(\frac{n\Omega_1\tau}{2}\right)$$

所以

$$F(j\Omega) = E\tau\Omega_1 \sum_{n=-\infty}^{\infty} \text{Sa}\left(\frac{n\Omega_1\tau}{2}\right) \delta(\Omega - n\Omega_1)$$

也就是说，$F(j\Omega)$ 是 $F_0(j\Omega)$ 经过间隔为 $\Omega_1 = 2\pi/T_1$ 的冲激采样而得到的，$F(j\Omega)$ 如图 5.3-12(d)所示，图中画出的是 $\frac{\tau}{T_1} = \frac{1}{3}$ 的情况。

若 $\tilde{f}(t)$ 被间隔为 T_s 的冲激序列所采样，便构成了周期矩形采样信号，即

$$\tilde{f}_s(t) = \tilde{f}(t)\delta_T(t)$$

$\tilde{f}_s(t)$ 如图 5.3-12(e)所示。根据式(5.3-8)可求出 $\tilde{f}_s(t)$ 的频谱为

$$F_s(j\Omega) = \frac{1}{T_s} \sum_{m=-\infty}^{\infty} F[j(\Omega - m\Omega_s)] = \frac{E\tau\Omega_1}{T_s} \sum_{m=-\infty}^{\infty} \sum_{n=-\infty}^{\infty} \text{Sa}\left(\frac{n\Omega_1\tau}{2}\right) \delta(\Omega - m\Omega_s - n\Omega_1)$$

$F_s(j\Omega)$ 如图 5.3-12(f)所示。

可见，$F_s(j\Omega)$ 是 $F(j\Omega)$ 以 $\Omega_s = 2\pi/T_s$ 为周期、周期性地重复而得到的。注意图中 $\tilde{f}_s(t)$ 与 $F_s(j\Omega)$ 都是离散的，这样便于计算机求解。

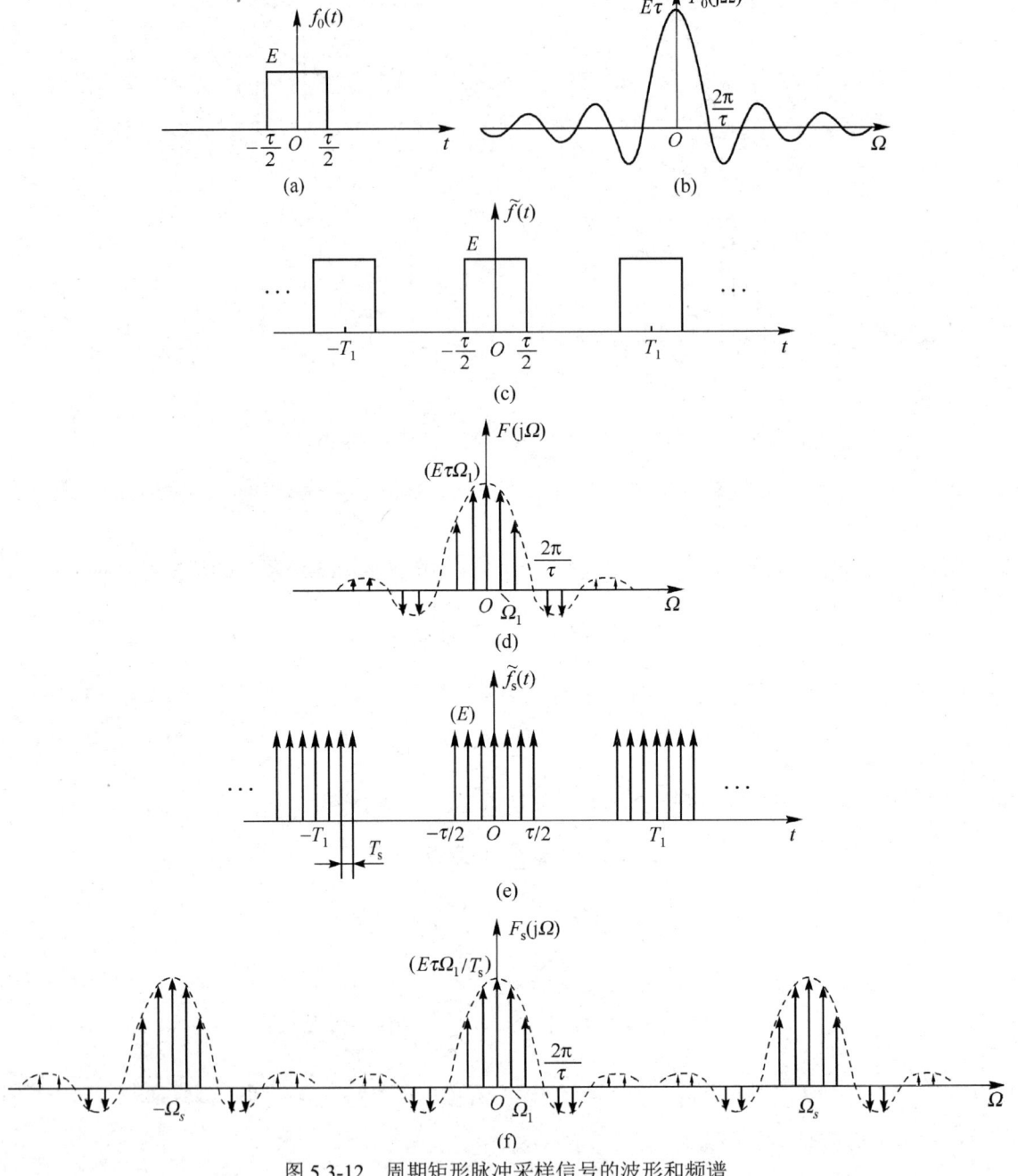

图 5.3-12 周期矩形脉冲采样信号的波形和频谱

从本例可以进一步验证信号的时域与频域之间的对应关系：时域的周期性对应频域的离散性，时域的离散性对应频域的周期性。

练习题

5.3-1 确定下列信号的奈奎斯特采样率与奈奎斯特间隔。

（1）$\text{Sa}(100\pi t)$ （2）$\text{Sa}^2(100\pi t)$ （3）$\text{Sa}(100\pi t) * \text{Sa}(50\pi t)$ （4）$\text{Sa}(100\pi t) + \text{Sa}^2(60\pi t)$

5.3-2 已知某系统如图题 5.3-2 所示，输入信号 $x(t) = \cos t$，理想低通滤波器的频响特性为 $H(j\Omega) = u(\Omega + 6) - u(\Omega - 6)$。

（1）求 $X_s(j\Omega) = \mathscr{F}[x_s(t)]$，并画出频谱图； （2）画出 $y(t)$ 的频谱图 $Y(j\Omega) = \mathscr{F}[y(t)]$；

（3）求输出 $y(t)$ 的表达式。

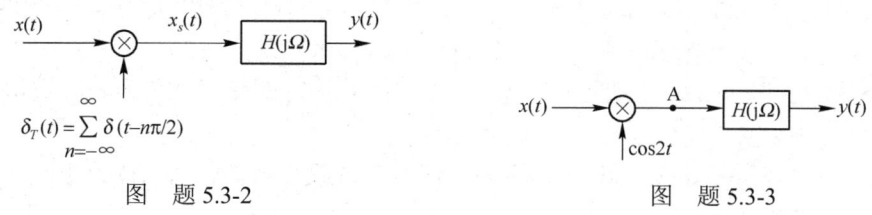

图 题 5.3-2   图 题 5.3-3

5.3-3 系统如图题 5.3-3 所示，已知 $x(t)=\mathrm{Sa}(t)$，$H(\mathrm{j}\Omega)=\begin{cases} \Omega+3, & -3<\Omega<0 \\ 3-\Omega, & 0<\Omega<3 \\ 0, & |\Omega|>3 \end{cases}$。

（1）画出 A 点信号的频谱图；　（2）画出输出信号 $y(t)$ 的频谱图；

5.3-4 已知 $f(t)=\mathrm{Sa}(t)$，现用 $T_s=\pi/4$ 的时间间隔对其进行理想采样。（1）画出 $f_s(t)=f(t)\delta_T(t)$ 的波形图；（2）求 $F_s(\mathrm{j}\Omega)=\mathcal{F}[f_s(t)]$，并画出频谱图。

5.4　调制与解调

5.4.1　调制的概念及分类

在通信系统中，信号从发射端传输到接收端，为实现信号的传输，需要进行调制（modulation）和解调（demodulation）。

无线电通信是通过空间辐射方式传送信号的，由电磁波理论可以知道，天线尺寸与辐射信号波长成正比，信号才能有效地辐射。就语音信号而言，其频率较低，相应的天线尺寸就很大，可以从十几公里到几十公里，实际上是不可能制造出这样长的天线的。从另一方面讲，即便有可能把低频的语音信号直接辐射出去，但各个电台所发出的信号频率分量基本相同，它们将混合在一起，使接收者无法选择出所需要的信号。为了把信号辐射出去，就必须把信号托附到高频振荡上。同时，不同的电台，可以使用不同的高频波段。接收者利用一个谐振电路之类的选频网络，就可把所需电台的信号接收下来，避免了互相干扰。这种把传输的低频信号托附到高频振荡的过程，就称为调制。

调制就是由携带信息且需要传送的调制信号（modulation signal）$g(t)$（有时又称为基带信号）去控制不含信息的高频载波信号（carrier signal）$c(t)$的某一个或某几个参数，使这些参数按照信号 $g(t)$ 的规律变化，从而形成具有高频频谱的窄带信号 $s(t)$。$s(t)$ 被称为已调制信号（modulated signal）。根据 $g(t)$ 与 $c(t)$ 类型的不同，以及调制器的功能的不同，可以组合成各种不同的调制方式，大致分类如下：

（1）按调制信号 $g(t)$ 的不同进行分类

① 模拟调制（analog modulation）：调制信号 $g(t)$ 为模拟信号，其典型波形为单频正弦波。

② 数字调制（digital modulation）：调制信号 $g(t)$ 为数字信号，其典型代表为二进制数字脉冲序列。

（2）按载波信号 $c(t)$ 的不同进行分类

① 连续波调制（continuous wave modulation）：载波信号 $c(t)$为连续波形，通常以正弦波为典型代表。

② 脉冲调制（pulse modulation）：载波信号 $c(t)$为脉冲波形，通常以矩形脉冲序列为典型代表。

（3）按调制器的功能进行分类

① 幅度调制（amplitude modulation）：用调制信号 $g(t)$ 改变载波信号 $c(t)$ 的幅度参数。例如常规调幅（AM）、脉冲调幅（PAM）、抑制载波调幅（SC-AM）。

② 频率调制（frequency modulation）：用调制信号 $g(t)$ 改变载波信号 $c(t)$ 的频率参数。例如调频（FM）、脉冲调频（PFM）。

③ 相位调制（phase modulation）：用调制信号 $g(t)$ 改变载波信号 $c(t)$ 的相位参数。例如调相（PM）、脉冲调相（PPM）。

调频和调相都表现为总相角受到调制，所以统称为角度调制（angle modulation），简称调角。

幅度调制属于线性调制，而频率调制与相位调制属于非线性调制。本书只讨论幅度调制信号及其频谱，而频率调制与相位调制将在其他课程中研究。

5.4.2 调幅信号的傅里叶变换

实现幅度调制的一般方法是，通过一个乘法器使需传送的信号即调制信号 $g(t)$ 与高频载波信号 $c(t)$ 相乘。如图 5.4-1 所示。

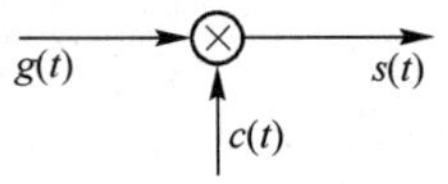

乘法器输出的已调制信号为

$$s(t) = g(t)c(t) \tag{5.4-1}$$

图 5.4-1 幅度调制的一般模型

根据已调制信号及载波信号的不同形式，介绍几种调幅信号的傅里叶变换。

1. 常规调幅（AM）

如果载波信号是单频正弦波，调制器输出的已调制信号的包络与输入的调制信号成线性关系，则称这种调幅为常规调幅，简称为调幅 AM（Amplitude modulation）。这种调制方式在无线电广播系统中占有主要地位。

在这种情况下，设

$$g(t) = A_0 + f(t) \tag{5.4-2}$$

$$c(t) = \cos(\Omega_0 t + \theta_0) \tag{5.4-3}$$

其中，A_0 是输入调制信号 $g(t)$ 中的直流分量，$f(t)$ 是输入调制信号 $g(t)$ 中载有信息的交变分量，Ω_0 和 θ_0 分别是载波的角频率与初相位。将上面两式代入式(5.4-1)得

$$s_{AM}(t) = [A_0 + f(t)]\cos(\Omega_0 t + \theta_0) = A_0 \cos(\Omega_0 t + \theta_0) + f(t)\cos(\Omega_0 t + \theta_0) \tag{5.4-4}$$

为讨论问题方便起见，设初相位 $\theta_0 = 0$，则

$$s_{AM}(t) = [A_0 + f(t)]\cos\Omega_0 t = A_0 \cos\Omega_0 t + f(t)\cos\Omega_0 t \tag{5.4-5}$$

图 5.4-2(a)画出了信号 $f(t)$，$g(t)$ 及已调制信号 $s_{AM}(t)$ 的波形。如图中所示，已调制信号 $s_{AM}(t)$ 的包络与 $g(t)$ 成线性关系。为了不产生过调制失真，则要求 AM 信号的包络 $[A_0 + f(t)]$ 在任何时候都必须大于零。因此 AM 调制的不失真条件是 $A_0 > |f(t)|_{max}$。如果这个条件不能满足，则 AM 信号的包络就与 $g(t)$ 不相同，而产生过调制失真，这种情况如图 5.4-2(b)所示。在 AM 调制方式中，过调制现象是不希望发生的。

由式(5.4-5)可知，实现常规调幅主要是运用加法器和乘法器，即为了得到 AM 信号，只需在幅度调制的一般模型（图 5.4-1）的输入端，将 $f(t)$ 增加一直流分量 A_0 构成输入调制信号 $g(t)$。因此，可画出实现常规调幅的数学模型，如图 5.4-3 所示。

由图 5.4-2 及式(5.4-5)可见，在信号 $f(t)$ 上增加一直流项，就相当于在乘法器的输出中，增加一载波项。

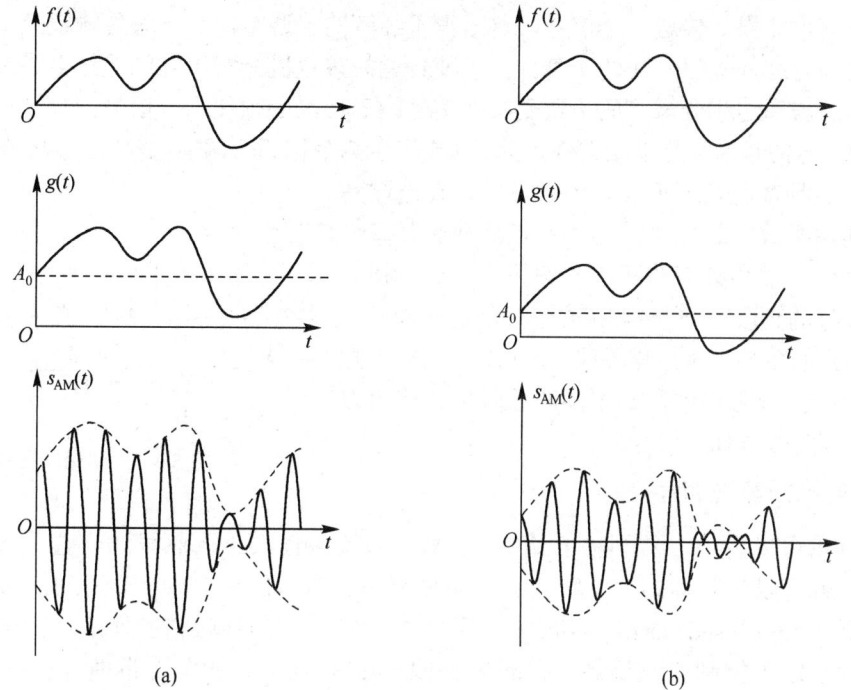

图 5.4-2 常规调幅（AM）的波形

下面求 AM 信号的傅里叶变换。设

$$\mathscr{F}[f(t)] = F(\mathrm{j}\Omega), \quad \mathscr{F}[s_{AM}(t)] = S_{AM}(\mathrm{j}\Omega)$$

由于

$$\mathscr{F}[\cos\Omega_0 t] = \pi[\delta(\Omega+\Omega_0) + \delta(\Omega-\Omega_0)]$$

$$\mathscr{F}[f(t)\cos\Omega_0 t] = \frac{1}{2}\{F[\mathrm{j}(\Omega+\Omega_0)] + F[\mathrm{j}(\Omega-\Omega_0)]\}$$

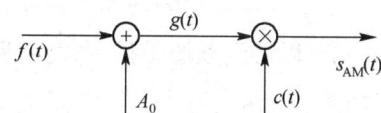

图 5.4-3 常规调幅(AM)的数学模型

则

$$S_{AM}(\mathrm{j}\Omega) = \mathscr{F}[s_{AM}(t)]$$

$$= \pi A_0[\delta(\Omega+\Omega_0) + \delta(\Omega-\Omega_0)] + \frac{1}{2}\{F[\mathrm{j}(\Omega+\Omega_0)] + F[\mathrm{j}(\Omega-\Omega_0)]\} \quad (5.4\text{-}6)$$

假定信号 $f(t)$ 的频谱 $F(\mathrm{j}\Omega)$ 限制在 $-\Omega_m \sim \Omega_m$ 范围内，假设 $\Omega_0 \geqslant \Omega_m$，$F(\mathrm{j}\Omega)$ 示意地用图 5.4-4(a)的频谱形状来表示，而由式(5.4-6)所表示的 AM 信号频谱如图 5.4-4(b)所示。

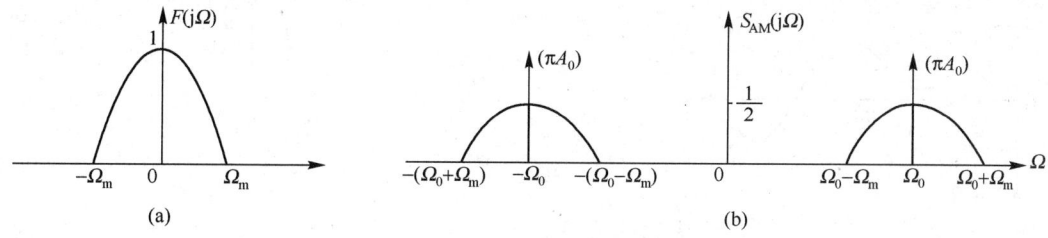

图 5.4-4 AM 信号的频谱

由式(5.4-6)或图 5.4-4(b)可见，AM 已调制信号 $s_{AM}(t)$ 的频谱 $S_{AM}(\mathrm{j}\Omega)$ 是由两部分组成的。其中一部分是将 $f(t)$ 的频谱 $F(\mathrm{j}\Omega)$ 向左、右分别移动 Ω_0（并乘以系数 1/2）构成的，它包含了 $f(t)$ 的全部信息。另一部分是位于 $\Omega = \pm\Omega_0$ 处的两个 δ 函数，其强度是 πA_0。实际上它是载波分量 $A_0\cos\Omega_0 t$ 的频谱，它不含有任何有关 $f(t)$ 的信息。

信号从甲地传送到乙地，要通过信道。信道可以是某种传输线，也可以是自由空间。在一段时间内,一个信道如果只传送一个信号,这是很不经济的。通常,在一条传输线上,或者在同一空间中,总是同时有许多信号在传送着。为了使普通的接收机能利用它的选频电路选取希望接收的那个信号的载波和边频分量,而不致受其他信号的干扰,必须使一个信号的频谱与另一个在频率上相邻近的信号的频谱彼此不相重叠。图 5.4-5 表示两个相邻的调幅电台发射的信号的频谱,它们各占有一定的频宽而互不重叠。由此可见,在选取两个频率邻近的调幅波的载频时,必须注意使两者频率之差不小于调制信号最高频率的两倍。例如,普通广播电台传送声音信号的频段在 50～4500Hz 时,音质尚可,所以两邻近电台的载频,规定相隔应为 9kHz。这样,把若干个要传送的信号分别搬移到不同的载频上,就可以在同一信道内同时传送几个信号。

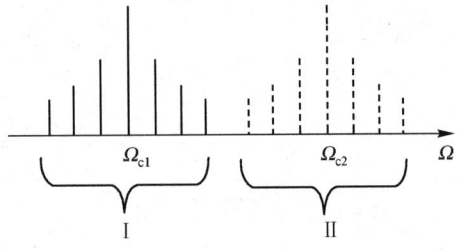

图 5.4-5　调幅电台的分布

2. 双边带抑制载波调幅

由上述讨论可以看出,常规幅度调制(AM)的效率较低。既然载波分量不含有信息,为了提高效率,就可以将其抑制掉,将其功率充分利用到有用的边带中去。这种幅度调制就称为抑制载波调幅(suppressed carrier AM),缩写为SC-AM,它的调制效率可达到100%。抑制载波调幅可分为双边带抑制载波调幅(double sideband SC-AM)和单边带抑制载波调幅(single sideband SC-AM);后者较前者占据带宽小一半。单边带抑制载波调幅见习题5.4-4,5-5和5-6。这里只讨论双边带抑制载波调幅(缩写为DSB-SC-AM),已调制信号记为$s_{DSB}(t)$。

$s_{DSB}(t)$可利用图 5.4-1 所示的模型得到,只要令$g(t)$中的直流分量$A_0=0$即可。于是由式(5.4-5)可以得到双边带抑制载波调幅信号

$$s_{DSB}(t) = f(t)\cos\Omega_0 t \tag{5.4-7}$$

当然$s_{DSB}(t)$的频谱也可由$S_{AM}(j\Omega)$的表达式得到,即令$A_0=0$即可。也可由式(5.4-7)直接进行傅里叶变换得到,即

$$S_{DSB}(j\Omega) = \frac{1}{2}\{F[j(\Omega+\Omega_0)]+F[j(\Omega-\Omega_0)]\} \tag{5.4-8}$$

图 5.4-6(b)示出了 DSB 的波形和它的频谱。同时,信号$f(t)$的波形和它假定的频谱如图 5.4-6(a)所示。

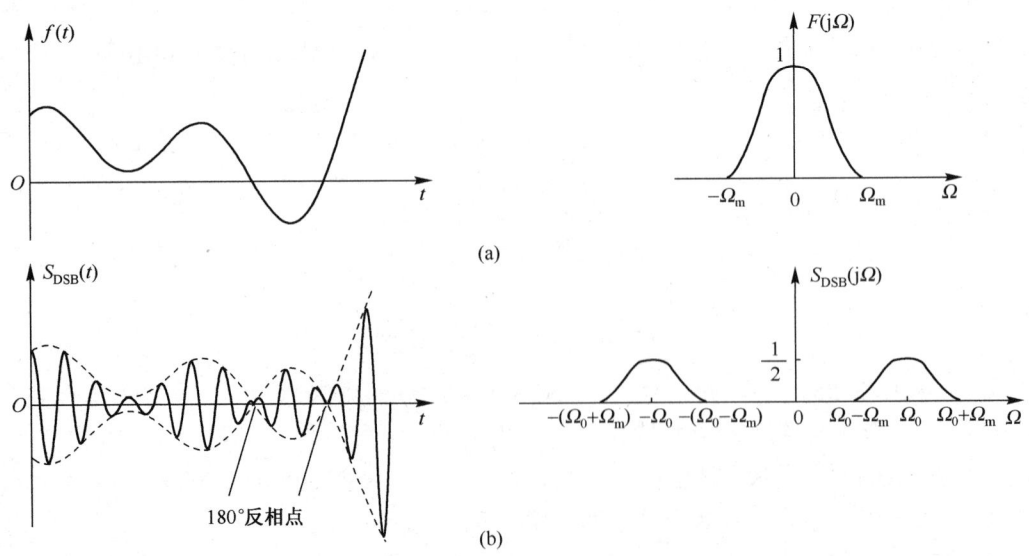

图 5.4-6　$s_{DSB}(t)$波形和它的频谱$S_{DSB}(j\Omega)$

由图 5.4-6 可见，$S_{DSB}(j\Omega)$ 没有载波谱线存在，它是由 $F(j\Omega)$ 频谱频移 $\pm\Omega_0$ 而得到的。在 4.5 节中，我们曾利用频移特性得到同样的结论。

3. 脉冲幅度调制

前两种幅度调制的载波信号采用了正弦载波，另一类幅度调制技术利用的载波信号是一个矩形脉冲串，如图 5.4-7(b)所示。这种类型的幅度调制称为脉冲幅度调制（PAM）。

根据幅度调制的一般模型，可写出 $s_{PAM}(t)$ 的表达式

$$s_{PAM}(t) = g(t)c(t) \tag{5.4-9}$$

其中载波 $c(t)$ 就是图 5.4-7(b)所示的矩形脉冲串。可见，脉冲幅度调制信号实际上就是 5.3 节介绍的矩形脉冲采样信号。所以，根据式(5.3-6)可以直接写出 $s_{PAM}(t)$ 的傅里叶变换式，即

$$S_{PAM}(j\Omega) = \frac{E\tau}{T_P} \sum_{n=-\infty}^{\infty} \text{Sa}\left(\frac{n\Omega_P \tau}{2}\right) G[j(\Omega - n\Omega_P)] \tag{5.4-10}$$

图 5.4-7(f)画出了脉冲幅度调制信号的频谱。

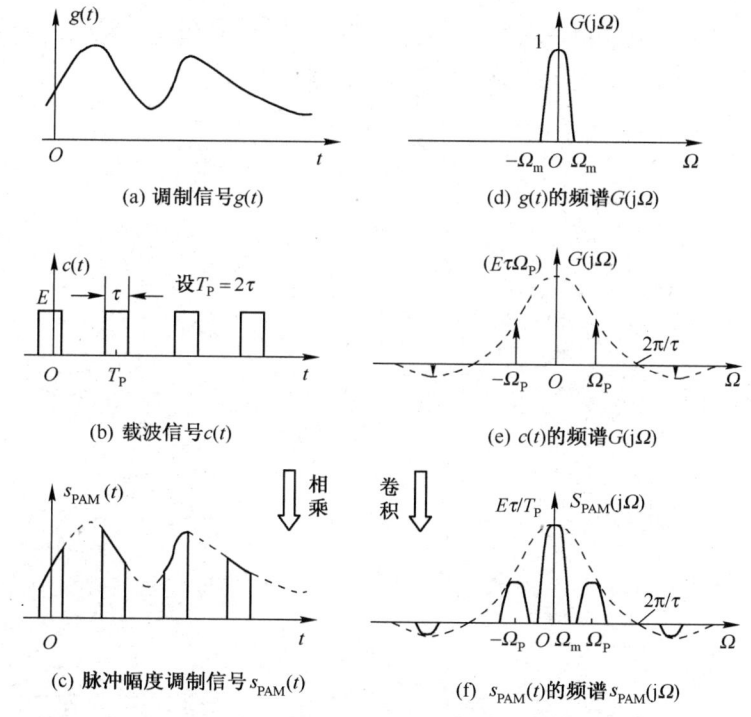

图 5.4-7 脉冲幅度调制信号的频谱

5.4.3 解调的概念

解调又称为检波，它是从已调制信号 $s(t)$ 中恢复出调制信号 $g(t)$ 的过程。对于不同的调幅信号，对应着不同的解调方法。

1. 常规调幅信号的解调（包络检波）

由图 5.4-2(a)可以看出，常规调幅信号 $s_{AM}(t)$ 的包络与调制信号成线性关系。因而，对于常规调幅信号的解调，可以采用最简单、廉价的包络检波器（由二极管、电阻、电容组成）来恢复原来的调制信号，且不失真，这就是常规调幅的一个最大优点。包络检波器原理可以扫描二维码。

2. 双边带抑制载波调幅信号的解调

由图 5.4-6 可以看出，$s_{\text{DSB}}(t)$ 的包络与调制信号 $g(t)$ 并不成线性关系，而是随 $|g(t)|$ 而变化，所以，其包络并不包含 $g(t)$ 的全部信息。这样，DSB 信号的解调不能采用包络检波的方法，而必须采用相干（同步）解调（synchronous demodulation）的方法。

图 5.4-8(a)示出了实现同步解调的一种原理方框图。这里 $\cos\Omega_0 t$ 信号是接收端的本地载波（local carrier）信号，它与发送端的载波同频、同相。$s_{\text{DSB}}(t)$ 与 $\cos\Omega_0 t$ 相乘的结果，使频谱 $S_{\text{DSB}}(j\Omega)$ 向左、右分别移动 Ω_0（并乘以系数 $1/2$），得到如图 5.4-8(b)所示的频谱 $G_0(j\Omega)$，即

$$G_0(j\Omega) = \frac{1}{2}\{S_{\text{DSB}}[j(\Omega+\Omega_0)] + S_{\text{DSB}}[j(\Omega-\Omega_0)]\} \tag{5.4-11}$$

将式(5.4-8)代入式(5.4-11)，即得

$$G_0(j\Omega) = \frac{1}{2}F(j\Omega) + \frac{1}{4}\{F[j(\Omega+2\Omega_0)] + F[j(\Omega-2\Omega_0)]\} \tag{5.4-12}$$

再利用一个低通滤波器（带宽大于 Ω_m，小于 $2\Omega_0 - \Omega_m$）滤除在频率为 $\pm 2\Omega_0$ 附近的分量，即可取出 $g(t)$，完成解调，如图 5.4-8(b)所示。这种解调器需要在接收端产生与发送端频率及相位均相同的本地载波，因此把这种解调方式称为同步解调。

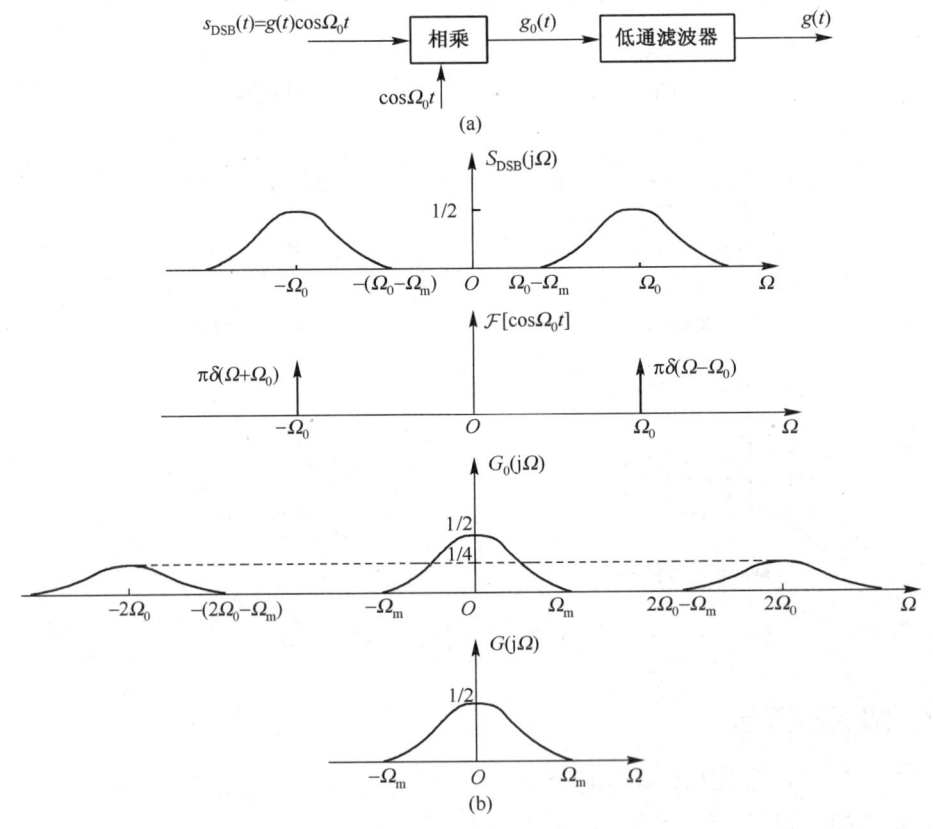

图 5.4-8　同步解调原理方框图及其频谱

比较以上两种解调方式（即包络检波与同步解调），各有优点和缺点。同步解调系统要求有一个更为高级的解调器，因为解调器中的振荡器必须与调制器中的振荡器在相位和频率上保持同步，这将使接收机复杂化。另一方面，非同步调制器则要求比同步调制器有更大的输出功率。因为包络检波器要能正常工作的话，包络线必须是正的，或者等效地说，在被发射信号中必须要有载波分量存在。这种情况比较适合于公共无线电广播等系统，因为它要求为数众多

的、价格低廉的接收机（解调器）供大众收听。在发射功率上付出的额外代价可以在大量的廉价接收机上得到补偿。但是另一方面，在发射机的功率要求非常宝贵的情况下（例如，卫星通讯系统）就比较适合用同步解调系统，这样可以节省大量的能源。

3. 脉冲幅度调制信号的解调

由图 5.4-7(f)可以看出，若载波信号的频率 Ω_P 满足如下关系：

$$\Omega_P > 2\Omega_m \tag{5.4-13}$$

其中，Ω_m 为调制信号 $g(t)$ 的最高频率分量，则已调制信号 $s_{PAM}(t)$ 的频谱将包含有调制信号 $g(t)$ 的频谱 $G(j\Omega)$，那么就可以将已调制信号 $s_{PAM}(t)$ 通过一个截止频率大于 Ω_m 而小于 $\Omega_P - \Omega_m$ 的低通滤波器，恢复出调制信号 $g(t)$。

例 5.4-1 系统的框图如题图 5.4-9 所示，已知：输入信号 $x(t)=\cos(2t)$，$T_s=\pi/4$s，滤波器的频响特性为 $H(j\Omega)=u(\Omega+3)-u(\Omega-3)$。试画出信号 $f_1(t)$，$f_2(t)$ 和 $y(t)$ 的频谱 $F_1(j\Omega)$，$F_2(j\Omega)$ 和 $Y(j\Omega)$；

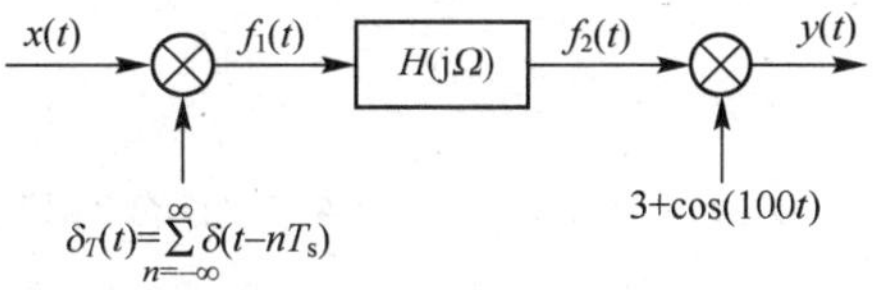

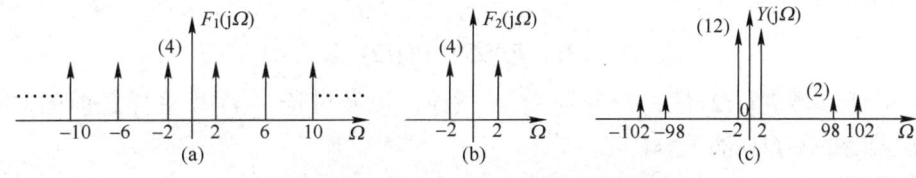

图 5.4-9 例 5.4-1 的系统结构图

解：（1）首先求出 $x(t)$ 的频谱

$$X(j\Omega)=\mathcal{F}[x(t)]=\pi[\delta(\Omega+2)+\delta(\Omega-2)]$$

（2）因为 $T_s=\pi/4$ s，所以 $\Omega_s=2\pi/T_s=8$rad/s，这样

$$F_1(j\Omega)=\mathcal{F}[f_1(t)]=\frac{1}{T_s}\sum_{n=-\infty}^{\infty}X[j(\Omega-n\Omega_s)]=\frac{4}{\pi}\sum_{n=-\infty}^{\infty}X[j(\Omega-8n)]$$

$$=4\sum_{n=-\infty}^{\infty}[\delta(\Omega+2-8n)+\delta(\Omega-2-8n)]$$

$F_1(j\Omega)$ 的频谱如图 5.4-10(a)所示。

（3）经过理想低通滤波器后，信号 $f_2(t)$ 的频谱为

$$F_2(j\Omega)=4[\delta(\Omega+2)+\delta(\Omega-2)]，F_2(j\Omega) \text{ 的频谱如图 5.4-10(b)所示。}$$

（4）输出信号 $y(t)$ 的频谱 $Y(j\Omega)$ 是信号 $f_2(t)$ 与直流及余弦信号相乘的结果。

$$y(t)=3f_2(t)+f_2(t)\cos(100t)$$

$$Y(j\Omega)=3F_2(j\Omega)+\frac{1}{2}\{F_2[j(\Omega+\Omega_0)]+F_2[j(\Omega-\Omega_0)]\}$$

$$=12[\delta(\Omega+2)+\delta(\Omega-2)]+2[\delta(\Omega+102)+\delta(\Omega-98)]+2[\delta(\Omega-98)+\delta(\Omega-102)]$$

$Y(j\Omega)$ 的频谱如图 5.4-10(c)所示。

图 5.4-10 例 5.4-1 输出信号的频谱图

练习题

5.4-1 常规调幅中，调制信号为 $g(t)=A_0+f(t)$，保证常规调幅不失真的条件是什么？

5.4-2 已知信号 $f(t)=g(t)\cos\Omega_c t=2[1+0.4\cos\Omega_1 t]\cos\Omega_c t$，其中 $\Omega_c \geqslant \Omega_1$。

（1）画出信号 $f(t)$ 的时域波形；

（2）求信号 $f(t)$ 的指数形式的傅里叶级数，并画出频谱图 $F_n - \Omega$；

（3）求信号 $f(t)$ 的傅里叶变换 $F(j\Omega)$，并画出频谱图 $F(j\Omega) - \Omega$。

5.4-3 已知带限信号 $f(t)$ 的频谱函数 $F(j\Omega)$ 如图题 5.4-3 (a)所示，试画出当 $f(t)$ 通过图题 5.4-3(b)所示系统时，在系统中 A,B,C,D 各点信号的频谱图。图题 5.4-3 (b)中两个理想滤波器的频响特性分别为

$$H_1(j\Omega) = \begin{cases} 2, & |\Omega| > \Omega_c \\ 0, & |\Omega| < \Omega_c \end{cases} ; \qquad H_2(j\Omega) = \begin{cases} 6, & |\Omega| < \Omega_c \\ 0, & |\Omega| > \Omega_c \end{cases}$$

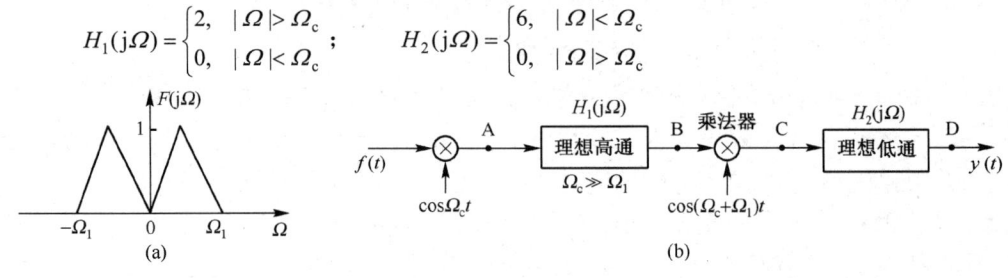

图 题 5.4-3

5.4-4 对于图题 5.4-4 所示的抑制载波调幅信号的频谱 $S_{DSB}(j\Omega)$，由于 $F(j\Omega)$ 的偶对称性，使 $S_{DSB}(j\Omega)$ 在 Ω_0 和 $-\Omega_0$ 左右对称，利用此特点，可以只发送如图题 5.4-4 所示的信号的频谱 $F_1(j\Omega)$，称为单边带信号，以节省频带。试证明在接收端用同步解调的方法可以恢复原信号 $F(j\Omega)$。

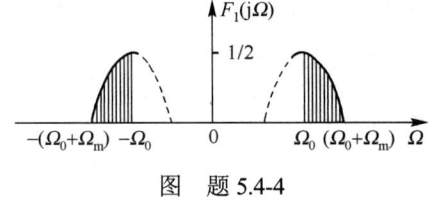

图 题 5.4-4

5.5 信号的频率采样与复用

在 5.3 节中，我们研究了连续信号的时域采样，通过时域采样可以将连续信号变成离散信号，只要满足时域采样定理，采样后信号就可以恢复成原来连续信号。依照同样思路，在频域同样进行采样，将连续频谱采样成离散频谱，此过程称为频域采样，而在频域采样时，也需要满足频谱采样定理，才能恢复原来连续信号。

"多路技术"是将多个相互独立的信号进行复合，在同一个信道中传输的技术。多路复用技术主要有频分复用（FDM）、时分复用（TDM）和码分复用（CDM）。本节主要介绍与傅里叶变换有关的频分复用和时分复用技术。

5.5.1 信号的频域采样

设连续信号 $f(t)$ 的频谱为 $F(j\Omega)$，$F(j\Omega)$ 在频域中被间隔为 Ω_s 的周期冲激序列 $\delta_\Omega(\Omega) = P(j\Omega)$ 进行采样，得到

$$F_s(j\Omega) = F(j\Omega) \cdot P(j\Omega) \tag{5.5-1}$$

下面求采样频谱 $F_s(j\Omega)$ 的傅里叶逆变换 $f_s(t)$，以及讨论 $f_s(t)$ 与采样之前的原连续频谱 $F(j\Omega)$ 的傅里叶变换 $f(t)$ 的关系。

令连续频谱 $F(j\Omega)$ 的傅里叶逆变换为 $f(t) = \mathcal{F}^{-1}[F(j\Omega)]$，周期冲激序列 $P(j\Omega)$ 的傅里叶逆变换为 $p(t) = \mathcal{F}^{-1}[P(j\Omega)]$，采样频谱 $F_s(j\Omega)$ 的傅里叶逆变换为 $f_s(t) = \mathcal{F}^{-1}[F_s(j\Omega)]$，采样频率为 Ω_s，采样周期为 $T_s = 2\pi / \Omega_s$。

由于 $F_s(j\Omega) = F(j\Omega) \cdot P(j\Omega)$，其中 $P(j\Omega) = \delta_\Omega(\Omega) = \sum_{n=-\infty}^{\infty} \delta(\Omega - n\Omega_s)$ 是周期信号，求

$P(\mathrm{j}\Omega)$ 的逆傅里叶变换为

$$p(t) = \frac{1}{\Omega_s} \sum_{n=-\infty}^{\infty} \delta(t - nT_s) \tag{5.5-2}$$

这时，采样频谱可表示为 $F_s(\mathrm{j}\Omega) = F(\mathrm{j}\Omega)\delta_\Omega(\Omega) = F(\mathrm{j}\Omega) \sum_{n=-\infty}^{\infty} \delta(\Omega - n\Omega_s)$

$$= \sum_{n=-\infty}^{\infty} F(\mathrm{j}n\Omega_s)\delta(\Omega - n\Omega_s) \tag{5.5-3}$$

根据时域卷积定理，即可得到冲激采样频谱所对应的时域信号

$$f_s(t) = f(t) * \frac{1}{\Omega_s}\sum_{n=-\infty}^{\infty}\delta(t-nT_s) = \frac{1}{\Omega_s}\sum_{n=-\infty}^{\infty} f(t)*\delta(t-nT_s) = \frac{1}{\Omega_s}\sum_{n=-\infty}^{\infty} f(t-nT_s) \tag{5.5-4}$$

式(5.5-4)表明：若 $f(t)$ 频谱 $F(\mathrm{j}\Omega)$ 被间隔为 Ω_s 的周期冲激序列 $\delta_\Omega(\Omega)$ 在频域中采样，得到采样频谱 $F_s(\mathrm{j}\Omega)$，则在时域中等效于 $f(t)$ 以 T_s 为周期（$T_s = 2\pi/\Omega_s$）进行重复，如图 5.5-1 所示，由图可以看出周期信号的频谱是离散的，离散信号的频谱是周期的，所以周期离散信号的频谱既是离散的，又是周期的。

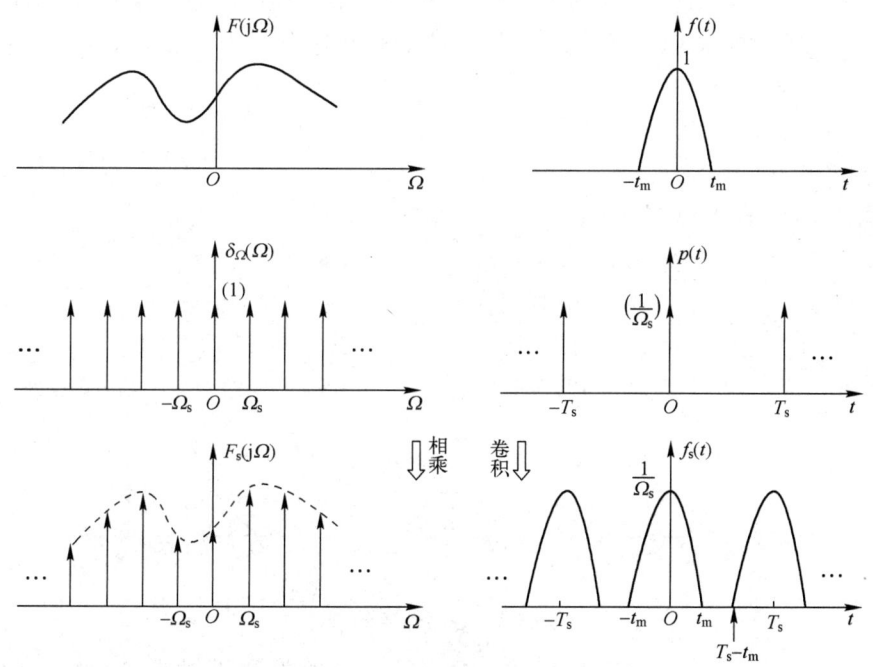

图 5.5-1 冲激序列频域采样

频域采样定理：若信号 $f(t)$ 是时间受限信号，在 $-t_m$ 至 t_m 范围内为非零值，其他均为零值。信号 $f(t)$ 的频谱 $F(\mathrm{j}\Omega)$ 在频域中被间隔为 Ω_s 的冲激序列进行采样，则采样后的频谱 $F_s(\mathrm{j}\Omega)$ 可以唯一表示原来信号的条件为重复周期 T_s 满足

$$T_s \geqslant 2t_m \tag{5.5-5}$$

或频率间隔为

$$f_s = \frac{\Omega_s}{2\pi} \leqslant \frac{1}{2t_m}, \quad \Omega_s = \frac{2\pi}{T_s} \tag{5.5-6}$$

由图 5.5-1 可见，若 $T_s < 2t_m$，则信号 $f(t)$ 后一个周期波形将重叠到前一个周期，产生混叠。只有满足 $T_s \geqslant 2t_m$，则在时域中波形不会产生混叠。

信号的时域采样定理和频域采样定理正是揭示了信号的时域与频域之间的内在联系，是信

号处理的重要内容，奠定了利用数字化方法分析和处理信号的理论基础，为信号与系统理论的广泛应用发挥了重要作用。

5.5.2 频分复用与时分复用

为了提高信道利用率，使多个信号沿同一信道传输而互相不干扰，称多路复用。目前采用较简单的是频分复用（Frequency Division Multiplexing）和时分复用（Time Division Multiplexing）。频分复用用于模拟通信，例如载波通信，时分复用用于数字通信，例如PCM通信。

1. 频分复用

频分复用是将传输介质的可用带宽分割成一个个"频段"，以便每个输入装置都分配到一个"频段"。传输介质容许传输的最大带宽构成一个信道，因此每个"频段"就是一个子信道。频分复用的特点是：每个用户终端的数据通过专门分配给它的子信道传输，在用户没有数据传输时，别的用户也不能使用。频分复用适合于模拟信号的频分传输，主要用于电话和电缆电视(CATV)系统，在数据通信系统中和调制解调技术结合使用。

以多路信号为例的频分复用原理如图 5.5-2 所示。多路欲传输的信号 $x_i(t)(i=1,2,\cdots,n)$ 具有不同的频谱 $x_i(j\Omega)$，如图 5.5-3 所示，假设每路信号都是带限的，并且用不同的载波频率进行调制，形成已调信号 $s_i(t)(i=1,2,\cdots,n)$ 叠加，合成频分复用信号 $y(t)$，下面分析 $y(t)$ 的频谱 $Y(j\Omega)$。

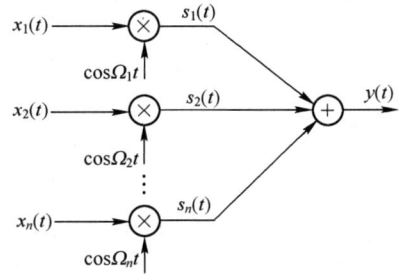

由图 5.5-2 可知 $\quad y(t)=s_1(t)+s_2(t)+\cdots+s_n(t)$ （5.5-7）

$$Y(j\Omega)=S_1(j\Omega)+S_2(j\Omega)+\cdots+S_n(j\Omega) \quad (5.5\text{-}8)$$

因为 $s_i(t)=x_i(t)\cos\Omega_i t$，则

$$S_i(j\Omega)=\frac{1}{2}[X_i(j\Omega+j\Omega_i)+X_i(j\Omega-j\Omega_i)] \quad (5.5\text{-}9)$$

图 5.5-2 利用幅度调制的频分复用

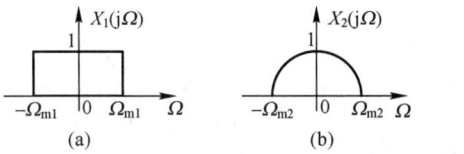

图 5.5-3 各路信号的频谱

从式（5.5-8）和式（5.5-9）可以得到 $S_i(j\Omega)$ 和 $Y(j\Omega)$ 的频谱图，如图 5.5-4 和图 5.5-5 所示。

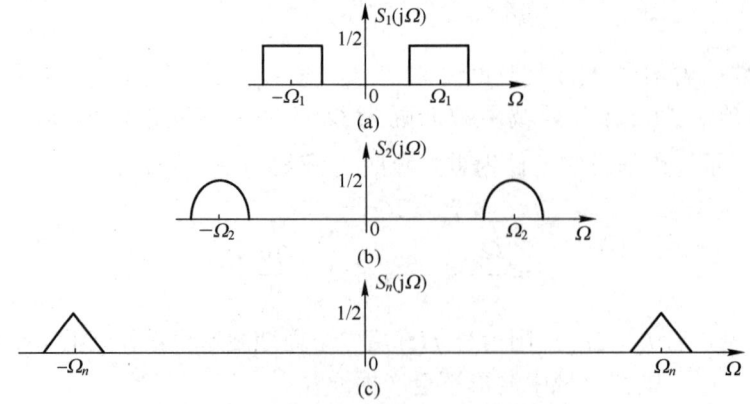

图 5.5-4 各路信号被幅度调制后的频谱

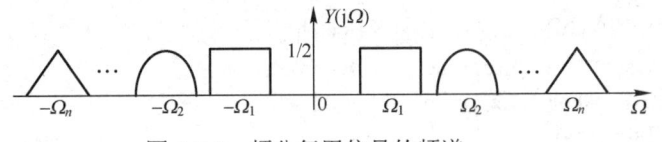

图 5.5-5 频分复用信号的频谱

在频分复用系统的接收端，可以利用相应的带通滤波器，首先区分开各路信号的频谱，然后，通过各自的同步解调器进行解调，便可恢复各路的调制信号，实现原理如图 5.5-6 所示。

2. 时分复用

时分多路复用通信，是各路信号在同一信道上占有不同时间间隙进行通信。由前述的时域采样理论可知，采样的一个重要作用，是将时间上连续的信号变成时间上离散的信号，其在信道上占用时间的有限性，为多路信号沿同一信道传输提供了条件。具体说，就是把时间分成一些均匀的时间间隙，将各路信号的传输时间分配在不同的时间间隙，以达到互相分开，互不干扰的目的。

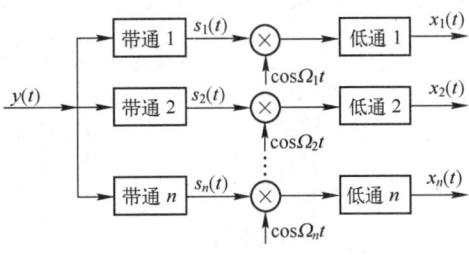

图 5.5-6 对频分复用信号的解复用和解调

依据时域采样定理，一个最高频率为 f_m 的模拟信号 $f(t)$ 被采样，如果采样间隔 $T \leqslant 1/(2f_m)$，那么等间隔采样值 $f(nT)$ 就能唯一地表示 $f(t)$。时分复用可以用矩形脉冲采样实现，由于 $f(t)$ 的采样值每 T_s 秒重复一次，如果 τ/T_s 的值越小，那么一个载波信道可能传输的信号路数 n 就可以越大，把 n 路信号按序排列，则可以实现时分复用。

图 5.5-7 是 4 路信号实现时分复用。由图可知，τ/T_s 的比值越小，在这个信道内能传输的信号路数就越多。这一过程就是时分多路复用。

在时分复用系统的接收端，这 n 路信号有序排列的样值经适当的同步分离器分离，再按照发送时的次序进行排序，就能恢复出原来的调制信号。

从本质上，频分复用保留了信号的频谱特性，而时分复用保留了信号的时域波形特性。由于各自分别保留了频域和时域的特性，因此在接收端能够在相应的域内用适当技术将复用信号分离，然后解调恢复出原调制信号。

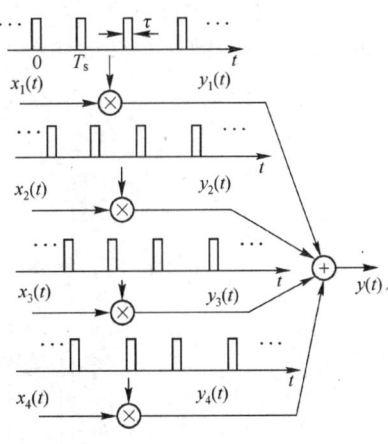

图 5.5-7 时分多路复用

5.6 MATLAB 在信息处理与通信中的应用

在信息处理中，线性时不变连续系统的主要功能是对信号进行滤波，将需要的信号保留或放大，将不需要的信号滤除或削弱。在信息通信中，对信号进行线性变换的方法，主要有信号的采样与重构、调幅变换，在 MATLAB 中，这两种变换方法没有直接实现函数，需要通过编程实现。

例 5.6-1 已知理想低通滤波器的频响特性为：$H(j\Omega) = e^{-j\Omega t_0}[u(\Omega + \Omega_c) - u(\Omega - \Omega_c)]$，其中：$t_0 = 2s$，$\Omega_c = 4\text{rad/s}$，试用 MATLAB 绘制出滤波器的冲激响应和阶跃响应。

解：通过观察理想低通滤波器的冲激响应和阶跃响应的非因果性，可以充分理解其物理无法实现性,程序 mat501 如下,波形如图 5.6-1 所示。

```
syms w;H= sym('exp(-i*2*w)*(Heaviside(w+4)-Heaviside(w-4))');
h=simple(ifourier(H)); subplot (1,2,1);ezplot(h);grid;
axis([-6 6 -0.3 1.4]);g=int(h);                              %int 为积分函数
subplot (1,2,2);ezplot(g);grid;
```

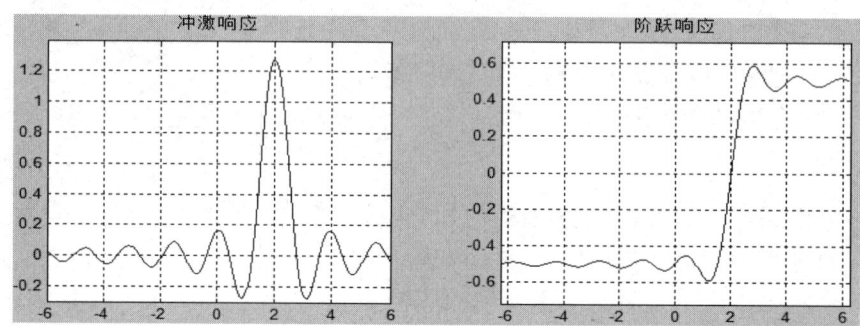

图 5.6-1 理想低通滤波器冲激响应和阶跃响应

例 5.6-2 设时域信号 $f(t)=\text{Sa}(\pi t)$,现用采样频率 $\Omega_1=1.5\pi\text{rad/s}$ 和 $\Omega_2=2.5\pi\text{rad/s}$ 对其进行采样,用 MATLAB 绘制其时域采样信号序列及对应的频域信号的幅度谱。

解:信号 $f(t)=\text{Sa}(\pi t)$ 的最高频率分量为 π,根据采样定理可知,其奈奎斯特采样频率为 2π,故采样频率 Ω_1 小于 2π,$T_1=2\pi/\Omega_1=(4/3)\text{s}$,会发生频谱混叠;采样频率 Ω_2 大于 2π,$T_2=2\pi/\Omega_2=(4/5)\text{s}$,不会发生频谱混叠。用 MATLAB 绘制的信号序列和信号幅度谱的程序 mat502 如下,波形和频谱如图 5.6-2 所示。

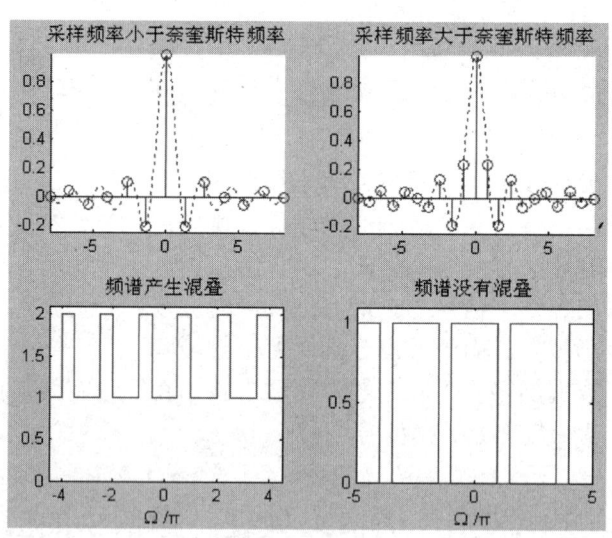

图 5.6-2 不同采样频率下的采样信号波形及频谱

```
n1=-8:4/3:8;f1=sinc(n1);subplot(2,2,1);
stem(n1,f1);hold on;t1=-8:0.1:8;f2=sinc(t1);plot(t1,f2,':');      %绘制 Sa 函数包络
title('采样频率小于奈奎斯特频率');axis([-8 8 -0.25 1]);
n2=-8:4/5:8;f3=sinc(n2);subplot(2,2,2);
stem(n2,f3);hold on;t2=-8:0.1:8;f4=sinc(t2);plot(t2,f4,':');
title('采样频率大于奈奎斯特频率');axis([-8 8 -0.25 1]);
x1=[-4.5*pi:0.001:4.5*pi];d1=[-4.5*pi:1.5*pi:4.5*pi];subplot(2,2,3);
y1=pulstran(x1+0.75*pi,d1,'rectpuls',0.5*pi);                     %产生脉冲串
```

```
plot(x1/pi,y1+1);axis([-4.5 4.5 0 2.1]);title('频谱产生混叠');xlabel('\Omega/\pi');
x2=[-5*pi:0.001:5*pi];d2=[-5*pi:2.5*pi:5*pi];subplot(2,2,4);
y2=pulstran(x2,d2,'rectpuls',2*pi);                    %产生脉冲串
plot(x2/pi,y2);axis([-5 5 0 1.1]);title('频谱没有混叠');xlabel('\Omega/\pi');
```

例 5.6-3 已知信号 $g_1(t)=1+0.6\sin(\pi t)$ 和 $g_2(t)=1+1.4\sin(\pi t)$，通过载波信号 $c(t)=\cos(500t)$ 的调制，画出 $g_1(t)$ 和 $g_2(t)$ 的波形，并画出已调制信号的波形及其频谱。根据调制信号的波形，哪种信号可以满足常规调幅的条件？

解：调制信号 $g_1(t)$ 和 $g_2(t)$ 与高频载波相乘后得到已调制信号 $s_1(t)=g_1(t)c(t)$ 和 $s_2(t)=g_2(t)c(t)$。$g_1(t)$，$g_2(t)$ 及两个已调制信号的时域波形和频谱如图 5.6-3 所示。用 MATLAB 绘制的信号波形和频谱的程序 mat503 如下。

```
syms t;g1='1+0.6*cos(pi*t)';g2='1+1.4*cos(pi*t)';
 subplot(321);ezplot(g1,[0,4]); subplot(322);ezplot(g2,[0,4]);
 s1='cos(500*t)*(1+0.6*cos(pi*t))';
 s2='cos(500*t)*(1+1.4*cos(pi*t))';    %计算已调制信号
 subplot(323);ezplot(s1,[0,4]);title('s1(t)');
 subplot(324);ezplot(s2,[0,4]);title('s2(t)');
 subplot(325);line([-2.8 -2.8],[0.3*pi 0]);xlabel('横坐标对数标度');
 line([-2.7 -2.7],[0 pi]);line([-2.6 -2.6],[0.3*pi 0]);
 line([2.8 2.8],[0.3*pi 0]);line([2.7 2.7],[0 pi]);
 line([2.6 2.6],[0.3*pi 0]);axis([-3 3 0 3.5]);title('S1(j\Omega)');
 subplot(326);line([-2.8 -2.8],[0.7*pi 0]);xlabel('横坐标对数标度');
 line([-2.7 -2.7],[0 pi]);line([-2.6 -2.6],[0.7*pi 0]);
 line([2.8 2.8],[0.7*pi 0]);line([2.7 2.7],[0 pi]);
 line([2.6 2.6],[0.7*pi 0]);axis([-3 3 0 3.5]);title('S2(j\Omega)');
```

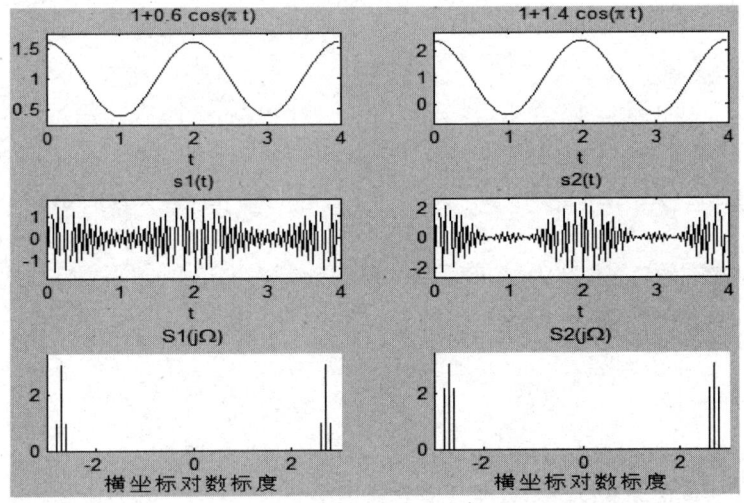

图 5.6-3 调制信号、已调制信号的波形及频谱

常规调幅的要求是 $g(t)$ 始终大于零，显然信号 $g_1(t)$ 满足常规调幅条件，$s_1(t)$ 的包络与 $g_1(t)$ 成正比。而信号 $g_2(t)$ 不满足常规调幅条件，$s_2(t)$ 的包络与 $g_2(t)$ 不成正比。因此 $s_1(t)$ 信号的解调可以用包络检波，$s_2(t)$ 的解调不可以用包络检波。

练习题

5.6-1 已知理想低通滤波器的频响特性为：$H(j\Omega) = e^{-j\Omega t_0}[u(\Omega+\Omega_c) - u(\Omega-\Omega_c)]$，其中：$t_0 = 1s$，$\Omega_c = 3\text{rad/s}$，试用 MATLAB 绘制出滤波器的冲激响应和阶跃响应。

5.6-2 设时域信号 $f(t) = \text{Sa}(2\pi t)$，现用采样频率 $\Omega_1 = 3\pi\text{rad/s}$ 和 $\Omega_2 = 4\pi\text{rad/s}$ 对其进行采样，用 MATALB 绘制其时域采样信号序列及对应的频域信号的幅度谱。

5.6-3 已知信号 $g_1(t) = 1 + 0.3\sin(2\pi t)$ 和 $g_2(t) = 1 + 1.3\sin(2\pi t)$，通过载波信号 $c(t) = \cos 400\pi t$ 的调制，画出 $g_1(t)$ 和 $g_2(t)$ 的波形，并画出已调制信号的波形及频谱。根据调制信号的波形，说明哪种信号可以满足常规调幅的条件？

关键知识点概要

1．频率响应特性

系统在正弦信号激励下稳态响应随信号频率的变化而变化的特性，称为系统的频率响应特性。是系统冲激响应 $h(t)$ 的傅里叶变换，提供了系统一个频域描述的传递函数。

$$H(j\Omega) = \mathcal{F}[h(t)] = \int_{-\infty}^{\infty} h(\tau)e^{-j\Omega\tau} d\tau$$

可以将频响特性表示为：$H(j\Omega) = |H(j\Omega)|e^{j\varphi(\Omega)}$

对于 LTI 系统：$Y_{zs}(j\Omega) = X(j\Omega) \cdot H(j\Omega)$，$H(j\Omega) = \dfrac{Y_{zs}(j\Omega)}{X(j\Omega)}$

2．无失真传输

（1）时域条件：$y(t) = Kx(t-t_0)$

系统的冲激响应为：$h(t) = K\delta(t-t_0)$

（2）频域条件：$H(j\Omega) = Ke^{-j\Omega t_0}$

即 $|H(j\Omega)| = K$，$\varphi(\Omega) = -\Omega t_0$，式中，$K$ 是一常数，t_0 称为滞后时间。

3．理想低通滤波器

（1）系统函数（频响特性）

$$H(j\Omega) = |H(j\Omega)|e^{j\varphi(\Omega)} = \begin{cases} e^{-j\Omega t_0}, & |\Omega| < \Omega_c \\ 0, & |\Omega| > \Omega_c \end{cases} = e^{-j\Omega t_0}[u(\Omega+\Omega_c) - u(\Omega+\Omega_c)]$$

式中，t_0 称为实常数，Ω_c 称为截止频率，也称为频带宽度。

（2）冲激响应：$h(t) = \dfrac{\Omega_c}{\pi}\text{Sa}[\Omega_c(t-t_0)]$

4．信号的时域采样

（1）信号的采样：$f_s(t) = f(t)p(t)$，式中，$p(t)$ 称为采样脉冲。

（2）冲激采样（理想采样）

此时，采样脉冲 $p(t)$ 是冲激序列 $\delta_T(t)$，即 $p(t) = \delta_T(t) = \sum_{n=-\infty}^{\infty}\delta(t-nT_s)$

采样信号：$f_s(t) = f(t)\delta_T(t) = f(t)\sum_{n=-\infty}^{\infty}\delta(t-nT_s) = \sum_{n=-\infty}^{\infty}f(nT_s)\delta(t-nT_s)$

（3）冲激采样信号的傅里叶变换：$F_s(j\Omega) = \dfrac{1}{T_s}\sum_{n=-\infty}^{\infty}F[j(\Omega-n\Omega_s)]$，$\Omega_s = 2\pi/T_s$

5. 时域采样定理

原信号 $f(t)$ 的频谱 $F(j\Omega)$ 的频带是有限的，即原信号 $f(t)$ 频谱中存在最高频率分量 Ω_m；其次，采样频率 Ω_s 应大于最高频率 Ω_m 的两倍，即

$$\Omega_s > 2\Omega_m \quad f_s > 2f_m$$

一般将 $f_{s\min} = 2f_m$ 称为奈奎斯特（Nyquist）采样频率（简称奈奎斯特采样率），它的倒数 $T_{s\max} = \dfrac{1}{2f_m}$ 称为奈奎斯特采样间隔。

6. 调幅信号的傅里叶变换

调幅信号的数学模型为：$s(t) = g(t)c(t)$

其中，$g(t)$ 为调制信号，$c(t)$ 高频载波信号，而 $s(t)$ 称为已调制信号。

（1）常规调幅（AM）：$g(t) = A_0 + f(t)$，$c(t) = \cos(\Omega_0 t)$，

其中，A_0 是直流分量，$f(t)$ 是载有信息的交变分量，Ω_0 是载波的角频率。

常规调幅的不失真条件是 $A_0 > |f(t)|_{\max}$。

（2）常规调幅的傅里叶变换

$$S_{AM}(j\Omega) = \pi A_0 \left[\delta(\Omega+\Omega_0) + \delta(\Omega-\Omega_0)\right] + \frac{1}{2}\left\{F\left[j(\Omega+\Omega_0)\right] + F\left[j(\Omega-\Omega_0)\right]\right\}$$

综合习题

5-1 系统的框图如图题 5-1(a) 所示，输入信号 $x(t)$ 的频谱 $X(j\Omega)$ 如图题 5-1(b) 所示，令 $F(j\Omega) = F[f(t)]$，$Y(j\Omega) = F[y(t)]$。画出下列不同情况下 $F(j\Omega)$ 和 $Y(j\Omega)$ 频谱图；

（1）$s(t) = \cos(4\pi t)$ 和 $h(t) = \dfrac{\sin(4\pi t)}{\pi t}$　（2）$s(t) = \cos(4\pi t)$ 和 $h(t) = \dfrac{\sin(\pi t)}{\pi t}\cos(4\pi t)$

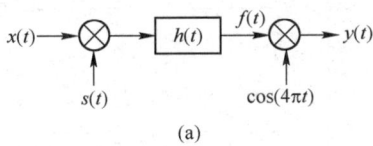
(a)
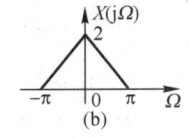
(b)

图　题 5-1

5-2 分别求图题 5-2(a)和(b)两种信号被冲激采样后信号的频谱 $F_s(j\Omega)$，并大致画出频谱图（采样间隔 $T_s = \tau/12$）。

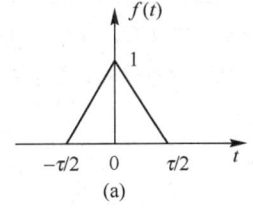
(a)
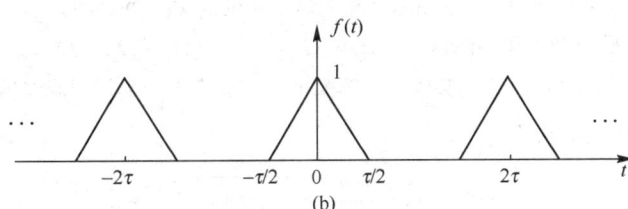
(b)

图　题 5-2

5-3 系统如图题 5-3 所示，其中，$H_1(j\Omega) = e^{-j3\Omega}$，$H_2(j\Omega) = \begin{cases} 1, & |\Omega| < 2\pi \\ 0, & |\Omega| > 2\pi \end{cases}$

（1）当输入 $x(t) = u(t)$ 时，求响应 $y(t)$，并画出 $y(t)$ 的波形；

（2）求 $\mathcal{F}[y(t)] = Y(j\Omega)$，并画出幅度谱 $|Y(j\Omega)|$；

（3）求系统的单位冲激响应 $h(t)$。

5-4 某系统如图题 5-4 所示，其中 $x_1(t) = \text{Sa}(t)$，$x_2(t) = \text{Sa}(2t)$。

（1）求 $f(t)$ 的频谱函数 $F(j\Omega)$，并画出频谱图；

（2）确定奈奎斯特抽样频率 f_{smin} 及奈奎斯特抽样间隔 T_{smax}；

（3）若取 $T_s=T_{smax}$ 时，试画出 $F_s(j\Omega)=\mathcal{F}[f_s(t)]$ 的频谱图；

（4）当取 $T_s=T_{smax}$ 时，欲使 $y(t)=f(t)$，试写出理想滤波器 $H(j\Omega)$ 的表达式。

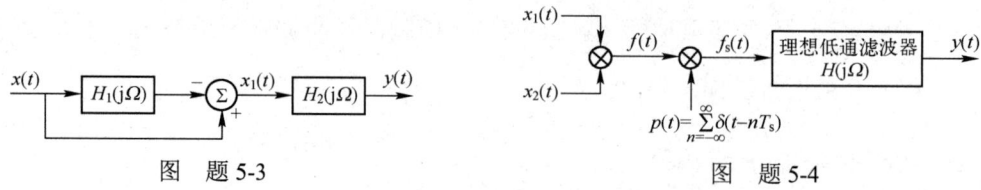

图 题 5-3 　　　　　　图 题 5-4

5-5 试证明图题 5-5 所示系统可以产生单边带信号。图中，信号 $g(t)$ 的频谱 $G(j\Omega)$ 受限于 $-\Omega_m \sim \Omega_m$ 之间，$\Omega_0 \gg \Omega_m$；$H(j\Omega)=-j\operatorname{sgn}\Omega$。设 $v(t)$ 的频谱为 $V(j\Omega)$，求出 $V(j\Omega)$ 的表达式，并画出图形。

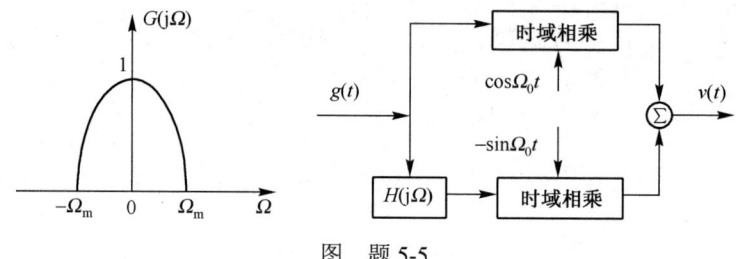

图 题 5-5

5-6 图题 5-6 示出一种正交复用通信系统。两路信号为频率相同但相移90°的载波调制。试证明：在接收端可以用相应的两路载波进行同步解调，恢复两路原始信号。

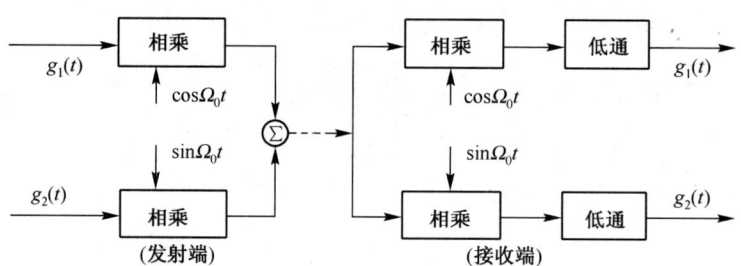

图 题 5-6

5-7 系统如图题 5-7(a)所示，输入信号的频谱 $X(j\Omega)$ 如图题 5-7(b)所示，低通滤波器 $H_1(j\Omega)$ 与 $H_2(j\Omega)$ 分别如图题 5-7(c)和(d)所示。如果 $\Omega_m<\Omega_c$，$\Omega_c-\Omega_m<\Omega_1<\Omega_c$，且 $\Omega_c-\Omega_1<\Omega_2<\Omega_m$，粗略画出 $y_1(t)$、$y_2(t)$、$y_3(t)$ 和 $y(t)$ 的频谱。证明整个系统等价于一个带通滤波器，并用 Ω_c、Ω_1 和 Ω_2 确定带通滤波器的上、下截止频率。

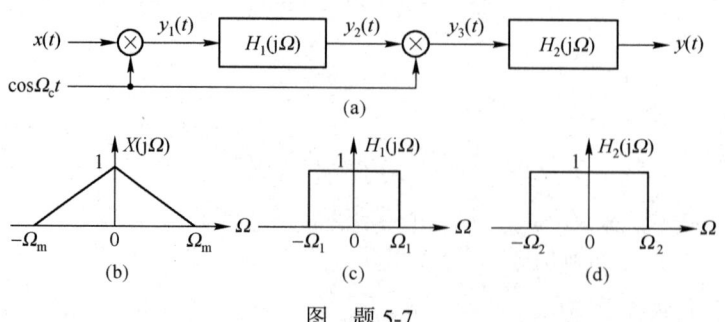

图 题 5-7

5-8 已知调制信号 $g(t)=1+0.3\cos\Omega_2 t$，载波信号 $c(t)$ 为如图题 5-8 所示的周期方波信号。

(1) 画出脉冲幅度调制信号 $s_{\text{PAM}}(t) = g(t)c(t)$ 的波形图。其中 $T_2 = 2\pi / \Omega_2 \gg T_1$；

(2) 求脉冲幅度调制信号 $s_{\text{PAM}}(t)$ 的傅里叶变换 $S_{\text{PAM}}(j\Omega)$，并画出频谱图 $S_{\text{PAM}}(j\Omega)$。

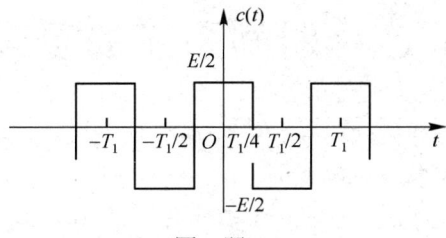

图 题 5-8

第 6 章 连续时间系统的复频域分析

本章将研究另一种变换域分析法——拉普拉斯变换（Laplace transform）分析，它是傅里叶变换分析的推广。傅里叶变换将时间信号 $f(t)$ 分解为无穷多项复指数信号 $e^{j\Omega t}$ 之和；而拉普拉斯变换是将任意信号分解为无穷多项复指数信号 e^{st} 之和，其中 $s=\sigma+j\Omega$，称为复频率。拉普拉斯变换分析也称为复频域分析或 s 域分析。

法国数学家拉普拉斯（P.S.Laplace，1749—1825）在其著作中对拉普拉斯变换给予严密的数学定义，为此取名为拉普拉斯变换（简称拉氏变换）。拉氏变换分析法是分析连续线性时不变系统的有效工具，广泛应用于电学、力学等众多科学与工程领域。拉氏变换分析法具有如下突出优点：它把微分方程变换成代数方程（algebraic equation），并且可以自动引入起始状态，求出系统的全响应；拉氏变换可将时域中两函数的卷积运算转换成 s 域中两函数的乘法运算。（法国数学家拉普拉斯简介见二维码）

第 2 章和第 5 章，已经研究了线性时不变连续时间系统的时域和频域分析方法，本章将讨论连续时间系统的 s 域分析方法，由于这种方法是在复频域中进行的，故称为系统的复频域分析或 s 域分析法。本章将引入系统函数的概念，在 s 域分析中，系统函数起着重要作用。系统函数在 s 平面的零极点分布不仅可以分析系统的时域特性，还可以方便地利用几何作图法求得系统的频率响应特性。和频域分析法相比，s 域分析法在求解系统的响应时比较简便，但频域分析法的优点是物理概念清楚，求解不如拉氏变换简洁。通过本章的学习，可以更加全面地研究系统的时域、频域和 s 域特性，从而对系统分析的问题有更深入的理解，也为今后学习系统综合、设计打下基础。

6.1 拉普拉斯变换

6.1.1 从傅里叶变换到拉普拉斯变换

由 4.3 节可知，当信号 $f(t)$ 满足狄里赫利条件时，便可构成一对傅里叶变换式

$$F(j\Omega) = \int_{-\infty}^{\infty} f(t)e^{-j\Omega t}dt \qquad f(t) = \frac{1}{2\pi}\int_{-\infty}^{\infty} F(j\Omega)e^{j\Omega t}d\Omega$$

但在工程实际中会遇到许多信号不满足绝对可积的条件，例如增长指数信号 $e^{\alpha t}u(t)$（$\alpha>0$）不存在傅里叶变换。而对于阶跃信号 $u(t)$ 和周期信号虽未受此约束，但在变换式中出现了广义函数——冲激函数 $\delta(\Omega)$，这就增加了分析的难度。

为了使更多信号存在变换，并简化某些变换形式和计算过程，引入衰减因子 $e^{-\sigma t}$（σ 为实数），将它与 $f(t)$ 相乘，只要 σ 的数值选择得适当，就可使 $e^{-\sigma t}f(t)$ 收敛，绝对可积条件就能得到满足。这样，$e^{-\sigma t}f(t)$ 的傅里叶变换为

$$\mathcal{F}[e^{-\sigma t}f(t)] = \int_{-\infty}^{\infty}[f(t)e^{-\sigma t}]e^{-j\Omega t}dt = \int_{-\infty}^{\infty} f(t)e^{-(\sigma+j\Omega)t}dt$$

它是 $\sigma+j\Omega$ 的函数，可以写成

$$F(\sigma+j\Omega) = \int_{-\infty}^{\infty} f(t)e^{-(\sigma+j\Omega)t}dt \qquad (6.1\text{-}1)$$

$F(\sigma+\mathrm{j}\Omega)$ 的傅氏逆变换为 $\quad \mathrm{e}^{-\sigma t}f(t) = \mathcal{F}^{-1}[F(\sigma+\mathrm{j}\Omega)] = \dfrac{1}{2\pi}\displaystyle\int_{-\infty}^{\infty} F(\sigma+\mathrm{j}\Omega)\mathrm{e}^{\mathrm{j}\Omega t}\mathrm{d}\Omega$

将上式两边同乘以 $\mathrm{e}^{\sigma t}$，便得到
$$f(t) = \frac{1}{2\pi}\int_{-\infty}^{\infty} F(\sigma+\mathrm{j}\Omega)\mathrm{e}^{(\sigma+\mathrm{j}\Omega)t}\mathrm{d}\Omega \tag{6.1-2}$$

式(6.1-1)和式(6.1-2)组成一对积分变换，令 $s = \sigma+\mathrm{j}\Omega$ 为复频率，从而 $\mathrm{d}s = \mathrm{j}\mathrm{d}\Omega$（$\sigma$ 选为常量），当 $\Omega = \pm\infty$ 时，$s = \sigma\pm\mathrm{j}\infty$，于是式(6.1-1)可改写成

$$F_\mathrm{B}(s) = \int_{-\infty}^{\infty} f(t)\mathrm{e}^{-st}\mathrm{d}t \tag{6.1-3}$$

式(6.1-2)可改写成
$$f(t) = \frac{1}{2\pi\mathrm{j}}\int_{\sigma-\mathrm{j}\infty}^{\sigma+\mathrm{j}\infty} F_\mathrm{B}(s)\mathrm{e}^{st}\mathrm{d}s \tag{6.1-4}$$

式(6.1-3)和式(6.1-4)就构成了一对拉普拉斯变换对，式中 $f(t)$ 称为"原函数"，$F_\mathrm{B}(s)$ 称为"像函数"。式(6.1-3)称为 $f(t)$ 的双边拉普拉斯变换（two-sided Laplace transform），简称为双边拉氏变换；而式(6.1-4)称为 $F_\mathrm{B}(s)$ 的双边拉普拉斯逆变换（inverse two-sided Laplace transform），简称为双边拉氏逆变换。

从上述由傅氏变换导出拉氏变换的过程中可以看出，将函数 $f(t)$ 乘以 $\mathrm{e}^{-\sigma t}$，使之满足绝对可积的条件之后再进行傅氏变换，这就意味着有许多原来不存在傅氏变换的函数，而存在拉氏变换。因此拉氏变换的引出，扩大了函数变换的范围。

在信号与系统分析中，一般所遇到的总是因果信号，从而式(6.1-3)可以写成

$$F(s) = \int_{0^-}^{\infty} f(t)\mathrm{e}^{-st}\mathrm{d}t \tag{6.1-5}$$

式中，积分下限取 0^- 是考虑到 $f(t)$ 中可能包含冲激函数，以及在 $t = 0$ 出现跳变的情况。为方便起见，一般把下限取为 0，只在必要时才把它取为 0^-。

这时式(6.1-5)对应的拉普拉斯逆变换（原函数）可写成

$$f(t) = \begin{cases} 0 & t < 0 \\ \dfrac{1}{2\pi\mathrm{j}}\displaystyle\int_{\sigma-\mathrm{j}\infty}^{\sigma+\mathrm{j}\infty} F(s)\mathrm{e}^{st}\mathrm{d}s & t \geqslant 0 \end{cases} \tag{6.1-6}$$

为了简便起见，常常只写上式中 $t \geqslant 0$ 的部分。

式(6.1-5)称为 $f(t)$ 的单边拉普拉斯变换（single-sided Laplace transform）（仍称像函数），简记为 $\mathcal{L}[f(t)]$；式(6.1-6)称为 $F(s)$ 的拉普拉斯逆变换（原函数），简记为 $\mathcal{L}^{-1}[F(s)]$，即

$$F(s) = \mathcal{L}[f(t)] = \int_{0^-}^{\infty} f(t)\mathrm{e}^{-st}\mathrm{d}t \tag{6.1-7}$$

$$f(t) = \mathcal{L}^{-1}[F(s)] = \frac{1}{2\pi\mathrm{j}}\int_{\sigma-\mathrm{j}\infty}^{\sigma+\mathrm{j}\infty} F(s)\mathrm{e}^{st}\mathrm{d}s \qquad t \geqslant 0 \tag{6.1-8}$$

其变换与逆变换的关系也简记为

$$f(t) \xleftrightarrow{\text{L.T.}} F(s) \tag{6.1-9}$$

目前，应用最广泛的是单边拉普拉斯变换，其对分析已知起始条件的线性常系数微分方程系统有重要意义。本书主要讨论单边拉普拉斯变换，常简称它为拉普拉斯变换或拉氏变换，而对双边拉普拉斯变换将特别注明。

拉氏变换与傅氏变换的主要差别在于：傅氏变换是将时域函数 $f(t)$ 变换为频域函数 $F(\mathrm{j}\Omega)$，或做相反的变换，时域变量 t 和频域变量 Ω 都是实数；而拉氏变换则是将时域函数 $f(t)$ 变换为复频域函数 $F(s)$，或做相反的变换，时域变量 t 是实数，复频域变量 s 是复数。概括地说，傅氏变换建立了时域和频域间的联系，拉氏变换建立了时域与复频域（s 域）间的联系。

6.1.2 拉普拉斯变换的收敛域

在以 σ 为实轴，$j\Omega$ 为虚轴的复平面中，凡能使式(6.1-3)或式(6.1-5)积分收敛，即满足下列绝对可积条件

$$\int_{-\infty}^{\infty} |f(t)| e^{-\sigma t} dt < \infty \tag{6.1-10}$$

的 σ 的取值范围称为拉氏变换的收敛域（region of convergence），以 ROC 表示。

式(6.1-10)表明，拉氏变换是否存在，取决于能否选取适当的 σ。下面举例说明如何确定拉氏变换的 ROC。

例 6.1-1 求因果信号 $f_1(t) = e^{\alpha_1 t} u(t)$（$\alpha_1$ 为实数）的双边拉氏变换及收敛域。

解：
$$F_{B1}(s) = \int_{-\infty}^{\infty} f_1(t) e^{-st} dt = \int_{-\infty}^{\infty} e^{\alpha_1 t} u(t) e^{-st} dt = \int_{0}^{\infty} e^{-(s-\alpha_1)t} dt$$

当 $\sigma = \text{Re}[s] > \alpha_1$ 时，有
$$F_{B1}(s) = -\frac{1}{s-\alpha_1} e^{-(s-\alpha_1)t} \Big|_0^{\infty} = \frac{1}{s-\alpha_1}$$

$F_{B1}(s)$ 的 ROC 如图 6.1-1 所示。

以上结果表明，因果信号若存在双边拉氏变换，其 ROC 在平行于 $j\Omega$ 轴的一条直线的右边区域。图 6.1-1 中，若 $\alpha_1 < 0$，收敛轴将移到 $j\Omega$ 轴的左侧。

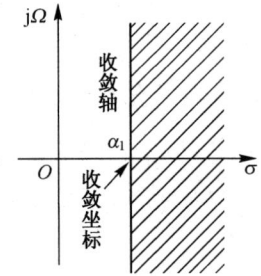 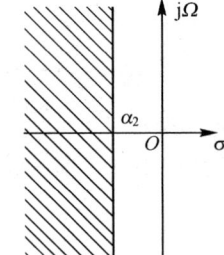

图 6.1-1 例 6.1-1 的 $F_{B1}(s)$ 的收敛域　　图 6.1-2 例 6.1-2 的 $F_{B2}(s)$ 的收敛域

例 6.1-2 求左边信号 $f_2(t) = -e^{\alpha_2 t} u(-t)$（$\alpha_2$ 为实数）的双边拉氏变换及收敛域。

解：
$$F_{B2}(s) = \int_{-\infty}^{\infty} f_2(t) e^{-st} dt = -\int_{-\infty}^{\infty} e^{\alpha_2 t} u(-t) \cdot e^{-st} dt = -\int_{-\infty}^{0} e^{-(s-\alpha_2)t} dt$$

当 $\sigma = \text{Re}[s] < \alpha_2$ 时，有
$$F_{B2}(s) = -\int_{-\infty}^{0} e^{-(s-\alpha_2)t} dt = \frac{1}{s-\alpha_2} e^{-(s-\alpha_2)t} \Big|_{-\infty}^{0} = \frac{1}{s-\alpha_2}$$

$F_{B2}(s)$ 的 ROC 如图 6.1-2 所示。

以上结果表明，若左边信号 $f_2(t)$ 的双边拉氏变换存在，则其 ROC 在平行于 $j\Omega$ 轴的一条直线的左边区域。图 6.1-2 中，若 $\alpha_2 > 0$，收敛轴将移到 $j\Omega$ 轴的右侧。

例 6.1-3 求双边信号 $f(t) = \begin{cases} e^{\alpha_2 t} & t < 0 \\ e^{\alpha_1 t} & t > 0 \end{cases}$ 的双边拉氏变换及收敛域。

解： 根据式(6.1-3)可得
$$F_B(s) = \int_{-\infty}^{\infty} f(t) e^{-st} dt = \int_{-\infty}^{0} e^{\alpha_2 t} e^{-st} dt + \int_{0}^{\infty} e^{\alpha_1 t} e^{-st} dt$$

$$= \frac{e^{-(s-\alpha_2)t}}{-(s-\alpha_2)} \Big|_{-\infty}^{0} + \frac{e^{-(s-\alpha_1)t}}{-(s-\alpha_1)} \Big|_0^{\infty}$$

显然，当 $\text{Re}[s] < \alpha_2$，即 $\sigma < \alpha_2$ 时，上式第一项存在；当 $\text{Re}[s] > \alpha_1$，即 $\sigma > \alpha_1$ 时，上式第二项

存在，这时，如果 $\alpha_2 > \alpha_1$，其收敛域是 $\alpha_1 < \sigma < \alpha_2$ 的带状区域。如果 $\alpha_2 < \alpha_1$，则上式不收敛，函数 $f(t)$ 的双边拉氏变换不存在。即

$$F_B(s) = \frac{1}{-(s-\alpha_2)} + \frac{1}{s-\alpha_1} = \frac{\alpha_1-\alpha_2}{(s-\alpha_1)(s-\alpha_2)} \qquad \alpha_1 < \sigma < \alpha_2$$

图 6.1-3 画出了 α_1 和 α_2 取不同数值时 ROC 的情况。图(a)是 $\alpha_2 > \alpha_1 > 0$ 的情形，其 ROC 是在右半平面中 $\alpha_1 < \sigma < \alpha_2$ 的区域；图(b)是 $\alpha_1 < \alpha_2 < 0$ 的情形，其 ROC 是在左半平面中 $\alpha_1 < \sigma < \alpha_2$ 的区域。图(c)是 $\alpha_1 = -\alpha$，$\alpha_2 = \alpha$ 的情形，其 ROC 为 $-\alpha < \sigma < \alpha$。

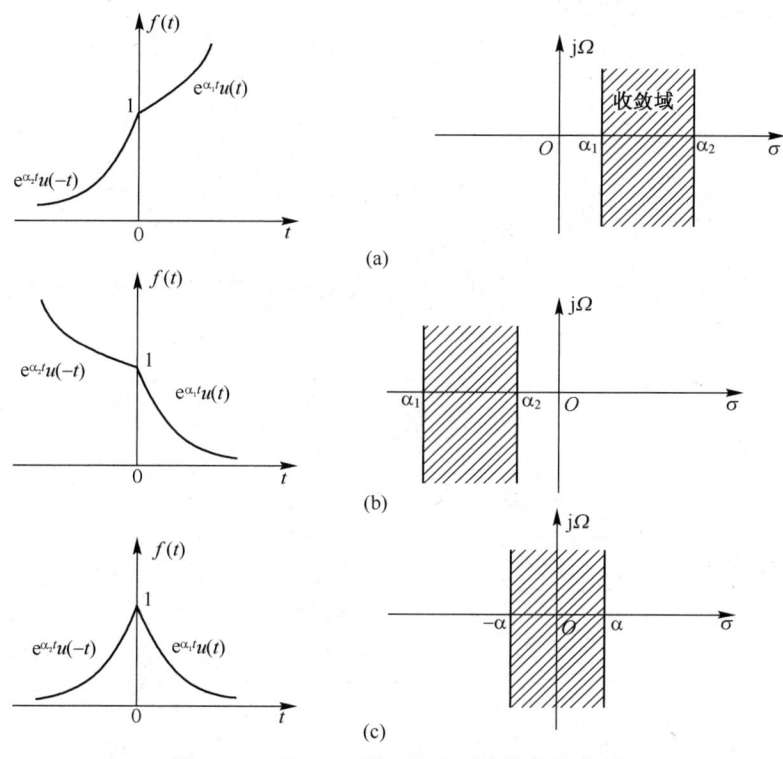

图 6.1-3 例 6.1-3 的双边拉氏变换的收敛域

比较例 6.1-1 和例 6.1-2，若 $\alpha_1 = \alpha_2$，则 $F_{B1}(s) = F_{B2}(s)$，但 $F_{B1}(s)$ 和 $F_{B2}(s)$ 的收敛域完全不同（无公共部分）。以上举例可见，不同信号的双边拉氏变换可能相同，即任意信号与其双边拉氏变换不是一一对应的，而是任意信号和它的双边拉氏变换连同收敛域是一一对应的。

从例 6.1-1 可知，单边拉氏变换的 ROC 为平行于 jΩ 轴的一条收敛轴的右边区域，可表示为

$$\sigma = \text{Re}[s] > \sigma_0 \tag{6.1-11}$$

工程实际中绝大多数信号均存在单边拉氏变换，并能找到相应的 σ_0。例如，有始有终，能量有限的信号，其收敛坐标 $\sigma_0 = -\infty$，收敛域为整个 s 平面；对于幂函数 t^n，收敛坐标 $\sigma_0 = 0$，即当 $\sigma > 0$ 时，$\lim_{t \to \infty} t^n e^{-\sigma t} = 0$，收敛域为右半 s 平面。

但并非所有函数都能找到一个 σ_0。例如，函数 $e^{t^2}u(t), t^t u(t)$（$0 \leqslant t < \infty$），它们随 t 的增长速率比 $e^{-\sigma t}$（无论 σ 为何值）的衰减速率还要快，这类函数成为非指数阶函数，因此，找不到满足条件的 σ_0，这样，就不存在拉氏变换。但工程实际中很少遇到这样的信号，即使出现，大多数情况下也是时限的。

与双边拉氏变换相比较，不同信号的单边拉氏变换必不相同，即信号 $f(t)$ 与其单边拉氏变换 $F(s)$ 必然一一对应。由于单边拉氏变换的收敛问题比较简单，一般情况下，求单边拉氏变

换时，不需要注明收敛域。

6.1.3 典型信号的拉普拉斯变换

以下按拉普拉斯变换的定义式(6.1-7)来推导几个典型信号的拉氏变换。

1. 单位阶跃信号 $u(t)$

$$\mathcal{L}[u(t)] = \int_0^\infty e^{-st} dt = -\frac{e^{-st}}{s}\bigg|_0^\infty = \frac{1}{s} \qquad \sigma > 0 \qquad (6.1\text{-}12)$$

$-u(-t)$ 的双边拉氏变换见二维码。

2. 指数信号 $e^{-\alpha t}u(t)$

$$\mathcal{L}[e^{-\alpha t}u(t)] = \int_0^\infty e^{-\alpha t}e^{-st} dt = -\frac{e^{-(\alpha+s)t}}{\alpha+s}\bigg|_0^\infty = \frac{1}{s+\alpha} \qquad \sigma > -\alpha \qquad (6.1\text{-}13)$$

显然，令式(6.1-13)中的常数 α 等于零，可也得出式(6.1-12)的结果。$-e^{-\alpha t}u(-t)$ 的双边拉氏变换见二维码。

3. 单位冲激信号 $\delta(t)$

根据冲激信号的取样特性可方便地求出 $\delta(t)$ 的拉氏变换

$$\mathcal{L}[\delta(t)] = \int_{0^-}^\infty \delta(t)e^{-st} dt = e^{-st}\bigg|_{t=0} = 1 \qquad \sigma > -\infty \qquad (6.1\text{-}14)$$

4. t 的正幂信号 $t^n u(t)$（n 是正整数）

$$\mathcal{L}[t^n u(t)] = \int_0^\infty t^n e^{-st} dt$$

用分部积分法，得

$$\int_0^\infty t^n e^{-st} dt = -\frac{t^n}{s}e^{-st}\bigg|_0^\infty + \frac{n}{s}\int_0^\infty t^{n-1}e^{-st}dt = \frac{n}{s}\int_0^\infty t^{n-1}e^{-st}dt$$

所以

$$\mathcal{L}[t^n u(t)] = \frac{n}{s}\mathcal{L}[t^{n-1}u(t)] \qquad (6.1\text{-}15)$$

容易求得，当 $n=1$ 时 $\qquad \mathcal{L}[tu(t)] = 1/s^2 \qquad \sigma > 0 \qquad (6.1\text{-}16)$

当 $n=2$ 时 $\qquad \mathcal{L}[t^2 u(t)] = 2/s^3 \qquad \sigma > 0 \qquad (6.1\text{-}17)$

以此类推，得 $\qquad \mathcal{L}[t^n u(t)] = n!/s^{n+1} \qquad \sigma > 0 \qquad (6.1\text{-}18)$

$-t^n u(-t)$ 的双边拉氏变换见二维码。

将上述结果以及其他典型信号的拉氏变换（在下节陆续导出）列于本章关键知识点概要表6-1中。

6.2 拉普拉斯变换的基本性质

虽然，由拉氏变换的定义式(6.1-7)可以求得一些常用信号的拉氏变换，但是，在实际应用中常常不去做这一积分运算，而是利用拉氏变换的一些基本性质得出它们的变换式。

1. 线性（linearity）特性

若 $\mathcal{L}[f_1(t)] = F_1(s)$，$\mathcal{L}[f_2(t)] = F_2(s)$，则

$$\mathcal{L}[K_1 f_1(t) + K_2 f_2(t)] = K_1 F_1(s) + K_2 F_2(s) \qquad (6.2\text{-}1)$$

其中，K_1, K_2 为常数。

由拉氏变换的定义很容易证明上述结论。对于多个信号的情况也是如此，即有

$$\mathcal{L}\left[\sum_{i=1}^{n} K_i f_i(t)\right] = \sum_{i=1}^{n} K_i \mathcal{L}[f_i(t)] = \sum_{i=1}^{n} K_i F_i(s) \qquad (6.2\text{-}2)$$

式中，K_i 为任意常数。

例 6.2-1 求 $\sin\Omega_0 t \cdot u(t)$ 和 $\cos\Omega_0 t \cdot u(t)$ 的拉氏变换。

解：由于 $\sin\Omega_0 t = \dfrac{1}{2\mathrm{j}}(\mathrm{e}^{\mathrm{j}\Omega_0 t} - \mathrm{e}^{-\mathrm{j}\Omega_0 t})$，根据拉氏变换的线性特性，并利用式(6.1-13)，得

$$\mathcal{L}[\sin\Omega_0 t \cdot u(t)] = \mathcal{L}\left[\frac{1}{2\mathrm{j}}(\mathrm{e}^{\mathrm{j}\Omega_0 t} - \mathrm{e}^{-\mathrm{j}\Omega_0 t})u(t)\right] = \frac{1}{2\mathrm{j}}\mathcal{L}[\mathrm{e}^{\mathrm{j}\Omega_0 t}u(t)] - \frac{1}{2\mathrm{j}}\mathcal{L}[\mathrm{e}^{-\mathrm{j}\Omega_0 t}u(t)]$$

$$= \frac{1}{2\mathrm{j}}\frac{1}{s - \mathrm{j}\Omega_0} - \frac{1}{2\mathrm{j}}\frac{1}{s + \mathrm{j}\Omega_0} = \frac{\Omega_0}{s^2 + \Omega_0^2} \qquad \sigma > 0 \qquad (6.2\text{-}3)$$

同理可得

$$\mathcal{L}[\cos\Omega_0 t \cdot u(t)] = \mathcal{L}\left[\frac{1}{2}(\mathrm{e}^{\mathrm{j}\Omega_0 t} + \mathrm{e}^{-\mathrm{j}\Omega_0 t})u(t)\right] = \frac{s}{s^2 + \Omega_0^2} \qquad \sigma > 0 \qquad (6.2\text{-}4)$$

$-\sin\Omega_0 t \cdot u(-t)$ 和 $-\cos\Omega_0 t \cdot u(-t)$ 的双边拉氏变换见二维码。

2．时域微分和积分

（1）时域微分（differentiation in the time domain）

若 $\mathcal{L}[f(t)] = F(s)$，则

$$\mathcal{L}\left[\frac{\mathrm{d}f(t)}{\mathrm{d}t}\right] = sF(s) - f(0^-) \qquad (6.2\text{-}5)$$

证明：

$$\mathcal{L}\left[\frac{\mathrm{d}f(t)}{\mathrm{d}t}\right] = \int_{0^-}^{\infty} \frac{\mathrm{d}f(t)}{\mathrm{d}t} \mathrm{e}^{-st} \mathrm{d}t$$

应用分部积分法，则有

$$\mathcal{L}\left[\frac{\mathrm{d}f(t)}{\mathrm{d}t}\right] = [\mathrm{e}^{-st} f(t)]\Big|_{0^-}^{\infty} - \int_{0^-}^{\infty} (-s)\mathrm{e}^{-st} f(t)\mathrm{d}t$$

$$= sF(s) - f(0^-)$$

上述对一阶导数的微分定理可推广到高阶导数，即

$$\mathcal{L}\left[\frac{\mathrm{d}^n f(t)}{\mathrm{d}t^n}\right] = s^n F(s) - s^{n-1} f(0^-) - s^{n-2} f'(0^-) - \cdots - f^{(n-1)}(0^-)$$

$$= s^n F(s) - \sum_{r=0}^{n-1} s^{n-r-1} f^{(r)}(0^-) \qquad (6.2\text{-}6)$$

例 6.2-2 已知 $\delta(t)$ 的拉氏变换为 1，求 $\delta'(t)$ 的像函数。

解：利用时域微分特性，并考虑到 $\delta(0^-) = 0$，可求得

$$\mathcal{L}[\delta'(t)] = sF(s) - \delta(0^-) = s \qquad \sigma > -\infty$$

类似，可得 $\delta^n(t)$ 的拉式变换为 s^n。

（2）时域积分（integration in the time domain）

若 $\mathcal{L}[f(t)] = F(s)$，则

$$\mathcal{L}\left[\int_{-\infty}^{t} f(\tau)\mathrm{d}\tau\right] = \frac{F(s)}{s} + \frac{f^{(-1)}(0^-)}{s} \qquad (6.2\text{-}7)$$

式中，$f^{(-1)}(0^-) = \int_{-\infty}^{0^-} f(\tau)\mathrm{d}\tau$ 是 $f(t)$ 积分式在 $t = 0^-$ 的取值。

证明：由于

$$\mathcal{L}\left[\int_{-\infty}^{t} f(\tau)\mathrm{d}\tau\right] = \mathcal{L}\left[\int_{-\infty}^{0^-} f(\tau)\mathrm{d}\tau + \int_{0^-}^{t} f(\tau)\mathrm{d}\tau\right]$$

而其中第一项为常量，即 $\int_{-\infty}^{0^-} f(\tau)d\tau = f^{(-1)}(0^-)$，所以

$$\mathcal{L}\left[\int_{-\infty}^{0^-} f(\tau)d\tau\right] = \frac{f^{(-1)}(0^-)}{s}$$

第二项可借助分部积分法求得

$$\mathcal{L}\left[\int_{0^-}^{t} f(\tau)d\tau\right] = \int_{0^-}^{\infty}\left[\int_{0^-}^{t} f(\tau)d\tau\right]e^{-st}dt$$

$$= \left[-\frac{e^{-st}}{s}\int_{0^-}^{t} f(\tau)d\tau\right]_{0^-}^{\infty} + \frac{1}{s}\int_{0^-}^{\infty} f(t)e^{-st}dt = \frac{1}{s}F(s)$$

所以

$$\mathcal{L}\left[\int_{-\infty}^{t} f(\tau)d\tau\right] = \frac{F(s)}{s} + \frac{f^{(-1)}(0^-)}{s}$$

例 6.2-3 试通过阶跃信号 $u(t)$ 的积分求 $tu(t)$ 和 $t^n u(t)$ 的拉氏变换。

解：因为 $F(s) = \mathcal{L}[u(t)] = 1/s$

而 $tu(t) = \int_{-\infty}^{t} u(\tau)d\tau$

所以 $\mathcal{L}[tu(t)] = 1/s^2$

重复应用这个性质，可得 $\mathcal{L}[t^n u(t)] = n!/s^{n+1}$

利用时域微分性质及时域积分性质，可将 $f(t)$ 的微分方程化为代数方程。而且自动引入起始条件，在系统分析中十分有用。下面举一个简单的例子，初步说明如何用拉氏变换的方法求解系统的响应。

例 6.2-4 如图 6.2-1 所示电路，在 $t=0$ 时开关 S 闭合，求输出信号 $v_C(t)$。

解：（1）列写微分方程

$$Ri(t) + v_C(t) = Eu(t)，\quad v_C(t)\big|_{t=0^-} = 0$$

将此式改写为只含有一个未知函数 $v_C(t)$ 的形式

$$RC\frac{dv_C(t)}{dt} + v_C(t) = Eu(t)$$

（2）将上式中各项取拉氏变换（利用时域微分性质）得

$$RCsV_C(s) + V_C(s) = E/s$$

解此代数方程，求得

$$V_C(s) = \frac{E}{s(1+RCs)} = \frac{E}{RCs\left(s + \dfrac{1}{RC}\right)}$$

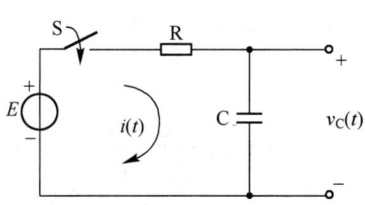

图 6.2-1 例 6.2-4 的电路

（3）求 $V_C(s)$ 的逆变换。将 $V_C(s)$ 表达式分解为以下形式

$$V_C(s) = E\left(\frac{1}{s} - \frac{1}{s + \dfrac{1}{RC}}\right)$$

则

$$v_C(t) = \mathcal{L}^{-1}[V_C(s)] = E(1 - e^{-\frac{t}{RC}}) \qquad t \geq 0$$

3. 位移性

（1）时域位移（延时 time delay）

若 $\mathcal{L}[f(t)] = F(s)$，则 $\mathcal{L}[f(t-t_0)u(t-t_0)] = e^{-st_0}F(s)$ \hfill (6.2-8)

式中，$t_0 > 0$。

证明： $\mathscr{L}[f(t-t_0)u(t-t_0)] = \int_0^\infty [f(t-t_0)u(t-t_0)]e^{-st}dt = \int_{t_0}^\infty f(t-t_0)e^{-st}dt$

令 $\tau = t - t_0$，则有 $t = \tau + t_0$，代入上式得

$$\mathscr{L}[f(t-t_0)u(t-t_0)] = \int_0^\infty f(\tau)e^{-st_0}e^{-s\tau}d\tau = e^{-st_0}F(s)$$

此性质表明：若波形延时 t_0，则它的拉氏变换应乘以 e^{-st_0}。例如，延时 t_0 的单位阶跃函数 $u(t-t_0)$，其变换式为 e^{-st_0}/s。

在应用延时特性时，特别要注意延时信号指的是 $f(t-t_0)u(t-t_0)$，且只适用于 $t_0 > 0$ 的情况。因为单边拉式变换仅根据信号的非负时间部分来定义的，因此时移仅涉及信号的非负时间部分。

例 6.2-5 已知 $f(t) = \sin\Omega_0 t$ 的拉氏变换为 $F(s) = \dfrac{\Omega_0}{s^2 + \Omega_0^2}$，试求下列信号的拉氏变换（式中 $t_0 > 0$）。

（1） $f(t-t_0) = \sin\Omega_0(t-t_0)$；　　　　（2） $f(t)u(t) = \sin\Omega_0(t-t_0) \cdot u(t)$；

（3） $f(t)u(t-t_0) = \sin\Omega_0 t \cdot u(t-t_0)$；　　（4） $f(t-t_0)u(t-t_0) = \sin\Omega_0(t-t_0) \cdot u(t-t_0)$。

解： 四种信号如图 6.2-2 所示。对于（1）和（2）两种信号在 $t \geq 0$ 时的波形相同，所以它们的拉氏变换也相同，即

$$\mathscr{L}[\sin\Omega_0(t-t_0)] = \mathscr{L}[\sin\Omega_0 t\cos\Omega_0 t_0 - \cos\Omega_0 t\sin\Omega_0 t_0] = \frac{\Omega_0\cos\Omega_0 t_0 - s\sin\Omega_0 t_0}{s^2 + \Omega_0^2}$$

对于信号（3），它的拉氏变换为

$$\mathscr{L}[\sin\Omega_0 t \cdot u(t-t_0)] = \int_{t_0}^\infty \sin\Omega_0 t\, e^{-st}dt = \frac{1}{2j}\int_{t_0}^\infty [e^{-(s-j\Omega_0)t} - e^{-(s+j\Omega_0)t}]dt$$

$$= \frac{1}{2j}\left[\frac{e^{-(s-j\Omega_0)t_0}}{s - j\Omega_0} - \frac{e^{-(s+j\Omega_0)t_0}}{s + j\Omega_0}\right] = e^{-st_0}\left[\frac{\Omega_0\cos\Omega_0 t_0 + s\sin\Omega_0 t_0}{s^2 + \Omega_0^2}\right]$$

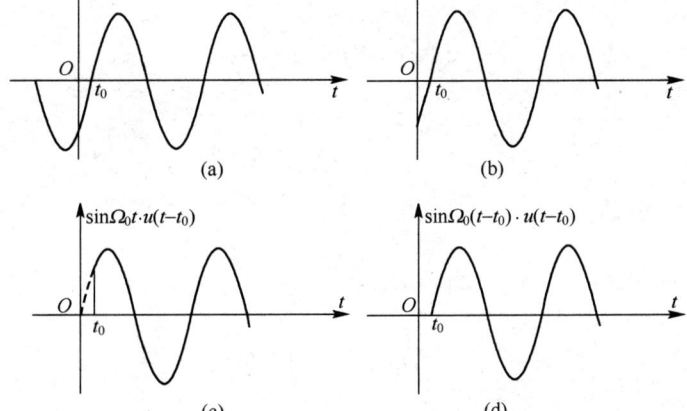

图 6.2-2　例 6.2-5 中的四种信号波形

对于信号（4），它的拉氏变换为

$$\mathscr{L}[\sin\Omega_0(t-t_0) \cdot u(t-t_0)] = \frac{1}{2j}\int_{t_0}^\infty [e^{j\Omega_0(t-t_0)} - e^{-j\Omega_0(t-t_0)}]e^{-st}dt$$

$$= \frac{1}{2j} \left[\frac{e^{-j\Omega_0 t_0} e^{-(s-j\Omega_0)t_0}}{s - j\Omega_0} - \frac{e^{j\Omega_0 t_0} e^{-(s+j\Omega_0)t_0}}{s + j\Omega_0} \right]$$

$$= \frac{1}{2j} \left[\frac{e^{-st_0}}{s - j\Omega_0} - \frac{e^{-st_0}}{s + j\Omega_0} \right] = e^{-st_0} \left[\frac{\Omega_0}{s^2 + \Omega_0^2} \right]$$

可见，在以上四种信号中，只有信号（4），即 $f(t-t_0)u(t-t_0) = \sin\Omega_0(t-t_0) \cdot u(t-t_0)$ 是信号 $f(t)u(t) = \sin\Omega_0 t \cdot u(t)$ 右移了 t_0 的结果，才能应用时移性。即

$$\mathcal{L}[\sin\Omega_0(t-t_0) \cdot u(t-t_0)] = e^{-st_0} \mathcal{L}[\sin\Omega_0 t] = e^{-st_0} \frac{\Omega_0}{s^2 + \Omega_0^2}$$

例 6.2-6 求图 6.2-3 所示矩形脉冲信号的拉氏变换。

解： 因为 $f(t) = Eu(t) - Eu(t-t_0)$

$$\mathcal{L}[Eu(t)] = \frac{E}{s}$$

由延时特性 $\mathcal{L}[Eu(t-t_0)] = e^{-st_0} \frac{E}{s}$

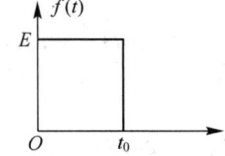

图 6.2-3 矩形脉冲信号

所以 $\mathcal{L}[f(t)] = \mathcal{L}[Eu(t) - Eu(t-t_0)] = \frac{E}{s}(1 - e^{-st_0})$

$\delta_T(t) \cdot u(t)$ 的拉氏变换见二维码。

（2）s 域位移（shifting in s-domain）

若 $\mathcal{L}[f(t)] = F(s)$，则 $\mathcal{L}[f(t)e^{-\alpha t}] = F(s+\alpha)$ (6.2-9)

证明： $\mathcal{L}[f(t)e^{-\alpha t}] = \int_0^\infty f(t) e^{-(s+\alpha)t} dt = F(s+\alpha)$

此性质表明，时间函数 $f(t)$ 乘以 $e^{-\alpha t}$，相当于变换式在 s 域内平移 α。

例 6.2-7 求 $e^{-\alpha t}\sin\Omega t$ 和 $e^{-\alpha t}\cos\Omega t$ 的拉氏变换。

解： 已知 $\mathcal{L}[\sin\Omega t] = \frac{\Omega}{s^2 + \Omega^2}$

由 s 域位移特性，得 $\mathcal{L}[e^{-\alpha t}\sin\Omega t] = \frac{\Omega}{(s+\alpha)^2 + \Omega^2}$

同理，因为 $\mathcal{L}[\cos\Omega t] = \frac{s}{s^2 + \Omega^2}$

故有 $\mathcal{L}[e^{-\alpha t}\cos\Omega t] = \frac{s+\alpha}{(s+\alpha)^2 + \Omega^2}$

4. 尺度变换（scaling）

若 $\mathcal{L}[f(t)] = F(s)$，则 $\mathcal{L}[f(at)] = \frac{1}{a}F\left(\frac{s}{a}\right)$ $\quad a > 0$ (6.2-10)

证明： $\mathcal{L}[f(at)] = \int_0^\infty f(at) e^{-st} dt$

令 $\tau = at$，则上式变成 $\mathcal{L}[f(at)] = \int_0^\infty f(\tau) e^{-\frac{s}{a}\tau} d\left(\frac{\tau}{a}\right) = \frac{1}{a}\int_0^\infty f(\tau) e^{-\frac{s}{a}\tau} d\tau = \frac{1}{a}F\left(\frac{s}{a}\right)$

式中，规定常数 $a>0$ 是必要的，因为 $f(t)$ 为因果信号。若 $a<0$，则 $f(at)$ 的单边拉氏变换为零，而不能应用式(6.2-10)。

例 6.2-8 已知 $\mathcal{L}[f(t)] = F(s)$，求 $\mathcal{L}[f(2t-3)u(2t-3)]$。

解：此问题既要用到尺度变换特性，也要引用延时特性。

解法一：先由延时特性求得 $\mathcal{L}[f(t-3)u(t-3)] = F(s)\mathrm{e}^{-3s}$。

再借助尺度变换特性即可求出所需结果

$$\mathcal{L}[f(2t-3)u(2t-3)] = \frac{1}{2}F\left(\frac{s}{2}\right)\mathrm{e}^{-\frac{3}{2}s}$$

解法二：先由尺度变换特性得到

$$\mathcal{L}[f(2t)u(2t)] = \frac{1}{2}F\left(\frac{s}{2}\right)$$

再借助延时特性求出

$$\mathcal{L}\left\{f\left[2\left(t-\frac{3}{2}\right)\right]u\left[2\left(t-\frac{3}{2}\right)\right]\right\} = \frac{1}{2}F\left(\frac{s}{2}\right)\mathrm{e}^{-\frac{3}{2}s}$$

也即

$$\mathcal{L}[f(2t-3)u(2t-3)] = \frac{1}{2}F\left(\frac{s}{2}\right)\mathrm{e}^{-\frac{3}{2}s}$$

5. s 域微分与积分

（1）s 域微分（differentiation in s-domain）

若 $\mathcal{L}[f(t)] = F(s)$，则

$$\mathcal{L}[(-t)f(t)] = \frac{\mathrm{d}F(s)}{\mathrm{d}s} \tag{6.2-11}$$

证明： $F(s) = \int_0^\infty f(t)\mathrm{e}^{-st}\mathrm{d}t$

上式两边对 s 求导数，得 $\dfrac{\mathrm{d}F(s)}{\mathrm{d}s} = \dfrac{\mathrm{d}}{\mathrm{d}s}\left[\int_0^\infty f(t)\mathrm{e}^{-st}\mathrm{d}t\right]$

交换微分与积分的次序，得

$$\frac{\mathrm{d}F(s)}{\mathrm{d}s} = \int_0^\infty f(t)\frac{\mathrm{d}}{\mathrm{d}s}\mathrm{e}^{-st}\mathrm{d}t = \int_0^\infty (-t)f(t)\mathrm{e}^{-st}\mathrm{d}t = \mathcal{L}[(-t)f(t)]$$

故得 $\mathcal{L}[(-t)f(t)] = \dfrac{\mathrm{d}F(s)}{\mathrm{d}s}$

重复运用上述结果，可得 $\mathcal{L}[(-t)^n f(t)] = \dfrac{\mathrm{d}^n F(s)}{\mathrm{d}s^n}$

（2）s 域积分（integration in s-domain）

若 $\mathcal{L}[f(t)] = F(s)$，则

$$\mathcal{L}\left[\frac{f(t)}{t}\right] = \int_s^\infty F(\eta)\mathrm{d}\eta \tag{6.2-12}$$

证明： $F(s) = \int_0^\infty f(t)\mathrm{e}^{-st}\mathrm{d}t$

上式两边求积分 $\int_s^\infty F(\eta)\mathrm{d}\eta = \int_s^\infty \left[\int_0^\infty f(t)\mathrm{e}^{-\eta t}\mathrm{d}t\right]\mathrm{d}\eta = \int_0^\infty f(t)\left[\int_s^\infty \mathrm{e}^{-\eta t}\mathrm{d}\eta\right]\mathrm{d}t$

$$= \int_0^\infty \frac{f(t)}{t}\mathrm{e}^{-st}\mathrm{d}t = \mathcal{L}\left[\frac{f(t)}{t}\right]$$

故得 $\mathcal{L}\left[\dfrac{f(t)}{t}\right] = \int_s^\infty F(\eta)\mathrm{d}\eta$

6. 初值与终值定理

（1）初值定理（initial-value theorem）

若 $\mathcal{L}[f(t)] = F(s)$，且 $f(t)$ 连续可导，则

$$\lim_{t \to 0^+} f(t) = f(0^+) = \lim_{s \to \infty} sF(s) \qquad (6.2\text{-}13)$$

证明： 由时域微分特性可知

$$sF(s) - f(0^-) = \mathcal{L}\left[\frac{\mathrm{d}f(t)}{\mathrm{d}t}\right] = \int_{0^-}^{\infty} \frac{\mathrm{d}f(t)}{\mathrm{d}t} \mathrm{e}^{-st} \mathrm{d}t = \int_{0^-}^{0^+} \frac{\mathrm{d}f(t)}{\mathrm{d}t} \mathrm{e}^{-st} \mathrm{d}t + \int_{0^+}^{\infty} \frac{\mathrm{d}f(t)}{\mathrm{d}t} \mathrm{e}^{-st} \mathrm{d}t$$

$$= f(0^+) - f(0^-) + \int_{0^+}^{\infty} \frac{\mathrm{d}f(t)}{\mathrm{d}t} \mathrm{e}^{-st} \mathrm{d}t$$

所以
$$sF(s) = f(0^+) + \int_{0^+}^{\infty} \frac{\mathrm{d}f(t)}{\mathrm{d}t} \mathrm{e}^{-st} \mathrm{d}t \qquad (6.2\text{-}14)$$

当 $s \to \infty$ 时，上式右端第二项的极限为

$$\lim_{s \to \infty}\left\{\int_{0^+}^{\infty} \frac{\mathrm{d}f(t)}{\mathrm{d}t} \mathrm{e}^{-st} \mathrm{d}t\right\} = \int_{0^+}^{\infty} \frac{\mathrm{d}f(t)}{\mathrm{d}t} [\lim_{s \to \infty} \mathrm{e}^{-st}] \mathrm{d}t = 0$$

因此，对式(6.2-14)取 $s \to \infty$ 的极限，有

$$\lim_{s \to \infty} sF(s) = f(0^+)$$

式(6.2-13)得到了证明。

关于初值定理，要特别注意所求得的初值是 $f(t)$ 在 $t = 0^+$ 时刻的值，而不是 $f(t)$ 在 $t = 0$ 或者 $t = 0^-$ 时刻的值。

另外，利用式(6.2-13)求函数 $f(t)$ 的初值时，应注意它的应用条件。如果 $F(s)$ 是有理代数式，则 $F(s)$ 必须是真分式，即 $F(s)$ 分子的阶次应低于分母的阶次。如果 $F(s)$ 不是真分式，则应利用长除法，使 $F(s)$ 中出现真分式项 $F_0(s)$，即

$$F(s) = K_m s^m + K_{m-1} s^{m-1} + \cdots + K_0 + F_0(s) \qquad (6.2\text{-}15)$$

式中，$F_0(s)$ 为真分式。对式(6.2-15)取逆变换

$$f(t) = K_m \delta^{(m)}(t) + K_{m-1} \delta^{(m-1)}(t) + \cdots + K_0 \delta(t) + f_0(t)$$

其中冲激函数及其各阶导数在 $t = 0^+$ 时刻全为零，于是 $f(0^+) = f_0(0^+)$。因而初值 $f(0^+)$ 等于真分式 $F_0(s)$ 之逆变换式 $f_0(t)$ 的初值 $f_0(0^+)$，即

$$f(0^+) = f_0(0^+) = \lim_{s \to \infty} sF_0(s) \qquad (6.2\text{-}16)$$

（2）终值定理（expiration-value theorem）

若 $\mathcal{L}[f(t)] = F(s)$，且 $f(t)$ 连续可导，则

$$\lim_{t \to \infty} f(t) = \lim_{s \to 0} sF(s) \qquad (6.2\text{-}17)$$

证明： 利用式(6.2-14)，取 $s \to 0$ 之极限，有

$$\lim_{s \to 0} sF(s) = f(0^+) + \lim_{s \to 0} \int_{0^+}^{\infty} \frac{\mathrm{d}f(t)}{\mathrm{d}t} \mathrm{e}^{-st} \mathrm{d}t = f(0^+) + \lim_{t \to \infty} f(t) - f(0^+)$$

于是得到
$$\lim_{t \to \infty} f(t) = \lim_{s \to 0} sF(s)$$

应用终值定理也应注意它的应用条件。即只有在 $f(t)$ 的终值存在的情况下，才能利用式(6.2-17)求 $f(t)$ 的终值。$\lim_{t \to \infty} f(t)$ 是否存在，可从 s 域做出判断，仅当 $F(s)$ 在右半 s 平面及其 s 平面的虚轴上为解析时（原点除外），终值定理才可应用。在 6.3 小节中介绍了"极点"与时域波形的对应关系之后，上述判断可叙述为：$F(s)$ 的极点应全部在左半 s 平面和（或）在 $s = 0$ 处只有一阶极点，才能应用终值定理。若 $F(s)$ 的极点不满足该条件，则终值 $\lim_{t \to \infty} f(t)$ 不存

在。例如，$\mathcal{L}[\sin\Omega t]=\dfrac{\Omega}{s^2+\Omega^2}$，变换式分母的根（极点）在虚轴上$\pm j\Omega$处，不能应用此定理，实际上$\sin\Omega t$振荡不止，当$t\to\infty$时极限不存在。又如，$\mathcal{L}[\mathrm{e}^{\alpha t}]=\dfrac{1}{s-\alpha}$，$\alpha>0$，分母多项式的根（极点）在右半$s$平面实轴$\alpha$点上，也不能用此定理。

例 6.2-9 求下列函数逆变换的初值与终值。

（1）$F(s)=\dfrac{s^3+s^2+2s+1}{s^2+2s+1}$ （2）$F(s)=\dfrac{s^2+2s+3}{(s+1)(s^2+4)}$

解：（1）$F(s)$不是真分式，利用长除法求得

$$F(s)=s-1+\dfrac{3s+2}{s^2+2s+1}$$

于是初值

$$f(0^+)=\lim_{s\to\infty}s\dfrac{3s+2}{s^2+2s+1}=3$$

如果不用长除法，而直接用$f(0^+)=\lim\limits_{s\to\infty}sF(s)$，则将得到$f(0^+)=\infty$的错误结论。

终值

$$\lim_{t\to\infty}f(t)=\lim_{s\to 0}sF(s)=0$$

（2）初值为

$$f(0^+)=\lim_{s\to\infty}s\dfrac{s^2+2s+3}{(s+1)(s^2+4)}=1$$

由于$F(s)$在$j\Omega$轴上有一对共轭极点$s=\pm j2$，因此$f(t)$不存在终值。

若不注意终值定理的条件，而直接用$\lim\limits_{t\to\infty}f(t)=\lim\limits_{s\to 0}sF(s)$，则将得到$\lim\limits_{t\to\infty}f(t)=0$的错误结论。

7. 卷积定理

（1）时域卷积（convolution in time domain）

若$\mathcal{L}[f_1(t)]=F_1(s)$，$\mathcal{L}[f_2(t)]=F_2(s)$，则

$$\mathcal{L}[f_1(t)*f_2(t)]=F_1(s)F_2(s) \tag{6.2-18}$$

证明： 单边拉氏变换中所讨论的时间信号都是因果信号，即当$t<0$时有$f_1(t)=0$，$f_2(t)=0$。为了更加明确，它们也可写为$f_1(t)u(t)$和$f_2(t)u(t)$。

函数$f_1(t)$与$f_2(t)$的卷积可写为

$$f_1(t)*f_2(t)=\int_{-\infty}^{\infty}f_1(\tau)u(\tau)f_2(t-\tau)u(t-\tau)\mathrm{d}\tau$$

$$=\int_{0}^{\infty}f_1(\tau)f_2(t-\tau)u(t-\tau)\mathrm{d}\tau$$

对上式取拉氏变换，得 $\mathcal{L}[f_1(t)*f_2(t)]=\int_{0}^{\infty}\left[\int_{0}^{\infty}f_1(\tau)f_2(t-\tau)u(t-\tau)\mathrm{d}\tau\right]\mathrm{e}^{-st}\mathrm{d}t$

交换上式的积分次序，并令$x=t-\tau$，得

$$\mathcal{L}[f_1(t)*f_2(t)]=\int_{0}^{\infty}f_1(\tau)\left[\int_{0}^{\infty}f_2(t-\tau)u(t-\tau)\mathrm{e}^{-st}\mathrm{d}t\right]\mathrm{d}\tau$$

$$=\int_{0}^{\infty}f_1(\tau)\left[\int_{-\tau}^{\infty}f_2(x)u(x)\mathrm{e}^{-s(x+\tau)}\mathrm{d}x\right]\mathrm{d}\tau$$

$$=\int_{0}^{\infty}f_1(\tau)\left[\mathrm{e}^{-s\tau}\int_{0}^{\infty}f_2(x)\mathrm{e}^{-sx}\mathrm{d}x\right]\mathrm{d}\tau$$

$$=\int_{0}^{\infty}f_1(\tau)\mathrm{e}^{-s\tau}\mathrm{d}\tau\cdot F_2(s)=F_1(s)F_2(s)$$

（2）s 域卷积（convolution in s-domain）

用类似的方法可以证明如下 s 域卷积定理。

若 $\mathcal{L}[f_1(t)] = F_1(s)$，$\mathcal{L}[f_2(t)] = F_2(s)$，则

$$\mathcal{L}[f_1(t)f_2(t)] = \frac{1}{2\pi j}\int_{\sigma-j\infty}^{\sigma+j\infty} F_1(z)F_2(s-z)\mathrm{d}z \tag{6.2-19}$$

下面举例说明时域卷积定理的应用。

例 6.2-10 已知 $f_1(t) = \mathrm{e}^{-\alpha t}u(t)$，$f_2(t) = u(t)$，求 $f_1(t) * f_2(t)$。

解：利用时域卷积定理可以间接地求出两函数的卷积。

因为
$$F_1(s) = \mathcal{L}[f_1(t)] = \frac{1}{s+\alpha}, \quad F_2(s) = \mathcal{L}[f_2(t)] = \frac{1}{s}$$

而
$$F_1(s)F_2(s) = \frac{1}{s+\alpha}\cdot\frac{1}{s} = \frac{1}{\alpha}\left[\frac{1}{s} - \frac{1}{s+\alpha}\right]$$

则
$$f_1(t)*f_2(t) = \mathcal{L}^{-1}[F_1(s)F_2(s)] = \frac{1}{\alpha}(1-\mathrm{e}^{-\alpha t})u(t)$$

显然，拉氏变换方法把时域中的卷积转换为变换域中的乘积。

利用时域卷积求 $F(s) = 1/s^2$ 所对应的信号函数见二维码。

拉氏变换的基本性质列于本章关键知识点概要表 6-2 中。

练习题

6.2-1 求图题 6.2-1 所示的 $t = 0$ 时接入的周期单位冲激序列的像函数 $F(s)$。

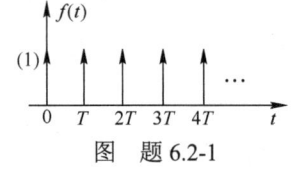

图 题 6.2-1

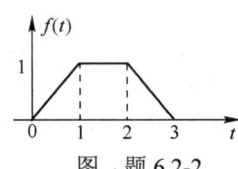

图 题 6.2-2

6.2-2 求图题 6.2-2 所示波形的拉普拉斯变换。

6.2-3 求下列函数的拉氏变换，设 $\mathcal{L}[f(t)] = F(s)$。

(1) $(2-t)\mathrm{e}^{-2t}u(t)$ (2) $3\delta(t) - 2\mathrm{e}^{-4t}u(t)$ (3) $(3\sin 2t + 2\cos 2t)u(t)$

(4) $\mathrm{e}^{-t}[u(t) - u(t-1)]$ (5) $t^2 u(t-1)$ (6) $\delta(t-t_0) + 2\delta(t)$

(7) $\mathrm{e}^{\alpha-t}\cos\Omega_0 t u(t)$ (8) $(1-\sin\alpha t)\mathrm{e}^{-\beta t}u(t)$ (9) $\mathrm{e}^{-t/a} f\left(\dfrac{t}{a}\right)$

6.3-4 分别求下列函数的逆变换之初值与终值。

(1) $\dfrac{8s+2}{s^2+3s}$ (2) $\dfrac{1}{(s+2)^2}$ (3) $\dfrac{s^3+s^2+2s+1}{s^2+2s+1}$ (4) $\dfrac{s^2+2}{(s+1)(s^2+\Omega_0^2)}$

6.3 拉普拉斯逆变换

在例 6.2-4 中，已经知道如何用拉普拉斯变换的方法分析电路问题。一般来讲，它包括三个步骤：首先对微分方程进行拉氏变换成为代数方程，然后解此代数方程得到所求未知函数的变换式 $F(s)$，最后需求 $F(s)$ 的逆变换。

如果 $F(s)$ 是一个比较简单的函数，就可利用常用函数的拉氏变换表（见表 6-1），查出对应的原函数。然而，在电路分析中经常遇到的 $F(s)$ 并非那样简单，不能直接从表中找到。因此，必须研究求逆变换的一般方法。

求取复杂变换式的逆变换通常有两种方法,即部分分式展开法(partial fraction expansion)和留数法(residue method)。前者是将复杂变换式分解为许多简单变换式之和,然后分别查表求取原时间信号;后者则是直接进行拉氏逆变换积分。前者适用于 $F(s)$ 为有理函数的情况,后者适用范围较广。下面分别进行讨论。

6.3.1 部分分式展开法

实际应用中,通常所遇到的拉氏变换 $F(s)$ 为 s 的有理函数,表示为两个 s 的多项式之比。一般具有如下形式

$$F(s) = \frac{A(s)}{B(s)} = \frac{a_m s^m + a_{m-1} s^{m-1} + \cdots + a_1 s + a_0}{b_n s^n + b_{n-1} s^{n-1} + \cdots + b_1 s + b_0} \tag{6.3-1}$$

式中,系数 a_i 和 b_i 都为实数,m 和 n 是正整数。

用部分分式展开法求逆变换时,要求 $F(s)$ 为有理真分式。当 $F(s)$ 不是真分式时,可以用长除法把 $F(s)$ 分解为有理多项式与真分式之和。

例如

$$F(s) = \frac{3s^3 - 2s^2 - 7s + 1}{s^2 + s - 1} = 3s - 5 + \frac{s - 4}{s^2 + s - 1}$$

根据线性特性,$F(s)$ 的原函数,由 $3s-5$ 和 $\frac{s-4}{s^2+s-1}$ 两部分的原函数之和组成。其中 $\mathcal{L}^{-1}[3s] = 3\delta'(t)$,$\mathcal{L}^{-1}[-5] = -5\delta(t)$。所以,这时求 $F(s)$ 的逆变换,仍归结为求有理真分式的逆变换。下面讨论这种情况求逆变换问题。设式(6.3-1)中的 $F(s) = A(s)/B(s)$ 为有理真分式。

为便于分解,将 $F(s)$ 的分母 $B(s)$ 写成以下形式

$$B(s) = b_n (s - p_1)(s - p_2) \cdots (s - p_n) \tag{6.3-2}$$

式中,$p_1, p_2, \cdots, p_n$ 为 $B(s) = 0$ 方程式的根,即当 s 等于任一根值时,$B(s)$ 等于零,$F(s)$ 等于无限大。$p_1, p_2, \cdots, p_n$ 也称为 $F(s)$ 的"极点"。

同理,$A(s)$ 也可改写为 $\quad A(s) = a_m (s - z_1)(s - z_2) \cdots (s - z_m) \tag{6.3-3}$

式中,$z_1, z_2, \cdots, z_m$ 称为 $F(s)$ 的"零点",它们是 $A(s) = 0$ 方程式的根。

按照极点之不同特点,部分分式展开法有以下三种情况:

1. 极点为实数,无重根

假定 $F(s)$ 的极点 $p_1, p_2, \cdots, p_n$ 均为实数,且无重根,则 $F(s)$ 可展开为如下的部分分式

$$\begin{aligned} F(s) &= \frac{A(s)}{B(s)} = \frac{A(s)}{b_n(s-p_1)(s-p_2)\cdots(s-p_n)} \\ &= \frac{K_1}{s-p_1} + \frac{K_2}{s-p_2} + \cdots + \frac{K_i}{s-p_i} + \cdots + \frac{K_n}{s-p_n} \\ &= \sum_{i=1}^{n} \frac{K_i}{s-p_i} \end{aligned} \tag{6.3-4}$$

式中,$K_1, K_2, \cdots, K_i, \cdots, K_n$ 为 n 个待定系数。

其中

$$K_i = (s - p_i) F(s) \big|_{s = p_i} \tag{6.3-5}$$

例 6.3-1 求 $F(s) = \dfrac{s^3 + 6s^2 + 14s + 11}{s^2 + 5s + 6}$ 的拉氏逆变换。

解: $F(s)$ 不是真分式,首先用长除法将 $F(s)$ 表示为 s 真分式与多项式之和

$$F(s) = s + 1 + \frac{3s+5}{s^2+5s+6}$$

将第三项有理真分式进行部分分式展开

$$\frac{3s+5}{s^2+5s+6} = \frac{K_1}{s+2} + \frac{K_2}{s+3}$$

分别求系数

$$K_1 = (s+2)\frac{3s+5}{s^2+5s+6}\bigg|_{s=-2} = \frac{3\times(-2)+5}{(-2)+3} = -1$$

$$K_2 = (s+3)\frac{3s+5}{s^2+5s+6}\bigg|_{s=-3} = \frac{3\times(-3)+5}{(-3)+2} = 4$$

$$F(s) = s + 1 - \frac{1}{s+2} + \frac{4}{s+3}$$

其拉氏逆变换为

$$f(t) = \delta'(t) + \delta(t) - e^{-2t}u(t) + 4e^{-3t}u(t)$$

2. 包含共轭复数极点

若

$$B(s) = b_n(s-p_1)(s-p_2)\cdots(s-p_{n-2})(s^2+bs+c)$$
$$= B_1(s)(s^2+bs+c)$$

式中，$b^2 - 4c < 0$，以及 $B_1(s) = b_n(s-p_1)(s-p_2)\cdots(s-p_{n-2})$，$p_1, p_2, \cdots, p_{n-2}$ 是 $B(s) = 0$ 的不相等的实根。因为 $F(s)$ 可写为

$$F(s) = \frac{A(s)}{B(s)} = \frac{As+B}{s^2+bs+c} + \frac{A_1(s)}{B_1(s)} \tag{6.3-6}$$

上式等号右边第二项展开为部分分式的方法已如前所述，对于右边第一项，一旦 $\frac{A_1(s)}{B_1(s)}$ 求出，就可利用对应项系数相等的方法（即待定系数法）求得 A 和 B，而 $\frac{As+B}{s^2+bs+c}$ 的逆变换则可用配方法来求。现举例说明如下。

例 6.3-2 求 $F(s) = \dfrac{s+3}{(s+1)(s^2+2s+4)}$ 的拉氏逆变换。

解：根据式(6.3-6)，$F(s)$ 可展开成如下形式

$$F(s) = \frac{s+3}{(s+1)(s^2+2s+4)} = \frac{A}{s+1} + \frac{Bs+C}{s^2+2s+4}$$

其中

$$A = (s+1)F(s)\big|_{s=-1} = \frac{s+3}{s^2+2s+4}\bigg|_{s=-1} = \frac{2}{3}$$

于是

$$F(s) = \frac{2/3}{s+1} + \frac{Bs+C}{s^2+2s+4}$$

再利用待定系数法确定 B 和 C，即

$$\frac{s+3}{(s+1)(s^2+2s+4)} = \frac{\frac{2}{3}}{s+1} + \frac{Bs+C}{s^2+2s+4} = \frac{\frac{2}{3}(s^2+2s+4)+(Bs+C)(s+1)}{(s+1)(s^2+2s+4)}$$

由方程两端分子的对应项相等，即

$$\frac{2}{3}(s^2+2s+4) + (Bs+C)(s+1) = s+3$$

求得 $B = -2/3, C = 1/3$，所以 $F(s) = \dfrac{\dfrac{2}{3}}{s+1} + \dfrac{-\dfrac{2}{3}s + \dfrac{1}{3}}{s^2 + 2s + 4}$

应用配方法，得 $F(s) = \dfrac{2}{3} \times \dfrac{1}{s+1} - \dfrac{\dfrac{2}{3}(s+1)}{(s+1)^2 + (\sqrt{3})^2} + \dfrac{\sqrt{3}}{3} \dfrac{\sqrt{3}}{(s+1)^2 + (\sqrt{3})^2}$

查表 6-1 即得 $\mathcal{L}^{-1}[F(s)] = \left(\dfrac{2}{3}e^{-t} - \dfrac{2}{3}e^{-t}\cos\sqrt{3}t + \dfrac{\sqrt{3}}{3}e^{-t}\sin\sqrt{3}t\right)u(t)$

3. 包含多重极点

考虑下示函数的分解 $F(s) = \dfrac{A(s)}{B(s)} = \dfrac{A(s)}{(s-p_1)^k D(s)}$

式中，在 $s = p_1$ 处，分母多项式 $B(s)$ 有 k 重根，也即 k 阶极点。将 $F(s)$ 写成展开式

$$F(s) = \dfrac{K_{11}}{(s-p_1)^k} + \dfrac{K_{12}}{(s-p_1)^{k-1}} + \cdots + \dfrac{K_{1k}}{(s-p_1)} + \dfrac{E(s)}{D(s)} \tag{6.3-7}$$

这里，$E(s)/D(s)$ 表示展开式中与极点 p_1 无关的其余部分。式中，$K_{11}, K_{12}, \cdots, K_{1k}$ 为 k 个待定系数。为了求出各待定系数，设 $F_1(s) = (s-p_1)^k F(s)$，则

$$K_{11} = F_1(s)\big|_{s=p_1} \tag{6.3-8}$$

$$K_{12} = \dfrac{\mathrm{d}}{\mathrm{d}s} F_1(s)\big|_{s=p_1} \tag{6.3-9}$$

$$K_{13} = \dfrac{1}{2} \dfrac{\mathrm{d}^2}{\mathrm{d}s^2} F_1(s)\big|_{s=p_1} \tag{6.3-10}$$

一般形式为 $K_{1i} = \dfrac{1}{(i-1)!} \dfrac{\mathrm{d}^{i-1}}{\mathrm{d}s^{i-1}} F_1(s)\big|_{s=p_1} \qquad i = 1, 2, \cdots, k \tag{6.3-11}$

例 6.3-3 求 $F(s) = \dfrac{s+2}{(s+3)(s+1)^3}$ 的拉氏逆变换。

解：$F(s)$ 在 $s = -3$ 处有单根，而在 $s = -1$ 处有三重根，可将 $F(s)$ 展开为

$$F(s) = \dfrac{K_{11}}{(s+1)^3} + \dfrac{K_{12}}{(s+1)^2} + \dfrac{K_{13}}{(s+1)} + \dfrac{K_2}{s+3}$$

容易求得 $K_2 = (s+3)F(s)\big|_{s=-3} = 1/8$。

为求出重根的各系数，令 $F_1(s) = (s+1)^3 F(s) = \dfrac{s+2}{s+3}$

引用式(6.3-8)、式(6.3-9)和式(6.3-10)得到

$$K_{11} = \dfrac{s+2}{s+3}\bigg|_{s=-1} = \dfrac{1}{2}, \quad K_{12} = \dfrac{\mathrm{d}}{\mathrm{d}s}\left(\dfrac{s+2}{s+3}\right)\bigg|_{s=-1} = \dfrac{1}{4}, \quad K_{13} = \dfrac{1}{2}\dfrac{\mathrm{d}^2}{\mathrm{d}s^2}\left(\dfrac{s+2}{s+3}\right)\bigg|_{s=-1} = -\dfrac{1}{8}$$

于是有 $F(s) = \dfrac{1/2}{(s+1)^3} + \dfrac{1/4}{(s+1)^2} - \dfrac{1/8}{(s+1)} + \dfrac{1/8}{s+3}$

逆变换为 $f(t) = \left(\dfrac{1}{4}t^2 e^{-t} + \dfrac{1}{4}t e^{-t} - \dfrac{1}{8}e^{-t} + \dfrac{1}{8}e^{-3t}\right)u(t)$

6.3.2 留数法

留数法就是直接计算式(6.1-8)的积分,现将该式重写如下

$$f(t) = \frac{1}{2\pi \mathrm{j}} \int_{\sigma-\mathrm{j}\infty}^{\sigma+\mathrm{j}\infty} F(s)\mathrm{e}^{st} \mathrm{d}s \qquad t \geqslant 0$$

这是复变函数积分问题,积分限为 $\sigma - \mathrm{j}\infty$ 到 $\sigma + \mathrm{j}\infty$。直接计算这个积分是比较困难的。为此我们可以从 $\sigma - \mathrm{j}\infty$ 到 $\sigma + \mathrm{j}\infty$ 补足一条积分路径,构成一闭合围线积分,如图 6.3-1 所示。补足的这条路径 C_R 是半径为 ∞ 的圆弧,沿该圆弧的积分应为零。这一条件由约当引理保证,即满足 $\int_{C_R} F(s)\mathrm{e}^{st} \mathrm{d}s = 0$。

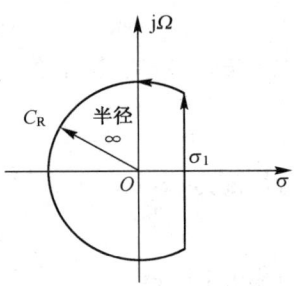

图 6.3-1 闭合围线积分

这样上面的积分就可由留数定理求出,它等于围线中被积函数 $F(s)\mathrm{e}^{st}$ 所有极点的留数和(这里 $F(s)$ 为真分式),即

$$\mathcal{L}^{-1}[F(s)] = \sum_{\text{极点}} [F(s)\mathrm{e}^{st} \text{ 的留数}]$$

设在极点 $s = p_i$ 处的留数为 $\mathrm{Res}[F(s)\mathrm{e}^{st}]_{s=p_i}$,并设 $F(s)\mathrm{e}^{st}$ 在围线中共有 n 个极点,则

$$\mathcal{L}^{-1}[F(s)] = \sum_{i=1}^{n} \mathrm{Res}[F(s)\mathrm{e}^{st}]_{s=p_i} \tag{6.3-12}$$

若 p_i 为一阶极点,则 $\mathrm{Res}[F(s)\mathrm{e}^{st}]_{s=p_i} = [(s-p_i)F(s)\mathrm{e}^{st}]\big|_{s=p_i}$ \hfill (6.3-13)

若 p_i 为 k 阶极点,则 $\mathrm{Res}[F(s)\mathrm{e}^{st}]_{s=p_i} = \dfrac{1}{(k-1)!} \left[\dfrac{\mathrm{d}^{k-1}}{\mathrm{d}s^{k-1}} (s-p_i)^k F(s)\mathrm{e}^{st} \right]_{s=p_i}$ \hfill (6.3-14)

将以上结果与部分分式展开法相比较,不难看出,两种方法所得结果是一样的。具体来说,对一阶极点而言,部分分式的系数与留数的差别仅在于因子 e^{st} 的有无,经逆变换后的部分分式就与留数相同了。对高阶极点而言,由于留数公式中含有因子 e^{st},在取其导数时,所得表达式不止一项,遂与部分分式展开法结果相同。用留数法求拉氏反变换的例题可扫描二维码。

练习题

6.3-1 求下列函数的拉普拉斯逆变换。

(1) $\dfrac{10(s+2)(s+5)}{s(s+1)(s+3)}$ (2) $\dfrac{s^3+s^2+1}{(s+1)(s+2)}$ (3) $\dfrac{s+2}{s^2+2s+2}$

(4) $\dfrac{1}{(s^2+3)^2}$ (5) $\dfrac{s}{(s+1)[(s+1)^2+4]}$ (6) $\dfrac{\mathrm{e}^{-s}}{4s(s^2+1)}$

6.3-2 已知 $\mathcal{L}[f(t)] = \dfrac{(s+1)\mathrm{e}^{-s}}{(s+2)^2+4}$,利用尺度变换特性求 $f(t/2)$。

6.4 系统响应的拉氏变换求解

拉氏变换是分析线性时不变系统强有力的工具。利用拉氏变换求系统响应是其重要的应用之一。用拉氏变换分析法可以同时求出系统的零输入响应、零状态响应和全响应。

6.4.1 微分方程的拉氏变换求解

利用拉氏变换求系统响应，需首先将描述系统输入-输出关系的微分方程进行拉氏变换，得到一个代数方程，求出其解（复频域解）后，经拉氏逆变换即可得到时域解。在求解过程中自动包含了系统起始状态的作用。利用这种方法，可以很方便地求出系统的零输入响应与零状态响应。由拉氏变换将微分方程转化为代数方程的求解过程的原理如图 6.4-1 所示。

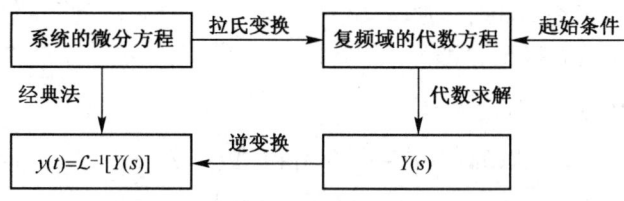

图 6.4-1 用拉氏变换求解微分方程的过程

下面将举例来说明这种方法的求解过程。

例 6.4-1 已知系统的微分方程为

$$\frac{d^2 y(t)}{dt^2} + 5\frac{dy(t)}{dt} + 6y(t) = \frac{d^2 x(t)}{dt^2} + 4\frac{dx(t)}{dt}$$

激励信号为 $x(t) = (1+e^{-t})u(t)$，起始状态为 $y(0^-) = 1$，$y'(0^-) = 2$，求系统的零输入响应 $y_{zi}(t)$、零状态响应 $y_{zs}(t)$ 和全响应 $y(t)$。

解：对微分方程两边取拉氏变换，可得

$$[s^2 Y(s) - sy(0^-) - y'(0^-)] + 5[sY(s) - y(0^-)] + 6Y(s) = (s^2 + 4s)X(s)$$

$$Y(s) = \frac{s^2 + 4s}{s^2 + 5s + 6} X(s) + \frac{(s+5)y(0^-) + y'(0^-)}{s^2 + 5s + 6} = Y_{zs}(s) + Y_{zi}(s)$$

将 $X(s) = \mathcal{L}[(1+e^{-t})u(t)] = \frac{1}{s} + \frac{1}{s+1} = \frac{2s+1}{s(s+1)}$，$y(0^-) = 1$，$y'(0^-) = 2$ 代入上式，可得

$$Y_{zs}(s) = \frac{s^2 + 4s}{s^2 + 5s + 6} X(s) = \frac{s^2 + 4s}{(s+2)(s+3)} \cdot \frac{2s+1}{s(s+1)} = -\frac{3}{2}\frac{1}{s+1} + \frac{6}{s+2} - \frac{5}{2}\frac{1}{s+3}$$

故零状态响应为

$$y_{zs}(t) = \mathcal{L}^{-1}[Y_{zs}(s)] = \left(-\frac{3}{2}e^{-t} + 6e^{-2t} - \frac{5}{2}e^{-3t}\right)u(t)$$

而

$$Y_{zi}(s) = \frac{s+7}{s^2 + 5s + 6} = \frac{5}{s+2} - \frac{4}{s+3}$$

故零输入响应为

$$y_{zi}(t) = \mathcal{L}^{-1}[Y_{zi}(s)] = (5e^{-2t} - 4e^{-3t})u(t)$$

这样全响应为

$$y(t) = y_{zs}(t) + y_{zi}(t) = \left(-\frac{3}{2}e^{-t} + 11e^{-2t} - \frac{13}{2}e^{-3t}\right)u(t)$$

显然，用拉氏变换法求解微分方程比用时域方法简单很多，这时不需要分析在起始点系统的状态是否发生跳变。在对微分方程取拉氏变换的过程中，自动引入了起始条件，自然就简化了微分方程的求解过程。

从本例的求解过程可以看出，对微分方程取拉氏变换时，不要急于将 $y(0^-)$、$y'(0^-)$ 等起始条件具体数值和 $X(s)$ 的具体表达式代入方程，而应保留其原来符号，这样就能区分 $Y_{zi}(s)$、

$Y_{zs}(s)$，便于求解。如果题目中只要求解全响应，可同时代入起始条件和 $X(s)$，这样，只需一次部分分式展开即可求出全响应。

例 6.4-2 图 6.4-2 所示电路，当 $t<0$ 时，开关 K 位于"1"端，电路的状态已稳定，$t = 0$ 时 K 从"1"端打到"2"端，分别求 $v_C(t)$ 与 $v_R(t)$。

解：（1）首先求 $v_C(t)$。

① 列写微分方程

$$RC\frac{dv_C(t)}{dt} + v_C(t) = E$$

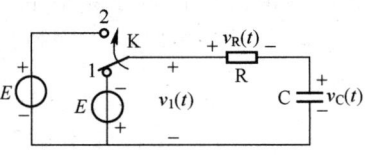

图 6.4-2 例 6.4-2 的电路

由于 $t = 0^-$ 时，电容已充有电压 $-E$，从 0^- 到 0^+ 电容电压没有变化，即

$$v_C(0^-) = v_C(0^+) = -E$$

② 取拉氏变换

$$RC[sV_C(s) - v_C(0^-)] + V_C(s) = E/s$$

$$V_C(s) = \frac{\frac{E}{s} - RCE}{1 + RCs} = \frac{E\left(\frac{1}{RC} - s\right)}{s\left(s + \frac{1}{RC}\right)}$$

③ 求 $V_C(s)$ 的逆变换

$$V_C(s) = E\left(\frac{1}{s} - \frac{2}{s + \frac{1}{RC}}\right)$$

$$v_C(t) = E(1 - 2e^{-\frac{t}{RC}}) \qquad (t \geqslant 0)$$

画出波形如图 6.4-3(a)。

（2）下面求 $v_R(t)$。请注意，这里遇到 $v_R(t)$ 从 0^- 到 0^+ 发生跳变的情况。我们将采用 0^- 系统与 0^+ 系统两种方法来求解 $v_R(t)$，通过两种方法的比较说明选用 0^- 系统的好处。

①

$$\frac{1}{RC}\int_{-\infty}^{t} v_R(\tau)d\tau + v_R(t) = v_1(t)$$

$$\frac{dv_R(t)}{dt} + \frac{1}{RC}v_R(t) = \frac{dv_1(t)}{dt}$$

$$v_R(0^-) = 0 \quad v_R(0^+) = 2E$$

式中，$v_1(t) = \begin{cases} E & (t>0) \\ -E & (t<0) \end{cases}$。波形如图 6.4-3(c)所示。

② 若采用 0^- 系统分析，这时有

$$\frac{dv_1(t)}{dt} = 2E\delta(t)$$

$$\frac{1}{RC}V_R(s) + sV_R(s) - v_R(0^-) = 2E$$

由于 $v_R(0^-) = 0$，所以 $V_R(s) = \dfrac{2E}{s + \dfrac{1}{RC}}$。

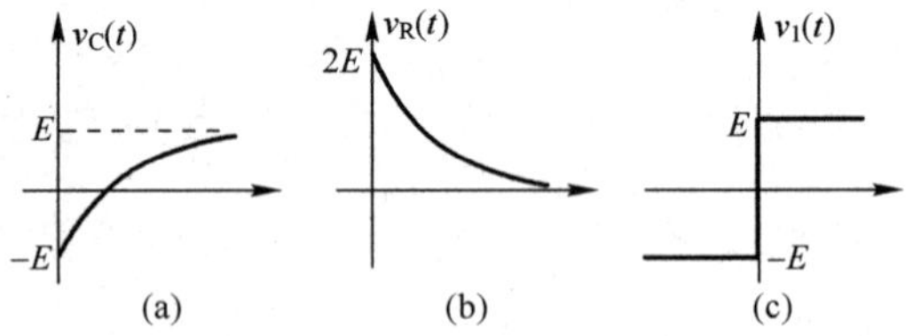

图 6.4-3 例 6.4-2 的波形

$$v_R(t) = 2Ee^{-\frac{t}{RC}}u(t)，\text{波形如图 6.4-3(b)所示。}$$

③ 若采用 0^+ 系统分析，对 $v_R(t)$ 之求导应从 0^+ 计算，于是有 $\dfrac{dv_1(t)}{dt} = 0$。相应地，初始条件也应用 $v_R(0^+)$ 代入，这样有

$$\frac{1}{RC}V_R(s) + sV_R(s) - v_R(0^+) = 0$$

即
$$\frac{1}{RC}V_R(s)+sV_R(s)=2E$$

这时可得到相同的结果。由于在一般电路分析中，0^- 条件往往给定（或容易求出），选用 0^- 系统就可避免计算 0^+ 条件；对于较复杂的电路，求 0^+ 条件比较困难，因此用 0^- 条件将使分析过程简化。以后都采用 0^- 系统来分析。本例时域求解方法可扫描二维码。

例 6.4-3 已知激励信号 $x(t)$ 为矩形脉冲，如图 6.4-4(a)所示，$R=2\Omega$ 系统电路如图 6.4-4(b)所示，起始状态为零，求回路电流 $i(t)$。

解：（1）写出 $x(t)$ 的表达式，并求它的拉氏变换。
$$x(t)=u(t)-u(t-1),\quad \mathscr{L}[x(t)]=\frac{1}{s}-\frac{1}{s}\mathrm{e}^{-s}$$

（2）根据电路可以得到如下微分方程
$$L\frac{\mathrm{d}i(t)}{\mathrm{d}t}+Ri(t)+\frac{1}{C}\int_{-\infty}^{t}i(\tau)\mathrm{d}\tau=x(t)$$
$$i(0^-)=0,\quad \frac{1}{C}\int_{-\infty}^{t}i(\tau)\mathrm{d}\tau\bigg|_{t=0^-}=0$$

（3）对微分方程求拉氏变换
$$LsI(s)+RI(s)+\frac{1}{Cs}I(s)=X(s)$$
$$I(s)=\frac{X(s)}{Ls+R+\frac{1}{Cs}}=\frac{(1-\mathrm{e}^{-s})}{s^2+2s+2}=\frac{(1-\mathrm{e}^{-s})}{(s+1)^2+1}$$

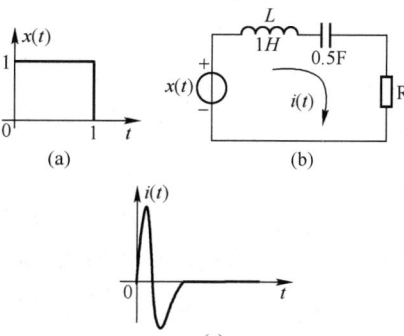

图 6.4-4 例 6.4-3 的电路

（3）求拉氏逆变换 $\quad i(t)=\mathrm{e}^{-t}\sin t\cdot u(t)-\mathrm{e}^{-(t-1)}\sin(t-1)\cdot u(t-1)$
电流 $i(t)$ 的时域波形如图 6.4-4(c)所示。本例时域求解方法可扫描二维码。

例 6.4-4 如图 6.4-5(a)所示电路，已知 $x(t)=10u(t)$，电路参数为，$L=0.5\mathrm{H}$，$R_1=0.5\Omega$，$R_2=2.5\Omega$，$C=1\mathrm{F}$，起始条件 $v_C(0^-)=5\mathrm{V}$，$i_L(0^-)=4\mathrm{A}$，求流过电感电流的零输入响应 $i_{\mathrm{ziL}}(t)$ 和零状态响应 $i_{\mathrm{zsL}}(t)$，并画出全响应的波形。

解：（1）设流过电容 C 的电流为 $i_C(t)$，根据电路可以列写微分方程：
$$\begin{cases}L\dfrac{\mathrm{d}i_L(t)}{\mathrm{d}t}+R_2i_L(t)+\dfrac{1}{C}\displaystyle\int_{-\infty}^{t}i_C(\tau)\mathrm{d}\tau=x(t)\\ R_1[i_C(t)-i_L(t)]=L\dfrac{\mathrm{d}i_L(t)}{\mathrm{d}t}+R_2i_L(t)\end{cases}$$

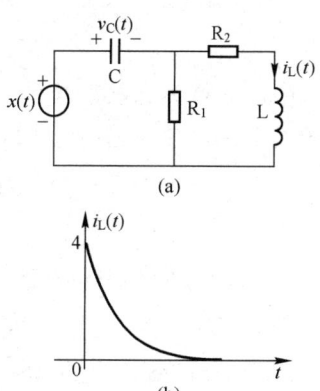

（2）取拉氏变换：
$$\begin{cases}L[sI_L(s)-i_L(0^-)]+R_2I_L(s)+\dfrac{1}{s}\left[\dfrac{1}{C}I_C(s)+v_C(0^-)\right]=X(s)\\ R_1[I_C(s)-I_L(s)]=L[sI_L(s)-i_L(0^-)]+R_2I_L(s)\end{cases}$$

（3）消去中间变量 $I_C(s)$：
$$sLI_L(s)-Li_L(0^-)+R_2I_L(s)+\frac{1}{sC}\left[I_L(s)+\frac{sL}{R_1}I_L(s)-\frac{L}{R_1}i_L(0^-)+\frac{R_2}{R_1}I_L(s)\right]+\frac{1}{s}v_C(0^-)=X(s)$$

图 6.4-5 例 6.4-4 的电路

（4）代入元件参数：

$$\left(0.5s + 3.5 + \frac{6}{s}\right)I_L(s) = X(s) + 0.5i_L(0^-) + \frac{1}{s}i_L(0^-) - \frac{1}{s}v_C(0^-)$$

$$(s^2 + 7s + 12)I_L(s) = 2sX(s) + si_L(0^-) + 2i_L(0^-) - 2v_C(0^-)$$

（5）求系统响应：

$$I_{ziL}(s) = \frac{si_L(0^-) + 2i_L(0^-) - 2v_C(0^-)}{s^2 + 7s + 12} = \frac{4s - 2}{(s+3)(s+4)} = \frac{-14}{s+3} + \frac{18}{s+4}$$

$$i_{ziL}(t) = (18e^{-4t} - 14e^{-3t})u(t)$$

$$I_{zsL}(s) = \frac{2sX(s)}{s^2 + 7s + 12} = \frac{20}{(s+3)(s+4)} = \frac{20}{s+3} - \frac{20}{s+4}$$

$$i_{zsL}(t) = 20(e^{-3t} - e^{-4t})u(t)$$

$$i_L(t) = i_{zsL}(t) + i_{zsL}(t) = (6e^{-3t} - 2e^{-4t})u(t)$$

最后，画出 $i_L(t)$ 的波形，如图 6.4-5(b)所示。本例时域求解方法可扫描二维码。

通过以上几个实例的研究容易看出，在求解常系数线性微分方程方面，拉氏变换优于时域经典法。

6.4.2　s 域的元件模型

以列写微分方程取拉氏变换的方法分析电路，虽然具有许多优点，但是，对于比较复杂的电路（回路或节点较多），列写微分方程就较困难。实际上，在分析具体网络时，可不必列出微分方程，根据原电路图就能画出其 s 域的模型，从而可根据基尔霍夫定律直接列出其像函数方程（代数方程），并进一步解出网络的像函数。为此，我们来讨论基尔霍夫定律在 s 域的形式，以及网络元件的 s 域模型。

基尔霍夫电流定律（KCL）所表明的是：对任意节点，在同一时刻流入（或流出）该节点电流的代数和恒等于零，即 $\sum i(t) = 0$。对上式进行拉氏变换，根据变换的线性性质可得 KCL 在 s 域的形式为

$$\sum I(s) = 0 \tag{6.4-1}$$

式中，$I(s)$ 为各相应电流 $i(t)$ 的像函数。式(6.4-1)表明，对任意节点，流入（或流出）该节点的像电流的代数和恒等于零。仍将式(6.4-1)称为基尔霍夫电流定律。

同理，可得基尔霍夫电压定律（KVL）在 s 域的形式为

$$\sum V(s) = 0 \tag{6.4-2}$$

式中，$V(s)$ 为各相应支路电压 $v(t)$ 的像函数。式(6.4-2)表明，沿任意闭合回路，各段像电压的代数和恒等于零。仍将式(6.4-2)称为基尔霍夫电压定律。

下面讨论电阻、电感和电容等元件的 s 域模型。

已知 R,L,C 元件的时域关系为

$$v_R(t) = Ri_R(t) \quad v_L(t) = L\frac{di_L(t)}{dt} \quad v_C(t) = \frac{1}{C}\int_{-\infty}^{t} i_C(\tau)d\tau = \frac{1}{C}\int_{0^-}^{t} i_C(\tau)d\tau + v_C(0^-)$$

将以上三式分别进行拉氏变换，得到

$$V_R(s) = RI_R(s) \tag{6.4-3}$$

$$V_L(s) = sLI_L(s) - Li_L(0^-) \tag{6.4-4}$$

$$V_C(s) = \frac{1}{sC}I_C(s) + \frac{1}{s}v_C(0^-) \tag{6.4-5}$$

经过变换以后的方程式可以直接用来处理 s 域中 $V(s)$ 与 $I(s)$ 之间的关系，对每个关系式都可构成一个网络模型，如图 6.4-6 所示，元件符号是 s 域中广义欧姆定律的符号，也就是说，电阻符号表示下列关系

$$V_R(s) = RI_R(s)$$

而电感与电容的符号分别表示（不考虑起始条件）

$$V_L(s) = sLI_L(s) \qquad V_C(s) = \frac{1}{sC}I_C(s)$$

式(6.4-4)和式(6.4-5)中起始状态引起的附加项，在图 6.4-6 中用串联的电压源来表示。这样做，实质上是把 KVL 和 KCL 直接用于 s 域，就像把它用于时域以及用于复数符号法一样。

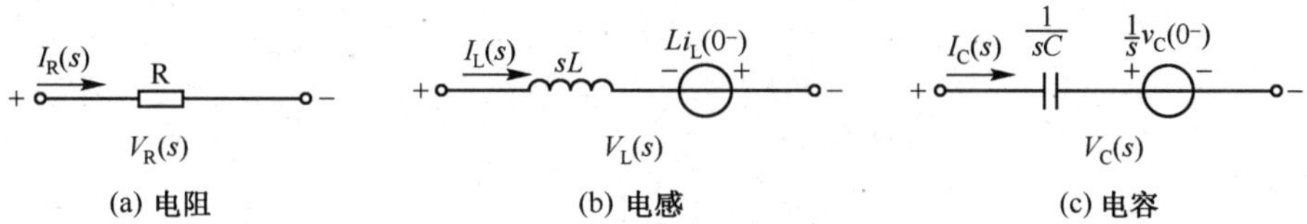

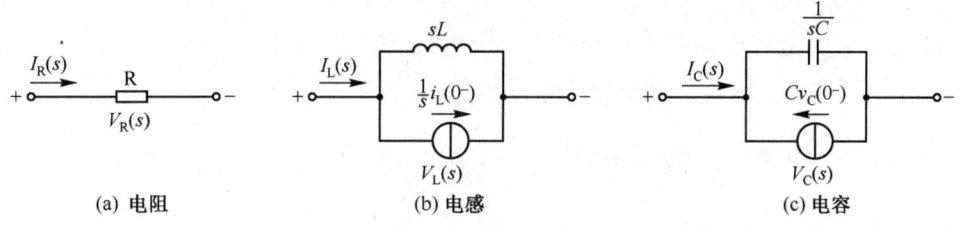

图 6.4-6　s 域元件模型（回路分析）

然而，图 6.4-6 的模型并不是唯一的，将式(6.4-3)至式(6.4-5)对电流求解，得到

$$I_R(s) = \frac{1}{R}V_R(s) \tag{6.4-6}$$

$$I_L(s) = \frac{1}{sL}V_L(s) + \frac{1}{s}i_L(0^-) \tag{6.4-7}$$

$$I_C(s) = sCV_C(s) - Cv_C(0^-) \tag{6.4-8}$$

与此对应的 s 域网络模型如图 6.4-7 所示。在列写节点方程式时，用图 6.4-7 的模型比较方便；而列写回路方程时，则宜采用图 6.4-6 的模型。

图 6.4-7　s 域元件模型（节点分析）

把网络中每个元件都用它的 s 域模型来代替，把信号源直接写为变换式，这样就得到全部网络的 s 域模型图，对此电路模型采用 KVL 和 KCL 分析，即可列出所需求解的变换式，这时，所进行的数学运算是代数关系，使得求解更为方便。

例 6.4-5　图 6.4-8 所示电路中，当 $t<0$ 时开关 S 位于"1"端，电路的状态已经稳定。当 $t=0$ 时开关 S 从"1"端倒向"2"端，求 $i_L(t)$。

解： 由题意求得电流起始值 $i_L(0^-) = -E_1/R_1$。s 域模型如图 6.4-9 所示。这里，为便于求解，将 E_2、R_2 等效为电流源与电阻并联。

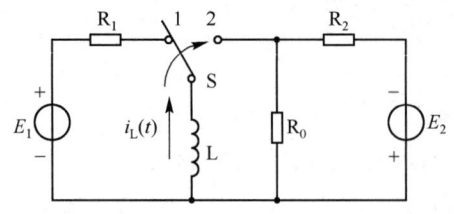
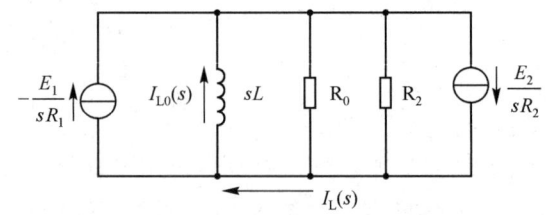

图 6.4-8　例 6.4-5 的电路　　　　　　图 6.4-9　例 6.4-5 的 s 域模型

假定流过 sL 的电流为 $I_{L0}(s)$，不难写出

$$I_{L0}(s) = \frac{\dfrac{E_1}{sR_1} + \dfrac{E_2}{sR_2}}{\dfrac{1}{R_0} + \dfrac{1}{R_2} + \dfrac{1}{sL}} \times \frac{1}{sL} = \frac{\dfrac{1}{s}\left(\dfrac{E_1}{R_1} + \dfrac{E_2}{R_2}\right)}{\dfrac{sL(R_0 + R_2)}{R_0 R_2} + 1}$$

引用符号 $\tau = \dfrac{L(R_0 + R_2)}{R_0 R_2}$，则

$$I_{L0}(s) = \frac{\dfrac{E_1}{R_1} + \dfrac{E_2}{R_2}}{s(s\tau + 1)} = \left(\dfrac{E_1}{R_1} + \dfrac{E_2}{R_2}\right)\left(\dfrac{1}{s} - \dfrac{1}{s + \dfrac{1}{\tau}}\right)$$

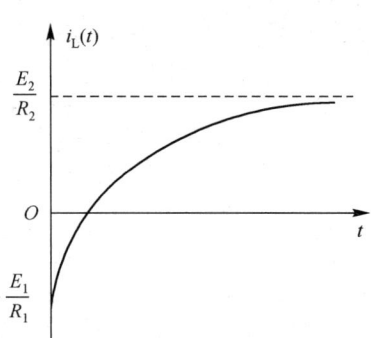

由节点电流关系求得

$$I_L(s) = I_{L0}(s) - \frac{E_1}{sR_1} = \frac{E_2}{sR_2} - \left(\frac{E_1}{R_1} + \frac{E_2}{R_2}\right)\bigg/\left(s + \frac{1}{\tau}\right)$$

图 6.4-10　例 6.4-5 的波形

显然，逆变换为

$$i_L(t) = \frac{E_2}{R_2} - \left(\frac{E_1}{R_1} + \frac{E_2}{R_2}\right)e^{-\frac{t}{\tau}} \qquad t \geqslant 0$$

波形如图 6.4-10 所示。本例时域求解方法可扫描二维码。

例 6.4-6　图 6.1-11 所示电路中，已知 $E = 28\text{V}$，$L = 4\text{H}$，$C = 1/4\text{F}$，$R_1 = 12\Omega$，$R_2 = R_3 = 2\Omega$。当 $t = 0$ 时，将开关 S 断开，设开关断开前电路已稳定，求开关断开后其两端电压 $y(t)$ 的零输入响应和零状态响应。

解：首先，求出电容电压和电感电流的起始值 $v_C(0^-)$ 和 $i_L(0^-)$。在 $t = 0^-$ 时，开关尚未断开，由图 6.4-11 可求得电容电压和电感中电流

$$v_C(0^-) = \frac{R_2}{R_1 + R_2}E = 4\text{V} \qquad i_L(0^-) = \frac{E}{R_1 + R_2} = 2\text{A}$$

其次，画出图 6.4-11 电路的 s 域模型，如图 6.4-12 所示。

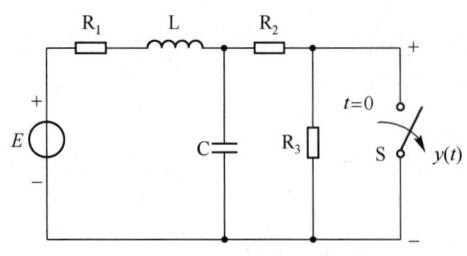
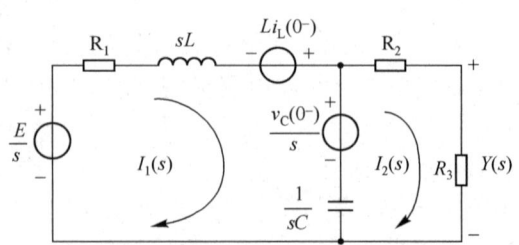

图 6.4-11　例 6.4-6 的电路　　　　　　图 6.4-12　例 6.4-6 的 s 域模型

先求零状态响应，这时令 $i_L(0^-)=0, v_C(0^-)=0$，由图6.4-12可以列出回路方程，即

$$\begin{cases} \left(R_1+sL+\dfrac{1}{sC}\right)I_1(s)-\dfrac{1}{sC}I_2(s)=\dfrac{E}{s} \\ -\dfrac{1}{sC}I_1(s)+\left(R_2+R_3+\dfrac{1}{sC}\right)I_2(s)=0 \end{cases}$$

将激励信号及各元件参数代入上式，可得

$$\begin{cases} \left(12+4s+\dfrac{4}{s}\right)I_1(s)-\dfrac{4}{s}I_2(s)=\dfrac{28}{s} \\ -\dfrac{4}{s}I_1(s)+\left(4+\dfrac{4}{s}\right)I_2(s)=0 \end{cases}$$

可以求出

$$I_2(s)=\dfrac{7}{s(s^2+4s+4)}$$

这样

$$Y_{zs}(s)=R_3I_2(s)=\dfrac{14}{s(s^2+4s+4)}=\dfrac{7}{2s}-\dfrac{7}{2(s+2)}-\dfrac{7}{(s+2)^2}$$

取上式的拉氏逆变换，得 $\quad y_{zs}(t)=3.5-(3.5+7t)\mathrm{e}^{-2t} \quad t\geqslant 0$

再求零输入响应，这时只要令激励信号等于零，即在图6.4-12中将 E/s 短路，可列出回路方程，即

$$\begin{cases} \left(R_1+sL+\dfrac{1}{sC}\right)I_1(s)-\dfrac{1}{sC}I_2(s)=Li_L(0^-)-\dfrac{v_C(0^-)}{s} \\ -\dfrac{1}{sC}I_1(s)+\left(R_2+R_3+\dfrac{1}{sC}\right)I_2(s)=\dfrac{v_C(0^-)}{s} \end{cases}$$

将各元件参数代入上式，用与求解零状态响应相类似的方法，可求出零输入响应的像函数，即

$$Y_{zi}(s)=\dfrac{2s+10}{(s+2)^2}=\dfrac{2}{s+2}+\dfrac{6}{(s+2)^2}$$

取上式的拉氏逆变换，得 $\quad y_{zi}(t)=(2+6t)\mathrm{e}^{-2t} \quad t\geqslant 0$

本例时域求解方法可扫描二维码。

通过以上举例可以看出，用 s 域模型求响应的方法，不需要建立微分方程，就能求出零输入响应、零状态响应和全响应。

练习题

6.4-1 系统的微分方程为 $\dfrac{\mathrm{d}^2y(t)}{\mathrm{d}t^2}+5\dfrac{\mathrm{d}y(t)}{\mathrm{d}t}+6y(t)=2\dfrac{\mathrm{d}x(t)}{\mathrm{d}t}+8x(t)$，起始状态为 $y'(0^-)=2$，$y(0^-)=3$。若激励为 $x(t)=\mathrm{e}^{-t}u(t)$。

（1）试用拉氏变换分析法求冲激响应；（2）分别求零输入响应、零状态响应和全响应。

6.4-2 图题6.4-2电路中，电路参数为 $R_1=1\Omega$，$R_2=2\Omega$，$C=1\mathrm{F}$，$E_1=2\mathrm{V}$，$E_2=4\mathrm{V}$，当 $t=0$ 以前开关S位于"1"端，已进入稳定状态；当 $t=0$ 时，开关S从"1"倒向"2"。求 $v_2(t)$。

6.4-3 图题6.4-3电路中，已知 $R_1=2\Omega$，$R_2=5\Omega$，$C=1/5\mathrm{F}$，$L=1\mathrm{H}$，$x(t)=20\mathrm{V}$，当 $t=0$ 以前开关闭合，电路已进入稳定状态；当 $t=0$ 时，开关断开。求电容两端的电压 $v_C(t)$。

6.4-4 图题6.4-4 所示电路中，已知 $R_1=2\Omega$，$R_2=1\Omega$，$L_1=0.5\mathrm{H}$，$L_2=1\mathrm{H}$，$x(t)=u(t)$，设 $i_{L1}(0^-)=i_{L2}(0^-)=1\mathrm{A}$，求电阻 R_2 的两端的电压 $v_R(t)$ 的零输入响应和零状态响应。

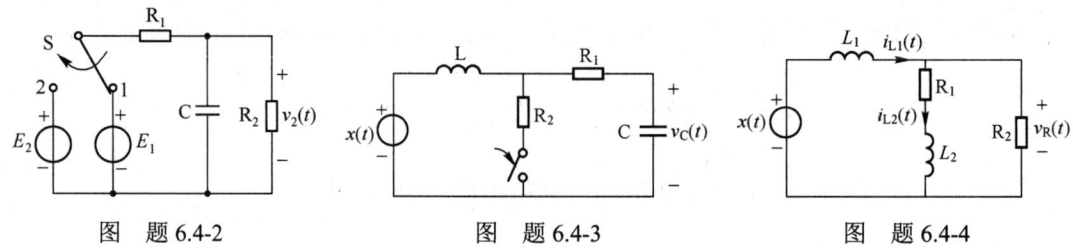

图 题 6.4-2　　　　　　图 题 6.4-3　　　　　　图 题 6.4-4

6.5 系统函数与冲激响应

1. 系统函数的定义

设 n 阶系统的微分方程为

$$a_n y^{(n)}(t) + a_{n-1} y^{(n-1)}(t) + \cdots + a_1 y^{(1)}(t) + a_0 y(t)$$
$$= b_m x^{(m)}(t) + b_{m-1} x^{(m-1)}(t) + \cdots + b_1 x^{(1)}(t) + b_0 x(t) \tag{6.5-1}$$

若系统的各起始状态为零，即 $y^{(k)}(0^-) = 0$，且激励信号 $x(t)$ 为因果信号，即 $x^{(k)}(0^-) = 0$，对式(6.5-1)两边取拉氏变换可求出系统的零状态响应的拉氏变换

$$Y_{zs}(s) = \frac{b_m s^m + b_{m-1} s^{m-1} + \cdots + b_1 s + b_0}{a_n s^n + a_{n-1} s^{n-1} + \cdots + a_1 s + a_0} X(s) \tag{6.5-2}$$

将零状态响应的拉氏变换与激励信号的拉氏变换之比称为系统函数（system function）或网络函数(network function)，记为 $H(s)$，即

$$H(s) = \frac{Y_{zs}(s)}{X(s)} = \frac{b_m s^m + b_{m-1} s^{m-1} + \cdots + b_1 s + b_0}{a_n s^n + a_{n-1} s^{n-1} + \cdots + a_1 s + a_0} = \frac{B(s)}{A(s)} \tag{6.5-3}$$

式中，$B(s)$ 和 $A(s)$ 分别是 $H(s)$ 的分子多项式和分母多项式。为了书写方便起见，一般省略 $Y_{zs}(s)$ 中的下标，即

$$H(s) = Y(s)/X(s) \tag{6.5-4}$$

在零状态条件下，元件的 s 域模型中，描述动态元件（L,C）起始状态的电压源或电流源将不存在，这时网络的 s 域模型与原电路形式相同。按照网络的 s 域模型，运用电路分析的方法，可直接求得系统函数 $H(s)$，而不必列写该系统的微分方程。例如，例 6.4-3 中的 RLC 电路，其系统函数为

$$H(s) = \frac{I(s)}{X(s)} = \frac{1}{sL + R + \dfrac{1}{sC}} = \frac{sC}{s^2 LC + sRC + 1} \tag{6.5-5}$$

在网络分析中，由于激励与响应既可以是电压，也可能是电流，因此系统函数可以是阻抗（电压比电流），或为导纳（电流比电压），也可以是数值比（电流比或电压比）。此外，若激励与响应是同一端口，则系统函数叫做策动点函数（driving function）或驱动点函数；若激励与响应不在同一端口，就叫做转移函数（transfer function）或传输函数。显然，策动点函数只可能是阻抗和导纳；而转移函数可以是阻抗、导纳或比值。例如式(6.5-5)，它是转移导纳函数。在一般的系统分析中，对于这些名称往往不加区分，统称为系统函数或网络函数。（系统函数的名称见二维码）

2. 系统函数与冲激响应的关系

引入系统函数概念以后，根据式(6.5-4)，零状态响应的拉氏变换可以写为

$$Y_{zs}(s) = H(s)X(s) \tag{6.5-6}$$

由前所述，当系统的激励为单位冲激函数 $\delta(t)$ 时，其零状态响应称为冲激响应 $h(t)$。此时 $X(s) = \mathcal{L}[\delta(t)] = 1$，故由式(6.5-6)可得系统的冲激响应

$$h(t) = \mathcal{L}^{-1}[H(s)] \tag{6.5-7}$$

或
$$\mathcal{L}[h(t)] = H(s) \tag{6.5-8}$$

上式说明，系统函数 $H(s)$ 是冲激响应 $h(t)$ 的拉氏变换，也就是说，$H(s)$ 与 $h(t)$ 之间是一对拉氏变换。这样，在求冲激响应 $h(t)$ 时，只需取 $H(s)$ 的逆变换即可获得，这一步常常是较为简便的。

对式(6.5-6)两边取拉氏逆变换，并利用时域卷积定理，得

$$y_{zs}(t) = \mathcal{L}^{-1}[Y_{zs}(s)] = \mathcal{L}^{-1}[H(s)X(s)] = \mathcal{L}^{-1}[H(s)] * \mathcal{L}^{-1}[X(s)] = h(t) * x(t) \tag{6.5-9}$$

这正是 2.6 节中所得出的结论：系统的零状态响应是冲激响应 $h(t)$ 与激励信号 $x(t)$ 的卷积积分。这一重要结论在 s 域的对应关系是：零状态响应的拉氏变换 $Y_{zs}(s)$ 等于系统函数 $H(s)$ 与激励信号的拉氏变换 $X(s)$ 的乘积。换句话说，$h(t)$ 和 $H(s)$ 分别从时域和复频域两个方面表征了同一系统的特性。

3. 系统函数的求解

系统函数可以由零状态下系统的微分方程经拉氏变换求得，或由系统冲激响应的拉氏变换求得。对于具体的电路，系统函数还可以用零状态下的 s 域模型（实际上它与原电路形式相同，只是把 $x(t)$ 和 $y(t)$ 改为 $X(s)$ 和 $Y(s)$）应用电路的分析方法求得。下面举例说明。

例 6.5-1 已知系统的微分方程为 $2\dfrac{d^2 y(t)}{dt^2} + 5\dfrac{dy(t)}{dt} + 2y(t) = \dfrac{dx(t)}{dt} + 5x(t)$

求系统函数 $H(s)$。

解法一：将给定系统的微分方程在零状态下两边取拉氏变换，得

$$(2s^2 + 5s + 2)Y(s) = (s + 5)X(s)$$

则
$$H(s) = \frac{Y(s)}{X(s)} = \frac{s+5}{2s^2 + 5s + 2}$$

解法二：应用 2.5 节的方法，先求得系统的冲激响应

$$h(t) = (1.5e^{-0.5t} - e^{-2t})u(t)$$

则
$$H(s) = \mathcal{L}[h(t)] = \frac{1.5}{s+0.5} - \frac{1}{s+2} = \frac{s+5}{2s^2 + 5s + 2}$$

可见，这两种方法求得的 $H(s)$ 是一样的。

例 6.5-2 求图 6.5-1 所示电路的转移导纳函数 $Y_1(s) = \dfrac{I(s)}{V_1(s)}$ 和 $Y_2(s) = \dfrac{I(s)}{V_2(s)}$。

解：设流过电感的电流为 $I_1(s)$，如图 6.5-1 所示，列写电路的方程如下

$$\begin{cases} (s+1)[I(s) + I_1(s)] + 2I(s) = V_1(s) \\ -(s+2)I_1(s) + 2I(s) = V_2(s) \end{cases}$$

消去中间变量 $I_1(s)$，得

$$(s^2 + 7s + 8)I(s) - (s+1)V_2(s) = (s+2)V_1(s)$$

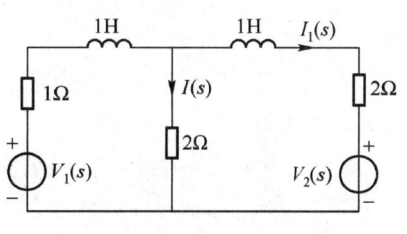

图 6.5-1 例 6.5-2 的电路

上式中，令 $V_2(s) = 0$，得 $$Y_1(s) = \frac{I(s)}{V_1(s)} = \frac{s+2}{s^2 + 7s + 8}$$

同理，令 $V_1(s) = 0$，得 $$Y_2(s) = \frac{I(s)}{V_2(s)} = -\frac{s+1}{s^2 + 7s + 8}$$

例 6.5-3 图 6.5-2(a)是常用的分压电路（也称为衰减器），若以电容 C_2 上的电压 $y(t)$ 为输出，试求其冲激响应。

解： 画出图 6.5-2(a)的零状态 s 域模型，如图 6.5-2(b)所示。

令 $$Z_1(s) = \frac{R_1 \frac{1}{sC_1}}{R_1 + \frac{1}{sC_1}} = \frac{1}{C_1\left(s + \frac{1}{R_1 C_1}\right)} \qquad Z_2(s) = \frac{R_2 \frac{1}{sC_2}}{R_2 + \frac{1}{sC_2}} = \frac{1}{C_2\left(s + \frac{1}{R_2 C_2}\right)}$$

则求得其系统函数
$$H(s) = \frac{Y(s)}{X(s)} = \frac{Z_2(s)}{Z_1(s) + Z_2(s)} = \frac{C_1\left(s + \frac{1}{R_1 C_1}\right)}{(C_1 + C_2)s + \frac{1}{R_1} + \frac{1}{R_2}}$$

$$= \frac{C_1}{C_1 + C_2} + \frac{R_2 C_2 - R_1 C_1}{R_1 R_2 (C_1 + C_2)^2} \cdot \frac{1}{s + \alpha}$$

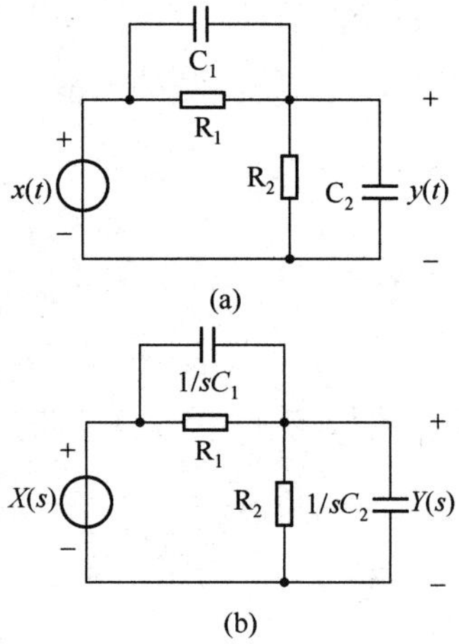

式中，$\alpha = \frac{R_1 + R_2}{R_1 R_2 (C_1 + C_2)}$。则冲激响应为

$$h(t) = \frac{C_1}{C_1 + C_2}\delta(t) + \frac{R_2 C_2 - R_1 C_1}{R_1 R_2 (C_1 + C_2)^2} e^{-\alpha t} u(t)$$

若适当选择元件值，使 $R_1 C_1 = R_2 C_2$，则

$$H(s) = \frac{C_1}{C_1 + C_2} = \frac{R_2}{R_1 + R_2}$$

$$h(t) = \frac{C_1}{C_1 + C_2}\delta(t) = \frac{R_2}{R_1 + R_2}\delta(t)$$

这时网络函数 $H(s)$ 是常数，电路的冲激响应是冲激函数。由卷积定理可知，在 $R_1 C_1 = R_2 C_2$ 的条件下，对于任何输入信号 $x(t)$，图 6.5-2(a)电路的零状态响应为

图 6.5-2 例 6.5-3 的电路

$$y(t) = h(t) * x(t) = \frac{R_2}{R_1 + R_2}\delta(t) * x(t) = \frac{R_2}{R_1 + R_2} x(t)$$

即该网络的输出信号 $y(t)$ 与输入信号 $x(t)$ 的波形相同，而为输入信号的 $\frac{R_2}{R_1 + R_2}$ 倍，不产生失真。因此许多仪器、设备中常用它作为分压电路。

练习题

6.5-1 已知激励信号为 $x(t) = e^{-2t}u(t)$，零状态响应为 $y(t) = (e^{-t} - 2e^{-2t} + e^{-4t})u(t)$，求此系统的冲激响应 $h(t)$。

6.5-2 求图题 6.5-2 所示各电路的系统函数 $H(s) = V_2(s)/V_1(s)$。若激励信号 $v_1(t)$ 为冲激函数 $\delta(t)$，求响应 $v_2(t)$，并画出波形。

6.5-3 已知系统的输入信号 $x(t)$ 及其零状态响应 $y_{zs}(t)$ 的波形如图题 6.5-3(a)和 6.5-3(b)所示，求系统的冲激响应 $h(t)$ 并画出其波形。

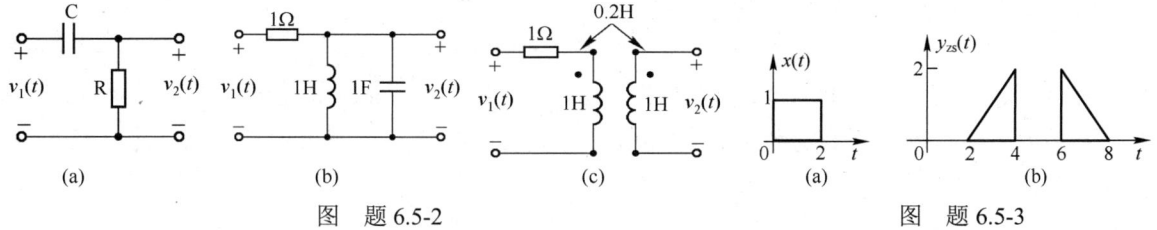

图 题 6.5-2   图 题 6.5-3

6.6 零、极点分布与时域响应特性

6.6.1 零点与极点的概念

线性时不变系统的系统函数一般是以多项式之比的形式出现的，即

$$H(s) = \frac{b_m s^m + b_{m-1} s^{m-1} + \cdots + b_1 s + b_0}{a_n s^n + a_{n-1} s^{n-1} + \cdots + a_1 s + a_0} = \frac{B(s)}{A(s)}$$

<u>系统函数分母多项式 $A(s)=0$ 的根称为系统函数的极点（pole），而系统函数分子多项式 $B(s)=0$ 的根称为系统函数的零点（zero）</u>；极点使系统函数变为无穷大，而零点使系统函数变为零。

$A(s)$ 和 $B(s)$ 都可以分解成线性因子的乘积形式，即

$$H(s) = \frac{B(s)}{A(s)} = \frac{b_m (s-z_1)(s-z_2)\cdots(s-z_m)}{a_n (s-p_1)(s-p_2)\cdots(s-p_n)} = H_0 \frac{\prod_{j=1}^{m}(s-z_j)}{\prod_{i=1}^{n}(s-p_i)} \quad (6.6\text{-}1)$$

这里 $z_1, z_2, \cdots, z_m$ 是系统函数的零点，$p_1, p_2, \cdots, p_n$ 是系统函数的极点。$(s-z_j)$ 称为零点因子（$j=1,2,\cdots,m$），而 $(s-p_i)$ 称为极点因子（$i=1,2,\cdots,n$），所以系统函数是由零点因子、极点因子及标量系数 $H_0 = b_m / a_n$ 三部分所确定的。

应该注意，系统函数可能有多重零点或多重极点。

把系统函数的零点与极点表示在 s 平面上的图形，叫做系统函数的零、极点分布图，或简称为系统函数的零极点图（zero-pole plot）。其中零点用"○"表示，极点用"×"表示。若为 n 阶零点或极点，则在零点或极点旁注以（n）。

例如某系统的系统函数为

$$H(s) = \frac{s^2(s+3)}{(s+1)(s^2+4s+5)} = \frac{s^2(s+3)}{(s+1)(s+2+\mathrm{j})(s+2-\mathrm{j})}$$

那么，它的零点位于 $\begin{cases} z_1 = z_2 = 0 & \text{（二阶）} \\ z_3 = -3 & \text{（一阶）} \end{cases}$

而其极点位于 $\begin{cases} p_1 = -1 & \text{（一阶）} \\ p_2 = -2+\mathrm{j} & \text{（一阶）} \\ p_3 = -2-\mathrm{j} & \text{（一阶）} \end{cases}$

图 6.6-1 $H(s)$ 的零、极点分布图示例

该系统函数的零、极点如图 6.6-1 所示。

由式(6.6-1)可以看出，系统函数一般有 n 个有限的极点和 m 个有限的零点。如果

$n > m$，则当 $s \to \infty$ 时，函数值 $\lim\limits_{s \to \infty} H(s) = \lim\limits_{s \to \infty} b_m s^{m-n}/a_n = 0$，所以 $H(s)$ 在无穷远处有一个 $(n-m)$ 阶零点。如果 $n < m$，则当 $s \to \infty$ 时，函数值 $\lim\limits_{s \to \infty} H(s) = \lim\limits_{s \to \infty} b_m s^{m-n}/a_n$ 为无穷大，所以 $H(s)$ 在无穷远处有一个 $(m-n)$ 阶的极点。概括起来说，系统函数极点和零点的数目应该相等。但根据系统函数分子和分母幂次的高低，可以有若干零点在无穷远处，或者若干极点在无穷远处。

6.6.2　零、极点分布与时域响应特性

设系统函数具有以下形式
$$H(s) = H_0 \frac{\prod\limits_{j=1}^{m}(s-z_j)}{\prod\limits_{i=1}^{n}(s-p_i)} \tag{6.6-2}$$

由于系统函数 $H(s)$ 与冲激响应 $h(t)$ 是一对拉普拉斯变换，那么把 $H(s)$ 展开成部分分式，则 $H(s)$ 的每个极点就对应于一项时间函数 $h_i(t)$，由于极点的阶数不同，下面对一阶极点和二阶极点的情况分别进行讨论。

1．一阶极点

设式(6.6-2)中的 p_i 均为一阶极点，则 $H(s)$ 可展开成如下形式
$$H(s) = \sum_{i=1}^{n} H_i(s) = \sum_{i=1}^{n} \frac{K_i}{s - p_i}$$

则冲激响应的形式为　　$h(t) = \mathcal{L}^{-1}[H(s)] = \mathcal{L}^{-1}\left[\sum_{i=1}^{n} H_i(s)\right] = \mathcal{L}^{-1}\left[\sum_{i=1}^{n} \frac{K_i}{s - p_i}\right] = \sum_{i=1}^{n} h_i(t)$

这里 p_i 可以是实数，也可以成对共轭复数形式出现。我们来研究几种典型情况的极点分布与原函数波形的对应关系。

（1）若极点位于 s 平面坐标原点，如 $H_i(s) = 1/s$，那么，冲激响应就为阶跃函数，即：$h_i(t) = u(t)$。

（2）若极点位于 s 平面的实轴上，则冲激响应具有指数函数形式。例如，$H_i(s) = \dfrac{1}{s+\alpha}$（式中 $\alpha > 0$），则 $h_i(t) = e^{-\alpha t} u(t)$，此时极点为负实数（$p_i = -\alpha < 0$），冲激响应是指数衰减（单调减幅）形式；如果 $H_i(s) = \dfrac{1}{s-\alpha}$（式中 $\alpha > 0$），则 $h_i(t) = e^{\alpha t} u(t)$，这时极点是正实数（$p_i = \alpha > 0$），对应的冲激响应是指数增长（单调增幅）形式。

（3）虚轴上的共轭极点对应的冲激响应具有等幅振荡形式。例如，$H_i(s) = \dfrac{\Omega}{s^2 + \Omega^2}$，则 $h_i(t) = \sin \Omega t \cdot u(t)$，它的两个极点位于 $p_1 = +j\Omega$ 和 $p_2 = -j\Omega$。

（4）落于左半 s 平面内的共轭极点对应的冲激响应为衰减振荡形式。如 $H_i(s) = \dfrac{\Omega}{(s+\alpha)^2 + \Omega^2}$（式中 $\alpha > 0$），则 $h_i(t) = e^{-\alpha t} \sin \Omega t \cdot u(t)$，它的两个极点位于 $p_1 = -\alpha + j\Omega$ 和 $p_2 = -\alpha - j\Omega$。与此相反，落于 s 右半平面内的共轭极点对应的冲激响应为增幅振荡。例如，$\mathcal{L}^{-1}\left(\dfrac{\Omega}{(s-\alpha)^2 + \Omega^2}\right) = e^{\alpha t} \sin \Omega t \cdot u(t)$（式中 $\alpha > 0$），它的极点是 $p_1 = \alpha + j\Omega$ 和 $p_2 = \alpha - j\Omega$。

将以上结果整理成表 6.6-1。

表 6.6-1 极点分布与原函数波形对应关系（一）

$H(s)$	s 平面上的零极点	t 平面上的波形	$h(t)$ ($t \geq 0$)	$H(s)$	s 平面上的零极点	t 平面上的波形	$h(t)$ ($t \geq 0$)
$\dfrac{1}{s}$			$u(t)$	$\dfrac{\Omega}{s^2+\Omega^2}$			$\sin\Omega t$
$\dfrac{1}{s+\alpha}$			$e^{-\alpha t}$	$\dfrac{\Omega}{(s+\alpha)^2+\Omega^2}$			$e^{-\alpha t}\sin\Omega t$
$\dfrac{1}{s-\alpha}$			$e^{\alpha t}$	$\dfrac{\Omega}{(s-\alpha)^2+\Omega^2}$			$e^{\alpha t}\sin\Omega t$

2. 二阶极点

（1）位于 s 平面坐标原点的二阶极点，对应的冲激响应具有线性增长形式。例如，$H_i(s) = 1/s^2$，则 $h_i(t) = tu(t)$。

（2）负实轴上的二阶极点对应的冲激响应是 t 与指数函数的乘积。例如，$H_i(s) = \dfrac{1}{(s+\alpha)^2}$，则 $h_i(t) = te^{-\alpha t}u(t)$，这里 $\alpha > 0$。

（3）虚轴上的二阶共轭极点对应的冲激响应为幅度按线性增长的正弦振荡。例如，$H_i(s) = \dfrac{2\Omega s}{(s^2+\Omega^2)^2}$，则 $h_i(t) = t\sin\Omega t \cdot u(t)$。

其他的二阶极点及多重极点的情况在此不再赘述，读者可自行分析。以上二阶极点分布与原函数的对应关系列于表 6.6-2。

综合一阶、二阶极点情况，从表 6.6-1 和表 6.6-2 可以看出，若 $H(s)$ 的极点落于左半 s 平面，则 $h(t)$ 波形为衰减形式；若 $H(s)$ 的极点落于右半 s 平面，则 $h(t)$ 波形为增长形式；落于虚轴上的一阶极点对应的 $h(t)$ 呈等幅振荡或阶跃形式；而虚轴上的二阶极点将使 $h(t)$ 呈增长形式。

以上分析了 $H(s)$ 极点分布与冲激响应 $h(t)$ 的对应关系。至于 $H(s)$ 的零点位置的改变只会影响 $h(t)$ 的幅度和相位，而对于 $h(t)$ 波形的形式没有影响。例如，$H_1(s) = \dfrac{s+3}{(s+3)^2+2^2}$，零点为 $z = -3$，极点为 $p_1 = -3+j2$，

表 6.6-2 极点分布与原函数波形对应关系（二）

$H(s)$	s 平面上的零极点	t 平面上的波形	$h(t)$ ($t \geq 0$)
$\dfrac{1}{s^2}$			t
$\dfrac{1}{(s+\alpha)^2}$			$te^{-\alpha t}$
$\dfrac{2\Omega s}{(s^2+\Omega^2)^2}$			$t\sin\Omega t$

$p_2 = -3 - j2$,则 $h_1(t) = e^{-3t}\cos 2t \cdot u(t)$;若 $H_2(s) = \dfrac{s+1}{(s+3)^2 + 2^2}$,极点保持不变,零点变为 $z = -1$,则

$$\begin{aligned}
h_2(t) &= \mathcal{L}^{-1}\left[\frac{s+1}{(s+3)^2 + 2^2}\right] \\
&= \mathcal{L}^{-1}\left[\frac{s+3}{(s+3)^2 + 2^2} - \frac{2}{(s+3)^2 + 2^2}\right] \\
&= e^{-3t}[\cos 2t - \sin 2t]u(t) \\
&= \sqrt{2}e^{-3t}\cos(2t + 45°)u(t)
\end{aligned}$$

冲激响应 $h_2(t)$ 与 $h_1(t)$ 相比,其形式仍为同频率的衰减振荡,只是幅度和相位发生了变化。

以上分析的 $H(s)$ 的零、极点分布与冲激响应 $h(t)$ 的对应关系,同样适合于任何像函数 $F(s)$ 的零、极点分布与其相对应的原函数 $f(t)$ 之间的关系。也就是说,从 $F(s)$ 的零、极点分布图可以判断其原函数 $f(t)$ 的形式。这里不再赘述。

6.6.3 自由响应与强迫响应、暂态响应与稳态响应

在第 3 章时域分析法中,讨论了自由响应与强迫响应的概念。下面,将以 s 域的观点,也即从 $X(s)$ 与 $H(s)$ 的极点分布特性来研究这一问题。

如前所述,在 s 域中,系统的零状态响应 $Y(s)$ 与激励信号 $X(s)$、系统函数 $H(s)$ 之间满足

$$Y(s) = H(s)X(s) \tag{6.6-3}$$

显然,$Y(s)$ 的零、极点由 $H(s)$ 与 $X(s)$ 的零、极点所决定。在式(6.6-3)中 $H(s)$ 和 $X(s)$ 可以分别写成如下形式

$$H(s) = H_0 \frac{\prod_{j=1}^{m}(s - z_j)}{\prod_{i=1}^{n}(s - p_i)}, \quad X(s) = X_0 \frac{\prod_{l=1}^{u}(s - z_l)}{\prod_{k=1}^{v}(s - p_k)}$$

式中,z_j 和 z_l 分别表示 $H(s)$ 和 $X(s)$ 的第 j 个和第 l 个零点,零点数目分别为 m 个与 u 个;p_i 和 p_k 分别表示 $H(s)$ 和 $X(s)$ 的第 i 个和第 k 个极点,极点数目分别为 n 个与 v 个。

如果 $H(s)$ 和 $X(s)$ 都不含有多重极点,而且两者没有相同的极点,则将 $Y(s)$ 用部分分式展开后可得

$$Y(s) = \sum_{i=1}^{n}\frac{K_i}{s - p_i} + \sum_{k=1}^{v}\frac{K_k}{s - p_k} \tag{6.6-4}$$

式中,K_i 和 K_k 分别表示部分分式展开式中各项的系数。

不难看出,$Y(s)$ 的极点来自两方面:一是系统函数的极点 p_i,二是激励信号的极点 p_k。取 $Y(s)$ 的逆变换,可得

$$y(t) = \sum_{i=1}^{n}K_i e^{p_i t} + \sum_{k=1}^{v}K_k e^{p_k t} \tag{6.6-5}$$

响应函数 $y(t)$ 由两部分组成,前面一部分由系统函数的极点所产生,称为自由响应;后面一部分则由激励信号的极点所产生,称为强迫响应。而自由响应中的极点 p_i 只由系统本身的特性所决定,与激励函数的形式无关。然而,系数 K_i 则与 $H(s)$ 和 $X(s)$ 都有关系。同样,系数

K_k 也不仅由 $X(s)$ 决定，也与 $H(s)$ 有关。也就是说，自由响应的形式仅由 $H(s)$ 决定，但它的幅度和相位却受 $H(s)$ 与 $X(s)$ 两方面影响。同样，强迫响应的形式只取决于激励信号 $X(s)$，而其幅度与相位却与 $X(s)$ 与 $H(s)$ 都有关系。另外，对于有多重极点的情况，可以得到与此类似的结果。

例 6.6-1 如图 6.6-2 所示电路，若输入信号 $x(t) = 5\cos 2t \cdot u(t)$，试求输出信号 $y(t)$，并指出 $y(t)$ 中的自由响应和强迫响应分量。

解：图 6.6-2 的系统函数为

$$H(s) = \frac{Y(s)}{X(s)} = \frac{\frac{1}{sC}}{R + \frac{1}{sC}} = \frac{1}{s+1}$$

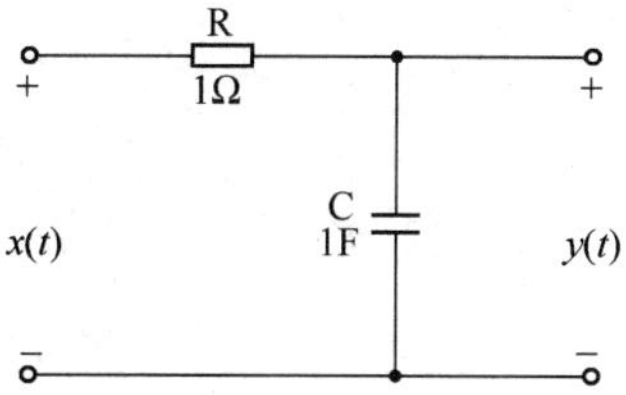

输入信号 $x(t)$ 的变换式为 $\quad X(s) = \mathcal{L}[5\cos 2t] = \dfrac{5s}{s^2+4}$

输出信号 $y(t)$ 的变换式为 $\quad Y(s) = X(s)H(s) = \dfrac{5s}{(s+1)(s^2+4)}$

将 $Y(s)$ 展开为部分分式 $\quad Y(s) = \dfrac{s+4}{s^2+4} + \dfrac{-1}{s+1}$

取逆变换得到

$$y(t) = \mathcal{L}^{-1}\left[\frac{s}{s^2+4} + \frac{4}{s^2+4} - \frac{1}{s+1}\right] = -\mathrm{e}^{-t} + \cos 2t + 2\sin 2t$$

$$= \underbrace{-\mathrm{e}^{-t}}_{\text{自由响应}} + \underbrace{\sqrt{5}\cos(2t - 63.4°)}_{\text{强迫响应}} \qquad t \geq 0$$

图 6.6-2 例 6.6-1 的电路

与自由响应和强迫响应有着密切联系而且又容易发生混淆的另一对名词是：暂态响应（transient response）与稳态响应（steady-state response）。暂态响应是指激励信号接入后的一段时间内，完全响应中暂时出现的分量，随着时间 t 的增大，它将逐渐消失。由完全响应减去暂态响应即得稳态响应。

例 6.6-2 电路如图 6.6-3 所示，已知激励信号 $x(t) = 2\sin t \cdot u(t)$，求 RLC 串联谐振电路中的响应电流 $i(t)$。并指出其稳态响应与暂态响应、强迫响应与自由响应各分量。

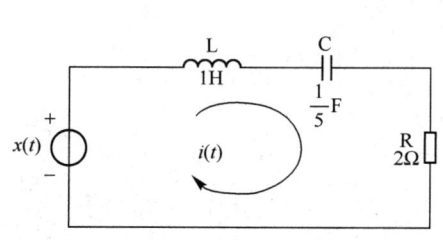

图 6.6-3 例 6.6-2 的电路

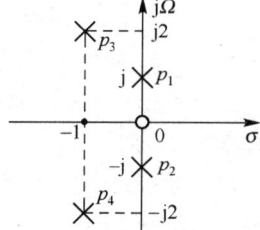

图 6.6-4 $I(s)$ 的零、极点分布图

解：(1) 激励信号的拉氏变换为 $\quad X(s) = \mathcal{L}[x(t)] = \dfrac{2}{s^2+1}$

其中，$p_{1,2} = \pm \mathrm{j}$ 为一对共轭极点。

(2) 系统函数为 $\quad H(s) = \dfrac{1}{Z(s)} = \dfrac{1}{Ls + R + \dfrac{1}{sC}} = \dfrac{s}{s^2+2s+5} = \dfrac{s}{(s+1)^2+4}$

其中，$p_3 = -1 + \mathrm{j}2, p_4 = -1 - \mathrm{j}2$ 为 $H(s)$ 的极点。$I(s)$ 的零、极点分布如图 6.6-4 所示。

(3) 响应电流的拉氏变换为

$$I(s) = H(s)X(s) = \frac{2s}{(s-p_1)(s-p_2)(s-p_3)(s-p_4)} = \frac{2s}{(s^2+1)(s^2+2s+5)}$$

（4）将 $I(s)$ 做部分分式展开

$$I(s) = \frac{2s+1}{5(s^2+1)} - \frac{2s+5}{5(s^2+2s+5)} = \frac{2s+1}{5(s^2+1)} - \frac{2(s+1)+3}{5[(s+1)^2+2^2]}$$

（5）求各响应分量。由 $I(s)$ 展开式可以看出，p_1, p_2 是由激励源产生的极点，在响应中对应的分量是系统的强迫响应分量。图 6.6-4 中示出了 p_1, p_2 位于 s 平面虚轴上，因而，也是系统的稳态响应分量，以 $i_{ss}(t)$ 表示。而 p_3, p_4 是由系统函数产生的极点，在响应中构成自由响应分量。p_3, p_4 位于左半 s 平面，成共轭对（如图 6.6-4 所示），相应的时间函数是衰减振荡，因而也是系统的暂态响应分量，以 $i_{tr}(t)$ 表示。

$$i_{ss}(t) = \frac{1}{5}\sin t + \frac{2}{5}\cos t$$

$$i_{tr}(t) = -\left(\frac{3}{10}e^{-t}\sin 2t + \frac{2}{5}e^{-t}\cos 2t\right)$$

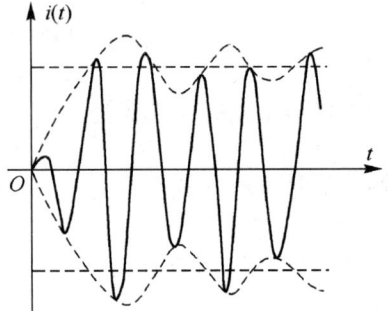

图 6.6-5 正弦激励接入 RLC 回路的响应波形

一般情况下，RLC 回路的谐振频率 $\Omega_0 = 1/\sqrt{LC}$ 未调得与激励频率一致（谐振）。本例就是这种情况。在暂态过程中，回路电流包含两个频率成分，其一取决于回路参量确定的自然谐振频率 $\Omega_d = \sqrt{\frac{1}{LC}-\left(\frac{R}{2L}\right)^2}$，其二则决定于激励信号频率 Ω_{01}。这样两个频率较靠近的振荡在回路中产生差拍，致使电流幅度在建立过程中先随时间增长，然后围绕其稳定值起伏振荡，如图 6.6-5 所示。这种起伏随时间而减弱，当 $t \to \infty$ 时，自由振荡频率 Ω_d 的成分衰减为零，响应电流只有频率为 Ω_{01} 的强迫振荡，即稳态分量。

练习题

6.6-1 已知策动点阻抗函数分别为下列各式，试画出对应的电路图。

（1）$1+s$　　　（2）$s+\frac{1}{s}$　　　（3）$\frac{s}{s^2+s+1}$

6.6-2 已知系统函数为 $H(s) = \frac{s}{s^2+3s+2}$，且起始状态为零。

（1）若激励信号为 $x(t) = 10u(t)$，求系统的响应，并指出其自由响应与强迫响应分量；

（2）若激励信号为 $x(t) = 10\sin t \cdot u(t)$，重复(1)。

6.6-3 如图题 6.6-3 所示电路。

（1）写出系统函数 $H(s) = V_o(s)/X(s)$；

（2）若激励信号为 $x(t) = \cos 2t \cdot u(t)$，为使响应中不存在正弦稳态分量，求 L 和 C 的值；

（3）若 $R = 1\Omega$，$L = 1$ H，按第（2）问条件，求 $v_o(t)$。

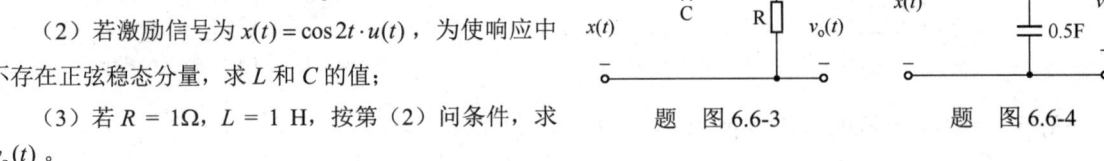

题 图 6.6-3　　　　　题 图 6.6-4

6.6-4 如图题 6.6-4 所示电路，已知激励信号为 $x(t) = (3e^{-2t}+2e^{-3t})u(t)$，求 $v_o(t)$，并指出响应 $v_o(t)$ 中的强迫分量、自由分量、暂态分量与稳态分量各分量。

6.7 系统函数零、极点分布确定频率响应

系统的频响特性 $H(j\Omega)$ 反映系统的频域特性，当 LTI 连续系统在频率为 Ω_0 的正弦信号激励下，系统的响应为同频率的正弦信号，但幅度应乘以 $|H(j\Omega_0)|$，相位附加 $\varphi(\Omega_0)$。

$$H(j\Omega_0) = |H(j\Omega_0)|e^{j\varphi(\Omega_0)}$$

当正弦激励信号的频率 Ω 改变时，系统响应的幅度和相位将分别随 $|H(j\Omega)|$ 和 $\varphi(\Omega)$ 变化，$H(j\Omega)$ 反映了系统在正弦信号激励下的响应随信号频率变化而变化的现象，称为系统的频响特性。

当系统稳定时，系统函数的收敛域包含 s 平面的虚轴，因此系统的频响特性可以由系统函数求出，即将变量 $j\Omega$ 代入 $H(s)$ 之中，可得到频率响应特性

$$H(s)\big|_{s=j\Omega} = H(j\Omega) = |H(j\Omega)|e^{j\varphi(\Omega)} \tag{6.7-1}$$

式中，$|H(j\Omega)|$ 是幅频响应特性（amplitude frequency response）（或称幅频特性），$\varphi(\Omega)$ 是相频响应特性（phase frequency response）（或称相频特性）。为便于分析，常将式(6.7-1)的结果绘制成频响特性曲线，这时横坐标是变量 Ω，纵坐标分别为 $|H(j\Omega)|$ 和 $\varphi(\Omega)$。

6.7.1 零、极点图的矢量作图法

矢量作图法是根据系统函数 $H(s)$ 在 s 平面的零、极点分布来绘制频响特性曲线的，这包括幅频特性 $|H(j\Omega)|$ 曲线和相频特性 $\varphi(\Omega)$ 曲线。下面介绍这种方法的原理。

假设系统函数 $H(s)$ 的表达式为

$$H(s) = H_0 \frac{\prod_{j=1}^{m}(s-z_j)}{\prod_{i=1}^{n}(s-p_i)} \tag{6.7-2}$$

其中，$z_1, z_2, \cdots, z_m$ 为 $H(s)$ 的 m 个零点，$p_1, p_2, \cdots, p_n$ 为 $H(s)$ 的 n 个极点。如果 $H(s)$ 的极点都在 s 左半平面，则 $H(s)$ 在虚轴上收敛，取 $s=j\Omega$，即在 s 平面中 s 沿虚轴 $j\Omega$ 移动，从而得到频响特性

$$H(j\Omega) = H(s)\big|_{s=j\Omega} = H_0 \frac{\prod_{j=1}^{m}(j\Omega-z_j)}{\prod_{i=1}^{n}(j\Omega-p_i)} \tag{6.7-3}$$

容易看出，频率特性取决于零、极点的分布，即取决于 z_j, p_i 的位置，而式(6.7-3)中的 H_0 是系数，如果 $H_0 > 0$，只影响幅频特性的幅度，而不影响相频特性。分母中的任一因子 $(j\Omega-p_i)$ 相当于由极点 p_i 指向虚轴上某点 $j\Omega$ 的一个矢量，称为极点矢量；同理，分子中任一因子 $(j\Omega-z_j)$ 相当于由零点 z_j 指向虚轴上某点 $j\Omega$ 的一个矢量，称为零点矢量。在图 6.7-1 中示意画出了由零点 z_1 和极点 p_1 与 $j\Omega$ 点连接构成的两个矢量，图中 N_1, M_1 分别表示矢量的模，ψ_1, θ_1 分别表示矢量的辐角。

对于任意零点 z_j 构成的零点矢量，以及任意极点 p_i 所构成的极点矢量，都可以表示为

$$j\Omega - z_j = N_j e^{j\psi_j} \tag{6.7-4}$$

$$j\Omega - p_i = M_i e^{j\theta_i} \tag{6.7-5}$$

这里，N_j, M_i 分别表示矢量的模，ψ_j, θ_i 则分别表示它们的辐角。于是，式(6.7-3)可以改写成

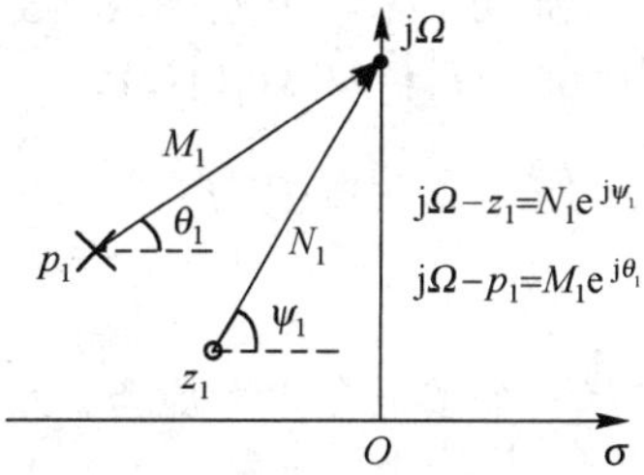

图 6.7-1 $j\Omega - z_1$ 和 $j\Omega - p_1$ 矢量

$$H(j\Omega) = H_0 \frac{N_1 e^{j\psi_1} N_2 e^{j\psi_2} \cdots N_m e^{j\psi_m}}{M_1 e^{j\theta_1} M_2 e^{j\theta_2} \cdots M_n e^{j\theta_n}} = H_0 \frac{N_1 N_2 \cdots N_m}{M_1 M_2 \cdots M_n} e^{j[(\psi_1+\psi_2+\cdots+\psi_m)-(\theta_1+\theta_2+\cdots\theta_n)]}$$

$$= |H(j\Omega)|e^{j\varphi(\Omega)} \tag{6.7-6}$$

式中

$$|H(j\Omega)| = H_0 \frac{N_1 N_2 \cdots N_m}{M_1 M_2 \cdots M_n} \qquad (6.7\text{-}7)$$

$$\varphi(\Omega) = (\psi_1 + \psi_2 + \cdots + \psi_m) - (\theta_1 + \theta_2 + \cdots + \theta_n) \qquad (6.7\text{-}8)$$

当 Ω 自原点沿虚轴向上移动并趋于无限大时，相应频率由 0 变到无穷大，各零点矢量和极点矢量的模和辐角都随之改变，于是得出幅频特性和相频特性曲线。为了便于理解，在应用这种方法画频响特性曲线之前，我们举例说明如何由 s 平面用几何法确定频响特性曲线上的一个特定点的数值。

例 6.7-1 已知系统函数为 $H(s) = \dfrac{1}{s^3 + 2s^2 + 2s + 1}$，试求 $\Omega = 1$ 时的 $|H(j1)|$ 和 $\varphi(1)$。

解：将 $H(s)$ 的分母多项式进行因式分解，可得

$$H(s) = \frac{1}{s^3 + 2s^2 + 2s + 1} = \frac{1}{(s+1)(s^2 + s + 1)}$$

其极点为 $p_1 = -1$，$p_{2,3} = -\dfrac{1}{2} \pm j\dfrac{\sqrt{3}}{2}$。在图 6.7-2 中分别给出各极点与 j1 点连接构成的各极点矢量，由几何图形可求得

$$M_1 = \sqrt{2} = 1.414, \quad \theta_1 = 45°$$

$$M_2 = \sqrt{(1/2)^2 + (1 - \sqrt{3}/2)^2} = 0.518, \quad \theta_2 = \arctan\frac{1 - \sqrt{3}/2}{1/2} = 15°$$

$$M_3 = \sqrt{(1/2)^2 + (1 + \sqrt{3}/2)^2} = 1.932, \quad \theta_3 = \arctan\frac{1 + \sqrt{3}/2}{1/2} = 75°$$

由式(6.7-10)和式(6.7-11)可得

$$|H(j1)| = \frac{1}{M_1 M_2 M_3} = \frac{1}{\sqrt{2}}$$

$$\varphi(1) = -(\theta_1 + \theta_2 + \theta_3) = -135°$$

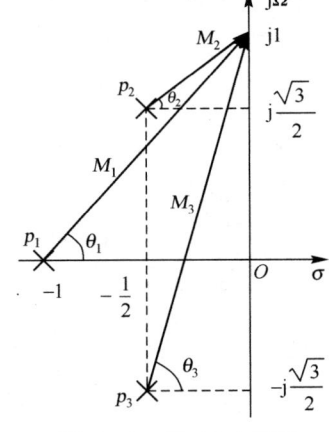

图 6.7-2　例 6.7-1 用图

本例的目的在于理解由 s 平面用矢量作图法绘制频响特性曲线的原理。下面将举例说明如何用矢量作图法来确定频响特性。

6.7.2　一阶系统的 s 域分析

下面研究由 RC 组成的一阶系统（first order system）的频响特性。

例 6.7-2 研究图 6.7-3 所示 RC 高通滤波网络（high-pass filter network）的频响特性 $H(j\Omega) = V_2(j\Omega)/V_1(j\Omega)$。

解：系统函数为

$$H(s) = \frac{V_2(s)}{V_1(s)} = \frac{R}{R + \dfrac{1}{sC}} = \frac{s}{s + \dfrac{1}{RC}}$$

它有一个零点在坐标原点，而一个极点位于 $-\dfrac{1}{RC}$ 处，即 $z_1 = 0$，$p_1 = -\dfrac{1}{RC}$。零、极点在 s 平面上的分布以及各零、极点矢量如图 6.7-4 所示。

将 $s = j\Omega$ 代入 $H(s)$ 的表达式，并以矢量因子 $N_1 e^{j\psi_1}$，$M_1 e^{j\theta_1}$ 表示，可得频响特性为

$$H(j\Omega) = H(s)\big|_{s=j\Omega} = \frac{j\Omega}{j\Omega + \dfrac{1}{RC}} = \frac{N_1 e^{j\psi_1}}{M_1 e^{j\theta_1}} = |H(j\Omega)| e^{j\varphi(\Omega)}$$

式中，$|H(j\Omega)| = N_1/M_1$，$\varphi(\Omega) = \psi_1 - \theta_1$。

我们来观察当 Ω 从 0 沿虚轴向 ∞ 增大时，$|H(j\Omega)|$ 和 $\varphi(\Omega)$ 是如何随之改变的。当 $\Omega = 0$ 时，$N_1 = 0$，$M_1 = \dfrac{1}{RC}$，所以 $N_1/M_1 = 0$，也即 $|H(j\Omega)|\big|_{\Omega=0} = 0$。因为 $\theta_1 = 0$，$\psi_1 = 90°$（注意，不管 Ω 取何值，ψ_1 始终为 $90°$），所以 $\varphi(\Omega)\big|_{\Omega=0} = \psi_1 - \theta_1 = 90°$。当 $\Omega = \dfrac{1}{RC}$ 时，$\theta_1 = 45°$，所以 $\varphi(\Omega)\big|_{\Omega=\frac{1}{RC}} = 45°$，而 $N_1 = \dfrac{1}{RC}$，$M_1 = \dfrac{\sqrt{2}}{RC}$，于是 $\dfrac{N_1}{M_1} = \dfrac{1}{\sqrt{2}}$，也即 $|H(j\Omega)|\big|_{\Omega=\frac{1}{RC}} = \dfrac{1}{\sqrt{2}}$，$\Omega = \dfrac{1}{RC}$ 称为高通滤波网络的截止频率，用 Ω_c 来表示。最后，当 Ω 趋于 ∞ 时，N_1/M_1 趋于 1，也即 $|H(j\Omega)|\big|_{\Omega\to\infty} = 1$，而此时 θ_1 趋于 $90°$，所以 $\varphi(\Omega)$ 趋于 $0°$。按照上述分析绘出 RC 高通滤波网络的幅频特性与相频特性曲线，如图 6.7-5 所示。

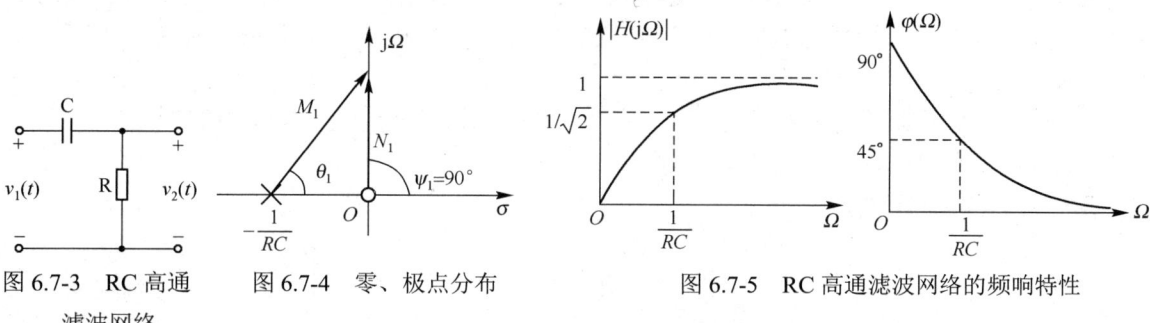

图 6.7-3 RC 高通滤波网络   图 6.7-4 零、极点分布   图 6.7-5 RC 高通滤波网络的频响特性

由 RC 组成的高通滤波网络又称 RC 微分电路。

例 6.7-3 研究图 6.7-6 所示 RC 低通滤波网络（low-pass filter network）的频响特性 $H(j\Omega) = V_2(j\Omega)/V_1(j\Omega)$。

解：系统函数为

$$H(s) = \frac{V_2(s)}{V_1(s)} = \frac{\dfrac{1}{sC}}{R + \dfrac{1}{sC}} = \frac{1}{RC} \cdot \frac{1}{s + \dfrac{1}{RC}}$$

极点位于 $p_1 = -\dfrac{1}{RC}$ 处，如图 6.7-7 所示。

$$H(j\Omega) = H(s)\big|_{s=j\Omega} = \frac{\dfrac{1}{RC}}{j\Omega + \dfrac{1}{RC}} = \frac{1}{RC} \cdot \frac{1}{M_1 e^{j\theta_1}} = |H(j\Omega)| e^{j\varphi(\Omega)}$$

式中，$|H(j\Omega)| = \dfrac{1}{RCM_1}$，$\varphi(\Omega) = -\theta_1$。

仿照例 6.7-2 的分析，容易得出幅频特性与相频特性曲线，如图 6.7-8 所示。由 RC 组成的低通滤波网络又称 RC 积分电路。

由 6.6 节可知，借助系统函数的零、极点分布可以直观地确定它们的时域特性——冲激响应。现在，更全面地认识清楚零、极点分布还可以用来表征系统的频域特性——绘出系统频响特性曲线。就一阶系统而言，经常遇到的电路还有简单的 RL 电路，以及含有多个电阻而仅含有一个储能元件的电路。对于它们都可采用类似的方法进行分析。尽管各电路的结构不同，但只要它们的系统函数的零、极点分布相同，就会具有一致的时域、频域特性。

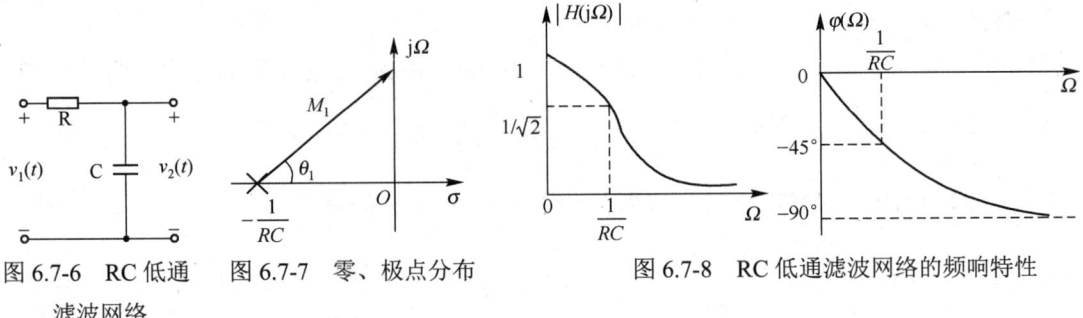

图 6.7-6 RC 低通滤波网络   图 6.7-7 零、极点分布   图 6.7-8 RC 低通滤波网络的频响特性

6.7.3 二阶系统的 s 域分析

下面将研究由两个储能元件组成的二阶系统的频响特性。

由同一类型的储能元件构成的二阶系统（second order system）（如含有两个电容或两个电感），它们的两个极点都落在实轴上，不会出现共轭复数极点，是非谐振系统。下面举一例说明。

例 6.7-4 研究图 6.7-9 所示的二阶 RC 网络的频响特性 $H(j\Omega) = V_2(j\Omega)/V_1(j\Omega)$。注意，图中 $kv_3(t)$ 是受控电压源，以及 $R_1C_1 \ll R_2C_2$。

解：网络的系统函数为

$$H(s) = \frac{V_2(s)}{V_1(s)} = k \frac{\frac{1}{sC_1}}{R_1 + \frac{1}{sC_1}} \cdot \frac{R_2}{R_2 + \frac{1}{sC_2}} = \frac{k}{R_1C_1} \cdot \frac{s}{\left(s + \frac{1}{R_1C_1}\right)\left(s + \frac{1}{R_2C_2}\right)}$$

它的极点为 $p_1 = -\dfrac{1}{R_1C_1}$，$p_2 = -\dfrac{1}{R_2C_2}$，只有一个零点在原点，如图 6.7-10 所示。注意到题意给定的条件 $R_1C_1 \ll R_2C_2$，故 $-\dfrac{1}{R_2C_2}$ 靠近原点，而 $-\dfrac{1}{R_1C_1}$ 则远离原点。以 $s = j\Omega$ 代入 $H(s)$ 中，并写成矢量因子形式

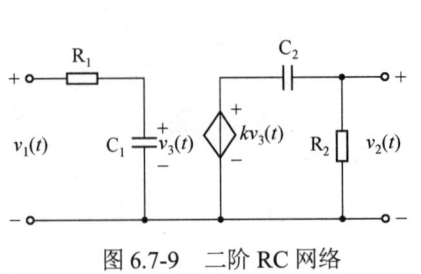

图 6.7-9 二阶 RC 网络   图 6.7-10 二阶 RC 网络的零、极点分布

$$H(j\Omega) = H(s)\big|_{s=j\Omega} = \frac{k}{R_1C_1} \cdot \frac{j\Omega}{\left(j\Omega + \dfrac{1}{R_1C_1}\right)\left(j\Omega + \dfrac{1}{R_2C_2}\right)}$$

$$= \frac{k}{R_1C_1} \cdot \frac{N_1 e^{j\psi_1}}{M_1 e^{j\theta_1} M_2 e^{j\theta_2}} = \frac{k}{R_1C_1} \cdot \frac{N_1}{M_1 M_2} e^{j[\psi_1-(\theta_1+\theta_2)]} = |H(j\Omega)| e^{j\varphi(\Omega)}$$

式中，$|H(j\Omega)| = \dfrac{k}{R_1C_1} \cdot \dfrac{N_1}{M_1M_2}$，$\varphi(\Omega) = \psi_1 - (\theta_1 + \theta_2)$。

由图 6.7-10 看出，当 Ω 较低时，$M_1 \approx \dfrac{1}{R_1C_1}$，$\theta_1 \approx 0$，几乎都不随频率而变化，即极点 p_1 对频响特性不起作用。这时，$M_2, \theta_2, N_1, \psi_1$ 的作用（即极点 p_2 与零点 z_1 的作用）与例 6.7-2 的一阶 RC 高通滤波网络相同，即在低频端呈现高通特性，如图 6.7-11 所示。当 Ω 较高时，$M_2 \approx N_1$，$\theta_2 \approx \psi_1$，极点 p_2 与零点 z_1 的作用相互抵消，于是 M_1，θ_1 的作用（即极点 p_1 的作用）与例 6.7-3 的一阶 RC 低通滤波网络一致。即在高频端呈现低通特性。当 Ω 位于中间频率范围时，这时频率 Ω 满足 $\dfrac{1}{R_2C_2} \ll \Omega \ll \dfrac{1}{R_1C_1}$，则有如下表达式

$$H(j\Omega)\Big|_{\frac{1}{R_2C_2} \ll \Omega \ll \frac{1}{R_1C_1}} = \dfrac{k}{R_1C_1} \cdot \dfrac{j\Omega}{\left(j\Omega + \dfrac{1}{R_1C_1}\right)\left(j\Omega + \dfrac{1}{R_2C_2}\right)}$$

$$\approx \dfrac{k}{R_1C_1} \cdot \dfrac{j\Omega}{\dfrac{1}{R_1C_1} \cdot j\Omega} = k$$

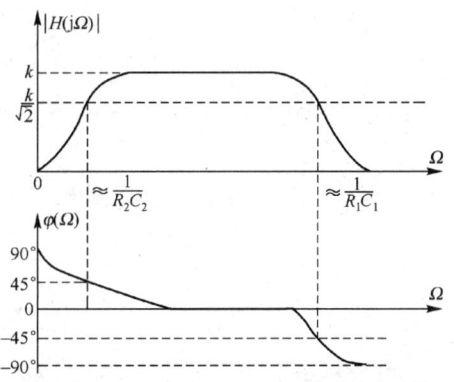

所以 $|H(j\Omega)| = k$，$\varphi(\Omega) = 0$。

这样，可画出图 6.7-9 所示的二阶 RC 网络的频响特性曲线，如图 6.7-11 所示。

从物理概念上讲，在低频端，主要是 R_2C_2 的高通特性起主要作用；在高频端，则是 R_1C_1 的低通特性起主要作用；在中频段，C_1 相当于开路，C_2 相当于短路，它们都不起作用。信号 v_1 经受控源的 k 倍相乘而送往输出端，给出 v_2。可见，此系统相当于低通与高通级联而构成的带通系统。此带通系统的通频带较宽，通带内较平坦，不具有选择性。

图 6.7-11 二阶 RC 网络的频响特性曲线

含有电容、电感两类储能元件的二阶系统可以具有谐振特性，在无线电技术中，常利用它们的这一性能构成带通、带阻滤波网络。

例 6.7-5 图 6.7-12 为 GCL 并联谐振电路，激励为电流源 $i_1(t)$，响应为并联谐振回路的端电压 $v_2(t)$，试分析频响特性 $H(j\Omega) = V_2(j\Omega)/I_1(j\Omega)$。

解：系统函数（此处即阻抗函数）为

$$H(s) = Z(s) = \dfrac{V_2(s)}{I_1(s)} = \dfrac{1}{G + sC + \dfrac{1}{sL}} = \dfrac{1}{C} \dfrac{s}{s^2 + \dfrac{G}{C}s + \dfrac{1}{LC}}$$

$$= \dfrac{1}{C} \dfrac{s}{(s-p_1)(s-p_2)}$$

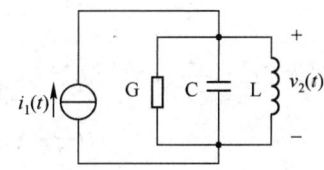

图 6.7-12 GCL 并联谐振电路

引用符号 $\alpha = \dfrac{G}{2C}$，$\Omega_0 = \dfrac{1}{\sqrt{LC}}$，$\Omega_d = \sqrt{\Omega_0^2 - \alpha^2}$，得到 $p_{1,2} = -\alpha \pm j\Omega_d$。

下面说明这几个参数的物理意义。其中 Ω_0 是谐振频率。α 是衰减因数，α 越大表示电路的能量损耗越大。而 Ω_d 则称为有阻尼的谐振频率。

下面，对 $\alpha < \Omega_0$ 的一般情况来研究系统的频响特性，在这种情况下，$Z(s)$ 的极点为一对共轭极点，零、极点分布如图 6.7-13 所示。

参照式(6.7-3)写成矢量因子形式

$$H(j\Omega) = Z(j\Omega) = \frac{1}{G + j\Omega C - j\dfrac{1}{\Omega L}}$$

$$= \frac{1}{C}\frac{j\Omega}{(j\Omega - p_1)(j\Omega - p_2)} = \frac{1}{C}\frac{N_1}{M_1 M_2}e^{j[\psi_1 - (\theta_1 + \theta_2)]} \quad (6.7\text{-}9)$$

$$= |H(j\Omega)|e^{j\varphi(\Omega)}$$

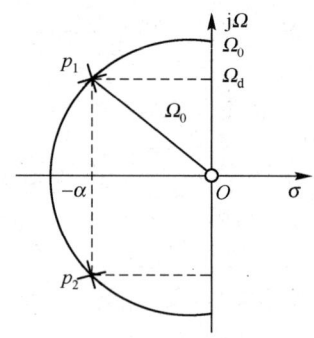

图 6.7-13 $Z(s)$的零、极点分布

图 6.7-14 示出了在 $\alpha < \Omega_0$ 的条件下，Ω 从 0 向 ∞ 移动时，相应的四幅 s 平面矢量图。

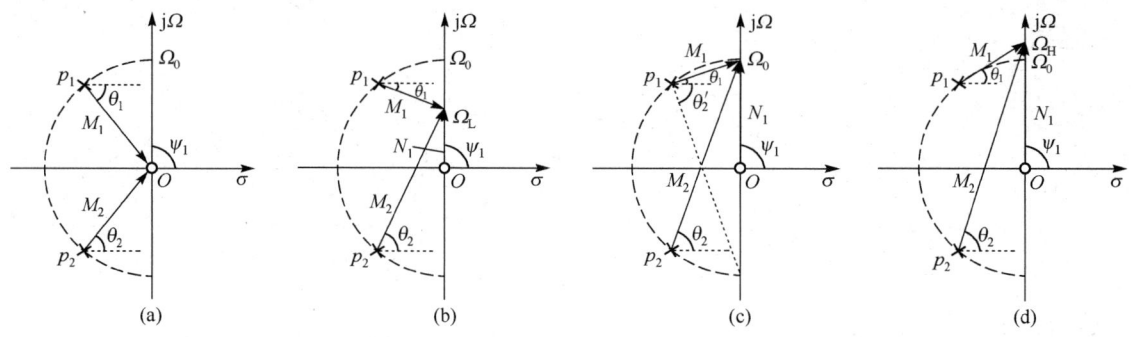

图 6.7-14 s 沿 $j\Omega$ 轴移动时矢量因子的变化情况

当 $\Omega = 0$ 时，$N_1 = 0$，$M_1 = M_2 = \Omega_0$，$\theta_1 = -\theta_2$，$\psi_1 = 90°$，于是得到 $|Z(j\Omega)|_{\Omega=0} = 0$，$|\varphi(\Omega)|_{\Omega=0} = 90°$。这是图 6.7-14(a)的情况。随着 Ω 的增大，N_1 增大，θ_1 的绝对值减小，θ_2 增大，于是 $|Z(j\Omega)|$ 增大，$\varphi(\Omega)$ 从 90° 开始减小。这是图 6.7-14(b)的情况，此时，频率值 Ω 已移至 Ω_L 点。继续沿虚轴上移至与圆弧交界点 Ω_0 处，如图 6.7-14(c)所示，此时，达到谐振点，借助图中辅助虚线容易证明 θ_2' 与 θ_2 相等，而且 $\theta_1 + \theta_2' = 90°$，所以 $\theta_1 + \theta_2 = 90°$，于是 $\varphi(\Omega)|_{\Omega=\Omega_0} = \psi_1 - \theta_1 - \theta_2 = 90° - 90° = 0°$。

将 $\Omega = \Omega_0$ 代入式(6.7-9)，可求得

$$H(j\Omega_0) = Z(j\Omega_0) = \frac{1}{G + j\Omega_0 C - j\dfrac{1}{\Omega_0 L}}$$

因为 $\Omega_0^2 = \dfrac{1}{LC}$，即 $\Omega_0 C = \dfrac{1}{\Omega_0 L}$，所以

$$H(j\Omega_0) = Z(j\Omega_0) = 1/G$$

此时幅频特性 $|H(j\Omega_0)|$ 达到最大值[①]。

此后，再增加 Ω，由于 M_1, M_2 显著增加，而 N_1 变化平缓，所以 $|H(j\Omega)|$ 逐渐减小。最后，当 Ω 趋于无限大时，M_1, M_2 和 N_1 都趋于无限大，因此，$|H(j\Omega)|$ 趋于零；又因为 $\theta_1 + \theta_2$ 继续增大，而且 $\theta_1 + \theta_2 > 90°$，所以 $\varphi(\Omega)$ 的负值增大，当 Ω 趋于无限大时，$\theta_1 + \theta_2$ 趋于 180°，则 $\varphi(\Omega)$ 趋于

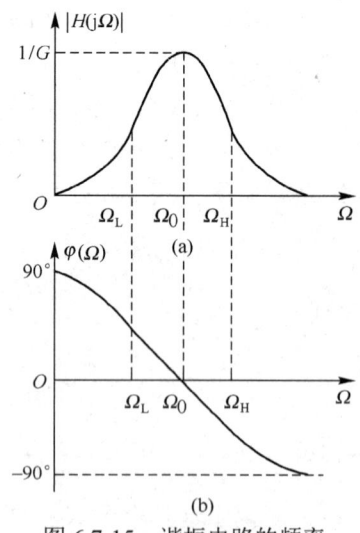

图 6.7-15 谐振电路的频率响应特性

---

① 也可由直角三角形的几何关系求得，由图 6.4-14(c)看出，$M_1 M_2 = 2N_1 \alpha$，即 $\dfrac{1}{C} \cdot \dfrac{N_1}{M_1 M_2} = \dfrac{1}{C} \cdot \dfrac{1}{2\alpha} = \dfrac{1}{G}$。

$-90°$。图 6.7-14(d)示出了 Ω 变动至 Ω_H 点（$\Omega_H > \Omega_0$）的 s 平面矢量图。按上述分析过程可描绘出谐振电路的幅频特性与相频特性曲线，分别如图 6.7-15(a)和(b)所示（注意图中各频率值与图 6.7-14 的对应关系，Ω_L 与 Ω_H 关于 Ω_0 对称。）。

以上对 GCL 并联谐振电路的频响特性做了较详细的分析。由于图 6.7-16 所示的 RLC 串联谐振电路（以电压源 $v_1(t)$ 作为激励，以回路电流 $i_2(t)$ 作为响应）与图 6.7-12 所示的并联谐振电路之间有对偶关系，所以借助于对偶方法，可以分析 RLC 串联谐振电路的频响特性，读者可自行分析。

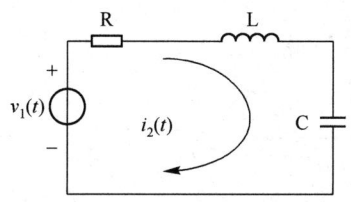

图 6.7-16　RLC 串联谐振电路

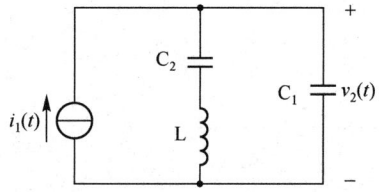
图 6.7-17　同时具有共轭极点和共轭零点的谐振电路

上述并联谐振电路阻抗函数的特点是具有一对靠近虚轴的共轭极点，下面再举出系统函数零、极点都在虚轴上的实例。

例 6.7-6　求图 6.7-17 所示电路的频响特性。

解：此电路有三个独立的储能元件，由于电路中无电阻，因而它是无损电路。为分析其频响特性，首先写出系统函数（阻抗函数）的表达式

$$Z(s) = \frac{V_2(s)}{I_1(s)} = \frac{\dfrac{1}{sC_1}\left(sL + \dfrac{1}{sC_2}\right)}{\dfrac{1}{sC_1} + sL + \dfrac{1}{sC_2}} = \frac{1}{C_1} \cdot \frac{\left(s^2 + \dfrac{1}{LC_2}\right)}{s\left(s^2 + \dfrac{C_1 + C_2}{LC_1C_2}\right)} = \frac{1}{C_1} \cdot \frac{s^2 + \Omega_1^2}{s(s^2 + \Omega_2^2)} \qquad (6.7\text{-}10)$$

式中，$\Omega_1 = \dfrac{1}{\sqrt{LC_2}}$，$\Omega_2 = \dfrac{1}{\sqrt{L\dfrac{C_1C_2}{C_1+C_2}}}$。显然，$\Omega_1$ 与 Ω_2 之间满足 $\Omega_1 < \Omega_2$。

$Z(s)$ 的零、极点分布如图 6.7-18 所示。它有一对共轭极点 $\pm j\Omega_2$ 和一对共轭零点 $\pm j\Omega_1$，此外，在坐标原点也有一个极点。由式(6.7-10)可得

$$Z(j\Omega) = \frac{1}{C_1} \cdot \frac{(j\Omega + j\Omega_1)(j\Omega - j\Omega_1)}{j\Omega(j\Omega + j\Omega_2)(j\Omega - j\Omega_2)}$$
$$= |Z(j\Omega)|e^{j\varphi(\Omega)}$$

由矢量作图法容易求得：当 Ω 沿虚轴移动时，在 $\Omega = 0$ 和 $\Omega = \Omega_2$ 两极点处，$|Z(j\Omega)|$ 为 ∞；而在 $\Omega = \Omega_1$ 零点处，$|Z(j\Omega)| = 0$。相位变化则是在 $0 < \Omega < \Omega_1$ 范围内 $\varphi(\Omega) = -90°$。当 $\Omega_1 < \Omega < \Omega_2$ 时，$\varphi(\Omega) = 90°$；而 $\Omega > \Omega_2$ 以后又有 $\varphi(\Omega) = -90°$。$|Z(j\Omega)|$ 和 $\varphi(\Omega)$ 曲线如图 6.7-19 所示。

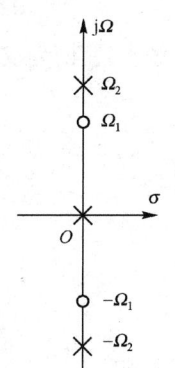
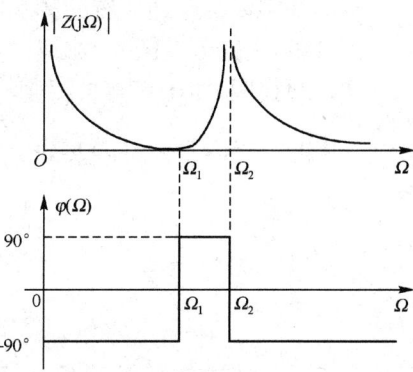
图 6.7-18　零、极点分布　　图 6.7-19　例 6.7-6 电路的频响特性曲线

一般情况下，可以认为，若系统函数有一对非常靠近 $j\Omega$ 轴的极点 $p = -\sigma_i \pm j\Omega_i$（$\sigma_i \ll \Omega_i$），则在 $\Omega = \Omega_i$ 附近处，幅频响应特性出现峰点，相频响应特性迅速减小。又若系统函数有一对

非常靠近 jΩ 轴的零点 $z = -\sigma_j \pm j\Omega_j$（$\sigma_j \ll \Omega_j$），则在 $\Omega = \Omega_j$ 附近处，幅频响应特性下凹，相频响应特性迅速上升。

练习题

6.7-1 写出图题 6.7-1 所示系统的电压转移函数 $H(s) = V_C(s)/X(s)$，绘制幅频特性与相频特性曲线。

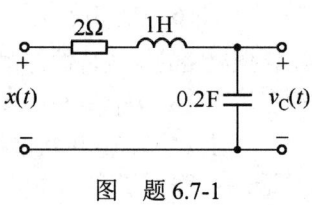

图 题 6.7-1

6.7-2 若 $H(s)$ 的零、极点如图题 6.7-2 所示，试讨论它们分别是哪种滤波网络（低通、高通、带通、带阻），并绘出各自的幅频特性曲线。

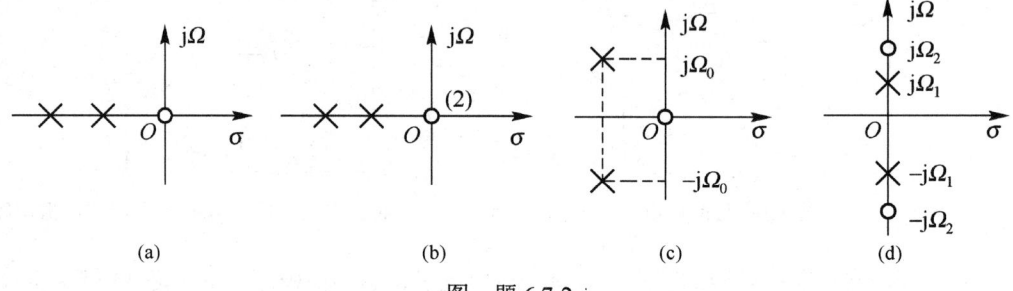

图 题 6.7-2

6.7-3 系统函数如下，画出系统的零极点分布图，并用矢量作图法粗略绘出幅频特性与相频特性曲线。

(1) $H(s) = \dfrac{1}{s+1}$ (2) $H(s) = \dfrac{s+1}{s+2}$ (3) $H(s) = \dfrac{s^2+1}{s^2+2s+5}$ (4) $H(s) = \dfrac{2(s-1)(s-2)}{(s+1)(s+2)}$

6.8 全通系统和最小相位系统

6.8.1 全通系统

如果一个系统的系统函数的全部极点位于左半 s 平面，全部零点位于右半 s 平面，而且零点与极点对于 jΩ 轴互为镜像，则称这种系统为全通系统（all-pass system）或全通网络，对应的系统函数则称为全通函数。

由于 $H(s)$ 的零、极点呈对称关系，使其幅频特性为常数，这样，对于全部频率的正弦信号都能按同样的幅度传输系数通过。因此，这种系统被称为全通系统。

下面举例说明全通系统的频响特性。

例 6.8-1 图 6.8-1(a)为典型的全通系统，图(b)为支臂的结构组成。

解：观察图 6.8-1 可直接得到

$$V_o(s) = I_b(s)Z_a - I_a(s)Z_b = \dfrac{Z_a - Z_b}{Z_a + Z_b}X(s)$$

所以 $H(s) = \dfrac{V_o(s)}{X(s)} = \dfrac{Z_a - Z_b}{Z_a + Z_b} = \dfrac{\dfrac{1}{sC} + sL - R}{\dfrac{1}{sC} + sL + R}$

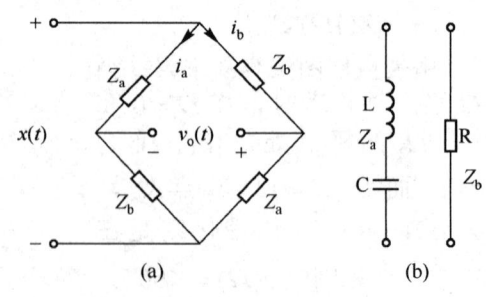

图 6.8-1 全通系统

令 $\alpha = \dfrac{R}{2L}, \Omega_0 = \dfrac{1}{\sqrt{LC}}, \Omega_0 \gg \alpha$，代入上式可得

$$H(s) = \dfrac{s^2 - \dfrac{R}{L}s + \dfrac{1}{LC}}{s^2 + \dfrac{R}{L}s + \dfrac{1}{LC}} = \dfrac{s^2 - 2\alpha s + \Omega_0^2}{s^2 + 2\alpha s + \Omega_0^2} = \dfrac{(s - s_0)(s - s_0^*)}{(s + s_0)(s + s_0^*)}$$

式中，$s_0 = \alpha + j\sqrt{\Omega_0^2 - \alpha^2}$，$s_0^* = \alpha - j\sqrt{\Omega_0^2 - \alpha^2}$。

其零、极点如图 6.8-2 所示。由图可知，零点矢量的模与极点矢量的模相等，即 $M_1 = N_1$，$M_2 = N_2$，所以幅频特性为 $|H(j\Omega)| = 1$，具有全通特性。

下面再研究相频特性，当 $\Omega = 0$ 时，$\theta_1 = -\theta_2$，$\psi_1 = -\psi_2$，所以，$|\varphi(\Omega)|_{\Omega=0} = 0$；当 Ω 沿 $j\Omega$ 轴向上移动时，θ_2 增加，ψ_2 减小，而且 θ_1 由负变正，ψ_1 更加变负，于是 $\varphi(\Omega)$ 下降；而当 $\Omega \to \infty$ 时，$\theta_1 = \theta_2 = 90°$，$\psi_1 = -270°$，$\psi_2 = 90°$，因而 $\varphi(\Omega)|_{\Omega \to \infty} = -360°$。即 $\varphi(\Omega)$ 变化的全过程是从 0 下降，最终趋于 $-360°$。此全通网络的幅频特性与相频特性曲线分别如图 6.8-3(a)和(b)所示。

从以上分析不难看出，全通网络函数的幅频特性虽为常数，但相频特性却不受什么约束，即它是随 Ω 而变化的。因而，将全通网络串接在电路中，可以保证不影响传送信号的幅度频谱特性，只改变信号的相位频谱特性，在传输系统中常用来进行相位校正。例如，可做相位补偿器。

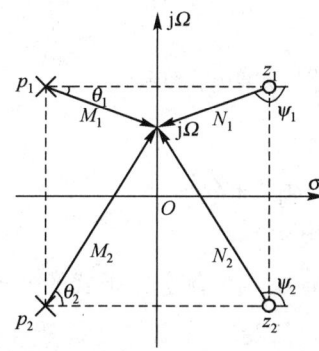

图 6.8-2　全通系统的零、极点分布

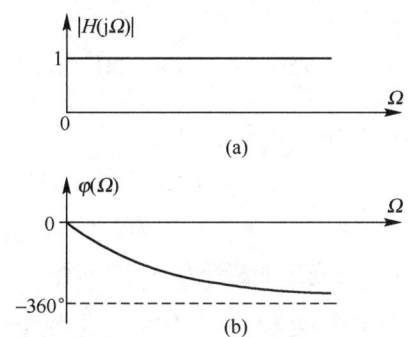

图 6.8-3　全通系统的频响特性

6.8.2　最小相位系统

假设两系统 $H_1(s)$ 和 $H_2(s)$ 的零、极点图分别如图 6.8-4(a)和(b)所示，由图可知，它们有相同的极点，即 $p_{1,2} = p_{3,4} = -2 \pm j2$。但它们的零点不同，是关于 $j\Omega$ 轴成镜像对称的，即 $z_{1,2} = -1 \pm j1$，$z_{3,4} = 1 \pm j1$。不难看出，它们的幅频特性是相同的，这是因为两系统中各零、极点构成的矢量因子的长度都对应相等。但图(a)的相位小于图(b)的相位，因为图(b)相位绝对值大。与图 6.8.4(a)和(b)对应的相频特性曲线如图 6.8-5 所示。显然，就相移的绝对值而言，图 6.8-4(a)具有较小的相移。

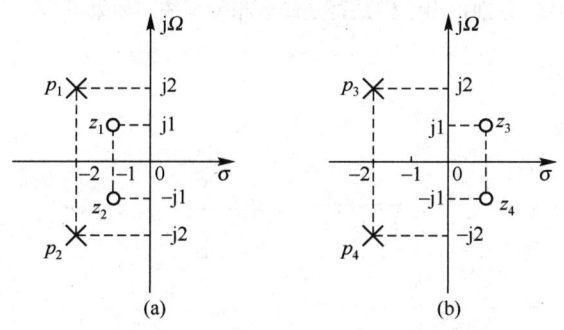

图 6.8-4　最小和非最小相位系统的零、极点分布

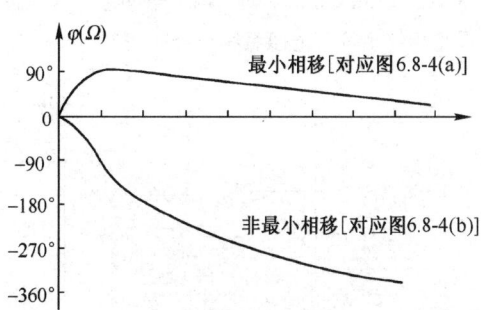

图 6.8-5　与图 6.8-4 对应的相频特性

根据上述分析，引出以下定义：零点仅位于左半 s 平面或 $j\Omega$ 轴上的系统函数称为最小相位函数。对应的系统称为最小相位系统（minimum-phase system）。反之，如果系统函数有一个或多个零点在右半 s 平面，则称该系统为非最小相位系统。

一个非最小相位系统可用最小相位系统与全通系统级联来代替。或者说，非最小相位函数可以表示为最小相位函数与全通函数的乘积。例如，图 6.8-6(a)的函数可表示为图(b)和(c)的乘积。

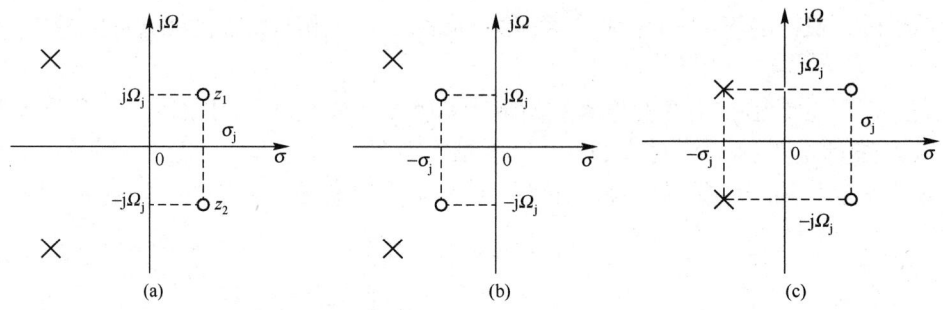

图 6.8-6 非最小相位函数表示为最小相位函数与全通函数的乘积

设非最小相位函数分子的复数因子为
$$[s-(\sigma_j+j\Omega_j)][s-(\sigma_j-j\Omega_j)] = (s-\sigma_j)^2 + \Omega_j^2$$

于是 $H(s)$ 可写成
$$H(s) = H_{\min}(s)[(s-\sigma_j)^2 + \Omega_j^2]$$

由于在 $H(s)$ 中已提出非最小相位这一项，余下部分必然是最小相位部分。上式的分子、分母同乘以左半 s 平面的零点因子 $(s+\sigma_j)^2 + \Omega_j^2$，则有

$$H(s) = \underbrace{H_{\min}(s)[(s+\sigma_j)^2 + \Omega_j^2]}_{\text{最小相位函数}} \underbrace{\frac{(s-\sigma_j)^2 + \Omega_j^2}{(s+\sigma_j)^2 + \Omega_j^2}}_{\text{全通函数}}$$

练习题

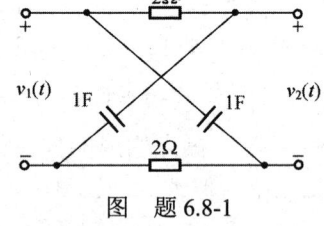

图 题 6.8-1

6.8-1 电路如图题 6.8-1 所示。

（1）写出系统函数 $H(s) = V_2(s)/V_1(s)$，并在 s 平面上画出 $H(s)$ 的零、极点分布；

（2）若激励为 $v_1(t) = 10\sin t \cdot u(t)$，求响应 $v_2(t)$，并指出自由响应、强迫响应、暂态响应和稳态响应各分量。

6.8-2 图题 6.8-2 中的几幅 s 平面零、极点分布图，分别指出它们是否是最小相位系统。如果不是，应如何用最小相位系统和全通系统组合而成？

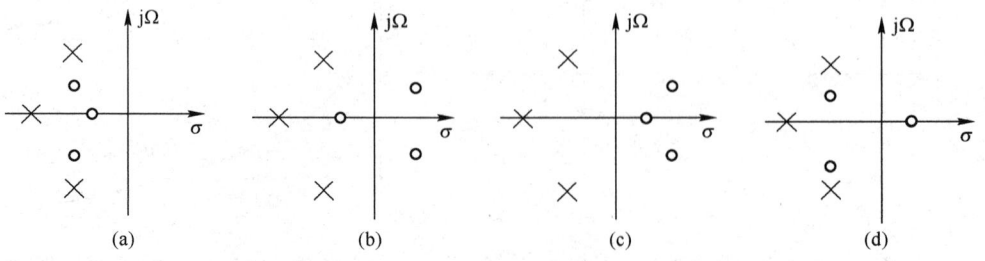

图 题 6.8-2

6.8-3 图题 6.8-3 所示格形网络，写出电压转移函数 $H(s)=V_2(s)/V_1(s)$。设 $R_1/L_1 < R_2/L_2$，在 s 平面画出 $H(s)$ 零、极点分布图，指出是否为全通网络。在网络参数满足什么条件下才能构成全通网络？

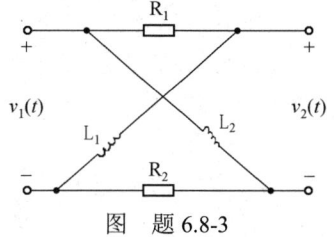

图 题 6.8-3

6.9 系统模拟及信号流图

由前面的讨论可知，对于连续的线性时不变系统，可以用常系数线性微分方程来描述。将一个实际的物理系统模型化，抽象为数学表达式，便于研究系统的性能。有时，也需要对实际系统进行实验室模拟。通过模拟实验研究系统的性能，这时并不需要在实验室里仿制真实的系统，而只要根据系统的数学描述，用模拟装置组成实验系统，使得它与真实系统具有相同的微分方程。也就是说，这种系统的模拟指的是数学意义上的模拟。

6.9.1 系统的框图

用方框图（block diagram）表示一个系统的功能常常比用数学表达式更为直观。

对于连续系统的模拟，通常由三种部件组成：加法器、标量乘法器（或称为数乘器）和积分器。图 6.9-1(a)和(b)分别表示加法器和标量乘法器的运算关系。前者的输出信号等于若干个输入信号之和，后者的输出信号是输入信号的 a 倍，这里 a 是一标量。在图中输入信号用函数 $x(t)$ 或其变换式 $X(s)$ 表示，输出信号用函数 $y(t)$ 或其变换式 $Y(s)$ 表示。因为时域中的加法运算对应于复频域中的加法运算，时域中的标量乘法运算对应于复频域中的标量乘法运算，所以加法器和标量乘法器在时域中的模型符号和在复频域中的模型符号相同。

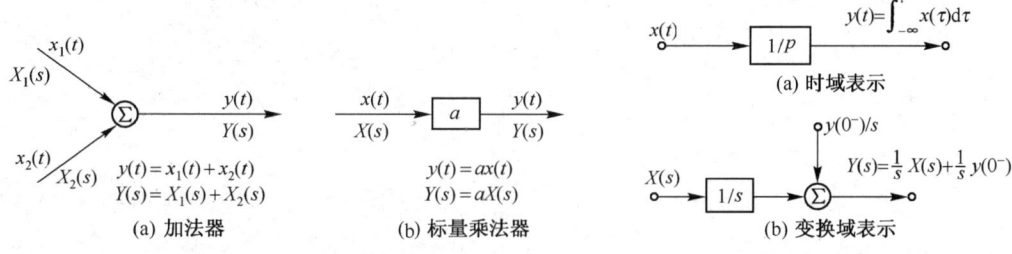

图 6.9-1　加法器和标量乘法器框图　　　图 6.9-2　积分器框图

模拟微分方程表述的系统还需要积分器。在理论上积分器和微分器都可以用来模拟动态连续系统，但在实现上往往采用积分器，这是因为积分器抗干扰的性能比微分器好，特别是对脉冲式的工业干扰，积分器的精度比微分器高。积分器用图 6.9-2(a)和(b)来表示。图(a)是积分器的时域表示；图(b)是变换域表示，如果起始状态 $y(0^-)=0$，则图(b)输出端的加法器可以省去。两者物理系统相同，但含义却有区别。在时域表示时用 $1/p$，且认为起始条件已含在其中；用系统函数研究系统时，则用 $1/s$ 表示，且认为系统起始状态为零。本章只讨论零状态的情形。

图 6.9-3　系统函数 $H(s)$ 的框图

在变换域中，方框图除了表示常数 a 和 $1/s$（积分器）的意义外，还可以表示一般的系统函数的含义，如图 6.9-3 所示的框图，它表征了输入 $X(s)$ 与输出 $Y(s)$ 之间的关系，其输出为

$$Y(s) = H(s)X(s)$$

这里，系统函数 $H(s)$ 可能很简单（例如：常数 a 或 $1/s$），也可以是较复杂的函数。需要说明，信号只能沿箭头方向传输。这样，标量乘法器也可归入系统函数一类，其系统函数 $H(s)=$

a,其中 a 是常数。

一个系统常由许多部件组成,若将其中的每个部件用一个方框表示,并根据信号的流向将各部件连接起来,就能组成整个系统的方框图。根据方框图可以进一步分析系统的性能。

6.9.2 信号流图

一个系统,用方框图表示或用信号流图(signal flow graph)表示并没有原则区别。可以认为信号流图是进一步简化了方框图的表示方法。

1. 信号流图的获得

系统的信号流图,就是用一些点和有向线段来表示系统。如图 6.9-4(a)所示的方框图,可用图(b)所示的由输入指向输出的有向线段来表示。它的起点标记为 $X(s)$,终点标记为 $Y(s)$,这些点称为节点。节点是表示系统中的变量或信号的点。线段表示信号传输的路径,称为支路。信号的传输方向用箭头表示。系统函数 $H(s)$ 标记在箭头附近,可称为该支路的增益。所以每一条支路相当于乘法器,其输出为

$$Y(s) = H(s)X(s)$$

节点可以有多个输入和多个输出。如图 6.9-5 所示,节点 x_4 有三个输入,两个输出。按流图构成的原则有

$$x_4 = H_{14}x_1 + H_{24}x_2 + H_{34}x_3, \quad x_5 = H_{45}x_4, \quad x_6 = H_{46}x_4$$

类似这样的方程称为节点方程。

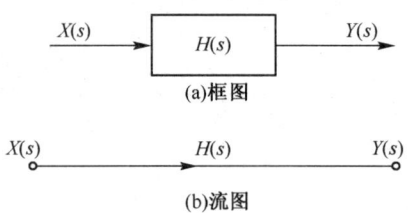

图 6.9-4 框图用信号流图表示

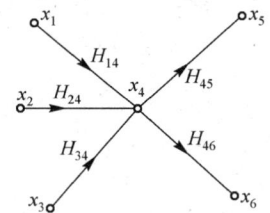

图 6.9-5 多输入多输出的节点

有了流图的概念,就可以把任何系统的方框图用流图形式来表示。例如,图 6.9-6(a)所示的方框图,可以改用信号流图表示,如图 6.9-6(b)所示。

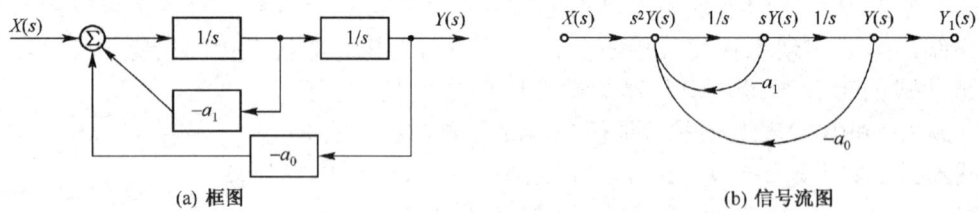

图 6.9-6 框图用信号流图表示

2. 信号流图中的一些术语

参照图 6.9-6(b),介绍一些信号流图中常用的术语。

节点(node):表示系统中变量或信号的点。如 $X(s), s^2Y(s)$ 等。

支路(branch):连接两个节点之间的有向线段。

支路增益(branch gain):两个节点之间的增益。

输入节点（source node）（源点）：只有输出支路的节点，通常表示输入信号，如 $X(s)$。

输出节点（sink node）（阱点）：只有输入支路的节点，通常表示输出信号，如 $Y_1(s)$。

混合节点（mix node）：既有输入支路又有输出支路的节点，如 $s^2Y(s)$，$sY(s)$ 等。

通路（path）：从任一节点出发沿着支路箭头的方向连续地穿过各相连支路到达另一节点的路径。

开通路（open path）：通路与任一节点相交不多于一次，如 $X(s) \to s^2Y(s) \to sY(s)$、$Y(s) \to s^2Y(s)$ 等。

闭通路（close path）（环路）：如果通路的终点就是通路的起点，并且与任何其他节点相交不多于一次，则称为闭通路，又称环路。如 $s^2Y(s) \to sY(s) \to s^2Y(s)$、$s^2Y(s) \to sY(s) \to Y(s) \to s^2Y(s)$ 等。

自环路（self-loop）：仅含有一个支路的环路。

环路增益（loop gain）：环路中各支路增益的乘积。

不接触环路（disconnect loop）：两环路之间没有任何公共节点。

前向通路（forward path）：从输入节点（源点）到输出节点（阱点）方向的通路上，通过任何节点不多于一次的路径。如 $X(s) \to s^2Y(s) \to sY(s) \to Y(s) \to Y_1(s)$。

前向通路增益（forward path gain）：前向通路中各支路增益的乘积。

3. 信号流图的性质

在运用信号流图时，应该遵循流图的基本性质，即

（1）信号只能沿支路箭头方向传输，支路的输出是该支路输入与支路增益的乘积。例如，图 6.9-4(b) 中，$Y(s) = H(s)X(s)$。

（2）当节点有几个输入时，节点将所有输入支路的信号相加，并将其和传送给所有与该节点相连的输出支路。例如，图 6.9-5 中，$x_5 = H_{45}x_4$，$x_6 = H_{46}x_4$。该性质表明，具有两条或两条以上输入支路的节点兼有加法器的功能。

（3）只有输入和输出支路的混合节点，通过增加一个具有单位传输的支路，可以把它变成输出节点。例如，图 6.9-6(b) 中的 $Y(s)$ 与 $Y_1(s)$ 实际上是同一个节点，但分成两个节点以后，$Y(s)$ 是既有输入又有输出的混合节点，而 $Y_1(s)$ 是只有输入的输出节点。

（4）对于给定系统，信号流图的形式不是唯一的。这是因为同一系统的方程式可以表示成不同的形式，因而可以画出不同的信号流图。

（5）信号流图转置后，其系统函数保持不变。所谓转置就是流图中各支路的信号传输方向均给以调转，同时把输入输出节点对换。如图 6.9-7(a) 和 (b) 所示，两者实际上代表同一个系统，因而系统函数是不变的。系统函数都是 $H(s) = \dfrac{b_1 s + b_0}{s + a_0}$。

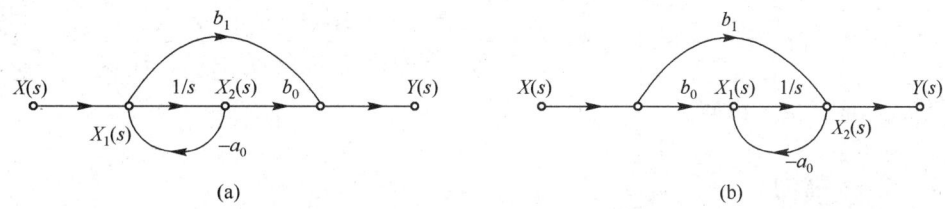

图 6.9-7 流图的转置

4. 信号流图的梅森公式（Mason formula）

应用梅森公式，可以直接根据流图很方便地求出输入与输出之间的系统函数。

梅森公式的形式为
$$H = \frac{1}{\Delta}\sum_{k} G_k \Delta_k \quad (6.9\text{-}1)$$

式中　H——系统的输入与输出间的系统函数，即系统的总增益；

Δ——流图的特征行列式；

$\Delta = 1 -$（所有不同环路的增益之和）$+$（每两个互不接触环路增益乘积之和）$-$
（每三个互不接触环路增益乘积之和）$+ \cdots$

$$= 1 - \sum_{a} L_a + \sum_{b,c} L_b L_c - \sum_{d,e,f} L_d L_e L_f + \cdots \quad (6.9\text{-}2)$$

k——表示由源点到阱点之间的第 k 条前向通路的标号；

G_k——表示由源点到阱点之间的第 k 条前向通路的增益；

Δ_k——称为对于第 k 条前向通路特征行列式的余因子。它是除去与第 k 条前向通路相接触的环路外，所余子图的特征行列式。

例 6.9-1　求图 6.9-8 中的流图的系统函数。

解：为了求出特征行列式 Δ，先求出有关参数。

图 6.9-8 共有 4 个环路，各环路增益分别为

$x_1 \to x_2 \to x_1$ 环路，$L_1 = -G_1 H_1$

$x_2 \to x_3 \to x_2$ 环路，$L_2 = -G_2 H_2$

$x_3 \to x_4 \to x_3$ 环路，$L_3 = -G_3 H_3$

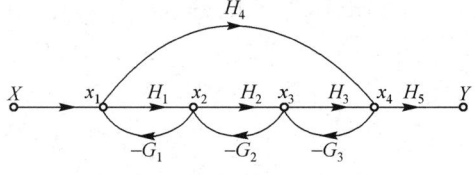

图 6.9-8　例 6.9-1 的流图

$x_1 \to x_4 \to x_3 \to x_2 \to x_1$ 环路，$L_4 = -G_1 G_2 G_3 H_4$

所以
$$\sum_a L_a = L_1 + L_2 + L_3 + L_4 = -(G_1 H_1 + G_2 H_2 + G_3 H_3 + G_1 G_2 G_3 H_4)$$

只有一对两个互不接触的环路，即 $x_1 \to x_2 \to x_1$ 与 $x_3 \to x_4 \to x_3$，其环路增益乘积为

$$\sum_{b,c} L_b L_c = L_1 L_3 = G_1 G_3 H_1 H_3$$

没有三个以上的互不接触的环路。所以按式(6.9-2)得

$$\Delta = 1 - \sum_a L_a + \sum_{b,c} L_b L_c = 1 + (G_1 H_1 + G_2 H_2 + G_3 H_3 + G_1 G_2 G_3 H_4) + G_1 G_3 H_1 H_3$$

再求其他参数。图 6.9-8 有两条前向通路：

对于前向通路 $X \to x_1 \to x_2 \to x_3 \to x_4 \to Y$，其增益为 $G_1 = H_1 H_2 H_3 H_5$。

由于各环路都与该通路相接触，故 $\Delta_1 = 1$。

对于前向通路 $X \to x_1 \to x_4 \to Y$，其增益 $G_2 = H_4 H_5$。不与 G_2 接触的环路有 $x_2 \to x_3 \to x_2$，所以

$$\Delta_2 = 1 - \sum_a L_a = 1 + G_2 H_2$$

最后按式(6.9-1)得　$H = \dfrac{Y}{X} = \dfrac{H_1 H_2 H_3 H_5 + H_4 H_5 (1 + G_2 H_2)}{1 + G_1 H_1 + G_2 H_2 + G_3 H_3 + G_1 G_2 G_3 H_4 + G_1 G_3 H_1 H_3}$

其他求解方法，请扫描二维码。

6.9.3　系统模拟

对于实际系统进行模拟，可以根据描述线性时不变系统输入-输出关系的微分方程进行，也可根据表征系统特性的系统函数进行。由于系统函数是代数表达式，运算较为简便，因而对系统函数模拟更为灵活方便。

对于同一个系统函数，进行不同的运算可以得到多种不同的形式。常用的有直接形式、级

联（或称为串联）形式和并联形式等。

1. 直接形式

以二阶系统为例，设微分方程为

$$\frac{d^2 y(t)}{dt^2} + a_1 \frac{dy(t)}{dt} + a_0 y(t) = b_2 \frac{d^2 x(t)}{dt^2} + b_1 \frac{dx(t)}{dt} + b_0 x(t)$$

则系统函数为
$$H(s) = \frac{Y(s)}{X(s)} = \frac{b_2 s^2 + b_1 s + b_0}{s^2 + a_1 s + a_0} = \frac{b_2 + b_1 s^{-1} + b_0 s^{-2}}{1 + a_1 s^{-1} + a_0 s^{-2}} \tag{6.9-3}$$

令
$$H(s) = H_1(s) H_2(s)$$

其中
$$H_1(s) = \frac{W(s)}{X(s)} = \frac{1}{1 + a_1 s^{-1} + a_0 s^{-2}} \qquad H_2(s) = \frac{Y(s)}{W(s)} = b_2 + b_1 s^{-1} + b_0 s^{-2}$$

所以
$$W(s) = \frac{X(s)}{1 + a_1 s^{-1} + a_0 s^{-2}} \tag{6.9-4}$$

$$Y(s) = (b_2 + b_1 s^{-1} + b_0 s^{-2}) W(s) \tag{6.9-5}$$

显然，若已知函数 $W(s)$，那么根据上式很容易画出它的信号流图或方框图。

式(6.9-4)可以写为
$$W(s)[1 + a_1 s^{-1} + a_0 s^{-2}] = X(s)$$

或者
$$W(s) = X(s) - a_1 s^{-1} W(s) - a_0 s^{-2} W(s) \tag{6.9-6}$$

根据上式可画出信号流图，如图 6.9-9(a)所示。再由式(6.9-5)就得到 $H(s)$ 所表征的系统的信号流图，如图 6.9-9(b)所示，图(c)是该系统的方框图。

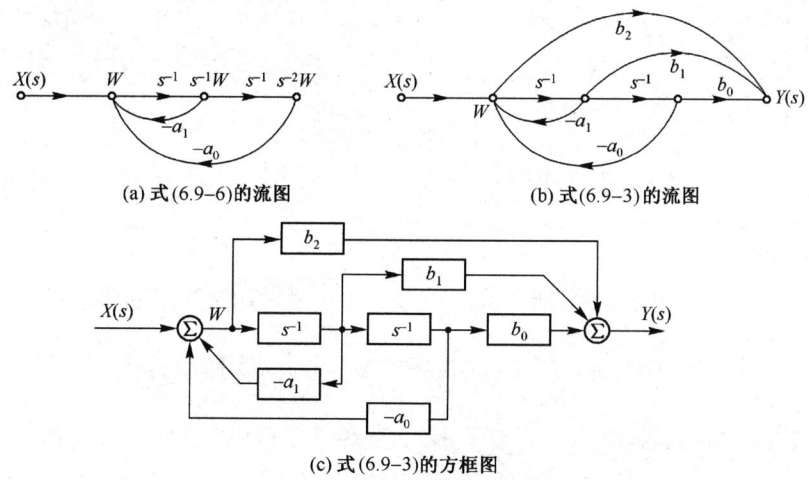

(a) 式(6.9-6)的流图　　　　(b) 式(6.9-3)的流图

(c) 式(6.9-3)的方框图

图 6.9-9　直接型结构

根据信号流图的性质，将图 6.9-9(b)转置后，其系统函数不变。因此，可得另一种形式的信号流图，如图 6.9-10(a)所示，对应的方框图如图(b)所示。

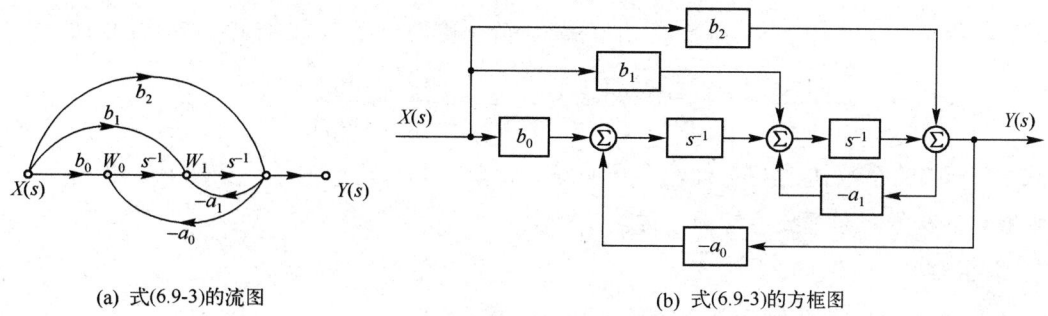

(a) 式(6.9-3)的流图　　　　　　　　(b) 式(6.9-3)的方框图

图 6.9-10　图 6.9-9 的转置形式

实际上根据梅森公式可直接得出图 6.9-9(b)和图 6.9-10(a)两种形式的信号流图。将式(6.9-3)写为

$$H(s) = \frac{b_2 + b_1 s^{-1} + b_0 s^{-2}}{1 - (-a_1 s^{-1} - a_0 s^{-2})}$$

上式分母可看成是两个环路组成的特征行列式，括号内表示两个互相接触的环路，其增益分别为 $-a_1 s^{-1}$ 和 $-a_0 s^{-2}$。上式分子表示三条前向通路，其增益分别为 $b_2, b_1 s^{-1}, b_0 s^{-2}$，并且各子图的特征行列式都等于 1，也就是说，对于各前向通路而言，没有不接触的环路。

以上的分析方法可以推广到高阶系统的情形。如系统函数（式中 $m \leqslant n$ ）为

$$H(s) = \frac{b_m s^m + b_{m-1} s^{m-1} + \cdots + b_1 s + b_0}{s^n + a_{n-1} s^{n-1} + \cdots + a_1 s + a_0} = \frac{b_m s^{-(n-m)} + b_{m-1} s^{-(n-m+1)} + \cdots + b_1 s^{-(n-1)} + b_0 s^{-n}}{1 + a_{n-1} s^{-1} + \cdots + a_1 s^{-(n-1)} + a_0 s^{-n}} \tag{6.9-7}$$

由梅森公式，上式的分母可看成是 n 个环路组成的特征行列式，而且各环路都互相接触；分子可看成是 $(m+1)$ 条前向通路的增益，而且各前向通路都没有不接触环路。这样，就得到图 6.9-11(a)和(b)的两种直接形式的信号流图。

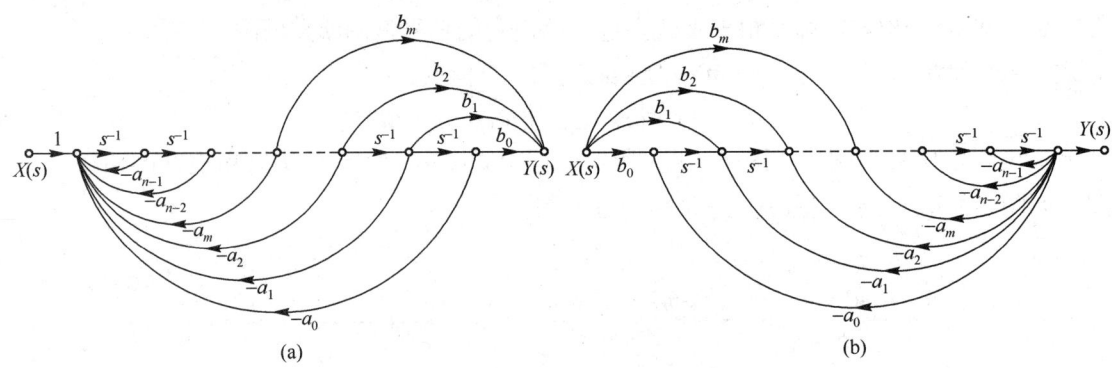

图 6.9-11　式(6.9-7)的流图

2. 级联形式

级联形式也称为串联形式。级联形式就是将 $H(s)$ 分解为几个简单的系统函数的乘积，即

$$H(s) = A_0 H_1(s) H_2(s) \cdots H_k(s) = A_0 \prod_{i=1}^{k} H_i(s) \tag{6.9-8}$$

级联的一般形式如图 6.9-12 所示，其中每一子系统 $H_i(s)$ 可用直接形式实现。

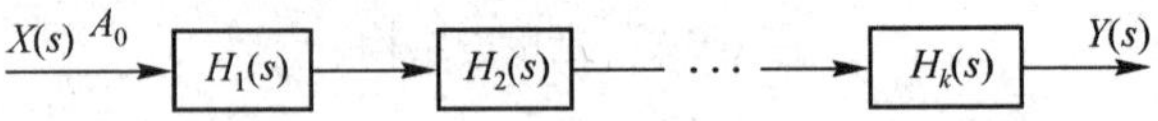

图 6.9-12　级联形式

通常，各子系统可选用一阶函数或二阶函数，分别称为一阶节或二阶节。它们的函数形式为

$$H_i(s) = \frac{1 + b_{1i} s^{-1}}{1 + a_{1i} s^{-1}} \quad \text{（一阶节）}; \quad H_i(s) = \frac{1 + b_{1i} s^{-1} + b_{2i} s^{-2}}{1 + a_{1i} s^{-1} + a_{2i} s^{-2}} \quad \text{（二阶节）}$$

式(6.9-8)中的系数 A_0 也可分摊给各子系统。一阶节和二阶节的结构如图 6.9-13 所示。图中没有画数乘器符号，只把数字标记在传输路径上。

3. 并联形式

并联形式是将 $H(s)$ 分解为几个简单系统函数与一常数 C 之和，即

$$H(s) = C + H_1(s) + H_2(s) + \cdots + H_k(s) = C + \sum_{i=1}^{k} H_i(s) \qquad (6.9\text{-}9)$$

并联的一般形式如图 6.9-14 所示，其中各子系统可用直接形式实现。

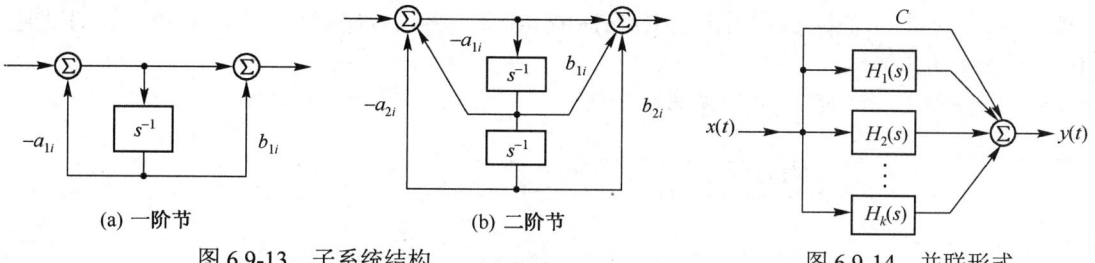

(a) 一阶节　　　　(b) 二阶节

图 6.9-13　子系统结构　　　　图 6.9-14　并联形式

需要指出，无论用级联形式还是用并联形式实现，都需要将 $H(s)$ 的分母多项式（对于级联形式还有分子多项式）分解为一阶因子和二阶因子的乘积，这些因式的系数必须是实数。也就是说，$H(s)$ 的实极点可构成一阶节的分母，也可组合成二阶节的分母，而一对共轭复数极点则构成二阶节的分母。对于级联形式其分子亦然。

例 6.9-2　某连续系统的系统函数为 $H(s) = \dfrac{2s+4}{s^3+3s^2+5s+3}$，试分别用直接形式、级联形式和并联形式模拟此系统。

解：（1）直接形式。　　$H(s) = \dfrac{2s+4}{s^3+3s^2+5s+3} = \dfrac{2s^{-2}+4s^{-3}}{1+3s^{-1}+5s^{-2}+3s^{-3}}$

上式的流图如图 6.9-15(a)所示，将图(a)转置得另一种直接形式的流图，如图(b)所示。其相应的方框图分别如图(c)和(d)所示。

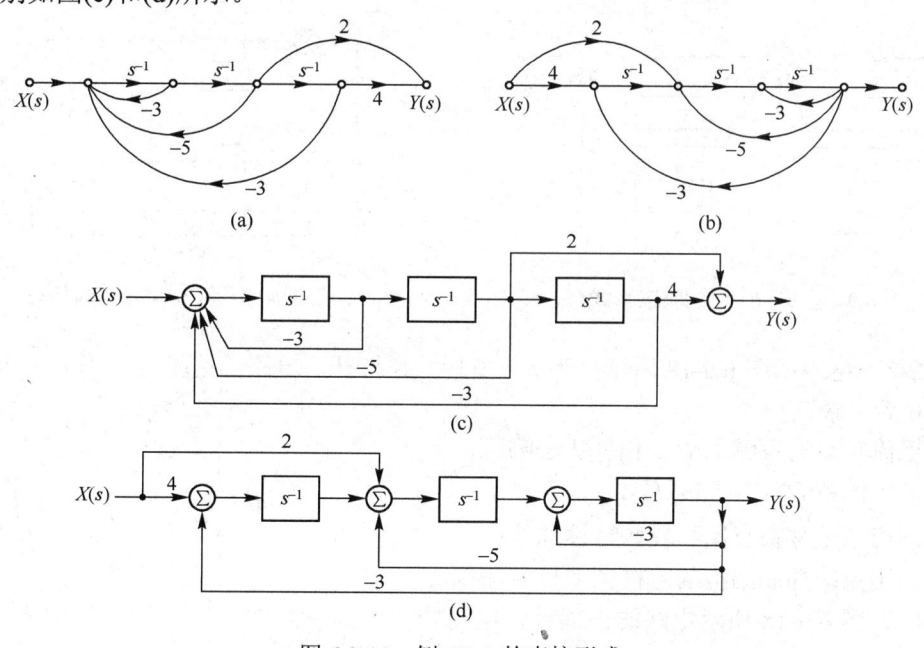

图 6.9-15　例 6.9-2 的直接形式

（2）级联形式。对给出的系统函数，将其分子和分母进行因式分解，由于 $H(s)$ 的分母有一实根 $p_1 = -1$，和一对共轭复根 $p_{2,3} = -1 \pm \mathrm{j}\sqrt{2}$，所以

$$H(s) = \dfrac{2s+4}{s^3+3s^2+5s+3} = \dfrac{2(s+2)}{(s+1)(s^2+2s+3)}$$

将上式分解为一阶节和二阶节的级联。例如，令

$$H_1(s) = \frac{2}{s+1} = \frac{2s^{-1}}{1+s^{-1}} \qquad H_2(s) = \frac{s+2}{s^2+2s+3} = \frac{s^{-1}+2s^{-2}}{1+2s^{-1}+3s^{-2}}$$

其一阶节和二阶节的流图分别如图 6.9-16(a)和(b)所示。将二者级联后，如图(c)所示，其相应的方框图如图(d)所示。

（3）并联形式。将 $H(s)$ 展开成部分分式

$$H(s) = \frac{2(s+2)}{(s+1)(s^2+2s+3)} = \frac{1}{s+1} + \frac{-s+1}{s^2+2s+3}$$

令

$$H_1(s) = \frac{1}{s+1} = \frac{s^{-1}}{1+s^{-1}} \qquad H_2(s) = \frac{-s+1}{s^2+2s+3} = \frac{-s^{-1}+s^{-2}}{1+2s^{-1}+3s^{-2}}$$

其一阶节和二阶节的流图如图 6.9-17(a)和(b)所示。将二者并联后，如图(c)所示，相应的方框图如图(d)所示。

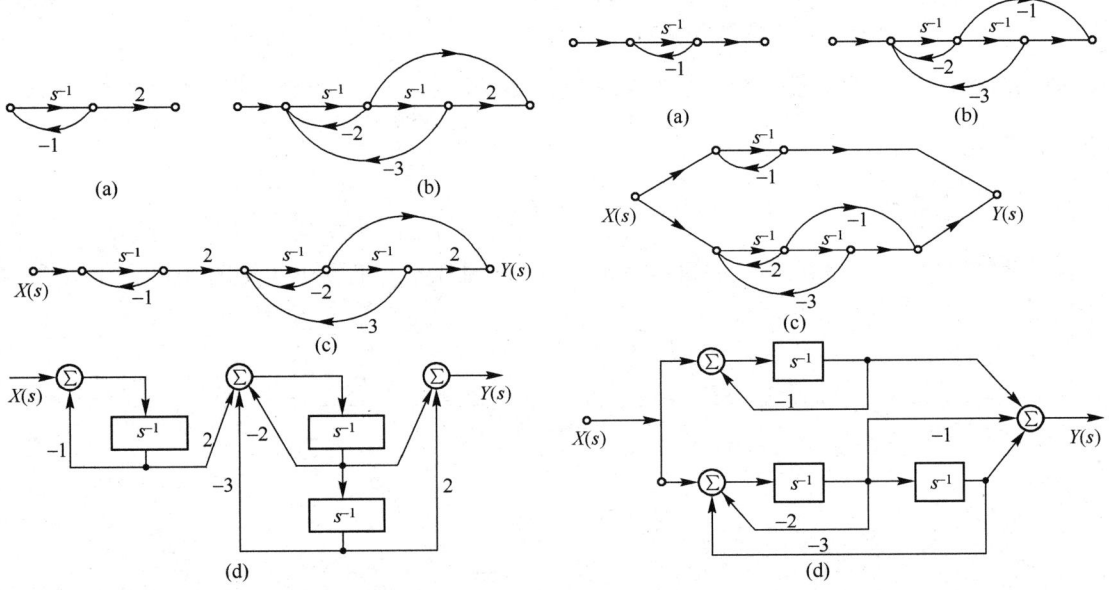

图 6.9-16　例 6.9-2 的级联形式　　　　图 6.9-17　例 6.9-2 的并联形式

例 6.9-3　电路如图 6.9-18 所示，当 $t < 0$ 时，S 打开，电路已达稳定。当 $t = 0$ 时，闭合 S。当 $t > 0$ 后，求：

（1）电流 $i_2(t)$ 的零输入响应和零状态响应；

（2）系统函数 $H(s) = I_2(s)/V_i(s)$；

（3）画出系统零极点图和幅频特性曲线；

（4）画出系统并联结构的方框图或信号流图。

解：（1）图 6.9-18 所示电路的去耦等效电路如图 6.9-19 所示。当 $t < 0$ 时，电路已达稳定，则各电流的起始值为

$$i_1(0^-) = i_3(0^-) = \frac{8}{2+2} = 2\text{A} \qquad i_2(0^-) = 0$$

当 $t > 0$ 时，电路的 s 域模型如图 6.9-20 所示，以 $I_1(s)$ 和 $I_2(s)$ 作为变量，可以得到下列方程组

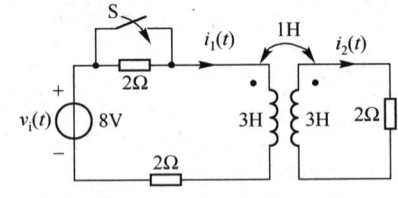

图 6.9-18　例 6.9-3 的电路

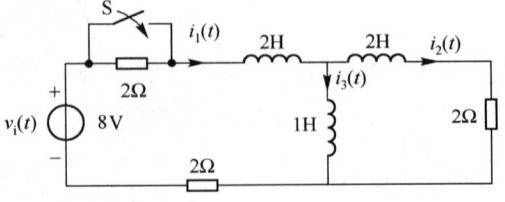

图 6.9-19　例 6.9-3 的去耦电路

$$\begin{cases}(3s+2)I_1(s)-sI_2(s)=V_i(s)+4+2\\-sI_1(s)+(3s+2)I_2(s)=-2\end{cases}$$

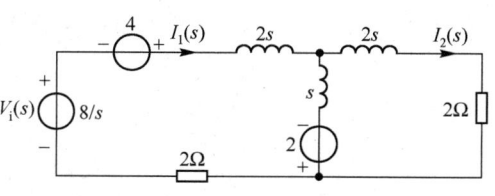

图 6.9-20 例 6.9-3 电路的 s 域模型

求得 $\quad I_2(s)=\dfrac{\begin{vmatrix}3s+2 & V_i(s)+6\\-s & -2\end{vmatrix}}{\begin{vmatrix}3s+2 & -s\\-s & 3s+2\end{vmatrix}}=\dfrac{sV_i(s)-4}{8s^2+12s+4}$

电流 $i_2(t)$ 的零输入响应的像函数为

$$I_{2zi}(s)=\dfrac{-4}{8s^2+12s+4}=\dfrac{-1}{(2s+1)(s+1)}=\dfrac{1}{s+1}-\dfrac{1}{s+0.5}$$

取 $I_{2zi}(s)$ 的拉氏逆变换 $i_{2zi}(t)=(\mathrm{e}^{-t}-\mathrm{e}^{-0.5t})u(t)$

电流 $i_2(t)$ 的零状态响应的像函数为

$$I_{2zs}(s)=\dfrac{sV_i(s)}{8s^2+12s+4}=\dfrac{8}{4(2s+1)(s+1)}=\dfrac{-2}{s+1}+\dfrac{2}{s+0.5}$$

取 $I_{2zs}(s)$ 的拉氏逆变换 $\quad i_{2zs}(t)=(2\mathrm{e}^{-0.5t}-2\mathrm{e}^{-t})u(t)$

（2）系统函数为 $H(s)=\dfrac{I_{2zs}(s)}{V_i(s)}=\dfrac{s}{8s^2+12s+4}=\dfrac{s}{8(s+1)(s+0.5)}$

（3）系统函数的零、极点分别为 $z_1=0$，$p_1=-1$，$p_2=-0.5$，如图 6.9-21 所示。幅频特性曲线如图 6.9-22 所示。

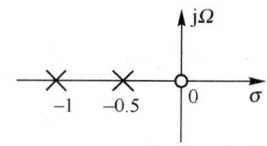

图 6.9-21 零、极点分布

（4）$H(s)=\dfrac{s}{8(s+1)\left(s+\dfrac{1}{2}\right)}=\dfrac{1}{4(s+1)}-\dfrac{1}{8\left(s+\dfrac{1}{2}\right)}=\dfrac{s^{-1}}{4(1+s^{-1})}-\dfrac{s^{-1}}{8\left(1+\dfrac{1}{2}s^{-1}\right)}$

系统并联结构的信号流图如图 6.9-23 所示。

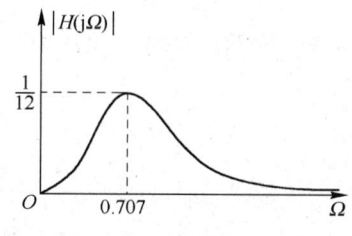

图 6.9-22 幅频特性曲线

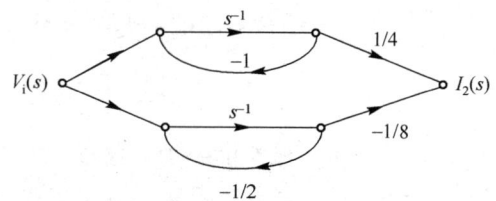

图 6.9-23 系统并联结构流图

练习题

6.9-1 画出图题 6.9-1 中方框图所对应的流图形式，并用梅森公式求其系统函数 $H(s)=Y(s)/X(s)$。

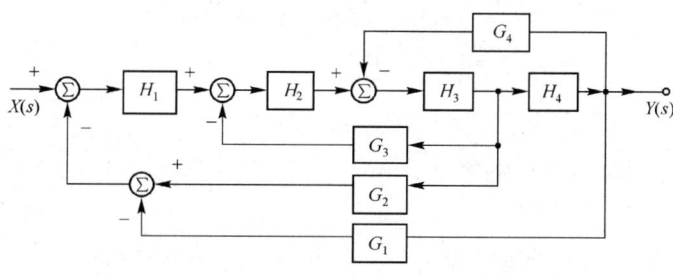

图 题 6.9-1

6.9-2 求图题 6.9-2 所示各流图的增益。

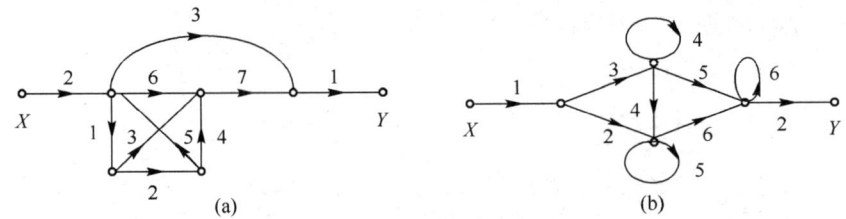

图 题6.9-2

6.9-3 试绘出下列微分方程所描述的系统的直接形式、级联形式和并联形式的模拟框图或信号流图。

（1）$\dfrac{d^2 y(t)}{dt^2} + 3\dfrac{dy(t)}{dt} + 2y(t) = x(t)$ （2）$\dfrac{d^3 y(t)}{dt^3} + 4\dfrac{d^2 y(t)}{dt^2} + 4\dfrac{dy(t)}{dt} + 3y(t) = \dfrac{d^2 x(t)}{dt^2} + 2\dfrac{dx(t)}{dt}$

6.10 系统的稳定性

在研究和设计各类系统时，系统的稳定性十分重要。所谓稳定，是指对于有界的激励，只能产生有界响应的系统。换言之，对于稳定系统，若激励函数

$$|x(t)| \leqslant M_x \qquad (6.10\text{-}1)$$

则响应函数必有

$$|y(t)| \leqslant M_y \qquad (6.10\text{-}2)$$

其中 M_x 和 M_y 为有限的正实数。反之，如果对于有界的激励而产生无限增长的响应，则系统是不稳定的。

稳定性是系统自身的性质之一，系统是否稳定与激励信号无关。系统的冲激响应 $h(t)$ 或系统函数 $H(s)$ 表征了系统的本性，当然，它们也会反映出系统的稳定性。所以，判断系统是否稳定，可以从时域或 s 域两方面分析。

1. 时域的稳定条件

LTI 连续时间系统为稳定系统的充要条件是，系统的冲激响应 $h(t)$ 绝对可积，即

$$\int_{-\infty}^{\infty} |h(t)| dt \leqslant M \qquad (6.10\text{-}3)$$

式中，M 为有界正常数。现在证明这一结论。

首先证充分性。对于任意有界输入 $x(t)$，系统的零状态响应

$$y(t) = h(t) * x(t) = \int_{-\infty}^{\infty} h(\tau) x(t-\tau) d\tau$$

所以

$$|y(t)| \leqslant \int_{-\infty}^{\infty} |h(\tau)||x(t-\tau)| d\tau$$

将式(6.10-1)代入上式，则有

$$|y(t)| \leqslant M_x \int_{-\infty}^{\infty} |h(\tau)| d\tau$$

如果 $h(t)$ 绝对可积，即式(6.10-3)成立，则有

$$|y(t)| \leqslant M_x M$$

即对任意的有界输入 $x(t)$，系统的零状态响应均有界。因此，式(6.10-3)是系统稳定的充分条件。

下面再证必要性。因为如果选择满足下式条件的特定的有界激励

$$x(-t) = \text{sgn}[h(t)] = \begin{cases} 1 & h(t) > 0 \\ -1 & h(t) < 0 \end{cases}$$

于是有
$$x(-t)h(t) = |h(t)|$$

则根据卷积积分有
$$y(t) = \int_{-\infty}^{\infty} h(\tau)x(t-\tau)\mathrm{d}\tau$$

令 $t = 0$，则
$$y(0) = \int_{-\infty}^{\infty} h(\tau)x(-\tau)\mathrm{d}\tau = \int_{-\infty}^{\infty} |h(\tau)|\mathrm{d}\tau$$

如果 $\int_{-\infty}^{\infty} |h(\tau)|\mathrm{d}\tau$ 无界，则 $y(0)$ 也无界，这说明至少有一个特定的有界激励会产生无界的响应。因此式(6.10-3)也是系统稳定的必要条件。

为了符合绝对可积条件，在 t 趋于无限大时，冲激响应应趋于零，即 $\lim\limits_{t\to\infty} h(t) = 0$。

在 t 未趋于无限大的一般情况下，冲激响应 $h(t)$ 中，除了在 $t = 0$ 处可能有孤立的冲激函数外，都应是有限的，即 $|h(t)| < M$，其中 $0 < t < \infty$，M 是有限的正实数。

2. s 域的稳定条件

在复频域（即 s 域）中，稳定系统的系统函数 $H(s)$ 的极点都落于左半 s 平面。这是因为当 $H(s)$ 的极点在左半 s 平面内（见 6.6 节）时，它对应的冲激响应 $h(t)$ 呈衰减形式，即满足 $\lim\limits_{t\to\infty} h(t) = 0$，从而系统是稳定的。

从稳定性考虑，可划分为下述三类系统：

（1）**稳定系统**（也称为渐近稳定系统）：$H(s)$ 全部极点落于左半 s 平面，其 $h(t)$ 呈衰减形式。

（2）**不稳定系统**：若 $H(s)$ 有极点落于右半 s 平面，或在虚轴上具有二阶以上极点，则对应的 $h(t)$ 呈增长形式。

（3）**边界稳定系统**：若 $H(s)$ 有极点落于 s 平面的虚轴上，且只是一阶极点，其余极点位于左半 s 平面，则 $h(t)$ 为等幅振荡或趋于非零的常数。这是上述两种类型的边界情况。

为使分类简化，可以把边界稳定系统也划归为稳定系统。

从物理概念上讲，无源网络不能对外部供给能量，所以响应函数的幅度是有限的，它们总是稳定的或边界稳定的系统。

判断 $H(s)$ 的极点是否全部位于左半 s 平面，可以利用劳斯准则（Routh criterion）（亦称劳斯判据）。有关劳斯准则内容可以扫二维码。

对于一阶和二阶系统来说，问题将变得很简单，只要 $H(s)$ 分母多项式 $A(s)$ 的系数 a_i 满足 $a_i > 0$，$i = 0,1,2$，即可保证 $H(s)$ 的极点位于左半 s 平面，也即 $A(s)$ 之根实部都为负。此条件即是系统稳定的充要条件。

例 6.10-1 已知图 6.10-1 所示的运算放大器的电压传输系数为 A，假定其输入阻抗等于无限大，输出阻抗等于零。

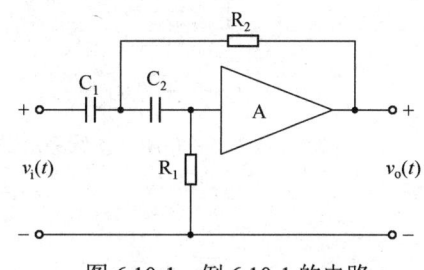

图 6.10-1　例 6.10-1 的电路

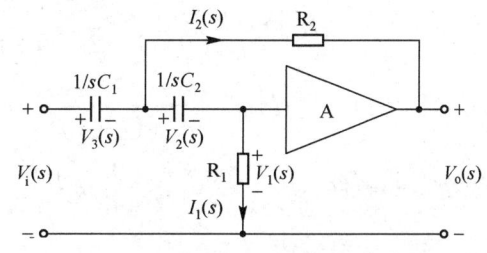

图 6.10-2　例 6.10-1 电路的 s 域模型

（1）求系统函数 $H(s) = \dfrac{V_o(s)}{V_i(s)}$；

（2）要使系统稳定，则电压传输系数 A 应满足怎样的条件？

解：（1）画出图 6.10-1 电路的 s 域模型，如图 6.10-2 所示。电阻 R_1 两端的电压的像函数 $V_1(s)$，以及流过电阻 R_1 和电容 C_2 的电流的像函数 $I_1(s)$ 分别为

$$V_1(s) = \frac{V_o(s)}{A} \qquad I_1(s) = \frac{V_o(s)}{AR_1}$$

电容 C_2 两端的电压的像函数为 $\quad V_2(s) = \dfrac{1}{sC_2} I_1(s) = \dfrac{V_o(s)}{AsR_1C_2}$

流过电阻 R_2 的电流的像函数为 $\quad I_2(s) = \dfrac{V_1(s)+V_2(s)-V_o(s)}{R_2} = \dfrac{V_o(s)}{AsR_1R_2C_2}[(1-A)sR_1C_2+1]$

电容 C_1 两端的电压的像函数为 $\quad V_3(s) = \dfrac{1}{sC_1}[I_1(s)+I_2(s)]$

$$= \frac{V_o(s)}{As^2R_1R_2C_1C_2}[sR_2C_2+(1-A)sR_1C_2+1]$$

因为 $V_1(s)+V_2(s)+V_3(s)=V_i(s)$，则

$$\frac{V_o(s)}{A} + \frac{V_o(s)}{AsR_1C_2} + \frac{V_o(s)}{As^2R_1R_2C_1C_2}[sR_2C_2+(1-A)sR_1C_2+1] = V_i(s)$$

系统函数为 $\quad H(s) = \dfrac{V_o(s)}{V_i(s)} = \dfrac{As^2}{s^2+\left[\dfrac{C_1+C_2}{R_1C_1C_2}+\dfrac{1-A}{R_2C_1}\right]s+\dfrac{1}{R_1R_2C_1C_2}}$

（2）为使此系统稳定，$H(s)$ 的极点应落于左半 s 平面，故应有 $\dfrac{C_1+C_2}{R_1C_1}+\dfrac{1-A}{R_2C_1} \geqslant 0$（取等号为边界稳定），所以，当 $A \leqslant 1+\dfrac{R_2}{R_1}+\dfrac{R_2C_1}{R_1C_2}$ 时，系统稳定。

例 6.10-2 系统如图 6.10-3 所示，已知 $H_1(s) = \dfrac{2s+1}{s+2}$，$H_2(s) = \dfrac{1}{s+3}$。

（1）求系统函数 $H(s) = Y(s)/X(s)$，并讨论 K 满足什么条件时，系统稳定；
（2）当 $K = -1$ 时，求系统的单位冲激响应；
（3）画出 $K = -1$ 时系统的零极点分布图和系统幅频特性曲线；
（4）画出 $K = -1$ 时整个系统的级联型信号流图。

解：（1）根据系统的方框图可得

$$\begin{cases} E(s) = X(s) - H_2(s) \cdot Y(s) \\ Y(s) = (H_1(s)+K) \cdot E(s) \end{cases}$$

解得 $\quad H(s) = \dfrac{Y(s)}{X(s)} = \dfrac{H_1(s)+K}{1-(H_1(s)+K) \cdot H_2(s)}$

代入已知条件 $\quad H(s) = \dfrac{(s+3)(2s+Ks+1+2K)}{s^2+(7+K)s+7+2K}$

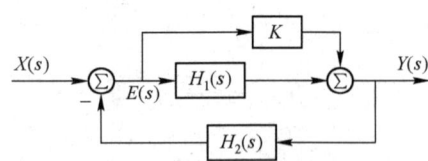

图 6.10-3 例 6.10-2 连续系统结构

根据系统稳定的条件得 $\quad \begin{cases} 7+K>0 \\ 7+2K>0 \end{cases} \Rightarrow \begin{cases} K>-7 \\ K>-3.5 \end{cases}$

则 $K>-3.5$ 时，系统稳定。

（2）当 $K=-1$ 时，系统函数为 $\quad H(s) = \dfrac{(s+3)(s-1)}{s^2+6s+5} = 1 - \dfrac{4s+8}{(s+5)(s+1)} = 1 - \dfrac{3}{s+5} - \dfrac{1}{s+1}$

系统的单位冲激响应为 $\quad h(t) = \delta(t) - 3e^{-5t} - e^{-t}$，$t \geqslant 0$

（3）当 $K=-1$ 时，系统的零、极点分别为 $z_1=-3$，$z_2=1$，$p_1=-1$，$p_2=-5$，如图 6.10-4

所示。幅频特性曲线如图 6.10-5 所示。

（4） $H(s) = \dfrac{(s+3)(s-1)}{(s+5)(s+1)} = \dfrac{s+3}{s+5} \cdot \dfrac{s-1}{s+1} = \dfrac{1+3s^{-1}}{1+5s^{-1}} \cdot \dfrac{1-s^{-1}}{1+s^{-1}}$

根据上式可画出系统级联型信号流图，如图 6.10-6 所示。

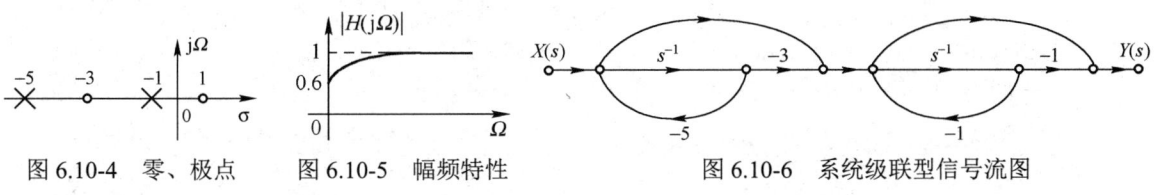

图 6.10-4　零、极点　　图 6.10-5　幅频特性　　图 6.10-6　系统级联型信号流图
　　　　　分布图

练习题

6.10-1　图题 6.10-1 所示反馈电路中，$kv_2(t)$ 是受控源。

（1）求电压转移函数 $H(s) = \dfrac{V_o(s)}{V_1(s)}$；　　（2）$k$ 满足什么条件时系统稳定？

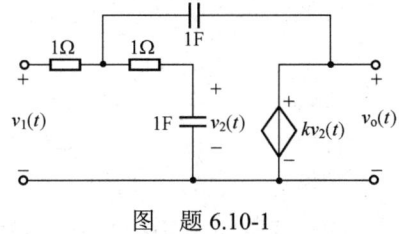
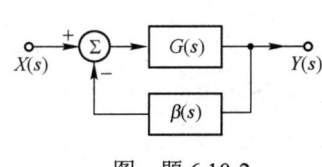

　　图　题 6.10-1　　　　　　　　　　　图　题 6.10-2

6.10-2　单环反馈系统如图题 6.10-2 所示，已知 $G(s) = \dfrac{1}{s^2+2s+1}$，
$\beta(s) = (k-1)(s+1)$。试确定使系统稳定的 k 值范围。

6.10-3　图题 6.10-3 所示互感电路，激励为 $v_1(t)$，响应为 $v_2(t)$。

（1）写出电压转移函数 $H(s) = V_2(s)/V_1(s)$；

（2）求 $H(s)$ 的极点，电路参数满足什么条件下才能使极点落在左半 s 平面。此条件实际是否满足？

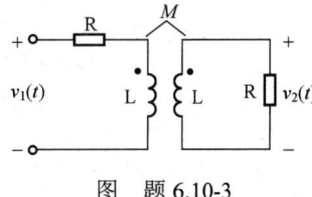

图　题 6.10-3

6.11　MATLAB 在连续系统变换域分析中的应用

　　连续时间系统的变换域分析主要借助系统函数来分析系统的性能，通过系统函数我们可以分析系统的频响特性、时域特性和稳定性等；同样，根据系统函数也可以得到系统的微分方程和系统的零、极点分布。通过系统的零、极点分析，可以得到系统的冲激响应，判断系统的稳定性，分析系统的频响特性（包括幅频特性和相频特性）。

　　MATLAB 的控制系统工具箱为用户提供的 tf 函数用来生成系统函数，pole 函数用来计算系统函数的极点，zero 函数用来计算系统函数的零点，pzmap 函数用来绘制系统的零极点图。impulse 函数用来计算系统的冲激响应；零、极点图可以判断系统的稳定性；freqs 函数用来计算给定系统的频响特性。

　　例 6.11-1　已知连续时间系统的系统函数为：$H(s) = \dfrac{2s+1}{s^2+3s+5}$，用 MATLAB 绘制其零、极点图，对应的冲激响应 $h(t)$ 的波形，以及系统的幅频特性和相频特性曲线。

　　解：该系统为二阶系统，其实现程序 mat601 如下，得到的图形如图 6.11-1 所示。

```
num=[2 1];den=[1 3 5];              %系统函数的分子与分母多项式
sys=tf(num,den);w=0:0.5:20;          %Ω=0:0.5:15，系统频响特性的频率范围
subplot(1,4,1);pzmap(sys);           %绘制零极点图
subplot(1,4,2);impulse(sys);grid;    %绘制冲激响应波形
[h,w]=freqs(num,den,w);              %求系统响应函数 H(jΩ)
h1=abs(h);   h2=angle(h);            %求幅频特性和相频特性
subplot(1,4,3);plot(w,h1);grid; xlabel('角频率');ylabel('幅度');
subplot(1,4,4);plot(w,h2*180/pi);grid; xlabel('角频率');ylabel('相位(度)');
```

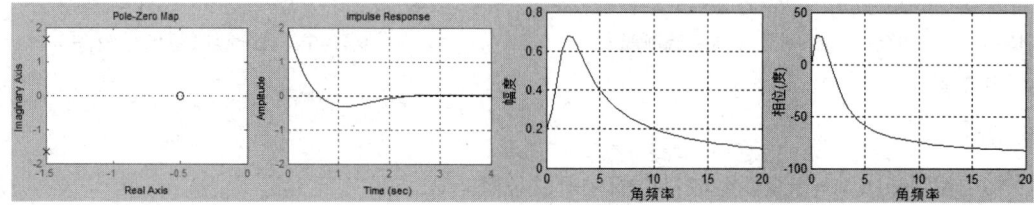

图 6.11-1　二阶系统的零极点、冲激响应和频响特性

例 6.11-2　已知连续时间系统的系统函数如下：

$$H_1(s)=\frac{2}{s+2} \quad H_2(s)=\frac{s}{s+2} \quad H_3(s)=\frac{2s}{s^2+2s+5} \quad H_4(s)=\frac{s^2+5}{s^2+2s+5}$$

用 MATLAB 绘制上述各系统的幅频特性曲线，由系统的幅频特性可以看出系统呈现什么类型的滤波器。

解：上述四个系统分别为一阶和二阶系统，其实现程序 mat602 如下，得到的图形如图 6.11-2 所示。

```
num1=[2];den1=[1 2]; num2=[1 0];den2=[1 2]; w=0:0.5:15;
num3=[2 0];den3=[1 2 5];num4=[1 0 5];den4=[1 2 5];
[h1,w]=freqs(num1,den1,w); subplot(1,4,1);plot(w,abs(h1));grid;title('|H1(j\Omega)|');
[h2,w]=freqs(num2,den2,w); subplot(1,4,2);plot(w,abs(h2));grid;title('|H2(j\Omega)|');
[h3,w]=freqs(num3,den3,w); subplot(1,4,3);plot(w,abs(h3));grid;title('|H3(j\Omega)|');
[h4,w]=freqs(num4,den4,w); subplot(1,4,4);plot(w,abs(h4));grid;title('|H4(j\Omega)|');
```

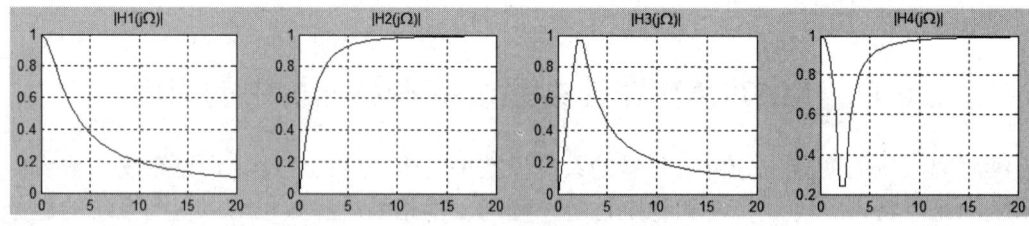

图 6.11-2　四个不同系统的幅频特性

根据系统的幅频特性可以得出：系统 $H_1(s)$ 呈现低通滤波性能；系统 $H_2(s)$ 呈现高通滤波性能；系统 $H_3(s)$ 呈现带通滤波性能；系统 $H_4(s)$ 呈现带阻滤波性能。

例 6.11-3　已知连续系统的极点位置为 $p_1=-2+j3$，$p_2=-2-j3$，四个不同的零点位置如下所示：

（1）$z_1=1$，$z_2=-2$　（2）$z_1=-1$，$z_2=-2$　（3）$z_1=-1$，$z_2=2$　（4）$z_1=1$，$z_2=2$

绘制不同系统的相频特性，观察不同系统的相频特性，可以得出什么结论？

解：根据系统的零极点位置，可以得到四个系统的系统函数如下：

$$H_1(s) = \frac{s^2+s-2}{s^2+4s+13} \quad H_2(s) = \frac{s^2+3s+2}{s^2+4s+13} \quad H_3(s) = \frac{s^2-s-2}{s^2+4s+13} \quad H_2(s) = \frac{s^2-3s+2}{s^2+4s+13}$$

绘制上述系统的相频特性的 MATLAB 程序为 mat603，其程序清单如下，绘制的曲线如图 6.11-3 所示。

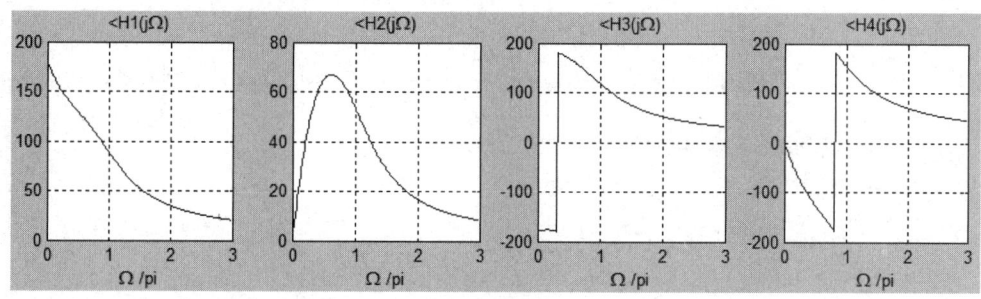

图 6.11-3　四个不同系统的相频特性

```
den=[1 4 13];num1=[1 1 −2];num2=[1 3 2]; num3=[1 −1 −2];num4=[1 −3 2];w=0:0.05:4*pi;
[h1,w]=freqs(num1,den,w);subplot(1,4,1);
plot(w/pi,angle(h1)*180/pi);grid;title('<H1(j\Omega)'); xlabel('\Omega /pi');
[h2,w]=freqs(num2,den,w);subplot(1,4,2);
plot(w/pi,angle(h2)*180/pi);grid;title('<H2(j\Omega)'); xlabel('\Omega /pi');
[h3,w]=freqs(num3,den,w);subplot(1,4,3);
plot(w/pi,angle(h3)*180/pi);grid;title('<H3(j\Omega)');xlabel('\Omega /pi');
[h4,w]=freqs(num4,den,w);subplot(1,4,4);
plot(w/pi,angle(h4)*180/pi);grid;title('<H4(j\Omega)');xlabel('\Omega /pi');
```

上述四个系统具有相同的幅频特性，观察系统的相频特性可以得出：系统 $H_2(s)$ 的相位差最小，其原因是系统 $H_2(s)$ 的零极点均在 s 左半平面，这样的系统是最小相位系统。

例 6.11-4　用 MATLAB 绘制矩形脉冲 $f(t) = u(t) - u(t-2)$ 的拉普拉斯变换的幅度曲面图，以及该信号的傅里叶变换的幅度谱曲线。

解：为了观察和分析信号的拉普拉斯变换 $F(s)$ 随复变量 s 的变化关系，可以将 $F(s)$ 写成模和辐角的形式，即 $|F(s)|\mathrm{e}^{\mathrm{j}\varphi(s)}$。从三维几何空间的角度可见，模和辐角是复变量 s 的复函数，对应着 s 平面的两个曲面。$|F(s)|$ 随复变量 s 变化的曲面图称为幅度曲面图，$\varphi(s)$ 随复变量 s 变化的曲面图称为相位曲面图。

根据拉普拉斯变换和傅里叶变换的的定义和性质，上述信号的拉普拉斯变换和傅里叶变换为

$$F(s) = (1-\mathrm{e}^{-2s})/s, \quad F(\mathrm{j}\Omega) = 2\mathrm{Sa}(\Omega)\mathrm{e}^{-\mathrm{j}\Omega}$$

其程序 mat604.m 如下，绘制的频谱和幅度曲面图如图 6.11-4 所示。

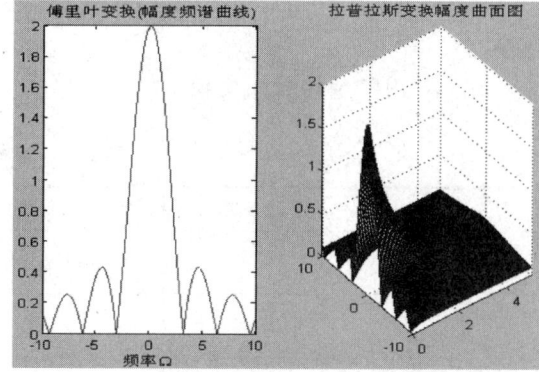

图 6.11-4　矩形脉冲的幅度谱和幅度曲面图

```
%绘制矩形时间信号傅里叶变换曲线
w=-10:0.03:10;Fw=(2*sin(w).*exp(-i*w))./w;        %确定频率范围，计算傅里叶变换
subplot(121);plot(w,abs(Fw));xlabel('频率\Omega');  %绘制信号幅度频谱曲线
title('傅里叶变换(幅度频谱曲线)');
%绘制单边矩形脉冲信号拉普拉斯变换幅度曲面图
```

```
x=-0:0.07:5;y=-10:0.07:10;              %定义绘制曲面图的横坐标和纵坐标范围
[x,y]=meshgrid(x,y);z=x+i*y;            %产生等间隔取样点，确定绘图区域
z=abs((1-exp(-2*z))./z);                %求拉普拉斯变换的幅度
subplot(122);mesh(x,y,z); surf(x,y,z);  %绘制曲面图，三维阴影曲面
axis([-0,5,-10,10,0,2]);title('拉普拉斯变换幅度曲面图');
```

练习题

6.11-1 已知连续时间系统的系统函数为 $H(s)=\dfrac{2s+3}{s(s^2+2s+6)}$，用 MATLAB 绘制其零、极点图，对应的冲激响应 $h(t)$ 的波形，以及系统的幅频特性和相频特性曲线。

6.11-2 已知各连续时间系统的系统函数分别为

$$H_1(s)=\frac{2s}{s+3}, \quad H_2(s)=\frac{s-1}{s+3}, \quad H_3(s)=\frac{2s+1}{s^2+3s+7}, \quad H_4(s)=\frac{s^2+4}{s^2+3s+7}$$

用 MATLAB 绘制上述各系统的幅频特性曲线，由系统的幅频特性判断系统的类型。

6.11-3 已知连续系统的极点位置为 $p_1=-3+\text{j}1$，$p_2=-3-\text{j}1$，四个不同的零点位置如下所示。

（1）$z_1=0.5$，$z_2=-3$　　（2）$z_1=-0.5$，$z_2=-3$　　（3）$z_1=-0.5$，$z_2=3$　　（4）$z_1=0.5$，$z_2=3$

绘制不同系统的相频特性。观察不同系统的相频特性，可以得出什么结论？

关键知识点概要

1. 拉普拉斯变换

（1）拉普拉斯变换的定义

拉普拉斯变换是建立时域函数 $f(t)$ 与复频域函数 $F(s)$ 之间的关系，分为单边拉氏变换和双边拉氏变换。

单边拉氏变换　　　　　$F(s)=\mathcal{L}[f(t)]=\int_{0^-}^{\infty}f(t)\text{e}^{-st}\text{d}t$

双边拉氏变换　　　　　$F_\text{B}(s)=\mathcal{L}_\text{B}[f(t)]=\int_{-\infty}^{\infty}f(t)\text{e}^{-st}\text{d}t$

式中，$s=\sigma+\text{j}\Omega$，本书主要讨论单边拉普拉斯变换，常简称它为拉普拉斯变换或拉氏变换。

（2）常用信号的拉氏变换

表 6-1　常用信号的拉氏变换

序号	$f(t)$ $(t>0)$	$F(s)=\mathcal{L}[f(t)]$	序号	$f(t)$ $(t>0)$	$F(s)=\mathcal{L}[f(t)]$
1	$\text{e}^{-\alpha t}$	$\dfrac{1}{s+\alpha}$	7	$\text{e}^{-\alpha t}\sin\Omega t$	$\dfrac{\Omega}{(s+\alpha)^2+\Omega^2}$
2	$u(t)$	$\dfrac{1}{s}$	8	$\text{e}^{-\alpha t}\cos\Omega t$	$\dfrac{s+\alpha}{(s+\alpha)^2+\Omega^2}$
3	$\delta(t)$	1	9	$t\text{e}^{-\alpha t}$	$\dfrac{1}{(s+\alpha)^2}$
4	t^n （n 是正整数）	$\dfrac{n!}{s^{n+1}}$	10	$t^n\text{e}^{-\alpha t}$ （n 是正整数）	$\dfrac{n!}{(s+\alpha)^{n+1}}$
5	$\sin\Omega t$	$\dfrac{\Omega}{s^2+\Omega^2}$	11	$t\sin\Omega t$	$\dfrac{2\Omega s}{(s^2+\Omega^2)^2}$
6	$\cos\Omega t$	$\dfrac{s}{s^2+\Omega^2}$	12	$t\cos\Omega t$	$\dfrac{s^2-\Omega^2}{(s^2+\Omega^2)^2}$

（3）拉普拉斯变换的基本性质

表 6-2 拉氏变换的基本性质

序号	名称	结论	序号	名称	结论
1	线性	$\mathcal{L}[K_1 f_1(t) + K_2 f_2(t)] = K_1 F_1(s) + K_2 F_2(s)$	7	s 域微分	$\mathcal{L}[(-t)f(t)] = \dfrac{dF(s)}{ds}$ $\mathcal{L}[(-t)^n f(t)] = \dfrac{d^n F(s)}{ds^n}$
2	时域微分	$\mathcal{L}\left[\dfrac{df(t)}{dt}\right] = sF(s) - f(0^-)$ $\mathcal{L}\left[\dfrac{d^n f(t)}{dt^n}\right] = s^n F(s) - \sum_{r=0}^{n-1} s^{n-r-1} f^{(r)}(0^-)$	8	s 域积分	$\mathcal{L}\left[\dfrac{f(t)}{t}\right] = \int_s^\infty F(\eta) d\eta$
3	时域积分	$\mathcal{L}\left[\int_{-\infty}^t f(\tau) d\tau\right] = \dfrac{F(s)}{s} + \dfrac{f^{(-1)}(0^-)}{s}$	9	初值	$\lim\limits_{t \to 0} f(t) = \lim\limits_{s \to \infty} sF(s)$
4	延时	$\mathcal{L}[f(t-t_0)u(t-t_0)] = e^{-st_0} F(s) \quad (t_0 > 0)$	10	终值	$\lim\limits_{t \to \infty} f(t) = \lim\limits_{s \to 0} sF(s)$
5	s 域位移	$\mathcal{L}[f(t)e^{-\alpha t}] = F(s+\alpha)$	11	时域卷积	$\mathcal{L}[f_1(t) * f_2(t)] = F_1(s) F_2(s)$
6	尺度变换	$\mathcal{L}[f(at)] = \dfrac{1}{a} F\left(\dfrac{s}{a}\right) \quad (a>0)$	12	s 域卷积	$\mathcal{L}[f_1(t) f_2(t)] = \dfrac{1}{2\pi j} \int_{\sigma-j\infty}^{\sigma+j\infty} F_1(z) F_2(s-z) dz$

注：$\mathcal{L}[f(t)] = F(s)$，$\mathcal{L}[f_1(t)] = F_1(s)$，$\mathcal{L}[f_2(t)] = F_2(s)$

（4）拉普拉斯逆变换——部分分式展开法

利用部分分式展开法求拉氏逆变换是将复杂变换式 $F(s)$ 分解为许多简单变换式之和，然后分别查表求取原时间信号。

$$F(s) = \frac{A(s)}{B(s)} = \frac{a_m s^m + a_{m-1} s^{m-1} + \cdots + a_1 s + a_0}{b_n s^n + b_{n-1} s^{n-1} + \cdots + b_1 s + b_0}$$

式中，系数 a_i 和 b_i 都为实数，m 和 n 是正整数。$F(s)$ 是真分式时，将其分母 $B(s)$ 写成 $B(s) = b_n(s - p_1)(s - p_2)\cdots(s - p_n)$，其中 $p_1, p_2, \cdots, p_n$ 为 $F(s)$ 的极点，按照极点之不同特点，部分分式展开法有以下三种情况：

① 极点为实数，无重根

$$F(s) = \sum_{i=1}^n \frac{K_i}{s - p_i}, \quad \text{待定系数为：} \quad K_i = (s - p_i) F(s) \big|_{s = p_i}$$

② 极点包含共轭复数极点

$$B(s) = b_n(s - p_1)(s - p_2) \cdots (s - p_{n-2})(s^2 + bs + c) = B_1(s)(s^2 + bs + c)$$

式中，$b^2 - 4c < 0$。$F(s)$ 可写为

$$F(s) = \frac{As + B}{s^2 + bs + c} + \frac{A_1(s)}{B_1(s)}$$

上式中，第二项按上述（1）方法所述展开，对于右边第一项，系数 A 和 B 可利用对应项系数相等的方法（即待定法）求得，而 $\dfrac{As + B}{s^2 + bs + c}$ 的逆变换则可用配方法来求。

③ 极点包含多重极点

$$F(s) = \frac{A(s)}{(s - p_1)^k D(s)} = \frac{K_{11}}{(s - p_1)^k} + \frac{K_{12}}{(s - p_1)^{k-1}} + \cdots + \frac{K_{1k}}{(s - p_1)} + \frac{E(s)}{D(s)}$$

式中 $F(s)$ 在 p_1 处有 k 阶极点，$E(s)/D(s)$ 表示展开式中与极点 p_1 无关的其余部分，对应 $K_{11}, K_{12}, \cdots, K_{1k}$ 为 k 个待定系数。

$$K_{1i} = \frac{1}{(i-1)!} \frac{d^{i-1}}{ds^{i-1}} \left[(s-p_1)^k F(s) \right] \bigg|_{s=p_1}$$

2. s 域元件模型

已知 R,L,C 元件的时域关系为

$$v_R(t) = Ri_R(t) \quad v_L(t) = L\frac{di_L(t)}{dt} \quad v_C(t) = \frac{1}{C}\int_{-\infty}^{t} i_C(\tau)d\tau = \frac{1}{C}\int_{0^-}^{t} i_C(\tau)d\tau + v_C(0^-)$$

s 域元件回路分析模型：

(a) 电阻 (b) 电感 (c) 电容

3. 线性系统的 s 域分析法

线性时不变连续系统的数学模型是常系数微分方程，已知激励信号时，可以利用拉普拉斯变换把时域微分方程变换成 s 域的代数方程，求解出响应的拉氏变换式，再经过拉氏逆变换从而得到系统的响应。

对于具体电路，不必先列微分方程，可先画出 s 域模型图，注意激励信号也需要拉氏变换，然后在所画 s 域模型图上直接利用电路分析法（例如 KVL 和 KCL）列写求解响应的变换式。其步骤如下：

（1）根据 $t<0$ 的电路求 $t=0^-$ 时刻电感中的电流 $i_L(0^-)$ 和电容上的电压 $v_C(0^-)$；
（2）求已知激励信号 $x(t)$ 的拉氏变换 $X(s)$；
（3）画出 $t \geq 0$ 时的 s 域模型；
（4）利用电路分析法对 s 域模型列写方程组并求解，得到响应的像函数；
（5）对所求得的响应像函数进行拉氏逆变换，得到响应的时域解。

4. 系统函数与时域特性

（1）将系统零状态响应的拉氏变换与激励信号的拉氏变换之比称为系统函数，记为 $H(s)$。

$$H(s) = \frac{Y_{zs}(s)}{X(s)}, \quad Y_{zs}(s) = H(s)X(s), \quad h(t) = \mathcal{L}^{-1}[H(s)], \quad \mathcal{L}[h(t)] = H(s)$$

$$y_{zs}(t) = \mathcal{L}^{-1}[Y_{zs}(s)] = \mathcal{L}^{-1}[H(s)X(s)] = \mathcal{L}^{-1}[H(s)] * \mathcal{L}^{-1}[X(s)] = h(t) * x(t)$$

（2）系统零、极点分布与时域响应特性的关系，线性时不变系统的系统函数一般是以多项式之比的形式出现的，即

$$H(s) = \frac{B(s)}{A(s)} = \frac{b_m s^m + b_{m-1} s^{m-1} + \cdots + b_1 s + b_0}{a_n s^n + a_{n-1} s^{n-1} + \cdots + a_1 s + a_0} = \frac{b_m(s-z_1)(s-z_2)\cdots(s-z_m)}{a_n(s-p_1)(s-p_2)\cdots(s-p_n)} = H_0 \frac{\prod_{j=1}^{m}(s-z_j)}{\prod_{i=1}^{n}(s-p_i)}$$

这里 $z_1, z_2, \cdots, z_m$ 是系统函数的零点，$p_1, p_2, \cdots, p_n$ 是系统函数的极点。$(s-z_j)$ 称为零点因子（$j=1,2,\cdots,m$），而 $(s-p_i)$ 称为极点因子（$i=1,2,\cdots,n$），所以系统函数是由零点因子、极点因子及标量系数 $H_0 = b_m/a_n$ 三部分所确定的。

若 $H(s)$ 的极点落于左半 s 平面，则 $h(t)$ 波形为衰减形式；若 $H(s)$ 的极点落于右半 s 平面，则 $h(t)$ 波形为增长形式；落于虚轴上的一阶极点对应的 $h(t)$ 呈等幅振荡或阶跃形式；而虚轴上的二阶极点将使 $h(t)$ 呈增长形式。而 $H(s)$ 的零点位置的改变只会影响 $h(t)$ 的幅度和相

位，而对于 $h(t)$ 波形的形式没有影响。

（3）自由响应与强迫响应、暂态响应与稳态响应的关系

完全响应=自由响应+强迫响应=暂态响应+稳态响应

$$H(s)\text{的极点}\begin{cases}\text{左半}s\text{平面}\to\text{自由响应属于暂态响应}\\ \text{虚轴}\\ \text{右半}s\text{平面}\end{cases}\text{自由响应属于稳态响应}$$

$$X(s)\text{的极点}\begin{cases}\text{左半}s\text{平面}\to\text{强迫响应属于暂态响应}\\ \text{虚轴}\\ \text{右半}s\text{平面}\end{cases}\text{强迫响应属于稳态响应}$$

5. 由系统函数的零、极点分布确定频率响应

$$H(\mathrm{j}\Omega)=H(s)_{s=\mathrm{j}\Omega}=H_0\left.\frac{\prod\limits_{j=1}^{m}(s-z_j)}{\prod\limits_{i=1}^{n}(s-p_i)}\right|_{s=\mathrm{j}\Omega}=H_0\frac{\prod\limits_{j=1}^{m}(\mathrm{j}\Omega-z_j)}{\prod\limits_{i=1}^{n}(\mathrm{j}\Omega-p_i)}$$

$$H(\mathrm{j}\Omega)=H_0\frac{N_1\mathrm{e}^{\mathrm{j}\psi_1}N_2\mathrm{e}^{\mathrm{j}\psi_2}\cdots N_m\mathrm{e}^{\mathrm{j}\psi_m}}{M_1\mathrm{e}^{\mathrm{j}\theta_1}M_2\mathrm{e}^{\mathrm{j}\theta_2}\cdots M_n\mathrm{e}^{\mathrm{j}\theta_n}}=H_0\frac{N_1N_2\cdots N_m}{M_1M_2\cdots M_n}\mathrm{e}^{\mathrm{j}[(\psi_1+\psi_2+\cdots+\psi_m)-(\theta_1+\theta_2+\cdots+\theta_n)]}$$

$$|H(\mathrm{j}\Omega)|=H_0\frac{N_1N_2\cdots N_m}{M_1M_2\cdots M_n}\to\text{幅频特性}$$

$$\varphi(\Omega)=(\psi_1+\psi_2+\cdots+\psi_m)-(\theta_1+\theta_2+\cdots+\theta_n)\to\text{相频特性}$$

（1）全通系统

如果系统函数的全部极点位于左半 s 平面，全部零点位于右半 s 平面，而且零点与极点对于 $\mathrm{j}\Omega$ 轴互为镜像，则称这种系统为全通系统，对应的系统函数则称为全通函数。

幅频特性为 $|H(\mathrm{j}\Omega)|=K$，具有全通特性。

（2）最小相位系统

零点仅位于左半 s 平面或 $\mathrm{j}\Omega$ 轴上的系统函数称为最小相位函数。对应的系统称为最小相位系统。反之，如果系统函数有一个或多个零点在右半 s 平面，则称该系统为非最小相位系统。

一个非最小相位系统可用最小相位系统与全通系统的级联来代替。或者说，非最小相位函数可以表示为最小相位函数与全通函数的乘积。

6. 系统模拟及信号流图

（1）可以采用三种基本运算器——加法器、标量乘法器和积分器来模拟给定系统的微分方程或系统函数 $H(s)$，称为系统模拟。系统的信号流图，就是用一些点和有向线段来表示系统。

（2）信号流图的梅森公式：
$$H=\frac{1}{\Delta}\sum_k G_k\Delta_k$$

式中
$$\Delta=1-\sum_a L_a+\sum_{b,c}L_bL_c-\sum_{d,e,f}L_dL_eL_f+\cdots$$

k 表示由源点到阱点之间的第 k 条前向通路的标号；
G_k 表示由源点到阱点之间的第 k 条前向通路的增益；
Δ_k 称为对于第 k 条前向通路特征行列式的余因子。它是除去与第 k 条前向通路相接触的环路外，所余子图的特征行列式

(3) 对于同一个系统函数，进行不同的运算可以得到多种不同的形式。常用的有直接形式、级联（或称为串联）形式和并联形式等。

级联形式就是将 $H(s)$ 分解为几个简单的系统函数的乘积，即

$$H(s) = A_0 H_1(s) H_2(s) \cdots H_k(s) = A_0 \prod_{i=1}^{k} H_i(s)$$

其中每一子系统 $H_i(s)$ 可用直接形式实现。

并联形式是将 $H(s)$ 分解为几个简单系统函数与一常数 C 之和，即

$$H(s) = C + H_1(s) + H_2(s) + \cdots + H_k(s) = C + \sum_{i=1}^{k} H_i(s)$$

其中各子系统可用直接形式实现。

7. 系统的稳定性

稳定性是系统自身的性质之一，系统是否稳定与激励信号无关。系统的冲激响应 $h(t)$ 或系统函数 $H(s)$ 表征了系统的本性，当然，它们也会反映出系统的稳定性。所谓稳定系统，是指对于有界激励，只能产生有界响应的系统。

（1）连续时间系统为稳定系统的充要条件是，系统的冲激响应 $h(t)$ 绝对可积，即

$$\int_{-\infty}^{\infty} |h(t)| \mathrm{d}t \leqslant M，式中，M 为有界正常数。$$

（2）在复频域（即 s 域）中，稳定系统的系统函数 $H(s)$ 的极点都落于左半 s 平面。这是因为当 $H(s)$ 的极点在左半 s 平面内时，它对应的冲激响应 $h(t)$ 呈衰减形式，即满足 $\lim_{t \to \infty} h(t) = 0$，从而系统是稳定的。

（3）从稳定性考虑，可划分为下述三类系统：

① 稳定系统（也称为渐近稳定系统）：$H(s)$ 全部极点落于左半 s 平面，其 $h(t)$ 呈衰减形式。

② 不稳定系统：若 $H(s)$ 有极点落于右半 s 平面，或在虚轴上具有二阶以上极点，则对应的 $h(t)$ 呈增长形式。

③ 边界稳定系统：若 $H(s)$ 有极点落于 s 平面的虚轴上，且只是一阶极点，其余极点位于左半 s 平面，则 $h(t)$ 为等幅振荡或趋于非零的常数。这是上述两种类型的边界情况。

综合习题

6-1 求下列函数的拉氏变换，注意阶跃函数的跳变时间。

(1) $f(t) = (t-1)u(t)$　(2) $f(t) = (t-1)u(t-1)$　(3) $f(t) = tu(t-1)$　(4) $f(t) = (t+1)u(t+1)$

6-2 若 $\mathcal{L}[f(t)] = F(s)$，试证明：

(1) $\mathcal{L}[f(t-t_0)] = \mathrm{e}^{-st_0} \left[F(s) + \int_{-t_0}^{0^-} f(t) \mathrm{e}^{-st} \mathrm{d}t \right]$　　(2) $\mathcal{L}[f(t+t_0)] = \mathrm{e}^{st_0} \left[F(s) - \int_{0^-}^{t_0} f(t) \mathrm{e}^{-st} \mathrm{d}t \right]$

6-3 试利用拉氏变换的时域卷积定理求下列拉氏变换 $F(s)$ 的原函数 $f(t)$。

(1) $\dfrac{1}{(s+\alpha)^2}$　　(2) $\left(\dfrac{1-\mathrm{e}^{-s}}{s} \right)^2$　　(3) $\dfrac{s}{(s+\alpha)(s^2+1)}$

6-4 已知因果线性时不变系统的系统函数为 $H(s) = \dfrac{1}{s^2 + 6s + 8}$，起始条件为 $y(0^-) = 1$，$y'(0^-) = 2$，激励信号为 $x(t) = \delta(t) + u(t)$

(1) 求系统的零输入响应 $y_{zi}(t)$ 和零状态响应 $y_{zs}(t)$；

(2) 画出 $H(s)$ 的零极点分布图，并画出系统的幅频特性和相频特性曲线；

（3）画出串联形式的结构框图或流图。

6-5 如图题 6-5 所示电路，写出系统函数 $H(s)=V_2(s)/V_1(s)$。在 s 平面画出 $H(s)$ 的零、极点分布图，指出是否为全通网络。

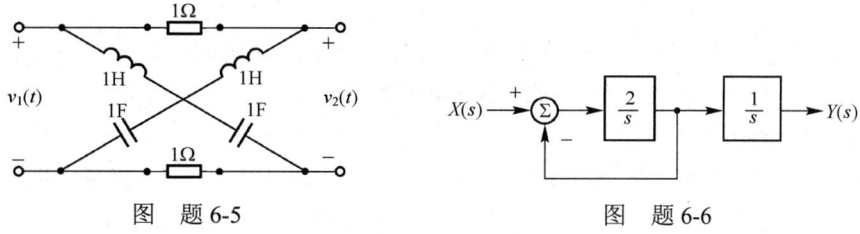

图 题 6-5　　　　　　　　图 题 6-6

6-6 系统如图题 6-6 所示（设系统初始无储能）。
（1）求系统函数 $H(s)=Y(s)/X(s)$，并讨论系统的稳定性；
（2）粗略画出系统的幅频特性与相频特性曲线；　（3）求系统的冲激响应与阶跃响应；
（4）若激励信号为 $x(t)=\delta(t)-\delta(t-1)$，求响应 $y(t)$，并指出暂态响应与稳定响应各分量。

6-7 图题 6-7 所示电路中有 3 个受控电流源。
（1）求系统函数 $H(s)=Y(s)/X(s)$；　（2）当 $k=1$ 时，求系统的单位冲激响应。

6-8 已知图题 6-8 所示运算放大器的电压传输系数为 A，假定其输入阻抗为无穷大，输出阻抗为零，求系统函数 $H(s)=V_o(s)/V_i(s)$。

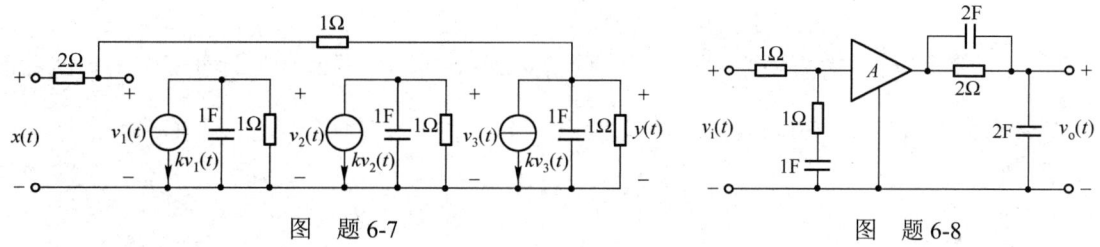

图 题 6-7　　　　　　　　图 题 6-8

6-9 系统如图题 6-9 所示，已知 $H_1(s)=\dfrac{2s}{s+1}$，$H_2(s)=\dfrac{1}{s+2}$。
（1）求系统函数 $H(s)=Y(s)/X(s)$，并讨论 K 满足什么条件时，系统稳定；
（2）当 $K=-0.5$ 时，求系统的单位冲激响应；
（3）画出 $K=-0.5$ 时系统的零极点分布图和系统的幅频特性曲线；
（4）画出 $K=-0.5$ 时整个系统的直接型信号流图。

6-10 电路如图题 6-10 所示，已知 $v_C(0^-)=4\text{V}$，$i_L(0^-)=-2\text{A}$，$x(t)=2u(t)$，以电感两端的电压作为输出。
（1）求电压 $v_L(t)$ 的零输入响应和零状态响应；
（2）求系统函数 $H(s)=V_L(s)/X(s)$；
（3）画出系统零极点图和幅频特性曲线；
（4）画出系统串联结构的方框图或信号流图。

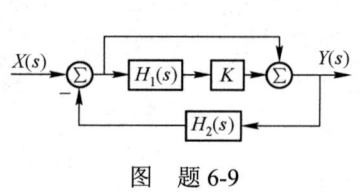
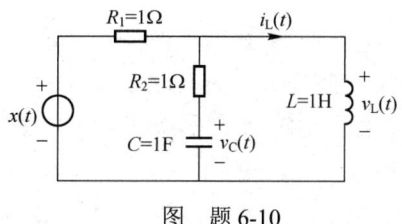

图 题 6-9　　　　　　　　图 题 6-10

第 7 章 离散时间信号与系统的频域分析

第 3 章介绍了离散时间信号与系统的基本概念及基于时间域的表示方法和分析方法，可以看出，从概念描述到分析方法，离散时间系统和连续时间系统在许多方面都是相似的。比如，连续系统的数学模型是微分方程，离散系统则是差分方程；差分方程和微分方程的求解方法也是并行对应的；在 LTI 连续系统的时域分析中，冲激响应和卷积积分具有重要的地位和意义，而在 LTI 离散系统的时域分析中，单位样值响应和卷积和具有同样重要的地位和意义。

第 4～6 章分别介绍了连续时间信号与系统的傅里叶变换和拉普拉斯变换分析，通过变换，将时间域复杂烦琐的函数表示和积分、微分及卷积积分计算转换为简单易懂的变换域函数和代数乘法运算，拓展深化了连续时间信号与系统的分析与设计理论。与此相似，离散时间信号与系统也存在类似的变换域分析理论和工具——傅里叶变换和 z 变换（z transform）。本章讨论离散时间信号与系统的频域分析，即傅里叶变换分析方法，第 8 章讨论 z 域分析。请读者在学习时注意比较变换域中离散信号与系统和连续信号与系统分析方法的相似点。

7.1 离散时间傅里叶变换

7.1.1 离散时间傅里叶变换（DTFT，Discrete-Time Fourier Transform）的定义

设离散时间信号为 $x[n]$，其傅里叶变换记为 $X(e^{j\omega})$，也称序列 $x[n]$ 的频谱，定义为

$$X(e^{j\omega}) = \text{DTFT}[x[n]] = \sum_{n=-\infty}^{\infty} x[n] e^{-j\omega n} \tag{7.1-1}$$

根据级数收敛条件，式(7.1-1)级数收敛的充分条件是

$$\sum_{n=-\infty}^{\infty} |x[n] e^{-j\omega n}| = \sum_{n=-\infty}^{\infty} |x[n]| < \infty \tag{7.1-2}$$

也就是说，如果序列 $x[n]$ 绝对可和，则其傅里叶变换 $X(e^{j\omega})$ 一定存在且连续；反过来，如果序列 $x[n]$ 的傅里叶变换 $X(e^{j\omega})$ 存在且连续，则序列 $x[n]$ 一定是绝对可和的，即序列 $x[n]$ 与其傅里叶变换 $X(e^{j\omega})$ 是一一对应的，且称 $x[n]$ 是 $X(e^{j\omega})$ 的傅里叶逆变换（Inverse discrete-time Fourier transform，IDTFT），可以通过式(7.1-3)计算

$$x[n] = \text{IDTFT}[X(e^{j\omega})] = \frac{1}{2\pi} \int_{-\pi}^{\pi} X(e^{j\omega}) e^{j\omega n} d\omega \tag{7.1-3}$$

式(7.1-1)与式(7.1-3)构成了离散时间信号的傅里叶变换对，记为

$$x[n] \xleftrightarrow{\text{DTFT}} X(e^{j\omega}) \tag{7.1-4}$$

需要注意，这里定义的离散时间傅里叶变换，即 DTFT 不是通常所说的离散傅里叶变换（DFT：Discrete Fourier transform），关于 DFT 的内容将在后续课程"数字信号处理"中详细分析与讨论，有兴趣的同学可以扫描二维码进行初步了解。

例 7.1-1 求序列 $x[n] = a^n u[n]$（$|a| < 1$）的傅里叶变换 $X(e^{j\omega})$。

解：据式(7.1-1) $X(e^{j\omega}) = \sum_{n=-\infty}^{\infty} x[n] e^{-j\omega n} = \sum_{n=-\infty}^{\infty} a^n u[n] e^{-j\omega n} = \sum_{n=0}^{\infty} (a e^{-j\omega})^n = \dfrac{1}{1 - a e^{-j\omega}}$

$$= \frac{1}{1-a(\cos\omega - \mathrm{j}\sin\omega)} = \frac{1}{\sqrt{1+a^2-2a\cos\omega}} \mathrm{e}^{-\mathrm{j}\arctan\left(\frac{a\sin\omega}{1-a\cos\omega}\right)}$$

可见，$X(\mathrm{e}^{\mathrm{j}\omega})$ 是复值函数，而且是以 2π 为周期的周期函数，其大小 $|X(\mathrm{e}^{\mathrm{j}\omega})|$ 和辐角 $\varphi(\omega)$ 分别为

$$|X(\mathrm{e}^{\mathrm{j}\omega})| = \frac{1}{\sqrt{1+a^2-2a\cos\omega}}, \qquad \varphi(\omega) = -\arctan\left(\frac{a\sin\omega}{1-a\cos\omega}\right)$$

例 7.1-2 已知矩形脉冲序列 $x[n] = u[n+N_1] - u[n-(N_1+1)]$，如图 7.1-1(a)所示，求 $N_1 = 2$ 时的傅里叶变换 $X(\mathrm{e}^{\mathrm{j}\omega})$，并画出其频谱图形。

解：据式(7.1-1) $\qquad X(\mathrm{e}^{\mathrm{j}\omega}) = \sum_{n=-\infty}^{\infty} x[n]\mathrm{e}^{-\mathrm{j}\omega n} = \sum_{n=-N_1}^{N_1} \mathrm{e}^{-\mathrm{j}\omega n} = \frac{\sin[\omega(N_1+1/2)]}{\sin(\omega/2)}$

当 $N_1 = 0$ 时，$X(\mathrm{e}^{\mathrm{j}\omega}) = 1$；

当 $N_1 = 1$ 时，$X(\mathrm{e}^{\mathrm{j}\omega}) = \frac{\sin(3\omega/2)}{\sin(\omega/2)} = 1 + 2\cos\omega$

当 $N_1 = 2$ 时，$X(\mathrm{e}^{\mathrm{j}\omega}) = \frac{\sin(5\omega/2)}{\sin(\omega/2)} = 1 + 2\cos\omega + 2\cos 2\omega$

这里，$X(\mathrm{e}^{\mathrm{j}\omega})$ 是实值函数，且仍是以 2π 为周期的周期函数，当 $N_1 = 2$ 时，其 $X(\mathrm{e}^{\mathrm{j}\omega})$ 的图形如图 7.1-1(b)所示。

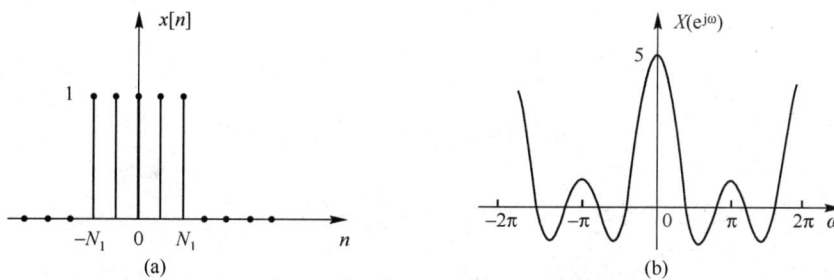

图 7.1-1　例 7.1-2 矩形脉冲序列及其频谱

例 7.1-3 已知序列 $x[n]$ 的频谱 $X(\mathrm{e}^{\mathrm{j}\omega})$ 如图 7.1-2(a)所示，求其逆变换即 IDTFT $x[n]$。

解：根据式(7.1-3) $\qquad x[n] = \frac{1}{2\pi}\int_{-\pi}^{\pi} X(\mathrm{e}^{\mathrm{j}\omega})\mathrm{e}^{\mathrm{j}\omega n}\mathrm{d}\omega = \frac{1}{2\pi}\int_{-\omega_\mathrm{m}}^{\omega_\mathrm{m}} \mathrm{e}^{\mathrm{j}\omega n}\mathrm{d}\omega$

$$= \frac{\omega_\mathrm{m}}{\pi} \cdot \frac{\sin\omega_\mathrm{m} n}{\omega_\mathrm{m} n}$$

$x[n]$ 的图形如图 7.1-2(b)所示（其中 $\omega_\mathrm{m} = \pi/4$）。

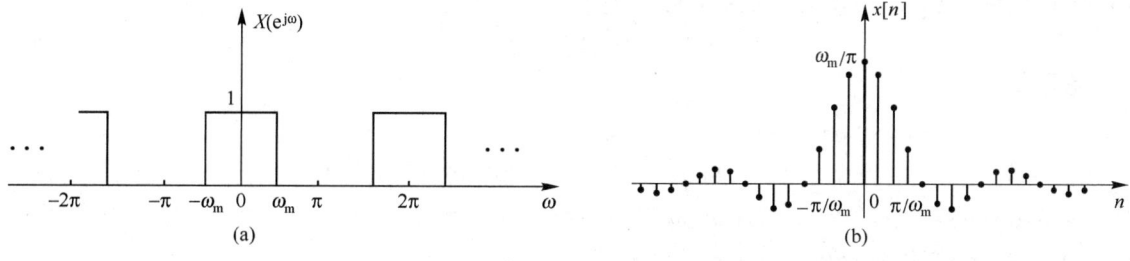

图 7.1-2　例 7.1-3 的图形

7.1.2　DTFT 特点与性质

从上述各例及 DTFT 的定义可知，一个实序列 $x[n]$，其 DTFT $X(\mathrm{e}^{\mathrm{j}\omega})$ 是以实变量 ω 为自变量

的，且一般是复值函数，写成极坐标的形式为

$$X(e^{j\omega}) = |X(e^{j\omega})|e^{j\varphi(\omega)} \tag{7.1-5}$$

其中，$|X(e^{j\omega})|$称为幅度谱（magnitude spectrum），$\varphi(\omega)$称为相位谱（phase spectrum）。

其次，$X(e^{j\omega})$也是以2π为周期的周期函数，因为复指数$e^{j\omega}$是以2π为周期的周期函数。

再次，如果实序列$x[n]$是绝对可和序列，则其 DTFT $X(e^{j\omega})$的自变量ω是连续变量，而且$X(e^{j\omega})$是连续的复值函数，也就是说，幅度谱$|X(e^{j\omega})|$和相位谱$\varphi(\omega)$都是连续函数；如果$x[n]$不是绝对可和的，则其 DTFT $X(e^{j\omega})$可能是奇异函数，如例 7.1-3。更多示例请扫描二维码。

7.1.3 序列 $x[n]$DTFT 与采样信号 $x_s(t)$傅里叶变换的联系

假设离散信号$x[n]$是由连续信号$x(t)$经理想采样得到的序列，即 $x[n] = x(t)|_{t=nT} = x(nT)$，其中$T$为采样间隔，并假设理想采样信号$x_s(t)$为

$$x_s(t) = x(t)\delta_T(t) = \sum_{n=-\infty}^{\infty} x(nT)\delta(t-nT)$$

则采样信号$x_s(t)$的傅里叶变换为

$$X_s(j\Omega) = \int_{-\infty}^{\infty} x_s(t)e^{-j\Omega t}dt = \int_{-\infty}^{\infty} \left[\sum_{n=-\infty}^{\infty} x(nT)\delta(t-nT)\right]e^{-j\Omega t}dt$$

$$= \sum_{n=-\infty}^{\infty} x(nT) \int_{-\infty}^{\infty} \delta(t-nT)e^{-j\Omega t}dt = \sum_{n=-\infty}^{\infty} x(nT)e^{-jn\Omega T} = \sum_{n=-\infty}^{\infty} x[n]e^{-jn\Omega T}$$

记

$$X(e^{j\Omega T}) = X_s(j\Omega) = \sum_{n=-\infty}^{\infty} x[n]e^{-jn\Omega T} \tag{7.1-6}$$

令$\Omega T = \omega$，则上式(7.1-6)可改写为

$$X(e^{j\omega}) = \sum_{n=-\infty}^{\infty} x[n]e^{-j\omega n} \tag{7.1-7}$$

式(7.1-7)正是式(7.1-1)定义的序列 $x[n]$的傅里叶变换。而式(7.1-6)则是式(7.1-7)以不同自变量表示的另一种形式。为区别起见，称式(7.1-7)中的自变量ω为数字角频率，单位为弧度，而式(7.1-6)中的自变量Ω为模拟角频率，单位为弧度/秒，两者的关系为$\omega = \Omega T$（T为采样间隔）。从式(7.1-7)看出，$X(e^{j\omega})$是ω的连续周期函数，周期为2π。而在式(7.1-6)中，采样信号$x_s(t)$的傅里叶变换$X_s(j\Omega)$也是序列$x[n]$的傅氏变换，但以形式$X(e^{j\Omega T})$表示，也是Ω的连续周期函数，周期为$2\pi/T$。扫描二维码，对比$X_s(j\Omega)$与$X(e^{j\omega})$。

这说明，如果离散时间信号 $x[n]$是连续信号$x(t)$的采样值 $x(nT)$，那么离散信号 $x[n]$ 的傅里叶变换 $X(e^{j\omega})$ 与连续信号采样得到的冲激串 $x_s(t)$ 的傅里叶变换 $X_s(j\Omega)$可用关系式(7.1-6)联系，或者为如下关系式

$$X(e^{j\omega}) = X_s(j\omega/T) \tag{7.1-8}$$

练习题

7.1-1 求下列序列的傅里叶变换。

(1) $\delta[n+6]$ (2) $(0.8)^n u[n]$ (3) $(0.5)^{n-1}u[n-1]$

(4) $(-0.5)^n u[n-3]$ (5) $2^n u[-n]$ (6) $2^n u[-n-3]$

7.1-2 计算下列各序列的傅里叶变换。

(1) $\delta[4-2n]$ (2) $\sum_{m=0}^{\infty}(1/4)^n \delta[n-3m]$ (3) $(-1/2)^{|n|}$ (4) $(1/2)^n \{u[n+2] - u[n-3]\}$

7.1-3 设 $x[n]$和$X(e^{j\omega})$为 DTFT 对，证明 $\sum_{n=-\infty}^{\infty} x[n]x^*[n] = \frac{1}{2\pi}\int_{-\pi}^{\pi} X(e^{j\omega})X^*(e^{j\omega})d\omega$。

7.2 常用序列的傅里叶变换

1. 单位样值序列 $\delta[n]$ 和常数序列 $c[n]=1$

根据 DTFT 定义式(7.1-1)，单位样值序列 $\delta[n]$ 的 DTFT 为

$$\Delta(\mathrm{e}^{\mathrm{j}\omega}) = \mathscr{F}[\delta[n]] = \sum_{n=-\infty}^{\infty} \delta[n]\mathrm{e}^{-\mathrm{j}\omega n} = 1 \quad (7.2\text{-}1)$$

即单位样值序列的频谱是常数 1，在整个频率范围内频谱是均匀分布的，如图 7.2-1 所示。

根据 IDTFT 式(7.1-3)，周期冲激频谱函数 $X(\mathrm{e}^{\mathrm{j}\omega}) = 2\pi \sum_{k=-\infty}^{\infty} \delta(\omega + 2\pi k)$ 的 IDTFT $x[n]$ 为

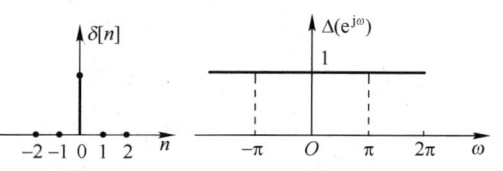

图 7.2-1　单位样值函数的波形和频谱

$$x[n] = \frac{1}{2\pi}\int_{-\pi}^{\pi} X(\mathrm{e}^{\mathrm{j}\omega})\mathrm{e}^{\mathrm{j}\omega n}\mathrm{d}\omega = \frac{1}{2\pi}\int_{-\pi}^{\pi}\left[2\pi\sum_{k=-\infty}^{\infty}\delta(\omega+2\pi k)\right]\mathrm{e}^{\mathrm{j}\omega n}\mathrm{d}\omega$$
$$= \int_{-\pi}^{\pi} \delta(\omega)\mathrm{e}^{\mathrm{j}\omega n}\mathrm{d}\omega = 1 \quad (7.2\text{-}2)$$

即常数序列 1 的傅里叶变换是幅度为 2π、周期也为 2π 的冲激函数谱，如图 7.2-2 所示，这也说明，不满足绝对可和条件式(7.1-2)的序列，其 DTFT 也可以表示，但一般包含冲激函数。

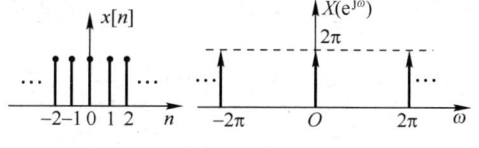

图 7.2-2　常数序列的波形和频谱

2. 单边指数序列

单边指数序列及其傅里叶变换的计算见例题 7.1-1，即

$$x[n] = a^n u[n], \quad |a|<1 \leftrightarrow X(\mathrm{e}^{\mathrm{j}\omega}) = \frac{1}{1-a\mathrm{e}^{-\mathrm{j}\omega}} \quad (7.2\text{-}3)$$

其幅度频谱 $|X(\mathrm{e}^{\mathrm{j}\omega})|$ 和相位频谱 $\varphi(\omega)$ 如下，频谱图形如图 7.2-3 所示。

$$\left|X(\mathrm{e}^{\mathrm{j}\omega})\right| = \frac{1}{\sqrt{1+a^2-2a\cos\omega}}, \qquad \varphi(\omega) = -\arctan\left(\frac{a\sin\omega}{1-a\cos\omega}\right)$$

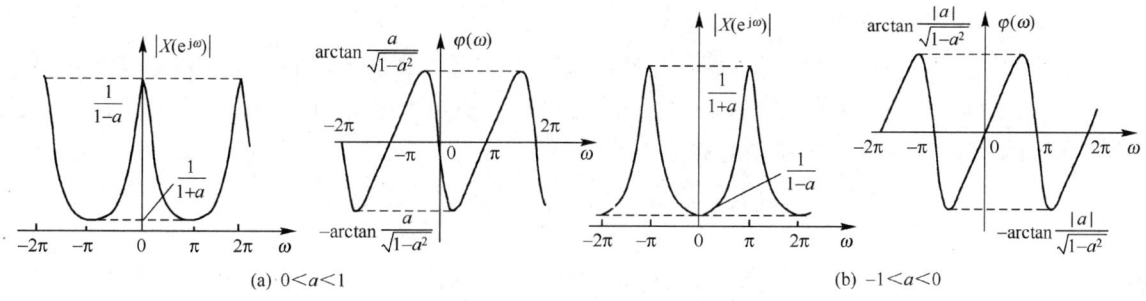

图 7.2-3　指数序列 $a^n u[n]$ 的幅度谱与相位谱

3. 双边指数序列

双边指数序列的表达式为　　　$x[n] = a^{|n|}, \quad |a|<1$ 　　　(7.2-4)

其傅里叶变换为 $\displaystyle X(\mathrm{e}^{\mathrm{j}\omega}) = \mathrm{DTFT}[x[n]] = \sum_{n=-\infty}^{\infty} a^{|n|}\mathrm{e}^{-\mathrm{j}\omega n} = \sum_{n=0}^{\infty} a^n \mathrm{e}^{-\mathrm{j}\omega n} + \sum_{n=-\infty}^{-1} a^{-n}\mathrm{e}^{-\mathrm{j}\omega n}$

$$= \sum_{n=0}^{\infty} a^n \mathrm{e}^{-\mathrm{j}\omega n} + \sum_{n=1}^{\infty} a^n \mathrm{e}^{\mathrm{j}\omega n} = \frac{1}{1-a\mathrm{e}^{-\mathrm{j}\omega}} + \frac{a\mathrm{e}^{\mathrm{j}\omega}}{1-a\mathrm{e}^{\mathrm{j}\omega}} = \frac{1-a^2}{1-2a\cos\omega+a^2} \tag{7.2-5}$$

当 $a=0.8$ 时，双边指数序列 $x[n]$ 及其频谱 $X(\mathrm{e}^{\mathrm{j}\omega})$ 如图 7.2-4 所示。

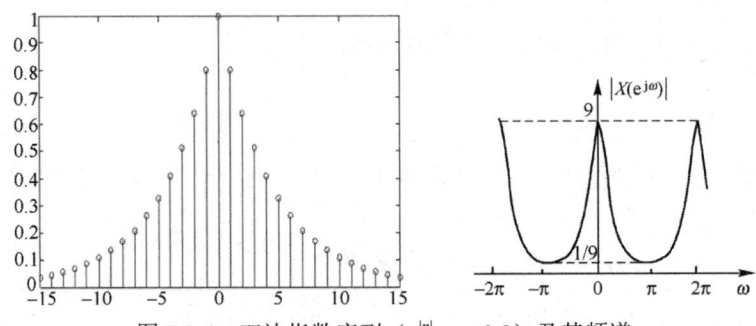

图 7.2-4 双边指数序列（$a^{|n|}$, $a=0.8$）及其频谱

4. 矩形序列 $R_N[n]$

长度为 N 的矩形序列 $R_N[n]$ 定义为 $\qquad R_N[n] = u[n] - u[n-N]$ \hfill (7.2-6)

其傅里叶变换为 $\quad X(\mathrm{e}^{\mathrm{j}\omega}) = \mathrm{DTFT}[R_N[n]] = \sum_{n=-\infty}^{\infty} R_N[n]\mathrm{e}^{-\mathrm{j}\omega n} = \sum_{n=0}^{N-1} \mathrm{e}^{-\mathrm{j}\omega n} = \mathrm{e}^{-\mathrm{j}\frac{\omega(N-1)}{2}} \frac{\sin(\omega N/2)}{\sin(\omega/2)}$ (7.2-7)

其幅度谱 $|X(\mathrm{e}^{\mathrm{j}\omega})|$ 和相位谱 $\varphi(\omega)$ 的函数表达式分别如下，

$$\left|X(\mathrm{e}^{\mathrm{j}\omega})\right| = \left|\frac{\sin(\omega N/2)}{\sin(\omega/2)}\right|, \qquad \varphi(\omega) = -\frac{\omega(N-1)}{2} + \angle\left[\frac{\sin(\omega N/2)}{\sin(\omega/2)}\right]$$

当 $N=5$ 时，序列及其幅度和相位频谱的图形如图 7.2-5 所示。

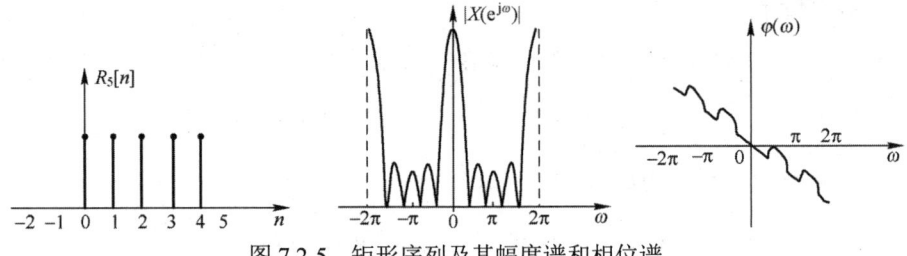

图 7.2-5 矩形序列及其幅度谱和相位谱

5. 单位阶跃序列 $u[n]$

单位阶跃序列 $u[n]$ 不满足绝对可和条件，因此不能直接利用式(7.1-1)计算其傅里叶变换。但利用常数序列 $c[n]=1$ 和单位样值序列 $\delta[n]$ 的傅里叶变换，可以得到 $u[n]$ 的傅里叶变换，并且发现 $u[n]$ 的 DTFT 中含有冲激函数。推导过程如下。

假设 $\qquad u[n] \leftrightarrow F(\mathrm{e}^{\mathrm{j}\omega}) = \mathrm{DTFT}[u[n]] = \sum_{n=0}^{\infty} \mathrm{e}^{-\mathrm{j}\omega n}$

则 $\qquad u[n-1] \leftrightarrow \mathrm{DTFT}[u[n-1]] = \sum_{n=1}^{\infty} \mathrm{e}^{-\mathrm{j}\omega n} = \sum_{m=0}^{\infty} \mathrm{e}^{-\mathrm{j}\omega(m+1)} = \mathrm{e}^{-\mathrm{j}\omega} F(\mathrm{e}^{\mathrm{j}\omega})$

$\qquad \delta[n] = u[n] - u[n-1] \leftrightarrow 1 = F(\mathrm{e}^{\mathrm{j}\omega}) - \mathrm{e}^{-\mathrm{j}\omega} F(\mathrm{e}^{\mathrm{j}\omega}) = (1-\mathrm{e}^{-\mathrm{j}\omega}) F(\mathrm{e}^{\mathrm{j}\omega})$

当 $\mathrm{e}^{-\mathrm{j}\omega} \neq 1$，即 $\omega \neq 2\pi k$ 时，$F(\mathrm{e}^{\mathrm{j}\omega}) = \dfrac{1}{1-\mathrm{e}^{-\mathrm{j}\omega}}$；当 $\mathrm{e}^{-\mathrm{j}\omega} \to 1$，即 $\omega \to 2\pi k$ 时，$F(\mathrm{e}^{\mathrm{j}\omega}) \to \infty$。

另外 $\qquad 1 = u[n] + u[-n-1] \leftrightarrow 2\pi \sum_{k=-\infty}^{\infty} \delta(\omega - 2\pi k) = F(\mathrm{e}^{\mathrm{j}\omega}) + \mathrm{e}^{\mathrm{j}\omega} F(\mathrm{e}^{-\mathrm{j}\omega})$

从而当 $\omega \neq 2\pi k$ 时　　$F(e^{j\omega}) + e^{j\omega}F(e^{-j\omega}) = 0$　　（利用 $F(e^{j\omega}) = \dfrac{1}{1-e^{-j\omega}}$ 可证明此式成立）

当 $\omega \to 2\pi k$ 时　　　　　$F(e^{j\omega}) \to F(e^{j2\pi k}) = F(e^{-j2\pi k})$

故有　　　　　　　　　　$F(e^{j2\pi k}) = \pi \sum\limits_{k=-\infty}^{\infty} \delta(\omega - 2\pi k)$

综合起来，则有　　　　$u[n] \leftrightarrow F(e^{j\omega}) = \dfrac{1}{1-e^{-j\omega}} + \pi \sum\limits_{k=-\infty}^{\infty} \delta(\omega + 2\pi k)$。

扫描二维码，了解更多计算 $u[n]$ DTFT 的方法。常见的典型序列及其 DTFT 变换对列见本章关键知识点概要中的表 7-1。

练习题

7.2-1　求下列序列的傅里叶变换。

(1)　$\delta[n+2] + \delta[n-2]$　　　(2)　$-2\delta[n+1] - \delta[n] + 2\delta[n-1]$　　　(3)　$u[-n+2]$

(4)　$\cos\left(\dfrac{\pi}{4}n\right) \cdot u[n]$　　　(5)　$\left(\dfrac{1}{3}\right)^n \cos\left(\dfrac{\pi}{6}n\right) u[n]$　　　(6)　$(-0.5)^n u[n-3]$

(7)　$u[n-2]$　　　(8)　$2^n \{u[n+4] - u[n-5]\}$　　　(9)　$2^n u[-n-2]$

7.3　离散时间傅里叶变换的性质

在第 4 章中，我们推导了连续信号傅里叶变换的若干性质与定理，实现信号及其频谱的快捷计算与分析。离散时间傅里叶变换也有类似的性质与定理，简要归纳如下。

1. 线性（linearity）

设 $F_1(e^{j\omega}) = \text{DTFT}[f_1[n]]$，$F_2(e^{j\omega}) = \text{DTFT}[f_2[n]]$，则对于任意常数 a_1 和 a_2，有

$$\text{DTFT}[a_1 f_1[n] + a_2 f_2[n]] = a_1 F_1(e^{j\omega}) + a_2 F_2(e^{j\omega}) \tag{7.3-1}$$

上述结论很容易推广到任意多个信号的叠加，即

$$\text{DTFT}\left[\sum_{i=1}^{N} a_i f_i[n]\right] = \sum_{i=1}^{N} a_i F_i(e^{j\omega}) \tag{7.3-2}$$

2. 位移性（shifting property）

位移包括时移和频移两种特性。设 $F(e^{j\omega}) = \text{DTFT}[f[n]]$，则

时移性：　　　　　　　$\text{DTFT}[f[n-m]] = e^{-j\omega m} F(e^{j\omega})$　　　　　　　(7.3-3)

频移性：　　　　　　　$\text{DTFT}[e^{j\omega_0 n} f[n]] = F(e^{j(\omega - \omega_0)})$　　　　　　　(7.3-4)

其中，m 是常整数，而 ω_0 是常实数。

例 7.3-1　已知傅里叶变换对：$x[n] \leftrightarrow X(e^{j\omega})$，用 $X(e^{j\omega})$ 表示下述序列的傅里叶变换。

(1)　$x_1[n] = x[n]\delta[n-2] + x[n]\delta[n+1]$　　　(2)　$x_2[n] = e^{j\frac{\pi}{4}n} x[n]$

(3)　$x_3[n] = x[n]\cos\omega_0 n$

解：（1）化简表达式，则　$x_1[n] = x[n]\delta[n-2] + x[n]\delta[n+1] = x[2]\delta[n-2] + x[-1]\delta[n+1]$

其傅里叶变换为　　　　　　　$x_1[n] \leftrightarrow X_1(e^{j\omega}) = x[2]e^{-j2\omega} + x[-1]e^{j\omega}$

（2）利用频移性

$$x_2[n] \leftrightarrow X_2(e^{j\omega}) = X(e^{j(\omega - \frac{\pi}{4})})$$

（3）利用欧拉公式，将 $x_3[n]$ 表示为复指数的形式，即

$$x_3[n] = \frac{1}{2}e^{j\omega_0 n}x[n] + \frac{1}{2}e^{-j\omega_0 n}x[n]$$

利用频移性质，其傅里叶变换为： $x_3[n] \leftrightarrow X_3(e^{j\omega}) = \frac{1}{2}X(e^{j(\omega-\omega_0)}) + \frac{1}{2}X(e^{j(\omega+\omega_0)})$

注意到，如果 $\omega_0 = \pi$，则 $e^{j\pi n} = e^{-j\pi n} = \cos\pi n = (-1)^n$，从而

$$x[n]\cos\pi n = (-1)^n x[n] \leftrightarrow X(e^{j(\omega+\pi)})$$

3. 频域微分性（differentiation in frequency-domain）

设 $F(e^{j\omega}) = \text{DTFT}[f[n]]$，则 $\quad \text{DTFT}[nf[n]] = j\dfrac{dF(e^{j\omega})}{d\omega}$ \hfill (7.3-5)

证明： 根据傅里叶变换定义 $\quad F(e^{j\omega}) = \text{DTFT}[f[n]] = \sum\limits_{n=-\infty}^{\infty} f[n]e^{-j\omega n}$

上式两边对 ω 求导，得

$$\frac{dF(e^{j\omega})}{d\omega} = \frac{d}{d\omega}\left[\sum_{n=-\infty}^{\infty} f[n]e^{-j\omega n}\right] = \sum_{n=-\infty}^{\infty} f[n]\frac{de^{-j\omega n}}{d\omega}$$

$$= \sum_{n=-\infty}^{\infty} f[n](-jn)e^{-j\omega n} = (-j)\text{DTFT}[nf[n]]$$

从而式(7.3-5)得证。即傅里叶变换 $F(e^{j\omega})$ 的微分运算等价于在时域中序列 $f[n]$ 的线性加权（乘以 n）的运算。

例 7.3-2 已知 $\text{DTFT}\left[a^n u[n]\right] = \dfrac{1}{1-ae^{-j\omega}}$，$|a|<1$，求序列 $na^n u[n]$ 的傅里叶变换。

解： 由式(7.3-5)可得 $\quad \text{DTFT}\left[na^n u[n]\right] = j\dfrac{d}{d\omega}\left[\dfrac{1}{1-ae^{-j\omega}}\right] = \dfrac{ae^{-j\omega}}{(1-ae^{-j\omega})^2}$

类似地，得到斜变序列 $nu[n]$ 的傅里叶变换为

$$\text{DTFT}[nu[n]] = j\frac{d}{d\omega}\left[\frac{1}{1-e^{-j\omega}} + \pi\sum_{k=-\infty}^{\infty}\delta(\omega+2\pi k)\right] = \frac{e^{-j\omega}}{(1-e^{-j\omega})^2} + j\pi\sum_{k=-\infty}^{\infty}\delta'(\omega+2\pi k)$$

4. 序列反褶

设 $F(e^{j\omega}) = \text{DTFT}[f[n]]$，则 $\quad \text{DTFT}[f[-n]] = F(e^{-j\omega})$ \hfill (7.3-6)

即序列的时域反褶对应着频域也是反褶的。

5. 共轭与奇偶虚实性

设 $\quad F(e^{j\omega}) = \text{DTFT}[f[n]] = |F(e^{j\omega})|e^{j\varphi(\omega)} = \text{Re}\{F(e^{j\omega})\} + j\text{Im}\{F(e^{j\omega})\}$

则 $\quad \text{DTFT}\left[f^*[n]\right] = F^*(e^{-j\omega})$ \hfill (7.3-7)

如果序列 $f[n]$ 是实序列，即 $f[n] = f^*[n]$，则有 $F(e^{-j\omega}) = F^*(e^{j\omega})$，这种复值函数称为共轭对称函数，也就是

$$|F(e^{j\omega})| = |F(e^{-j\omega})|, \quad \varphi(-\omega) = -\varphi(\omega)$$

或者 $\quad \text{Re}\{F(e^{-j\omega})\} = \text{Re}\{F(e^{j\omega})\}, \quad \text{Im}\{F(e^{-j\omega})\} = -\text{Im}\{F(e^{j\omega})\}$

这说明，实序列的幅度谱函数是偶函数，而相位谱函数是奇函数；如果傅里叶变换用实部和虚部表示的话，则实部是偶函数，虚部是奇函数。这种对称性质与连续信号的傅里叶变换完全相同。所以如果将实序列 $f[n]$ 分解为偶分量序列 $f_e[n]$ 与奇分量序列 $f_o[n]$ 之和，即

$$f[n] = f_e[n] + f_o[n] \hfill (7.3-8)$$

则必然有 $\text{DTFT}[f_e[n]] = \text{Re}\{F(e^{j\omega})\}$, $\text{DTFT}[f_o[n]] = j\text{Im}\{F(e^{j\omega})\}$。

扫描二维码看 DTFT 的奇偶虚实性实例。

6. 卷积定理 (convolution theorem)

卷积运算包括时域的卷积和与频域的卷积积分两种运算。设

$$F_1(e^{j\omega}) = \text{DTFT}[f_1[n]], \quad F_2(e^{j\omega}) = \text{DTFT}[f_2[n]]$$

时域卷积定理表示为 $\quad \text{DTFT}[f_1[n] * f_2[n]] = F_1(e^{j\omega})F_2(e^{j\omega})$ (7.3-9)

即在时域中两序列的卷积和运算等效于在频域中两序列傅里叶变换的乘积。

频域卷积定理表示为 $\quad \text{DTFT}[f_1[n] \cdot f_2[n]] = \dfrac{1}{2\pi}\int_{-\pi}^{\pi} F_1(e^{j\theta})F_2(e^{j(\omega-\theta)})\,d\theta$ (7.3-10)

即在时域中两序列的乘积运算等效于在频域中两序列傅里叶变换的周期卷积积分乘以常数 ($1/2\pi$)。通常也记为

$$\dfrac{1}{2\pi}\int_{-\pi}^{\pi} F_1(e^{j\theta})F_2(e^{j(\omega-\theta)})\,d\theta = \dfrac{1}{2\pi}F_1(e^{j\omega}) * F_2(e^{j\omega})$$

7. 帕斯瓦尔定理

设 $F(e^{j\omega}) = \text{DTFT}[f[n]]$,则 $\quad \sum\limits_{n=-\infty}^{\infty}|f[n]|^2 = \dfrac{1}{2\pi}\int_{-\pi}^{\pi}|F(e^{j\omega})|^2\,d\omega$ (7.3-11)

该定理也称为能量定理,即序列的总能量等于其傅里叶变换模平方在一个周期内积分的平均值。

傅里叶变换的主要定理和性质列于本章关键知识点概要的表 7-2 中。

练习题

7.3-1 利用傅里叶变换定理重新求练习题 7.2-1 中各序列的傅里叶变换 $X(e^{j\omega})$。

7.3-2 利用卷积定理求 $y[n] = x[n] * h[n]$。已知

(1) $x[n] = a^n u[n]$, $h[n] = b^n u[-n]$ (2) $x[n] = a^n u[n]$, $h[n] = u[n-1]$

(3) $x[n] = R_N[n] = u[n] - u[n-N]$, $h[n] = a^n u[n]$, $0 < a < 1$

7.3-3 求序列 $e^{-an}\sin\omega_0 n \cdot u[n]$ 的傅里叶变换。

7.4 离散时间系统的频域分析

信号可以在时域中表示为时间变量的函数或者序列,也可以在频域中表示为频率变量的复值函数;而系统的作用是对信号进行运算和处理,这种运算既能在时域中进行,也可以在频域中进行,从而形成系统研究的频域分析理论和方法,这种方法在第 5 章中已经以连续系统为研究对象进行了详细分析与讨论。在这里,我们对离散时间系统的这种频域分析理论和方法进行简要介绍。

7.4.1 LTI 离散时间系统的频响特性

设线性时不变离散时间系统的单位样值响应为 $h[n]$,输入信号为 $x[n]$,则该系统的输出信号(零状态响应)$y[n] = h[n] * x[n]$。如果 $x[n] = e^{j\omega_0 n}$,那么

$$y[n] = h[n] * x[n] = \sum_{m=-\infty}^{\infty} h[m]e^{j\omega_0(n-m)} = e^{j\omega_0 n}\sum_{m=-\infty}^{\infty} h[m]e^{-j\omega_0 m}$$

如果 $h[n]$ 是绝对可和序列,则系统是稳定系统,且 $\sum\limits_{m=-\infty}^{\infty} h[m]e^{-j\omega_0 m}$ 收敛,记为 $H(e^{j\omega_0})$,也

就是说，当稳定的 LTI 离散系统的输入信号为复指数信号 $x[n] = e^{j\omega_0 n}$ 时，其输出信号为

$$y[n] = e^{j\omega_0 n} H(e^{j\omega_0}) = H_0 e^{j(\omega_0 n + \varphi_0)} \tag{7.4-1}$$

其中 $H_0 e^{j\varphi_0} = H(e^{j\omega_0}) = H(e^{j\omega})|_{\omega=\omega_0}$，即输出信号 $y[n]$ 也是复指数信号，而且与输入信号 $x[n]$ 频率相同，但幅度和辐角不同，其幅度乘以常数 H_0，辐角增加 φ_0，且 H_0 和 φ_0 都由 $H(e^{j\omega_0})$，即单位样值响应 $h[n]$ 的傅里叶变换 $H(e^{j\omega})$ 在频率 ω_0 处的值确定。那么，当输入信号 $x[n]$ 的频率 ω_0 发生变化时，输出信号的频率将会随之变化，同时，输出信号的幅度和辐角也随之变化，而且幅度和辐角的变化是由 $H(e^{j\omega})$ 确定的。称 $H(e^{j\omega})$ 为系统的频率响应特性，简称频响特性，即离散系统的频响特性 $H(e^{j\omega})$ 是其单位样值响应 $h[n]$ 的傅里叶变换。

如果 $h[n]$ 是实序列，则 $H(e^{j\omega})$ 具有共轭对称性，即

$$H(e^{-j\omega}) = H^*(e^{j\omega}) \tag{7.4-2}$$

当输入信号是正弦序列，即 $x[n] = \cos(\omega_0 n) = \frac{1}{2} e^{j\omega_0 n} + \frac{1}{2} e^{-j\omega_0 n}$ 时，根据系统的线性性质，则输出信号为

$$y[n] = \frac{1}{2} e^{j\omega_0 n} H(e^{j\omega_0}) + \frac{1}{2} e^{-j\omega_0 n} H(e^{-j\omega_0}) = \frac{1}{2} e^{j\omega_0 n} H(e^{j\omega_0}) + \frac{1}{2} e^{-j\omega_0 n} H^*(e^{j\omega_0})$$

设 $H(e^{j\omega}) = |H(e^{j\omega})| e^{j\varphi(\omega)}$，则

$$y[n] = \frac{1}{2} e^{j\omega_0 n} |H(e^{j\omega_0})| e^{j\varphi(\omega_0)} + \frac{1}{2} e^{-j\omega_0 n} |H(e^{j\omega_0})| e^{-j\varphi(\omega_0)} \tag{7.4-3}$$

$$= |H(e^{j\omega_0})| \cos(\omega_0 n + \varphi(\omega_0)) \tag{7.4-4}$$

即 $y[n]$ 也是正弦序列，且与 $x[n]$ 具有相同的频率，但其幅度是 $x[n]$ 乘以常数 $|H(e^{j\omega_0})|$，辐角加上常数 $\varphi(\omega_0)$。并且 $|H(e^{j\omega_0})|$ 和 $\varphi(\omega_0)$ 分别是 $H(e^{j\omega})$ 在频率 ω_0 处的幅度值和相位值。

注意：这里 $x[n]$ 不论是复指数序列还是正弦序列，其自变量 n 取值都是在整个时间范围，即在区间 $[-\infty, \infty]$，因而 $y[n]$ 才具有这样的特点。下面看例 7.4-1，请区分 $x[n]$ 是右边序列时，$y[n]$ 的特点。

例 7.4-1 已知 LTI 离散系统的单位样值响应为 $h[n] = (-0.8)^n u[n]$，输入信号 $x[n] = \cos\left(\frac{\pi}{2} n\right) u[n]$，求该系统的输出信号 $y[n]$。

解：假设系统的起始状态为 0，则系统的输出信号为

$$y[n] = h[n] * x[n] = \sum_{m=-\infty}^{\infty} h[m] x[n-m] = \sum_{m=-\infty}^{\infty} (-0.8)^m u[m] \cos\left(\frac{\pi}{2}(n-m)\right) u[n-m]$$

$$= \left\{ \sum_{m=0}^{n} (-0.8)^m \left[\frac{1}{2} e^{j\frac{\pi}{2}(n-m)} + \frac{1}{2} e^{-j\frac{\pi}{2}(n-m)} \right] \right\} u[n]$$

$$= \frac{16}{41}(-0.8)^n u[n] + \left\{ \frac{25}{41} \cos\left(\frac{\pi}{2} n\right) - \frac{20}{41} \sin\left(\frac{\pi}{2} n\right) \right\} u[n] \tag{7.4-5}$$

在频率域考虑，系统的频响特性为

$$H(e^{j\omega}) = \text{DTFT}[h[n]] = \frac{1}{1 + 0.8 e^{-j\omega}} = \frac{1}{\sqrt{1.64 + 1.6\cos\omega}} e^{j\arctan\frac{0.8\sin\omega}{1 + 0.8\cos\omega}}$$

从而

$$y[n] = |H(e^{j\omega_0})| \cos(\omega_0 n + \varphi(\omega_0))|_{\omega_0 = \pi/2}$$

$$= \frac{1}{\sqrt{1.64}} \cos\left(\frac{\pi}{2} n + \arctan 0.8\right) = \frac{25}{41} \cos\left(\frac{\pi}{2} n\right) - \frac{20}{41} \sin\left(\frac{\pi}{2} n\right) \tag{7.4-6}$$

由于这是一个因果系统（h[n]是因果序列），其输出信号 y[n]不能早于输入信号，因此在频域中得到的结果，即式(7.4-6)需要加上时间限制，即要求 $n \geq 0$，这样输出信号正好是时域求解结果的式(7.4-5)中的第二项，也是等幅度变化的正弦序列，这是系统的强迫响应，这里，它是与输入 x[n]具有相同频率的等幅振荡序列，因此也称为稳态响应；而式(7.4-5)中的第一项是系统的自由响应，它是一个衰减的序列，当 n 足够大，如 n→∞时，自由响应会趋于 0，我们也称这种因衰减而趋于 0 的响应为系统的暂态响应，这正是稳定系统的特点。

因此，利用频响特性，在频域中只能求解得到系统的稳态响应部分，而不能反映出系统的暂态响应。通常在实际的应用中，我们一般也只注重系统的稳态响应变化，因此稳定系统的这种频域分析方法得到了广泛的应用。

7.4.2 离散时间系统频响特性的特点

因为系统的频响特性 $H(e^{j\omega})$ 是单位样值响应序列 h[n]的傅里叶变换，因而具有离散时间傅里叶变换的一般特点，即当 h[n]绝对可和时：

（1） $H(e^{j\omega})$ 是连续变量ω的连续复值函数；
（2） $H(e^{j\omega})$ 是以 2π为周期的周期函数；
（3） 如果 h[n]是实序列，则 $H^*(e^{j\omega}) = H(e^{-j\omega})$。

因此，$H(e^{j\omega})$ 可以用极坐标形式表示为 $H(e^{j\omega}) = |H(e^{j\omega})| e^{j\varphi(\omega)}$，其中 $|H(e^{j\omega})|$ 是系统的幅频特性，而 $\varphi(\omega)$ 是系统的相频特性，它们都是以 2π为周期的周期连续函数。由于表示相位的复指数函数 $e^{j\varphi(\omega)} = e^{j[\varphi(\omega)+2\pi]}$，因此定义相频特性的取值范围为 $-\pi \leq \varphi(\omega) \leq \pi$，称为相位主值区间。

例 7.4-2 已知 LTI 离散系统的单位样值响应为 $h[n] = (0.8)^n u[n]$，求该系统的频响特性 $H(e^{j\omega})$，并画出其幅频特性曲线 $|H(e^{j\omega})|$ 和相频特性曲线 $\varphi(\omega)$。

解：系统的频响特性为 $H(e^{j\omega}) = \text{DTFT}[h[n]] = \dfrac{1}{1-0.8e^{-j\omega}} = \dfrac{1}{\sqrt{1.64-1.6\cos\omega}} e^{-j\arctan\frac{0.8\sin\omega}{1-0.8\cos\omega}}$

其幅频特性和相频特性分别为 $|H(e^{j\omega})| = \dfrac{1}{\sqrt{1.64-1.6\cos\omega}}$，$\varphi(\omega) = -\arctan\dfrac{0.8\sin\omega}{1-0.8\cos\omega}$

其曲线如图 7.4-1 所示。

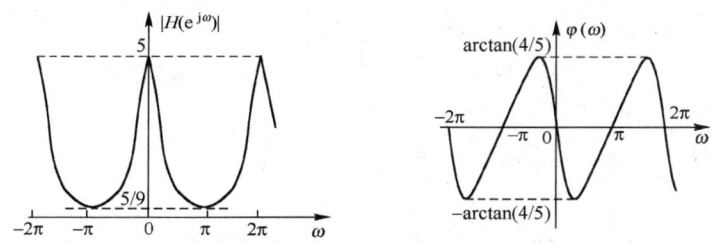

图 7.4-1 例 7.4-2 中离散系统的幅频特性与相频特性

例 7.4-3 已知 LTI 离散系统的单位样值响应为 $h[n] = \begin{cases} n, & 0 \leq n \leq 3 \\ 6-n, & 4 \leq n \leq 6 \end{cases}$，求该系统的频响特性 $H(e^{j\omega})$，并画出其幅频特性曲线 $|H(e^{j\omega})|$ 和相频特性曲线 $\varphi(\omega)$。

解：系统的频响特性为 $H(e^{j\omega}) = \text{DTFT}[h[n]] = \sum_{n=0}^{6} h[n]e^{-j\omega n}$

$$= e^{-j\omega} + 2e^{-j2\omega} + 3e^{-j3\omega} + 2e^{-j4\omega} + e^{-j5\omega}$$

$$= e^{-j3\omega}(2\cos 2\omega + 4\cos\omega + 3) = e^{-j3\omega}H(\omega)$$

其幅频特性和相频特性分别为　　$|H(e^{j\omega})|=|H(\omega)|=|2\cos2\omega+4\cos\omega+3|$,　　$\varphi(\omega)=-3\omega+\angle H(\omega)$
其曲线如图 7.4-2 所示。

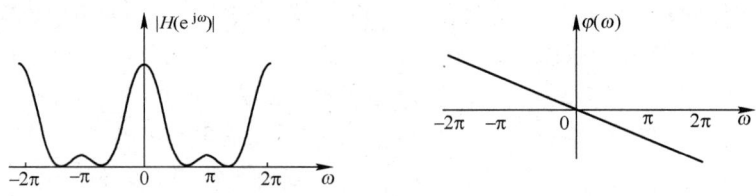

图 7.4-2　例 7.4-3 中离散系统的幅频特性与相频特性

　　如果线性时不变离散系统的频响特性 $H(e^{j\omega})=|H(e^{j\omega})|e^{j\varphi(\omega)}$ 是连续函数，其单位样值响应为 $h[n]$，则当输入信号 $x[n]=\cos(\omega_0 n)u[n]$ 时，系统输出的稳态响应为

$$y_{ss}[n]=|H(e^{j\omega_0})|\cos(\omega_0 n+\varphi(\omega_0))$$

如果输入信号 $x[n]$ 是任意序列，其傅里叶变换为 $X(e^{j\omega})$，则系统输出信号 $y[n]$ 及其傅里叶变换 $Y(e^{j\omega})$ 如下，满足傅里叶变换的卷积定理。

$$y[n]=h[n]*x[n] \quad \text{和} \quad Y(e^{j\omega})=H(e^{j\omega})X(e^{j\omega})$$

练习题

7.4-1　设线性时不变离散系统的单位样值响应为下列序列，计算它们的频响特性 $H(e^{j\omega})$。

（1）　$h_1[n]=u[n]-u[n-N]$　　　　（2）　$h_2[n]=\cos\left(\dfrac{2\pi}{7}n\right)\{u[n]-u[n-7]\}$

（3）　$h_3[n]=\left[1+\cos\left(\dfrac{\pi}{5}n\right)\right]\{u[n]-u[n-10]\}$　　（4）　$h_4[n]=\dfrac{\sin\dfrac{\pi n}{3}}{\pi n}$

（5）　$(1/2)^n\{u[n+2]-u[n-3]\}$　　（6）　$\dfrac{\sin\dfrac{\pi n}{3}}{\pi n}\cdot\dfrac{\sin\dfrac{\pi n}{4}}{\pi n}$

7.4-2　设系统的频响特性曲线如图题 7.4-2 所示，求它们的单位样值响应 $h[n]$。

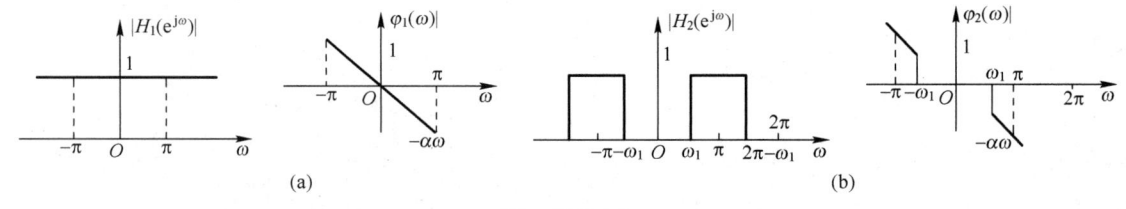

图　题 7.4-2

7.5　数字滤波器的概念

　　与模拟滤波器并行对应，在离散系统中也广泛应用各种数字滤波器。所谓数字滤波器就是一个离散时间系统，它的作用是对离散信号进行变换或运算，使其转换成预期的输出信号。因此从广义上讲，数字滤波器是具有某种"算法"的数字处理过程。

7.5.1　数字滤波器原理

　　为了说明数字滤波器的滤波作用，以图 7.5-1 所示的模拟滤波器为例，介绍其滤波原理。图中 $h(t)$ 为模拟滤波器的冲激响应，$x(t), y(t)$ 分别为系统的激励与

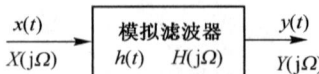

图 7.5-1　模拟滤波器

响应信号。在时域分析中,响应 $y(t)$ 通过卷积积分计算,即 $y(t) = x(t) * h(t)$;在频域中表示为 $Y(j\Omega) = H(j\Omega)X(j\Omega)$,其中,$X(j\Omega)$ 和 $Y(j\Omega)$ 分别为 $x(t)$ 和 $y(t)$ 的傅里叶变换,$H(j\Omega)$ 是系统的频响特性,也就是 $h(t)$ 的傅里叶变换。这说明,在频率域,一个输入信号的频谱 $X(j\Omega)$ 经过滤波器的作用后,被变换成 $H(j\Omega)X(j\Omega)$。因此,根据不同的滤波要求来选定 $H(j\Omega)$ 就可以得到不同的模拟滤波器。

在数字滤波器中,输入和输出都是离散时间序列,其输出序列 $y[n]$ 为输入序列 $x[n]$ 与单位样值响应 $h[n]$ 的卷积和,即 $y[n] = x[n] * h[n]$。根据序列傅里叶变换的卷积定理,则

$$Y(e^{j\omega}) = H(e^{j\omega})X(e^{j\omega}) \tag{7.5-1}$$

其中,$X(e^{j\omega})$ 和 $Y(e^{j\omega})$ 分别是输入序列 $x[n]$ 和输出序列 $y[n]$ 的傅里叶变换;$H(e^{j\omega})$ 为单位样值响应 $h[n]$ 的傅里叶变换,也就是离散系统的频响特性。

由此可见,输入序列 $x[n]$ 的频谱 $X(e^{j\omega})$ 经过滤波器后变为输出序列 $y[n]$ 的频谱 $Y(e^{j\omega})$。按照 $X(e^{j\omega})$ 的特点和信号处理的目的,选取适当的 $H(e^{j\omega})$,使滤波后的 $H(e^{j\omega})X(e^{j\omega})$ 符合输出频谱的要求,这就是数字滤波器所起的作用。

数字滤波器的典型应用如图 7.5-2 所示,假设待处理的信号是连续信号 $x(t)$,为了进行数字滤波,须对连续信号进行采样,得到离散信号 $x[n]$;$x[n]$ 经数字滤波,得到输出序列 $y[n]$;再经过模拟低通滤波器,将离散信号转变成满足要求的模拟信号,处理框图如图 7.5-2(a)所示。在实际应用中,对采样后的信号还需进行量化(quantization)和编码(coding)处理,转化成二进制数表示的数字信号,这个过程总称为模数变换(A/D 变换:analog-to-digital conversion);$x[n]$ 经数字滤波器加工后的输出序列 $y[n]$,再经数模变换器(D/A 转换器:digital-to-analog conversion)将数码反转成模拟电压(或电流);最后,经模拟滤波器滤除不需要的高频成分,从而得到系统输出的模拟信号 $y(t)$,信号图形变化如图 7.5-2(b)所示。

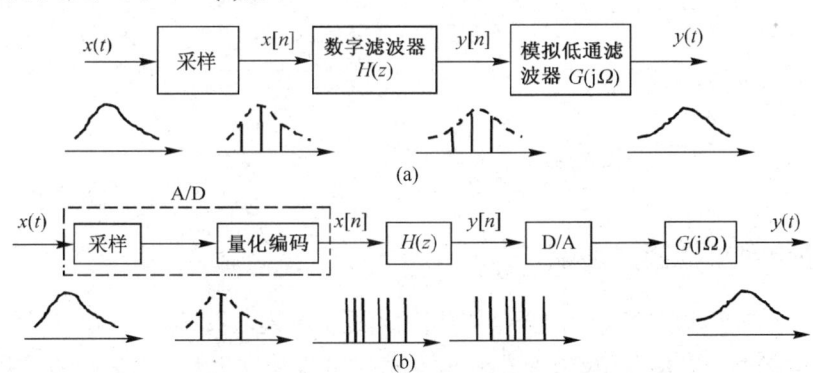

图 7.5-2 离散时间系统处理连续时间信号

下面在频域上对图 7.5-2(a)所示系统的信号滤波过程进行简单分析。

设输入的连续信号 $x(t)$ 为带限信号,其频谱 $X(j\Omega)$ 限制在 $\pm\Omega_m$ 之间,如图 7.5-3(a)所示;数字滤波器的频率响应为 $H(e^{j\Omega T})$,如图 7.5-3(b)所示;模拟低通滤波器是一个理想低通滤波器,其频率特性为式(7.5-2),其中,$\Omega_m \leqslant \Omega_c \leqslant \Omega_s - \Omega_m$,如图 7.5-3(c)所示。

$$G(j\Omega) = \begin{cases} 1 & |\Omega| \leqslant \Omega_c \\ 0 & |\Omega| > \Omega_c \end{cases} \tag{7.5-2}$$

在满足采样定理的条件下,对 $x(t)$ 进行采样(采样间隔为 T_s),得到序列 $x(nT_s) = x[n]$。这样,$x[n]$ 的频谱 $X(e^{j\Omega T})$ 是 $X(j\Omega)$ 以 $\Omega_s = 2\pi/T_s$ 为周期,周期性延拓而成的,即

$$X(e^{j\Omega T}) = \frac{1}{T_s} \sum_{k=-\infty}^{\infty} X[j(\Omega - k\Omega_s)] \tag{7.5-3}$$

如图 7.5-3(d)所示。而 $x[n]$ 经数字滤波器后，输出 $y[n]$ 的频谱为

$$Y(e^{j\Omega T}) = H(e^{j\Omega T})X(e^{j\Omega T})$$

如图 7.5-3(e)所示，显然 $x[n]$ 的频谱经过 $H(e^{j\Omega T})$ 的滤波而得到了 $y[n]$ 的频谱。而离散时间信号经模拟低通滤波器后，得到连续信号的输出 $y(t)$，其频谱为

$$Y(j\Omega) = G(j\Omega)Y(e^{j\Omega T}) = G(j\Omega) H(e^{j\Omega T}) X(e^{j\Omega T}) \tag{7.5-4}$$

如图 7.5-3(f)所示。将式(7.5-2)和式(7.5-3)代入式(7.5-4)，可得

$$Y(j\Omega) = \frac{1}{T_s} G(j\Omega) H(e^{j\Omega T}) \sum_{k=-\infty}^{\infty} X[j(\Omega - k\Omega_s)] = \frac{1}{T_s} H(e^{j\Omega T}) X(j\Omega) \tag{7.5-5}$$

这样，可以从 $y[n]$ 的周期性频谱 $Y(e^{j\Omega T})$ 中选出频谱 $Y(j\Omega)$，即得到连续时间信号的输出 $y(t)$。上面就是应用数字滤波器对连续时间信号的处理过程。

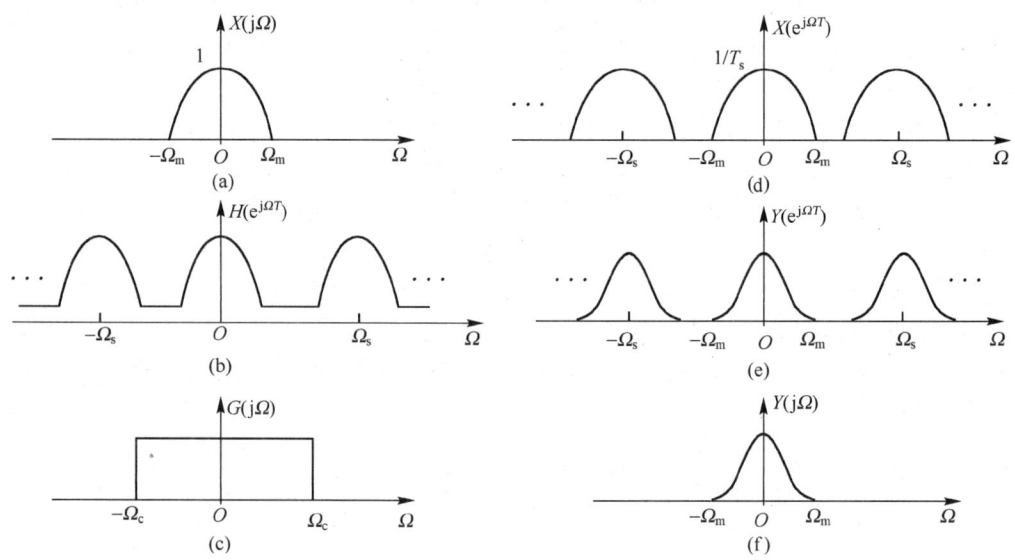

图 7.5-3 数字滤波器对信号的滤波过程

7.5.2 理想数字低通滤波器

通常应用中，数字滤波器的单位样值响应 $h[n]$ 是实序列，其频响特性 $H(e^{j\omega})$ 是复值函数，用幅频特性与相频特性表示成 $H(e^{j\omega}) = |H(e^{j\omega})|e^{j\varphi(\omega)}$，也是 $h[n]$ 的傅里叶变换，即 $h[n]$ 与 $H(e^{j\omega})$ 是一对傅氏变换，因而 $H(e^{j\omega})$ 也是周期为 2π 的连续周期函数。离散系统频率响应的周期性是离散系统有别于连续系统的一个突出特点。另外，当 $h[n]$ 是实序列时，$|H(e^{j\omega})|$ 是频率 ω 的偶函数，$\varphi(\omega)$ 是频率 ω 的奇函数。

应该指出，与连续系统的滤波特性一样，离散系统（数字滤波器）按其频响特性（幅频响应特性）也有低通、高通、带通、带阻和全通之分。由于 $H(e^{j\omega})$ 的周期性，因此，这些特性只限于在 $-\pi < \omega \leqslant \pi$ 范围内区分，如图 7.5-4 所示（图中画出的均是理想滤波特性），注意到，这里滤波特性，即低通、高通等划分是以幅频特性为依据进行的。相频特性在滤波器中的作用，这里暂不考虑。

下面以图 7.5-4(a)所示的理想低通滤波器为例，讨论其单位样值响应 $h_{LP}[n]$ 和频响特性 $H_{LP}(e^{j\omega})$，从而可以与 5.2.2 节连续系统的理想低通滤波器的单位冲激响应 $h_{LP}(t)$ 与频响特性 $H_{LP}(j\Omega)$ 进行比较。

设理想数字低通滤波器的频响特性为

$$H_{\text{LP}}(e^{j\omega}) = \begin{cases} 1, & |\omega| < \omega_c \\ 0, & \omega_c \leqslant |\omega| \leqslant \pi \end{cases} \quad (7.5\text{-}6)$$

式(7.5-6)中的频响特性 $H_{\text{LP}}(e^{j\omega})$ 只给出了滤波器在一个周期内的解析形式，而且其相频特性 $\varphi(\omega) = 0$。

$$h_{\text{LP}}[n] = \frac{1}{2\pi} \int_{-\pi}^{\pi} H_{\text{LP}}(e^{j\omega}) e^{j\omega n} d\omega$$
$$= \frac{1}{2\pi} \int_{-\omega_c}^{\omega_c} e^{j\omega n} d\omega = \frac{\sin(\omega_c n)}{\pi n} \quad (7.5\text{-}7)$$

或者记为

$$h_{\text{LP}}[n] = \frac{\omega_c}{\pi} \text{Sa}(\omega_c n) \quad (7.5\text{-}8)$$

其中 n 的取值范围是 $(-\infty, \infty)$。这说明理想数字低通滤波器是非因果系统，因此不存在实际产品，这一特点与连续理想低通滤波器完全相同。与此类似，理想的高通、带通、带阻滤波器都具有这一特点。

其次，理想数字低通滤波器的 $h_{\text{LP}}[n]$ 是抽样序列，当 $n \to \infty$ 时，$h_{\text{LP}}[n] \to 0$。

如果理想低通滤波器具有相位特性 $\varphi(\omega) = -n_0 \omega$，并设 n_0 是整数，即

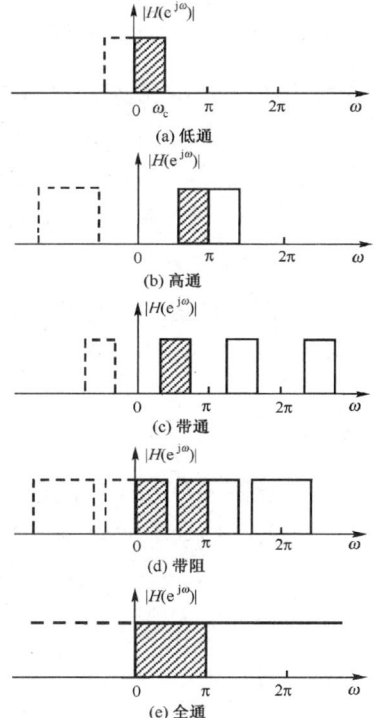

图 7.5-4 离散系统的频响特性

$$H_{\text{LP}}(e^{j\omega}) = \begin{cases} e^{-jn_0\omega}, & |\omega| < \omega_c \\ 0, & \omega_c < |\omega| \leqslant \pi \end{cases} \quad (7.5\text{-}9)$$

则

$$h_{\text{LP}}[n] = \frac{1}{2\pi} \int_{-\omega_c}^{\omega_c} e^{-jn_0\omega} e^{j\omega n} d\omega = \frac{\sin(\omega_c(n-n_0))}{\pi(n-n_0)} \quad (7.5\text{-}10)$$

式(7.5-9)与式(7.5-10)说明具有线性相位特性的理想低通滤波器，其单位样值响应是抽样序列 $\text{Sa}(\omega_c n)$ 乘以常数 (ω_c/π) 并时移 n_0 的序列，但当 n_0 不是整数时，则不能对 $\text{Sa}(\omega_c n)$ 进行时移。

7.5.3　IIR 数字滤波器与 FIR 数字滤波器

根据数字滤波器的 $h[n]$ 样本值数量的有穷性，有 IIR 数字滤波器和 FIR 数字滤波器之分。如果 $h[n]$ 是有限长序列，则称为有限冲激响应数字滤波器，即 FIR 数字滤波器；否则称为无限冲激响应数字滤波器，即 IIR 数字滤波器。

例 7.5-1　求下述差分方程表示的 LTI 离散系统的 $h[n]$ 及其 $H(e^{j\omega})$。

（1）$y[n] + 0.3y[n-1] - 0.1y[n-2] = x[n]$　　　（2）$y[n] = 2x[n] + 3x[n-1] + 2x[n-2]$

解：（1）差分方程的特征方程为　$\alpha^2 + 0.3\alpha - 0.1 = 0$

特征值为　　　　　　　　　　　$\alpha_1 = -0.5,\ \alpha_2 = 0.2$

从而　　　　　　　　　　　　　$h[n] = A_1(-0.5)^n + A_2(0.2)^n$

为求 $h[n]$，利用起始条件 $h[-1] = 0$、$h[-2] = 0$，输入信号 $x[n] = \delta[n]$ 和差分方程，得到初始条件 $h[0] = 1$、$h[1] = -0.3$；也即

$$h[0] = 1 = A_1 + A_2,\quad h[1] = -0.3 = -0.5A_1 + 0.2A_2$$

从而得到 $A_1 = 5/7$，$A_2 = 2/7$。则

$$h[n] = [5(-0.5)^n + 2(0.2)^n]/7\ u[n]$$

$$H(\mathrm{e}^{\mathrm{j}\omega}) = \mathrm{DTFT}[h[n]] = \frac{1}{(1+0.5\mathrm{e}^{-\mathrm{j}\omega})(1-0.2\mathrm{e}^{-\mathrm{j}\omega})}$$

即差分方程（1）所表示的离散系统是 IIR 数字滤波器。

（2）直接将输入信号 $x[n] = \delta[n]$ 代入差分方程，得到

$$h[n] = 2\delta[n] + 3\delta[n-1] + 2\delta[n-2] = \{2, 3, 2\}, \quad 0 \leqslant n \leqslant 2$$

$$H(\mathrm{e}^{\mathrm{j}\omega}) = \mathrm{DTFT}[h[n]] = 2 + 3\mathrm{e}^{-\mathrm{j}\omega} + 2\mathrm{e}^{-\mathrm{j}2\omega} = \mathrm{e}^{-\mathrm{j}\omega}(4\cos\omega + 3)$$

即差分方程（2）所表示的离散系统是 FIR 数字滤波器。

此外，从系统差分方程的形式来看，FIR 系统的差分方程具有非递归的特点，即输出信号 $y[n]$ 是输入信号 $x[n]$ 的延时加权 $b_r x[n-r]$ 之和，如方程（2）。更一般形式可用下式表示

$$y[n] = \sum_{r=0}^{M} b_r x[n-r] \tag{7.5-11}$$

而 IIR 系统的差分方程具有递归的特点，也即 $y[n]$ 不单与 $x[n]$ 的延时加权 $b_r x[n-r]$ 之和有关，还与过去的输出样本 $y[n-r]$ 有关（与起始条件有关），如方程（1）。更一般形式可用下式表示

$$y[n] = \sum_{r=0}^{M} b_r x[n-r] + \sum_{r=0}^{N} a_r y[n-r] \tag{7.5-12}$$

练习题

7.5-1 计算数字带通滤波器的单位样值响应 $h_{\mathrm{BP}}[n]$。设其频响特性为（一个周期内）

$$H_{\mathrm{BP}}(\mathrm{e}^{\mathrm{j}\omega}) = \begin{cases} 1, & \omega_{\mathrm{cl}} < |\omega| < \omega_{\mathrm{ch}} \\ 0, & \omega_{\mathrm{ch}} < |\omega| \leqslant \pi, \ 0 \leqslant |\omega| < \omega_{\mathrm{cl}} \end{cases}$$

7.5-2 计算数字高通滤波器的单位样值响应 $h_{\mathrm{HP}}[n]$。设其频响特性为（一个周期内）

$$H_{\mathrm{HP}}(\mathrm{e}^{\mathrm{j}\omega}) = \begin{cases} \mathrm{e}^{-\mathrm{j}\alpha\omega}, & \omega_{\mathrm{c}} < |\omega| \leqslant \pi \\ 0, & |\omega| < \omega_{\mathrm{c}} \end{cases}$$

7.5-3 计算下述差分方程所示的 LTI 因果离散系统的单位样值响应和频响特性（需要判断系统是否稳定）。

（1） $y[n] + 0.1y[n-1] - 0.2y[n-2] = 2x[n]$;

（2） $y[n] + 0.1y[n-1] - 0.2y[n-2] = x[n-1]$;

（3） $y[n] + y[n-1] - 2y[n-2] = 2x[n] - x[n-2]$;

（4） $y[n] = \sum_{r=0}^{6} \cos\left(\frac{\pi}{2}r\right) x[n-r]$

7.6 离散时间信号与系统频域的 MATLAB 分析

离散时间系统可以从时域、频域和 z 域（第 8 章）进行分析。时域分析的数学模型是差分方程，MATLAB 为线性时不变系统的差分方程提供了专用函数 filter，该函数可以计算对于指定时间范围的激励序列的响应，并提供了求两个有限时间区间非零的离散时间序列卷积和的专用函数 conv。频域分析的数学模型是频率响应，MATLAB 为分析系统频率响应提供了专用函数 freqz。

例 7.6-1 已知序列 $x[n] = (-0.8)^n$，$-5 \leqslant n \leqslant 5$，绘制出该序列的傅里叶变换的幅度谱和相位谱，并观察频谱的共轭性。

解：因为 $x[n]$ 是离散值，它的频谱满足周期性，被定义在一个 2π 周期上。我们将在 $[-2\pi, 2\pi]$ 之间的两个周期中的 401 个频点上计算，并观察其共轭性。用 MATLAB 绘制序列频谱的程序清单 mat701.m 如下，频谱如图 7.6-1 所示。由频谱图可知，因为 $x[n]$ 是实数序列，它的频谱是共轭对称的。

```
n =-5:5; x = (-0.8).^n;k = -200:200; w = (pi/100)*k;
```

```
X = x*(exp(-j*pi/100)).^(n'*k);magX = abs(X); angX = angle(X);
subplot(211); plot(w/pi,magX);grid;
xlabel('\omega/π'); ylabel('|X|');axis([-2 2 0 15]);
subplot(212); plot(w/pi,angX/pi); grid;
xlabel('\omega/π'); ylabel('弧度/π'); axis([-2 2 -1 1]);
```

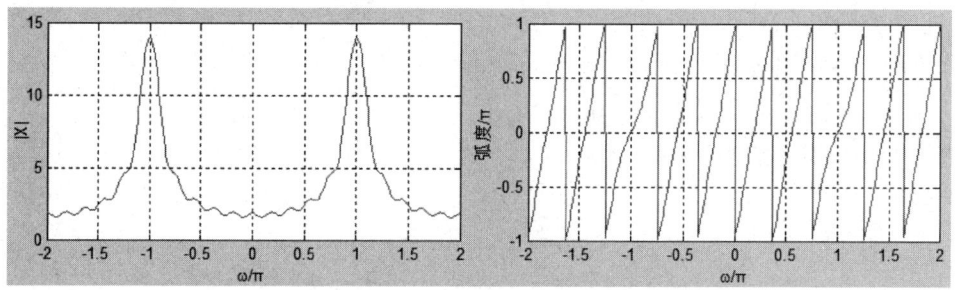

图 7.6-1 离散序列的离散时间傅里叶变换频谱

例 7.6-2 已知离散系统的差分方程如下

$$y[n]+0.12y[n-1]+0.33y[n-3]+0.46y[n-4]=x[n]+0.7x[n-1]+0.4x[n-2]$$

试画出该系统的幅频特性和相频特性，并判断系统是什么类型的滤波器。

解：绘制系统的频响特性曲线可以调用库函数 freqz，所编写的程序 mat702.m 如下，离散系统的频响特性如图 7.6-2 所示，在 -2π 到 2π 的范围内绘制了频响特性，更便于观察该系统的频响特性，由图可见系统具有带通滤波器特性，由于差分方程的系数均为实数，系统的幅频特性偶对称，相频特性奇对称。

```
b=[1,0.5,0.8];a=[1,0.12,0,0.33,0.46];
w=linspace(-2*pi,2*pi,1024);H=freqz(b,a,w);subplot(1,2,1);plot(w/pi,abs(H));grid on;
xlabel('归一化频率');ylabel('幅度');title('幅频特性');
subplot(1,2,2);plot(w/pi,angle(H));grid on;
xlabel('归一化频率');ylabel('(rad)');title('相频特性');
```

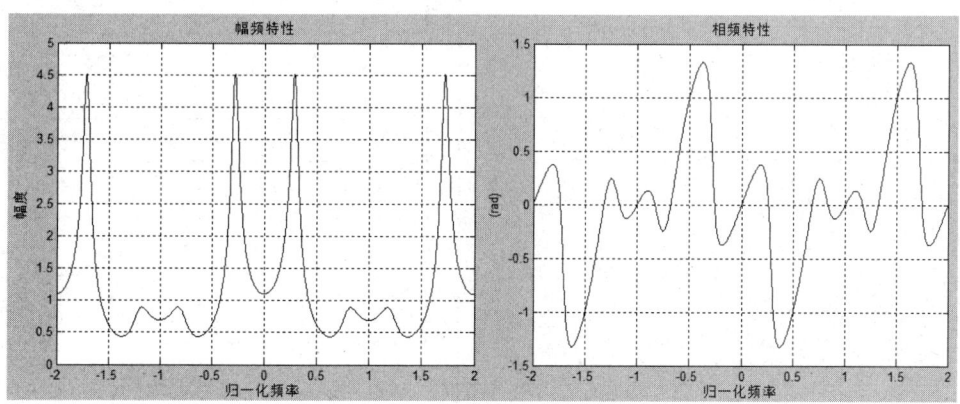

图 7.6-2 离散系统的频响特性

练习题

7.6-1 已知序列 $x[n]=(0.7)^n$，$-2 \leqslant n \leqslant 6$，绘制该序列的幅度谱和相位谱，并观察频谱的共轭性。

7.6-2 已知离散系统的差分方程如下

$$y[n]-0.22y[n-1]+0.13y[n-2]+0.76y[n-4]=x[n]-0.5x[n-1]$$

试画出该系统的幅频特性和相频特性，并判断系统是什么类型的滤波器。

关键知识点概要

1. 序列傅里叶变换定义：
$$X(e^{j\omega}) = \sum_{n=-\infty}^{\infty} x[n] e^{-j\omega n}$$

2. 常用序列的傅里叶变换见表 7-1。

3. 序列及其傅里叶变换与采样信号及其傅里叶变换的关系：
$$x[n] = x(nT) \leftrightarrow X(e^{j\omega}) = X_s(j\omega/T) \quad \text{或者} \quad X_s(j\Omega) = X(e^{j\Omega T})$$

4. 傅里叶变换的主要定理和性质见表 7-2。

5. 离散时间系统的频响特性 $H(e^{j\omega})$：

（1）频响特性与单位样值响应：$H(e^{j\omega}) = \sum_{n=-\infty}^{\infty} h[n] e^{-j\omega n}$

（2）频响特性的条件：稳定系统。

（3）频响特性的特点：周期性（周期2π），连续性，复值（幅频特性与相频特性）。

（4）频响特性与正弦输入信号时的稳态响应：$x[n] = \cos\omega_0 n \to y_{ss}[n] = |H(e^{j\omega_0})| \cos(\omega_0 n + \varphi(\omega_0))$

（5）频响特性与差分方程：$\sum_{k=0}^{N} a_k y[n-k] = \sum_{r=0}^{M} b_r x[n-r] \Leftrightarrow H(e^{j\omega}) = \dfrac{Y(e^{j\omega})}{X(e^{j\omega})} = \dfrac{\sum_{r=0}^{M} b_r e^{-j\omega r}}{\sum_{k=0}^{N} a_k e^{-j\omega k}}$

（6）频响特性与零状态响应的 DTFT：$Y(e^{j\omega}) = H(e^{j\omega}) X(e^{j\omega})$

表 7-1 常用序列的傅里叶变换

序号	序列 $x[n]$	傅里叶变换 $X(e^{j\omega}) = \sum_{n=-\infty}^{\infty} x[n] e^{-j\omega n}$
1	$\delta[n]$	1
2	$u[n]$	$\dfrac{1}{1-e^{-j\omega}} + \pi \sum_{k=-\infty}^{\infty} \delta(\omega + 2\pi k)$
3	$a^n u[n]$, $|a|<1$	$\dfrac{1}{1-ae^{-j\omega}}$
4	$a^{|n|}$, $|a|<1$	$\dfrac{1-a^2}{1-2a\cos\omega + a^2}$
5	$u[n] - u[n-N]$	$e^{-j\omega(N-1)/2} \dfrac{\sin(\omega N/2)}{\sin(\omega/2)}$
6	1	$2\pi \sum_{k=-\infty}^{\infty} \delta(\omega + 2\pi k)$
7	$n\,u[n]$	$\dfrac{e^{-j\omega}}{(1-e^{-j\omega})^2} + j\pi \sum_{k=-\infty}^{\infty} \delta'(\omega + 2\pi k)$
8	$\cos\omega_0 n$	$\pi \sum_{k=-\infty}^{\infty} [\delta(\omega + \omega_0 + 2\pi k) + \delta(\omega - \omega_0 + 2\pi k)]$
9	$a^n \cos\omega_0 n\,u[n]$, $|a|<1$	$\dfrac{1 - a\cos\omega_0 e^{-j\omega}}{1 - 2a\cos\omega_0 e^{-j\omega} + a^2 e^{-j2\omega}}$

表 7-2 序列的傅里叶变换的主要性质与定理

线性	$ax[n] + by[n] \leftrightarrow aX(e^{j\omega}) + bY(e^{j\omega})$
时移	$x[n \pm m] \leftrightarrow e^{\pm j m\omega} X(e^{j\omega})$
频移	$e^{j\omega_0 n} x[n] \leftrightarrow X(e^{j(\omega-\omega_0)})$
频域微分	$nx[n] \leftrightarrow j\dfrac{dX(e^{j\omega})}{d\omega}$
反褶	$x[-n] \leftrightarrow X(e^{-j\omega})$
共轭	$x^*[n] \leftrightarrow X^*(e^{-j\omega})$
时域卷积	$x[n] * y[n] \leftrightarrow X(e^{j\omega}) Y(e^{j\omega})$
频域卷积	$x[n] y[n] \leftrightarrow \dfrac{1}{2\pi} \int_{-\pi}^{\pi} X(e^{j\theta}) Y(e^{j(\omega-\theta)}) d\theta$
调制	$x[n]\cos\omega_0 n \leftrightarrow \dfrac{1}{2}[X(e^{j(\omega+\omega_0)}) + X(e^{j(\omega-\omega_0)})]$
帕斯瓦尔公式	$\sum_{n=-\infty}^{\infty} |x[n]|^2 = \dfrac{1}{2\pi} \int_{-\pi}^{\pi} |X(e^{j\omega})|^2 d\omega$

综合习题

7-1 求下列序列的傅里叶变换。

（1）$(1/2)^n \{u[n+4] - u[n-5]\}$　　　　（2）$n(1/2)^{|n|}$　　　　（3）$|n|(1/2)^{|n|}$

(4) $5^n \cos\left(\dfrac{\pi}{3}n + \dfrac{\pi}{4}\right) \cdot u[n]$ (5) $5^n \cos\left(\dfrac{\pi}{3}n + \dfrac{\pi}{4}\right) \cdot u[-n-1]$

7-2 已知离散因果系统的差分方程为：$y[n] - \dfrac{3}{4}y[n-1] + \dfrac{1}{8}y[n-2] = x[n] + \dfrac{1}{3}x[n-1]$。求该系统的频率响应，并粗略画出幅频特性曲线。

7-3 用计算机对测量的随机数据 $x[n]$ 进行平均处理，当收到一个测量数据后，计算机就把这一次输入数据与前三次输入数据进行平均。试求这一运算过程的频率响应。

7-4 设 $X(e^{j\omega})$，$Y(e^{j\omega})$ 和 $H(e^{j\omega})$ 分别是线性时不变系统的输入 $x[n]$、输出 $y[n]$ 和单位样值响应 $h[n]$ 的傅氏变换，且 $y[n] = \sum\limits_{m=-\infty}^{\infty} x[m]h[n-m]$，对上式的离散卷积和做傅氏变换，证明：$Y(e^{j\omega}) = X(e^{j\omega})H(e^{j\omega})$。

7-5 求图题 7-5 所示因果离散系统的频响特性 $H(e^{j\omega})$，并大致画出其幅频特性响应，判断其通带选择特点。

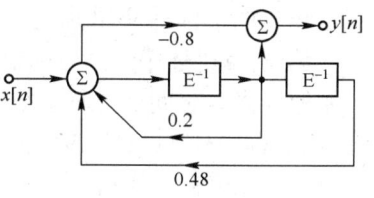

图 题 7-5

7-6 判断下述单位脉冲响应所表示的 LTI 离散系统是否稳定，计算稳定系统的频响特性 $H(e^{j\omega})$。

(1) $\cos\left(\dfrac{\pi}{2}n\right)\{u[n] - u[n-5]\}$ (2) $\dfrac{\sin 0.2\pi n}{\pi n}$

(3) $(0.8)^n \cos\left(\dfrac{\pi}{4}n\right) \cdot u[n]$ (4) $\text{Sa}(\pi n) - \text{Sa}(0.6\pi n)$

7-7 图题 7-7(a) 所示 LTI 离散系统，其频响特性 $H(e^{j\omega})$ 如图(b)所示，输入信号 $x[n] = 3\cos\left(\dfrac{\pi}{2}n\right) + 0.8\sin\left(\dfrac{3\pi}{4}n\right)$，求输出信号 $y[n]$ 及其傅里叶变换 $Y(e^{j\omega})$，并画出它们的图形。

7-8 图题 7-8 所示系统中，$H_1(e^{j\omega}) = e^{-j2\omega}$，$H_2(e^{j\omega}) = \begin{cases} 1, & |\omega| < 0.4\pi \\ 0, & 0.4\pi \leqslant |\omega| < \pi \end{cases}$。

(1) 求系统的单位脉冲响应 $h[n]$； (2) 当输入 $x[n] = u[n] - u[n-3]$ 时，求响应 $y[n]$。

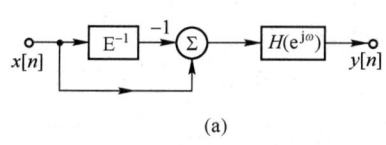

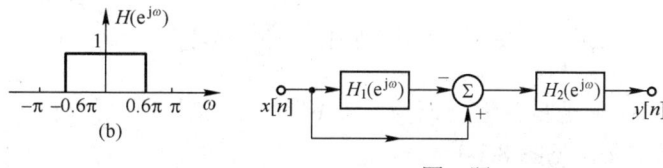

图 题 7-7 图 题 7-8

第 8 章 离散时间系统的 z 域分析

第 3 章和第 7 章分别介绍了离散时间信号与系统的基本概念及基于时间域和频率域的表示和分析方法，相比于第 2 章和第 5 章，可以看出从概念描述到分析方法离散时间系统和连续时间系统在许多方面都是并行相似的。但应用傅里叶变换要求序列 $x[n]$ 是绝对可和的，系统是稳定的，因此应用傅里叶变换表示和分析离散信号与系统存在一些计算上的局限性。

第 6 章讲述了连续时间信号与系统分析的复频域——拉普拉斯变换方法，与此相似，离散时间信号与系统也存在类似的复频域分析理论和工具——z 变换（z transform）。本章讨论 z 变换及其在离散时间信号与系统分析中的具体应用。

扫描二维码，了解 z 变换提出者扎德（Lotfi A. Zadeh）。

8.1 序列的 z 变换及其收敛域

8.1.1 z 变换的定义

z 变换有单边和双边 z 变换之分。下面分别给出它们的定义。

序列 $x[n]$ 的单边 z 变换（single sided z transform）定义为

$$X(z) = \mathscr{Z}[x[n]] = \sum_{n=0}^{\infty} x[n]z^{-n} = x[0] + x[1]z^{-1} + x[2]z^{-2} + \cdots \quad (8.1\text{-}1)$$

序列 $x[n]$ 的双边 z 变换（bilateral (two-sided) z transform）定义为

$$X(z) = \mathscr{Z}[x[n]] = \sum_{n=-\infty}^{\infty} x[n]z^{-n} \quad (8.1\text{-}2)$$

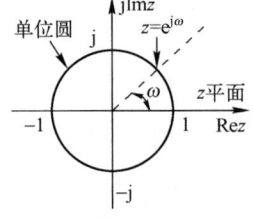

图 8.1-1 复变量 z 在 z 平面上的位置

其中，z 是复变量，记为 $z = \rho e^{j\omega}$，可以用复平面（z 平面）上的点来定义，见图 8.1-1。

上面二式表明，序列的 z 变换是复变量 z^{-1} 的幂级数（power series）（也称洛朗级数），其系数是序列 $x[n]$ 的样值。由于在连续时间系统中，较少应用非因果信号，因而着重讨论单边拉氏变换；但在离散时间信号与系统中，信号通常表现为存储的数据样本形式，从而非因果序列也有广泛的应用，因此在 z 变换的分析讨论中，如果没有特殊说明，一般都是指双边 z 变换。其次，无论单边 z 变换还是双边 z 变换都用符号 $\mathscr{Z}[\cdot]$ 表示，如果 $x[n]$ 是因果序列，则其双边 z 变换和单边 z 变换相同。

例 8.1-1 求下面序列的 z 变换。

$$x_1[n] = a^n u[n] = \begin{cases} a^n, & n \geqslant 0 \\ 0, & n < 0 \end{cases}, \quad x_2[n] = -a^n u[-n-1] = \begin{cases} 0, & n \geqslant 0 \\ -a^n, & n < 0 \end{cases}$$

解：由式(8.1-2)，$x_1[n]$ 的 z 变换为

$$X_1(z) = \sum_{n=-\infty}^{\infty} x_1[n]z^{-n} = \sum_{n=0}^{\infty} (az^{-1})^n$$

这是几何级数，若 $|az^{-1}| < 1$，即 $|z| > |a|$ 时，级数收敛，于是

$$X_1(z) = \frac{1}{1-(az^{-1})} = \frac{z}{z-a}, \quad |z| > |a|$$

同理 $x_2[n]$ 的 z 变换为
$$X_2(z) = \sum_{n=-\infty}^{\infty} x_2[n] z^{-n} = \sum_{n=-\infty}^{-1} (-a^n) z^{-n} = -\sum_{n=1}^{\infty} a^{-n} z^n = 1 - \sum_{n=0}^{\infty} a^{-n} z^n$$

它也是几何级数，只有当 $|a^{-1}z| < 1$，即 $|z| < |a|$ 时级数才收敛，于是

$$X_2(z) = 1 - \frac{1}{1-a^{-1}z} = \frac{z}{z-a}, \quad |z| < |a|$$

上述结果说明，只有当级数收敛时，z 变换才有意义。而且两个不同的序列可以具有相同的 z 变换表达式，但它们的 z 取值范围不同。其次，在上述的 z 变换中，当 $z = 0$ 时，$X_1(z) = X_2(z) = 0$，这样，$z = 0$ 称为 z 变换的零点。而当 $z = a$ 时，$X_1(z) = X_2(z) = \infty$，从而称 $z = a$ 为 z 变换的极点。

8.1.2　z 变换的收敛域

根据 z 变换定义，z 变换是复变量 z^{-1} 的幂级数，而依级数理论，只有当级数收敛（convergence）时，z 变换才有意义。对于<u>任意给定的有界序列 $x[n]$，使 z 变换定义式(8.1-1)或式(8.1-2)级数收敛的 z 值的集合，称为 z 变换的收敛域（ROC）</u>。从例 8.1-1 知道，不同的序列可以有相同的 z 变换，但收敛域不同。

根据级数理论，式(8.1-2)所示级数收敛的充分条件是满足绝对可和条件，即要求

$$\sum_{n=-\infty}^{\infty} |x[n] z^{-n}| < \infty \tag{8.1-3}$$

式(8.1-3)的左端构成正项级数（positive series），通常可以采用两种方法——比值判定法和根值判定法来判别正项级数的收敛性。

- 比值判定法：若正项级数 $\sum\limits_{n=-\infty}^{\infty} |a_n|$，令它的后项与前项比值的极限等于 ρ，即

$$\rho = \lim_{n \to \infty} \left| \frac{a_{n+1}}{a_n} \right| \tag{8.1-4}$$

则当 $\rho < 1$ 时级数收敛，当 $\rho > 1$ 时级数发散，当 $\rho = 1$ 时级数可能收敛也可能发散。

- 根值判定法：令 ρ 等于正项级数的一般项 $|a_n|$ 的 n 次根极限取值，即

$$\rho = \lim_{n \to \infty} \sqrt[n]{|a_n|} \tag{8.1-5}$$

则当 $\rho < 1$ 时级数收敛，当 $\rho > 1$ 时级数发散，当 $\rho = 1$ 时级数可能收敛也可能发散。

下面利用根值判定法来讨论几类序列的 z 变换收敛域问题。

1. 有限长序列（finite-length sequence）

有限长序列 $x[n]$，$n_1 \leq n \leq n_2$ 的 z 变换为

$$X(z) = \sum_{n=n_1}^{n_2} x[n] z^{-n}$$

由于 n_1，n_2 是有限整数，因而上式是一个有限项级数。当 $n_1 \geq 0$ 时，除了 $z = 0$ 点外，$X(z)$ 在 z 平面上处处收敛，即收敛域为 $|z| > 0$；类似，当 $n_2 \leq 0$ 时，除了 $z = \infty$ 点外，$X(z)$ 在 z 平面上处处收敛，即收敛域为 $|z| < \infty$；而当 $n_1 < 0$，$n_2 > 0$ 时，除了在 $z = 0$ 和 $z = \infty$ 两点外，$X(z)$ 在 z 平面上处处收敛，因而收敛域为 $0 < |z| < \infty$。所以有限长序列 z 变换的收敛域至少为 $0 < |z| < \infty$，但可

能会包括 $z=0$ 或 $z=\infty$，这由定义序列的自变量具体区间所决定。

2. 右边序列 (right-sided sequence)

右边序列 $x[n]=0$，$n<n_1$ 的 z 变换为 $X(z)=\sum_{n=n_1}^{\infty}x[n]z^{-n}$，由式(8.1-5)，若满足

$$\rho = \lim_{n\to\infty}\sqrt[n]{|x[n]z^{-n}|}<1，\text{即} \ |z|>\lim_{n\to\infty}\sqrt[n]{|x[n]|}=R_+ \tag{8.1-6}$$

则该级数收敛，其中 R_+ 称为级数的收敛半径 (radius of convergence)。可见，右边序列的收敛域是 z 平面上以原点为圆心、以 R_+ 为半径的圆外部。如果 $n_1 \geqslant 0$，则收敛域包括 $z=\infty$，即 $|z|>R_+$；如果 $n_1<0$，则收敛域不包括 $z=\infty$，即收敛域为 $R_+<|z|<\infty$。显然，当 $n_1\geqslant 0$ 时，右边序列也是因果序列，从而因果序列的收敛域是 $|z|>R_+$，也就是说单边 z 变换的收敛域是 $|z|>R_+$。

3. 左边序列 (left-sided sequence)

左边序列 $x[n]=0$，$n>n_2$ 的 z 变换为 $X(z)=\sum_{n=-\infty}^{n_2}x[n]z^{-n}$，若令 $m=-n$，该式变为 $X(z)=\sum_{m=-n_2}^{\infty}x[-m]z^m$。由式(8.1-5)，若满足 $\rho=\lim_{n\to\infty}\sqrt[n]{|x[-n]z^n|}<1$，即

$$|z|<\frac{1}{\lim_{n\to\infty}\sqrt[n]{|x[-n]|}}=R_- \tag{8.1-7}$$

该级数收敛。可见，左边序列的收敛域是 z 平面上以原点为圆心、以 R_- 为半径的圆内部。如果 $n_2>0$，则收敛域不包括 $z=0$（原点），即 $0<|z|<R_-$。如果 $n_2\leqslant 0$，则收敛域包括 $z=0$，即 $|z|<R_-$。

4. 双边序列 (two-sided sequence)

双边序列 $x[n]$，$-\infty<n<+\infty$ 的 z 变换为

$$X(z)=\sum_{n=-\infty}^{\infty}x[n]z^{-n}=\sum_{n=-\infty}^{-1}x[n]z^{-n}+\sum_{n=0}^{\infty}x[n]z^{-n}$$

这里，$x[n]$ 被看成左边序列 $\{x[n]u[-n-1]\}$ 与右边序列 $\{x[n]u[n]\}$ 两序列之和，即 $x[n]=x[n]u[-n-1]+x[n]u[n]$，则其 z 变换是左边序列与右边序列两序列 z 变换的叠加，如上式右边第一个级数是左边序列的 z 变换，其收敛域为 $|z|<R_-$；第二个级数是右边序列的 z 变换，其收敛域为 $|z|>R_+$；因而双边序列的收敛域是左边序列与右边序列两个收敛域的交叠部分。如果 $R_->R_+$，则双边序列 $x[n]$ 的 z 变换 $X(z)$ 的收敛域为

$$R_+<|z|<R_- \tag{8.1-8}$$

即双边序列的收敛域是 z 平面上的一个环形区域。如果 $R_-\leqslant R_+$，即两个收敛域不交叠，则双边序列 $x[n]$ 的 z 变换不能用同一收敛域的单一函数表示。

综上所述，双边 z 变换的收敛域是 z 平面上以原点为圆心的圆作为分界线所构成的环状区域，具体说明和表示见本章关键知识点概要的表 8-1。

应当指出，任何序列与带有收敛域的 z 变换形成一一映射。

例 8.1-2 求双边指数序列 $x[n]=a^n u[n]-b^n u[-n-1]$ 的 z 变换，并确定它的收敛域（其中：$b>a>0$）。

解：这是一个双边序列，令 $x_1[n]=a^n u[n]$（右边序列），$x_2[n]=-b^n u[-n-1]$（左边序列），它们的 z 变换分别为 $X_1(z)$ 和 $X_2(z)$，则 $x[n]=x_1[n]+x_2[n]$，故 $X(z)=X_1(z)+X_2(z)$，利用例 8.1-1

的结果，即

$$X_1(z) = \sum_{n=-\infty}^{\infty} x_1[n]z^{-n} = \frac{z}{z-a}, \quad |z|>a \qquad X_2(z) = \sum_{n=-\infty}^{\infty} x_2[n]z^{-n} = \frac{z}{z-b}, \quad |z|<b$$

那么 $X(z) = X_1(z) + X_2(z) = \dfrac{z}{z-a} + \dfrac{z}{z-b} = \dfrac{2z\left(z - \dfrac{a+b}{2}\right)}{(z-a)(z-b)} \qquad a < |z| < b$

该序列的 z 变换收敛域为 $a<|z|<b$，且 $z = 0$ 和 $z = (a+b)/2$ 是 z 变换的两个零点，而 $z = a$ 与 $z = b$ 是其两个极点，如图 8.1-2 所示（注意：图中 z 平面表示方法，"Rez" 表示实轴，"jImz" 表示虚轴；"×" 表示极点坐标，"o" 表示零点坐标；阴影区域表示收敛域）。

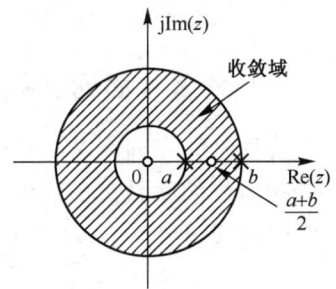

从本例看出，由于 $X(z)$ 在收敛域内是解析的，因此收敛域内不包含任何极点，而极点都在收敛域的边界上。

一般地，z 变换的收敛域是 z 平面上以原点为圆心，以极点幅度大小为半径的圆周作为边界分割而成的区域。当 z 变换有多个极点时，右边序列的收敛域是由圆 A 向外延伸至 $z\to\infty$（可能包含∞）的区域，而此圆 A 的圆心是原点，半径是极点中的幅度最大值（即距离原点最远的那个极点的幅度）；而左边序列的收敛域由圆 B 向内延伸至 $z = 0$（可能包含 $z = 0$）的区域，而圆 B 的圆心是原点，半径是极点中的幅度最小值（即距离原点最近（非 0）的那个极点的幅度）；反之亦然。

图 8.1-2 双边指数序列的 z 变换的零极点与收敛域

另外，在本例中，如果 $b<a$，则 $X_1(z)$ 与 $X_2(z)$ 的收敛域没有重叠区域，因而序列 $x[n]$ 的 z 变换表示成两部分，分属于 z 平面上不同的区域（收敛域）。

例 8.1-3 分别求下列序列的 z 变换，并注明它们的收敛域和极点。

（1） $x_1[n] = 3\delta[n+1] - (0.5)^n u[n] + (-2)^n u[n-1]$；

（2） $x_2[n] = 3\delta[n-1] - (-3)^n u[-n-1] + (0.8)^n u[-n]$。

解：由式(8.1-2)，$x_1[n]$ 和 $x_2[n]$ 的 z 变换为

$$X_1(z) = \sum_{n=-\infty}^{\infty} x_1[n]z^{-n} = \sum_{n=-\infty}^{\infty} \left\{3\delta[n+1] - (0.5)^n u[n] + (-2)^n u[n-1]\right\} z^{-n}$$

$$= 3z - \sum_{n=0}^{\infty} (0.5z^{-1})^n + \sum_{n=1}^{\infty} (-2z^{-1})^n = 3z - \frac{1}{1-0.5z^{-1}} + \frac{-2z^{-1}}{1+2z^{-1}}$$

$$= 3z - \frac{z}{z-0.5} + \frac{-2}{z+2} = \frac{3z^3 + 3.5z^2 - 7z + 1}{z^2 + 1.5z - 1}$$

收敛域：$|z|>2$；极点：$p_1 = 0.5$，$p_2 = -2$，$p_3 = \infty$（令分母 $z^2 + 1.5z - 1 = 0$，求其根）。

$$X_2(z) = \sum_{n=-\infty}^{\infty} x_2[n]z^{-n} = \sum_{n=-\infty}^{\infty} \left\{3\delta[n-1] - (-3)^n u[-n-1] + (0.8)^n u[-n]\right\} z^{-n}$$

$$= 3z^{-1} - \sum_{n=-\infty}^{-1} (-3z^{-1})^n + \sum_{n=-\infty}^{0} (0.8z^{-1})^n = 3z^{-1} - \sum_{n=1}^{\infty} (-3z^{-1})^{-n} + \sum_{n=0}^{\infty} (0.8z^{-1})^{-n}$$

$$= 3z^{-1} - \frac{-z/3}{1+(z/3)} + \frac{1}{1-(z/0.8)} = \frac{z^3 + 1.4z^2 + 4.2z - 7.2}{z(z+3)(z-0.8)}$$

收敛域：$0 < |z| < 0.8$；极点：$p_1 = 0$，$p_2 = -3$，$p_3 = 0.8$（令分母 $z(z+3)(z-0.8) = 0$，求其根）。

$X_1(z)$ 和 $X_2(z)$ 的极点图分别如图 8.1-3(a)和(b)所示。

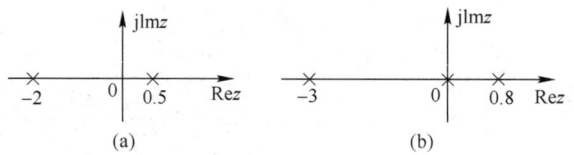

图 8.1-3 例 8.1-3 序列的极点分布图

z 变换的极点与收敛域的确定，相关例题，请扫描二维码。

8.1.3 s 平面到 z 平面的映射

离散时间序列可以由连续时间信号等间隔采样得到，为建立连续时间信号和离散时间信号在变换域中的联系，我们再来看采样信号的拉氏变换。设离散信号 $x[n]$ 是由连续信号 $x(t)$ 采样得到的，即 $x[n] = x(nT)$，并设 $x_s(t)$ 为连续信号 $x(t)$ 经理想采样后得到的采样信号，即

$$x_s(t) = x(t)\delta_T(t) = \sum_{n=-\infty}^{\infty} x(nT)\delta(t-nT)$$

式中，T 为采样间隔。对上式两边取双边拉氏变换，得到

$$X_s(s) = \int_{-\infty}^{\infty} x_s(t) e^{-st} dt = \int_{-\infty}^{\infty} \left[\sum_{n=-\infty}^{\infty} x(nT)\delta(t-nT) \right] e^{-st} dt$$

交换上式中的积分与求和次序，并利用冲激函数的取样特性，可得

$$X_s(s) = \sum_{n=-\infty}^{\infty} x(nT) \left[\int_{-\infty}^{\infty} \delta(t-nT) e^{-st} dt \right] = \sum_{n=-\infty}^{\infty} x(nT) e^{-snT} \tag{8.1-9}$$

引入新的复变量 z，即令

$$z = e^{sT} \tag{8.1-10}$$

或

$$s = \frac{1}{T} \ln z \tag{8.1-11}$$

则式(8.1-9)变为复变量 z 的函数式 $X(z)$，即

$$X(z) = \sum_{n=-\infty}^{\infty} x(nT) z^{-n} = \sum_{n=-\infty}^{\infty} x[n] z^{-n} \tag{8.1-12}$$

和式(8.1-2)相比较，式(8.1-12)正是离散信号 $x[n]$ 的 z 变换。上面的推导说明，采样所得序列 $x[n]$ 的 z 变换 $X(z)$ 可以看成连续采样信号的拉氏变换按映射关系（$z = e^{sT}$）进行映射所得的函数。注意到，由于变量 s 和 z 都是复数变量，因此这种映射不是一一映射，下面我们就对 z 变换的复变量 z 与拉普拉斯变换的复变量 s 之间的映射关系展开讨论。

在式(8.1-10)中，将 s 表示成直角坐标形式 $s = \sigma + j\Omega$，而将 z 表示为极坐标形式 $z = re^{j\omega}$，并将它们代入式(8.1-10)中，则有 $re^{j\omega} = z = e^{sT} = e^{(\sigma+j\Omega)T} = e^{\sigma T} \cdot e^{j\Omega T}$，也即

$$r = e^{\sigma T} \tag{8.1-13}$$

$$\omega = \Omega T \tag{8.1-14}$$

式(8.1-13)和式(8.1-14)表明 s 平面和 z 平面之间具有如下映射关系：

（1）s 平面上的原点 $s = 0$（$\sigma = 0, \Omega = 0$）映射到 z 平面上坐标为 $z = 1$（$r = 1, \omega = 0$）的点。

（2）s 平面上的虚轴（$\sigma = 0, s = j\Omega$）映射到 z 平面上为以原点为圆心、1 为半径的圆（$r = 1$，$\omega = \Omega T$，常称单位圆）；s 平面上的左半平面（$\sigma < 0$）映射为 z 平面上单位圆的内部（$|z| = r < 1$），而右半平面（$\sigma > 0$）映射为单位圆的外部（$|z| = r > 1$）。

（3）s 平面的实轴（$\Omega = 0, s = \sigma$）映射为 z 平面的正实轴（$r > 0$，$\omega = 0$），s 平面上平行于实轴的直线（Ω 为常数，如 $\Omega = \Omega_1$）映射为 z 平面上始于原点的辐射线（$r > 0$，$\omega_1 = \Omega_1 T$），s

平面上通过 $jm\pi/T$（$m = \pm 1, \pm 3, \cdots$，T 为采样周期）而平行于实轴的直线映射为 z 平面的负实轴 $\omega = m\pi$（$m = \pm 1, \pm 3, \cdots$）。

s 平面与 z 平面的映射关系见本章关键知识点概要的表 8-3。依据式(8.1-13)和式(8.1-14)，s 平面与 z 平面的映射关系不是单值的，在 s 平面上沿虚轴移动的点映射在 z 平面上沿单位圆周期性旋转：当 Ω 由 $-\pi/T$ 增长到 π/T 时，z 平面上辐角 ω 由 $-\pi$ 增长到 π。也就是说，在 s 平面上 Ω 每平移 $2\pi/T$，相应于 z 平面上 ω 变化 2π（沿单位圆转一圈）。

依据这种映射关系，以及连续信号傅里叶变换 $X(j\Omega)$ 和拉氏变换 $X(s)$ 之间的关系，即

$$X(j\Omega) = X(s)|_{s=j\Omega} \quad (X(s) \text{的收敛域包含虚轴 } s = j\Omega \text{（或 } \sigma = 0\text{）})$$

我们可以得到**离散时间信号的傅里叶变换 $X(e^{j\omega})$ 和 z 变换 $X(z)$ 之间的关系**为

$$X(e^{j\omega}) = X(z)|_{z=e^{j\omega}} \quad (X(z) \text{的收敛域包单位圆 } |z|=1) \tag{8.1-15}$$

另外，比较离散时间傅里叶变换的定义式(7.1-1)和 z 变换定义式(8.1-2)，也很容易得到式(8.1-15)的结论。

8.1.4 典型序列的 z 变换

与拉氏变换相似，典型序列的 z 变换在逆 z 变换的求解及离散系统的分析和设计中也起着重要的作用，本章关键知识点概要中的表 8-2 中列出了一些常用序列的 z 变换及其收敛域。其中变换对 3 和 5 分别是例 8.1-1 中的序列 $x_1[n]$ 和 $x_2[n]$，而变换对 2 和 4 则分别是例 8.1-1 中序列 $x_1[n]$ 和 $x_2[n]$ 中的参数取 $a=1$。这里再举几例说明表中部分 z 变换的计算结果。

例 8.1-4 求单位斜变序列 $x[n] = nu[n]$ 的 z 变换，并确定它的收敛域。

解：根据表 8-2 中的变换对 2，即单位阶跃序列的 z 变换：

$$\mathcal{Z}[u[n]] = \sum_{n=0}^{\infty} u[n]z^{-n} = \sum_{n=0}^{\infty} z^{-n} = \frac{1}{1-z^{-1}}, \quad |z|>1$$

对上式右半部分等式 $\sum_{n=0}^{\infty} z^{-n} = \frac{1}{1-z^{-1}}$ 两边分别对 z^{-1} 求导，得到 $\sum_{n=0}^{\infty} n(z^{-1})^{n-1} = \frac{1}{(1-z^{-1})^2}$，再在两边各乘以 z^{-1}，从而得到 $\sum_{n=0}^{\infty} n(z^{-1})^n = \frac{z^{-1}}{(1-z^{-1})^2}$，正是斜变序列的 z 变换，即

$$\mathcal{Z}[nu[n]] = \sum_{n=0}^{\infty} nz^{-n} = \frac{z^{-1}}{(1-z^{-1})^2} = \frac{z}{(z-1)^2}, \quad |z|>1$$

类似的方法反复使用，可以得到序列 $x[n] = n^k u[n]$ 的 z 变换，这留给读者自行完成。

例 8.1-5 求线性加权指数序列 $x[n] = na^n u[n]$ 的 z 变换，并确定它的收敛域。

解：根据例 8.1-1 中的单边指数序列的 z 变换，即

$$\mathcal{Z}[a^n u[n]] = \sum_{n=0}^{\infty} a^n z^{-n} = \frac{1}{1-az^{-1}} = \frac{z}{z-a}, \quad |z|>|a|$$

仿照例 8.1-4 中的方法，对上式中间部分等式 $\sum_{n=0}^{\infty} a^n z^{-n} = \frac{1}{1-az^{-1}}$ 两边分别对 z^{-1} 求导，得到 $\sum_{n=0}^{\infty} na^n(z^{-1})^{n-1} = \frac{a}{(1-az^{-1})^2}$，再在两边各乘以 z^{-1}，从而得到 $\sum_{n=0}^{\infty} na^n(z^{-1})^n = \frac{az^{-1}}{(1-z^{-1})^2}$，正是例中要求的序列的 z 变换，即

$$\mathcal{Z}[x[n]] = \sum_{n=0}^{\infty} na^n z^{-n} = \frac{az^{-1}}{(1-az^{-1})^2} = \frac{az}{(z-a)^2}, \quad |z|>|a|$$

例 8.1-6 求序列 $x[n] = \beta^n \cos(\omega_0 n)u[n]$ 的 z 变换。

解： 根据例 8.1-1 中单边指数序列的 z 变换，即

$$\mathscr{Z}[a^n u[n]] = \sum_{n=0}^{\infty} a^n z^{-n} = \frac{1}{1-az^{-1}} = \frac{z}{z-a}, \quad |z|>|a|$$

令 $a = \beta e^{j\omega_0}$，则有 $\quad \mathscr{Z}[\beta^n e^{j\omega_0 n} u[n]] = \dfrac{z}{z-\beta e^{j\omega_0}}, \quad |z|>|\beta|$；

再令 $a = \beta e^{-j\omega_0}$，则有 $\quad \mathscr{Z}[\beta^n e^{-j\omega_0 n} u[n]] = \dfrac{z}{z-\beta e^{-j\omega_0}}, \quad |z|>|\beta|$；

由 z 变换的定义知道，两序列之和的 z 变换等于各序列的 z 变换之和。再根据欧拉公式，从上面两式可以得到待求序列的 z 变换为

$$\mathscr{Z}[\beta^n \cos\omega_0 n \cdot u[n]] = \frac{z(z-\beta\cos\omega_0)}{z^2 - 2z\beta\cos\omega_0 + \beta^2}, \quad |z|>|\beta|$$

同理

$$\mathscr{Z}[\beta^n \sin\omega_0 n \cdot u[n]] = \frac{z\beta\sin\omega_0}{z^2 - 2z\beta\cos\omega_0 + \beta^2}, \quad |z|>|\beta|$$

练习题

8.1-1 求下列序列的 z 变换 $X(z)$，并注明收敛域，绘出 $X(z)$ 的零极点图。
(1) $\delta[n+6]$ (2) $(-1)^n u[n]$ (3) $(0.5)^{n-1} u[n-1]$
(4) $(-0.5)^n u[-n-3]$ (5) $2^n u[-n] + \left(\dfrac{1}{3}\right)^n u[n-1]$ (6) $\cos\left(\dfrac{\pi}{4}n\right) \cdot u[n]$

8.1-2 求下列序列的 z 变换 $X(z)$，并注明收敛域，绘出 $X(z)$ 的零极点图。
(1) $(-1/2)^n \{u[n] - u[n-8]\}$ (2) $-(1/2)^n u[-n-1]$ (3) $2^n u[n+4]$
(4) $(1/2)^{|n|}$ (5) $nu[n-1]$ (6) $3^n \cos\left(\dfrac{\pi}{4}n\right) \cdot u[n]$

8.1-3 画出 $X(z) = \dfrac{-3z^{-1}}{2 - 5z^{-1} + 2z^{-2}}$ 的零极点图，指出其可能的收敛域并判断对应序列是左边的、右边的还是双边序列。

8.2 z 逆变换

若已知序列 $x[n]$ 的 z 变换为 $X(z) = \mathscr{Z}[x[n]]$，则 $X(z)$ 的逆变换（Inverse z transform）记为 $x[n] = \mathscr{Z}^{-1}[X(z)]$，并可由下式(8.2-1)的围线积分给出

$$x[n] = \mathscr{Z}^{-1}[X(z)] = \frac{1}{2\pi j} \oint_C X(z) z^{n-1} dz \tag{8.2-1}$$

其中 C 是包围 $X(z) z^{n-1}$ 所有极点的逆时针闭合积分路线，通常选择 z 平面上收敛域内以原点为中心的圆，如图 8.2-1 所示。

下面简单推导逆变换式(8.2-1)。

将序列 $x[n]$ 的 z 变换式(8.1-2)两边各乘以 z^{m-1}，然后沿围线 C 积分，可得

$$\oint_C X(z) z^{m-1} dz = \oint_C \left[\sum_{n=-\infty}^{\infty} x[n] z^{-n}\right] z^{m-1} dz$$

交换积分与求和次序，得到

$$\oint_C X(z) z^{m-1} dz = \sum_{n=-\infty}^{\infty} x[n] \oint_C z^{m-n-1} dz \tag{8.2-2}$$

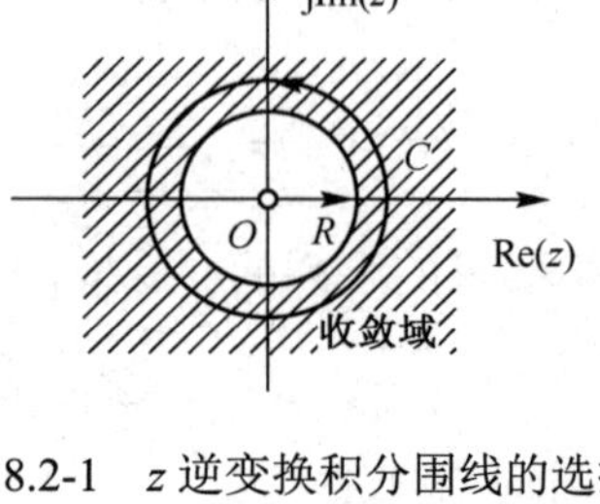

图 8.2-1 z 逆变换积分围线的选择

根据复变函数理论中的柯西定理，有

$$\oint_C z^{m-1} dz = \begin{cases} 2\pi j & m=0 \\ 0 & m \neq 0 \end{cases} = 2\pi j \delta[m]$$

则式(8.2-2)变为

$$\oint_C X(z) z^{m-1} dz = \sum_{n=-\infty}^{\infty} x[n]\{2\pi j \delta[m-n]\} = 2\pi j x[m]$$

即

$$x[n] = \frac{1}{2\pi j} \oint_C X(z) z^{n-1} dz$$

由于上述推导过程中，并未规定 m 和 n 的正负，因此上式对正与负的 n 值都是适用的。

求 z 逆变换的方法通常有三种：围线积分法（contour integral method）（也称留数法）、幂级数展开法（power series expansion）（也称长除法），以及仿照拉氏逆变换的部分分式展开法（partial fraction expansion，PFE）。这里只介绍部分分式展开法。z 逆变换计算的长除法和留数定理法，请扫描二维码。

对于如式（8.2-3）所示的有理函数形式的 z 变换，可以先将 $X(z)$ 展开成一些简单而常见的部分分式之和，然后分别求出各部分分式的逆变换，再把各逆变换相加，即可得到 $x[n]$。

$$X(z) = \frac{b_m z^m + b_{m-1} z^{m-1} + \cdots + b_1 z + b_0}{a_n z^n + a_{n-1} z^{n-1} + \cdots + a_1 z + a_0} \tag{8.2-3}$$

对照表 8-2，z 变换最基本的形式是 $z/(z-z_m)$。因而在进行 z 变换的部分分式展开时，通常是将 $X(z)/z$ 展开，这样对于一阶极点，$X(z)$ 便可展开成 $z/(z-z_m)$ 的形式。将 $X(z)/z$ 进行部分分式展开的方法和拉氏逆变换中将 $F(s)$ 展开成部分分式的方法相同，这里不再赘述。下面举例说明。

例 8.2-1 求函数 $X(z) = \dfrac{0.3}{z^2 - 0.8z + 0.15}$ （$|z| > 0.5$）的逆变换 $x[n]$。

解：将 $X(z)/z$ 展开成部分分式为

$$\frac{X(z)}{z} = \frac{0.3}{z(z^2-0.8z+0.15)} = \frac{0.3}{z(z-0.3)(z-0.5)} = \frac{A}{z} + \frac{B}{z-0.5} + \frac{C}{z-0.3}$$

其中 $A = \dfrac{X(z)}{z} \cdot z \Big|_{z=0} = \dfrac{0.3}{0.15} = 2$，$B = \dfrac{X(z)}{z} \cdot (z-0.5) \Big|_{z=0.5} = 3$，$C = \dfrac{X(z)}{z} \cdot (z-0.3) \Big|_{z=0.3} = -\dfrac{0.3}{0.06} = -5$

所以

$$X(z) = 2 + \frac{3z}{z-0.5} + \frac{-5z}{z-0.3}$$

因为收敛域为 $|z| > 0.5$，因此 $x[n]$ 为右边序列，得到

$$x[n] = 2\delta[n] + \big[3(0.5)^n - 5(0.3)^n\big]u[n] = \big[3(0.5)^n - 5(0.3)^n\big]u[n-1]$$

在部分分式展开式中，其基本形式除了 1 和 $\dfrac{z}{z-a}$ 形式外，对于高阶极点，还会具有 $\dfrac{z}{(z-a)^2}, \cdots, \dfrac{z}{(z-a)^m}$ 或 $\dfrac{z^m}{(z-a)^m}$ 等形式，在本章关键知识点中，表 8-4 列出了因果序列的这些形式的相应的逆变换。表 8-5 列出了左边序列的这些形式的相应的逆 z 变换。要注意的是，展开后的每一项部分分式所对应的序列是右边序列还是左边序列，要根据给定的收敛域进行判断，如例 8.2-2。

例 8.2-2 求函数 $X(z) = \dfrac{12}{(z+1)(z-2)(z-3)}$ （$1 < |z| < 2$）的逆变换 $x[n]$。

解：将 $X(z)/z$ 展开成部分分式为

$$\frac{X(z)}{z} = \frac{12}{z(z+1)(z-2)(z-3)} = \frac{2}{z} + \frac{-1}{z+1} + \frac{-2}{z-2} + \frac{1}{z-3}$$

所以
$$X(z) = 2 + \frac{-z}{z+1} + \frac{-2z}{z-2} + \frac{z}{z-3} \qquad 1<|z|<2$$

根据给定的收敛域 $1<|z|<2$ 可以判断，上式第一项是常数，其逆变换是 $2\delta[n]$，第二项的收敛域必须取 $|z|>1$，因而其逆变换应是右边序列；而后两项的收敛域都必须取 $|z|<2$，故它们的逆变换应是左边序列。由表 8-4 和表 8-5 得到

$$x[n] = 2\delta[n] - (-1)^n u[n] + 2\times 2^n u[-n-1] - 3^n u[-n-1]$$
$$= 2\delta[n] - (-1)^n u[n] + (2^{n+1} - 3^n) u[-n-1]$$

例 8.2-3 利用部分分式展开法求 $X(z) = \dfrac{2z^3 - 40z}{(z-2)^3(z-4)}$（$|z|>4$）的逆变换 $x[n]$。

解：本题中 $X(z)$ 包含一阶极点 $z=4$ 和三阶极点 $z=2$，可将 $X(z)/z$ 展开成如下部分分式

$$\frac{X(z)}{z} = \frac{2z^2 - 40}{(z-2)^3(z-4)} = \frac{A_0}{z-4} + \frac{B_1}{(z-2)^3} + \frac{B_2}{(z-2)^2} + \frac{B_3}{z-2}$$

其中 $A_0 = \left.\dfrac{X(z)}{z}\cdot(z-4)\right|_{z=4} = \left.\dfrac{2z^2-40}{(z-2)^3}\right|_{z=4} = -1 \qquad B_1 = \left.\dfrac{X(z)}{z}\cdot(z-2)^3\right|_{z=2} = \left.\dfrac{2z^2-40}{z-4}\right|_{z=2} = 16$

$$B_2 = \left.\frac{\mathrm{d}}{\mathrm{d}z}\left[\frac{X(z)}{z}\cdot(z-2)^3\right]\right|_{z=2} = \left.\frac{2z^2-16z+40}{(z-4)^2}\right|_{z=2} = 4$$

$$B_3 = \left.\frac{1}{2!}\frac{\mathrm{d}^2}{\mathrm{d}z^2}\left[\frac{X(z)}{z}\cdot(z-2)^3\right]\right|_{z=2} = \left.\frac{1}{2}\frac{-16}{(z-4)^3}\right|_{z=2} = 1$$

所以
$$X(z) = \frac{-z}{z-4} + \frac{16z}{(z-2)^3} + \frac{4z}{(z-2)^2} + \frac{z}{z-2} \qquad |z|>4$$

由收敛域 $|z|>4$ 可知，$X(z)$ 的逆变换 $x[n]$ 是右边序列。由表 8-4，得到

$$x[n] = \left[-4^n + 2^n + 4n\cdot 2^{n-1} + 16\times\frac{n(n-1)}{2}2^{n-2}\right]u[n]$$
$$= [(2n^2+1)2^n - 4^n]u[n] = (2n^2+1-2^n)2^n u[n]$$

例 8.2-4 求 $X(z) = z^3 + 4z^2 + 2 + 3z^{-1}$（$0<|z|<\infty$）的逆变换 $x[n]$。

解：根据 z 变换的定义式（8.1-2）的级数表达，得到 $X(z)$ 的逆变换为

$$x[n] = \{1, 4, 0, 2, 3\}, \quad -3 \leqslant n \leqslant 1$$

或者记为
$$x[n] = \delta[n+3] + 4\delta[n+2] + 2\delta[n] + 3\delta[n-1]$$

例 8.2-5 求 $X(z) = \dfrac{-15z}{3z^2 - 7z + 2}$ 在下列两种收敛域下的逆变换 $x[n]$。

（1）$|z|>2$ （2）$|z|<1/3$

解：将 $X(z)/z$ 展开成部分分式为 $\dfrac{X(z)}{z} = \dfrac{-5}{(z-1/3)(z-2)} = \dfrac{3}{z-1/3} + \dfrac{-3}{z-2}$

即
$$X(z) = \frac{3z}{z-1/3} + \frac{-3z}{z-2}$$

（1）若收敛域为 $|z|>2$，则 $x[n]$ 为右边序列，故有 $x[n] = 3[(1/3)^n - 2^n]u[n]$

（2）若收敛域为 $|z|<1/3$，$x[n]$ 必定为左边序列。这样 $x[n] = 3[-(1/3)^n + 2^n]u[-n-1]$。

例 8.2-6 求 $X(z) = \log(1+az^{-1})$，$|z|>|a|$ 的逆变换 $x[n]$。

解：利用 Taylor 级数展开式 $\log(1+v) = \sum_{n=1}^{\infty} \frac{(-1)^{n+1} v^n}{n}$, $|v|<1$

本例中，$X(z)$ 的收敛域 $|z|>|a|$，就等价为 $|az^{-1}|<1$，故 $X(z)$ 展开成 Taylor 级数为

$$X(z) = \log(1+az^{-1}) = \sum_{n=1}^{\infty} \frac{(-1)^{n+1} a^n z^{-n}}{n}, \quad |az^{-1}|<1$$

从而

$$x[n] = \begin{cases} (-1)^{n+1} \dfrac{a^n}{n}, & n \geq 1 \\ 0, & \text{其他} \end{cases}$$

练习题

8.2-1 求下列 $X(z)$ 的逆变换 $x[n]$。

(1) $X(z) = \dfrac{1-0.5z^{-1}}{1+\dfrac{3}{4}z^{-1}+\dfrac{1}{8}z^{-2}}$, $|z|>0.5$

(2) $X(z) = \dfrac{1-az^{-1}}{z^{-1}-a}$, $|z|>\left|\dfrac{1}{a}\right|$

(3) $X(z) = \dfrac{1+z^{-1}}{1-2z^{-1}\cos\omega + z^{-2}}$, $|z|>1$

(4) $X(z) = \dfrac{z^{-1}}{(1-5z^{-1})^2}$, $|z|>5$

(5) $X(z) = \dfrac{z^{-2}}{1+z^{-2}}$, $|z|>1$

(6) $x(z) = \dfrac{z}{z^2+1}$, $|z|>1$

(7) $\dfrac{z^2}{(z+1/2)(z-1/3)}$, $|z|<1/3$

(8) $\dfrac{z}{(z-1/2)(z-1/3)}$, $1/3<|z|<1/2$

8.2-2 求下列 z 变换在不同收敛域下的逆变换。

(1) $X(z) = \dfrac{2}{1-z}$ (a) $|z|>1$, (b) $|z|<1$

(2) $X(z) = \dfrac{3z}{(z-1)^2(z-2)}$ (a) $|z|>2$, (b) $|z|<1$, (c) $1<|z|<2$

(3) $x(z) = \dfrac{z^3}{\left(z-\dfrac{1}{4}\right)^2(z+1)}$ (a) $|z|<\dfrac{1}{4}$, (b) $|z|>1$, (c) $\dfrac{1}{4}<|z|<1$

8.2-3 根据要求计算序列 $x[n]$ 的样本值（习题 8.2-3 参考解答，请扫描二维码）。

(1) 求逆 z 变换 $x[n]$，$X(z) = \dfrac{z^{10}-(0.5)^{10}}{z^9(z-0.5)}$, $|z|>0$；

(2) 求右边序列 $x[n]$ 在 $n<0$ 时的值，其 z 变换为 $X(z) = \dfrac{3z^{-10}+z^{-7}-5z^{-2}+4z^{-1}+1}{z^{-10}-5z^{-7}+z^{-3}}$；

(3) 求左边序列 $x[n]$ 在 $n>0$ 时的值，其 z 变换为 $X(z) = \dfrac{3z^{-6}+2z^{-5}-z^{-3}+1+4z+2z^2}{z^{-3}+2z^{-2}-3z^{-1}}$。

8.3　z 变换的基本性质

与拉氏变换相似，z 变换也存在许多性质，为求解 z 变换或逆 z 变换提供了极大方便。

1. 线性（linearity）

z 变换的线性性质表现在它的叠加性与均匀性。

若 $\mathscr{Z}[x_1[n]] = X_1(z)$，$(R_{1+}<|z|<R_{1-})$；$\mathscr{Z}[x_2[n]] = X_2(z)$，$(R_{2+}<|z|<R_{2-})$；则

$$\mathscr{Z}[ax_1[n]+bx_2[n]] = aX_1(z) + bX_2(z) \quad (R_+<|z|<R_-) \tag{8.3-1}$$

式中，a, b 为任意常数。相加后序列 z 变换的收敛域一般为两个收敛域的重叠部分，即 R_+ 取

R_{1+}和R_{2+}中的较大者,而R_-取R_{1-}和R_{2-}中的较小者,记为:$\max(R_{1+}, R_{2+}) < |z| < \min(R_{1-}, R_{2-})$。但是,当这些线性组合中发生某些零点与极点相抵消的情况时,收敛域可能扩大。

例 8.3-1 求序列 $x[n] = a^n u[n] - a^n u[n-1]$ 的 z 变换 $X(z)$。

解:假设 $x_1[n] = a^n u[n]$,$x_2[n] = a^n u[n-1]$,则 $x[n] = x_1[n] - x_2[n]$。

由例 8.1-1 得
$$X_1(z) = \frac{z}{z-a} \qquad |z| > |a|$$

$$X_2(z) = \sum_{n=-\infty}^{\infty} x_2[n] z^{-n} = \sum_{n=1}^{\infty} a^n z^{-n} = \frac{az^{-1}}{1-az^{-1}} = \frac{a}{z-a} \qquad |z| > |a|$$

所以
$$X(z) = \mathscr{Z}[x[n]] = X_1(z) - X_2(z) = \frac{z}{z-a} - \frac{a}{z-a} = 1$$

可见,在该题中线性叠加后序列的 z 变换的收敛域由 $|z|>|a|$ 扩展到整个 z 平面,事实上,$x[n] = a^n u[n] - a^n u[n-1] = \delta[n]$。

2. 时移性(time shifting)

时移性质在单边 z 变换与双边 z 变换中有不同的特点,下面分别讨论。

(1)双边 z 变换的时移性质

设 $\mathscr{Z}[x[n]] = X(z)$,$(R_+ < |z| < R_-)$,则 $\mathscr{Z}[x[n \pm m]] = z^{\pm m} X(z)$ (8.3-2)

式中,m 为任意整数。式(8.3-2)说明,序列移位只会使 z 变换在 $z = 0$ 或 $z = \infty$ 处的零点、极点发生变化。如果 $x[n]$ 是双边序列,$X(z)$ 的收敛域为环形区域(即 $R_+ < |z| < R_-$),序列时移不会改变 z 变换的收敛域。

(2)单边 z 变换的时移性质

如果 $x[n]$ 是双边序列,其单边 z 变换 $X(z)$ 等价记为 $\mathscr{Z}[x[n]u[n]] = X(z)$,$|z| > R_+$,则右移序列 $x[n-m](m>0)$ 的单边 z 变换为

$$\mathscr{Z}[x[n-m]u[n]] = z^{-m}\left[X(z) + \sum_{k=-m}^{-1} x[k] z^{-k}\right], \quad m > 0 \tag{8.3-3}$$

证明:
$$\mathscr{Z}[x[n-m]u[n]] = \sum_{n=0}^{\infty} x[n-m] z^{-n}$$

令 $k = n - m$,则上式变为

$$\mathscr{Z}[x[n-m]u[n]] = z^{-m} \sum_{k=-m}^{\infty} x[k] z^{-k} = z^{-m} \left\{ \sum_{k=-m}^{-1} x[k] z^{-k} + \sum_{k=0}^{\infty} x[k] z^{-k} \right\} = z^{-m}\left[X(z) + \sum_{k=-m}^{-1} x[k] z^{-k}\right]$$

同样,可以得到左移序列的单边 z 变换为

$$\mathscr{Z}[x[n+m]u[n]] = z^{m}\left[X(z) - \sum_{k=0}^{m-1} x[k] z^{-k}\right], \quad m < 0 \tag{8.3-4}$$

式(8.3-3)和式(8.3-4)中,当 $m = 1$ 和 2 时,两式可写成

$$\mathscr{Z}[x[n-1]u[n]] = z^{-1} X(z) + x[-1]$$
$$\mathscr{Z}[x[n-2]u[n]] = z^{-2} X(z) + z^{-1} x[-1] + x[-2]$$
$$\mathscr{Z}[x[n+1]u[n]] = z X(z) - z x[0]$$
$$\mathscr{Z}[x[n+2]u[n]] = z^2 X(z) - z^2 x[0] - z x[1]$$

如果 $x[n]$ 是因果序列,即 $x[n] = x[n]u[n]$,则式(8.3-3)就简化为

$$\mathscr{Z}[x[n-m]u[n-m]] = z^{-m} X(z) \tag{8.3-5}$$

这说明,当 $x[n]$ 是因果序列时,其移位序列 $x[n-m]u[n-m]$ 与 $x[n-m]u[n]$ 相同,因而它们

的z变换也相同。但因果序列左移后的单边z变换仍为式(8.3-4)。

例 8.3-2 求 $X(z) = \dfrac{1}{z-a}$ （$|z|>|a|$）的逆z变换$x[n]$。

解：$X(z)$与表 8-4 中的基本形式不同，但可改写为 $X(z) = \dfrac{z}{z-a} \cdot z^{-1}$，由于 $\mathscr{Z}^{-1}\left[\dfrac{z}{z-a}\right] = a^n u[n]$，从而根据时移性质，很容易求得其逆变换为：$x[n] = a^{n-1}u[n-1]$。

该例说明，在将z变换进行部分分式展开法时，既可以采用 8.2 节的方法，即将$X(z)$展开成部分分式 $\dfrac{A_i z}{z - z_i}$ 的形式；受例 8.3-2 的启发，也可以直接将$X(z)$展开成部分分式 $\dfrac{B_i}{z - z_i}$ 的形式，利用时移性质求出其逆变换。例如，对于例 8.2-1，也可按下述方法来求解。

$$X(z) = \frac{0.3}{z^2 - 0.8z + 0.15} = \frac{-1.5}{z - 0.3} + \frac{1.5}{z - 0.5} = \frac{-1.5z}{z - 0.3} \cdot z^{-1} + \frac{1.5z}{z - 0.5} \cdot z^{-1}$$

利用z变换的时移性质可求出 $x[n] = 1.5[(0.5)^{n-1} - (0.3)^{n-1}]u[n-1]$

3. z域微分（differentiation in z-domain）

若 $\mathscr{Z}[x[n]] = X(z)$，则
$$\mathscr{Z}[n\,x[n]] = -z\frac{\mathrm{d}X(z)}{\mathrm{d}z} \tag{8.3-6}$$

证明：根据z变换定义式(8.1-2)
$$X(z) = \sum_{n=-\infty}^{\infty} x[n] z^{-n}$$

上式两边对z求导，得
$$\frac{\mathrm{d}X(z)}{\mathrm{d}z} = \frac{\mathrm{d}}{\mathrm{d}z}\left[\sum_{n=-\infty}^{\infty} x[n]z^{-n}\right] = \sum_{n=-\infty}^{\infty} x[n]\frac{\mathrm{d}z^{-n}}{\mathrm{d}z}$$

$$= -z^{-1}\sum_{n=-\infty}^{\infty} nx[n]z^{-n} = -z^{-1}\mathscr{Z}[nx[n]]$$

所以
$$\mathscr{Z}[nx[n]] = -z\frac{\mathrm{d}X(z)}{\mathrm{d}z}$$

由此可见，时域的序列线性加权（即乘以n）等效于在z域对其z变换求导数并乘以$(-z)$。

如果将$nx[n]$再乘以n，利用式(8.3-6)可得

$$\mathscr{Z}[n^2 x[n]] = \mathscr{Z}[n \cdot nx[n]] = -z\frac{\mathrm{d}}{\mathrm{d}z}\mathscr{Z}[nx[n]] = -z\frac{\mathrm{d}}{\mathrm{d}z}\left[-z\frac{\mathrm{d}}{\mathrm{d}z}X(z)\right]$$

即
$$\mathscr{Z}[n^2 x[n]] = z^2\frac{\mathrm{d}^2 X(z)}{\mathrm{d}z^2} + z\frac{\mathrm{d}X(z)}{\mathrm{d}z} \tag{8.3-7}$$

用同样的方法，可以得到
$$\mathscr{Z}[n^m x[n]] = \left[-z\frac{\mathrm{d}}{\mathrm{d}z}\right]^m X(z) \tag{8.3-8}$$

式中，符号 $\left[-z\dfrac{\mathrm{d}}{\mathrm{d}z}\right]^m$ 表示 $-z\dfrac{\mathrm{d}}{\mathrm{d}z}\left[-z\dfrac{\mathrm{d}}{\mathrm{d}z}\left(-z\dfrac{\mathrm{d}}{\mathrm{d}z}\cdots\left(-z\dfrac{\mathrm{d}}{\mathrm{d}z}X(z)\right)\right)\right]$，共求导$m$次。

例 8.3-3 已知 $\mathscr{Z}[a^n u[n]] = \dfrac{z}{z-a}$，求序列$na^n u[n]$的$z$变换。

解：由式(8.3-6)可得 $\mathscr{Z}[na^n u[n]] = -z\dfrac{\mathrm{d}}{\mathrm{d}z}\mathscr{Z}[a^n u[n]] = -z\dfrac{\mathrm{d}}{\mathrm{d}z}\left(\dfrac{z}{z-a}\right) = \dfrac{az}{(z-a)^2}$ $|z|>|a|$

例 8.3-4 利用z域微分性质重求例 8.2-6 的逆z变换，即 $X(z) = \log(1 + az^{-1})$，$|z|>|a|$。

解：由式(8.3-6) $\mathscr{Z}[nx[n]] = -z\dfrac{\mathrm{d}X(z)}{\mathrm{d}z} = \dfrac{az^{-1}}{1 + az^{-1}}$， $|z|>|a|$

由于 $(-a)^n u[n] \longleftrightarrow^{z} \dfrac{1}{1+az^{-1}}$, $|z|>|a|$

根据移位性质，有 $(-a)^{n-1} u[n-1] \longleftrightarrow^{z} \dfrac{z^{-1}}{1+az^{-1}}$, $|z|>|a|$

所以 $nx[n] = a(-a)^{n-1}u[n-1]$, 即 $x[n] = \dfrac{-(-a)^n u[n-1]}{n}$

4. 序列指数加权（multiplication by an exponential sequence）

若 $X(z) = \mathscr{Z}[x[n]]$（$R_+ < |z| < R_-$），则

$$\mathscr{Z}[a^n x[n]] = X\left(\dfrac{z}{a}\right) \qquad R_+ < \left|\dfrac{z}{a}\right| < R_- \tag{8.3-9}$$

证明：因为 $\mathscr{Z}[a^n x[n]] = \sum\limits_{n=-\infty}^{\infty} a^n x[n] z^{-n} = \sum\limits_{n=-\infty}^{\infty} x[n] \left(\dfrac{z}{a}\right)^{-n}$

所以 $\mathscr{Z}[a^n x[n]] = X\left(\dfrac{z}{a}\right)$

可见，在时域序列 $x[n]$ 乘以指数序列等效于在 z 域，其 z 变换 $X(z)$ 做尺度变换，进而有

$$\mathscr{Z}[a^{-n} x[n]] = X(az) \qquad R_+ < |az| < R_- \tag{8.3-10}$$

$$\mathscr{Z}[(-1)^n x[n]] = X(-z) \qquad R_+ < |z| < R_- \tag{8.3-11}$$

例 8.3-5 已知 $\mathscr{Z}[\cos\omega_0 n \cdot u[n]] = \dfrac{z(z-\cos\omega_0)}{z^2 - 2z\cos\omega_0 + 1}$ ($|z|>1$)，求序列 $\beta^n \cos\omega_0 n \cdot u[n]$ 的 z 变换。

解：由式(8.3-9)可得 $\mathscr{Z}[\beta^n \cos\omega_0 n \cdot u[n]] = \dfrac{\dfrac{z}{\beta}\left(\dfrac{z}{\beta} - \cos\omega_0\right)}{\left(\dfrac{z}{\beta}\right)^2 - 2\dfrac{z}{\beta}\cos\omega_0 + 1} = \dfrac{z(z-\beta\cos\omega_0)}{z^2 - 2z\beta\cos\omega_0 + \beta^2}$

其收敛域为 $|z/\beta|>1$，即 $|z|>|\beta|$。扫描二维码，阅读更多应用 z 域微分与尺度变换的例题。

5. 序列反褶

若 $X(z) = \mathscr{Z}[x[n]]$（$R_+ < |z| < R_-$），则 $\mathscr{Z}[x[-n]] = X\left(\dfrac{1}{z}\right) \qquad R_+ < \left|\dfrac{1}{z}\right| < R_- \tag{8.3-12}$

6. 卷积定理

（1）时域卷积定理（time domain convolution theorem）

若 $X_1(z) = \mathscr{Z}[x_1[n]]$, $R_{1+} < |z| < R_{1-}$；$X_2(z) = \mathscr{Z}[x_2[n]]$, $R_{2+} < |z| < R_{2-}$，则

$$\mathscr{Z}[x_1[n] * x_2[n]] = X_1(z) X_2(z), \quad \max(R_{1+}, R_{2+}) < |z| < \min(R_{1-}, R_{2-}) \tag{8.3-13}$$

证明：$\mathscr{Z}[x_1[n] * x_2[n]] = \sum\limits_{n=-\infty}^{\infty} [x_1[n] * x_2[n]] z^{-n} = \sum\limits_{n=-\infty}^{\infty} \left[\sum\limits_{m=-\infty}^{\infty} x_1[m] x_2[n-m]\right] z^{-n}$

交换上式中的求和次序，则得

$$\mathscr{Z}[x_1[n] * x_2[n]] = \sum\limits_{m=-\infty}^{\infty} x_1[m] \left[\sum\limits_{n=-\infty}^{\infty} x_2[n-m] z^{-n}\right] = \sum\limits_{m=-\infty}^{\infty} x_1[m] \left[\sum\limits_{n=-\infty}^{\infty} x_2[n-m] z^{-(n-m)} z^{-m}\right]$$

$$= \sum\limits_{m=-\infty}^{\infty} x_1[m] z^{-m} X_2(z) = X_1(z) X_2(z)$$

所以 $\mathscr{Z}[x_1[n] * x_2[n]] = X_1(z) X_2(z)$

可见两序列在时域中的卷积和计算，等价于在 z 域中两序列 z 变换的乘积。

例 8.3-6 求两单边指数序列 $x[n] = a^n u[n]$ 和 $h[n] = b^n u[n]$，($b > a$) 的卷积。

解：因为 $X(z) = \dfrac{z}{z-a}$，$|z| > |a|$；$H(z) = \dfrac{z}{z-b}$，$|z| > |b|$

由式 (8.3-13) 得 $Y(z) = X(z)H(z) = \dfrac{z^2}{(z-a)(z-b)}$

收敛域为 $|z| > |a|$ 与 $|z| > |b|$ 的重叠部分，如图 8.3-1 所示。

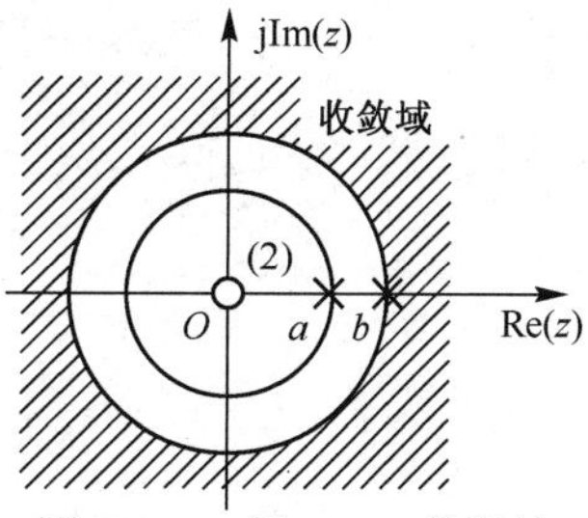

把 $Y(z)$ 展开成部分分式

$$Y(z) = \dfrac{z^2}{(z-a)(z-b)} = \dfrac{1}{a-b}\left(\dfrac{az}{z-a} - \dfrac{bz}{z-b}\right)$$

图 8.3-1 例 8.3-6 卷积的 z 变换收敛域

其逆变换为 $y[n] = \mathscr{Z}^{-1}[Y(z)] = \dfrac{1}{a-b}(a^{n+1} - b^{n+1})u[n] = x[n] * h[n]$

例 8.3-7 求两序列 $x_1[n] = u[n]$ 和 $x_2[n] = a^n u[n] - a^{n-1}u[n-1]$ 的卷积和 $y[n]$。

解：两序列 $x_1[n]$ 和 $x_2[n]$ 的 z 变换分别为

$$X_1(z) = \dfrac{z}{z-1} \quad |z|>1$$

$$X_2(z) = \dfrac{z}{z-a} - \dfrac{z}{z-a} \cdot z^{-1} = \dfrac{z-1}{z-a} \quad |z|>|a|$$

由式 (8.3-13) 得 $Y(z) = X_1(z) X_2(z)$

$$= \dfrac{z}{z-1} \cdot \dfrac{z-1}{z-a} = \dfrac{z}{z-a} \quad |z|>|a|$$

其逆变换为 $y[n] = x_1[n] * x_2[n] = \mathscr{Z}^{-1}[Y(z)] = a^n u[n]$

由于 $X_1(z)$ 的极点 $z = 1$ 被 $X_2(z)$ 的零点抵消，从而 $Y(z)$ 的收敛域等于 $X_2(z)$ 的收敛域，为 $|z| > |a|$。如果 $|a| < 1$，$Y(z)$ 的收敛域比 $X_1(z)$ 和 $X_2(z)$ 的收敛域的重叠部分要大，如图 8.3-2 所示。

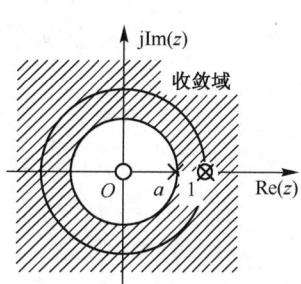

图 8.3-2 例 8.3-7 卷积的 z 变换收敛域

（2）z 域卷积定理（z-domain convolution theorem）

若 $X_1(z) = \mathscr{Z}[x_1[n]]$，$R_{1+} < |z| < R_{1-}$；$X_2(z) = \mathscr{Z}[x_2[n]]$，$R_{2+} < |z| < R_{2-}$，则

$$\mathscr{Z}[x_1[n] x_2[n]] = \dfrac{1}{2\pi\mathrm{j}} \oint_{C_1} X_1\left(\dfrac{z}{v}\right) X_2(v) \dfrac{\mathrm{d}v}{v} \qquad (8.3\text{-}14)$$

或者

$$\mathscr{Z}[x_1[n] x_2[n]] = \dfrac{1}{2\pi\mathrm{j}} \oint_{C_2} X_1(v) X_2\left(\dfrac{z}{v}\right) \dfrac{\mathrm{d}v}{v} \qquad (8.3\text{-}15)$$

式中，C_1 为 $X_1(z/v)$ 与 $X_2(v)$ 收敛域的重叠部分内逆时针旋转的围线；C_2 为 $X_1(v)$ 与 $X_2(z/v)$ 收敛域的重叠部分内逆时针旋转的围线。而 $\mathscr{Z}[x_1[n] x_2[n]]$ 的收敛域一般为 $X_1(z/v)$ 与 $X_2(v)$ 或 $X_1(v)$ 与 $X_2(z/v)$ 收敛域的重叠部分，即 $R_{1+}R_{2+} < |z| < R_{1-}R_{2-}$。

7. 初值和终值定理

若当 $n < 0$ 时，序列 $x[n] = 0$，其 z 变换为 $X(z) = \mathscr{Z}[x[n]]$，则 $x[n]$ 的初值为

$$x[0] = \lim_{z \to \infty} X(z) \qquad (8.3\text{-}16)$$

$x[n]$ 的终值为 $\quad x[\infty] = \lim_{n \to \infty} x[n] = \lim_{z \to 1}[(z-1)X(z)] \qquad (8.3\text{-}17)$

式 (8.3-16) 称为初值定理，而式 (8.3-17) 称为终值定理。

证明：由于 $n < 0$ 时，$x[n] = 0$，因而 $X(z) = \mathscr{Z}[x[n]]$ 就是序列 $x[n]$ 的单边 z 变换，即

$$X(z) = \mathscr{Z}[x[n]] = \sum_{n=0}^{\infty} x[n] z^{-n} = x[0] + x[1]z^{-1} + x[2]z^{-2} + \cdots$$

很显然，当 $z\to\infty$ 时，$z^{-1}\to 0$，从而上式等号右端 $\to x[0]$，即可以证明初值定理。

为了证明终值定理，计算差分序列 $x[n+1]-x[n]$ 的单边 z 变换，即

$$\mathcal{Z}[x[n+1]-x[n]] = \sum_{n=0}^{\infty}[x[n+1]-x[n]]z^{-n} = \mathcal{Z}[x[n+1]] - \mathcal{Z}[x[n]]$$

利用单边 z 变换的左移性质和线性性质 $\mathcal{Z}[x[n+1]-x[n]] = (z-1)X(z) - zx[0]$

即

$$(z-1)X(z) = zx[0] + \sum_{n=0}^{\infty}[x[n+1]-x[n]]z^{-n}$$

$$\lim_{z\to 1}[(z-1)X(z)] = x[0] + \lim_{z\to 1}\sum_{n=0}^{\infty}\{x[n+1]-x[n]\}z^{-n}$$

$$= x[0] + \{x[1]-x[0]\} + \{x[2]-x[1]\} + \cdots$$

$$= x[\infty]$$

从而证明终值定理，即 $\quad x[\infty] = \lim_{z\to 1}[(z-1)X(z)]$

注意终值定理和初值定理的应用条件：序列 $x[n]$ 必须是因果序列；此外终值定理还要求 $x[n]$ 的终值 $x[\infty]$ 必须存在的情况下，才能利用式(8.3-17)，这样，只有当 $X(z)$ 的全部极点都在单位圆之内（若极点在单位圆上，只能是 $z=+1$，并且是一阶极点），终值 $x[\infty]$ 才存在。

以上两个定理的应用类似于拉氏变换，如果已知序列 $x[n]$ 的 z 变换，在不求逆变换的情况下，利用这两个定理可以很方便地求出序列的初值 $x[0]$ 和终值 $x[\infty]$。扫描二维码，阅读初值定理与终值定理的应用。

8. 帕斯瓦尔定理（Parseval theorem）

若 $X_1(z) = \mathcal{Z}[x_1[n]]$，$R_{1+}<|z|<R_{1-}$；$X_2(z) = \mathcal{Z}[x_2[n]]$，$R_{2+}<|z|<R_{2-}$；则

$$\sum_{n=-\infty}^{\infty} x_1[n]x_2^*[n] = \frac{1}{2\pi\mathrm{j}}\oint_C X_1(z)X_2^*\left(\frac{1}{z^*}\right)z^{-1}\mathrm{d}z \tag{8.3-18}$$

z 域卷积定理与帕斯瓦尔定理的证明留给读者自行求证（见习题 8-3 与 8-4）。

z 变换的主要定理和性质见本章关键知识点概要中的表 8-6。

练习题

8.3-1 利用 z 变换的性质重新求习题 8.1-2 中各序列的 z 变换 $X(z)$。

8.3-2 已知 $x[n]$ 的 z 变换为 $X(z)$，试证明下列关系：

(1) $\mathcal{Z}[\mathrm{e}^{-an}x[n]] = X(\mathrm{e}^a z)$ (2) $\mathcal{Z}[x^*[n]] = X^*(z^*)$ (3) $\mathcal{Z}[x[-n]] = X(z^{-1})$

(4) $\mathcal{Z}[\mathrm{Re}\{x[n]\}] = \frac{1}{2}\{X(z)+X^*(z^*)\}$ (5) $\mathcal{Z}[\mathrm{Im}\{x[n]\}] = -\frac{\mathrm{j}}{2}\{X(z)-X^*(z^*)\}$

8.3-3 已知 $\mathcal{Z}[x[n]u[n]] = X(z)$，证明 $\mathcal{Z}\left[\sum_{m=0}^{n}x[m]\right] = \frac{z}{z-1}X(z)$。

8.3-4 利用卷积定理求 $y[n] = x[n]*h[n]$。已知

(1) $x[n] = a^n u[n]$，$h[n] = b^n u[-n]$ (2) $x[n] = a^n u[n]$，$h[n] = u[n-1]$

(3) $x[n] = R_N[n] = u[n]-u[n-N]$，$h[n] = a^n u[n]$，$0<a<1$

8.3-5 利用 z 域卷积定理求序列 $\mathrm{e}^{-an}\sin\omega_0 n\cdot u[n]$ 的 z 变换。

8.3-6 已知 $x[n], y[n]$ 的 z 变换，用逆变换法和 z 域卷积定理求 $x[n]\cdot y[n]$ 的 z 变换。

(1) $X(z) = \dfrac{1}{1-0.5z^{-1}}$，$|z|>0.5$；$Y(z) = \dfrac{1}{1-2z}$，$|z|<0.5$

(2) $X(z) = \dfrac{0.8}{(1-0.2z^{-1})(1-0.2z)}$，$0.2<|z|<5$；$Y(z) = \dfrac{2}{1-5z}$，$|z|>0.2$

8.3-7 已知因果序列 $x[n]$ 的 z 变换 $X(z)$，求序列的初值 $x[0]$ 和终值 $x[\infty]$。

（1）$X(z) = \dfrac{1 + z^{-1} + z^{-2}}{(1 - 0.5z^{-1})(1 + 2z^{-1})}$；　　　　（2）$X(z) = \dfrac{1 + z^{-1}}{(1 - 0.5z^{-1})(1 + 0.5z^{-1})}$；

（3）$X(z) = \dfrac{z^{-1}}{1 - 1.6z^{-1} + 0.6z^{-2}}$；　　　　（4）$X(z) = \dfrac{1}{1 + 0.25z^{-2}}$

8.4　LTI 离散时间系统响应的 z 变换求解

和拉氏变换在连续时间系统分析中的地位和作用相似，z 变换也是分析和求解 LTI 离散时间系统的强有力工具，用 z 变换可以很方便地求解线性常系数差分方程，特别是零输入响应、零状态响应和单位样值响应。下面举例说明用 z 变换求解差分方程。

例 8.4-1　用 z 变换方法求解差分方程：$y[n] - 0.5y[n-1] = x[n]$。

（1）$y[-1] = 0$，$x[n] = u[n]$；　　（2）$y[-1] = 1$，$x[n] = u[n]$。

解：对差分方程两边分别取单边 z 变换，应用时移性质

$$Y(z) - 0.5\{z^{-1}Y(z) + y[-1]\} = X(z)$$

即

$$(1 - 0.5z^{-1})Y(z) = X(z) + 0.5y[-1]$$

所以

$$Y(z) = \dfrac{1}{1 - 0.5z^{-1}} \cdot X(z) + \dfrac{0.5y[-1]}{1 - 0.5z^{-1}} = \dfrac{z}{z - 0.5} \cdot X(z) + 0.5y[-1] \cdot \dfrac{z}{z - 0.5}$$

（1）把 $y[-1] = 0$，$x[n] = u[n]$，即 $X(z) = \dfrac{z}{z-1}$ 代入上式，并将其展开成部分分式，得

$$Y(z) = \dfrac{z}{z - 0.5} \cdot \dfrac{z}{z - 1} = \dfrac{-z}{z - 0.5} + \dfrac{2z}{z - 1}$$

其逆变换为 $y[n] = [-(0.5)^n + 2]u[n]$，显然这是零状态响应。

（2）把 $y[-1] = 1$，$x[n] = u[n]$，即 $X(z) = \dfrac{z}{z-1}$ 代入上式 $Y(z)$，并将其展开成部分分式

$$Y(z) = \dfrac{z}{z - 0.5} \cdot \dfrac{z}{z - 1} + \dfrac{0.5z}{z - 0.5} = \dfrac{-z}{z - 0.5} + \dfrac{2z}{z - 1} + \dfrac{0.5z}{z - 0.5}$$

故

$$y[n] = [-(0.5)^n + 2]u[n] + 0.5 \cdot (0.5)^n u[n] = [-0.5 \cdot (0.5)^n + 2]u[n]$$

与（1）比较，$[-(0.5)^n + 2]u[n]$ 是零状态响应，而 $0.5 \cdot (0.5)^n u[n]$ 是零输入响应。

而对照输入信号 $x[n] = u[n]$ 的形式，其中 $2u[n]$ 是强迫响应，$-(0.5)^{n+1}u[n]$ 是自由响应。

本例中采用单边 z 变换求解差分方程，即默认差分方程的解是在区间 $n \geqslant 0$ 范围内，因为输入信号 $x[n] = u[n]$ 是在区间 $n \geqslant 0$ 的；其次，利用 z 变换求解差分方程，避免了对起始条件进行迭代获得初始条件的烦琐过程，简化了时域求解过程中齐次解系数的计算。

例 8.4-2　求解差分方程　　$y[n] - 0.5y[n-1] - 0.5y[n-2] = x[n] + x[n-1]$

其中 $x[n] = u[n]$，$y[-1] = 0$，$y[-2] = 2$。

解：对方程两边取单边 z 变换

$$Y(z) - 0.5\{z^{-1}Y(z) + y[-1]\} - 0.5\{z^{-2}Y(z) + z^{-1}y[-1] + y[-2]\} = X(z) + z^{-1}X(z)$$

整理得　　$(1 - 0.5z^{-1} - 0.5z^{-2})Y(z) = (1 + z^{-1})X(z) + \{0.5y[-1] + 0.5z^{-1}y[-1] + 0.5y[-2]\}$

从而

$$Y(z) = \dfrac{1 + z^{-1}}{1 - 0.5z^{-1} - 0.5z^{-2}} \cdot X(z) + \dfrac{0.5y[-1] + 0.5z^{-1}y[-1] + 0.5y[-2]}{1 - 0.5z^{-1} - 0.5z^{-2}}$$

把 $x[n] = u[n]$，即 $X(z) = \dfrac{z}{z-1}$ 和 $y[-1] = 0$，$y[-2] = 2$ 代入上式，并将其展开成部分分式

$$Y(z) = \frac{1}{9}\left\{\frac{-z}{z+0.5} + \frac{10z}{z-1} + \frac{12z}{(z-1)^2}\right\} + \frac{1}{3}\left\{\frac{z}{z+0.5} + \frac{2z}{z-1}\right\}$$

其逆变换为
$$y[n] = \frac{1}{9}[-(-0.5)^n + 10 + 12n]u[n] + \frac{1}{3}[(-0.5)^n + 2]u[n]$$
$$= \frac{1}{9}[2\times(-0.5)^n + 16 + 12n]u[n]$$

对照例 8.4-1，上述解中，$\frac{1}{9}[-(-0.5)^n + 10 + 12n]u[n]$ 是零状态响应，$\frac{1}{3}[(-0.5)^n + 2]u[n]$ 是零输入响应；而对照输入信号 $x[n] = u[n]$ 的形式，$12nu[n]$ 是强迫响应，注意到这是因为输入信号与系统发生了谐振，而 $\frac{1}{9}[2\times(-0.5)^n + 16]u[n]$ 是自由响应。

例 8.4-3 求由下列差分方程所描述因果 LTI 离散系统的单位样值响应 $h[n]$。
$$y[n] + 0.2y[n-1] - 0.24y[n-2] = x[n] - x[n-1]$$

解：对方程两边取 z 变换，利用移位性质，则有
$$Y(z) + 0.2z^{-1}Y(z) - 0.24z^{-2}Y(z) = X(z) - z^{-1}X(z)$$

即
$$Y(z) = \frac{1-z^{-1}}{1+0.2z^{-1}-0.24z^{-2}} \cdot X(z)$$

根据 LTI 离散系统响应的求解方法和 z 变换的卷积定理，令
$$H(z) = \mathscr{Z}[h[n]] = \frac{Y(z)}{X(z)} = \frac{1-z^{-1}}{1+0.2z^{-1}-0.24z^{-2}}$$
$$= \frac{z^2-z}{z^2+0.2z-0.24} = \frac{1.6z}{z+0.6} + \frac{-0.6z}{z-0.4}$$

对于因果系统，要求其单位样值响应 $h[n]$ 是因果序列，故其 z 变换 $H(z)$ 的收敛域为圆外区域，取 $|z| > 0.6$，因而
$$h[n] = [1.6(-0.6)^n - 0.6(0.4)^n]u[n]$$

说明一点，如果本例中没有"因果系统"的条件限制，则 $H(z)$ 的收敛域也可以取：
（1）$|z| < 0.4$，$h[n] = [-1.6(-0.6)^n + 0.6(0.4)^n]u[-n-1]$；
（2）$0.4 < |z| < 0.6$，$h[n] = -0.6(0.4)^n u[n] - 1.6(-0.6)^n u[-n-1]$。

用 z 变换求解差分方程，一般都用单边 z 变换，这通常是因为两个因素：（1）差分方程的起始条件是 $y[k]$，$k \leqslant -1$，即输出 $y[n]$ 可以是包含 $n \leqslant -1$ 的双边序列；（2）输入信号 $x[n]$ 通常是因果序列，即 $x[n] = 0$，$n \leqslant -1$。但例 8.4-3 说明，求解单位样值响应时，也可以采用双边 z 变换，因为 $y[n] = h[n] * x[n] \leftrightarrow Y(z) = H(z)X(z)$，这样在数学表述上，将单位样值响应的概念推广应用至非因果等系统，这在下节具体讲述。

练习题

8.4-1 用 z 变换求差分方程的零输入响应和零状态响应，以及自由响应和强迫响应。
$$y[n] + 2y[n-1] + y[n-2] = 3^n u[n]，\quad y[0] = y[-1] = 0。$$

8.4-2 用单边 z 变换解下列差分方程。
（1）$y[n] + 2y[n-1] = (n-2)u[n]$，$y[0] = 1$ （2）$y[n] + 3y[n-1] + 2y[n-2] = u[n]$，$y[-1] = 0$，$y[-2] = 0.5$

8.4-3 若描述某线性时不变系统的差分方程为：
$$y[n] + y[n-1] - 2y[n-2] = 2x[n] - x[n-2]$$
已知 $y[-1] = 2$，$y[-2] = -1/2$，$x[n] = u[n]$。求系统的零输入响应和零状态响应。

8.4-4 已知一阶因果离散系统的差分方程为：$y[n] + 2y[n-1] = x[n]$，试求：

(1) 系统的单位样值响应 $h[n]$；(2) 若 $x[n]=(n+n^2)u[n]$，求响应 $y[n]$。

8.5 系统函数与单位样值响应

假设 LTI 离散时间系统的单位样值响应为 $h[n]$，输入信号为 $x[n]$，则系统的零状态响应为 $y[n] = h[n] * x[n]$，根据 z 变换的卷积定理[式（8.3-13）]，则有

$$Y(z) = H(z)X(z) \tag{8.5-1}$$

其中，$Y(z)$、$H(z)$ 和 $X(z)$ 分别是系统输出信号（零状态响应）、单位样值响应和输入信号的 z 变换。通常 $H(z)$ 又称为离散时间系统的系统函数（或传递函数），也就是说系统函数 $H(z)$ 和单位样值响应 $h[n]$ 是一对 z 变换对，因此，LTI 离散系统的很多性质、特点都可以用系统函数的零点、极点和收敛域进行表示，下面对系统的几个重要特点进行介绍。

8.5.1 系统函数与单位样值响应

假设 LTI 离散系统的系统函数为如下有理分式形式

$$H(z) = \frac{b_0 + b_1 z^{-1} + b_2 z^{-2} + \cdots + b_{M-1} z^{-(M-1)} + b_M z^{-M}}{a_0 + a_1 z^{-1} + a_2 z^{-2} + \cdots + a_{N-1} z^{-(N-1)} + a_N z^{-N}} = \frac{\sum_{r=0}^{M} b_r z^{-r}}{\sum_{m=0}^{N} a_m z^{-m}} \tag{8.5-2}$$

其中，$b_i, a_i, i = 0, 1, \cdots, M$（或 N）都是实数。为方便处理，假设 $N \geq M$，并假设式（8.5-2）的极点都是一阶极点，则 $H(z)$ 可展开成部分分式：$H(z) = \sum_{m=0}^{N} \frac{A_m z}{z - p_m}$，式中 $p_0 = 0$，p_m 可能是实数，也可能是成对出现的共轭复数。为讨论简单起见，本节假设离散系统都是因果系统，则其单位样值响应为

$$h[n] = \mathcal{Z}^{-1}[H(z)] = \mathcal{Z}^{-1}\left[A_0 + \sum_{m=1}^{N} \frac{A_m z}{z - p_m}\right] = A_0 \delta[n] + \sum_{m=1}^{N} A_m (p_m)^n u[n]$$

也就是说，$h[n]$ 的波形变化取决于 $H(z)$ 的极点，而其幅度值由系数 A_m 决定，且 A_m 与 $H(z)$ 的零点分布有关。即 $H(z)$ 的极点决定着 $h[n]$ 的波形特征，而零点只影响 $h[n]$ 的幅度和相位。

系统函数 $H(z)$ 的极点处于 z 平面的不同位置将对应 $h[n]$ 的不同函数形式，如图 8.5-1 所示。

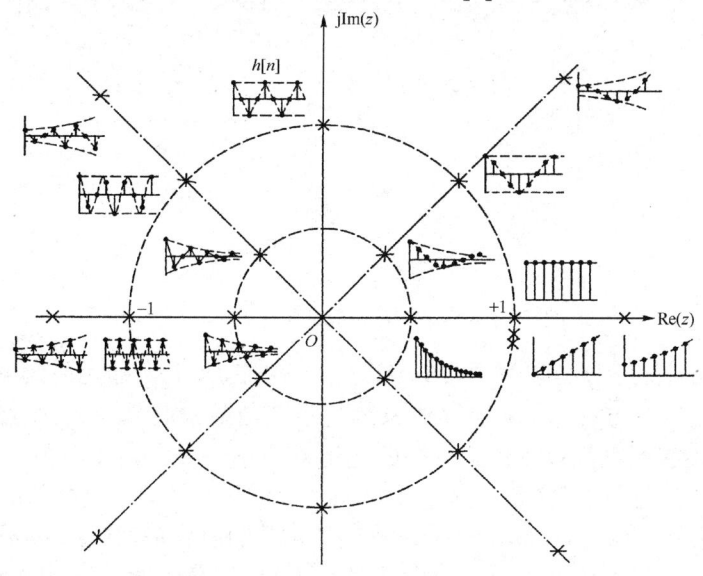

图 8.5-1　$H(z)$ 的极点位置与 $h[n]$ 波形的关系

对一阶部分分式 $H_m(z) = \dfrac{A_m z}{z - p_m}$，当 p_m 为实数时，则 $h_m[n] = A_m(p_m)^n u[n]$。

（1）若 $p_m > 0$，$h[n]$ 恒为正值，且若 $p_m > 1$，则 $h[n]$ 递增；$p_m < 1$，$h[n]$ 递减；而 $p_m = 1$，则 $h[n]$ 为常数；

（2）若 $p_m < 0$，$h[n]$ 正负交替变化，$|h[n]|$ 的变化趋势与 $p_m > 0$ 时的情况相同。

当 p_m 为复数时，则其共轭 p_m^* 也是 $H(z)$ 的极点，从而一对共轭复数极点（p_m 和 p_m^*）对应的两个一阶部分分式为 $H_m(z) = \dfrac{A_m z}{z - p_m}$ 和 $H_{m+1}(z) = \dfrac{A_m^* z}{z - p_m^*}$，其逆 z 变换是一个振幅按 $|p_m|^n$ 规律变化的正弦序列。例如，假设 $p_m = \rho e^{j\phi}$，$A_m = A e^{j\theta}$，则 $p_m^* = \rho e^{-j\phi}$，$A_m^* = A e^{-j\theta}$，相应的单位样值响应部分为

$$(A_m p_m^n + A_m^* p_m^{*n}) u[n] = (A e^{j\theta} \rho^n e^{jn\phi} + A e^{-j\theta} \rho^n e^{-jn\phi}) u[n]$$
$$= [A\rho^n (e^{j(n\phi+\theta)} + e^{-j(n\phi+\theta)})] u[n] = 2A\rho^n \cos(n\phi + \theta) u[n]$$

另外，如果极点 p_m 是高阶极点，则当 $|p_m| < 1$ 的时候，单位样值响应 $h[n]$ 是一个总体衰减的序列，而当 $|p_m| \geq 1$ 时，单位样值响应 $h[n]$ 是一个总体增长的序列。扫描二维码，阅读例题：当系统函数具有单位圆上的极点时，对正弦序列的响应。

8.5.2 系统函数与线性常系数差分方程

描述 LTI 离散系统的一个重要关系式是常系数线性差分方程，在 8.4 节中已经看到利用 z 变换的线性性质和时移性质，可以将差分方程转化为代数方程求解。而由于一般的系统激励和响应都是有始序列，所以一般都是应用单边 z 变换求解差分方程。

设 LTI 离散系统的差分方程(3.2-7)的输入信号为 $x[n] = x[n]u[n]$，起始状态为 $y[-N]$, $y[-N+1]$, $\cdots$, $y[-2]$, $y[-1]$，对方程(3.2-7)两边做单边 z 变换，得代数方程

$$\sum_{k=0}^{N} a_k z^{-k} \left[Y(z) + \sum_{l=-k}^{-1} y[l] z^{-l} \right] = \sum_{r=0}^{M} b_r z^{-r} X(z) \tag{8.5-3}$$

即

$$\left(\sum_{k=0}^{N} a_k z^{-k} \right) Y(z) = \left(\sum_{r=0}^{M} b_r z^{-r} \right) X(z) - \left\{ \sum_{k=0}^{N} a_k z^{-k} \left(\sum_{l=-k}^{-1} y[l] z^{-l} \right) \right\} \tag{8.5-4}$$

从而

$$Y(z) = \dfrac{\sum_{r=0}^{M} b_r z^{-r}}{\sum_{k=0}^{N} a_k z^{-k}} X(z) + \dfrac{-\sum_{k=0}^{N} a_k z^{-k} \left(\sum_{l=-k}^{-1} y[l] z^{-l} \right)}{\sum_{k=0}^{N} a_k z^{-k}} \tag{8.5-5}$$

令

$$H(z) = \dfrac{\sum_{r=0}^{M} b_r z^{-r}}{\sum_{k=0}^{N} a_k z^{-k}} \tag{8.5-6}$$

则式(8.5-5)中等号右边第一项可以写成 $H(z)X(z)$，正是式(8.5-1)，即是系统零状态响应的 z 变换，而式(8.5-6)则是差分方程(3.2-7)所描述系统的系统函数；此外，式(8.5-5)中等号右边第二项与输入信号 $X(z)$ 没有联系，只受控于系统的起始条件 $y[-i]$，$i = 1,2,\cdots,N$，因而是系统零输入响应的 z 变换。

例 8.5-1 求差分方程 $y[n] - y[n-1] = x[n]$ 所示系统的单位样值响应 $h[n]$；如果已知系统是因果系统，且 $y[-1] = 1$；$x[n] = nu[n]$，计算在此条件下的解，并判断其解的各个分量，包括零状

态响应与零输入响应，自由响应和强迫响应。

解：（1）对差分方程两边取 z 变换，则有
$$Y(z) - z^{-1}Y(z) = X(z)$$

从而
$$H(z) = \frac{Y(z)}{X(z)} = \frac{1}{1-z^{-1}} = \frac{z}{z-1}$$

（a）若取收敛域 $|z|>1$，则单位样值响应为 $h[n] = u[n]$（因果系统）；

（b）若取收敛域 $|z|<1$，则单位样值响应为 $h[n] = -u[-n-1]$（非因果系统）。

（2）对差分方程两边取单边 z 变换。根据时移性质可得
$$Y(z) - [z^{-1}Y(z) + y[-1]] = X(z), \quad 即 \quad (1-z^{-1})Y(z) = X(z) + y[-1]$$

从而
$$Y(z) = \frac{1}{1-z^{-1}}X(z) + \frac{y[-1]}{1-z^{-1}} = \frac{z}{z-1} \cdot X(z) + y[-1] \cdot \frac{z}{z-1}$$

代入 $x[n] = nu[n]$，即 $X(z) = \dfrac{z}{(z-1)^2}$ 和起始条件 $y[-1] = 1$，并进行部分分式展开，可得
$$Y(z) = \frac{z^2}{(z-1)^3} + \frac{z}{z-1} = \frac{z^3}{(z-1)^3} \cdot z^{-1} + \frac{z}{z-1}$$

考虑到因果系统，因而收敛域为 $|z|>1$，根据表 8-4，并根据时移性质和线性性质，可得
$$y[n] = \frac{n(n+1)}{2}u[n-1] + u[n] = \left[\frac{n(n+1)}{2} + 1\right]u[n]$$

其中，零输入响应分量为 $y_{zi}[n] = u[n]$；零状态响应分量为 $y_{zs}[n] = 0.5n(n+1)u[n-1]$；自由响应分量为 $y_h[n] = u[n]$，强迫响应分量为 $y_p[n] = 0.5n(n+1)u[n-1]$。

例 8.5-2 求下列差分方程
$$y[n] - y[n-1] + 0.24y[n-2] = x[n] + x[n-2]$$
所示系统的单位样值响应。

解： 对差分方程两边取 z 变换，则
$$Y(z) - z^{-1}Y(z) + 0.24z^{-2}Y(z) = X(z) + z^{-2}X(z)$$

即
$$(1 - z^{-1} + 0.24z^{-2})Y(z) = (1+z^{-2})X(z)$$

从而 $H(z) = \dfrac{Y(z)}{X(z)} = \dfrac{1+z^{-2}}{1-z^{-1}+0.24z^{-2}} = \dfrac{z^2+1}{(z-0.4)(z-0.6)} = \dfrac{25}{6} - \dfrac{29}{2}\dfrac{z}{z-0.4} + \dfrac{34}{3}\dfrac{z}{z-0.6}$

（a）收敛域取 $|z|>0.6$，则 $h[n] = \dfrac{25}{6}\delta[n] + \left[-\dfrac{29}{2}(0.4)^n + \dfrac{34}{3}(0.6)^n\right]u[n]$，（因果系统）；

（b）收敛域取 $|z| < 0.4$，则 $h[n] = \dfrac{25}{6}\delta[n] + \left[\dfrac{29}{2}(0.4)^n - \dfrac{34}{3}(0.6)^n\right]u[-n-1]$，（非因果系统）；

（c）收敛域取 $0.4 < |z| < 0.6$，则 $h[n] = \dfrac{25}{6}\delta[n] - \dfrac{29}{2}(0.4)^nu[n] - \dfrac{34}{3}(0.6)^nu[-n-1]$，（非因果系统）。

8.5.3 系统函数与系统的因果性

因果 LTI 离散时间系统的单位样值响应 $h[n]$ 是因果序列，即当 $n < 0$ 时，$h[n] = 0$，则其系统函数为
$$H(z) = \sum_{n=0}^{\infty} h[n]z^{-n} \tag{8.5-7}$$

根据 z 变换的收敛域（见 8.1.2 节），右边序列 z 变换的收敛域是 z 平面上某个圆的外部区域。根据式(8.5-7)，当且仅当系统函数的收敛域 ROC 在 z 平面上某个圆的外部区域且包含无穷远时，该系统是因果系统。

例 8.5-3 判断由下列系统函数描述的系统是否是因果系统。

（1）$H(z) = \dfrac{2z^3 + 3z + 3}{z^2 + 0.3z - 0.4}$ 　　　（2）$H(z) = \dfrac{z}{z - 0.4} + \dfrac{3}{z + 2}$，$|z| > 2$

解：（1）运用长除法将系统函数 $H(z)$ 变形，得到一个多项式和一个真分式之和。

$$H(z) = 2z - 0.6 + \dfrac{3.98z + 2.76}{z^2 + 0.3z - 0.4}$$

该系统函数的两个极点分别为 $p_1 = -0.8$，$p_2 = 0.5$。因而可能的收敛域有：（1）$|z| > 0.8$，（2）$|z| < 0.5$，（3）$0.5 < |z| < 0.8$，但不论哪一种收敛域，在单位样值响应中一定包含样值 $2\delta[n+1]$，因而这必定是非因果系统。

（2）因为该系统函数的收敛域 $|z| > 2$，且包含无穷远处，因而该系统是因果系统。而其单位样值响应 $h[n] = (0.4)^n u[n] + 3(-2)^{n-1} u[n-1]$ 也确实如此。另外，如果将系统函数 $H(z)$ 合成高阶有理分式，得到

$$H(z) = \dfrac{z^2 + 5z - 1.2}{z^2 + 1.6z - 0.8}$$

可见其分子多项式与分母多项式具有相同的方次。

因此，对具有形如式(8.5-2)的 LTI 离散时间系统的系统函数 $H(z)$，<u>当且仅当其分子多项式的方次不高于分母的方次，或者说 $H(z)$ 不含有极点 ∞，且收敛域为 z 平面上超过距离原点最远的那个极点的圆的外部区域时，该系统才是因果系统。</u>

8.5.4　系统函数与系统的稳定性

在 3.3.4 节中已经说明，当且仅当 LTI 离散时间系统的单位样值响应 $h[n]$ 绝对可和，即 $\sum_{n=-\infty}^{\infty} |h[n]| < \infty$ 时，该系统稳定。而在此条件下，根据一致性收敛条件，系统函数的收敛域必定包含单位圆。也就是说，**LTI 离散时间系统稳定的充要条件是其系统函数 $H(z)$ 的收敛域包含单位圆**。

下面按照单位样值响应 $h[n]$ 的不同形式来讨论稳定系统 $H(z)$ 的极点分布特点。

（1）若 $h[n]$ 是因果序列（即因果系统），则 $H(z)$ 的收敛域为 $|z| > R_+$，依据稳定条件，则

$$R_+ < 1 \tag{8.5-8}$$

也就是说，$H(z)$ 的全部极点必落在单位圆之内，如图 8.5-2(a)所示。

（2）若 $h[n]$ 是左边序列（非因果系统），则 $H(z)$ 的收敛域为 $|z| < R_-$，同样依据稳定条件，则必有

$$R_- > 1 \tag{8.5-9}$$

也就是说，$H(z)$ 的全部极点必落在单位圆之外，如图 8.5-2(b)所示。

（3）若 $h[n]$ 是双边序列（非因果系统），则 $H(z)$ 的收敛域为 $R_+ < |z| < R_-$，同样依据稳定条件，则必有

$$R_+ < 1 \quad \text{和} \quad R_- > 1 \tag{8.5-10}$$

这时 $H(z)$ 的一部分极点在单位圆之内，而另一部分极点则在单位圆之外，但收敛域一定包含单位圆，如图 8.5-2(c)所示。

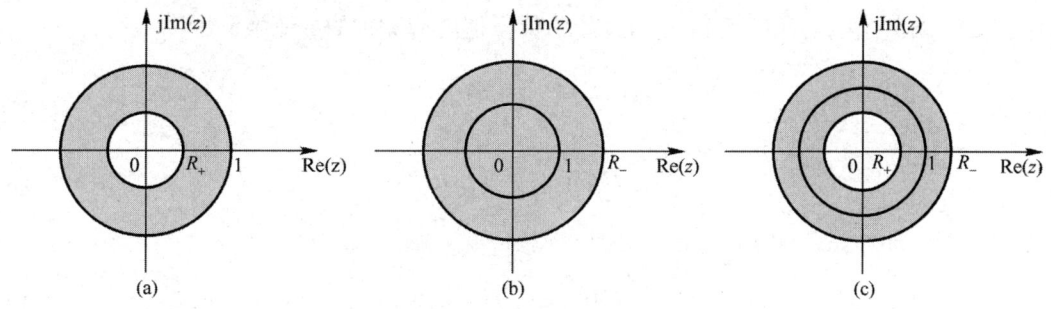

图 8.5-2 稳定系统的收敛域

例 8.5-4 检验下列各系统的因果性与稳定性。

（1）$H(z) = \dfrac{z}{z-0.5}$，$|z|>0.5$ （2）$H(z) = \dfrac{z}{z-2}$，$|z|>2$

（3）$H(z) = \dfrac{z}{z-2}$，$|z|<2$ （4）$H(z) = \dfrac{z}{(z-0.5)(z-2)}$，$0.5<|z|<2$

解：（1）由于收敛域为$|z|>0.5$，且不存在极点 ∞，所以该系统为因果系统；且是稳定系统（收敛域包含单位圆）。

（2）根据收敛域$|z|>2$，且不存在极点 ∞，所以该系统是因果系统；但该系统是不稳定的（收敛域不包含单位圆）。

（3）由于收敛域为$|z|<2$，所以该系统是非因果系统；但系统稳定（收敛域包含单位圆）。

（4）由于收敛域为 $0.5<|z|<2$，其 $h[n]$ 为双边序列，因此该系统为非因果系统；但系统稳定（收敛域包含单位圆）。

在实际问题中，遇到的通常都是因果系统，因而判定其是否稳定只需判断其极点是否都落在单位圆内（即系统函数分母多项式的根$|p_m|<1$），这可由朱里准则（Jury criterion）（扫描二维码）来判断。

练习题

8.5-1 对于图题 8.5-1 所示的一阶因果离散系统（$0<a<1$），求该系统在单位阶跃序列 $u[n]$ 和复指数序列 $e^{jn\omega}u[n]$ 激励下的响应，并指出强迫响应及自由响应分量。

8.5-2 因果系统的系统函数 $H(z)$ 如下，试说明这些系统是否稳定。

（1）$\dfrac{3z+4}{2z^2+z-1}$　（2）$\dfrac{1-z^{-1}-z^{-2}}{2+5z^{-1}+2z^{-2}}$　（3）$\dfrac{z+2}{6z^2+z-2}$　（4）$\dfrac{1+z^{-1}}{1-z^{-1}+z^{-2}}$

8.5-3 已知系统函数为 $H(z) = \dfrac{9.5z}{(z-0.5)(10-z)}$，分别在 $|z|>10$ 及 $0.5<|z|<10$ 两种收敛域情况下，求系统的单位样值响应，并说明系统的稳定性与因果性。

8.5-4 建立图题 8.5-4 所示各系统的差分方程，并求单位样值响应。

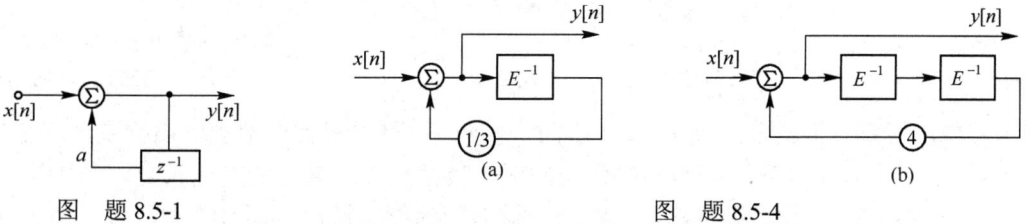

图 题 8.5-1　　　　　　　　图 题 8.5-4

8.6　由系统函数零极点分布确定频响特性

7.4.1 节讲述了 LTI 离散稳定系统的频响特性 $H(e^{j\omega})$ 是其单位样值响应 $h[n]$ 的 DTFT，而 8.5

节讲述了 LTI 离散系统的系统函数 $H(z)$ 是其单位样值响应 $h[n]$ 的 z 变换，即

$$H(e^{j\omega}) = \sum_{n=-\infty}^{\infty} h[n] e^{-j\omega n} \tag{8.6-1}$$

和

$$H(z) = \sum_{n=-\infty}^{\infty} h[n] z^{-n} \tag{8.6-2}$$

如果离散系统稳定，即 $H(z)$ 的收敛域包含单位圆，则

$$H(e^{j\omega}) = H(z)|_{z=e^{j\omega}} \tag{8.6-3}$$

若 LTI 离散系统的系统函数 $H(z)$ 形如式(8.5-2)，则其分子、分母多项式都可以分解成若干个一次因式相乘积的形式

$$H(z) = H_0 z^{N-M} \frac{\prod_{r=1}^{M}(z-z_r)}{\prod_{m=1}^{N}(z-p_m)} \tag{8.6-4}$$

其中 $N > M$，z_r 是 $H(z)$ 的零点，p_m 是 $H(z)$ 的极点，H_0 是常数。那么在分析和描绘系统幅频特性和相频特性时，可以仿照连续系统的零极点矢量作图方法进行。

8.6.1 零极点矢量分析法

假设式(8.6-4)表示的是 LTI 离散稳定系统，则依据式(8.6-3)，系统的频响特性为

$$H(e^{j\omega}) = H_0 e^{j\omega(N-M)} \frac{\prod_{r=1}^{M}(e^{j\omega}-z_r)}{\prod_{m=1}^{N}(e^{j\omega}-p_m)} = |H(e^{j\omega})| e^{j\varphi(\omega)} \tag{8.6-5}$$

记复数矢量 $e^{j\omega} - z_r = A_r e^{j\psi_r}$，$e^{j\omega} - p_m = B_m e^{j\theta_m}$，则利用复数乘法的几何运算方法（geometric method），离散系统的幅频特性和相频特性分别为

$$|H(e^{j\omega})| = |H_0| \frac{\prod_{r=1}^{M} A_r}{\prod_{m=1}^{N} B_m} \tag{8.6-6}$$

$$\varphi(\omega) = \sum_{r=1}^{M} \psi_r - \sum_{m=1}^{N} \theta_m + (N-M)\omega + \angle H_0 \tag{8.6-7}$$

式中 A_r, ψ_r 分别表示 z 平面上零点 z_r 到单位圆上点 $e^{j\omega}$ 的矢量($e^{j\omega} - z_r$)的模与辐角；B_m, θ_m 表示极点 p_m 到 $e^{j\omega}$ 的矢量($e^{j\omega} - p_m$)的模与辐角，如图 8.6-1 所示。

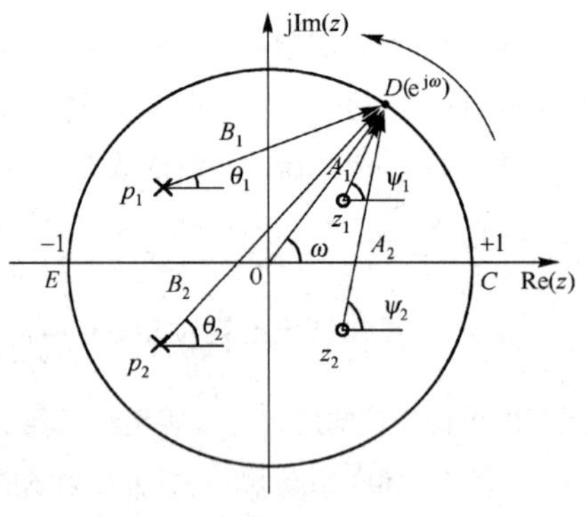

图中 C 点对应于 $\omega = 0$（即 $z = 1$），E 点对应于 $\omega = \pi$

图 8.6-1 离散系统频率响应 $H(e^{j\omega})$ 的几何确定法

（即 $z = -1$）。随着单位圆上的点 D($e^{j\omega}$) 不断移动，就可以得到全部的频率响应，注意到，D 点是沿着单位圆进行的移动，因而离散系统的频响特性呈现周期性的变化特点。利用这种方法可以较方便地由 $H(z)$ 的零、极点位置大致画出该系统的频响特性。而且其零、极点位置分布决定了频响特性的特点，或者说，系统函数 $H(z)$ 的分子、分母多项式（差分方程中各项系数）决定了频响特性的特点。

同时也能看出，位于 $z = 0$（即原点）处的零点或极点不影响幅频特性，即在 $z = 0$ 处加入

或去除零点或极点,不会改变系统的幅频特性,但是相频特性会增加或减少一个线性变化的相位因子ω。此外,当$e^{j\omega}$旋转到某个极点($p_m = |p_m|e^{j\omega_m}$)附近(即$\omega = \omega_m$)时,极点矢量的长度B_m最短,幅频特性可能出现峰值。且极点p_m越靠近单位圆,B_m越短,幅频特性的峰值越尖锐。如果极点p_m落在单位圆上,则$B_m = 0$,即幅频特性的峰值为无穷大。对于零点来说,其特点与极点正好相反,即当$e^{j\omega}$旋转到某个零点($z_r = |z_r|e^{j\omega_r}$)附近(即$\omega = \omega_r$)附近时,此时零点矢量的长度A_r最短,幅频特性出现凹陷的谷点。如果零点z_r落在单位圆上,则$A_r = 0$,那么在该频率处幅频特性为0。

请看下节离散系统频响特性的零、极点矢量几何作图法示例。

8.6.2 频响特性矢量分析法举例

例 8.6-1 已知LTI因果离散系统的结构框图如图8.6-2所示。分别求$0 < a < 1$和$-1 < a < 0$两种情况下的频率响应特性,并画出幅频特性与相频特性曲线。

解: 由所给系统的结构框图可写出其差分方程为

$$y[n] - ay[n-1] = x[n]$$

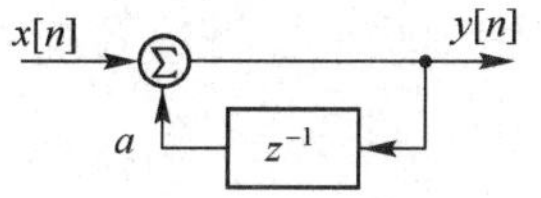

其系统函数为 $H(z) = \dfrac{1}{1 - az^{-1}} = \dfrac{z}{z - a} \quad |z| > |a|$

频响特性为 $H(e^{j\omega}) = \dfrac{1}{1 - ae^{-j\omega}} = \dfrac{e^{j\omega}}{e^{j\omega} - a} = \dfrac{Ae^{j\psi}}{Be^{j\theta}}$

图8.6-2 例8.6-1系统的框图

上式中的零、极点矢量分别为 $Ae^{j\psi} = e^{j\omega}$,$Be^{j\theta} = e^{j\omega} - a = \cos\omega - a + j\sin\omega$,从而

幅频特性为 $|H(e^{j\omega})| = \dfrac{A}{B} = \dfrac{1}{\sqrt{1 + a^2 - 2a\cos\omega}}$

相频特性为 $\varphi(\omega) = \psi - \theta = \omega - \arctan\left(\dfrac{\sin\omega}{\cos\omega - a}\right) = -\arctan\left(\dfrac{a\sin\omega}{1 - a\cos\omega}\right)$

(1)若$0 < a < 1$,零极点分布如图8.6-3(a)所示,幅频特性$|H(e^{j\omega})|$与相频特性$\varphi(\omega)$曲线如图8.6-3(b)和(c)所示。由图(b)可知,系统呈"低通"特性。

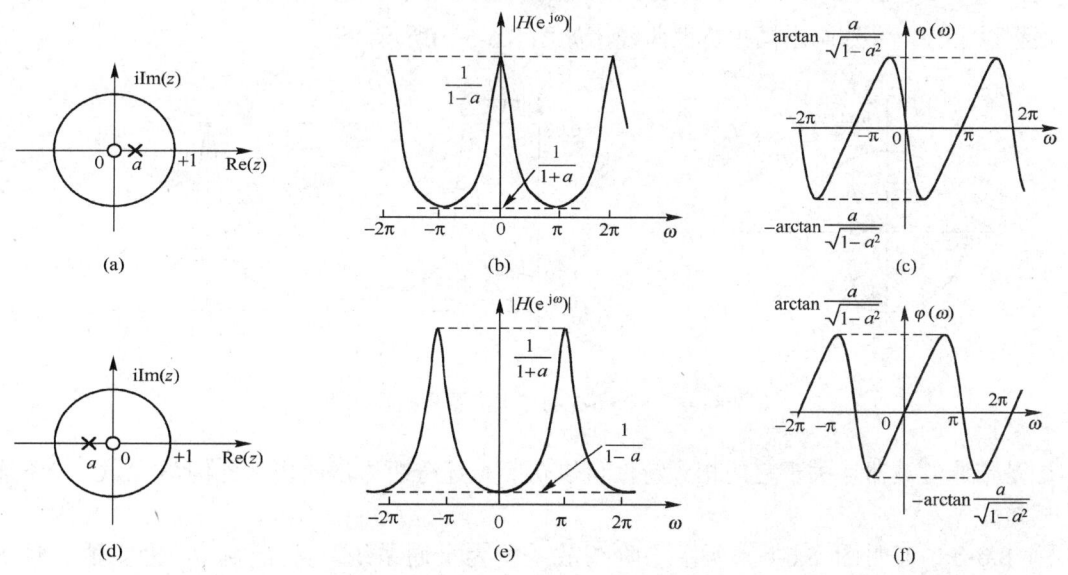

图8.6-3 例8.6-1的系统频率响应特性

(2)若$-1 < a < 0$,零极点分布如图8.6-3(d)所示。同理,可绘出幅频特性$|H(e^{j\omega})|$与相频特

性 $\varphi(\omega)$ 曲线，如图 8.6-3 (e)和(f)所示。由图(e)可知，系统呈"高通"特性。

本例说明，只要将系数 a 改变符号（从"正"→"负"），就可以方便地改变滤波特性（从"低通"→"高通"）。由此可见，离散系统比较灵活。

以上分析是先求出幅频特性与相频特性的表达式，然后逐点描图绘出频响特性曲线。由于本例是一阶系统，用这种方法并不复杂。但对于高阶系统，用这种方法就很麻烦，而采用几何作图法就比较方便。利用几何作图法描绘本例的幅频特性与相频特性曲线留给读者自行完成。

例 8.6-2 分析图 8.6-4 所示二阶离散系统的幅频特性。

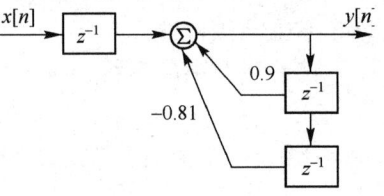

解：由图 8.6-4 写出该系统的差分方程为

$$y[n] - 0.9y[n-1] + 0.81y[n-2] = x[n-1]$$

其系统函数为

$$H(z) = \frac{z^{-1}}{1 - 0.9z^{-1} + 0.81z^{-2}} = \frac{z}{z^2 - 0.9z + 0.81}$$

$$= \frac{z}{(z - 0.9e^{j\pi/3})(z - 0.9e^{-j\pi/3})}$$

图 8.6-4 例 8.6-2 的二阶离散系统框图

$H(z)$ 的零点为 $z = 0$，极点是一对共轭复数极点 $p_{1,2} = 0.9e^{\pm j\pi/3}$，如图 8.6-5(a)所示。利用几何作图法来分析该系统的幅频特性：

$$H(e^{j\omega}) = H(z)|_{z=e^{j\omega}} = \frac{e^{j\omega}}{(e^{j\omega} - 0.9e^{j\pi/3})(e^{j\omega} - 0.9e^{-j\pi/3})} = \frac{Ae^{j\psi}}{B_1e^{j\theta_1}B_2e^{j\theta_2}}$$

其中 $Ae^{j\psi} = e^{j\omega}$, $B_1e^{j\theta_1} = e^{j\omega} - 0.9e^{j\pi/3}$, $B_2e^{j\theta_2} = e^{j\omega} - 0.9e^{-j\pi/3}$

则 $|H(e^{j\omega})| = \dfrac{A}{B_1B_2} = \dfrac{1}{B_1B_2}$ $\varphi(\omega) = \psi - (\theta_1 + \theta_2)$

当 $\omega = 0$ 时，$B_1 = B_2 = \sqrt{0.91}$，所以 $|H(e^{j\omega})|_{\omega=0} = 1/B_1B_2 = 1/0.91 \approx 1.10$；

当 $\omega = \pi/3$ 时，$B_1 = 0.1$ 为最小值，而 $B_2 = 1.65$，所以 $|H(e^{j\omega})|_{\omega=\pi/3} = 1/0.165 \approx 6.06$，达到最大值；

当 $\omega = \pi$ 时，$B_1 = B_2 = \sqrt{2.71}$，B_1B_2 为最大值，$|H(e^{j\omega})|_{\omega=\pi} = 1/2.71 \approx 0.37$，达到最小值；

当 $\omega = 5\pi/3$（也即 $-\pi/3$）时，$|H(e^{j\omega})|_{\omega=5\pi/3} \approx 6.06$，也是最大值。

根据以上分析大致画出幅频特性曲线，如图 8.6-5(b)所示。

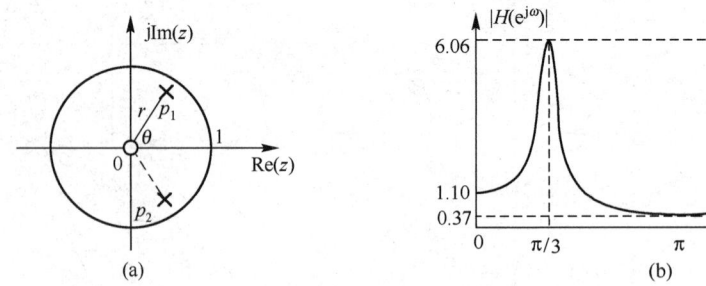

图 8.6-5 例 8.6-2 的零极点图和幅频特性

这是带通滤波器，关于它的相频特性可以仿照上述分析方法给出。此例与 RLC 二阶连续系统相仿。

例 8.6-3 证明图 8.6-6(a)所示二阶离散系统为全通系统。其中 b_1, b_2 为实数，且满足 $b_1^2 - 4b_2 < 0$。

证明：图示系统的差分方程为

$$y[n]+b_1y[n-1]+b_2y[n-2]=b_2x[n]+b_1x[n-1]+x[n-2]$$

其系统函数为
$$H(z)=\frac{b_2+b_1z^{-1}+z^{-2}}{1+b_1z^{-1}+b_2z^{-2}}=\frac{z^{-1}+b_1+b_2z}{b_2z^{-1}+b_1+z}$$

系统的频响特性为
$$H(e^{j\omega})=\frac{z^{-1}+b_1+b_2z}{b_2z^{-1}+b_1+z}\bigg|_{z=e^{j\omega}}=\frac{e^{-j\omega}+b_1+b_2e^{j\omega}}{b_2e^{-j\omega}+b_1+e^{j\omega}}$$

$$=\frac{[b_1+\cos\omega+b_2\cos\omega]+j[b_2\sin\omega-\sin\omega]}{[b_1+\cos\omega+b_2\cos\omega]-j[b_2\sin\omega-\sin\omega]}$$

显然系统幅频特性 $|H(e^{j\omega})|=1$，即证明了该系统是全通系统。

而相频特性 $\varphi(\omega)=2\arctan\left[\dfrac{(b_2-1)\sin\omega}{b_1+(b_2+1)\cos\omega}\right]$，是变化的周期函数。

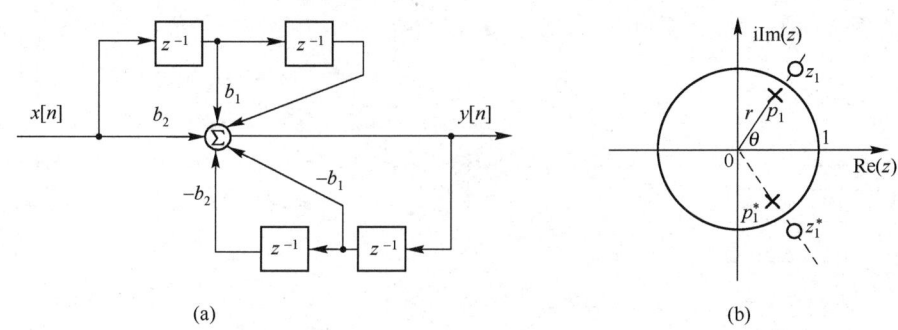

图 8.6-6 二阶全通离散系统

基于本例，下面讨论一下离散全通系统的零、极点分布特点。

由于 b_1,b_2 是实系数，且 $b_1^2-4b_2<0$，则 $H(z)$ 的极点和零点都是共轭复数，那么
$$H(z)=\frac{b_2+b_1z^{-1}+z^{-2}}{1+b_1z^{-1}+b_2z^{-2}}=\frac{b_2z^2+b_1z+1}{z^2+b_1z+b_2}=\frac{(z-z_1)(z-z_1^*)}{(z-p_1)(z-p_1^*)}$$

其中，记
$$p_{1,2}=\frac{-b_1\pm j\sqrt{4b_2-b_1^2}}{2}=pe^{\pm j\theta},\quad z_{1,2}=\frac{-b_1\pm j\sqrt{4b_2-b_1^2}}{2b_2}=\frac{pe^{\pm j\theta}}{b_2}$$

可见，$|p_{1,2}|=p=\sqrt{b_2}$，$|z_{1,2}|=p/b_2=1/p$，即该全通系统 $H(z)$ 零点和极点的大小互为倒数，而辐角相同，也可以说，它的零点与极点互为共轭倒数，如图 8.6-6(b)所示。

广而言之，离散全通系统的零点和极点分布必然是互为共轭倒数的。

具有其他特点（如最小相位响应）的数字滤波器可扫描二维码。

练习题

8.6-1 利用 z 平面零极点分布的几何作图法粗略画出下列各系统函数所对应系统的幅频特性曲线。

（1） $H(z)=\dfrac{z}{z-0.4}$　　　　（2） $H(z)=\dfrac{1}{z-0.6}$　　　　（3） $H(z)=\dfrac{z+0.5}{z+0.8}$

8.6-2 已知横向数字滤波器的结构如图题 8.6-2 所示。试以 $M=6$ 为例。

（1）写出差分方程；　　（2）求系统函数 $H(z)$；　　（3）求单位样值响应 $h[n]$；

（4）画出 $H(z)$ 的零极点图；　　（5）粗略画出系统的幅频特性曲线。

8.6-3 求图题 8.6-3 所示系统的差分方程、系统函数及单位样值响应，并大致画出系统函数 $H(z)$ 的零极点图及系统的幅频特性曲线。

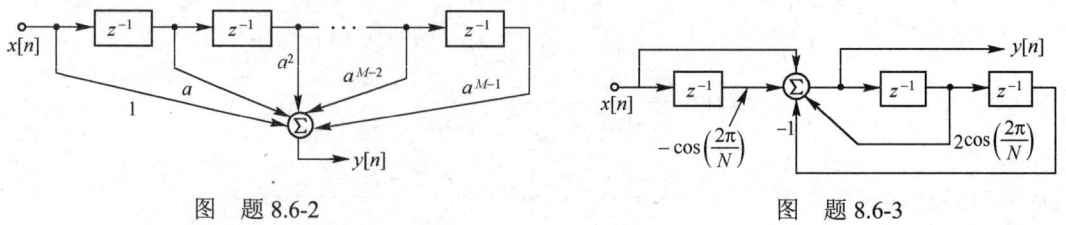

图 题 8.6-2　　　　　　　　　　　图 题 8.6-3

8.6-4 已知某离散时间系统的差分方程为：$y[n] + 0.2y[n-1] - 0.24y[n-2] = x[n] + x[n-1]$，求该系统的系统函数 $H(z)$，并根据几何作图法大致画出系统的幅频特性曲线。

8.6-5 已知某离散时间系统的模拟框图如图题 8.6-5 所示，求该系统的幅频特性与相频特性表达式，并粗略画出幅频特性曲线。

8.6-6 试求图题 8.6-6 所示离散时间系统的频率响应特性，并粗略画出其幅频特性与相频特性曲线。

8.6-7 已知 s 平面上零、极点分布如图题 8.6-7 所示，试绘出映射到 z 平面上零、极点的分布图（令 $T=1$），并粗略绘出模拟系统和离散系统的幅频特性曲线。

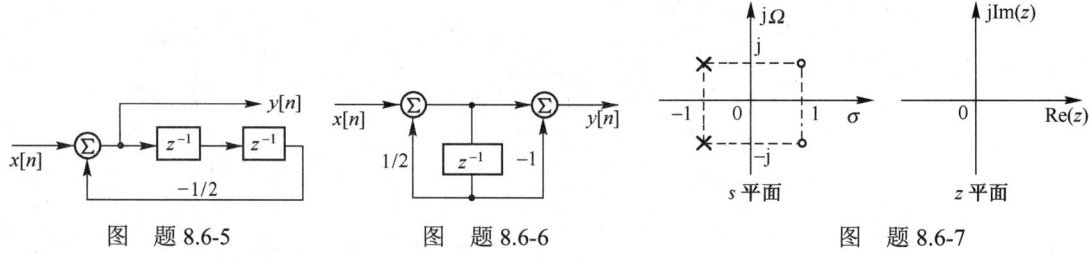

图 题 8.6-5　　　　　　图 题 8.6-6　　　　　　图 题 8.6-7

8.7　LTI 离散系统的系统框图及信号流图

与 6.10 节用信号流图表示模拟滤波器相对应，也可以用系统框图或信号流图来表示数字滤波器。而在 3.2.2 节已经说明描述离散系统运算的差分方程可以用延时器、加法器和数乘器连接成的系统框图表示。

与模拟连续时间系统相同，对于同一个系统函数，可以有多种不同形式的系统框图或信号流图。常用的系统框图或信号流图形式有直接形式、级联（或称为串联）形式和并联形式，下面通过例题来说明各种形式框图或流图的模拟绘制过程。

例 8.7-1　已知某数字滤波器的系统函数为：$H(z) = \dfrac{2z^{-2} + 4z^{-3}}{1 + 3z^{-1} + 5z^{-2} + 3z^{-3}}$，试分别画出该系统的直接形式、级联形式和并联形式的结构框图。

解：（1）直接形式：根据所给的 $H(z)$ 的形式，可直接画出直接形式的流图，如图 8.7-1(a) 所示。其相应的方框图如图 8.7-1(b) 所示。

（2）级联形式：将 $H(z)$ 写成零极点因子的形式

$$H(z) = \frac{2z^{-1}(z^{-1} + 2z^{-2})}{(1 + z^{-1})(1 + 2z^{-1} + 3z^{-2})}$$

令

$$H_1(z) = \frac{2z^{-1}}{1 + z^{-1}}, \quad H_2(z) = \frac{z^{-1} + 2z^{-2}}{1 + 2z^{-1} + 3z^{-2}}$$

则

$$H(z) = H_1(z)H_2(z)$$

其级联形式的信号流图和方框图分别如图 8.7-2(a) 和 (b) 所示。

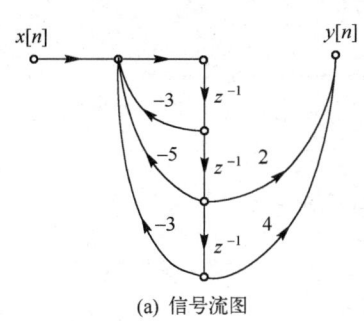
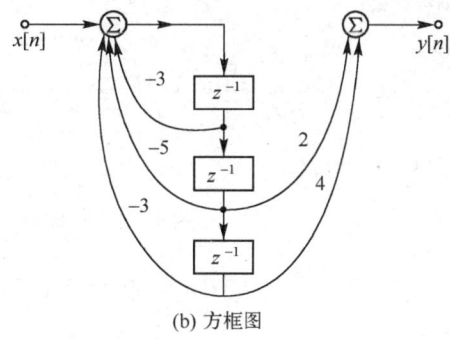

(a) 信号流图　　　　　　　　　　　(b) 方框图

图 8.7-1　直接形式的结构图

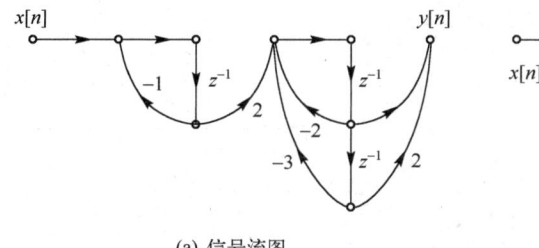
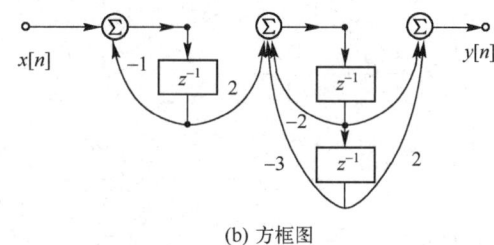

(a) 信号流图　　　　　　　　　　　(b) 方框图

图 8.7-2　级联形式的结构图

（3）并联形式：将 $H(z)$ 展开成部分分式的形式

$$H(z) = \frac{z^{-1}}{1+z^{-1}} + \frac{-z^{-1}+z^{-2}}{1+2z^{-1}+3z^{-2}}$$

令

$$H_1(z) = \frac{z^{-1}}{1+z^{-1}}, \quad H_2(z) = \frac{-z^{-1}+z^{-2}}{1+2z^{-1}+3z^{-2}}$$

则

$$H(z) = H_1(z) + H_2(z)$$

其并联形式的信号流图和方框图分别如图 8.7-3(a)和(b)所示。

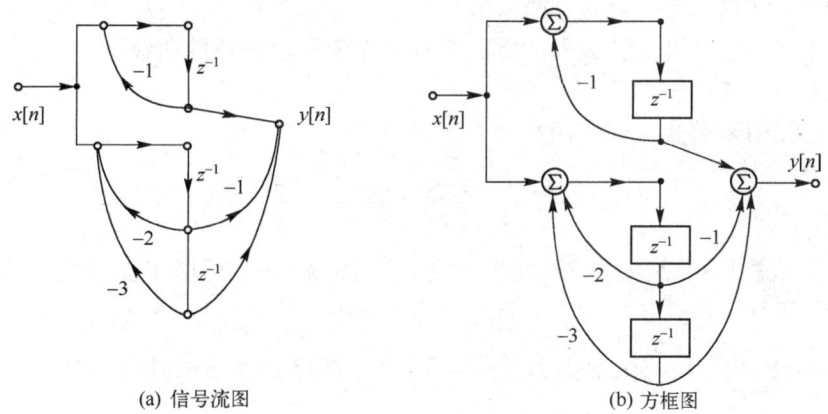

(a) 信号流图　　　　　　　　　　　(b) 方框图

图 8.7-3　并联形式的结构图

而需要说明的是，在直接型信号流图中，也可以用如下形式表示：

令

$$\frac{Y(z)}{W(z)} = \frac{1}{1+3z^{-1}+5z^{-2}+3z^{-3}}, \quad \frac{W(z)}{X(z)} = 2z^{-2}+4z^{-3}$$

则

$$Y(z) = W(z) - 3z^{-1}Y(z) - 5z^{-2}Y(z) - 3z^{-3}Y(z)$$

$$W(z) = 2z^{-2}X(z) + 4z^{-3}X(z)$$

其信号流图如图 8.7-4 所示，与图 8.7-1(a)相比，需要多增加三个延时器。而在系统实现中，为节约资源，一般我们要求延时器数目尽可能少。

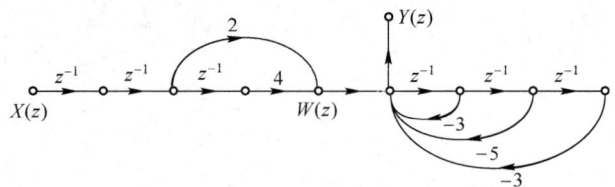

图 8.7-4 直接形式结构图的另一种形式

而在并联形式的信号流图中，我们也可以采用如下的分式展开形式

$$\frac{H(z)}{z} = \frac{z^{-1}(2z^{-2}+4z^{-3})}{1+3z^{-1}+5z^{-2}+3z^{-3}} = \frac{2z+4}{z(z^3+3z^2+5z+3)}$$

$$= \frac{4/3}{z} + \frac{-1}{z+1} - \frac{1}{3}\frac{z+5}{z^2+2z+3}$$

也即 $$H(z) = \frac{4}{3} + \frac{-z}{z+1} - \frac{1}{3}\frac{z^2+5z}{z^2+2z+3}$$

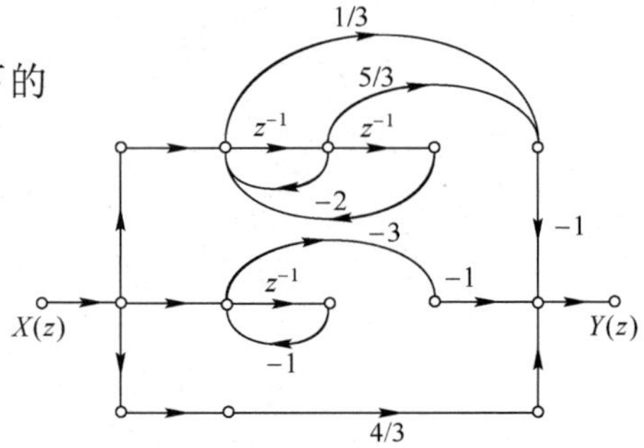

图 8.7-5 并联形式结构图的另一种形式

可令 $H_1(z) = \dfrac{-z}{z+1} = \dfrac{-1}{1+z^{-1}}$ ，$H_2(z) = -\dfrac{1}{3}\dfrac{z^2+5z}{z^2+2z+3} = -\dfrac{1}{3}\dfrac{1+5z^{-1}}{1+2z^{-1}+3z^{-2}}$ ，$H_3(z) = \dfrac{4}{3}$

则 $$H(z) = H_1(z) + H_2(z) + H_3(z)$$

这种并联形式的信号流图如图 8.7-5 所示，与图 8.7-3(a)相比，增加了一个常数增益的放大器支路，这可以根据具体情况选择使用，而这也是数字滤波器灵活于模拟滤波器的一个方面。

该例说明，数字滤波器的结构和连续时间系统的结构极为相似，若将连续系统的积分器 s^{-1} 改为离散系统的延时器 z^{-1} ，则连续系统的分析方法完全适合于离散系统的分析。

例 8.7-2 某因果数字滤波器的系统框图如图 8.7-6 所示。
（1）确定其系统函数；
（2）如果该滤波器稳定，确定 k 的取值；
（3）如果 $k=1$，粗略画出滤波器的零、极点分布图和幅频特性曲线；
（4）如果 $k=1$，$x[n]=(2/3)^n$，求 $y[n]$。

解：（1）根据梅森公式，系统函数为

$$H(z) = \frac{Y(z)}{X(z)} = \frac{1+(-k/4)z^{-1}}{1-(-k/3)z^{-1}} = \frac{z-k/4}{z+k/3}$$

（2）由于数字滤波器是因果的，从而收敛域为 $|z|>|k/3|$，根据 LTI 稳定离散系统的条件，即 $|k/3|<1$，得到 $|k|<3$。

（3）当 $k=1$ 时，系统函数为 $H(z)=\dfrac{z-1/4}{z+1/3}$，其极点为 $p=-1/3$，零点为 $z=1/4$，如图 8.7-7 所示，幅频特性曲线如图 8.7-8 所示。

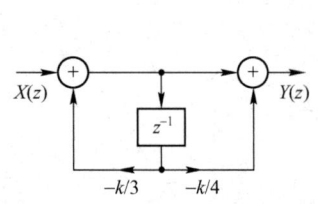

图 8.7-6 例 8.7-2 系统

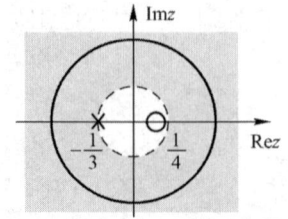

图 8.7-7 系统的零、极点分布图

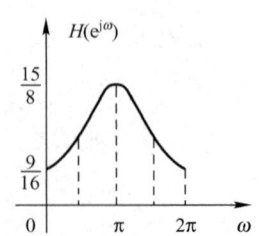

图 8.7-8 系统的幅频特性

（4）当 $k=1$ 时，滤波器的冲激响应为 $h[n] = -\dfrac{3}{4}\delta[n] + \dfrac{7}{4}\left(-\dfrac{1}{3}\right)^n u[n]$

所以 $y[n] = h[n] * x[n] = -\dfrac{3}{4}\delta[n] * x[n] + \left\{\dfrac{7}{4}\left(-\dfrac{1}{3}\right)^n u[n]\right\} * x[n] = \dfrac{5}{12}\left(\dfrac{2}{3}\right)^n$

练习题

8.7-1 已知某离散系统的系统函数为 $H(z) = \dfrac{z}{z-m}$，m 为常数。

（1）写出对应的差分方程；　　　　　　　　（2）画出该系统的结构图；

（3）求系统的频率响应特性，并画出 $m = 0, 0.5, 1$ 三种情况下系统的幅频特性与相频特性曲线。

8.7-2 画出系统函数 $H(z) = \dfrac{3z^3 - 5z^2 + 10z}{z^3 - 3z^2 + 7z - 5}$ 所表示的系统的级联和并联形式的结构图。

8.7-3 由下列差分方程画出因果离散系统的结构图，求系统函数 $H(z)$ 及单位样值响应 $h[n]$。

（1）$3y[n] - 6y[n-1] = x[n]$　　　　　　　（2）$y[n] = x[n] - 5x[n-1] + 8x[n-2]$

（3）$y[n] - 3y[n-1] + 3y[n-2] - y[n-3] = x[n]$　　　（4）$y[n] - 5y[n-1] + 6y[n-2] = x[n] - 3x[n-2]$

8.7-4 已知描述系统的差分方程可表示为：$y[n] = \sum\limits_{r=0}^{7} b_r x[n-r]$，试绘出此离散系统的方框图。如果 $y[-1]=0$，$x[n] = \delta[n]$，试求 $y[n]$，并指出 $y[n]$ 有何特点，这种特点与系统结构有何关系？

8.8 用 MATLAB 实现离散时间信号与系统的 z 域分析

离散时间系统 z 域分析的数学模型是系统函数，MATLAB 为系统函数的两种不同形式提供了转换函数 tf2zp, zp2tf，并提供了可以绘制零极点分布图的函数 zplane，以及可以计算系统单位样值响应的函数 impz。用 ztrans 函数求序列的 z 变换，iztrans 函数求 z 逆变换。

例 8.8-1 已知离散时间系统的系统函数的零极点分别为：$z = 0.2$，$p_1 = 0.8e^{j\frac{\pi}{4}}$，$p_2 = 0.8e^{-j\frac{\pi}{4}}$，绘制系统的零极点分布图，并绘出系统的单位样值响应 $h[n]$ 的时域波形。

解： 用 MATLAB 绘制系统的零极点分布图和单位样值响应 $h[n]$ 的时域图形的程序清单 mat801.m 如下，波形如图 8.8-1 所示。

```
z=0.2;p=[0.8*exp(pi*i/4);0.8*exp(-pi*i/4)];
k=1;subplot(121);zplane(z,p);
[b, a]=zp2tf(z,p,k);subplot(122);impz(b,a,20);title('h[n]');
```

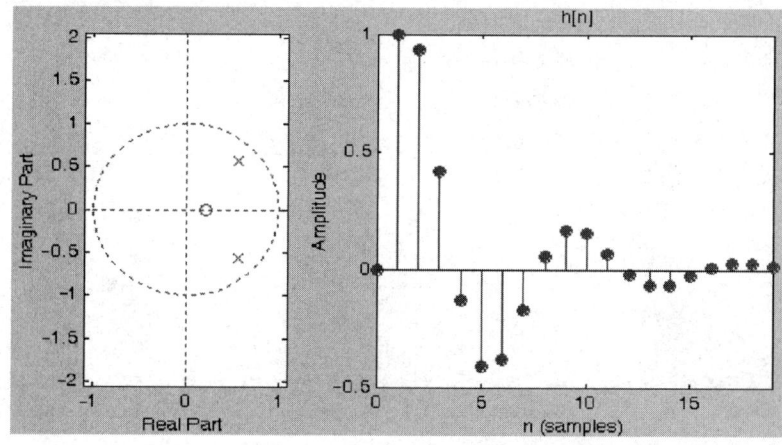

图 8.8-1　离散系统零极点分布图和单位样值响应

例 8.8-2 求下列序列的 z 变换或 z 逆变换。

(1) $x_1[n] = (1/3)^n u[n]$ （2) $x_2[n] = \cos\dfrac{n\pi}{2}$ （3) $X_3(z) = \dfrac{z}{(z+1)(z-2)}$

(4) $X_4(z) = \dfrac{z^2}{(z-0.5)(z-0.25)}$

解：用符号表达式并通过调用 ztrans 和 iztrans 函数来计算上述结果，其程序清单 mat802.m 如下，可以在 MATLAB 命令窗口看到计算结果。

```
syms n z;x1 = (1/3).^n;x2 = cos(n*pi/2);
z1 = ztrans(x1)
z2 = ztrans(x2)
z3 = z/((z+1)*(z−2));z4 = (z.^2)/((z−0.5)*(z−0.25));
x3 = iztrans(z3)
x4 = iztrans(z4)
```

例 8.8-3 已知线性时不变系统的结构如图 8.8-2 所示，其中 $h_1[n] = (0.5)^n u[n]$，$h_2[n] = (0.8)^n u[n]$，当输入序列为 $x[n] = u[n] - u[n-11]$ 时，求系统的零状态响应 $y[n]$，并绘制系统的零极点分布图和频响特性，以及零状态响应 $y[n]$ 的波形。

解：系统的单位样值序列 $h[n]$ 等于 $h_1[n]$ 和 $h_2[n]$ 的卷积，系统的零状态响应 $y[n]$ 等于 $h[n]$ 和 $x[n]$ 的卷积。由于 $h_1[n]$ 和 $h_2[n]$ 是右边序列，长度无限，而 MATLAB 的卷积函数只能计算有限长序列的卷积，故仅取 $h_1[n]$ 和 $h_2[n]$ 的 0～10 区间的值，这样会造成一部分误差。系统函数 $H(z)$ 的计算如下：

$$H_1(z) = \frac{z}{z-0.5}, \quad H_2(z) = \frac{z}{z-0.8}$$

$$H(z) = H_1(z)H_2(z) = \frac{z}{z-0.5} \cdot \frac{z}{z-0.8} = \frac{z^2}{z^2 - 1.3z + 0.4}$$

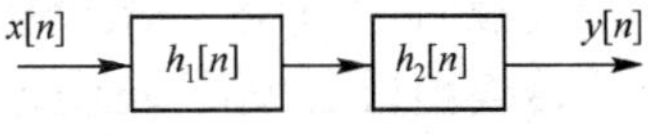

图 8.8-2 线性时不变系统的结构

用 MATLAB 计算 $y[n]$，绘制波形和零极点图，以及系统频响特性的程序清单 mat803.m 如下，各图形如图 8.8-3 所示。

```
n1=0:10;h1=(0.5).^n1;h2=(0.8).^n1;h=conv(h1,h2);x=ones(1,11);y=conv(h,x);
n2=length(y);n3=0:n2−1;subplot(221);stem(n3,y,'filled');xlabel('y[n]');
b=[1 0 0];a=[1 −1.3 0.4];subplot(222);zplane(a,b);
[H w]=freqz(b,a);Hm=abs(H);Hp=angle(H)*180/pi;
subplot(223);plot(w/pi,Hm);title('系统幅频特性');
xlabel('\Omega/π');ylabel('Magnitude');
subplot(224);plot(w/pi,Hp);title('系统相频特性');
xlabel('\Omega/π');ylabel('Phase,degrees');
```

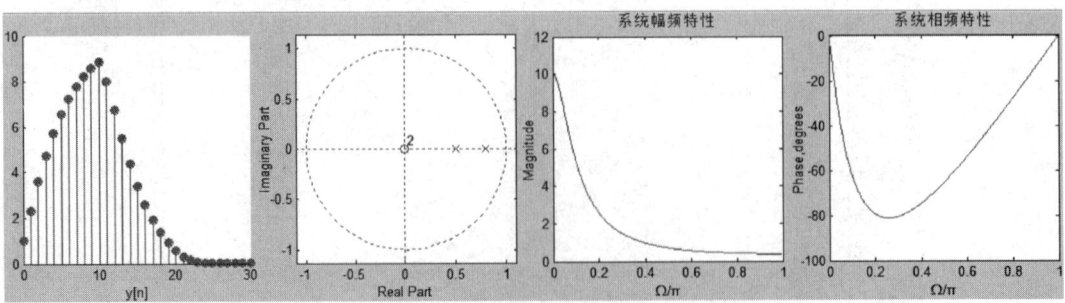

图 8.8-3 系统的零状态响应、零极点图和频响特性

练习题

8.8-1 求下列序列的 z 变换或 z 逆变换。

(1) $x_1[n] = 2^n u[n]$ 　　　(2) $x_2[n] = \sin\dfrac{n\pi}{3}\cdot u[n]$

(3) $X_3(z) = \dfrac{1}{(z+1)(z+2)}$ 　　　(4) $X_4(z) = \dfrac{z}{(z-0.4)^2(z-0.5)}$

8.8-2 已知线性时不变系统的结构如图题 8.8-2 所示，其中 $h_1[n] = (0.6)^n u[n]$，$h_2[n] = (0.9)^n u[n]$，当输入序列为 $x[n] = u[n] - u[n-10]$ 时，求系统的零状态响应 $y[n]$，并绘制系统的零极点分布图和频响特性，以及零状态响应 $y[n]$ 的波形。

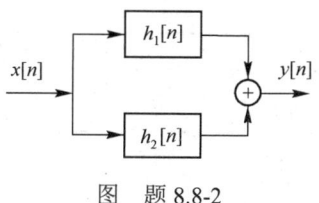

图　题 8.8-2

关键知识点概要

1. 双边 z 变换定义：$X(z) = \displaystyle\sum_{n=-\infty}^{\infty} x[n]z^{-n}$，　ROC：$R_+ < |z| < R_-$

　单边 z 变换定义：$X(z) = \displaystyle\sum_{n=0}^{\infty} x[n]z^{-n}$，　ROC：$|z| > R_+$

序列形式与双边 z 变换收敛域的关系见表 8-1。

表 8-1　序列的形式与双边 z 变换收敛域的关系

序列形式		z 变换收敛域
有限长序列 ① $n_1 < 0$ 　$n_2 > 0$ ② $n_1 \geq 0$ 　$n_2 > 0$ ③ $n_1 < 0$ 　$n_2 \leq 0$	(三个子波形图)	$0 < |z| < \infty$ $|z| > 0$ $|z| < \infty$
右边序列 ① $n_1 < 0$ 　$n_2 = \infty$ ② $n_1 \geq 0$ 　$n_2 = \infty$ （因果序列）	(两个子波形图)	$R_+ < |z| < \infty$ $|z| > R_+$
左边序列 ① $n_1 = -\infty$ 　$n_2 > 0$ ② $n_1 = -\infty$ 　$n_2 \leq 0$	(两个子波形图)	$0 < |z| < R_-$ $|z| < R_-$
双边序列 $n_1 = -\infty$ $n_2 = \infty$	(波形图)	$R_+ < |z| < R_-$

2. 常用序列的 z 变换及其收敛域见表 8-2。

表 8-2 常用序列的 z 变换

序号	序列 $x[n]$	z 变换 $X(z)$	收敛域	序号	序列 $x[n]$	z 变换 $X(z)$	收敛域
1	$\delta[n]$	1	$\|z\| \geqslant 0$	8	$n^2 u[n]$	$\dfrac{z(z+1)}{(z-1)^3}$	$\|z\|>1$
2	$u[n]$	$\dfrac{z}{z-1}$	$\|z\|>1$	9	$na^n u[n]$	$\dfrac{az}{(z-a)^2}$	$\|z\|>\|a\|$
3	$a^n u[n]$	$\dfrac{z}{z-a}$	$\|z\|>\|a\|$	10	$na^{n-1} u[n]$	$\dfrac{z}{(z-a)^2}$	$\|z\|>\|a\|$
4	$-u[-n-1]$	$\dfrac{z}{z-1}$	$\|z\|<1$	11	$\cos\omega_0 n \cdot u[n]$	$\dfrac{z(z-\cos\omega_0)}{z^2-2z\cos\omega_0+1}$	$\|z\|>1$
5	$-a^n u[-n-1]$	$\dfrac{z}{z-a}$	$\|z\|<\|a\|$	12	$\sin\omega_0 n \cdot u[n]$	$\dfrac{z\sin\omega_0}{z^2-2z\cos\omega_0+1}$	$\|z\|>1$
6	$a^{n-1} u[n-1]$	$\dfrac{1}{z-a}$	$\|z\|>\|a\|$	13	$\beta^n \cos\omega_0 n \cdot u[n]$	$\dfrac{z(z-\beta\cos\omega_0)}{z^2-2z\beta\cos\omega_0+\beta^2}$	$\|z\|>\|\beta\|$
7	$nu[n]$	$\dfrac{z}{(z-1)^2}$	$\|z\|>1$	14	$\beta^n \sin\omega_0 n \cdot u[n]$	$\dfrac{z\beta\sin\omega_0}{z^2-2z\beta\cos\omega_0+\beta^2}$	$\|z\|>\|\beta\|$

3. 拉氏变换中的复变量 $s=\sigma+\mathrm{j}\Omega$ 与 z 变换中的复变量 $z=\rho\mathrm{e}^{\mathrm{j}\omega}$ 的映射见表 8-3。

表 8-3 s 平面与 z 平面的映射关系

s 平面 ($s=\sigma+\mathrm{j}\Omega$)		z 平面 ($z=r\mathrm{e}^{\mathrm{j}\omega}$)	
虚轴 ($\sigma=0, s=\mathrm{j}\Omega$)			单位圆 ($r=1$,ω任意)
左半平面 ($\sigma<0$)			单位圆内 ($r<1$,ω任意)
右半平面 ($\sigma>0$)			单位圆外 ($r>1$,ω任意)
平行于虚轴的直线 ($\sigma=$ 常数)			圆 ($\sigma>0, r>1$) ($\sigma<0, r<1$)
实轴 ($\Omega=0, s=\sigma$)			正实轴 ($\omega=0$,r任意)
平行于实轴的直线 ($\Omega=$ 常数)			始于原点的辐射线 ($\omega=$ 常数,r任意)
通过 $\pm\mathrm{j}\dfrac{m\pi}{T}$ 平行于实轴的直线 ($m=1,3,5,\cdots$)			负实轴 ($\omega=\pi$,r任意)

4. 部分分式展开法中常用的逆 z 变换对见表 8-4（因果序列）和表 8-5（左边序列）。
5. z 变换的主要定理和性质见表 8-6。
6. 离散时间系统的系统函数 $H(z)$

（1）系统函数与单位样值响应：$H(z) = \sum_{n=-\infty}^{\infty} h[n]z^{-n}$，ROC：$R_+ < |z| < R_-$

（2）系统函数的极点、零点和 ROC 与系统的稳定性：稳定系统 $\Longleftrightarrow$ ROC 包含单位圆

表 8-4　常用的逆 z 变换对（因果序列）

z 变换 $X(z)$ ($\|z\|>R$)	序列 $x[n]$
1	$\delta[n]$
$\dfrac{z}{z-1}$	$u[n]$
$\dfrac{z}{z-a}$	$a^n u[n]$
$\dfrac{z}{(z-1)^2}$	$n\, u[n]$
$\dfrac{z}{(z-a)^2}$	$na^{n-1}u[n]$
$\dfrac{z^2}{(z-a)^2}$	$(n+1)\,a^n u[n]$
$\dfrac{z}{(z-a)^3}$	$\dfrac{n(n-1)}{2!}a^{n-2}u[n]$
$\dfrac{z^3}{(z-a)^3}$	$\dfrac{(n+1)(n+2)}{2!}a^n u[n]$
$\dfrac{z}{(z-a)^{m+1}}$	$\dfrac{n(n-1)\cdots(n-m+1)}{m!}a^{n-m}u[n]$
$\dfrac{z^{m+1}}{(z-a)^{m+1}}$	$\dfrac{(n+1)(n+2)\cdots(n+m)}{m!}a^n u[n]$

表 8-5　常用的逆 z 变换对（左边序列）

z 变换 $X(z)$ ($\|z\|<R$)	序列 $x[n]$
$\dfrac{z}{z-1}$	$-u[-n-1]$
$\dfrac{z}{z-a}$	$-a^n u[-n-1]$
$\dfrac{z}{(z-a)^2}$	$-na^{n-1}u[-n-1]$
$\dfrac{z^2}{(z-a)^2}$	$-(n+1)a^n u[-n-1]$
$\dfrac{z}{(z-a)^3}$	$-\dfrac{n(n-1)}{2!}a^{n-2}u[-n-1]$
$\dfrac{z^3}{(z-a)^3}$	$-\dfrac{(n+1)(n+2)}{2!}a^n u[-n-1]$
$\dfrac{z}{(z-a)^{m+1}}$	$-\dfrac{n(n-1)(n-2)\cdots(n-m+1)}{m!}a^{n-m}u[-n-1]$
$\dfrac{z^{m+1}}{(z-a)^{m+1}}$	$-\dfrac{(n+1)(n+2)\cdots(n+m)}{m!}a^n u[-n-1]$

表 8-6　z 变换的主要定理和性质

序号	序列	双边 z 变换	收敛域
1	$x[n]$ $h[n]$	$X(z)$ $H(z)$	$R_{x+}<\|z\|<R_{x-}$ $R_{h+}<\|z\|<R_{h-}$
2	$ax[n]+bh[n]$	$aX(z)+bH(z)$	$\max(R_{x+},R_{h+})<\|z\|<\min(R_{x-},R_{h-})$
3	$x^*[n]$	$X^*(z^*)$	$R_{x+}<\|z\|<R_{x-}$
4	$\mathrm{Re}[x[n]]$	$\dfrac{1}{2}[X(z)+X^*(z^*)]$	$R_{x+}<\|z\|<R_{x-}$
5	$\mathrm{Im}[x[n]]$	$-\dfrac{\mathrm{j}}{2}[X(z)-X^*(z^*)]$	$R_{x+}<\|z\|<R_{x-}$
6	$x[-n]$	$X(z^{-1})$	$R_{x+}<\|z^{-1}\|<R_{x-}$
7	$a^n x[n]$	$X\left(\dfrac{z}{a}\right)$	$\|a\|R_{x+}<\|z\|<\|a\|R_{x-}$
8	$(-1)^n x[n]$	$X(-z)$	$R_{x+}<\|z\|<R_{x-}$
9	$nx[n]$	$-z\dfrac{\mathrm{d}X(z)}{\mathrm{d}z}$	$R_{x+}<\|z\|<R_{x-}$
10	$x[n-m]$	$z^{-m}X(z)$	$R_{x+}<\|z\|<R_{x-}$
11	$x[n]*h[n]$	$X(z)H(z)$	$\max(R_{x+},R_{h+})<\|z\|<\min(R_{x-},R_{h-})$
12	$x[n]\cdot h[n]$	$\dfrac{1}{2\pi\mathrm{j}}\oint_C X(v)H\left(\dfrac{z}{v}\right)\dfrac{\mathrm{d}v}{v}$	$R_{x+}R_{h+}<\|z\|<R_{x-}R_{h-}$

续表

序号	序列	双边 z 变换	收敛域
13		$x[0] = \lim_{z \to \infty} X(z)$	$x[n]$ 为因果序列,$\|z\| > R_{x+}$
14		$x[\infty] = \lim_{z \to 1}(z-1)X(z)$	$x[n]$ 为因果序列,且当 $\|z\| \geq 1$ 时,$(z-1)X(z)$ 收敛
15	$\sum_{n=-\infty}^{\infty} x[n]h^*[n] = \frac{1}{2\pi\mathrm{j}}\oint_C X(z)H^*\left(\frac{1}{z^*}\right)\frac{\mathrm{d}z}{z}$		$R_{x+}R_{h+} < \|z\| < R_{x-}R_{h-}$
16	$\sum_{m=-\infty}^{n} x[m]$	$\frac{z}{z-1}X(z)$	

（3）系统函数的极点、零点和 ROC 与系统的因果性：

因果系统 $\iff$ ROC 是经过距离原点最远的极点之圆的外部区域

因果稳定系统 $\iff$ 所有极点都在单位圆内

（4）系统函数与差分方程：

$$\sum_{k=0}^{N} a_k y[n-k] = \sum_{r=0}^{M} b_r x[n-r] \iff H(z) = \frac{Y(z)}{X(z)} = \sum_{r=0}^{M} b_r z^{-r} \Big/ \sum_{k=0}^{N} a_k z^{-k}$$

（5）系统函数与零状态响应：$Y(z) = H(z) X(z)$

（6）系统函数与频率响应：

$$H(z) = \frac{\sum_{r=0}^{M} b_r z^{-r}}{\sum_{k=0}^{N} a_k z^{-k}} = H_0 \frac{\prod_{i=1}^{M}(z-z_i)}{\prod_{l=1}^{N}(z-p_l)} \stackrel{\text{稳定系统}}{\iff} H(\mathrm{e}^{\mathrm{j}\omega}) = H(z)|_{z=\mathrm{e}^{\mathrm{j}\omega}} = H_0 \frac{\prod_{i=1}^{M}(\mathrm{e}^{\mathrm{j}\omega}-z_i)}{\prod_{l=1}^{N}(\mathrm{e}^{\mathrm{j}\omega}-p_l)}$$

（7）系统函数与系统模拟（系统框图或信号流图）

（a）直接型：$H(z) = \dfrac{\sum_{r=0}^{M} b_r z^{-r}}{\sum_{k=0}^{N} a_k z^{-k}} = \dfrac{1}{a_0} \cdot \dfrac{\sum_{r=0}^{M} b_r z^{-r}}{1 - \sum_{k=1}^{N}\left(-\dfrac{a_k}{a_0}\right)z^{-k}}$

（b）级联型：$H(z) = A H_1(z) H_2(z) \cdots H_L(z)$

（c）并联型：$H(z) = C + H_1(z) + H_2(z) + \cdots + H_L(z)$

综合习题

8-1 求下列序列的 z 变换 $X(z)$,并注明收敛域,绘出 $X(z)$ 的零极点图。

（1）$(1/2)^n \{u[n+4] - u[n-5]\}$　　（2）$n(1/2)^{|n|}$　　（3）$|n|(1/2)^{|n|}$

（4）$5^n \cos\left(\dfrac{\pi}{3}n + \dfrac{\pi}{4}\right) \cdot u[n]$　　（5）$5^n \cos\left(\dfrac{\pi}{3}n + \dfrac{\pi}{4}\right) \cdot u[-n-1]$

8-2 设序列 $x[n]$ 及其 z 变换 $X(z)$ 具有下列五个特征,确定 $X(z)$ 及其收敛域。

（1）$x[n]$ 是右边序列且是实序列；　　（2）$X(z)$ 只有两个极点；　　（3）$X(z)$ 有两个零点在原点；

（4）$X(z)$ 的一个极点是 $z = 0.8\mathrm{e}^{\mathrm{j}\pi/3}$；　　（5）$X(1) = 5/3$。

8-3 如果序列 $x[n]$ 和 $h[n]$ 是复序列,且它们的 z 变换分别为 $X(z) = \mathcal{Z}[x[n]]$,$H(z) = \mathcal{Z}[h[n]]$,证明帕斯瓦尔定理：

$$\sum_{n=-\infty}^{\infty} x[n]h^*[n] = \frac{1}{2\pi\mathrm{j}}\oint_C X(z) H^*\left(\frac{1}{z^*}\right) z^{-1}\mathrm{d}z$$

8-4 试证明实序列的相关定理：$\mathcal{Z}\left[\sum_{m=-\infty}^{\infty} h[m]x[m-n]\right] = H(z) X\left(\dfrac{1}{z}\right)$

其中 $H(z) = \mathcal{Z}[h[n]]$,$X(z) = \mathcal{Z}[x[n]]$。

8-5 已知序列 $x[n]$ 和 $h[n]$ 的 z 变换分别为

$$X(z) = \mathscr{Z}[x[n]], \quad R_{x+} < |z| < R_{x-}; \qquad H(z) = \mathscr{Z}[h[n]], \quad R_{h+} < |z| < R_{h-}$$

证明 z 域卷积定理：$\mathscr{Z}[x[n]\,h[n]] = \dfrac{1}{2\pi j} \oint_C X\left(\dfrac{z}{v}\right) H(v) v^{-1} \mathrm{d}v$，$R_{x+}R_{h+} < |z| < R_{x-}R_{h-}$

式中，C 为 $X\left(\dfrac{z}{v}\right)$ 与 $H(v)$ 收敛域的重叠部分内逆时针旋转的围线。

8-6 已知离散因果系统的差分方程为：$y[n] - \dfrac{3}{4} y[n-1] + \dfrac{1}{8} y[n-2] = x[n] + \dfrac{1}{3} x[n-1]$。

（1）求该系统的频率响应，并粗略画出幅频特性曲线；

（2）分别画出直接形式、级联形式和并联形式结构框图或信号流图。

8-7 某地质勘探测试设备给出的发射信号 $x[n] = \delta[n] + 0.5\delta[n-1]$，接收的回波信号 $y[n] = (0.5)^n u[n-1]$，若地层反射情况的冲激响应以 $h[n]$ 表示，且满足 $y[n] = h[n] * x[n]$。

（1）求 $h[n]$；（2）以延时、相加、数乘运算为基本单元，画出系统框图。

8-8 某 LTI 离散系统的输入和输出分别为 $x[n]$ 和 $y[n]$，且已知：

(i) 对于所有的 n，如果 $x[n] = (-2)^n$，则 $y[n] = 0$；

(ii) 如果 $x[n] = (1/2)^n u[n]$，则 $y[n] = \delta[n] + a(1/4)^n u[n]$，其中 a 是常数。

求：（1）常数 a 的值；（2）如果对于所有的 n，如果 $x[n] = 1$，求输出 $y[n]$。

第 9 章 系统的状态变量分析法

第 1 到第 8 章从时域和变换域两个方面分别讨论了信号和线性时不变系统的输入和输出特性，系统的这种描述方法称之为端口分析法（port analysis），也叫经典分析法，或称为输入–输出分析法，其特点是以系统函数为特征，着重运用频率响应特性的概念，且只研究系统输出与输入之间的外部特性，而不关心系统内部的各种问题。系统的这种描述方法特别适合于单输入单输出系统（single-input and single-output system），而对于多输入多输出系统（multi- input and multi-output system），以及更加复杂的系统，则用这种方法进行描述比较困难。随着现代控制理论的发展，人们不仅关心系统外部输出量的变化情况，而且对系统内部的一些变量也要进行研究，以便设计和控制这些变量达到最优控制的目的。20 世纪 60 年代，卡尔曼（P.E.Kalman）引入的状态空间分析法成为现代系统与控制理论形成的标志，其特点是以描述系统内部特性的状态变量（state variable）取代描述系统外部特性的系统函数，该方法特别适合于多输入多输出系统。在此基础上，卡尔曼进一步提出了系统的"可观测性"和"可控制性"等重要概念，完整地揭示了系统的内部特性，并促进了控制系统分析和设计方法的根本变革。另外，状态空间方法可以成功地用来分析非线性系统或时变系统，并易于计算机求解。

本章主要介绍连续时间系统和离散时间系统的状态变量分析法（更详细介绍可以扫描二维码），着重介绍如何建立它们的状态方程和输出方程，以及应用变换域方法求解和分析这类系统。

9.1 系统的状态变量和状态方程

系统的输入–输出描述法，着眼点仅在于系统的响应与激励之间的关系。例如，由图 9.1-1 所示的串联谐振电路构成的二阶动态系统，如果只关心其激励 $x(t)$ 与响应——电容两端电压 $v_C(t)$ 之间的关系，则该系统可用二阶微分方程式(9.1-1)来描述

$$\frac{\mathrm{d}^2 v_C(t)}{\mathrm{d}t^2} + 2\alpha \frac{\mathrm{d}v_C(t)}{\mathrm{d}t} + \Omega_0^2 v_C(t) = \Omega_0^2 x(t) \qquad (9.1\text{-}1)$$

其中 $\alpha = \dfrac{R}{2L}$，$\Omega_0 = \dfrac{1}{\sqrt{LC}}$。

图 9.1-1 二阶动态系统

一般地，对于单输入单输出连续时间系统，输入–输出分析法的数学模型是一个高阶微分方程；而对于多输入多输出系统的数学模型则是一组高阶联立微分方程。此外，一旦系统数学模型建立之后，就不再关心其内部状态的变化情况，而只对其响应变化感兴趣。这是端口描述法的特点，也是它的局限，不能全面揭示系统的内部特性。

用状态变量法来研究系统的特点是，不仅研究系统输出的变化情况，还要研究系统内部状态变量的变化。现仍以图 9.1-1 为例来说明。如果感兴趣的不仅是电容上的电压 $v_C(t)$，而且还希望知道在激励 $x(t)$ 作用下，电感中电流 $i_L(t)$ 的变化情况，这时可以列出方程组式(9.1-2)

$$\begin{cases} \dfrac{\mathrm{d}i_L(t)}{\mathrm{d}t} = -\dfrac{R}{L} i_L(t) - \dfrac{1}{L} v_C(t) + \dfrac{1}{L} x(t) \\ \dfrac{\mathrm{d}v_C(t)}{\mathrm{d}t} = \dfrac{1}{C} i_L(t) + 0 \cdot v_C(t) + 0 \cdot x(t) \end{cases} \qquad (9.1\text{-}2)$$

系统的响应 $y(t)$ 是电容上电压 $v_C(t)$，于是有

$$y(t) = 0 \cdot i_L(t) + 0 \cdot x(t) + v_C(t) \tag{9.1-3}$$

式(9.1-2)是以 $i_L(t)$ 和 $v_C(t)$ 作为变量的一阶联立微分方程组。对于图 9.1-1 所示的二阶谐振电路，只要知道 $i_L(t)$ 和 $v_C(t)$ 的初始情况和加入激励 $x(t)$ 的情况，就可完全确定电路的全部行为。这种描述系统的方法就称为系统的状态变量分析法，其中 $i_L(t)$ 和 $v_C(t)$ 称为该电路的状态变量。式(9.1-2)和式(9.1-3)分别为系统的状态方程和输出方程，也能表示成矢量矩阵形式

$$\begin{bmatrix} \dfrac{di_L(t)}{dt} \\ \dfrac{dv_C(t)}{dt} \end{bmatrix} = \begin{bmatrix} -\dfrac{R}{L} & -\dfrac{1}{L} \\ \dfrac{1}{C} & 0 \end{bmatrix} \begin{bmatrix} i_L(t) \\ v_C(t) \end{bmatrix} + \begin{bmatrix} \dfrac{1}{L} \\ 0 \end{bmatrix} [x(t)] \tag{9.1-4}$$

$$y(t) = \begin{bmatrix} 0 & 1 \end{bmatrix} \begin{bmatrix} i_L(t) \\ v_C(t) \end{bmatrix} \tag{9.1-5}$$

对于高阶系统而言，其状态变量的个数较多，但状态方程和输出方程的形式仍与式(9.1-4)和式(9.1-5)相同；而如果输入信号和输出信号的个数也比较多，则式(9.1-4)和式(9.1-5)中向量或矩阵的维数会增加。

对于动态系统而言，其状态是表示该系统的一组数目最少的数据，只要知道 $t = t_0$ 时的这组数据和 $t \geq t_0$ 时的系统输入，就能完全确定系统在 $t \geq t_0$ 的任何时间的行为。这组数据就称为系统在 $t = t_0$ 时刻的状态，也就是说，系统的状态是相互独立的。能够表示系统状态随时间 t 变化的变量称为状态变量。系统状态变量的数目就是系统的**阶次**。或者说，系统状态变量的数目就是系统中独立储能元件的数目。系统的所有状态变量可以组合成一个状态矢量表示，如上例中 $[i_L(t), v_C(t)]^T$，见式(9.1-4)和式(9.1-5)。应当指出，并不是任何一个系统都存在状态变量，譬如一个纯电阻网络，它在任何时刻的响应仅仅取决于该时刻的激励，而与其在过去时刻的值无关，这种即时系统（无记忆系统 memoryless system）不能用状态变量法分析。状态变量法只适用于动态系统（有记忆系统 memory system），有关概念可扫描二维码。

式(9.1-2)形式的一阶联立微分方程组称为**状态方程（state equation）**，它描述了系统状态变量的一阶导数与状态变量和激励的关系。式(9.1-3)形式的代数方程称为**输出方程（output equation）**，它描述了系统输出与状态变量和激励之间的关系。式(9.1-4)和式(9.1-5)是状态方程和输出方程的矩阵表达形式，而其中状态矢量的各个坐标就是描述系统行为的各个状态变量。

状态变量分析法对于离散时间系统也是同样适用的，只不过对于离散时间系统，其状态变量 $\lambda[n]$ 是离散时间信号，状态方程是一阶联立差分方程组。

上述关于状态变量和状态方程的基本概念，可用于讨论系统状态方程和输出方程的一般形式。

1. LTI 连续时间系统状态方程和输出方程的一般形式

一个动态连续时间系统的时域数学模型都是用输入、输出信号的各阶导数来描述的。连续时间系统的状态方程是各状态变量的一阶联立微分方程组。对于 LTI 系统，状态方程和输出方程的右端为状态变量和输入信号的线性组合，如 k 阶 LTI 系统的状态方程和输出方程一般具有如下两种形式

$$\begin{cases} \dot{\lambda}_1(t) = a_{11}\lambda_1(t) + a_{12}\lambda_2(t) + \cdots + a_{1k}\lambda_k(t) + b_{11}x_1(t) + b_{12}x_2(t) + \cdots + b_{1m}x_m(t) \\ \dot{\lambda}_2(t) = a_{21}\lambda_1(t) + a_{22}\lambda_2(t) + \cdots + a_{2k}\lambda_k(t) + b_{21}x_1(t) + b_{22}x_2(t) + \cdots + b_{2m}x_m(t) \\ \qquad\qquad\qquad\qquad\qquad\qquad \vdots \\ \dot{\lambda}_k(t) = a_{k1}\lambda_1(t) + a_{k2}\lambda_2(t) + \cdots + a_{kk}\lambda_k(t) + b_{k1}x_1(t) + b_{k2}x_2(t) + \cdots + b_{km}x_m(t) \end{cases} \tag{9.1-6}$$

和
$$\begin{cases} y_1(t) = c_{11}\lambda_1(t) + c_{12}\lambda_2(t) + \cdots + c_{1k}\lambda_k(t) + d_{11}x_1(t) + d_{12}x_2(t) + \cdots + d_{1m}x_m(t) \\ y_2(t) = c_{21}\lambda_1(t) + c_{22}\lambda_2(t) + \cdots + c_{2k}\lambda_k(t) + d_{21}x_1(t) + d_{22}x_2(t) + \cdots + d_{2m}x_m(t) \\ \vdots \\ y_r(t) = c_{r1}\lambda_1(t) + c_{r2}\lambda_2(t) + \cdots + c_{rk}\lambda_k(t) + d_{r1}x_1(t) + d_{r2}x_2(t) + \cdots + d_{rm}x_m(t) \end{cases} \quad (9.1\text{-}7)$$

式中 $\lambda_1(t), \lambda_2(t), \cdots, \lambda_k(t)$ 为系统的 k 个状态变量；

$\dot{\lambda}_i(t)$ 为第 i 个状态变量 $\lambda_i(t)$ 的一阶导数，即 $\dot{\lambda}_i(t) = \dfrac{\mathrm{d}\lambda_i(t)}{\mathrm{d}t}$，$i = 1, 2, \cdots, k$；

$x_1(t), x_2(t), \cdots, x_m(t)$ 为系统的 m 个输入信号；

$y_1(t), y_2(t), \cdots, y_r(t)$ 为系统的 r 个输出信号。

如果用矢量矩阵（vector-matrix）形式表示，则状态方程可写为

$$\dot{\boldsymbol{\lambda}}(t)_{k\times 1} = \boldsymbol{A}_{k\times k}\boldsymbol{\lambda}(t)_{k\times 1} + \boldsymbol{B}_{k\times m}\boldsymbol{x}(t)_{m\times 1} \quad (9.1\text{-}8)$$

输出方程可写为

$$\boldsymbol{y}(t)_{r\times 1} = \boldsymbol{C}_{r\times k}\boldsymbol{\lambda}(t)_{k\times 1} + \boldsymbol{D}_{r\times m}\boldsymbol{x}(t)_{m\times 1} \quad (9.1\text{-}9)$$

其中 $\dot{\boldsymbol{\lambda}}(t) = [\dot{\lambda}_1(t), \dot{\lambda}_2(t), \cdots, \dot{\lambda}_k(t)]^\mathrm{T}$，$\boldsymbol{\lambda}(t) = [\lambda_1(t), \lambda_2(t), \cdots, \lambda_k(t)]^\mathrm{T}$

$$\boldsymbol{x}(t) = [x_1(t), x_2(t), \cdots, x_m(t)]^\mathrm{T}, \quad \boldsymbol{y}(t) = [y_1(t), y_2(t), \cdots, y_r(t)]^\mathrm{T}$$

$$\boldsymbol{A} = \begin{bmatrix} a_{11} & a_{12} & \cdots & a_{1k} \\ a_{21} & a_{22} & \cdots & a_{2k} \\ \vdots & \vdots & \ddots & \vdots \\ a_{k1} & a_{k2} & \cdots & a_{kk} \end{bmatrix}, \quad \boldsymbol{B} = \begin{bmatrix} b_{11} & b_{12} & \cdots & b_{1m} \\ b_{21} & b_{22} & \cdots & b_{2m} \\ \vdots & \vdots & \ddots & \vdots \\ b_{k1} & b_{k2} & \cdots & b_{km} \end{bmatrix}$$

$$\boldsymbol{C} = \begin{bmatrix} c_{11} & c_{12} & \cdots & c_{1k} \\ c_{21} & c_{22} & \cdots & c_{2k} \\ \vdots & \vdots & \ddots & \vdots \\ c_{r1} & c_{r2} & \cdots & c_{rk} \end{bmatrix}, \quad \boldsymbol{D} = \begin{bmatrix} d_{11} & d_{12} & \cdots & d_{1m} \\ d_{21} & d_{22} & \cdots & d_{2m} \\ \vdots & \vdots & \ddots & \vdots \\ d_{r1} & d_{r2} & \cdots & d_{rm} \end{bmatrix}$$

系数矩阵 $\boldsymbol{A}$，$\boldsymbol{B}$，$\boldsymbol{C}$，$\boldsymbol{D}$ 表示系统的结构参数。对于线性时不变系统，它们都是常量矩阵（constant matrix）。

2. LTI 离散时间系统状态方程和输出方程的一般形式

对于一个动态的离散时间系统，其状态方程是各状态变量的一阶联立差分方程组。

设一个有 m 个输入 $x_1[n]$，$x_2[n]$，$\cdots$，$x_m[n]$，r 个输出 $y_1[n]$，$y_2[n]$，$\cdots$，$y_r[n]$ 的 k 阶 LTI 离散时间系统，若将其 k 个状态变量记为 $\lambda_1[n]$，$\lambda_2[n]$，$\cdots$，$\lambda_k[n]$，则其状态方程和输出方程可以写成

$$\boldsymbol{\lambda}[n+1] = \boldsymbol{A}\boldsymbol{\lambda}[n] + \boldsymbol{B}\boldsymbol{x}[n] \quad (9.1\text{-}10)$$

$$\boldsymbol{y}[n] = \boldsymbol{C}\boldsymbol{\lambda}[n] + \boldsymbol{D}\boldsymbol{x}[n] \quad (9.1\text{-}11)$$

式中 $\boldsymbol{\lambda}[n] = [\lambda_1[n], \lambda_2[n], \cdots, \lambda_k[n]]^\mathrm{T}$

$$\boldsymbol{x}[n] = [x_1[n], x_2[n], \cdots, x_m[n]]^\mathrm{T}$$

$$\boldsymbol{y}[n] = [y_1[n], y_2[n], \cdots, y_r[n]]^\mathrm{T}$$

分别是状态矢量、输入矢量（input vector）和输出矢量（output vector）。系数矩阵 $\boldsymbol{A}$，$\boldsymbol{B}$，$\boldsymbol{C}$，$\boldsymbol{D}$ 的形式与连续时间系统的形式相同。

用状态变量分析法研究系统具有如下优点：

（1）便于研究系统内部的一些物理量在信号转换过程中的变化。这些物理量可以用状态矢

量的一个分量表现出来，从而便于研究其变化规律。

（2）系统的状态变量分析法与系统的复杂程度无关。复杂系统和简单系统的数学模型形式都相似，表现为一些状态变量的线性组合，因而这种分析法更适用于多输入多输出系统。

（3）状态变量分析法还适用于非线性和时变系统，因为一阶微分方程或差分方程是研究非线性和时变系统的有效方法。

（4）状态方程的主要参数鲜明地表征了系统的关键性能，可以用来定性地研究系统的稳定性及如何控制各个参数使系统的性能达到最佳等，因而在控制系统分析和设计中得到了广泛的应用。

（5）由于状态方程都是一阶联立微分方程组或一阶联立差分方程组，因而便于采用数值解法，为使用计算机分析系统提供了有效的途径。

下面开始研究连续时间系统和离散时间系统状态方程的建立和求解（变换域）方法。而关于状态方程更深入、更详细地讨论，读者可以阅读现代控制理论等教材。

9.2 连续时间系统状态方程的建立

建立状态方程的方法大致可分为直接法（direct method）和间接法（indirect method）两种。直接法是根据给定的电网络直接列写出状态方程和输出方程。间接法是根据系统的数学模型描述，如输入–输出方程、系统函数或系统的信号流图等，列写状态方程和输出方程。但无论采用哪种方法，建立状态方程的基本步骤都包括：

（1）确定状态变量的个数，它等于系统的阶数；
（2）选择状态变量；
（3）编写联系状态变量的一阶微分方程组和输出变量的代数方程组；
（4）对步骤（3）中所编写的方程组进行化简，为求解方便起见，一般写成矢量矩阵的形式。

9.2.1 系统状态方程的直接编写

对给定的网络（或电路）建立状态方程时，首先必须确定电路中包含的储能元件（因为无记忆电路不能应用状态变量分析法），如电容、电感等。从而上述的 4 个步骤可具体化为：

（1）确定状态变量的个数：它等于独立的储能元件的个数，即独立电感和电容个数之和；
（2）选择状态变量：一般选择流过电感的电流 $i_L(t)$ 和电容两端电压 $v_C(t)$ 作为状态变量；
（3）编写微分方程：依据网络约束条件（即 KVL 和 KCL）来建立电路方程；
（4）消去非状态变量：运算化简成状态方程的标准形式，并写成矢量矩阵形式。

由于状态变量是相互独立的，因而选择流过独立电感的电流和独立电容两端的电压作为状态变量。例如图 9.2-1(a)是只含电容的回路，显然，根据 KVL，图中任何一个电容电压都能由其余两个电容电压求得，也就是说三个电容中只有两个电容是相互独立的储能元件，因而只能选择两个电容电压作为状态变量。同样对于图 9.2-1(b)，它是只含有电容和理想电压源的回路，因而两个电容电压中只能选择其中之一作为状态变量。类似地，对图 9.2-2(a)所示的只含自感的节点（割集），只能选择其中的两个电感电流作为状态变量；而对图 9.2-2(b)的只含自感和理想电流源的节点（割集），只能选择两个自感电流的其中之一作为状态变量。总之，系统状态变量的数目与系统独立储能元件的数目是相等的。

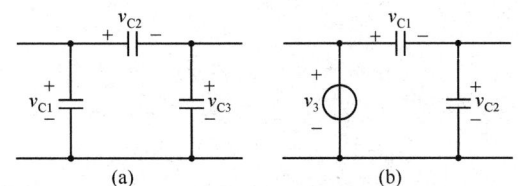

图 9.2-1 非独立的电容储能元件

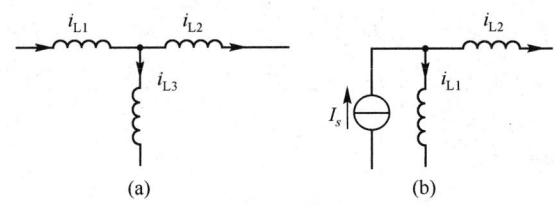

图 9.2-2 非独立的电感储能元件

例 9.2-1 如图 9.2-3 所示电路，若以电阻 R_2 上的电压 $v_5(t)$ 和电源电流 $i_1(t)$ 作为输出，编写状态方程和输出方程，其中 $R_1=R_2=1\Omega$，$L_1=L_2=0.5H$，$C=0.5F$。

解：选电感中电流 $i_{L1}(t)$ 和 $i_{L2}(t)$，以及电容两端电压 $v_C(t)$ 作为状态变量，即有 $\lambda_1(t)=i_{L1}(t)$，$\lambda_2(t)=i_{L2}(t)$，$\lambda_3(t)=v_C(t)$。

对于图 9.2-3 的节点 a 编写电流方程为

$$C\dot{\lambda}_3(t)=\lambda_1(t)-\lambda_2(t) \tag{9.2-1}$$

对于电路中回路 II 和 III，编写电压方程为

$$L_2\dot{\lambda}_2(t)=\lambda_3(t)+R_2 i_5(t) \tag{9.2-2}$$

$$L_1\dot{\lambda}_1(t)=-\lambda_3(t)+R_1 i_4(t) \tag{9.2-3}$$

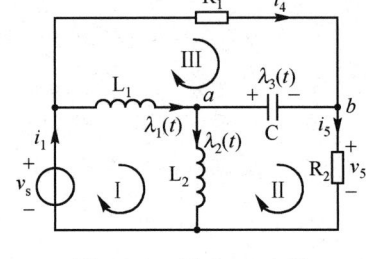

图 9.2-3 例 9.2-1 电路

为了消除非状态变量 $i_5(t)$ 和 $i_4(t)$，编写由 $v_s(t)$，R_1 和 R_2 组成的回路电压方程

$$v_s(t)=R_1 i_4(t)+R_2 i_5(t) \tag{9.2-4}$$

和节点 b 的电流方程

$$i_5(t)=i_4(t)+C\dot{\lambda}_3(t) \tag{9.2-5}$$

由式(9.2-1)、式(9.2-4)和式(9.2-5)，以及给定的元件参数得到

$$\begin{cases} i_4(t)=0.5[v_s(t)-\lambda_1(t)+\lambda_2(t)] \\ i_5(t)=0.5[v_s(t)+\lambda_1(t)-\lambda_2(t)] \end{cases}$$

从而，由式(9.2-1)、式(9.2-2)和式(9.2-3)得到的状态方程为

$$\begin{cases} \dot{\lambda}_1(t)=-\lambda_1(t)+\lambda_2(t)-2\lambda_3(t)+v_s(t) \\ \dot{\lambda}_2(t)=\lambda_1(t)-\lambda_2(t)+2\lambda_3(t)+v_s(t) \\ \dot{\lambda}_3(t)=2\lambda_1(t)-2\lambda_2(t) \end{cases}$$

电路的输出，即 R_2 上的电压 $v_5(t)$ 和电源电流 $i_1(t)$，可写成

$$y_1(t)=v_5(t)=R_2 i_5(t)=0.5[\lambda_1(t)-\lambda_2(t)+v_s(t)]$$

$$y_2(t)=i_1(t)=\lambda_1(t)+i_4(t)=0.5[\lambda_1(t)+\lambda_2(t)+v_s(t)]$$

将上述状态方程和输出方程改写为矩阵形式，得到

$$\begin{bmatrix} \dot{\lambda}_1(t) \\ \dot{\lambda}_2(t) \\ \dot{\lambda}_3(t) \end{bmatrix} = \begin{bmatrix} -1 & 1 & -2 \\ 1 & -1 & 2 \\ 2 & -2 & 0 \end{bmatrix} \begin{bmatrix} \lambda_1(t) \\ \lambda_2(t) \\ \lambda_3(t) \end{bmatrix} + \begin{bmatrix} 1 \\ 1 \\ 0 \end{bmatrix} \cdot v_s(t)$$

$$\begin{bmatrix} y_1(t) \\ y_2(t) \end{bmatrix} = \frac{1}{2}\begin{bmatrix} 1 & -1 & 0 \\ 1 & 1 & 0 \end{bmatrix} \begin{bmatrix} \lambda_1(t) \\ \lambda_2(t) \\ \lambda_3(t) \end{bmatrix} + \frac{1}{2}\begin{bmatrix} 1 \\ 1 \end{bmatrix} \cdot v_s(t)$$

9.2.2 系统状态方程的间接编写

由于连续系统的状态方程是由一阶联立微分方程组所构成的，如果已知系统的信号流图

（流图中 s^{-1} 表示积分器），从而可以选择积分器的输出作为状态变量，这样就可以方便地写出系统的状态方程。因此，连续系统的状态方程间接编写的一般步骤为：

（1）确定状态变量的个数，它等于系统的阶数。
（2）根据给定系统的表示方式，如微分方程、冲激响应或系统函数等，模拟出系统的信号流图。
（3）选择信号流图中积分器的输出作为状态变量。
（4）根据信号流图的运算规则，编写状态方程和输出方程。
（5）化简上述方程，并写成矢量矩阵的形式。

由于系统的信号流图具有三种不同的结构，即直接型、级联型和并联型，因而依据不同结构的信号流图所列写的状态方程是不同的。请看下例。

例 9.2-2 分别给出用直接型、级联型和并联型结构实现下式所示系统的状态方程和输出方程。

$$H(s) = \frac{2s+8}{s^3+6s^2+11s+6} \tag{9.2-6}$$

解：（1）直接型。将系统函数写为便于绘制信号流图的标准形式

$$H(s) = \frac{2s^{-2}+8s^{-3}}{1+6s^{-1}+11s^{-2}+6s^{-3}} \tag{9.2-7}$$

直接型的信号流图如图 9.2-4 所示。

选择积分器的输出作为状态变量，则建立状态方程如下

$$\dot{\lambda}_1(t) = \lambda_2(t) \qquad \dot{\lambda}_2(t) = \lambda_3(t) \qquad \dot{\lambda}_3(t) = -6\lambda_1(t)-11\lambda_2(t)-6\lambda_3(t)+x(t)$$

输出方程为

$$y(t) = 8\lambda_1(t)+2\lambda_2(t)$$

写成矢量矩阵形式

$$\begin{bmatrix} \dot{\lambda}_1(t) \\ \dot{\lambda}_2(t) \\ \dot{\lambda}_3(t) \end{bmatrix} = \begin{bmatrix} 0 & 1 & 0 \\ 0 & 0 & 1 \\ -6 & -11 & -6 \end{bmatrix} \begin{bmatrix} \lambda_1(t) \\ \lambda_2(t) \\ \lambda_3(t) \end{bmatrix} + \begin{bmatrix} 0 \\ 0 \\ 1 \end{bmatrix} x(t) \tag{9.2-8}$$

$$y(t) = \begin{bmatrix} 8 & 2 & 0 \end{bmatrix} \begin{bmatrix} \lambda_1(t) \\ \lambda_2(t) \\ \lambda_3(t) \end{bmatrix} \tag{9.2-9}$$

直接型的信号流图还可以有另一种转置的形式，如图 9.2-5 所示。用类似的方法可以建立状态方程与输出方程

$$\begin{bmatrix} \dot{\lambda}_1(t) \\ \dot{\lambda}_2(t) \\ \dot{\lambda}_3(t) \end{bmatrix} = \begin{bmatrix} 0 & 0 & -6 \\ 1 & 0 & -11 \\ 0 & 1 & -6 \end{bmatrix} \begin{bmatrix} \lambda_1(t) \\ \lambda_2(t) \\ \lambda_3(t) \end{bmatrix} + \begin{bmatrix} 8 \\ 2 \\ 0 \end{bmatrix} x(t) \tag{9.2-10}$$

$$y(t) = \begin{bmatrix} 0 & 0 & 1 \end{bmatrix} \begin{bmatrix} \lambda_1(t) \\ \lambda_2(t) \\ \lambda_3(t) \end{bmatrix} \tag{9.2-11}$$

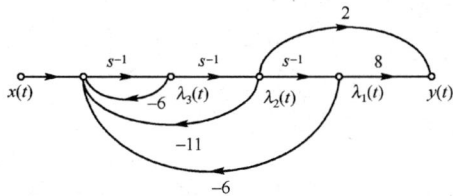

图 9.2-4　例 9.2-2 的直接型的信号流图

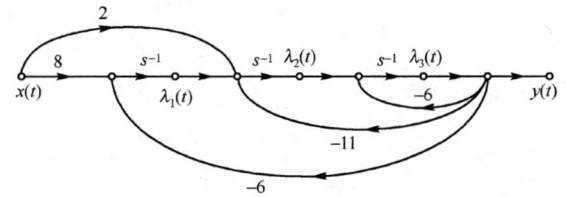

图 9.2-5　图 9.2-4 的信号流图的转置形式

从式(9.2-8)和式(9.2-10)可以看出，当信号流图互为转置时，其系数矩阵 A 亦互为转置。同时，它们的系数矩阵 B 和 C 互换。

（2）级联型。将式(9.2-6)所示的系统函数 $H(s)$ 分解为

$$H(s) = \frac{1}{s+1} \cdot \frac{s+4}{s+2} \cdot \frac{2}{s+3} \qquad (9.2\text{-}12)$$

可以画出级联型的信号流图，如图 9.2-6 所示。

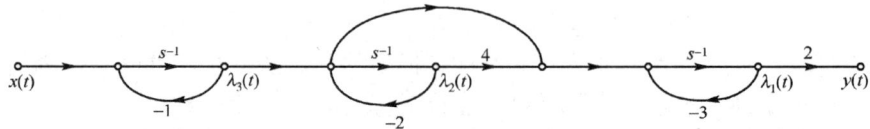

图 9.2-6　例 9.2-2 的级联型的信号流图

选择积分器的输出作为状态变量，见图 9.2-6，则状态方程和输出方程为

$$\dot{\lambda}_1(t) = -3\lambda_1(t) + 4\lambda_2(t) + [\lambda_3(t) - 2\lambda_2(t)] = -3\lambda_1(t) + 2\lambda_2(t) + \lambda_3(t)$$

$$\dot{\lambda}_2(t) = -2\lambda_2(t) + \lambda_3(t)$$

$$\dot{\lambda}_3(t) = -\lambda_3(t) + x(t)$$

$$y(t) = 2\lambda_1(t)$$

写成矢量矩阵形式

$$\begin{bmatrix} \dot{\lambda}_1(t) \\ \dot{\lambda}_2(t) \\ \dot{\lambda}_3(t) \end{bmatrix} = \begin{bmatrix} -3 & 2 & 1 \\ 0 & -2 & 1 \\ 0 & 0 & -1 \end{bmatrix} \begin{bmatrix} \lambda_1(t) \\ \lambda_2(t) \\ \lambda_3(t) \end{bmatrix} + \begin{bmatrix} 0 \\ 0 \\ 1 \end{bmatrix} x(t) \qquad (9.2\text{-}13)$$

$$y(t) = \begin{bmatrix} 2 & 0 & 0 \end{bmatrix} \begin{bmatrix} \lambda_1(t) \\ \lambda_2(t) \\ \lambda_3(t) \end{bmatrix} \qquad (9.2\text{-}14)$$

可见级联结构形式的系数矩阵 A 是三角阵，其对角线元素就是系统函数的极点。

（3）并联型。将式(9.2-6)所示的系统函数 $H(s)$ 展开为部分分式

$$H(s) = \frac{3}{s+1} + \frac{-4}{s+2} + \frac{1}{s+3} \qquad (9.2\text{-}15)$$

其并联型的信号流图如图 9.2-7 所示。

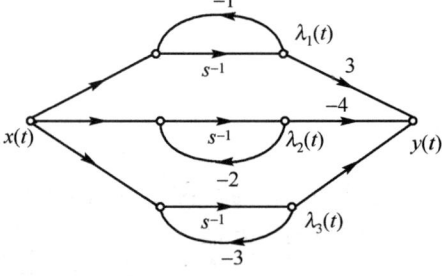

图 9.2-7　例 9.2-2 的并联型的信号流图

选择积分器的输出作为状态变量，则状态方程和输出方程为

$$\dot{\lambda}_1(t) = -\lambda_1(t) + x(t)$$

$$\dot{\lambda}_2(t) = -2\lambda_2(t) + x(t)$$

$$\dot{\lambda}_3(t) = -3\lambda_3(t) + x(t)$$

$$y(t) = 3\lambda_1(t) - 4\lambda_2(t) + \lambda_3(t)$$

写成矢量矩阵形式

$$\begin{bmatrix} \dot{\lambda}_1(t) \\ \dot{\lambda}_2(t) \\ \dot{\lambda}_3(t) \end{bmatrix} = \begin{bmatrix} -1 & 0 & 0 \\ 0 & -2 & 0 \\ 0 & 0 & -3 \end{bmatrix} \begin{bmatrix} \lambda_1(t) \\ \lambda_2(t) \\ \lambda_3(t) \end{bmatrix} + \begin{bmatrix} 1 \\ 1 \\ 1 \end{bmatrix} x(t) \qquad (9.2\text{-}16)$$

$$y(t) = \begin{bmatrix} 3 & -4 & 1 \end{bmatrix} \begin{bmatrix} \lambda_1(t) \\ \lambda_2(t) \\ \lambda_3(t) \end{bmatrix} \quad (9.2\text{-}17)$$

可见并联结构的系数矩阵 A 为对角阵，对角线元素也是系统函数的极点，也是系数矩阵 A 的特征根。

根据线性代数理论，容易证明，式(9.2-8)、式(9.2-10)、式(9.2-13)和式(9.2-16)中的系数矩阵 A 都是相似矩阵。

例 9.2-3 用并联结构形式列出下示系统函数的状态方程和输出方程

$$H(s) = \frac{s+4}{(s+1)^3(s+2)(s+3)}$$

解：用并联结构形式表示时，应将系统函数展开为部分分式的形式，即

$$H(s) = \frac{3/2}{(s+1)^3} + \frac{-7/4}{(s+1)^2} + \frac{15/8}{s+1} + \frac{-2}{s+2} + \frac{1/8}{s+3}$$

对应于上式的信号流图如图 9.2-8 所示。

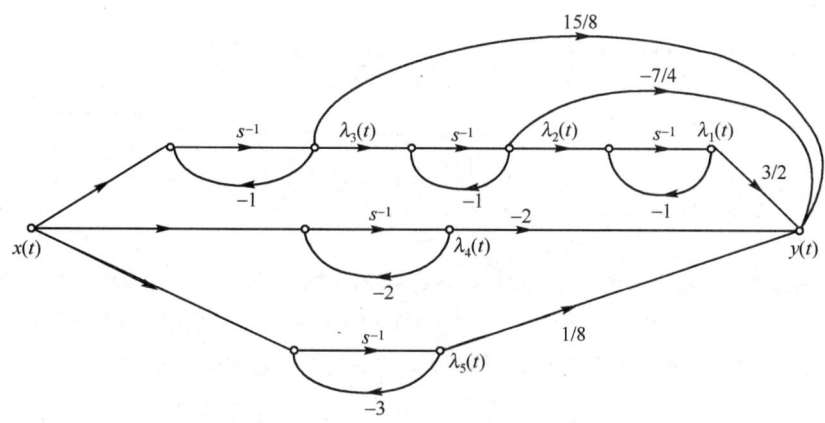

图 9.2-8 例 9.2-3 的并联型的信号流图

选积分器的输出作为状态变量，如图 9.2-8 中所标的 λ_i, $i = 1, 2, 3, 4, 5$，则有

$$\dot{\lambda}_1(t) = -\lambda_1(t) + \lambda_2(t)$$
$$\dot{\lambda}_2(t) = -\lambda_2(t) + \lambda_3(t)$$
$$\dot{\lambda}_3(t) = -\lambda_3(t) + x(t)$$
$$\dot{\lambda}_4(t) = -2\lambda_4(t) + x(t)$$
$$\dot{\lambda}_5(t) = -3\lambda_5(t) + x(t)$$

$$y(t) = \frac{3}{2}\lambda_1(t) - \frac{7}{4}\lambda_2(t) + \frac{15}{8}\lambda_3(t) - 2\lambda_4(t) + \frac{1}{8}\lambda_5(t)$$

写成矢量矩阵形式

$$\begin{bmatrix} \dot{\lambda}_1(t) \\ \dot{\lambda}_2(t) \\ \dot{\lambda}_3(t) \\ \dot{\lambda}_4(t) \\ \dot{\lambda}_5(t) \end{bmatrix} = \begin{bmatrix} -1 & 1 & 0 & 0 & 0 \\ 0 & -1 & 1 & 0 & 0 \\ 0 & 0 & -1 & 0 & 0 \\ 0 & 0 & 0 & -2 & 0 \\ 0 & 0 & 0 & 0 & -3 \end{bmatrix} \begin{bmatrix} \lambda_1(t) \\ \lambda_2(t) \\ \lambda_3(t) \\ \lambda_4(t) \\ \lambda_5(t) \end{bmatrix} + \begin{bmatrix} 0 \\ 0 \\ 1 \\ 1 \\ 1 \end{bmatrix} x(t)$$

$$y(t) = \begin{bmatrix} \dfrac{3}{2} & -\dfrac{7}{4} & \dfrac{15}{8} & -2 & \dfrac{1}{8} \end{bmatrix} \begin{bmatrix} \lambda_1(t) \\ \lambda_2(t) \\ \lambda_3(t) \\ \lambda_4(t) \\ \lambda_5(t) \end{bmatrix}$$

这表明，当系统函数的特征根具有重根时，系数矩阵 A 为约当矩阵形式（对角阵是约当阵的一种特殊情况）。线性代数中已经证明，任何矩阵都和约当矩阵相似。因此，对于同一系统而言，选择不同的状态变量，编写的状态方程的系数矩阵 A 都是相似的，且系数矩阵 A 的特征值正好是系统的极点，因而系数矩阵 A 又称为系统矩阵。

练习题

9.2-1 建立图题 9.2-1 所示电路的状态方程。

9.2-2 建立图题 9.2-2 所示电路的状态方程与输出方程。

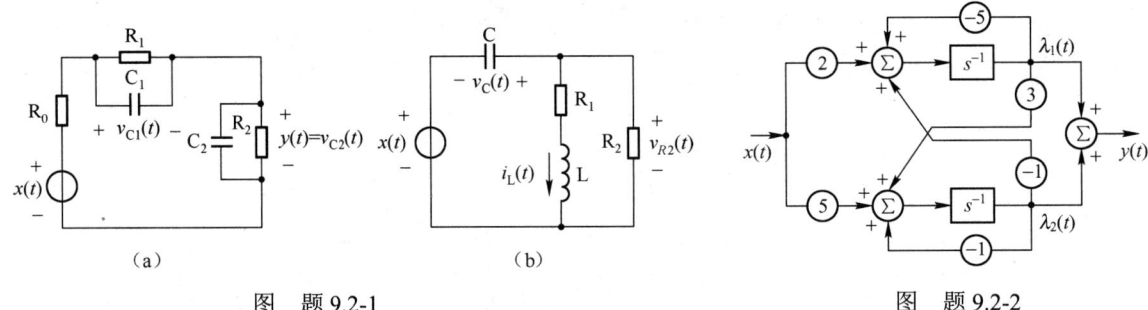

图 题 9.2-1　　　　　　　　　　　　图 题 9.2-2

9.2-3 用并联结构框图实现下列微分方程所描述的系统，并依此编写状态方程和输出方程。

（1） $y'''(t) + 5y''(t) + 7y'(t) + 3y(t) = x(t)$　　（2） $y'''(t) + y''(t) + 2y'(t) + 2y(t) = x'(t) + 2x(t)$

9.2-4 将图题 9.2-4(a)和(b)所示系统画成流图形式，并编写其状态方程和输出方程。

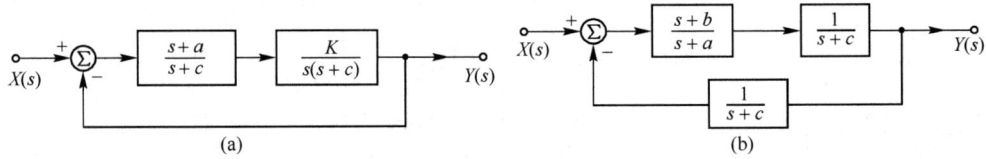

图 题 9.2-4

9.3 连续时间系统状态方程的求解

在 9.1 节，我们已给出连续时间系统状态方程和输出方程的一般形式为

$$\dot{\boldsymbol{\lambda}}(t) = \boldsymbol{A}\boldsymbol{\lambda}(t) + \boldsymbol{B}\boldsymbol{x}(t) \tag{9.3-1}$$

$$\boldsymbol{y}(t) = \boldsymbol{C}\boldsymbol{\lambda}(t) + \boldsymbol{D}\boldsymbol{x}(t) \tag{9.3-2}$$

式中　$\boldsymbol{x}(t) = [x_1(t), x_2(t), \cdots, x_m(t)]^{\mathrm{T}}$ 为输入矢量；

$\boldsymbol{y}(t) = [y_1(t), y_2(t), \cdots, y_r(t)]^{\mathrm{T}}$ 为输出矢量；

$\boldsymbol{\lambda}(t) = [\lambda_1(t), \lambda_2(t), \cdots, \lambda_k(t)]^{\mathrm{T}}$ 为状态矢量；

$\boldsymbol{A}, \boldsymbol{B}, \boldsymbol{C}, \boldsymbol{D}$ 是系数矩阵，对于线性时不变系统，它们都是常量矩阵。

通常可以利用时域方法或变换域方法求解状态方程，其中时域解法需要用到"矩阵指数"，往往需要借助于计算机求解；而变换域解法则较为简便。本教材只介绍变换域求解方法，即应用拉氏变换求解连续系统的状态方程和输出方程。对时域解法有兴趣的读者，可以参阅相关的参考书或者扫描二维码。

对式(9.3-1)和式(9.3-2)两边进行拉普拉斯变换，得到

$$s\boldsymbol{\Lambda}(s) - \boldsymbol{\lambda}(0^-) = \boldsymbol{A}\boldsymbol{\Lambda}(s) + \boldsymbol{B}\boldsymbol{X}(s) \tag{9.3-3}$$

$$\boldsymbol{Y}(s) = \boldsymbol{C}\boldsymbol{\Lambda}(s) + \boldsymbol{D}\boldsymbol{X}(s) \tag{9.3-4}$$

式中 $\boldsymbol{\Lambda}(s) = \mathcal{L}[\boldsymbol{\lambda}(t)] = [\mathcal{L}[\lambda_1(t)], \mathcal{L}[\lambda_2(t)], \cdots, \mathcal{L}[\lambda_k(t)]]^T$ 为状态矢量的拉氏变换；

$\boldsymbol{X}(s) = \mathcal{L}[\boldsymbol{x}(t)] = [\mathcal{L}[x_1(t)], \mathcal{L}[x_2(t)], \cdots, \mathcal{L}[x_m(t)]]^T$ 为输入矢量的拉氏变换；

$\boldsymbol{Y}(s) = \mathcal{L}[\boldsymbol{y}(t)] = [\mathcal{L}[y_1(t)], \mathcal{L}[y_2(t)], \cdots, \mathcal{L}[y_r(t)]]^T$ 为输出矢量的拉氏变换；

$\boldsymbol{\lambda}(0^-) = [\lambda_1(0^-), \lambda_2(0^-), \cdots, \lambda_k(0^-)]^T$ 为系统的起始状态。

对式(9.3-3)和式(9.3-4)整理，得

$$\boldsymbol{\Lambda}(s) = (s\boldsymbol{I} - \boldsymbol{A})^{-1}\boldsymbol{\lambda}(0^-) + (s\boldsymbol{I} - \boldsymbol{A})^{-1}\boldsymbol{B}\boldsymbol{X}(s) \tag{9.3-5}$$

$$\boldsymbol{Y}(s) = \boldsymbol{C}(s\boldsymbol{I} - \boldsymbol{A})^{-1}\boldsymbol{\lambda}(0^-) + [\boldsymbol{C}(s\boldsymbol{I} - \boldsymbol{A})^{-1}\boldsymbol{B} + \boldsymbol{D}]\boldsymbol{X}(s) \tag{9.3-6}$$

式(9.3-5)和式(9.3-6)就是系统状态矢量和输出矢量的拉氏变换，对其取拉氏逆变换，得到其时域表达式为

$$\boldsymbol{\lambda}(t) = \mathcal{L}^{-1}[\boldsymbol{\Lambda}(s)] = \mathcal{L}^{-1}[(s\boldsymbol{I} - \boldsymbol{A})^{-1}\boldsymbol{\lambda}(0^-)] + \mathcal{L}^{-1}[(s\boldsymbol{I} - \boldsymbol{A})^{-1}\boldsymbol{B}] * \mathcal{L}^{-1}[\boldsymbol{X}(s)] \tag{9.3-7}$$

$$\boldsymbol{y}(t) = \mathcal{L}^{-1}[\boldsymbol{Y}(s)] = \underbrace{\mathcal{L}^{-1}\{\boldsymbol{C}[(s\boldsymbol{I} - \boldsymbol{A})^{-1}\boldsymbol{\lambda}(0^-)]\}}_{\text{零输入解}} + \underbrace{\mathcal{L}^{-1}\{\boldsymbol{C}[(s\boldsymbol{I} - \boldsymbol{A})^{-1}\boldsymbol{B} + \boldsymbol{D}]\} * \mathcal{L}^{-1}[\boldsymbol{X}(s)]}_{\text{零状态解}} \tag{9.3-8}$$

可以看出，计算过程中的关键步骤是求 $(s\boldsymbol{I}-\boldsymbol{A})^{-1}$，为了方便起见，定义矩阵

$$\boldsymbol{\Phi}(s) = (s\boldsymbol{I} - \boldsymbol{A})^{-1}$$

其逆变换 $\boldsymbol{\varphi}(t)$，则 $\boldsymbol{\Phi}(s)$ 称为系统的状态转移函数矩阵（state transition function matrix）。而 $\boldsymbol{\varphi}(t)$ 称为状态转移矩阵（state transition matrix）。记

$$\boldsymbol{H}(s) = \boldsymbol{C}\boldsymbol{\Phi}(s)\boldsymbol{B} + \boldsymbol{D} = \boldsymbol{C}(s\boldsymbol{I} - \boldsymbol{A})^{-1}\boldsymbol{B} + \boldsymbol{D} \tag{9.3-9}$$

则式(9.3-6)中等号右端的第二项可以写成 $\boldsymbol{H}(s)\boldsymbol{X}(s)$，与系统零状态响应的拉氏变换表示一致，即

$$\boldsymbol{Y}_{zs}(s) = \boldsymbol{H}(s)\boldsymbol{X}(s) \tag{9.3-10}$$

所以，将 $\boldsymbol{H}(s)$ 称为系统函数矩阵（system function matrix）或特征矩阵，它是一个 $r \times m$ 阶矩阵，即

$$\boldsymbol{H}(s) = \begin{bmatrix} H_{11}(s) & H_{12}(s) & \cdots & H_{1m}(s) \\ H_{21}(s) & H_{22}(s) & \cdots & H_{2m}(s) \\ \vdots & \vdots & \ddots & \vdots \\ H_{r1}(s) & H_{r2}(s) & \cdots & H_{rm}(s) \end{bmatrix}$$

矩阵中第 i 行第 j 列的元素 $H_{ij}(s)$ 表示，第 i 个输出分量对于第 j 个输入（其他输入均为零）分量的系统函数。$\boldsymbol{H}(s)$ 的拉氏逆变换称为系统的冲激响应矩阵（impulse response matrix），即

$$\boldsymbol{h}(t) = \mathcal{L}^{-1}[\boldsymbol{H}(s)] \tag{9.3-11}$$

例 9.3-1 已知线性时不变系统的状态方程和输出方程为

$$\begin{bmatrix} \dot{\lambda}_1(t) \\ \dot{\lambda}_2(t) \end{bmatrix} = \begin{bmatrix} 1 & 2 \\ 0 & -1 \end{bmatrix} \begin{bmatrix} \lambda_1(t) \\ \lambda_2(t) \end{bmatrix} + \begin{bmatrix} 0 & 1 \\ 1 & 0 \end{bmatrix} \begin{bmatrix} x_1(t) \\ x_2(t) \end{bmatrix}$$

$$\begin{bmatrix} y_1(t) \\ y_2(t) \end{bmatrix} = \begin{bmatrix} 1 & 1 \\ 0 & -1 \end{bmatrix} \begin{bmatrix} \lambda_1(t) \\ \lambda_2(t) \end{bmatrix} + \begin{bmatrix} 1 & 0 \\ 1 & 0 \end{bmatrix} \begin{bmatrix} x_1(t) \\ x_2(t) \end{bmatrix}$$

其起始状态矢量和输入信号矢量分别为

$$\begin{bmatrix} \lambda_1(0^-) \\ \lambda_2(0^-) \end{bmatrix} = \begin{bmatrix} 1 \\ -1 \end{bmatrix}, \quad \begin{bmatrix} x_1(t) \\ x_2(t) \end{bmatrix} = \begin{bmatrix} u(t) \\ \delta(t) \end{bmatrix}$$

试求系统的状态变量和输出信号。

解：$\boldsymbol{\Phi}(s) = (s\boldsymbol{I} - \boldsymbol{A})^{-1}$

$$= \begin{bmatrix} s-1 & -2 \\ 0 & s+1 \end{bmatrix}^{-1} = \frac{1}{(s-1)(s+1)} \begin{bmatrix} s+1 & 2 \\ 0 & s-1 \end{bmatrix} = \begin{bmatrix} \dfrac{1}{s-1} & \dfrac{2}{(s+1)(s-1)} \\ 0 & \dfrac{1}{s+1} \end{bmatrix}$$

系统状态矢量的拉氏变换为

$$\boldsymbol{\Lambda}(s) = (s\boldsymbol{I} - \boldsymbol{A})^{-1} \boldsymbol{\lambda}(0^-) + (s\boldsymbol{I} - \boldsymbol{A})^{-1} \boldsymbol{B} \boldsymbol{X}(s)$$

$$= \begin{bmatrix} \dfrac{1}{s-1} & \dfrac{2}{(s+1)(s-1)} \\ 0 & \dfrac{1}{s+1} \end{bmatrix} \begin{bmatrix} 1 \\ -1 \end{bmatrix} + \begin{bmatrix} \dfrac{1}{s-1} & \dfrac{2}{(s+1)(s-1)} \\ 0 & \dfrac{1}{s+1} \end{bmatrix} \begin{bmatrix} 0 & 1 \\ 1 & 0 \end{bmatrix} \begin{bmatrix} \dfrac{1}{s} \\ 1 \end{bmatrix}$$

$$= \begin{bmatrix} \dfrac{1}{s+1} \\ -\dfrac{1}{s+1} \end{bmatrix} + \begin{bmatrix} \dfrac{-2}{s} + \dfrac{1}{s+1} + \dfrac{2}{s-1} \\ \dfrac{1}{s} - \dfrac{1}{s+1} \end{bmatrix} = \begin{bmatrix} \dfrac{-2}{s} + \dfrac{2}{s+1} + \dfrac{2}{s-1} \\ \dfrac{1}{s} - \dfrac{2}{s+1} \end{bmatrix}$$

所以系统的状态矢量 $\begin{bmatrix} \lambda_1(t) \\ \lambda_2(t) \end{bmatrix} = \begin{bmatrix} 2\mathrm{e}^{-t} + 2\mathrm{e}^{t} - 2 \\ 1 - 2\mathrm{e}^{-t} \end{bmatrix} u(t)$

系统输出的拉氏变换为 $\boldsymbol{Y}(s) = \boldsymbol{C}(s\boldsymbol{I} - \boldsymbol{A})^{-1} \boldsymbol{\lambda}(0^-) + [\boldsymbol{C}(s\boldsymbol{I} - \boldsymbol{A})^{-1} \boldsymbol{B} + \boldsymbol{D}] \boldsymbol{X}(s)$

$$= \begin{bmatrix} 1 & 1 \\ 0 & -1 \end{bmatrix} \begin{bmatrix} \dfrac{1}{s-1} & \dfrac{2}{(s+1)(s-1)} \\ 0 & \dfrac{1}{s+1} \end{bmatrix} \begin{bmatrix} 1 \\ -1 \end{bmatrix} +$$

$$\left(\begin{bmatrix} 1 & 1 \\ 0 & -1 \end{bmatrix} \begin{bmatrix} \dfrac{1}{s-1} & \dfrac{2}{(s+1)(s-1)} \\ 0 & \dfrac{1}{s+1} \end{bmatrix} \begin{bmatrix} 0 & 1 \\ 1 & 0 \end{bmatrix} + \begin{bmatrix} 1 & 0 \\ 1 & 0 \end{bmatrix} \right) \begin{bmatrix} \dfrac{1}{s} \\ 1 \end{bmatrix}$$

$$= \begin{bmatrix} 0 \\ \dfrac{1}{s+1} \end{bmatrix} + \begin{bmatrix} \dfrac{2}{s-1} \\ \dfrac{1}{s+1} \end{bmatrix}$$

其中，第一部分是系统的零输入解，第二部分是系统的零状态解。从而其输出信号为

$$\begin{bmatrix} y_1(t) \\ y_2(t) \end{bmatrix} = \begin{bmatrix} 2\mathrm{e}^{t} \\ 2\mathrm{e}^{-t} \end{bmatrix} u(t)$$

例 9.3-2 利用状态变量法求如图 9.3-1(a)所示系统的系统函数矩阵。

解：将系统框图修改为信号流图并选择状态变量，如图 9.3-1(b)所示。可以编写状态方程和输

出方程
$$\dot\lambda_1(t) = 2\lambda_2(t) + \dot\lambda_2(t)$$
$$\dot\lambda_2(t) = -\lambda_1(t) + \lambda_2(t) + x(t)$$
$$y(t) = \dot\lambda_2(t) + 2\lambda_2(t)$$

整理后得到
$$\dot\lambda_1(t) = -\lambda_1(t) + 3\lambda_2(t) + x(t)$$
$$\dot\lambda_2(t) = -\lambda_1(t) + \lambda_2(t) + x(t)$$
$$y(t) = -\lambda_1(t) + 3\lambda_2(t) + x(t)$$

从而 $\boldsymbol{A} = \begin{bmatrix} -1 & 3 \\ -1 & 1 \end{bmatrix}$, $\boldsymbol{B} = \begin{bmatrix} 1 \\ 1 \end{bmatrix}$, $\boldsymbol{C} = [-1\ \ 3]$, $\boldsymbol{D} = [1]$

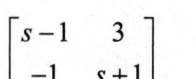

图 9.3-1 例 9.3-2 的系统框图及信号流图

因此 $\boldsymbol{\Phi}(s) = (s\boldsymbol{I} - \boldsymbol{A})^{-1} = \begin{bmatrix} s+1 & -3 \\ 1 & s-1 \end{bmatrix}^{-1} = \dfrac{1}{s^2+2} \begin{bmatrix} s-1 & 3 \\ -1 & s+1 \end{bmatrix}$

故系统函数矩阵为 $\boldsymbol{H}(s) = \boldsymbol{C}\boldsymbol{\Phi}(s)\boldsymbol{B} + \boldsymbol{D}$

$$= [-1\ \ 3]\dfrac{1}{s^2+2}\begin{bmatrix} s-1 & 3 \\ -1 & s+1 \end{bmatrix}\begin{bmatrix} 1 \\ 1 \end{bmatrix} + 1 = \dfrac{s(s+2)}{s^2+2}$$

例 9.3-3 如图 9.3-2 所示电路中，(设起始状态为零)，已知 $x(t) = u(t)$，$R_1 = 1\Omega$，$R_2 = 1\Omega$，$C = 1F$，$L = 1H$ （1）列出系统的状态方程和输出方程；（2）求 $i_L(t)$ 与 $v_C(t)$；（3）求 $y(t) = i_C(t)$。

解：（1）设 $\lambda_1(t) = v_C(t)$，$\lambda_2(t) = i_L(t)$，根据电路列出微分方程组

$$\begin{cases} L\dfrac{d\lambda_2(t)}{dt} + R_2\lambda_2(t) = \lambda_1(t) \\ \lambda_2(t) + C\dfrac{d\lambda_1(t)}{dt} = \dfrac{x(t) - \lambda_1(t)}{R_1} \end{cases}$$

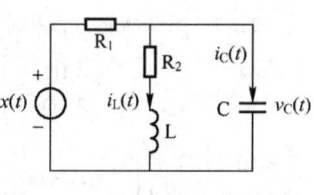

图 9.3-2 例 9.3-3 的系统电路

（2）代入元件参数，并写成矩阵形式

$$\begin{cases} \dfrac{d\lambda_1(t)}{dt} = -\lambda_1(t) - \lambda_2(t) + x(t) \\ \dfrac{d\lambda_2(t)}{dt} = \lambda_1(t) - \lambda_2(t) \end{cases} \Rightarrow \begin{bmatrix} \dfrac{d\lambda_1(t)}{dt} \\ \dfrac{d\lambda_2(t)}{dt} \end{bmatrix} = \begin{bmatrix} -1 & -1 \\ 1 & -1 \end{bmatrix}\begin{bmatrix} \lambda_1(t) \\ \lambda_2(t) \end{bmatrix} + \begin{bmatrix} 1 \\ 0 \end{bmatrix}x(t)$$

$$y(t) = C\dfrac{d\lambda_1(t)}{dt} = -\lambda_1(t) - \lambda_2(t) + x(t) \Rightarrow y(t) = [-1\ \ -1]\begin{bmatrix} \lambda_1(t) \\ \lambda_2(t) \end{bmatrix} + x(t)$$

（3）得到系数矩阵 $\boldsymbol{A}$，$\boldsymbol{B}$，$\boldsymbol{C}$，$\boldsymbol{D}$ 的参数

$$\boldsymbol{A} = \begin{bmatrix} -1 & -1 \\ 1 & -1 \end{bmatrix},\quad \boldsymbol{B} = \begin{bmatrix} 1 \\ 0 \end{bmatrix},\quad \boldsymbol{C} = [-1\ \ -1],\quad \boldsymbol{D} = 1$$

（4）求 $i_L(t)$ 与 $v_C(t)$，即求 $\lambda_1(t)$ 和 $\lambda_2(t)$。

$$(s\boldsymbol{I} - \boldsymbol{A})^{-1} = \begin{bmatrix} s+1 & 1 \\ -1 & s+1 \end{bmatrix}^{-1} = \dfrac{1}{(s+1)^2+1}\begin{bmatrix} s+1 & -1 \\ 1 & s+1 \end{bmatrix}$$

$$\boldsymbol{\Lambda}(s) = (s\boldsymbol{I} - \boldsymbol{A})^{-1}\boldsymbol{\lambda}(0^-) + (s\boldsymbol{I} - \boldsymbol{A})^{-1}\boldsymbol{B}X(s)$$

已知 $\boldsymbol{\lambda}(0^-) = 0$，$X(s) = 1/s$，得到状态矢量的拉氏变换

$$\Lambda(s) = (sI - A)^{-1}BX(s)$$

$$= \frac{1}{(s+1)^2+1}\begin{bmatrix} s+1 & -1 \\ 1 & s+1 \end{bmatrix}\begin{bmatrix} 1 \\ 0 \end{bmatrix}\frac{1}{s} = \begin{bmatrix} \frac{s+1}{s[(s+1)^2+1]} \\ \frac{1}{s[(s+1)^2+1]} \end{bmatrix} = \begin{bmatrix} \frac{1/2}{s} + \frac{-1/2(s+1)+1/2}{(s+1)^2+1} \\ \frac{1/2}{s} + \frac{-1/2(s+1)-1/2}{(s+1)^2+1} \end{bmatrix}$$

$$\begin{bmatrix} v_C(t) \\ i_L(t) \end{bmatrix} = \begin{bmatrix} \lambda_1(t) \\ \lambda_2(t) \end{bmatrix} = \mathcal{L}^{-1}[\Lambda(s)] = \begin{bmatrix} \frac{1}{2}(1+e^{-t}\sin t - e^{-t}\cos t)u(t) \\ \frac{1}{2}(1-e^{-t}\sin t - e^{-t}\cos t)u(t) \end{bmatrix}$$

（5）求输出 $y(t) = i_C(t)$。

$$H(s) = C(sI-A)^{-1}B + D = \frac{[-1 \ -1]}{(s+1)^2+1}\begin{bmatrix} s+1 & -1 \\ 1 & s+1 \end{bmatrix}\begin{bmatrix} 1 \\ 0 \end{bmatrix} + 1 = \frac{s(s+1)}{(s+1)^2+1}$$

$$Y(s) = H(s)X(s) = \frac{(s+1)}{(s+1)^2+1}, \quad y(t) = i_C(t) = e^{-t}\cos t \cdot u(t)$$

练习题

9.3-1 求状态方程 $\begin{bmatrix} \dot{\lambda}_1(t) \\ \dot{\lambda}_2(t) \end{bmatrix} = \begin{bmatrix} -3 & -2 \\ 2 & 2 \end{bmatrix}\begin{bmatrix} \lambda_1(t) \\ \lambda_2(t) \end{bmatrix} + \begin{bmatrix} 3 \\ 0 \end{bmatrix}x(t)$ 在下列给定条件下的解。

（1）$\begin{bmatrix} \lambda_1(0^-) \\ \lambda_2(0^-) \end{bmatrix} = \begin{bmatrix} 1 \\ 1 \end{bmatrix}, \quad x(t) = 0$ （2）$\begin{bmatrix} \lambda_1(0^-) \\ \lambda_2(0^-) \end{bmatrix} = \begin{bmatrix} 2 \\ -1 \end{bmatrix}, \quad x(t) = u(t)$

9.3-2 系统状态方程和输出方程分别为

$$\begin{bmatrix} \dot{\lambda}_1(t) \\ \dot{\lambda}_2(t) \end{bmatrix} = \begin{bmatrix} -1 & 2 \\ -1 & -4 \end{bmatrix}\begin{bmatrix} \lambda_1(t) \\ \lambda_2(t) \end{bmatrix} + \begin{bmatrix} 1 \\ 1 \end{bmatrix}x(t) \quad \text{和} \quad y(t) = [1 \ -1]\begin{bmatrix} \lambda_1(t) \\ \lambda_2(t) \end{bmatrix} + x(t)$$

当 $\begin{bmatrix} \lambda_1(0^-) \\ \lambda_2(0^-) \end{bmatrix} = \begin{bmatrix} 1 \\ -1 \end{bmatrix}, \quad x(t) = u(t)$ 时：

（1）求系统的状态变量和输出变量；

（2）若选另一组状态变量 $g_1(t)$ 和 $g_2(t)$，它与原状态变量的关系为 $\begin{bmatrix} g_1(t) \\ g_2(t) \end{bmatrix} = \begin{bmatrix} 1 & 1 \\ -1 & -2 \end{bmatrix}\begin{bmatrix} \lambda_1(t) \\ \lambda_2(t) \end{bmatrix}$，试导出用 $g_1(t)$ 和 $g_2(t)$ 描述系统的状态方程和起始状态 $g_1(0^-), g_2(0^-)$；

（3）用新状态方程求解，试比较由两种状态方程形式得出的输出。

9.3-3 系统的状态方程和输出方程分别为

$$\begin{bmatrix} \dot{\lambda}_1(t) \\ \dot{\lambda}_2(t) \end{bmatrix} = \begin{bmatrix} -2 & 1 \\ 0 & -1 \end{bmatrix}\begin{bmatrix} \lambda_1(t) \\ \lambda_2(t) \end{bmatrix} + \begin{bmatrix} 1 \\ 0 \end{bmatrix}x(t) \quad \text{和} \quad y(t) = [1 \ 0]\begin{bmatrix} \lambda_1(t) \\ \lambda_2(t) \end{bmatrix}$$

且已知 $\lambda_1(0^-) = 1$，$\lambda_2(0^-) = 1$，$x(t) = u(t)$。（1）求系统函数矩阵 $H(s)$；
（2）求输出 $y(t)$。

9.3-4 电路如图题 9.3-4 所示，以电感两端的电压作为输出。

（1）画出系统的 s 域模型（包括等效电源）；

（2）列写系统的状态方程和输出方程；

（3）求系统的系统函数阵 $H(s)$；

（4）已知 $v_C(0^-) = 4V$，$i_L(0^-) = -2A$，$x(t) = 2u(t)$，求系统的全响应。

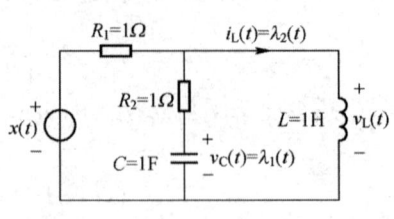

图 题 9.3-4

9.4 离散时间系统状态方程的建立

观察离散时间系统状态方程，即式(9.1-10)可以看出，对于LTI离散系统，其$(n+1)$时刻的状态变量$\lambda[n+1]$是n时刻的状态变量$\lambda[n]$和输入信号$x[n]$的线性组合。在离散时间系统中，惯性元件是延时单元，因而通常取延时单元的输出作为状态变量。离散时间系统状态方程的编写一般按照以下步骤进行：

(1) 确定状态变量的个数，它等于系统的阶数；
(2) 根据给定系统的不同表示方式：如系统框图，差分方程、单位样值响应或系统函数等，模拟出系统的信号流图；
(3) 选择信号流图中延时器的输出作为状态变量；
(4) 根据信号流图的运算规则，编写状态方程和输出方程；
(5) 化简上述方程，并写成矢量矩阵的形式。

9.4.1 根据给定系统的差分方程确定状态方程

对于离散时间系统，可用下列k阶差分方程来描述

$$y[n] + a_1 y[n-1] + a_2 y[n-2] + \cdots + a_{k-1} y[n-(k-1)] + a_k y[n-k]$$
$$= b_0 x[n] + b_1 x[n-1] + b_2 x[n-2] + \cdots + b_{k-1} x[n-(k-1)] + b_k x[n-k] \tag{9.4-1}$$

其系统函数可以写为

$$H(z) = \frac{b_0 + b_1 z^{-1} + b_2 z^{-2} + \cdots + b_{k-1} z^{-(k-1)} + b_k z^{-k}}{1 + a_1 z^{-1} + a_2 z^{-2} + \cdots + a_{k-1} z^{-(k-1)} + a_k z^{-k}} \tag{9.4-2}$$

根据上式可以画出系统的信号流图，z^{-1}表示延时单元，选择延时单元的输出作为状态变量，如图9.4-1中所标注的λ_i，$i=1,2,\cdots,k$，则有

$$\lambda_1[n+1] = \lambda_2[n]$$
$$\lambda_2[n+1] = \lambda_3[n]$$
$$\vdots$$
$$\lambda_{k-1}[n+1] = \lambda_k[n]$$
$$\lambda_k[n+1] = x[n] - a_k \lambda_1[n] - a_{k-1} \lambda_2[n] - \cdots - a_2 \lambda_{k-1}[n] - a_1 \lambda_k[n]$$

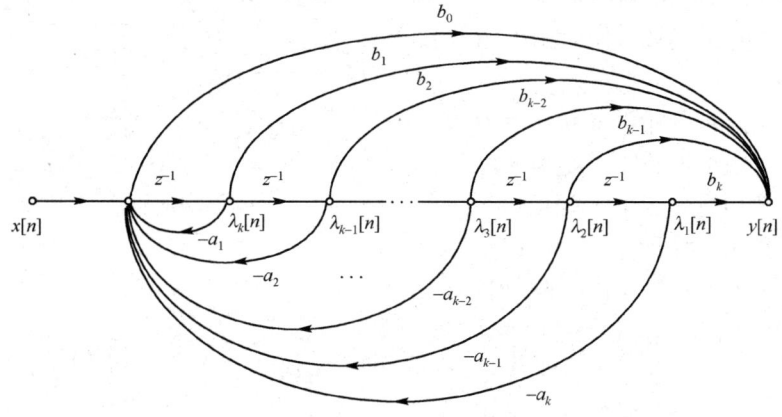

图9.4-1 式(9.4-2)的信号流图

$$y[n] = b_0 \lambda_k[n+1] + b_1 \lambda_k[n] + b_2 \lambda_{k-1}[n] + \cdots + b_{k-1} \lambda_2[n] + b_k \lambda_1[n]$$
$$= (b_k - a_k b_0) \lambda_1[n] + (b_{k-1} - a_{k-1} b_0) \lambda_2[n] + \cdots + (b_2 - a_2 b_0) \lambda_{k-1}[n] + (b_1 - a_1 b_0) \lambda_k[n] + b_0 x[n]$$

写成矢量矩阵形式

$$\begin{bmatrix} \lambda_1[n+1] \\ \lambda_2[n+1] \\ \vdots \\ \lambda_{k-1}[n+1] \\ \lambda_k[n+1] \end{bmatrix} = \begin{bmatrix} 0 & 1 & 0 & \cdots & 0 \\ 0 & 0 & 1 & \cdots & 0 \\ \vdots & \vdots & \vdots & & \vdots \\ 0 & 0 & 0 & \cdots & 1 \\ -a_k & -a_{k-1} & -a_{k-2} & \cdots & -a_1 \end{bmatrix} \begin{bmatrix} \lambda_1[n] \\ \lambda_2[n] \\ \vdots \\ \lambda_{k-1}[n] \\ \lambda_k[n] \end{bmatrix} + \begin{bmatrix} 0 \\ 0 \\ \vdots \\ 0 \\ 1 \end{bmatrix} x[n] \qquad (9.4\text{-}3)$$

$$y[n] = [b_k - a_k b_0 \quad b_{k-1} - a_{k-1} b_0 \quad \cdots \quad b_2 - a_2 b_0 \quad b_1 - a_1 b_0] \begin{bmatrix} \lambda_1[n] \\ \lambda_2[n] \\ \vdots \\ \lambda_{k-1}[n] \\ \lambda_k[n] \end{bmatrix} + b_0 x[n] \qquad (9.4\text{-}4)$$

由此可见，根据离散时间系统的差分方程或系统函数画出信号流图，建立状态方程的步骤，与连续时间系统是类似的，只不过是用延时单元来代替连续系统中的积分器。离散时间系统也可以根据级联和并联形式的流图及相应的转置流图，建立状态方程，这与连续时间系统一样，实现方法可以扫描二维码，此处不再赘述。

9.4.2 根据给定系统的框图或流图建立状态方程

给定离散时间系统的方框图或流图，可以很容易地建立系统的状态方程，只要选取延时单元的输出作为状态变量，就可以实现。下面以一个两输入和两输出的系统为例做说明。

例 9.4-1 离散系统如图 9.4-2 所示，试编写其状态方程和输出方程。

解：选择状态变量 $\lambda_1[n]$、$\lambda_2[n]$ 和 $\lambda_3[n]$，如图 9.4-2 所示，从而状态方程和输出方程为

$\lambda_1[n+1] = -(\lambda_1[n] + 2\lambda_2[n+1]) + x_1[n] - x_2[n]$
$\lambda_2[n+1] = -2\lambda_2[n] + x_1[n] - 3x_2[n]$
$\lambda_3[n+1] = -3(\lambda_2[n] + \lambda_3[n]) + x_2[n]$
$y_1[n] = (\lambda_1[n] + 2\lambda_2[n+1]) + \lambda_2[n]$
$y_2[n] = 2(\lambda_1[n] + 2\lambda_2[n+1]) + (\lambda_2[n] + \lambda_3[n])$

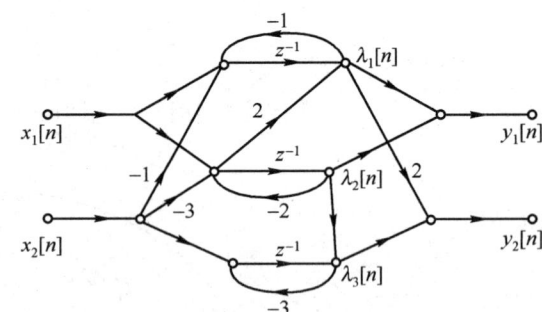

图 9.4-2 例 9.4-1 的信号流图

经过整理，得到

$\lambda_1[n+1] = -\lambda_1[n] + 4\lambda_2[n] - x_1[n] + 5x_2[n]$
$\lambda_2[n+1] = -2\lambda_2[n] + x_1[n] - 3x_2[n]$
$\lambda_3[n+1] = -3\lambda_2[n] - 3\lambda_3[n] + x_2[n]$
$y_1[n] = \lambda_1[n] - 3\lambda_2[n] + 2x_1[n] - 6x_2[n]$
$y_2[n] = 2\lambda_1[n] - 7\lambda_2[n] + \lambda_3[n] + 4x_1[n] - 12x_2[n]$

写成矩阵形式

$$\begin{bmatrix} \lambda_1[n+1] \\ \lambda_2[n+1] \\ \lambda_3[n+1] \end{bmatrix} = \begin{bmatrix} -1 & 4 & 0 \\ 0 & -2 & 0 \\ 0 & -3 & -3 \end{bmatrix} \begin{bmatrix} \lambda_1[n] \\ \lambda_2[n] \\ \lambda_3[n] \end{bmatrix} + \begin{bmatrix} -1 & 5 \\ 1 & -3 \\ 0 & 1 \end{bmatrix} \begin{bmatrix} x_1[n] \\ x_2[n] \end{bmatrix}$$

$$\begin{bmatrix} y_1[n] \\ y_2[n] \end{bmatrix} = \begin{bmatrix} 1 & -3 & 0 \\ 2 & -7 & 1 \end{bmatrix} \begin{bmatrix} \lambda_1[n] \\ \lambda_2[n] \\ \lambda_3[n] \end{bmatrix} + \begin{bmatrix} 2 & -6 \\ 4 & -12 \end{bmatrix} \begin{bmatrix} x_1[n] \\ x_2[n] \end{bmatrix}$$

需要注意的是，在本例中所选的两个状态变量 $\lambda_1[n]$ 和 $\lambda_3[n]$ 不单是延时单元的输出，同时还有其他信号输入，因此需要将来自延时单元的输入和其他的输入分开。

练习题

9.4-1 建立图题 9.4-1 所示系统的状态方程与输出方程。

9.4-2 系统的方框图如图题 9.4-2 所示，试写出状态方程和输出方程。

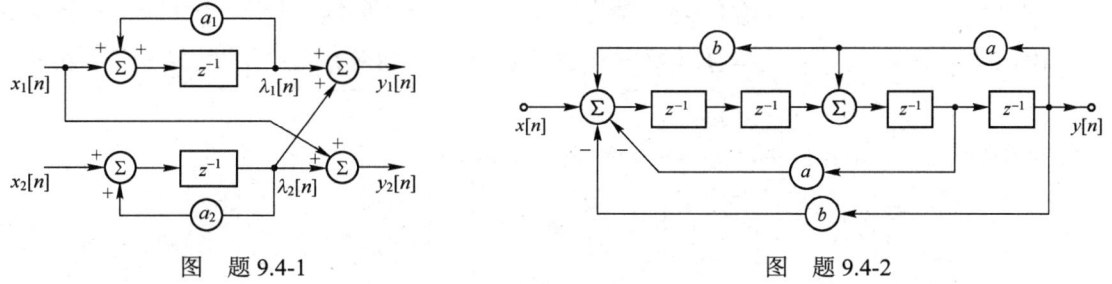

图题 9.4-1　　　　　　　　　　　图题 9.4-2

9.4-3 用级联结构框图实现下列差分方程所描述的离散系统，并依此写出状态方程和输出方程。

（1） $y[n] - y[n-1] - 2y[n-2] = x[n]$　　　（2） $y[n] + y[n-1] + 0.25y[n-2] = x[n] + x[n-1]$

9.5 离散时间系统状态方程的求解

和连续时间系统状态方程的求解方法类似，离散时间系统状态方程的求解也有时域和变换域两种解法。这里也只讲述 z 变换求解方法。假设离散系统的状态方程与输出方程为

$$\boldsymbol{\lambda}[n+1] = \boldsymbol{A}\boldsymbol{\lambda}[n] + \boldsymbol{B}\boldsymbol{x}[n] \tag{9.5-1}$$

$$\boldsymbol{y}[n] = \boldsymbol{C}\boldsymbol{\lambda}[n] + \boldsymbol{D}\boldsymbol{x}[n] \tag{9.5-2}$$

式中　$\boldsymbol{\lambda}[n] = [\lambda_1[n], \lambda_2[n], \cdots, \lambda_k[n]]^T$ 为状态矢量；

　　　$\boldsymbol{x}[n] = [x_1[n], x_2[n], \cdots, x_m[n]]^T$ 为输入矢量；

　　　$\boldsymbol{y}[n] = [y_1[n], y_2[n], \cdots, y_r[n]]^T$ 为输出矢量。

它们都是离散时间序列。矩阵 $\boldsymbol{A}, \boldsymbol{B}, \boldsymbol{C}, \boldsymbol{D}$ 是系数矩阵，对于 LTI 系统，它们都是常数矩阵。

对式(9.5-1)和式(9.5-2)两边取 z 变换，得到

$$z\boldsymbol{\Lambda}(z) - z\boldsymbol{\lambda}[0] = \boldsymbol{A}\boldsymbol{\Lambda}(z) + \boldsymbol{B}\boldsymbol{X}(z) \tag{9.5-3}$$

$$\boldsymbol{Y}(z) = \boldsymbol{C}\boldsymbol{\Lambda}(z) + \boldsymbol{D}\boldsymbol{X}(z) \tag{9.5-4}$$

式中　$\boldsymbol{\Lambda}(z) = \mathscr{Z}[\boldsymbol{\lambda}[n]] = [\mathscr{Z}[\lambda_1[n]], \mathscr{Z}[\lambda_2[n]], \cdots, \mathscr{Z}[\lambda_k[n]]]^T$ 为状态矢量的 z 变换；

　　　$\boldsymbol{X}(z) = \mathscr{Z}[\boldsymbol{x}[n]] = [\mathscr{Z}[x_1[n]], \mathscr{Z}[x_2[n]], \cdots, \mathscr{Z}[x_m[n]]]^T$ 为输入矢量的 z 变换；

　　　$\boldsymbol{Y}(z) = \mathscr{Z}[\boldsymbol{y}[n]] = [\mathscr{Z}[y_1[n]], \mathscr{Z}[y_2[n]], \cdots, \mathscr{Z}[y_r[n]]]^T$ 为输出矢量的 z 变换；

　　　$\boldsymbol{\lambda}[0] = [\lambda_1[0], \lambda_2[0], \cdots, \lambda_k[0]]^T$ 为系统的初始状态。

对式(9.5-3)和式(9.5-4)整理后，得到离散系统的状态矢量与输出矢量的 z 变换为

$$\boldsymbol{\Lambda}(z) = (z\boldsymbol{I} - \boldsymbol{A})^{-1} z\boldsymbol{\lambda}[0] + (z\boldsymbol{I} - \boldsymbol{A})^{-1} \boldsymbol{B}\boldsymbol{X}(z) \tag{9.5-5}$$

$$\boldsymbol{Y}(z) = \boldsymbol{C}(z\boldsymbol{I} - \boldsymbol{A})^{-1} z\boldsymbol{\lambda}[0] + [\boldsymbol{C}(z\boldsymbol{I} - \boldsymbol{A})^{-1}\boldsymbol{B} + \boldsymbol{D}]\boldsymbol{X}(z) \tag{9.5-6}$$

容易看出，式(9.5-6)中等号右边的第一项是系统零输入响应的 z 变换矩阵，第二项是系统零状态响应的 z 变换矩阵。若记

$$\boldsymbol{H}(z) = \boldsymbol{C}(z\boldsymbol{I} - \boldsymbol{A})^{-1}\boldsymbol{B} + \boldsymbol{D} \tag{9.5-7}$$

则 $\boldsymbol{H}(z)$ 为系统的系统函数矩阵，从而式(9.5-6)中的第二项，即零状态响应的 z 变换可以写为

$$Y_{zs}(z) = H(z)X(z) \tag{9.5-8}$$

与连续时间系统类似，$H(z)$ 也是一个 $r \times m$ 阶矩阵，其第 i 行第 j 列元素 $H_{ij}(z)$ 是第 i 个输出分量对于第 j 个输入分量的系统函数。其逆 z 变换是系统的单位样值响应矩阵 $h[n]$，即

$$h[n] = \mathcal{Z}^{-1}[H(z)] \tag{9.5-9}$$

对式(9.5-5)和式(9.5-6)取 z 逆变换，从而得到其时域表示为

$$\lambda[n] = \mathcal{Z}^{-1}[\Lambda(z)] = \mathcal{Z}^{-1}[(z\boldsymbol{I}-\boldsymbol{A})^{-1}z\lambda[0]] + \mathcal{Z}^{-1}[(z\boldsymbol{I}-\boldsymbol{A})^{-1}\boldsymbol{B}] * \mathcal{Z}^{-1}[X(z)] \tag{9.5-10}$$

$$y[n] = \mathcal{Z}^{-1}[Y(z)] = \underbrace{\mathcal{Z}^{-1}[\boldsymbol{C}(z\boldsymbol{I}-\boldsymbol{A})^{-1}z]\lambda[0]}_{\text{零输入解}} + \underbrace{\mathcal{Z}^{-1}[\boldsymbol{C}(z\boldsymbol{I}-\boldsymbol{A})^{-1}\boldsymbol{B}+\boldsymbol{D}] * \mathcal{Z}^{-1}[X(z)]}_{\text{零状态解}} \tag{9.5-11}$$

例 9.5-1 已知离散系统的状态方程和输出方程为

$$\begin{bmatrix} \lambda_1[n+1] \\ \lambda_2[n+1] \end{bmatrix} = \begin{bmatrix} 0 & 1 \\ -6 & 5 \end{bmatrix} \begin{bmatrix} \lambda_1[n] \\ \lambda_2[n] \end{bmatrix} + \begin{bmatrix} 0 \\ 1 \end{bmatrix} x[n] \quad \text{和} \quad \begin{bmatrix} y_1[n] \\ y_2[n] \end{bmatrix} = \begin{bmatrix} 1 & 1 \\ 2 & -1 \end{bmatrix} \begin{bmatrix} \lambda_1[n] \\ \lambda_2[n] \end{bmatrix}$$

其起始状态矢量为 $\begin{bmatrix} \lambda_1[0] \\ \lambda_2[0] \end{bmatrix} = \begin{bmatrix} 1 \\ 2 \end{bmatrix}$，输入信号为 $x[n] = u[n]$。求系统的状态变量、输出信号和单位样值响应矩阵。

解： $(z\boldsymbol{I}-\boldsymbol{A})^{-1} = \begin{bmatrix} z & -1 \\ 6 & z-5 \end{bmatrix}^{-1} = \dfrac{1}{(z-2)(z-3)} \begin{bmatrix} z-5 & 1 \\ -6 & z \end{bmatrix}$

故系统函数矩阵为 $H(z) = \boldsymbol{C}(z\boldsymbol{I}-\boldsymbol{A})^{-1}\boldsymbol{B} + \boldsymbol{D}$

$$= \begin{bmatrix} 1 & 1 \\ 2 & -1 \end{bmatrix} \dfrac{1}{(z-2)(z-3)} \begin{bmatrix} z-5 & 1 \\ -6 & z \end{bmatrix} \begin{bmatrix} 0 \\ 1 \end{bmatrix} = \begin{bmatrix} \dfrac{-3}{z-2} + \dfrac{4}{z-3} \\ \dfrac{-1}{z-3} \end{bmatrix}$$

单位样值响应矩阵为 $h[n] = \begin{bmatrix} h_1[n] \\ h_2[n] \end{bmatrix} = \mathcal{Z}^{-1}[H(z)] = \begin{bmatrix} 4 \cdot 3^{n-1} - 3 \cdot 2^{n-1} \\ -3^{n-1} \end{bmatrix} u[n-1]$

系统状态矢量的 z 变换为

$$\Lambda(z) = (z\boldsymbol{I}-\boldsymbol{A})^{-1}z\lambda[0] + (z\boldsymbol{I}-\boldsymbol{A})^{-1}\boldsymbol{B}X(z)$$

$$= \dfrac{1}{(z-2)(z-3)} \begin{bmatrix} z-5 & 1 \\ -6 & z \end{bmatrix} z \begin{bmatrix} 1 \\ 2 \end{bmatrix} + \dfrac{1}{(z-2)(z-3)} \begin{bmatrix} z-5 & 1 \\ -6 & z \end{bmatrix} \begin{bmatrix} 0 \\ 1 \end{bmatrix} \dfrac{z}{z-1}$$

$$= \dfrac{z}{z-2} \begin{bmatrix} 1 \\ 2 \end{bmatrix} + \left(\dfrac{1/2\,z}{z-1} - \dfrac{z}{z-2} + \dfrac{1/2\,z}{z-3} \right) \begin{bmatrix} 1 \\ z \end{bmatrix} = \begin{bmatrix} \dfrac{1/2\,z}{z-1} + \dfrac{1/2\,z}{z-3} \\ \dfrac{2z}{z-2} + \dfrac{1/2\,z^2}{z-1} - \dfrac{z^2}{z-2} + \dfrac{1/2\,z^2}{z-3} \end{bmatrix}$$

系统的状态矢量为 $\lambda[n] = \mathcal{Z}^{-1} \left(\begin{bmatrix} \dfrac{1/2\,z}{z-1} + \dfrac{1/2\,z}{z-3} \\ \dfrac{2z}{z-2} + \dfrac{1/2\,z^2}{z-1} - \dfrac{z^2}{z-2} + \dfrac{1/2\,z^2}{z-3} \end{bmatrix} \right) = \begin{bmatrix} \dfrac{1}{2} + \dfrac{1}{2} \cdot 3^n \\ \dfrac{1}{2} + \dfrac{1}{2} \cdot 3^{n+1} \end{bmatrix} u[n]$

系统的输出矢量为 $Y(z) = \begin{bmatrix} 1 & 1 \\ 2 & -1 \end{bmatrix} \dfrac{1}{(z-2)(z-3)} \begin{bmatrix} z-5 & 1 \\ -6 & z \end{bmatrix} z \begin{bmatrix} 1 \\ 2 \end{bmatrix} +$

$$\begin{bmatrix} 1 & 1 \\ 2 & -1 \end{bmatrix} \frac{1}{(z-2)(z-3)} \begin{bmatrix} z-5 & 1 \\ -6 & z \end{bmatrix} \begin{bmatrix} 0 \\ 1 \end{bmatrix} \frac{z}{z-1}$$

$$= \begin{bmatrix} \dfrac{3z}{z-2} \\ 0 \end{bmatrix} + \begin{bmatrix} \dfrac{z}{z-1} + \dfrac{-3z}{z-2} + \dfrac{2z}{z-3} \\ \dfrac{1/2\,z}{z-1} - \dfrac{1/2\,z}{z-3} \end{bmatrix} = \begin{bmatrix} \dfrac{z}{z-1} + \dfrac{2z}{z-3} \\ \dfrac{1/2\,z}{z-1} - \dfrac{1/2\,z}{z-3} \end{bmatrix}$$

系统的全响应为

$$y[n] = \mathscr{Z}^{-1}\left(\begin{bmatrix} \dfrac{z}{z-1} + \dfrac{2z}{z-3} \\ \dfrac{1/2\,z}{z-1} - \dfrac{1/2\,z}{z-3} \end{bmatrix} \right) = \begin{bmatrix} 1 + 2 \cdot 3^n \\ \dfrac{1}{2} - \dfrac{1}{2} \cdot 3^n \end{bmatrix} u[n]$$

例 9.5-2 图 9.5-1 所示的离散时间系统，具有两个输入，一个输出，求系统对 $x_1[n] = \delta[n]$，$x_2[n] = u[n]$ 的响应。设该系统起始是静止的。

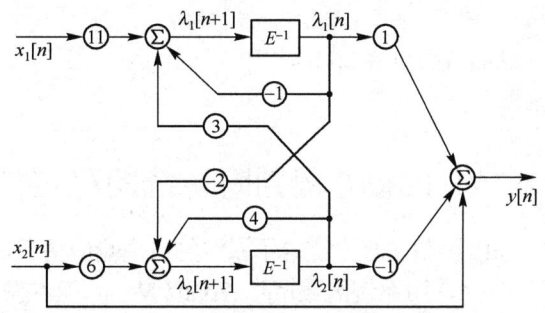

图 9.5-1 例 9.5-2 的系统框图

解：（1）写出系统的状态方程和输出方程。

取延时单元的输出作为状态变量，如图 9.5-1 中所标注的 $\lambda_1[n]$ 和 $\lambda_2[n]$，则有

$$\begin{cases} \lambda_1[n+1] = -\lambda_1[n] + 3\lambda_2[n] + 11x_1[n] \\ \lambda_2[n+1] = -2\lambda_1[n] + 4\lambda_2[n] + 6x_2[n] \\ y[n] = \lambda_1[n] - \lambda_2[n] + x_2[n] \end{cases}$$

可知系数矩阵 $\mathbf{A} = \begin{bmatrix} -1 & 3 \\ -2 & 4 \end{bmatrix}$，$\mathbf{B} = \begin{bmatrix} 11 & 0 \\ 0 & 6 \end{bmatrix}$，$\mathbf{C} = [1 \quad -1]$，$\mathbf{D} = [0 \quad 1]$

（2）计算 $(z\mathbf{I} - \mathbf{A})^{-1} = \begin{bmatrix} z+1 & -3 \\ 2 & z-4 \end{bmatrix}^{-1} = \dfrac{1}{(z-1)(z-2)} \begin{bmatrix} z-4 & 3 \\ -2 & z+1 \end{bmatrix}$

和 $\mathbf{X}(z) = \mathscr{Z}[x_1[n] \quad x_2[n]]^\mathrm{T} = \begin{bmatrix} 1 & \dfrac{z}{z-1} \end{bmatrix}^\mathrm{T}$，$\boldsymbol{\lambda}(0) = [0 \quad 0]^\mathrm{T}$

（3）计算系统的输出。由式(9.5-6)可知，系统输出的 z 变换为

$$\mathbf{Y}(z) = [\mathbf{C}(z\mathbf{I} - \mathbf{A})^{-1}\mathbf{B} + \mathbf{D}]\mathbf{X}(z)$$

$$= \left([1 \quad -1] \dfrac{1}{(z-1)(z-2)} \begin{bmatrix} z-4 & 3 \\ -2 & z+1 \end{bmatrix} \begin{bmatrix} 11 & 0 \\ 0 & 6 \end{bmatrix} + [0 \quad 1] \right) \begin{bmatrix} 1 \\ \dfrac{z}{z-1} \end{bmatrix}$$

$$= \dfrac{11}{z-1} - \dfrac{6z}{(z-1)^2} + \dfrac{z}{z-1}$$

取其逆变换得到 $y[n] = 11u[n-1] - 6nu[n] + u[n] = \delta[n] + (12 - 6n)u[n-1]$

扫描二维码，了解离散系统状态方程的时域解法。

练习题

9.5-1 系统的状态方程和输出方程分别为

$$\begin{bmatrix} \lambda_1[n+1] \\ \lambda_2[n+1] \end{bmatrix} = \begin{bmatrix} 0 & 1 \\ 0.11 & 1 \end{bmatrix} \begin{bmatrix} \lambda_1[n] \\ \lambda_2[n] \end{bmatrix} + \begin{bmatrix} 0 \\ 1 \end{bmatrix} u[n] \quad 和 \quad y[n] = \begin{bmatrix} 0.11 & 1 \end{bmatrix} \begin{bmatrix} \lambda_1[n] \\ \lambda_2[n] \end{bmatrix} + u[n]$$

且已知 $\begin{bmatrix} \lambda_1[0] \\ \lambda_2[0] \end{bmatrix} = \begin{bmatrix} 0 \\ 0 \end{bmatrix}$。(1)画出模拟框图和信号流图;(2)求系统函数 $H(z)$;(3)求 $y[n]$。

9.5-2 已知系统的状态方程为

$$\begin{bmatrix} \lambda_1[n+1] \\ \lambda_2[n+1] \end{bmatrix} = \begin{bmatrix} 1/2 & 1/6 \\ 0 & 1/3 \end{bmatrix} \begin{bmatrix} \lambda_1[n] \\ \lambda_2[n] \end{bmatrix} + \begin{bmatrix} 0 \\ 1 \end{bmatrix} x[n]$$

试求下列条件下的解:

(1) $\lambda_1[0] = 1, \lambda_2[0] = 1, x[n] = 0$

(2) $\lambda_1[0] = 1, \lambda_2[0] = -1, x[n] = u[n]$

9.5-3 一离散系统如图题 9.5-3 所示,用状态变量法分析求解:

(1) 当输入 $x[n] = \delta[n]$ 时,求 $\lambda_1[n], \lambda_2[n]$ 和 $h[n]$;

(2) 编写系统的差分方程。

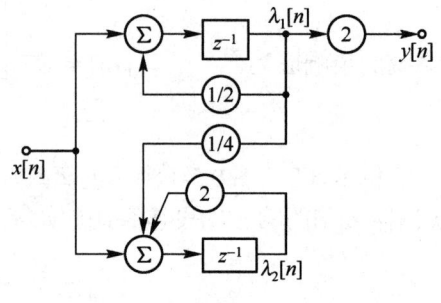

图 题 9.5-3

9.6 由状态方程判断系统的稳定性

由 6.8 节和 8.5 节可知,系统函数的极点决定了系统的自由响应情况,因此可以根据系统极点的位置来判断系统的稳定情况。当然,用系统函数矩阵 $H(s)$ 或 $H(z)$ 的极点也可以判断系统是否稳定。

1. 连续时间系统的稳定性判别

用状态变量法分析系统时,系统函数矩阵

$$H(s) = C(sI - A)^{-1}B + D \tag{9.6-1}$$

式中,A, B, C 和 D 均为系数矩阵。对于线性时不变系统,它们是常数矩阵。由于

$$(sI - A)^{-1} = \frac{\text{adj}(sI - A)}{\det(sI - A)} \tag{9.6-2}$$

式中,$\det(sI - A)$ 是系统的特征多项式,而 $\text{adj}(sI - A)$ 是矩阵 $(sI - A)$ 的伴随矩阵,所以有

$$H(s) = \frac{C \cdot \text{adj}(sI - A)B + D \cdot \det(sI - A)}{\det(sI - A)} \tag{9.6-3}$$

从而可知,系统的极点,亦即 $H(s)$ 的极点仅由系统特征多项式 $\det(sI - A)$ 决定,或者说系统的极点就是系数矩阵 A 的特征根,亦即

$$\det(sI - A) = 0 \tag{9.6-4}$$

的根。故系统是否稳定只与系数矩阵 A 有关,与其他三个系数矩阵无关。对于因果系统,若系数矩阵的 n 个特征根 α_i ($i = 1, 2, \cdots, n$) 全部位于左半 s 平面,即 $\text{Re}(\alpha_i) < 0$,则系统稳定。

例 9.6-1 某系统的状态方程为

$$\begin{bmatrix} \dot{\lambda}_1(t) \\ \dot{\lambda}_2(t) \end{bmatrix} = \begin{bmatrix} -2 & 1 \\ K & -1 \end{bmatrix} \begin{bmatrix} \lambda_1(t) \\ \lambda_2(t) \end{bmatrix} + \begin{bmatrix} 1 \\ 0 \end{bmatrix} x(t)$$

试求 K 在什么范围内系统稳定。

解:系统的特征多项式为 $\det(sI - A) = \begin{vmatrix} s+2 & -1 \\ -K & s+1 \end{vmatrix} = s^2 + 3s + 2 - K$

若使系统特征根均在左半 s 平面,则应满足 $2 - K > 0$,即当 $K < 2$ 时,系统稳定。对于高阶系统,

判断方程 $\det(zI - A) = 0$ 的根是否在左半 s 平面可以用劳斯准则（Routh criterion）来判断。

2．离散时间系统的稳定性判别

8.3 节曾指出，对于因果系统，如果它的系统函数 $H(z)$ 的极点都在单位圆内，则系统稳定。与连续时间系统类似，用状态变量法分析系统时，系统稳定性也决定于系统函数矩阵 $H(z)$ 的极点位置。系统函数矩阵 $H(z)$ 的极点是系统特征方程

$$\det(zI - A) = 0 \tag{9.6-5}$$

的根，或者说是系数矩阵 A 的特征根。也就是说，对于因果系统，若系统函数矩阵 $H(z)$ 的 n 个极点 p_i（$i = 1, 2, \cdots, n$）全部位于单位圆内，则系统稳定。

例 9.6-2 若某因果离散系统的状态方程为

$$\begin{bmatrix} \lambda_1[n+1] \\ \lambda_2[n+1] \end{bmatrix} = \begin{bmatrix} 1/2 & 1 \\ 1/6 & 1/3 \end{bmatrix} \begin{bmatrix} \lambda_1[n] \\ \lambda_2[n] \end{bmatrix} + \begin{bmatrix} 0 \\ 1 \end{bmatrix} x[n]$$

问该系统是否稳定。

解：系统的特征多项式为 $\det(zI - A) = \begin{vmatrix} z - 1/2 & -1 \\ -1/6 & z - 1/3 \end{vmatrix} = z^2 - \dfrac{5}{6} z$

系统的两个极点分别为 0 与 5/6，均在单位圆内，因此，该系统是稳定的。

判断方程 $\det(zI - A) = 0$ 的根是否在单位圆内，可以用朱里准则（July criterion）来判断。有兴趣的读者可参考更多相关文献或扫描二维码。

从上述论述可以看出，系统函数矩阵 $H(s)$ 或 $H(z)$ 的极点仅与系数矩阵 A 有关，而与其他系数矩阵 B，C 和 D 无关，因而系统的稳定性也只取决于系数矩阵 A。至于系数矩阵 B, C, D 的作用，读者可参阅有关书籍或扫描二维码，其中详细论述了 B, C, D 在自动控制中的重要作用。

练习题

9.6-1 如图题 9.6-1 所示系统，列写状态方程与输出方程，并判断当 k 为何值时，系统稳定。

9.6-2 已知离散系统的状态方程与输出方程分别为：

$$\begin{bmatrix} \lambda_1[n+1] \\ \lambda_2[n+1] \end{bmatrix} = \begin{bmatrix} -5 & -1 \\ 3 & -1 \end{bmatrix} \begin{bmatrix} \lambda_1[n] \\ \lambda_2[n] \end{bmatrix} + \begin{bmatrix} 2 \\ 5 \end{bmatrix} x[n] \quad \text{和} \quad y[n] = \begin{bmatrix} 1 & 2 \end{bmatrix} \begin{bmatrix} \lambda_1[n] \\ \lambda_2[n] \end{bmatrix} + x[n]$$

（1）求系统的差分方程；
（2）求对角线化后的状态方程，画出系统的信号流图；
（3）判断系统的稳定性。

9.6-3 已知离散系统的状态方程与输出方程分别为：

$$\begin{bmatrix} \lambda_1[n+1] \\ \lambda_2[n+1] \end{bmatrix} = \begin{bmatrix} 2 & 1 \\ 6 & 1 \end{bmatrix} \begin{bmatrix} \lambda_1[n] \\ \lambda_2[n] \end{bmatrix} + \begin{bmatrix} 1 \\ 1 \end{bmatrix} x[n] \quad \text{和} \quad \begin{bmatrix} y_1[n] \\ y_2[n] \end{bmatrix} = \begin{bmatrix} 1 & 2 \\ 2 & -1 \end{bmatrix} \begin{bmatrix} \lambda_1[n] \\ \lambda_2[n] \end{bmatrix}$$

初始状态 $\begin{bmatrix} \lambda_1[0] \\ \lambda_2[0] \end{bmatrix} = \begin{bmatrix} 1 \\ 3 \end{bmatrix}$，激励信号 $x[n] = u[n]$，求：

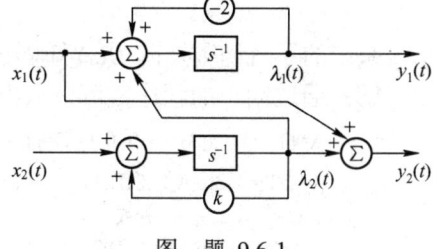

图 题 9.6-1

（1）状态向量 $\begin{bmatrix} \lambda_1[n] \\ \lambda_2[n] \end{bmatrix}$ 和输出向量 $\begin{bmatrix} y_1[n] \\ y_2[n] \end{bmatrix}$； （2）系统函数矩阵 $H(z)$； （3）判断系统的稳定性。

9.7 系统状态变量分析法的 MATLAB 实现

系统状态变量分析法的 MATLAB 实现主要包括：系统函数到状态方程的转换，系统函数

矩阵的计算，连续系统的状态方程和离散系统的状态方程的求解。其中，系统函数到状态方程的转换需要用到专用函数 tf2ss，系统函数的计算需要用到专用函数 ss2tf，系统的状态方程的求解需要用到专用函数 ss 和 lsim。下面举例说明。

例 9.7-1 写出下列系统的状态方程。

（1）$\dfrac{d^2 y(t)}{dt^2} + 3\dfrac{dy(t)}{dt} + 2y(t) = \dfrac{dx(t)}{dt} + 2x(t)$ （2）$H(z) = \dfrac{z-3}{z^3 + 2z^2 + 3z + 6}$

解：通过简单的程序，可以求出状态方程中系数矩阵 **A**, **B**, **C** 和 **D** 的值，程序清单 mat901.m 如下：

```
b1=[1 2];a1=[1 3 2];[A1,B1,C1,D1]=tf2ss(b1,a1)
b2=[1 -3];a2=[1 2 3 6];[A2,B2,C2,D2]=tf2ss(b2,a2)
```

根据运算结果，可以得到系统 1 的状态方程和输出方程为

$$\begin{cases} \begin{bmatrix} \dot{\lambda}_1(t) \\ \dot{\lambda}_2(t) \end{bmatrix} = \begin{bmatrix} -3 & -1 \\ 1 & 0 \end{bmatrix} \begin{bmatrix} \lambda_1(t) \\ \lambda_2(t) \end{bmatrix} + \begin{bmatrix} 1 \\ 0 \end{bmatrix} x(t) \\ y(t) = \begin{bmatrix} 1 & 2 \end{bmatrix} \begin{bmatrix} \lambda_1(t) \\ \lambda_2(t) \end{bmatrix} \end{cases}$$

系统 2 的状态方程和输出方程为

$$\begin{cases} \begin{bmatrix} \lambda_1[n+1] \\ \lambda_2[n+1] \\ \lambda_3[n+1] \end{bmatrix} = \begin{bmatrix} -2 & -3 & -6 \\ 1 & 0 & 0 \\ 0 & 1 & 0 \end{bmatrix} \begin{bmatrix} \lambda_1[n] \\ \lambda_2[n] \\ \lambda_3[n] \end{bmatrix} + \begin{bmatrix} 1 \\ 0 \\ 0 \end{bmatrix} x[n] \\ y[n] = \begin{bmatrix} 0 & 1 & -3 \end{bmatrix} \begin{bmatrix} \lambda_1[n] \\ \lambda_2[n] \\ \lambda_3[n] \end{bmatrix} \end{cases}$$

例 9.7-2 已知某连续系统的状态方程和输出方程为

$$\begin{bmatrix} \dot{\lambda}_1(t) \\ \dot{\lambda}_2(t) \end{bmatrix} = \begin{bmatrix} 1 & 0 \\ 1 & -3 \end{bmatrix} \begin{bmatrix} \lambda_1(t) \\ \lambda_2(t) \end{bmatrix} + \begin{bmatrix} 1 & 0 \\ 0 & 1 \end{bmatrix} \begin{bmatrix} x_1(t) \\ x_2(t) \end{bmatrix}$$

$$\begin{bmatrix} y_1(t) \\ y_2(t) \end{bmatrix} = \begin{bmatrix} 1 & -1 \\ 0 & -1 \end{bmatrix} \begin{bmatrix} \lambda_1(t) \\ \lambda_2(t) \end{bmatrix} + \begin{bmatrix} 1 & 1 \\ 1 & 0 \end{bmatrix} \begin{bmatrix} x_1(t) \\ x_2(t) \end{bmatrix}$$

其输入和初始状态分别为 $\begin{bmatrix} x_1(t) \\ x_2(t) \end{bmatrix} = \begin{bmatrix} u(t) \\ e^{-3t}u(t) \end{bmatrix}$，$\begin{bmatrix} \lambda_1(0^-) \\ \lambda_2(0^-) \end{bmatrix} = \begin{bmatrix} 1 \\ -1 \end{bmatrix}$

求该系统的系统函数矩阵 **H**(s) 和输出，并绘制输出的时域波形。

解：通过简单的程序，可以求出系统函数矩阵 **H**(s)，程序清单 mat902a.m 如下：

```
A=[1 0;1 -3];B=[1 0; 0 1];C=[1 -1; 0 -1];D=[1 1; 1 0];
[b1,a1]=ss2tf(A,B,C,D,1)    %求与输入
                             x1(t)有关的系统函数
[b2,a2]=ss2tf(A,B,C,D,2)    %求与输入
                             x2(t)有关的系统函数
```

运行结果为：
```
b1 =1  3  -1        b2 =1   1  -2
    1  2   4            0  -1   1
a1 =1  2  -3        a2 =1   2  -3
```

所以系统函数矩阵为

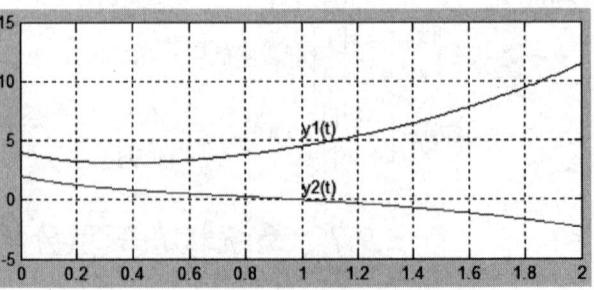

图 9.7-1 连续系统输出的时域波形

$$H(s) = \frac{1}{s^2+2s-3}\begin{bmatrix} s^2+3s-1 & s^2+s-2 \\ s^2+2s+4 & -s+1 \end{bmatrix}$$

求解系统输出的程序清单 mat902b.m 如下，输出结果的波形如图 9.7-1 所示。

```
A=[1 0;1 -3];B=[1 0; 0 1];C=[1 -1; 0 -1];D=[1 1; 1 0];
r0=[1 -1];dt=0.01;t=0:dt:2;                %r0 为系统的初始条件
x(:,1)=ones(length(t),1);x(:,2)=exp(-3*t)';  %系统的激励信号
sys=ss(A,B,C,D);y=lsim(sys,x,t,r0);
plot(t,y(:,1),'r');text(1,6,'y1(t)');hold on;plot(t,y(:,2));text(1,1,'y2(t)');hold off;
```

例 9.7-3 已知某离散系统的状态方程和输出方程为

$$\begin{bmatrix} \lambda_1[n+1] \\ \lambda_2[n+1] \end{bmatrix} = \begin{bmatrix} -1 & 3 \\ -2 & 4 \end{bmatrix} \begin{bmatrix} \lambda_1[n] \\ \lambda_2[n] \end{bmatrix} + \begin{bmatrix} 2 \\ 1 \end{bmatrix} x[n] \quad \text{和} \quad \begin{bmatrix} y_1[n] \\ y_2[n] \end{bmatrix} = \begin{bmatrix} -1 & 2 \\ 1 & -1 \end{bmatrix} \begin{bmatrix} \lambda_1[n] \\ \lambda_2[n] \end{bmatrix}$$

其初始状态和输入分别为 $\begin{bmatrix} \lambda_1[0] \\ \lambda_2[0] \end{bmatrix} = \begin{bmatrix} 1 \\ -1 \end{bmatrix}$，$x[n]=u[n]$。求系统的输出，并绘制输出的时域波形。

解：求解系统输出的程序清单 mat903.m 如下，输出结果的波形如图 9.7-2 所示。

```
A=[-1 3; -2 4];B=[2;1];C=[-1 2; 1 -1];D=[0;0];
r0=[1; -1];N=10;x=ones(1,N);sys=ss(A,B,C,D,[]);y=lsim(sys,x,[],r0);
subplot(2,1,1);y1=y(:,1)';stem((0:N-1),y1);xlabel('n');ylabel('y1');
subplot(2,1,2);y2=y(:,2)';stem((0:N-1),y2);xlabel('n');ylabel('y2');
```

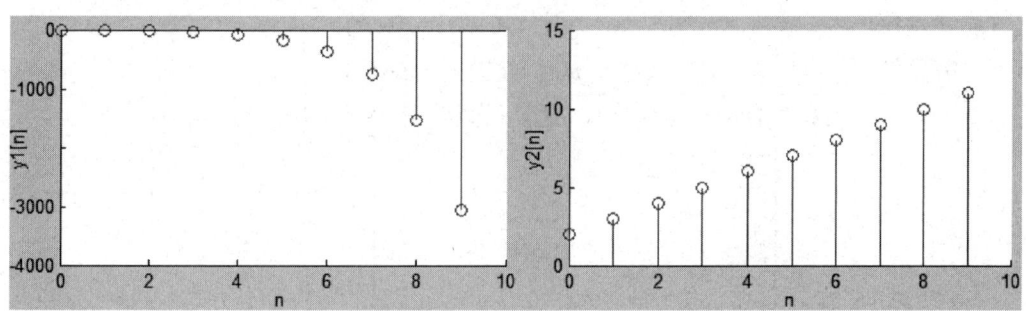

图 9.7-2　离散系统输出的时域序列

练习题

9.7-1 写出下列系统的状态方程。

（1）$\dfrac{d^3y(t)}{dt^3}+2\dfrac{d^2y(t)}{dt^2}+3\dfrac{dy(t)}{dt}+4y(t)=2\dfrac{dx(t)}{dt}+3x(t)$　　（2）$H(z)=\dfrac{z(z-3)}{z^3+2z^2+2z+4}$

9.7-2 已知某连续系统的状态方程和输出方程分别为

$$\begin{bmatrix} \dot\lambda_1(t) \\ \dot\lambda_2(t) \end{bmatrix} = \begin{bmatrix} 0 & 1 \\ -6 & 5 \end{bmatrix}\begin{bmatrix} \lambda_1(t) \\ \lambda_2(t) \end{bmatrix} + \begin{bmatrix} 0 & 2 \\ 1 & 1 \end{bmatrix}\begin{bmatrix} x_1(t) \\ x_2(t) \end{bmatrix} \quad \begin{bmatrix} y_1(t) \\ y_2(t) \end{bmatrix} = \begin{bmatrix} 2 & 0 \\ 1 & -1 \end{bmatrix}\begin{bmatrix} \lambda_1(t) \\ \lambda_2(t) \end{bmatrix} + \begin{bmatrix} 1 & -1 \\ 0 & 1 \end{bmatrix}\begin{bmatrix} x_1(t) \\ x_2(t) \end{bmatrix}$$

其初始状态和输入分别为 $\begin{bmatrix} \lambda_1(0^-) \\ \lambda_2(0^-) \end{bmatrix} = \begin{bmatrix} 2 \\ -1 \end{bmatrix}$，$\begin{bmatrix} x_1(t) \\ x_2(t) \end{bmatrix} = \begin{bmatrix} u(t) \\ e^{-0.5t}u(t) \end{bmatrix}$。求该系统的系统函数矩阵 $H(s)$ 和输出，并绘制输出的时域波形。

9.7-3 已知某离散系统的状态方程和输出方程分别为

$$\begin{bmatrix} \lambda_1[n+1] \\ \lambda_2[n+1] \end{bmatrix} = \begin{bmatrix} -5 & -1 \\ 3 & -1 \end{bmatrix}\begin{bmatrix} \lambda_1[n] \\ \lambda_2[n] \end{bmatrix} + \begin{bmatrix} -1 \\ 2 \end{bmatrix} x[n] \quad \begin{bmatrix} y_1[n] \\ y_2[n] \end{bmatrix} = \begin{bmatrix} 2 & 1 \\ -1 & -3 \end{bmatrix}\begin{bmatrix} \lambda_1[n] \\ \lambda_2[n] \end{bmatrix}$$

其初始状态和输入分别为 $\begin{bmatrix} \lambda_1[0] \\ \lambda_2[0] \end{bmatrix} = \begin{bmatrix} 2 \\ 1 \end{bmatrix}$，$x[n] = e^{-n}u[n]$。求该系统的系统函数矩阵 $H(z)$ 和输出，并绘制输出的时域波形。

关键知识点概要

1. 状态变量：对于线性动态系统，在任意时刻 t（或 n），都能与激励一起用一组线性代数方程来确定系统响应的一组独立完备的变量，称为系统的状态变量。即

连续系统： $\boldsymbol{\lambda}(t) = [\lambda_1(t) \quad \lambda_2(t) \cdots \lambda_k(t)]^T$

离散系统： $\boldsymbol{\lambda}[n] = [\lambda_1(n) \quad \lambda_2(n) \cdots \lambda_k(n)]^T$

2. LTI 系统状态方程的一般形式：

连续系统 $\quad \dot{\boldsymbol{\lambda}}(t) = \boldsymbol{A}\boldsymbol{\lambda}(t) + \boldsymbol{B}\boldsymbol{x}(t)$

离散系统 $\quad \boldsymbol{\lambda}[n+1] = \boldsymbol{A}\boldsymbol{\lambda}[n] + \boldsymbol{B}\boldsymbol{x}[n]$

其中 $\boldsymbol{A} = \begin{bmatrix} a_{11} & a_{12} & \cdots & a_{1k} \\ a_{21} & a_{22} & \cdots & a_{2k} \\ \vdots & \vdots & \ddots & \vdots \\ a_{k1} & a_{k2} & \cdots & a_{kk} \end{bmatrix}$, $\boldsymbol{B} = \begin{bmatrix} b_{11} & b_{12} & \cdots & b_{1m} \\ b_{21} & b_{22} & \cdots & b_{2m} \\ \vdots & \vdots & \ddots & \vdots \\ b_{k1} & b_{k2} & \cdots & b_{km} \end{bmatrix}$

$\boldsymbol{x}(t) = [x_1(t), x_2(t), \cdots, x_m(t)]^T$, $\boldsymbol{x}[n] = [x_1[n], x_2[n], \cdots, x_m[n]]^T$

LTI 系统输出方程的一般形式：

连续系统 $\quad \boldsymbol{y}(t) = \boldsymbol{C}\boldsymbol{\lambda}(t) + \boldsymbol{D}\boldsymbol{x}(t)$

离散系统 $\quad \boldsymbol{y}[n] = \boldsymbol{C}\boldsymbol{\lambda}[n] + \boldsymbol{D}\boldsymbol{x}[n]$

其中 $\boldsymbol{y}(t) = [y_1(t), y_2(t), \cdots, y_r(t)]^T$, $\boldsymbol{y}[n] = [y_1[n], y_2[n], \cdots, y_r[n]]^T$

$\boldsymbol{C} = \begin{bmatrix} c_{11} & c_{12} & \cdots & c_{1k} \\ c_{21} & c_{22} & \cdots & c_{2k} \\ \vdots & \vdots & \ddots & \vdots \\ c_{r1} & c_{r2} & \cdots & c_{rk} \end{bmatrix}$, $\boldsymbol{D} = \begin{bmatrix} d_{11} & d_{12} & \cdots & d_{1m} \\ d_{21} & d_{22} & \cdots & d_{2m} \\ \vdots & \vdots & \ddots & \vdots \\ d_{r1} & d_{r2} & \cdots & d_{rm} \end{bmatrix}$

3. 连续时间系统状态方程的列写

（1）由电路图直接列写；

（2）依据信号流图（或系统框图）间接列写；

4. 连续时间系统状态方程的求解

$\boldsymbol{\Lambda}(s) = (s\boldsymbol{I} - \boldsymbol{A})^{-1}\boldsymbol{\lambda}(0^-) + (s\boldsymbol{I} - \boldsymbol{A})^{-1}\boldsymbol{B}\boldsymbol{X}(s)$

$\boldsymbol{Y}(s) = \boldsymbol{C}(s\boldsymbol{I} - \boldsymbol{A})^{-1}\boldsymbol{\lambda}(0^-) + [\boldsymbol{C}(s\boldsymbol{I} - \boldsymbol{A})^{-1}\boldsymbol{B} + \boldsymbol{D}]\boldsymbol{X}(s)$

$\boldsymbol{\lambda}(t) = \mathcal{L}^{-1}[\boldsymbol{\Lambda}(s)] = \mathcal{L}^{-1}[(s\boldsymbol{I} - \boldsymbol{A})^{-1}\boldsymbol{\lambda}(0^-)] + \mathcal{L}^{-1}[(s\boldsymbol{I} - \boldsymbol{A})^{-1}\boldsymbol{B}] * \mathcal{L}^{-1}[\boldsymbol{X}(s)]$

$\boldsymbol{y}(t) = \mathcal{L}^{-1}[\boldsymbol{Y}(s)] = \mathcal{L}^{-1}\{\boldsymbol{C}[(s\boldsymbol{I} - \boldsymbol{A})^{-1}\boldsymbol{\lambda}(0^-)]\} + \mathcal{L}^{-1}\{\boldsymbol{C}[(s\boldsymbol{I} - \boldsymbol{A})^{-1}]\boldsymbol{B} + \boldsymbol{D}\} * \mathcal{L}^{-1}[\boldsymbol{X}(s)]$

系统函数矩阵： $\boldsymbol{H}(s) = \boldsymbol{C}(s\boldsymbol{I} - \boldsymbol{A})^{-1}\boldsymbol{B} + \boldsymbol{D}$

5. 离散时间系统状态方程的列写：依据信号流图（或系统框图）间接列写；

6. 离散时间系统状态方程的求解

$\boldsymbol{\Lambda}(z) = (z\boldsymbol{I} - \boldsymbol{A})^{-1}z\boldsymbol{\lambda}[0] + (z\boldsymbol{I} - \boldsymbol{A})^{-1}\boldsymbol{B}\boldsymbol{X}(z)$

$\boldsymbol{Y}(z) = \boldsymbol{C}(z\boldsymbol{I} - \boldsymbol{A})^{-1}z\boldsymbol{\lambda}[0] + [\boldsymbol{C}(z\boldsymbol{I} - \boldsymbol{A})^{-1}\boldsymbol{B} + \boldsymbol{D}]\boldsymbol{X}(z)$

系统函数矩阵： $\boldsymbol{H}(z) = \boldsymbol{C}(z\boldsymbol{I} - \boldsymbol{A})^{-1}\boldsymbol{B} + \boldsymbol{D}$

$$\lambda[n] = \mathcal{Z}^{-1}[\Lambda(z)] = \mathcal{Z}^{-1}[(z\boldsymbol{I}-\boldsymbol{A})^{-1}z\lambda[0]] + \mathcal{Z}^{-1}[(z\boldsymbol{I}-\boldsymbol{A})^{-1}\boldsymbol{B}] * \mathcal{Z}^{-1}[\boldsymbol{X}(z)]$$

$$y[n] = \mathcal{Z}^{-1}[\boldsymbol{Y}(z)] = \mathcal{Z}^{-1}[\boldsymbol{C}(z\boldsymbol{I}-\boldsymbol{A})^{-1}z]\lambda[0] + \mathcal{Z}^{-1}[\boldsymbol{C}(z\boldsymbol{I}-\boldsymbol{A})^{-1}\boldsymbol{B} + \boldsymbol{D}] * \mathcal{Z}^{-1}[\boldsymbol{X}(z)]$$

7. 系统稳定性与状态方程的关系：

连续系统的特征多项式：$|s\boldsymbol{I}-\boldsymbol{A}|$，若$|s\boldsymbol{I}-\boldsymbol{A}|=0$ 的根都在 s 平面的左半平面，则系统稳定。

离散系统的特征多项式：$|z\boldsymbol{I}-\boldsymbol{A}|$，若$|z\boldsymbol{I}-\boldsymbol{A}|=0$ 的根都在 z 平面的单位圆内部，则系统稳定。

综合习题

9-1 建立图题 9-1 所示电路的状态方程。若指定输出为电阻 R_1, R_2 上的电压，写出输出方程。

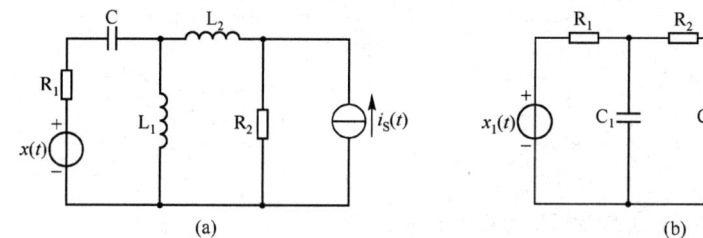

图 题 9-1

9-2 （1）已知系统的微分方程为 $\dfrac{d^2y(t)}{dt^2} + a_1\dfrac{dy(t)}{dt} + a_2 y(t) = b_0\dfrac{d^2x(t)}{dt^2} + b_1\dfrac{dx(t)}{dt} + b_2 x(t)$

用图题 9-2 的流图形式模拟该系统，列写对应于图题 9-2 形式的状态方程，并求 α_1, α_2, β_0, β_1, β_2 与原方程系数之间的关系。

（2）已知系统的微分方程为 $\dfrac{d^2y(t)}{dt^2} + 4\dfrac{dy(t)}{dt} + 3y(t) = \dfrac{d^2x(t)}{dt^2} + 6\dfrac{dx(t)}{dt} + 8x(t)$

求对应(1)问所示状态方程的各系数。

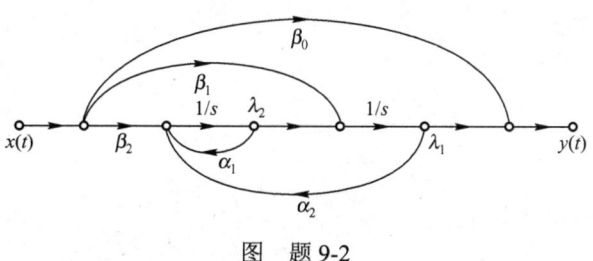

图 题 9-2

9-3 已知一离散系统的状态方程和输出方程分别为

$$\begin{bmatrix}\lambda_1[n+1]\\ \lambda_2[n+1]\end{bmatrix} = \begin{bmatrix}1 & -2\\ a & b\end{bmatrix}\begin{bmatrix}\lambda_1[n]\\ \lambda_2[n]\end{bmatrix} + \begin{bmatrix}1\\ 0\end{bmatrix}x[n] \qquad y[n] = \begin{bmatrix}1 & 1\end{bmatrix}\begin{bmatrix}\lambda_1[n]\\ \lambda_2[n]\end{bmatrix}$$

给定当 $n \geq 0$ 时，$x[n]=0$ 和 $y[n]=8(-1)^n - 5(-2)^n$。

（1）求常数 a, b； （2）求 $\lambda_1[n]$ 和 $\lambda_2[n]$； （3）写出描述该系统的差分方程。

9-4 已知系统的状态方程和输出方程分别为

$$\begin{bmatrix}\lambda_1[n+1]\\ \lambda_2[n+1]\end{bmatrix} = \begin{bmatrix}0 & 1\\ a & b\end{bmatrix}\begin{bmatrix}\lambda_1[n]\\ \lambda_2[n]\end{bmatrix} \qquad y[n] = \begin{bmatrix}3 & 1\end{bmatrix}\begin{bmatrix}\lambda_1[n]\\ \lambda_2[n]\end{bmatrix}$$

给定当 $n \geq 0$ 时，系统的输出为 $y[n]=(-1)^n + 3(3)^n$，试求：

（1）常数 a 和 b；（2）状态方程的解 $\begin{bmatrix}\lambda_1[n]\\ \lambda_2[n]\end{bmatrix}$。

9-5 在图题 9-5 所示电路中，已知 $v_C(0^-)=1V$, $i_L(0^-)=1A$。

（1）以 $v_C(t)$ 和 $i_L(t)$ 为状态变量和输出信号，列写状态方程和输出方程；

（2）求零输入响应和单位冲激响应；

（3）列写关于变量 $v_C(t)$ 和 $i_L(t)$ 的微分方程。

9-6 确定参数 K 的取值范围，使题图 9-6 所示信号流图描述的系统稳定。

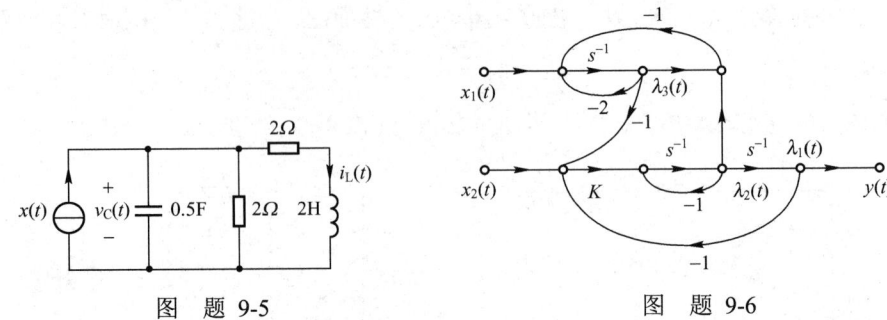

图 题 9-5　　　　　　　　图 题 9-6

9-7 已知因果连续系统的状态方程与输出方程如下：

$$\begin{bmatrix} \dot{\lambda}_1(t) \\ \dot{\lambda}_2(t) \end{bmatrix} = \begin{bmatrix} -1 & 2 \\ -1 & -4 \end{bmatrix} \begin{bmatrix} \lambda_1(t) \\ \lambda_2(t) \end{bmatrix} + \begin{bmatrix} 2 \\ 1 \end{bmatrix} x(t) \qquad y(t) = \begin{bmatrix} 1 & 2 \end{bmatrix} \begin{bmatrix} \lambda_1(t) \\ \lambda_2(t) \end{bmatrix} + x(t)$$

（1）画出系统的模拟方框图或信号流图；

（2）求系统函数 $H(s)$，画出系统的零极点分布图；

（3）画出系统的幅频特性曲线，并说明该系统具有何种（低通、高通、带通、带阻）滤波特性；

（4）求系统的冲激响应 $h(t)$。

习 题 答 案

第1章

1.3-2 $f_1(t) = \left(1 - \frac{1}{2}|t|\right)[u(t+2) - u(t-2)]$， $f_2(t) = u(t) + u(t-1) + u(t-2)$

$f_3(t) = u(t) - 2u(t-1) + u(t-2)$， $f_4(t) = (t+1)[u(t+1) - u(t-1)] + \left(\frac{t}{2} - \frac{3}{2}\right)[u(t-1) - u(t-3)]$

1.3-4 （1） $\delta(t)$ （2） $e^3\delta(t+3)$ （3） $f(t_0)\delta(t)$ （4） $\cos 6$ （5） 0

（6） $\frac{\pi}{6} + \frac{1}{2}$ （7） $1 - e^{-j\Omega t_0}$ （8） 2   （9） $\begin{cases} 1 & t_0 < 0 \\ 0 & t_0 > 0 \end{cases}$

1.4-3 $f'(t) = \delta(t) - e^{-t}u(t)$

1.4-4 （1） $\begin{cases} 0 & t \leq 1 \\ t-1 & 1 \leq t \leq 3 \\ 2 & t \leq 3 \end{cases}$ （2） $u(t+1)$ （3） $\frac{1}{\pi}(1 - \cos\pi t)u(t)$

1.4-6 （1） $\begin{cases} t & 0 < t < 1 \\ 2-t & 1 < t < 2 \end{cases}$ （2） $\begin{cases} t-2 & 2 < t < 3 \\ 4-t & 3 < t < 4 \end{cases}$

1.5-2 $u(t)$ 偶分量：$\frac{1}{2}$， $u(t)$ 奇分量：$\frac{1}{2}\text{sgn}(t)$

1-2 $f'(t) = \frac{2E}{\tau}\left[u\left(t + \frac{\tau}{2}\right) - 2u(t) + u\left(t - \frac{\tau}{2}\right)\right]$， $f''(t) = \frac{2E}{\tau}\left[\delta\left(t + \frac{\tau}{2}\right) - 2\delta(t) + \delta\left(t - \frac{\tau}{2}\right)\right]$

1-3 （1） $f_1'(t) = \begin{cases} 1, & t > 0 \\ -1, & t < 0 \end{cases} = \text{sgn}(t)$ （2） $f_2'(t) = -e^{-t}u(-t) + e^t u(t)$

（3） $f_3'(t) = \cos t \cdot u(t) - \cos t \cdot u(-t) = \cos t \cdot \text{sgn}(t)$

（4） 提示：综合（2）与（3），$f_4'(t) = e^t(\sin t + \cos t)u(t) + e^{-t}(\sin t - \cos t)u(-t)$

1-4 （1） $f_1'(t) = \delta(t) - e^{-t}u(t)$

（3） $f_2(t) = \left(\frac{t}{2} + 1\right)u(t+2) + \left(1 - \frac{t}{2}\right)u(t-2)$， $f_2'(t) = \frac{1}{2}[u(t+2) - u(t-2)]$

（4） $s(t) = \frac{1}{2}[u(t) - u(t-4)] - \frac{1}{2}(1 - e^{-t})u(t) + \frac{1}{2}[1 - e^{-(t-4)}]u(t-4) = \frac{1}{2}[e^{-t}u(t) - e^{-(t-4)}u(t-4)]$

1-5 $f'(t) = 2[u(t) - u(t-1) + u(t-3) - u(t-4)] - \delta(t-1) - \delta(t-2) - \delta(t-4) - \delta(t-5)$

1-6 （1） $\frac{2\sin t - \cos t + e^{-\alpha t}}{\alpha^2 + 1}$ （2） $\begin{cases} 0 & t < 1, t > 3 \\ (t^2-1)/2 & 1 < t < 2 \\ (-t^2+2t+3)/2 & 2 < t < 3 \end{cases}$ （3） $\frac{1}{2}t^2 u(t)$

（4） $\cos[\pi(t+1) + \pi/4]$ （5） $e^{-\alpha t}$

1-7 $f_1(t-2) + f_1(t+2)$

1-8 （a） $\begin{cases} 1 & t < 0 \\ 2 - e^{-t} & t > 0 \end{cases}$ （b） $\begin{cases} 2(1 - \cos t) & 0 < t < 1 \\ 2[\cos(t-1) - \cos t] & 1 < t < \pi \\ 2[\cos(t-1) + 1] & \pi < t < \pi + 1 \end{cases}$ （c） $[1 - \cos(t-1)]u(t-1)$

1-9 (a) $\begin{cases} \dfrac{ab}{4}t^2 & 0<t<1 \\ \dfrac{ab}{4}(2t-1) & 1<t<2 \\ \dfrac{ab}{4}(3+2t-t^2) & 2<t<3 \end{cases}$ (b) $\begin{cases} ab\left(t+\dfrac{1}{2}\right) & -\dfrac{1}{2}<t<0 \\ \dfrac{1}{2}ab & 0<t<\dfrac{1}{2} \\ ab(1-t) & \dfrac{1}{2}<t<1 \end{cases}$ (c) $\begin{cases} \dfrac{1}{2}(t+1)^2 & -1<t<0 \\ -t^2+t+\dfrac{1}{2} & 0<t<1 \\ \dfrac{1}{2}(2-t)^2 & 1<t<2 \end{cases}$

第 2 章

2.2-1 （1）线性、时不变、因果、不稳定；（2）非线性、时变、非因果、稳定；

（3）线性、时不变、稳定，$\begin{cases} \text{因果} & t_0>0 \\ \text{非因果} & t_0<0 \end{cases}$；

2.2-2 $\delta(t)-e^{-t}u(t)$

2.2-3 $(2-2e^{-t})u(t)-[1-e^{-(t-1)}]u(t-1)+[1-e^{-(t-2)}]u(t-2)-[2-2e^{-(t-3)}]u(t-3)$

2.3-1 (a) $\dfrac{d^2 i_1}{dt^2}+\dfrac{7}{2}\dfrac{di_1}{dt}+\dfrac{5}{2}i_1 = \dfrac{d^2 I}{dt^2}+\dfrac{1}{2}\dfrac{dI}{dt}+I$, $\dfrac{d^2 i_2}{dt^2}+\dfrac{7}{2}\dfrac{di_2}{dt}+\dfrac{5}{2}i_2 = 3\dfrac{dI}{dt}$, $\dfrac{d^2 v_0}{dt^2}+\dfrac{7}{2}\dfrac{dv_0}{dt}+\dfrac{5}{2}v_0 = 3I$

(b) $4\dfrac{d^2 i_1}{dt^2}+6\dfrac{di_1}{dt}+4i_1 = \dfrac{d^2 x}{dt^2}$, $2\dfrac{d^2 i_2}{dt^2}+3\dfrac{di_2}{dt}+2i_2 = \dfrac{dx}{dt}$, $2\dfrac{d^2 v_0}{dt^2}+3\dfrac{dv_0}{dt}+2v_0 = \dfrac{d^2 x}{dt^2}+3\dfrac{dx}{dt}+2x$

2.3-2 （1）$y(0^+)=3$ （2）$y(0^+)=2$，$y'(0^+)=-2$ （3）$y(0^+)=3/2$，$y'(0^+)=3/4$

2.3-3 $2(e^{-t}-e^{-3t})u(t)$

2.3-4 （1）$(1-2e^{-2t})u(t)$；（2）$(2e^{-t}-3e^{-2t})u(t)$

2.3-5 （1）$i(0^-)=i'(0^-)=0$，$i(0^+)=0$，$i'(0^+)=10$；

（2）$\dfrac{d^2 i}{dt^2}+\dfrac{di}{dt}+i = \dfrac{dx}{dt}=10\delta(t)$，$i(t)=\dfrac{20}{\sqrt{3}}e^{-t/2}\sin\dfrac{\sqrt{3}}{2}t$

2.4-1 （1）$(3\sin t+\cos t)e^{-t}u(t)$ （2）$(3t+1)e^{-t}u(t)$

2.4-2 （1）$(1.5e^{-t}-3e^{-2t}+1.5e^{-3t})u(t)$ （2）$(1-t)e^{-2t}u(t)$

2.4-3 全响应：（1）$(6e^{-t}-5e^{-2t}-2te^{-3t})u(t)$，（2）$(1.25e^{-2t}+0.25\sin 2t-0.25\cos 2t)u(t)$

2.4-4 （1）全响应为 $2e^{-t}-\dfrac{5}{2}e^{-2t}+\dfrac{3}{2}$，$y_{zi}(t)=4e^{-t}-3e^{-2t}$，$y_{zs}(t)=-2e^{-t}+\dfrac{1}{2}e^{-2t}+\dfrac{3}{2}$

自由响应为 $2e^{-t}-\dfrac{5}{2}e^{-2t}$，强迫响应为 $3/2$

（2）全响应为 $5e^{-t}-4e^{-2t}$，自由响应等于全响应，强迫响应为零

$y_{zi}(t)=4e^{-t}-3e^{-2t}$，$y_{zs}(t)=e^{-t}-e^{-2t}$

2.4-5 输入为 $4x(t)$ 时全响应为 $(4\cos 2t-e^{-t})u(t)$，$y_{zi}(t)=3e^{-t}$，$y_{zs}(t)=(4\cos 2t-4e^{-t})u(t)$

2.4-6 全响应为 $e^{-2t}u(t)+\dfrac{1}{3}(1+e^{-2(t-1)})u(t-1)$

2.5-1 （1）$h(t)=e^{-2t}u(t)$，$g(t)=\dfrac{1}{2}(1-e^{-2t})u(t)$

（2）$h(t)=e^{-t}(\cos t+\sin t)u(t)$，$g(t)=(1-e^{-t}\cos t)u(t)$

（3）$h(t)=e^{-2t}u(t)+\delta(t)+\delta'(t)$，$g(t)=\left(\dfrac{3}{2}-\dfrac{1}{2}e^{-2t}\right)u(t)+\delta(t)$

2.5-2 $h(t)=\dfrac{5}{2}e^{-t}\sin 2t\cdot u(t)$

2.5-3 $h(t)=\delta(t)-e^{-t}u(t)$

2.5-4 $h(t)=\delta(t)-e^{-2t}u(t)$

2.6-1　（1）$\begin{cases} 0, & t<0 \\ t, & 0\leqslant t\leqslant 2 \\ 2, & t>2 \end{cases}$　（2）$\begin{cases} 0, & t<2, t>5 \\ t-2, & 2\leqslant t\leqslant 3 \\ 1, & 3\leqslant t\leqslant 4 \\ 5-t, & 4\leqslant t\leqslant 5 \end{cases}$　（3）$\begin{cases} 0, & t<0, t>4 \\ t^2/4, & 0\leqslant t\leqslant 2 \\ t-t^2/4, & 2\leqslant t\leqslant 4 \end{cases}$

2.6-2　$h(t)=u(t)-u(t-1)$

2.6-3　$h(t)=u(t)+tu(t)$

2-1　$y(0^-)=-3$，$y'(0^-)=9$

2-2　全响应为 $10(e^{-2t}-e^{-t})u(t)=$ 自由响应，$y_{zi}(t)=5(e^{-2t}-e^{-t})u(t)$，$y_{zs}(t)=5(e^{-2t}-e^{-t})u(t)$

2-3　（1）全响应为：$3e^{-3t}u(t)+[-e^{-3(t-1)}+\sin 2(t-1)]u(t-1)$，$y_{zi}(t)=3e^{-3t}u(t)$，$y_{zs}(t)=[-e^{-3(t-1)}+\sin 2(t-1)]u(t-1)$

　　　（2）全响应为：$2(2e^{-3t}+\sin 2t)u(t)$

2-4　$h(t)=\left(\frac{1}{4}e^{-t}+\frac{7}{4}e^{-5t}\right)u(t)$（提示：$\int_{-\infty}^{\infty}x(\tau)f(t-\tau)\mathrm{d}\tau=x(t)*f(t)$）

2-5　$h(t)=(e^{-2t}-e^{-3t})u(t)$（提示：由 $y_{zs}(t)$ 可知两个特征根，从而可以列出微分方程）

2-7　$h(t)=u(t)+u(t-1)+u(t-2)-u(t-3)-u(t-4)-u(t-5)$

2-8　（1）$h(t)=e^{-(t-2)}u(t-2)$；（2）$y(t)=[1-e^{-(t-1)}]u(t-1)+[e^{-(t-4)}-1]u(t-4)$

第3章

3.1-2　（1）非周期序列；（2）周期序列，周期为 10；（3）非周期序列；
　　　（4）周期序列，周期为 12；（5）周期序列，周期为 20；（6）非周期序列。

3.1-4　$x[n]=-2\delta[n+3]-\delta[n]+3\delta[n-1]+2\delta[n-3]$

3.1-5　（1）$y[n]=\delta[n]+3\delta[n-1]+4\delta[n-2]+3\delta[n-3]+\delta[n-4]$

　　　（2）$y[n]=-\delta[n]+\delta[n+1]+\delta[n+2]+2\delta[n+3]+\delta[n+4]$

　　　（3）$y[n]=\delta[n]+2\delta[n-1]+3\delta[n-2]+\delta[n-3]+3\delta[n-4]+2\delta[n-5]+\delta[n-6]$

　　　（4）$y[n]=2^{n+1}R_5[n+1]-2^{n+4}R_5[n+4]$　（5）$y[n]=2(1-0.5^{n+1})u[n]-2(1-0.5^{n-4})u[n-5]$

　　　（6）$y[n]=\dfrac{\beta^{n+1}-\alpha^{n+1}}{\beta-\alpha}u[n]$

3.2-1　（1）非线性、时不变系统　（2）线性、时变系统　（3）非线性、时变系统　（4）线性、时不变系统

3.2-2　$y[n]-\dfrac{1}{3}y[n-1]=x[n]$；（1）$\left(\dfrac{1}{3}\right)^n u[n]$　（2）$\left(3-\left(\dfrac{1}{3}\right)^n\right)u[n]$

3.2-3　$y[n]-b_1y[n-1]-b_2y[n-2]=a_0x[n]+a_1x[n-1]$，二阶

3.2-4　$(1/3)^{n-1}u[n-1]$

3.2-5　$\left(-\dfrac{3}{2}n-\dfrac{9}{4}+\dfrac{9}{4}\times 3^n\right)u[n]$

3.2-6　（1）$\left(\dfrac{1}{2}\right)^{n+1}$　（2）$2(2n+1)(-1)^n$　（3）$\left(\dfrac{1}{2}\right)^n\left(\cos\dfrac{n\pi}{2}+4\sin\dfrac{n\pi}{2}\right)$　（4）$3^n-(n+1)2^n$

3.2-7　$y[n]-\dfrac{3}{4}y[n-1]=0$，$y[n]=2\left(\dfrac{3}{4}\right)^n$

3.2-8　$R=IP(1+I)^N/[(1+I)^N-1]$

3.2-9　$h[0]=-0.25$，$h[1]=1$，$h[2]=-0.5$

3.3-1　$y_{zs}[n]=\left[\dfrac{7}{16}(-1)^n+\dfrac{1}{4}n(-1)^n+\dfrac{9}{16}\times 3^n\right]u[n]$，$y_{zi}[n]=(n+1)(-1)^{n+1}u[n]$

$$y[n] = y_{zs}[n] + y_{zi}[n] = \left[\left(-\frac{3}{4}n - \frac{9}{16}\right)(-1)^n + \frac{9}{16} \times 3^n\right]u[n]$$

$$y_h[n] = \left(-\frac{3}{4}n - \frac{9}{16}\right)(-1)^n u[n] \qquad y_p[n] = \frac{9}{16} \times 3^n u[n]$$

3.3-2　$y_{zi}[n] = [2^{n+1} - (-1)^n]u[n]$，$y_{zs}[n] = [2^{n+1} + (-1)^n/2 - 3/2]u[n]$

3.3-3　（1）$h[n] = (-3)^n u[n]$　　（2）$y[n] = \frac{1}{32}[-9(-3)^n + 8n^2 + 20n + 9]u[n]$

3.3-4　$y[n] = b_1 y[n-1] + b_2 y[n-2] + ax[n-1]$，$H(z) = \dfrac{az^{-1}}{1 - b_1 z^{-1} - b_2 z^{-2}}$

$$h[n] = \frac{a}{p_1 - p_2}(p_1^n - p_2^n)u[n], \text{ 其中 } p_{1,2} = \frac{b_1 \pm \sqrt{b_1^2 + 4b_2}}{2}$$

3.3-5　（1）、（6）、（9）为因果、稳定系统；（2）、（5）为非因果、稳定系统；
（8）为因果、不稳定系统；（3）、（4）、（7）为非因果、不稳定系统。

3.3-6　（1）$h[n] = 2^n/3 u[n]$　　（2）$h[n] = \delta[n] - 5\delta[n-1] + 8\delta[n-2]$

（3）$h[n] = \frac{1}{2}(n+1)(n+2)u[n]$　（4）$h[n] = -\frac{1}{2}\delta[n] - 2^{n-1}u[n] + 2 \times 3^n u[n]$

3.3-7　$y[n] = \dfrac{1 - 0.6^{n+1}}{1 - 0.6}u[n] - \dfrac{1 - 0.6^{n-2}}{1 - 0.6}u[n-3]$

3.3-8　$y[n] = \dfrac{25}{2}\{u[n] - u[n-8]\} - \dfrac{3}{2}\{(0.6)^n u[n] - (0.6)^{n-8} u[n-8]\} - 9\{(0.9)^n u[n] - (0.9)^{n-8} u[n-8]\}$

3.3-9　$y[n] = \begin{cases} 0, & n < 0, n \geqslant 20 \\ 10n - 70 + 72(0.9)^n, & 0 \leqslant n \leqslant 8 \\ (10n - 70) + (160 - 10n)(0.9)^9, & 9 \leqslant n \leqslant 11 \\ (-10n - 30)(0.9)^9 + 211(0.9)^{n-11}, & 12 \leqslant n \leqslant 19 \end{cases}$

3-1　（1）$h[n] = (-1)^n u[n]$，非稳定系统　　（2）$y[n] = 5[1 + (-1)^n]u[n]$

3-2　$N_4 = N_0 + N_2$，$N_5 = N_1 + N_3$

3-3　（1）$h[n] = \{2, -1, 0, 8, -6, 8\}$，$0 \leqslant n \leqslant 5$　（2）$h[n] = \delta[n] - 3^n u[-n-1] + \frac{1}{2} \times 3^{n-1} u[-n]$

3-4　$v[n] - 3v[n-1] + v[n-2] = 0$，$v[n] = E\dfrac{\left(\frac{3-\sqrt{5}}{2}\right)^{N-n} - \left(\frac{3+\sqrt{5}}{2}\right)^{N-n}}{\left(\frac{3-\sqrt{5}}{2}\right)^N - \left(\frac{3+\sqrt{5}}{2}\right)^N}$，$\lim\limits_{N \to \infty} v[n] = E\left(\dfrac{3-\sqrt{5}}{2}\right)^n$

3-5　（1）$y[n] - 7y[n-1] + 10y[n-2] = 14x[n] - 85x[n-1] + 111x[n-2]$

（2）$y[n] = 2 \times (2^n + 3 \times 5^n + 10)u[n] - 2 \times (2^{n-10} + 3 \times 5^{n-10} + 10)u[n-10]$

3-6　（1）$y[n] - 0.7y[n-1] + 0.1y[n-2] = 7x[n] - 2x[n-1]$；（2）$y_{zi}[n] = 12(0.5)^n - 10(0.2)^n$；

（3）$y_{zs}[n] = \{12.5 - [5(0.5)^n + 0.5(0.2)^n]\}u[n]$；　（4）$y[n] = [12.5 + 7(0.5)^n - 10.5(0.2)^n]u[n]$

3-7　$a = 0.5$

3-8　$y[n] = [4 + 3(0.5)^n - (-0.5)^n]u[n]$

第4章

4.1-2　$\tilde{f}(t) = 4\cos\dfrac{\pi}{4}t + 8\cos\left(\dfrac{3\pi}{4}t + \dfrac{\pi}{2}\right)$

4.1-3　$\tilde{f}(t) = \dfrac{1}{2}e^{j4t} + \dfrac{1}{2}e^{-j4t} + \dfrac{1}{2j}e^{j8t} - \dfrac{1}{2j}e^{-j8t}$

4.1-4　（a）只含有奇次谐波的余弦分量。　　（b）只含有直流和偶次谐波的余弦分量

(c) 只含有直流和偶次谐波的正弦分量。 (d) 只含有正弦分量。

4.1-5 $a_0 = \dfrac{E}{2}$，$b_n = 0$，$a_n = \begin{cases} 0 & n=2,4,6\cdots \\ -\dfrac{4E}{(n\pi)^2} & n=1,3,5\cdots \end{cases}$，$\tilde{f}(t) = \dfrac{E}{2} + \sum\limits_{n=1,3,5,\cdots}^{\infty}\left(-\dfrac{4E}{(n\pi)^2}\right)\cos n\Omega_1 t$

4.2-1 三角形式：$\tilde{f}(t) = \dfrac{1}{2} + \dfrac{2}{\pi}\sum\limits_{n=1,3,5,\cdots}^{\infty}\dfrac{1}{n}\sin n\pi t = \dfrac{1}{2} + \dfrac{2}{\pi}\left(\sin \pi t + \dfrac{1}{3}\sin 3\pi t + \dfrac{1}{5}\sin 5\pi t + \cdots\right)$

指数形式：$\tilde{f}(t) = \dfrac{1}{2} - \dfrac{j}{\pi}e^{j\pi t} - \dfrac{j}{3\pi}e^{j3\pi t} - \cdots + \dfrac{j}{\pi}e^{-j\pi t} + \dfrac{j}{3\pi}e^{-j3\pi t} + \cdots$

4.2-2 （1）第一种情况：1000kHz，2000kHz；第二种情况：$\dfrac{1000}{3}$kHz，$\dfrac{2000}{3}$kHz

（2）基波分量幅度之比为1:3。

4.2-3 除了 12, 50, 100kHz 频率分量之外，其他分量均可选出来。

4.4-1 $4\text{Sa}(2\Omega) + 2\text{Sa}(\Omega)$

4.4-2 （1）$\dfrac{1}{2+j\Omega}(e^{j\Omega+2} - e^{-2j\Omega-4})$ （2）$\dfrac{e^{4-3j\Omega}}{1-j\Omega}$ （3）$e^{-j3(\Omega+1)}$

4.4-3 (a) $\dfrac{A\Omega_0}{\pi}\text{Sa}[\Omega_0(t+t_0)]$ (b) $-\dfrac{2A}{\pi t}\sin^2\left(\dfrac{\Omega_0 t}{2}\right) = \dfrac{A}{\pi t}(\cos\Omega_0 t - 1)$

4.5-1 （1）$\dfrac{1}{2\pi}e^{j\Omega_0 t}$ （2）$\dfrac{\Omega_0}{\pi}\text{Sa}(\Omega_0 t)$ （3）$\dfrac{j}{\pi t}$ （4）$\dfrac{1}{2}[\delta(t+2) + \delta(t-2)]$

4.5-2 （1）$\dfrac{1}{2}F_1\left(j\dfrac{\Omega}{2}\right)e^{-j\frac{3}{2}\Omega}$ （2）$\dfrac{j}{3}\dfrac{dF(j\Omega/3)}{d\Omega}$ （3）$\dfrac{1}{3}F_1\left(j\dfrac{1-\Omega}{3}\right)e^{-j\frac{2}{3}(\Omega-1)}$

（4）$2[j\dfrac{dF(j\Omega)}{d\Omega} - F(j\Omega)]$ （5）$-j\dfrac{dF(-j\Omega)}{d\Omega}e^{-j\Omega}$ （6）$-F(j\Omega) - \Omega\dfrac{dF(j\Omega)}{d\Omega}$

4.5-3 $F_2(j\Omega) = F_1(j\Omega)e^{j\Omega T}$，$F_3(j\Omega) = F_1(-j\Omega)$，$F_4(j\Omega) = F_1(-j\Omega)e^{-j\Omega T}$

4.5-4 $F_1(j\Omega) = 6\text{Sa}(\Omega) - 4\text{Sa}(2\Omega) + 2\pi\delta(\Omega)$，$F_2(j\Omega) = \dfrac{1}{j\Omega} + \dfrac{1}{j\Omega}e^{-j\Omega} + 2\pi\delta(\Omega)$

$F_3(j\Omega) = \dfrac{4\text{Sa}(\Omega/2)}{j\Omega}e^{-j1.5\Omega} + 2\pi\delta(\Omega)$

4.5-5 $F_1(j\Omega) = 2\dfrac{\sin\Omega}{\Omega}(e^{j\Omega} - e^{-j\Omega}) = 4j\dfrac{\sin^2\Omega}{\Omega}$，$F_2(j\Omega) = \dfrac{1}{2}F_1\left(j\dfrac{\Omega}{2}\right) = 4j\dfrac{\sin^2(\Omega/2)}{\Omega}$

4.5-6 （1）$-\Omega$ （2）4   （3）2π

4.5-8 $2f(t)\cos\Omega_0 t$

4.5-9 π/α

4.6-1 $F(j\Omega) = 8\sum\limits_{n=-\infty}^{\infty}\delta(\Omega - 8n)$

4.6-2 （1）$\tilde{f}(t) = \sum\limits_{n=-\infty}^{\infty}\dfrac{1}{2}\text{Sa}\left(\dfrac{n\pi}{2}\right)e^{j\frac{n}{2}\pi t}$ （2）$F(j\Omega) = \pi\sum\limits_{n=-\infty}^{\infty}\text{Sa}\left(\dfrac{n\pi}{2}\right)\delta\left(\Omega - \dfrac{n\pi}{2}\right)$

4-1 (a) $j\dfrac{2E}{\Omega}\left[\cos\left(\dfrac{\Omega T}{2}\right) - \text{Sa}\left(\dfrac{\Omega T}{2}\right)\right]$，$F(0) = 0$ (b) $\dfrac{E}{\Omega^2 T}(1 - j\Omega T - e^{-j\Omega T})$

(c) $\dfrac{E\Omega_1}{\Omega_1^2 - \Omega^2}(1 - e^{-j\Omega T})$，$F(j\Omega_1) = \dfrac{ET}{2j}$ $\Omega_1 = \dfrac{2\pi}{T}$ (d) $j\dfrac{2E\Omega_1}{\Omega^2 - \Omega_1^2}\sin\dfrac{\Omega T}{2}$

4-3 （1）$\pi e^{-|\Omega|}$ （2）$-j\pi\text{sgn}(\Omega)$ （3）$\dfrac{\pi}{2j}[\text{sgn}(\Omega + \Omega_0) + \text{sgn}(\Omega - \Omega_0)]$，

（4）$j2\pi\delta'(\Omega)$ （5）$2\text{Sa}(\Omega) + \text{Sa}(\Omega + \pi) + \text{Sa}(\Omega - \pi)$

4-4 （1）$\dfrac{1}{2}e^{j2\pi t}[u(t+3) - u(t-3)]$ （2）$-\delta''(t)$ （3）$\dfrac{1}{2\pi}e^{j3t}$ （4）$\dfrac{1}{\pi}[\text{Sa}(t+1) + \text{Sa}(t-1)]$

(5) $\frac{1}{\pi}\text{Sa}(t-2)e^{j(t-2)}$

4-5 $\mathcal{F}[\sin\Omega_0 t \cdot u(t)] = j\frac{\pi}{2}[\delta(\Omega+\Omega_0)-\delta(\Omega-\Omega_0)]+\frac{\Omega_0}{\Omega_0^2-\Omega^2}$

$\mathcal{F}[\cos\Omega_0 t \cdot u(t)] = \frac{\pi}{2}[\delta(\Omega+\Omega_0)+\delta(\Omega-\Omega_0)]+\frac{j\Omega}{\Omega_0^2-\Omega^2}$

4-6 $\frac{E\tau}{4}e^{-j\frac{\Omega\tau}{2}}\left\{\text{Sa}^2\left[\frac{(\Omega-\Omega_0)\tau}{4}\right]e^{j\frac{\Omega_0\tau}{2}}+\text{Sa}^2\left[\frac{(\Omega+\Omega_0)\tau}{4}\right]e^{-j\frac{\Omega_0\tau}{2}}\right\}$

4-7 （1）2　　（2）2π

4-8 $\frac{8}{\Omega^2}\sin\frac{\Omega}{2}\sin\frac{3\Omega}{2}$

4-9 $\mathcal{F}[f_1(t)*f_2(t)]=6\text{Sa}\left(\frac{\Omega}{2}\right)\text{Sa}\left(\frac{3\Omega}{2}\right)$

4-10 （1）$F(j\Omega)=2\text{Sa}(\Omega)$　　（2）$y(t)=(2-|t|)[u(t+2)-u(t-2)]$　　（3）$Y(j\Omega)=4\text{Sa}^2(\Omega)$

第5章

5.1-1　$y(t)=(e^{-t}-e^{-2t})u(t)$

5.1-2　$h(t)=\frac{1}{2}(e^{-t}+e^{-3t})u(t)$，$H(j\Omega)=\frac{j\Omega+2}{-\Omega^2+3+j4\Omega}$

5.1-3　（1）$H(j\Omega)=\frac{3(j\Omega+3)}{-\Omega^2+8+j6\Omega}$　　（2）$h(t)=\frac{3}{2}(e^{-2t}+e^{-4t})u(t)$　　（3）$\frac{d^2y(t)}{dt^2}+6\frac{dy(t)}{dt}+8y(t)=3\frac{dx(t)}{dt}+9x(t)$

5.2-1　$H(j\Omega)=\frac{C_1}{C_1+C_2}\cdot\frac{j\Omega+\frac{1}{R_1C_1}}{j\Omega+\frac{R_1+R_2}{R_1R_2(C_1+C_2)}}$，无失真条件：$R_1C_1=R_2C_2$

5.2-2　对两种信号的响应均为$\text{Sa}[\Omega_c(t-t_0)]$

5.2-3　$h(t)=\delta(t-t_0)-\frac{\Omega_c}{\pi}\text{Sa}[\Omega_c(t-t_0)]$

5.2-4　（1）$v_2(t)=\frac{1}{\pi}[\text{Si}(t-t_0-T)-\text{Si}(t-t_0)]$　　（2）$v_2(t)=\text{Sa}[(t-t_0-T)/2]-\text{Sa}[(t-t_0)/2]$

5.2-5　（1）$\frac{E\tau}{T_1}+\frac{2E\tau}{T_1}\text{Sa}\left(\frac{\Omega_1\tau}{2}\right)\cos\Omega_1 t$　　（2）$\frac{2E\tau}{T_1}\sum_{n=1}^{\infty}\text{Sa}\left(\frac{n\Omega_1\tau}{2}\right)\cos n\Omega_1 t$

（3）$\frac{2E\tau}{T_1}\text{Sa}\left(\frac{\Omega_1\tau}{2}\right)\cos\Omega_1 t$　　（4）$\frac{E\tau}{T_1}+\frac{2E\tau}{T_1}\sum_{n=2}^{\infty}\text{Sa}\left(\frac{n\Omega_1\tau}{2}\right)\cos n\Omega_1 t$

5.3-1　（1）100Hz，$\frac{1}{100}$s　　（2）200Hz，$\frac{1}{200}$s　　（3）50Hz，$\frac{1}{50}$s　　（4）120Hz，$\frac{1}{120}$s

5.3-2　（1）$X_s(j\Omega)=2\sum_{n=-\infty}^{\infty}[\delta(\Omega-4n+1)+\delta(\Omega-4n-1)]$　　（3）$y(t)=\frac{2}{\pi}\cos t+\frac{4}{\pi}\cos t\cos 4t$

5.3-4　$F_s(j\Omega)=4\sum_{n=-\infty}^{\infty}[u(\Omega+1-8n)-u(\Omega-1-8n)]$

5.4-1　$A_0\geqslant |f(t)|_{\max}$

5.4-2　（2）$f(t)=e^{j\Omega_c t}+0.2e^{j(\Omega_c+\Omega_1)t}+0.2e^{j(\Omega_c-\Omega_1)t}+e^{-j\Omega_c t}+0.2e^{-j(\Omega_c-\Omega_1)t}+0.2e^{-j(\Omega_c+\Omega_1)t}$

（3）$F(j\Omega)=2\pi\delta(\Omega+\Omega_c)+0.4\pi\delta(\Omega+\Omega_c+\Omega_1)+0.4\pi\delta(\Omega+\Omega_c-\Omega_1)+2\pi\delta(\Omega-\Omega_c)+0.4\pi\delta(\Omega-\Omega_c+\Omega_1)+0.4\pi\delta(\Omega-\Omega_c-\Omega_1)$

5-2　(a) $F_s(j\Omega)=6\sum_{n=-\infty}^{\infty}\text{Sa}^2\left[\frac{\left(\Omega-\frac{24\pi}{\tau}n\right)\tau}{4}\right]$，$\Omega_1=2\pi/T=\pi/\tau$，$\Omega_s=2\pi/T_s=24\pi/\tau$

(b) $F_s(j\Omega) = \dfrac{6\pi}{\tau} \sum\limits_{n=-\infty}^{\infty} \sum\limits_{m=-\infty}^{\infty} \text{Sa}^2(n\pi/4)\delta(\Omega - n\Omega_1 - m\Omega_s)$

5-3 (1) $y(t) = \dfrac{1}{\pi}\{\text{Si}(2\pi t) - \text{Si}[2\pi(t-3)]\}$ (2) $|Y(j\Omega)| = 3\left|\text{Sa}\left(\dfrac{3\Omega}{2}\right)\right|[u(\Omega+2\pi) - u(\Omega-2\pi)]$

(3) $h(t) = 2\text{Sa}(2\pi t) - 2\text{Sa}[2\pi(t-3)]$

5-4 (1) $F(j\Omega) = \begin{cases} \dfrac{\pi}{4}(\Omega+3), & -3 \leqslant \Omega \leqslant -1 \\ \dfrac{\pi}{2}, & -1 \leqslant \Omega \leqslant 1 \\ -\dfrac{\pi}{4}(\Omega-3), & 1 \leqslant \Omega \leqslant 3 \\ 0, & \text{其他} \end{cases}$ (2) $f_{s\min} = \dfrac{3}{\pi}\text{Hz}$ $T_{s\max} = \dfrac{\pi}{3}\text{s}$ (4) $H(j\Omega) = \dfrac{\pi}{3}[u(\Omega+3) - u(\Omega-3)]$

5-5 $V(j\Omega) = G[j(\Omega+\Omega_0)]u(-\Omega-\Omega_0) + G[j(\Omega-\Omega_0)]u(\Omega-\Omega_0)$

5-7 上、下截止频率分别为 Ω_2 和 $\Omega_c - \Omega_1$

5-8 (2) $S_{\text{PAM}}(j\Omega) = \pi E \sum\limits_{\substack{n=-\infty \\ n \neq 0}}^{\infty} \text{Sa}\left(\dfrac{n\pi}{2}\right)[\delta(\Omega - n\Omega_1) + 0.15\delta(\Omega+\Omega_2-n\Omega_1) + 0.15\delta(\Omega-\Omega_2-n\Omega_1)]$

第6章

6.2-1 $f(t) = \sum\limits_{n=0}^{\infty} \delta(\tau - nT)$, $F(s) = 1 + e^{-sT} + e^{-2sT} + \cdots + e^{-nsT} + \cdots = \sum\limits_{n=0}^{\infty}\left(e^{-sT}\right)^n = \dfrac{1}{1-e^{-sT}}$

6.2-2 $F(s) = \dfrac{1}{s^2}(1 - e^{-s} - e^{-2s} + e^{-3s})$

6.2-3 (1) $\dfrac{2s+3}{(s+2)^2}$ (2) $\dfrac{3s+10}{s+4}$ (3) $\dfrac{2s+6}{s^2+4}$ (4) $\dfrac{1}{s+1}[1 - e^{-s-1}]$ (5) $\left(\dfrac{2}{s^3} + \dfrac{2}{s^2} + \dfrac{1}{s}\right)e^{-s}$

(6) $\begin{cases} e^{-st_0} + 2, & t_0 \geqslant 0 \\ 2, & t_0 \leqslant 0 \end{cases}$ (7) $\dfrac{e^\alpha(s+1)}{(s+1)^2 + \Omega_0^2}$ (8) $\dfrac{1}{s+\beta} - \dfrac{\alpha}{(s+\beta)^2 + \alpha^2}$ (9) $aF(as+1)$

6.2-4 (1) $f(0^+) = 8, f(\infty) = 2/3$ (2) $f(0^+) = 0, f(\infty) = 0$ (3) $f(0^+) = 3, f(\infty) = 0$

(4) $f(0^+) = 1, f(\infty)$ 不存在

6.3-1 (1) $\left(\dfrac{100}{3} - 20e^{-t} - \dfrac{10}{3}e^{-3t}\right)u(t)$ (2) $\delta'(t) - 2\delta(t) + (e^{-t} + 3e^{-2t})u(t)$ (3) $(\cos t + \sin t)e^{-t}u(t)$

(4) $\left(-\dfrac{t}{6}\cos\sqrt{3}t + \dfrac{1}{6\sqrt{3}}\sin\sqrt{3}t\right)u(t)$ (5) $\dfrac{1}{4}[\cos 2t + 2\sin 2t - 1]e^{-t}u(t)$ (6) $\dfrac{1}{4}[1 - \cos(t-1)]u(t-1)$

6.3-2 $f\left(\dfrac{t}{2}\right) = e^{-(t-2)}\left[\cos(t-2) - \dfrac{1}{2}\sin(t-2)\right]u(t-2)$

6.4-1 $y_{zi}(t) = (11e^{-2t} - 8e^{-3t})u(t)$, $y_{zs}(t) = (3e^{-t} - 4e^{-2t} + e^{-3t})u(t)$, $y(t) = (3e^{-t} + 7e^{-2t} - 7e^{-3t})u(t)$

6.4-2 $v_2(t) = \left(4e^{-3t/2} - \dfrac{8}{3}\right)u(t)$

6.4-3 $v_C(t) = (20 + 10e^{-t}\sin 2t)u(t)$

6.4-4 $v_{ziR}(t) = \left(1 - \dfrac{2}{3}e^{-t} - \dfrac{1}{3}e^{-4t}\right)u(t)$, $v_{zsR}(t) = \dfrac{2}{3}(e^{-4t} - e^{-t})u(t)$

6.5-1 $h(t) = (e^{-t} + 4e^{-4t})u(t)$

6.5-2 (a) $H(s) = \dfrac{1}{RC} \cdot \dfrac{s}{s + \dfrac{1}{RC}}$, $v_2(t) = \delta(t) - \dfrac{1}{RC}e^{-\frac{t}{RC}}u(t)$

(b) $H(s) = \dfrac{s}{s^2 + s + 1}$, $v_2(t) = e^{-\frac{t}{2}}\left[\cos\dfrac{\sqrt{3}}{2}t - \dfrac{1}{\sqrt{3}}\sin\dfrac{\sqrt{3}}{2}t\right]u(t)$

(c) $H(s) = \dfrac{0.2s}{s+1}$, $v_2(t) = 0.2[\delta(t) - e^{-t}u(t)]$

6.5-3 $h(t) = u(t-2) - u(t-6) - 2\delta(t-4)$

6.6-2 (1) $10(e^{-t} - e^{-2t})u(t)$，完全响应为自由响应，强迫响应为零，(2) $(\underbrace{4e^{-2t} - 5e^{-t}}_{\text{自由}} + \underbrace{\cos t + 3\sin t}_{\text{强迫}})u(t)$

6.6-3 (1) $H(s) = \dfrac{s^2 + \dfrac{1}{LC}}{s^2 + \dfrac{1}{RC}s + \dfrac{1}{LC}}$ (2) $LC = \dfrac{1}{4}$ (3) $(1 - 2t)e^{-2t}u(t)$

6.6-4 $v_2(t) = (\underbrace{2e^{-t}}_{\text{自由响应}} + \underbrace{e^{-3t}/2}_{\text{强迫响应}})u(t)$，完全响应为暂态响应，稳态响应为零。

6.7-1 $H(s) = \dfrac{5}{s^2 + 2s + 5}$

6.7-2 (1) 带通 (2) 高通 (3) 带通 (4) 带通-带阻

6.8-1 (1) $H(s) = \dfrac{1 - 2s}{1 + 2s}$ (2) $(\underbrace{8e^{-0.5t}}_{\text{自由}} \underbrace{- 8\cos t - 6\sin t}_{\text{强迫}})u(t)$

6.8-3 $H(s) = \dfrac{s^2 - \dfrac{R_1 R_2}{L_1 L_2}}{\left(s + \dfrac{R_1}{L_1}\right)\left(s + \dfrac{R_2}{L_2}\right)}$，当 $\dfrac{R_1}{L_1} = \dfrac{R_2}{L_2}$ 时构成全通

6.9-1 $H(s) = \dfrac{H_1 H_2 H_3 H_4}{1 + H_2 H_3 G_3 + H_3 H_4 G_4 + H_1 H_2 H_3 G_2 - H_1 H_2 H_3 H_4 G_1}$

6.9-2 (a) $-244/9$ (b) $4/5$

6.10-1 (1) $H(s) = \dfrac{k}{s^2 + (3-k)s + 1}$，(2) $k \leqslant 3$ 稳定

6.10-2 $H(s) = \dfrac{1}{s^2 + (k+1)s + k}$，$k \geqslant 0$ 稳定

6.10-3 (1) $H(s) = \dfrac{RM}{L^2 - M^2} \cdot \dfrac{s}{\left(s + \dfrac{R}{L+M}\right)\left(s + \dfrac{R}{L-M}\right)}$，(2) $p_{1,2} = -\dfrac{R}{L \pm M}$，$L > M > 0$

6-1 (1) $\dfrac{1}{s^2} - \dfrac{1}{s}$ (2) $\dfrac{1}{s^2} e^{-s}$ (3) $\left(\dfrac{1}{s^2} + \dfrac{1}{s}\right) e^{-s}$ (4) $\dfrac{1}{s^2} + \dfrac{1}{s}$

6-3 (1) $te^{-at}u(t)$ (2) $tu(t) - 2(t-1)u(t-1) + (t-2)u(t-2)$ (3) $\dfrac{1}{\alpha^2 + 1}[\alpha \cos t + \sin t - \alpha e^{-\alpha t}]$

6-4 (1) $h(t) = (4e^{-2t} - 2e^{-3t})u(t)$ (2) $y_{zi}(t) = (3e^{-2t} - 2e^{-4t})u(t)$，$y_{zs}(t) = \left(\dfrac{1}{6} + \dfrac{1}{4}e^{-2t} - \dfrac{3}{8}e^{-4t}\right)u(t)$

6-5 $H(s) = \dfrac{s^2 - s + 1}{s^2 + s + 1}$，全通网络

6-6 (1) $H(s) = \dfrac{2}{s(s+2)}$，系统稳定 (3) $h(t) = (1 - e^{-2t})u(t)$，$g(t) = (2t - 1 - e^{-2t})u(t)$

(4) $y(t) = (1 - e^{-2t})u(t) - (1 - e^{-2t+2})u(t-1)$，暂态响应为 $y(t)$，稳态响应为 0

6-7 (1) $H(s) = \dfrac{s^2 + 2s + 1 - k^3}{3s^3 + 10s^2 + 11s + 4 + 2k^3}$

(2) 当 $k = 1$ 时，$H(s) = \dfrac{s}{3s^2 + 4s + 3}$，$h(t) = \dfrac{1}{3}e^{-\frac{2}{3}t}\left(\sin \dfrac{\sqrt{5}}{3}t - \dfrac{2}{\sqrt{5}} \cos \dfrac{\sqrt{5}}{3}t\right)u(t)$

6-8 $H(s) = \dfrac{A(s+1)(4s+1)}{(2s+1)(8s+1)}$

6-9 (1) $H(s) = \dfrac{(s+2)(2Ks + s + 1)}{s^2 + 4s + 2Ks + 3}$，$K > -2$ 时，系统稳定 (2) $h(t) = e^{-\frac{3}{2}t}\left(\sin \dfrac{\sqrt{3}}{2}t + \dfrac{1}{\sqrt{3}} \cos \dfrac{\sqrt{3}}{2}t\right)u(t)$

6-10　　$y_{zi}(t) = e^{-0.5t}(3\cos 0.5t - \sin 0.5t)u(t)$，$y_{zs}(t) = e^{-0.5t}(\cos 0.5t + \sin 0.5t)u(t)$

第7章

7.1-1　（1）$e^{j6\omega}$　（2）$\dfrac{1}{1-0.8e^{-j\omega}}$　（3）$\dfrac{1}{e^{j\omega}-0.5}$　（4）$\dfrac{-0.125}{e^{j2\omega}(e^{j\omega}+0.5)}$　（5）$\dfrac{1}{1-0.5e^{j\omega}}$　（6）$\dfrac{0.125e^{j3\omega}}{1-0.5e^{j\omega}}$

7.1-2　（1）$e^{-j2\omega}$　（2）$\dfrac{1}{1-\dfrac{1}{64}e^{-j3\omega}}$　（3）$\dfrac{3e^{j\omega}}{(2e^{j\omega}+1)(e^{j\omega}+2)}$　（4）$4e^{j2\omega}+2e^{j\omega}+1+\dfrac{1}{2}e^{-j\omega}+\dfrac{1}{4}e^{-j2\omega}$

7.2-1　（1）$2\cos 2\omega$　（2）$-1-j4\sin\omega$　（3）$\dfrac{1}{1-e^{j\omega}}+\pi\left[\displaystyle\sum_{k=-\infty}^{\infty}\delta(\omega+2\pi k)\right]$

（4）$\dfrac{1}{2}\left[\dfrac{1}{1-e^{-j\left(\omega+\frac{\pi}{4}\right)}}+\dfrac{1}{1-e^{-j\left(\omega-\frac{\pi}{4}\right)}}\right]+\dfrac{\pi}{2}\left[\displaystyle\sum_{k=-\infty}^{\infty}\delta\left(\omega+\dfrac{\pi}{4}+2\pi k\right)+\delta\left(\omega-\dfrac{\pi}{4}+2\pi k\right)\right]$

（5）$\dfrac{1}{2}\left[\dfrac{1}{1-\dfrac{1}{3}e^{-j\left(\omega+\frac{\pi}{6}\right)}}+\dfrac{1}{1-\dfrac{1}{3}e^{-j\left(\omega-\frac{\pi}{6}\right)}}\right]$；　（6）$\dfrac{-0.125e^{-j3\omega}}{1+0.5e^{-j\omega}}$

（7）$\dfrac{e^{-j2\omega}}{1-e^{-j\omega}}+\pi\left[\displaystyle\sum_{k=-\infty}^{\infty}\delta(\omega+2\pi k)\right]$　（8）$\dfrac{e^{j9\omega}-512}{16e^{j4\omega}(e^{j\omega}-2)}$　（9）$\dfrac{0.25e^{j2\omega}}{1-0.5e^{j\omega}}$

7.3-2　（1）$\dfrac{b}{b-a}\left[a^n u[n]+b^n u[-n-1]\right]$　（2）$\dfrac{1-a^n}{1-a}u[n]$　（3）$\dfrac{1-a^{n+1}}{1-a}u[n]-\dfrac{1-a^{n+1-N}}{1-a}u[n-N]$

7.3-3　$\dfrac{1}{j2}\left[\dfrac{1}{1-e^a e^{-j(\omega-\omega_0)}}-\dfrac{1}{1-e^a e^{-j(\omega+\omega_0)}}\right]$

7.4-1　（1）$H_1(e^{j\omega})=e^{-j\frac{(N-1)\omega}{2}}\cdot\dfrac{\sin\dfrac{N}{2}\omega}{\sin\dfrac{1}{2}\omega}$

（2）$H_2(e^{j\omega})=\dfrac{1}{2}\left[e^{-j3\left(\omega+\frac{2\pi}{7}\right)}\cdot\dfrac{\sin\dfrac{N}{2}\left(\omega+\dfrac{2\pi}{7}\right)}{\sin\dfrac{1}{2}\left(\omega+\dfrac{2\pi}{7}\right)}+e^{-j3\left(\omega-\frac{2\pi}{7}\right)}\cdot\dfrac{\sin\dfrac{N}{2}\left(\omega-\dfrac{2\pi}{7}\right)}{\sin\dfrac{1}{2}\left(\omega-\dfrac{2\pi}{7}\right)}\right]$

（3）$H_3(e^{j\omega})=e^{-j\frac{9\omega}{2}}\cdot\dfrac{\sin 5\omega}{\sin\dfrac{1}{2}\omega}+\dfrac{1}{2}\left[e^{-j\frac{9}{2}\left(\omega+\frac{\pi}{5}\right)}\cdot\dfrac{\sin 5(\omega+\frac{\pi}{5})}{\sin\dfrac{1}{2}(\omega+\dfrac{\pi}{5})}+e^{-j\frac{9}{2}\left(\omega-\frac{\pi}{5}\right)}\cdot\dfrac{\sin 5(\omega-\frac{\pi}{5})}{\sin\dfrac{1}{2}(\omega-\dfrac{\pi}{5})}\right]$

（4）$H_4(e^{j\omega})=\begin{cases}1, & 0\leqslant|\omega|\leqslant\pi/3 \\ 0, & \pi/3<|\omega|\leqslant\pi\end{cases}$　（5）$H_5(e^{j\omega})=4e^{j2\omega}+2e^{j\omega}+1+\dfrac{1}{2}e^{-j\omega}+\dfrac{1}{4}e^{-j2\omega}$

（6）一个周期为 $H_6(e^{j\omega})=\begin{cases}\omega+\dfrac{7}{12}\pi, & -\dfrac{7\pi}{12}<\omega<-\dfrac{\pi}{12} \\ \dfrac{\pi}{2}, & -\dfrac{\pi}{12}\leqslant\omega\leqslant\dfrac{\pi}{12} \\ -\omega+\dfrac{7}{12}\pi, & \dfrac{\pi}{12}<\omega<\dfrac{7\pi}{12}\end{cases}$

7.4-2　(a) $\dfrac{\sin[\pi(n-\alpha)]}{\pi(n-\alpha)}$；　(b) $h[n]=\dfrac{e^{j(2\pi-\omega_c)(n-\alpha)}-e^{j\omega_c(n-\alpha)}}{j2\pi(n-\alpha)}$

7.5-1　$h[n]=\dfrac{\sin\omega_{ch}n-\sin\omega_{cl}n}{\pi n}$

7.5-2 $h[n] = \dfrac{e^{j(2\pi-\omega_c)(n-\alpha)} - e^{j\omega_c(n-\alpha)}}{j2\pi(n-\alpha)}$

7.5-3 （1） $h[n] = \left[\dfrac{10}{9}(-0.5)^n + \dfrac{8}{9}(0.4)^n\right]u[n] \longleftrightarrow H(e^{j\omega}) = \dfrac{2e^{j2\omega}}{(e^{j\omega}+0.5)(e^{j\omega}-0.4)}$

（2） $h[n] = \dfrac{10}{9}\left[-(-0.5)^n + (0.4)^n\right]u[n] \longleftrightarrow H(e^{j\omega}) = \dfrac{e^{j\omega}}{(e^{j\omega}+0.5)(e^{j\omega}-0.4)}$

（3） $h[n] = \dfrac{1}{2}\delta[n] + \left[\dfrac{7}{6}(-2)^n + \dfrac{1}{3}\right]u[n]$，不稳定系统，频响不存在

（4） $h[n] = \sum\limits_{r=0}^{6}\cos\left(\dfrac{\pi}{2}r\right)\delta[n-r] \longleftrightarrow H(e^{j\omega}) = \sum\limits_{r=0}^{6}\cos\left(\dfrac{\pi}{2}r\right)e^{-j\omega r}$

7-1 （1） $\dfrac{2^9 e^{j9\omega}-1}{16e^{j4\omega}(2e^{j\omega}-1)}$ （2） $\dfrac{-1.5e^{j2\omega}}{(e^{j\omega}-0.5)^2(e^{j\omega}-2)^2}$ （3）不存在 （4） $-\dfrac{\sqrt{2}}{2}\cdot\dfrac{e^{j2\omega}-2.5e^{j\omega}-25e^{j\omega}\sin(\pi/3)}{e^{j2\omega}-5e^{j\omega}+25}$

7-2 $H(e^{j\omega}) = \dfrac{1+\dfrac{1}{3}e^{-j\omega}}{1-\dfrac{3}{4}e^{-j\omega}+\dfrac{1}{8}e^{-j2\omega}}$

7-3 $H(e^{j\omega}) = e^{-j\frac{3}{2}\omega}\cos\omega\cdot\cos\dfrac{\omega}{2}$

7-5 $H(e^{j\omega}) = \dfrac{-0.8+e^{-j\omega}}{(1-0.8e^{-j\omega})(1+0.6e^{-j\omega})}$ （高通滤波器）

7-6 （1） $\dfrac{1}{2}\left\{e^{-j2\left(\omega-\frac{\pi}{2}\right)}\dfrac{\sin\frac{5}{2}\left(\omega-\frac{\pi}{2}\right)}{\sin\frac{1}{2}\left(\omega-\frac{\pi}{2}\right)} + e^{-j2\left(\omega+\frac{\pi}{2}\right)}\dfrac{\sin\frac{5}{2}\left(\omega+\frac{\pi}{2}\right)}{\sin\frac{1}{2}\left(\omega+\frac{\pi}{2}\right)}\right\}$；（2）当$|\omega|<\pi$时，$\begin{cases}1, & |\omega|<0.2\pi \\ 0, & 0.2\pi\leqslant|\omega|<\pi\end{cases}$；

（3） $\dfrac{1}{2}\left\{\dfrac{1}{1-0.8e^{-j\left(\omega-\frac{\pi}{4}\right)}} + \dfrac{1}{1-0.8e^{-j\left(\omega+\frac{\pi}{4}\right)}}\right\}$； （4）当$|\omega|<\pi$时，$\begin{cases}-\dfrac{2}{3}, & |\omega|<0.6\pi \\ 1, & 0.6\pi\leqslant|\omega|<\pi\end{cases}$。

7-7 $Y(e^{j\omega}) = \sum\limits_{k=-\infty}^{\infty}3\pi\left[\delta\left(\omega+\dfrac{\pi}{2}+2\pi k\right)+\delta\left(\omega-\dfrac{\pi}{2}+2\pi k\right)\right]\{1-e^{-j\omega}\}$，$y[n] = 3\cos\left(\dfrac{\pi}{2}n\right)-3\sin\left(\dfrac{\pi}{2}n\right)$

7-8 （1） $h[n] = 0.4\text{Sa}(0.4\pi n) - 0.4\text{Sa}(0.4\pi(n-2))$

（2） $y[n] = 0.4\text{Sa}(0.4\pi n) + 0.4\text{Sa}(0.4\pi(n-1)) - 0.4\text{Sa}(0.4\pi(n-3)) - 0.4\text{Sa}(0.4\pi(n-4))$

第8章

8.1-1 （1） z^6 （2） $\dfrac{z}{z+1}$ （3） $\dfrac{1}{z-0.5}$ （4） $\dfrac{-8z^3}{1+2z}$ （5） $\dfrac{-5z/3}{(z-2)(z-1/3)}$ （6） $\dfrac{z(z-\sqrt{2}/2)}{z^2-\sqrt{2}z+1}$

8.1-2 （1） $\dfrac{z^8-(-1/2)^8}{z^7(z+1/2)}$, $|z|>0$ $\left(\text{零点：}\dfrac{1}{2}e^{j\left(\frac{2\pi k}{8}+\pi\right)},\ k=1,2,\ldots,7;\ \text{极点：}0\text{（七阶）}\right)$

（2） $\dfrac{2z}{2z-1}$, $|z|<\dfrac{1}{2}$ （3） $\dfrac{z^5}{16(z-2)}$, $|z|>2$ （4） $\dfrac{-1.5z}{(z-0.5)(z-2)}$, $0.5<|z|<2$

（5） $\dfrac{z}{(z-1)^2}$, $|z|>1$ （6） $\dfrac{z\left(z-\dfrac{3}{2}\sqrt{2}\right)}{z^2-3\sqrt{2}z+9}$, $|z|>3$

8.1-3 （1） $|z|>2 \Leftrightarrow$ 右边序列： $\left[\left(\dfrac{1}{2}\right)^n - 2^n\right]u[n]$ （2） $|z|<0.5 \Leftrightarrow$ 左边序列： $\left[2^n - \left(\dfrac{1}{2}\right)^n\right]u[-n-1]$

（3） $0.5<|z|<2 \Leftrightarrow$ 双边序列： $\left(\dfrac{1}{2}\right)^n u[n] + 2^n u[-n-1]$

8.2-1 （1） $\left[4\left(-\dfrac{1}{2}\right)^n - 3\left(-\dfrac{1}{4}\right)^n\right]u[n]$ （2） $-a\delta[n] + \left(a - \dfrac{1}{a}\right)\left(\dfrac{1}{a}\right)^n u[n]$ （3） $\left[\cos n\omega + \dfrac{1+\cos\omega}{\sin\omega}\sin n\omega\right]u[n]$

（4） $n5^{n-1}u[n]$ （5） $\delta[n] - \cos\dfrac{n\pi}{2}u[n] = -\cos\dfrac{n\pi}{2}u[n-2]$ （6） $\sin\dfrac{n\pi}{2}u[n]$

（7） $\left[-\dfrac{3}{5}\left(-\dfrac{1}{2}\right)^n - \dfrac{2}{5}\left(\dfrac{1}{3}\right)^n\right]u[-n-1]$ （8） $-6\left(\dfrac{1}{3}\right)^n u[n] - 6\left(-\dfrac{1}{2}\right)^n u[-n-1]$

8.2-2 （1） (a) $-2u[n-1]$ (b) $2u[-n]$

（2） (a) $3(2^n - n - 1)u[n]$ (b) $3(-2^n + n + 1)u[-n-1]$ (c) $-3\cdot[2^n u[-n-1] + (n+1)u[n]]$

（3） (a) $-\dfrac{1}{5}\left[\dfrac{1}{4}n\left(\dfrac{1}{4}\right)^{n-1} + \dfrac{9}{5}\left(\dfrac{1}{4}\right)^n + \dfrac{16}{5}(-1)^n\right]u[-n-1]$ (b) $\dfrac{1}{5}\left[\dfrac{1}{4}n\left(\dfrac{1}{4}\right)^{n-1} + \dfrac{9}{5}\left(\dfrac{1}{4}\right)^n + \dfrac{16}{5}(-1)^n\right]u[n]$

(c) $\dfrac{1}{5}\left[\dfrac{1}{4}n\left(\dfrac{1}{4}\right)^{n-1} + \dfrac{9}{5}\left(\dfrac{1}{4}\right)^n\right]u[n] - \dfrac{16}{25}(-1)^n u[-n-1]$

8.2-3 （1） $(0.5)^n\{u[n] - u[n-10]\}$ （2） $\delta[n+3] + 4\delta[n+2] - 5\delta[n+1]$ （3） $3\delta[n-3] - 4\delta[n-2] + 17\delta[n-1]$

8.3-4 （1） $\dfrac{b}{b-a}\left[a^n u[n] + b^n u[-n-1]\right]$ （2） $\dfrac{1-a^n}{1-a}u[n]$ （3） $\dfrac{1-a^{n+1}}{1-a}u[n] - \dfrac{1-a^{n+1-N}}{1-a}u[n-N]$

8.3-5 $\dfrac{e^{-a}z\sin\omega_0}{z^2 - 2e^{-a}z\cos\omega_0 + e^{-2a}}$

8.3-6 （1） -1, $|z|\geqslant 0$ （2） $-\dfrac{1}{15}\cdot\dfrac{1}{z-0.04}$, $|z|>0.04$

8.3-7 （1） $x[0]=1$; $x[\infty]$ 不存在；（2） $x[0]=1$; $x[\infty]=0$；（3） $x[0]=0$; $x[\infty]=2.5$；（4） $x[0]=1$; $x[\infty]=0$

8.4-1 $y[-2]=1$, $y_{zs}[n] = \dfrac{1}{16}[(4n+7)(-1)^n + 9\times 3^n]u[n]$;

$y_{zi}[n] = (n+1)(-1)^n u[n]$;

$y_h[n] = (\dfrac{5}{4}n + \dfrac{23}{16})(-1)^n u[n]$; $y_p[n] = \dfrac{9}{16}\times 3^n u[n]$

8.4-2 （1） $\dfrac{1}{9}[3n - 4 + 13(-2)^n]u[n]$ （2） $\left[\dfrac{1}{6} + \dfrac{1}{2}(-1)^n - \dfrac{2}{3}(-2)^n\right]u[n]$

8.4-3 $y_{zi}[n] = \dfrac{1}{3}[1 - 10(-2)^n]u[n]$, $y_{zs}[n] = \dfrac{1}{9}[7(-2)^n + 11 - 3n]u[n]$

8.4-4 （1） $h[n] = (-2)^n u[n]$ （2） $y[n] = \dfrac{1}{27}[-8(-2)^n + 9(n^2 - n) + 30n + 8]u[n]$

8.5-1 在 $u[n]$ 作用下， $y[n] = \dfrac{a}{a-1}a^n u[n] - \dfrac{1}{a-1}u[n]$

在 $e^{jn\omega}u[n]$ 作用下， $y[n] = \dfrac{a}{a - e^{j\omega}}a^n u[n] - \dfrac{e^{j\omega}}{a - e^{j\omega}}e^{jn\omega}u[n]$

上两式右边的第一项为自由响应，第二项为强迫响应。

8.5-2 （1）不稳定 （2）不稳定 （3）稳定 （4）不稳定

8.5-3 当 $|z|>10$ 时， $h[n] = [(0.5)^n - 10^n]u[n]$，系统因果、不稳定；

当 $0.5<|z|<10$ 时， $h[n] = (0.5)^n u[n] + 10^n u[-n-1]$，系统非因果、稳定。

8.5-4 (a) $\left(\dfrac{1}{3}\right)^n u[n]$ (b) $\dfrac{1}{2}[2^n + (-2)^n]u[n]$

8.6-2 （1） $y[n] = \sum\limits_{i=0}^{M-1} a^i x[n-i]$ $(M=6)$ （2） $H(z) = \sum\limits_{i=0}^{M-1} a^i z^{-i} = \dfrac{1-(az^{-1})^M}{1-az^{-1}}$

（3） $h[n] = a^n\{u[n] - u[n-M]\} = \sum\limits_{i=0}^{M-1} a^i \delta[n-i]$

8.6-3　$y[n] = x[n] - \cos\left(\dfrac{2\pi}{N}\right)x[n-1] + 2\cos\left(\dfrac{2\pi}{N}\right)y[n-1] - y[n-2]$

$$H(z) = \dfrac{z\left[z - \cos\left(\dfrac{2\pi}{N}\right)\right]}{z^2 - 2z\cos\left(\dfrac{2\pi}{N}\right) + 1} = \dfrac{z\left[z - \cos\left(\dfrac{2\pi}{N}\right)\right]}{\left(z - e^{j\frac{2\pi}{N}}\right)\left(z - e^{-j\frac{2\pi}{N}}\right)}, \quad h[n] = \cos\left(\dfrac{2\pi}{N}n\right) \cdot u[n]$$

8.6-4　$H(z) = \dfrac{1 + z^{-1}}{1 + 0.2z^{-1} - 0.24z^{-2}} = \dfrac{z(z+1)}{(z+0.6)(z-0.4)}$

8.6-5　$|H(e^{j\omega})| = \dfrac{2\sqrt{5 + 4\cos 2\omega}}{5 + 4\cos 2\omega}$, $\varphi(\omega) = \arctan\dfrac{\sin 2\omega}{2 + \cos 2\omega}$

8.6-6　$H(e^{j\omega}) = \dfrac{1 - \cos\omega + j\sin\omega}{1 - \dfrac{1}{2}\cos\omega + j\dfrac{1}{2}\sin\omega}$

8.6-7　极点：$e^{-1\pm j}$；零点：$e^{1\pm j}$

8.7-1　（1）$y[n] - my[n-1] = x[n]$

（3）$H(e^{j\omega}) = \dfrac{e^{j\omega}}{e^{j\omega} - m}$, $|H(e^{j\omega})| = \dfrac{1}{\sqrt{1 + m^2 - 2m\cos\omega}}$, $\varphi(\omega) = -\arctan\dfrac{m\sin\omega}{1 - m\cos\omega}$

8.7-3　（1）$H(z) = \dfrac{z}{3z - 6}$, $h[n] = \dfrac{1}{3} \times 2^n u[n]$

（2）$H(z) = 1 - 5z^{-1} + 8z^{-2}$, $h[n] = \delta[n] - 5\delta[n-1] + 8\delta[n-2]$

（3）$H(z) = \dfrac{z^3}{(z-1)^3}$, $h[n] = \dfrac{1}{2}(n+1)(n+2)u[n]$

（4）$H(z) = \dfrac{z^2 - 3}{z^2 - 5z + 6}$, $h[n] = -\dfrac{1}{2}\delta[n] - 2^{n-1}u[n] + 2 \times 3^n u[n]$

8.7-4　$y[0] = b_0$, $y[1] = b_1$, $y[2] = b_2$, $\cdots$, $y[7] = b_7$, $y[n] = 0$ ($n < 0$, $n > 7$)

8-1　（1）$\dfrac{2^9 z^9 - 1}{16z^4(2z-1)}$, $|z| > 0$, 极点：$p_1 = 0$（4 阶），$p_2 = \infty$（4 阶）；

　　　　　　零点：$z = 2e^{j\frac{2\pi k}{9}}$, $k = 1, 2, \cdots, 8$

（2）$\dfrac{-1.5z^2}{(z-0.5)^2(z-2)^2}$, $0 < |z| < 2$, 极点：$p_1 = 0.5$（2 阶），$p_2 = 2$（2 阶）；

　　　　　　零点：$z_1 = 0$（2 阶），$z_2 = \infty$（2 阶）

（3）$\dfrac{\sqrt{2}}{2} \cdot \dfrac{z^2 - 2.5z - 25z\sin(\pi/3)}{z^2 - 5z + 25}$, $|z| > 5$, 极点：$p_{1,2} = 5e^{\pm j\frac{\pi}{3}}$；

　　　　　　零点：$z_1 = 0$, $z_2 = 2.5 + 25\sin(\pi/3)$

（4）$-\dfrac{\sqrt{2}}{2} \cdot \dfrac{z^2 - 2.5z - 25z\sin(\pi/3)}{z^2 - 5z + 25}$, $|z| < 5$, 极点：$p_{1,2} = 5e^{\pm j\frac{\pi}{3}}$；

　　　　　　零点：$z_1 = 0$, $z_2 = 2.5 + 25\sin(\pi/3)$

8-2　$\dfrac{1.4z^2}{z^2 - 0.8z + 0.64}$, ROC：$|z| > 0.8$

8-6　（1）$H(e^{j\omega}) = \dfrac{1 + \dfrac{1}{3}e^{-j\omega}}{1 - \dfrac{3}{4}e^{-j\omega} + \dfrac{1}{8}e^{-j2\omega}}$

8-7　$h[n] = 0.5[(0.5)^n - (-0.5)^n]$, $n \geqslant 0$, $H(z) = \dfrac{0.5z^{-1}}{1 - 0.25z^{-2}}$

8-8 （1） $a = -\dfrac{9}{8}$； $H(z) = \dfrac{-\dfrac{1}{8}\left(z-\dfrac{1}{2}\right)(z+2)}{z\left(z-\dfrac{1}{4}\right)}$ （2） $y[n] = -\dfrac{1}{4}$

第9章

9.2-1 （a） $\begin{bmatrix} \dot{v}_{C1}(t) \\ \dot{v}_{C2}(t) \end{bmatrix} = \begin{bmatrix} -\dfrac{R_1+R_0}{R_1R_0C_1} & -\dfrac{1}{R_0C_1} \\ -\dfrac{1}{R_0C_2} & -\dfrac{R_2+R_0}{R_2R_0C_2} \end{bmatrix} \begin{bmatrix} v_{C1}(t) \\ v_{C2}(t) \end{bmatrix} + \begin{bmatrix} \dfrac{1}{R_0C_1} \\ \dfrac{1}{R_0C_2} \end{bmatrix} x(t)$

（b） $\begin{bmatrix} \dot{v}_C(t) \\ \dot{i}_L(t) \end{bmatrix} = \begin{bmatrix} -\dfrac{1}{R_2C} & \dfrac{1}{C} \\ -\dfrac{1}{L} & -\dfrac{R_1}{L} \end{bmatrix} \begin{bmatrix} v_C(t) \\ i_L(t) \end{bmatrix} + \begin{bmatrix} \dfrac{1}{R_2C} \\ \dfrac{1}{L} \end{bmatrix} x(t)$

9.2-2 $\begin{bmatrix} \dot{\lambda}_1(t) \\ \dot{\lambda}_2(t) \end{bmatrix} = \begin{bmatrix} -5 & -1 \\ 3 & -1 \end{bmatrix} \begin{bmatrix} \lambda_1(t) \\ \lambda_2(t) \end{bmatrix} + \begin{bmatrix} 2 \\ 5 \end{bmatrix} x(t)$，$y(t) = \begin{bmatrix} 1 & 1 \end{bmatrix} \begin{bmatrix} \lambda_1(t) \\ \lambda_2(t) \end{bmatrix}$

9.2-3 （1） $H(s) = \dfrac{1}{(s+1)^2(s+3)} = \dfrac{1/2}{(s+1)^2} + \dfrac{-1/4}{s+1} + \dfrac{1/4}{s+3}$

$\begin{bmatrix} \dot{\lambda}_1(t) \\ \dot{\lambda}_2(t) \\ \dot{\lambda}_3(t) \end{bmatrix} = \begin{bmatrix} -3 & 0 & 0 \\ 0 & -1 & 1 \\ 0 & 0 & 1 \end{bmatrix} \begin{bmatrix} \lambda_1(t) \\ \lambda_2(t) \\ \lambda_3(t) \end{bmatrix} + \begin{bmatrix} 1 \\ 0 \\ 1 \end{bmatrix} x(t)$，$y(t) = \begin{bmatrix} \dfrac{1}{4} & \dfrac{1}{2} & -\dfrac{1}{4} \end{bmatrix} \begin{bmatrix} \lambda_1(t) \\ \lambda_2(t) \\ \lambda_3(t) \end{bmatrix}$

（2） $H(s) = \dfrac{s+2}{(s+1)(s^2+2)} = \dfrac{\dfrac{1}{3}}{s+1} + \dfrac{-\dfrac{1}{3}s + \dfrac{4}{3}}{s^2+2}$

$\begin{bmatrix} \dot{\lambda}_1(t) \\ \dot{\lambda}_2(t) \\ \dot{\lambda}_3(t) \end{bmatrix} = \begin{bmatrix} -1 & 0 & 0 \\ 0 & 0 & -2 \\ 0 & 1 & 0 \end{bmatrix} \begin{bmatrix} \lambda_1(t) \\ \lambda_2(t) \\ \lambda_3(t) \end{bmatrix} + \begin{bmatrix} 1 \\ 1 \\ 0 \end{bmatrix} x(t)$，$y(t) = \begin{bmatrix} \dfrac{1}{3} & -\dfrac{1}{3} & \dfrac{4}{3} \end{bmatrix} \begin{bmatrix} \lambda_1(t) \\ \lambda_2(t) \\ \lambda_3(t) \end{bmatrix}$

9.2-4 （a） $\begin{bmatrix} \dot{\lambda}_1(t) \\ \dot{\lambda}_2(t) \\ \dot{\lambda}_3(t) \end{bmatrix} = \begin{bmatrix} 0 & 1 & 0 \\ -K & -c & a-c \\ -K & 0 & -c \end{bmatrix} \begin{bmatrix} \lambda_1(t) \\ \lambda_2(t) \\ \lambda_3(t) \end{bmatrix} + \begin{bmatrix} 0 \\ 1 \\ 1 \end{bmatrix} x(t)$，$y(t) = \begin{bmatrix} K & 0 & 0 \end{bmatrix} \begin{bmatrix} \lambda_1(t) \\ \lambda_2(t) \\ \lambda_3(t) \end{bmatrix}$

（b） $\begin{bmatrix} \dot{\lambda}_1(t) \\ \dot{\lambda}_2(t) \\ \dot{\lambda}_3(t) \end{bmatrix} = \begin{bmatrix} -c & 1 & 0 \\ -1 & -c & b-a \\ -1 & 0 & -a \end{bmatrix} \begin{bmatrix} \lambda_1(t) \\ \lambda_2(t) \\ \lambda_3(t) \end{bmatrix} + \begin{bmatrix} 0 \\ 1 \\ 1 \end{bmatrix} x(t)$，$y(t) = \begin{bmatrix} 0 & 1 & 0 \end{bmatrix} \begin{bmatrix} \lambda_1(t) \\ \lambda_2(t) \\ \lambda_3(t) \end{bmatrix}$

9.3-1 （1） $\lambda_1(t) = -e^t + 2e^{-2t}$，$\lambda_2(t) = 2e^t - e^{-2t}$ （2） $\lambda_1(t) = 3 - e^t$，$\lambda_2(t) = -3 + 2e^t$

9.3-2 （1） $\lambda_1(t) = 1 - e^{-2t} + 2e^{-3t}$，$\lambda_2(t) = e^{-2t} - 2e^{-3t}$，$y(t) = 2 - 3e^{-2t} + 4e^{-3t}$，$t \geq 0$

（2） $\begin{bmatrix} \dot{g}_1 \\ \dot{g}_2 \end{bmatrix} = \begin{bmatrix} -2 & 0 \\ 0 & -3 \end{bmatrix} \begin{bmatrix} g_1 \\ g_2 \end{bmatrix} + \begin{bmatrix} 2 \\ -3 \end{bmatrix} x(t)$，$y(t) = \begin{bmatrix} 3 & 2 \end{bmatrix} \begin{bmatrix} g_1 \\ g_2 \end{bmatrix} + x(t)$，$g_1(0^-) = 0$，$g_2(0^-) = 1$

（3） $g_1(t) = 1 - e^{-2t}$，$g_2(t) = -1 + 2e^{-3t}$，$y(t) = 2 - 3e^{-2t} + 4e^{-3t}$，$t \geq 0$

9.3-3 （1） $H(s) = \dfrac{1}{s+2}$ （2） $y(t) = \left(\dfrac{1}{2} + e^{-t} - \dfrac{1}{2}e^{-2t}\right) u(t)$

9.3-4 （2） $\begin{bmatrix} \dot{\lambda}_1(t) \\ \dot{\lambda}_2(t) \end{bmatrix} = \begin{bmatrix} -0.5 & -0.5 \\ 0.5 & -0.5 \end{bmatrix} \begin{bmatrix} \lambda_1(t) \\ \lambda_2(t) \end{bmatrix} + \begin{bmatrix} 0.5 \\ 0.5 \end{bmatrix} x(t)$，$y(t) = \begin{bmatrix} 0.5 & -0.5 \end{bmatrix} \begin{bmatrix} \lambda_1(t) \\ \lambda_2(t) \end{bmatrix} + 0.5 x(t)$

（3） $H(s) = \dfrac{s^2+s}{2s^2+2s+1}$ （4） $v_L(t) = 4e^{-0.5t}\cos 0.5t \cdot u(t)$

9.4-1 $\begin{bmatrix} \lambda_1[n+1] \\ \lambda_2[n+1] \end{bmatrix} = \begin{bmatrix} a_1 & 0 \\ 0 & a_2 \end{bmatrix} \begin{bmatrix} \lambda_1[n] \\ \lambda_2[n] \end{bmatrix} + \begin{bmatrix} 1 & 0 \\ 0 & 1 \end{bmatrix} \begin{bmatrix} x_1[n] \\ x_2[n] \end{bmatrix}$，$\begin{bmatrix} y_1[n] \\ y_2[n] \end{bmatrix} = \begin{bmatrix} 1 & 1 \\ 0 & 1 \end{bmatrix} \begin{bmatrix} \lambda_1[n] \\ \lambda_2[n] \end{bmatrix} + \begin{bmatrix} 0 & 0 \\ 1 & 0 \end{bmatrix} \begin{bmatrix} x_1[n] \\ x_2[n] \end{bmatrix}$

9.4-2 $\begin{bmatrix} \lambda_1[n+1] \\ \lambda_2[n+1] \\ \lambda_3[n+1] \\ \lambda_4[n+1] \end{bmatrix} = \begin{bmatrix} 0 & 1 & 0 & 0 \\ a & 0 & 1 & 0 \\ 0 & 0 & 0 & 1 \\ b(a-1) & -a & 0 & 0 \end{bmatrix} \begin{bmatrix} \lambda_1[n] \\ \lambda_2[n] \\ \lambda_3[n] \\ \lambda_4[n] \end{bmatrix} + \begin{bmatrix} 0 \\ 0 \\ 0 \\ 1 \end{bmatrix} x[n]$, $y[n] = \begin{bmatrix} 1 & 0 & 0 & 0 \end{bmatrix} \begin{bmatrix} \lambda_1[n] \\ \lambda_2[n] \\ \lambda_3[n] \\ \lambda_4[n] \end{bmatrix}$

9.4-3 （1） $H(z) = \dfrac{1}{1-z^{-1}-2z^{-2}} = \dfrac{1}{1+z^{-1}} \cdot \dfrac{1}{1-2z^{-1}}$

$\begin{bmatrix} \lambda_1[n+1] \\ \lambda_2[n+1] \end{bmatrix} = \begin{bmatrix} 2 & -1 \\ 0 & -1 \end{bmatrix} \begin{bmatrix} \lambda_1[n] \\ \lambda_2[n] \end{bmatrix} + \begin{bmatrix} 1 \\ 1 \end{bmatrix} x[n]$, $y[n] = \begin{bmatrix} 2 & -1 \end{bmatrix} \begin{bmatrix} \lambda_1[n] \\ \lambda_2[n] \end{bmatrix} + x[n]$

（2） $H(z) = \dfrac{1+z^{-1}}{1+z^{-1}+0.25z^{-2}} = \dfrac{1+z^{-1}}{1+0.5z^{-1}} \cdot \dfrac{1}{1+0.5z^{-1}}$

$\begin{bmatrix} \lambda_1[n+1] \\ \lambda_2[n+1] \end{bmatrix} = \begin{bmatrix} -0.5 & 0.5 \\ 0 & -0.5 \end{bmatrix} \begin{bmatrix} \lambda_1[n] \\ \lambda_2[n] \end{bmatrix} + \begin{bmatrix} 1 \\ 1 \end{bmatrix} x[n]$, $y[n] = \begin{bmatrix} -0.5 & 0.5 \end{bmatrix} \begin{bmatrix} \lambda_1[n] \\ \lambda_2[n] \end{bmatrix} + x[n]$

9.5-1 （2） $H(z) = \dfrac{z^2}{(z+0.1)(z-1.1)}$

（3） $y[n] = -9.1 + 10.1(1.1)^n + 0.0076(-0.1)^n$, $n \geq 0$ 或 $y[n] = \left[-\dfrac{100}{11} + \dfrac{121}{12}(1.1)^n + \dfrac{1}{132}(-0.1)^n \right] u[n]$

9.5-2 （1） $\begin{cases} \lambda_1[n] = 2\left(\dfrac{1}{2}\right)^n - \left(\dfrac{1}{3}\right)^n \\ \lambda_2[n] = \left(\dfrac{1}{3}\right)^n \end{cases}$ （2） $\begin{cases} \lambda_1[n] = \dfrac{1}{2} - 2\left(\dfrac{1}{2}\right)^n + \dfrac{5}{2}\left(\dfrac{1}{3}\right)^n \\ \lambda_2[n] = \dfrac{3}{2} - \dfrac{3}{2}\left(\dfrac{1}{3}\right)^n \end{cases}$

9.5-3 （1） $\begin{cases} \lambda_1[n] = \left(\dfrac{1}{2}\right)^{n-1} u[n-1] \\ \lambda_2[n] = \dfrac{1}{6}\left[7(2)^{n-1} - \left(\dfrac{1}{2}\right)^{n-1} \right] u[n-1] \end{cases}$, $y[n] = h[n] = \left(\dfrac{1}{2}\right)^{n-2} u[n-1]$

（2） $y[n] - \dfrac{1}{2} y[n-1] = 2x[n-1]$

9.6-1 $\begin{bmatrix} \dot{\lambda}_1(t) \\ \dot{\lambda}_2(t) \end{bmatrix} = \begin{bmatrix} -2 & 1 \\ 0 & k \end{bmatrix} \begin{bmatrix} \lambda_1(t) \\ \lambda_2(t) \end{bmatrix} + \begin{bmatrix} 1 & 0 \\ 0 & 1 \end{bmatrix} \begin{bmatrix} x_1(t) \\ x_2(t) \end{bmatrix}$, $\begin{bmatrix} y_1(t) \\ y_2(t) \end{bmatrix} = \begin{bmatrix} 1 & 0 \\ 0 & 1 \end{bmatrix} \begin{bmatrix} \lambda_1(t) \\ \lambda_2(t) \end{bmatrix} + \begin{bmatrix} 0 & 0 \\ 1 & 0 \end{bmatrix} \begin{bmatrix} x_1(t) \\ x_2(t) \end{bmatrix}$

$H(s) = C(sI - A)^{-1} B + D = \dfrac{1}{(s+2)(s-k)} \begin{bmatrix} s-k & 1 \\ (s+2)(s-k) & s+2 \end{bmatrix}$

所以当 $k \leq 0$ 时，系统稳定。

9.6-2 （1） $H(z) = \dfrac{z^2 + 18z + 67}{z^2 + 6z + 8} = \dfrac{1 + 18z^{-1} + 67z^{-2}}{1 + 6z^{-1} + 8z^{-2}}$

$y[n] + 6y[n-1] + 8y[n-2] = x[n] + 18x[n-1] + 67x[n-2]$

（2） $H(z) = \dfrac{1 + 18z^{-1} + 67z^{-2}}{1 + 6z^{-1} + 8z^{-2}} = \dfrac{1 + \dfrac{39}{2}z^{-1}}{1 + 2z^{-1}} + \dfrac{-\dfrac{11}{2}z^{-1}}{1 + 4z^{-1}}$

$\begin{bmatrix} \beta_1[n+1] \\ \beta_2[n+1] \end{bmatrix} = \begin{bmatrix} -2 & 0 \\ 0 & -4 \end{bmatrix} \begin{bmatrix} \beta_1[n] \\ \beta_2[n] \end{bmatrix} + \begin{bmatrix} 1 \\ 1 \end{bmatrix} x[n]$, $y[n] = \begin{bmatrix} \dfrac{35}{2} & -\dfrac{11}{2} \end{bmatrix} \begin{bmatrix} \lambda_1[n] \\ \lambda_2[n] \end{bmatrix} + x[n]$

（3）特征根分别为 -2，-4，都在单位圆外，故系统不稳定。

9.6-3 （1） $\begin{bmatrix} \lambda_1[n] \\ \lambda_2[n] \end{bmatrix} = \dfrac{1}{2} \begin{bmatrix} 1 + 3^n \\ 1 - 3 \times 3^n \end{bmatrix} u[n]$, $\begin{bmatrix} y_1[n] \\ y_2[n] \end{bmatrix} = \dfrac{1}{2} \begin{bmatrix} 2 + 4 \times 3^n \\ 1 - 3^n \end{bmatrix} u[n]$ （2） $H(z) = \begin{bmatrix} -\dfrac{3}{2} \times \dfrac{z}{z-2} + \dfrac{4}{3} \times \dfrac{z}{z-3} \\ -\dfrac{1}{3} \times \dfrac{z}{z-3} \end{bmatrix}$

（3）特征根分别为 2，3，都在单位圆外，故系统不稳定。

9-1 (a) $\begin{bmatrix} \dot{v}_C(t) \\ \dot{i}_{L_1}(t) \\ \dot{i}_{L_2}(t) \end{bmatrix} = \begin{bmatrix} 0 & \dfrac{1}{C} & \dfrac{1}{C} \\ -\dfrac{1}{L_1} & -\dfrac{R_1}{L_1} & -\dfrac{R_1}{L_1} \\ \dfrac{1}{L_2} & -\dfrac{R_1}{L_2} & -\dfrac{R_1+R_2}{L_2} \end{bmatrix} \begin{bmatrix} v_C(t) \\ i_{L_1}(t) \\ i_{L_2}(t) \end{bmatrix} + \begin{bmatrix} 0 & 0 \\ \dfrac{1}{L_1} & 0 \\ \dfrac{1}{L_2} & -\dfrac{R_2}{L_2} \end{bmatrix} \begin{bmatrix} x(t) \\ i_s(t) \end{bmatrix}$

$\begin{bmatrix} v_{R_1}(t) \\ v_{R_2}(t) \end{bmatrix} = \begin{bmatrix} 0 & R_1 & R_1 \\ 0 & 0 & R_2 \end{bmatrix} \begin{bmatrix} v_C(t) \\ i_{L_1}(t) \\ i_{L_2}(t) \end{bmatrix} + \begin{bmatrix} 0 & 0 \\ 0 & R_2 \end{bmatrix} \begin{bmatrix} x(t) \\ i_s(t) \end{bmatrix}$

(b) $\begin{bmatrix} \dot{v}_{C_1}(t) \\ \dot{v}_{C_2}(t) \end{bmatrix} = \begin{bmatrix} -\dfrac{R_1+R_2}{R_1R_2C_1} & \dfrac{1}{R_2C_1} \\ \dfrac{1}{R_2C_2} & -\dfrac{R_2+R_3}{R_2R_3C_2} \end{bmatrix} \begin{bmatrix} v_{C_1}(t) \\ v_{C_2}(t) \end{bmatrix} + \begin{bmatrix} \dfrac{1}{R_1C_1} & 0 \\ 0 & \dfrac{1}{R_3C_2} \end{bmatrix} \begin{bmatrix} x_1(t) \\ x_2(t) \end{bmatrix}$

$\begin{bmatrix} v_{R_1}(t) \\ v_{R_2}(t) \end{bmatrix} = \begin{bmatrix} -1 & 0 \\ 1 & -1 \end{bmatrix} \begin{bmatrix} v_{C_1}(t) \\ v_{C_2}(t) \end{bmatrix} + \begin{bmatrix} 1 & 0 \\ 0 & 0 \end{bmatrix} \begin{bmatrix} x_1(t) \\ x_2(t) \end{bmatrix}$

9-2 (1) $\alpha_1 = -a_1$, $\alpha_2 = -a_2$, $\begin{bmatrix} \beta_0 \\ \beta_1 \\ \beta_2 \end{bmatrix} = \begin{bmatrix} 1 & 0 & 0 \\ a_1 & 1 & 0 \\ a_2 & a_1 & 1 \end{bmatrix}^{-1} \begin{bmatrix} b_0 \\ b_1 \\ b_2 \end{bmatrix}$ (2) $\alpha_1 = 4$, $\alpha_2 = 3$, $\beta_0 = 1$, $\beta_1 = 2$, $\beta_2 = -3$

9-3 (1) $a = 3$, $b = -4$ (2) $\begin{cases} \lambda_1[n] = 4(-1)^n - 2(-2)^n \\ \lambda_2[n] = 4(-1)^n - 3(-2)^n \end{cases}$ (3) $y[n+2] + 3y[n+1] + 2y[n] = 7x[n] + x[n+1]$

9-4 (1) $a = 3$, $b = 2$ (2) $\begin{cases} \lambda_1[n] = 0.5[(-1)^n + (3)^n] \\ \lambda_2[n] = 0.5[-(-1)^n + 3 \times (3)^n] \end{cases}$

9-5 (1) $\begin{bmatrix} \lambda_1(t) \\ \lambda_2(t) \end{bmatrix} = \begin{bmatrix} v_C(t) \\ i_L(t) \end{bmatrix}$, $\begin{bmatrix} \dot{\lambda}_1(t) \\ \dot{\lambda}_2(t) \end{bmatrix} = \begin{bmatrix} -1 & -2 \\ 0.5 & -1 \end{bmatrix} \begin{bmatrix} \lambda_1(t) \\ \lambda_2(t) \end{bmatrix} + \begin{bmatrix} 2 \\ 0 \end{bmatrix} x(t)$

$\begin{bmatrix} y_1(t) \\ y_2(t) \end{bmatrix} = \begin{bmatrix} v_C(t) \\ i_L(t) \end{bmatrix} = \begin{bmatrix} 1 & 0 \\ 0 & 1 \end{bmatrix} \begin{bmatrix} \lambda_1(t) \\ \lambda_2(t) \end{bmatrix}$

(2) $\begin{bmatrix} y_{1zi}(t) \\ y_{2zi}(t) \end{bmatrix} = \begin{bmatrix} e^{-t}(\cos t - 2\sin t) \\ e^{-t}(\cos t + 0.5\sin t) \end{bmatrix} u(t)$, $\begin{bmatrix} h_1(t) \\ h_2(t) \end{bmatrix} = \begin{bmatrix} 2e^{-t}\cos t \\ e^{-t}\sin t \end{bmatrix} u(t)$

(3) $\boldsymbol{H}(s) = \begin{bmatrix} H_1(s) \\ H_2(s) \end{bmatrix} = \dfrac{1}{s^2 + 2s + 2} \begin{bmatrix} 2(s+1) \\ 1 \end{bmatrix}$

$\dfrac{d^2 y_1(t)}{dt^2} + 2\dfrac{dy_1(t)}{dt} + 2y_1(t) = 2\dfrac{dx(t)}{dt} + 2x(t)$, $\dfrac{d^2 y_2(t)}{dt^2} + 2\dfrac{dy_2(t)}{dt} + 2y_2(t) = x(t)$

9-6 $0 < K < 4$

9-7 (2) $H(s) = \dfrac{s+7}{s+3}$ (3) 低通 (4) $h(t) = \delta(t) + 4e^{-3t}u(t)$

参 考 文 献

1 Oppenheim A.V, Willsky A.S, Nawab S.H. Signals and Systems. Prentice-Hall, Inc，2012
2 郑君里，应启珩，杨为理. 信号与系统（第三版）. 北京：高等教育出版社，2011
3 吴大正. 信号与线性系统分析（第五版）. 北京：高等教育出版社，2019
4 管致中，夏恭恪，孟桥. 信号与线性系统（第6版）. 北京：高等教育出版社，2015
5 陈后金. 信号与系统（第3版）. 北京：高等教育出版社，2020
6 Simon Haykin，Barry Van Veen. Signals and Systems.（Second Edition）. 北京：电子工业出版社，2012
7 胡光锐，徐昌庆. 信号与系统. 上海：上海交通大学出版社，2013
8 赵泓扬. 信号与系统分析. 北京：电子工业出版社，2014
9 马金龙，等. 信号与系统学习与考研辅导. 北京：科学出版社，2006
10 姜建国，等. 信号与系统分析基础（第2版）. 北京：清华大学出版社，2006
11 王宝祥，等. 信号与系统习题及精解. 哈尔滨：哈尔滨工业大学出版，2002
12 吕幼新，张明友. 信号与系统分析. 北京：电子工业出版社，2003
13 闵大镒，朱学勇. 信号与系统分析. 成都：电子科技大学出版社. 2000
14 徐天成. 信号与系统重点与难点分析、例题与模拟题精解. 哈尔滨：哈尔滨工程大学出版社，2003
15 梁虹. 信号与线性系统分析——基于MATLAB的方法与实现. 北京：高等教育出版社，2006
16 高强，等译. 信号与系统基础教程（第三版）（MATLAB版）. 北京：电子工业出版社，2007
17 Won Y.Yang, Tae G. Chang, etc. 信号与系统（MATLAB版）. 北京：电子工业出版社，2012
18 Luis F. Chaparro. 宋琪，译. 信号与系统——使用MATLAB分析与实现. 北京：清华大学出版社，2017

反侵权盗版声明

电子工业出版社依法对本作品享有专有出版权。任何未经权利人书面许可，复制、销售或通过信息网络传播本作品的行为；歪曲、篡改、剽窃本作品的行为，均违反《中华人民共和国著作权法》，其行为人应承担相应的民事责任和行政责任，构成犯罪的，将被依法追究刑事责任。

为了维护市场秩序，保护权利人的合法权益，本社将依法查处和打击侵权盗版的单位和个人。欢迎社会各界人士积极举报侵权盗版行为，本社将奖励举报有功人员，并保证举报人的信息不被泄露。

举报电话：（010）88254396；（010）88258888
传　　真：（010）88254397
E-mail：dbqq@phei.com.cn
通信地址：北京市海淀区万寿路173信箱
　　　　　电子工业出版社总编办公室
邮　　编：100036